U0176105

全球海洋中尺度涡遥感调查研究图集

杨俊钢　崔　伟　张　杰　著

海洋出版社

2023年·北京

图书在版编目(CIP)数据

全球海洋中尺度涡遥感调查研究图集 / 杨俊钢, 崔伟, 张杰著. -- 北京 : 海洋出版社, 2023.10

ISBN 978-7-5210-1145-6

Ⅰ. ①全… Ⅱ. ①杨… ②崔… ③张… Ⅲ. ①遥感技术－应用－海洋环境－涡旋－调查研究－图集 Ⅳ. ①P731.27-64

中国国家版本馆CIP数据核字(2023)第141920号

审图号：GS京(2023)0834号

责任编辑：苏　勤
责任印制：安　淼

海洋出版社 出版发行
http://www.oceanpress.com.cn
北京市海淀区大慧寺路 8 号　邮编：100081
鸿博昊天科技有限公司印刷
2023年10月第1版　2023年10月第1次印刷
开本：889mm × 1194mm　1 / 16　印张：23
字数：600千字　定价：298.00元
发行部：010-62100090　总编室：010-62100034
海洋版图书印、装错误可随时退换

前 言

海洋和大气一样是一个复杂的湍流系统。海洋湍流的基本结构之一是各种尺度的涡旋，既有大量随机的小涡旋构成背景流场，又有拟序的中尺度涡结构在统计意义上存在。海洋中尺度涡是大尺度稳定环流的一种扰动，其以长期封闭环流（涡旋）为特征，时间尺度从数天至数百天，空间尺度从几十千米至几百千米。海洋中尺度涡在海洋动力学和热盐、能量的输运以及其他生物、化学过程中起着非常重要的作用。

近年来随着船测走航观测资料、卫星遥感数据以及全球浮标实测数据的丰富，使得全球海洋中尺度涡探测成为可能。不过，与船测走航观测和浮标现场观测方式相比，遥感观测在全球海洋中尺度涡调查方面具有全球均匀覆盖、时空分辨率高、成本低、时效性高以及连续的长时序观测等优势。自 1992 年 Topex/Poseidon 卫星发射以来，卫星高度计已经提供了 30 多年、全球覆盖、空间均匀、高精度的时间序列连续的海面高度数据。长时序的中尺度涡调查结果统计分析，是了解全球海洋中尺度涡运动特征和时空变化规律的重要手段。

因此，为掌握全球海洋中尺度涡运动特征，增强人们对海洋中尺度过程的认识，本图集采用 1993—2020 年时间序列长达 28 年的卫星高度计海面高度融合数据，从全球海洋中探测识别中尺度涡，统计分析中尺度涡属性特征和时空分布规律，制作全球海洋中尺度涡遥感调查研究专题图。本图集针对海洋中尺度涡调查结果，主要给出了中尺度涡月调查结果空间分布、中尺度涡轨迹、中尺度涡属性特征等方面的统计分析和专题图。在给出全球海洋中尺度涡调查概况的同时（第 2 章），为了研究不同大洋和海区的中尺度涡调查结果，本图集针对太平洋（第 3 章）、印度洋（第 4 章）、大西洋（第 5 章）、南大洋（第 6 章）以及南海（第 7 章）等区域分别给出了相应的中尺度涡调查结果和分析图集。

本图集的出版得到了中央级公益性科研院所基本科研业务费专项资金项目（项目编号：2020Q07）、国家自然科学基金项目（项目编号：62231028、42106178、41576176）、山东省自然科学基金青年项目（项目编号：ZR2021QD006）以及东海实验室开放基金项目（项目编号：DH-2022KF01014）等的支持，在此我们表示衷心感谢。

另外，在本图集编写和校对过程中，洪志恒、孙丰家、陈彦君和孙洁4位研究生同学拿出了诸多宝贵时间对本图集的文字表述进行了修改，在此对4位同学的辛苦工作表示感谢。由于作者水平有限，加之时间仓促，图集中存在疏漏和不足之处敬请读者批评指正！

目　录

第1章 绪 论

1.1 中尺度涡简介

海洋与大气一样是一个复杂的湍流系统。我们对海表面变化观察可以发现，最明显的现象是在海洋中充满了各种中尺度的涡旋和蜿蜒的曲流。这种现象实际是由中尺度海洋过程所主导的，其主要包括海洋涡旋、孤立的偶极子、曲流以及锋面、射流等。中尺度涡（mesoscale eddy）是以长期封闭环流（涡旋）为特征的大尺度稳定环流的一种扰动，时间尺度从数天到数百天，空间尺度从几十千米到几百千米。大尺度环流的斜压不稳定、环流与地形的相互作用以及风的直接强迫是海洋中尺度涡产生的主要机制。

海洋中尺度涡根据其流场旋转方向的不同，可以分为反气旋涡（anticyclonic eddy）和气旋涡（cyclonic eddy）。在北半球，反气旋涡顺时针旋转，气旋涡逆时针旋转；而南半球则相反，反气旋涡逆时针旋转，气旋涡顺时针旋转。在北半球，顺时针旋转的反气旋涡在科氏力的作用下，海表层的水体向涡旋中心辐聚，海表面高度表现为周围低、中间高，涡旋中心呈现海面高度正异常（高中心）；同时，表层辐聚的水体在涡旋中心堆积，造成表层水体下沉，形成向下的垂向水体运动，使得涡旋内部水体增温，在温跃层表现为暖核特征（图 1.1）。北半球逆时针旋转的气旋涡则相反，海表层水体向外辐散，海表面高度表现为周围高、中间低，涡旋中心呈现海面高度负异常（低中心），并在涡旋内部形成向上的垂向水体运动，使得涡旋内部水体降温，在温跃层表现为冷核特征（图 1.1）。所以，反气旋涡也往往被称为暖涡，气旋涡被称为冷涡。对南半球中尺度涡而言，反气旋涡逆时针旋转，气旋涡顺时针旋转，其他特征均与北半球一致。

20 世纪 70 年代，海洋学家就已经注意到了海洋中尺度涡现象，并相继开展了中尺度涡观测、海洋数值模拟以及理论分析等研究工作。近几十年随着卫星遥感技术的发展、海洋现场观测资料的日益丰富以及海洋模式分辨率的提高，人们发现中尺度涡在全球海洋中广泛存在。自 1992 年卫星高度计的出现，使得人们首次可以在全球意义上去统计研究中尺度涡现象。大量中尺度涡的发现使人们认识到，大洋环流的结构要比传统认识的更为复杂。研究发现充斥于海洋中的中尺度涡与大洋环流之间有着强烈的相互作用，其旋转速度一般较快，并且一边旋转，一边在海洋中移动。海洋中尺度涡往往携带很大的动能，其量值要比平均流高出一个量级甚至更多。中尺度涡携带的水体输运与大洋大尺度的海洋环流输运基本相当，其对全球气候变化以及海气相互作用有着重要影响。由于中尺度涡内部的温度和盐度异常会随着涡旋一起移动，因此中尺度涡的运动可以造成纬向热量和盐度的净输运，这种涡旋输送的热通量对海洋的热平衡起着至关重要的作用。中尺度涡还能把下层的营养盐带到上层海洋中，从而影响生态群落、浮游生物数量及生产率，并且影响化学元素的循环和流通。海洋中尺度涡就像一个巨大漏水的水桶携带着不同于周围环境的海水在海洋中移动，影响着大洋环流、温度、盐度、叶绿素浓度和海洋声速等的空间分布。

海洋中尺度涡的大部分能量来自大尺度环流的斜压不稳定，但是在涡动能较低的海域，风应力的变化作为主要强迫作用于海洋涡旋。中尺度涡可以反馈能量和动能给背景场流并且对海洋的深部环流产生影响。尽管海洋是一个复杂的湍流系统，长时序的海面高度观测显示海洋中存在统计意义上的拟序涡结构。对全球中尺度涡数量和涡旋属性进行统计分析有助于了解中尺度涡引起的海洋动力过程，并将涡旋的影响与其他海洋动力过程（如罗斯贝波）区分开来。初步的研究分析表明，海洋中尺度涡最重要的特征是非线性（与线性的行星波不同），也就是这些涡旋是拟序结构；中尺度涡可以输送其捕获的水体、热量、盐和营养物质，相比而言行星波不会产生这些物质输送。因此，开展全球范围内的海洋中尺度涡调查识别，研究中尺度涡属性特征和时空分布特征，制作全球中尺度涡调查研究图集，对于了解海洋中尺度涡动力过程、加强对海洋物质输送和混合的认识具有重要意义。

1.2 中尺度涡遥感调查

海洋中尺度涡在海洋动力学和热盐、能量的输运以及其他生物、化学过程中起着非常重要的作用，如何从海洋湍流中识别出这种中尺度海洋现象是开展海洋中尺度涡研究的关键。只有将中尺度涡从海洋背景场中区别开来，才能去研究其在整个海洋中扮演着怎样的角色。根据中尺度涡的动力学特征（图 1.1），一是可以通过海面高度（sea surface height，SSH）的变化或者流场特征去识别中尺度涡，二是通过中尺度涡引起的海表面温度变化特征去识别涡旋，三是可以通过中尺度涡运动（顺时针或者逆时针环流）造成的物质运动特征（比如示踪物或者海洋水色分布特征）去识别涡旋。近年来随着船测走航观测资料、卫星遥感数据以及全球浮标实测数据的丰富，使得全球海洋中尺度涡探测成为可能。

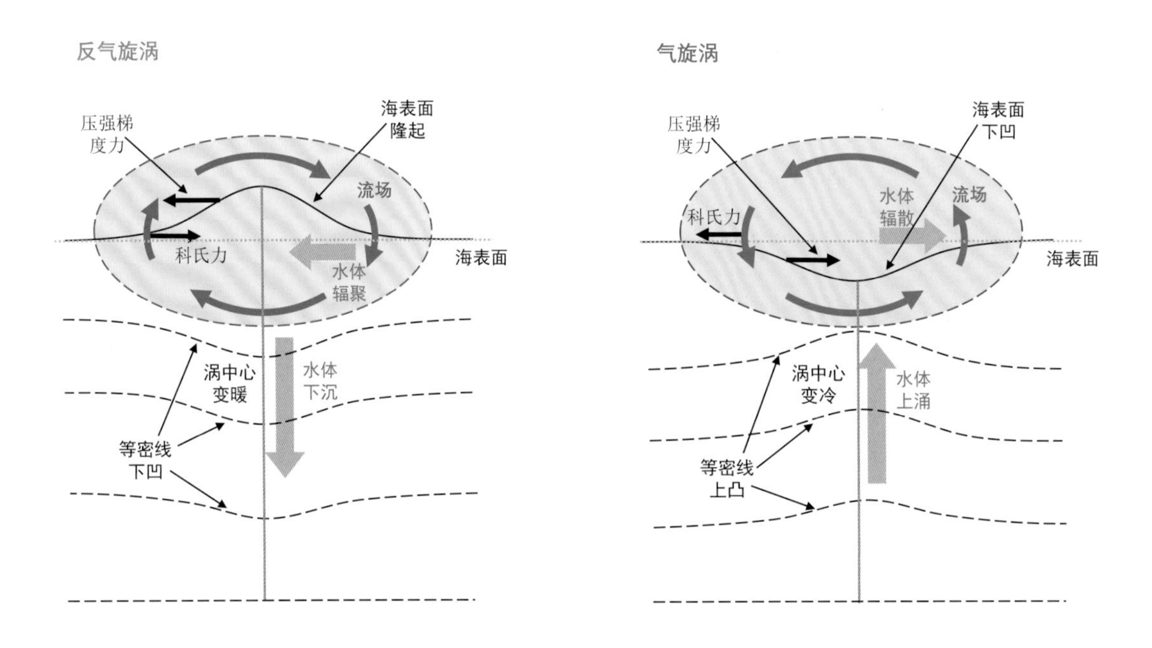

图1.1 北半球海洋中反气旋涡（暖涡，左图）和气旋涡（冷涡，右图）的三维结构示意图。反气旋涡一般在海表面隆起（流场顺时针旋转），在温跃层增温，在深层表现出等密线下凹；气旋涡在海表面下凹（流场逆时针旋转），在温跃层降温，在深层表现出等密线上凸

与船测走航观测和浮标实测相比，遥感观测在全球海洋中尺度涡调查方面具有以下优势。

（1）全球均匀覆盖。遥感观测可提供全球覆盖、空间分布均匀的海洋观测数据，可以捕获全球范围内的中尺度涡，而现场观测往往只能捕获局限于航迹线或者定点区域的个别中尺度涡，并且其仅能获取单一剖面的中尺度涡要素信息。

（2）时空分辨率高。多颗卫星同步联合观测，可以提供高时空分辨率的海洋观测要素，全球均匀覆盖的海面高度、海面温度以及叶绿素浓度等遥感数据产品的时间分辨率可达1天，空间分辨率最高可达千米量级，可以清晰地分辨出海洋中尺度涡。而现场观测资料时空分布不均匀，在大洋中空间分布较为稀疏，中尺度涡捕获能力非常有限。

（3）成本低。与现场观测相比，遥感数据的获取成本更低。

（4）时效性高。遥感观测可以获取近实时的海洋观测数据，中尺度涡探测识别的时效性更高。

（5）连续的长时序观测。遥感观测可以提供连续的长时间序列的海洋观测数据，从中可以获取长时序的中尺度涡调查结果，基于此可以开展中尺度涡属性特征统计和时空变化规律分析。

1.2.1 中尺度涡常用遥感调查数据

1）*海面高度数据*

卫星高度计是一种星载主动式微波测量仪，是重要的海洋微波遥感器，其通过分析海洋回波信号特征来获取海洋高度信息，具有全天候、大面积观测、精度高、时间准同步、信息量大等优点。高度计的回波信号包含丰富的海面特征信息，可获取卫星沿轨星下点处的海面高度数据。由于高度计观测数据是沿轨分布的，时空分布不均匀，因此往往联合多颗高度计卫星观测数据，采用最优插值方法将时空分布不均匀的沿轨数据融合生成时空均匀的海面高度网格数据。多颗高度计卫星联合组网可以有效提高海洋中尺度涡的观测能力，基于多星海面高度融合产品的研究显示中尺度涡在全球海洋中普遍存在。自1992年Topex/Poseidon卫星发射以来，卫星高度计已经提供了时间序列接近30年、全球覆盖、空间均匀、高精度的海面高度场和海洋环流数据。在现代海洋研究中，高度计常与其他卫星任务、现场测量或者数值模式进行联合，其已为海洋科学研究做出了重大贡献。

海面高度异常（sea surface height anomaly，SSHA；或sea level anomaly，SLA）是海面高度相对于平均海平面的偏差，表示海洋动力过程相对于大尺度定常环流的扰动，其可以用于海洋中尺度涡识别。卫星高度计获取的海面高度移除大地水准面起伏即可得到海面动力地形（绝对动力地形），进而根据地转平衡关系可计算得到地转流场。根据海洋中尺度涡动力特征，在海面高度场中，涡旋中心海面高度为正异常的中尺度涡为反气旋涡，负异常则为气旋涡（图1.1）；在地转流场中，顺时针旋转的涡旋为反气旋涡，逆时针旋转的涡旋为气旋涡（北半球）。

在基于高度计数据的中尺度涡识别研究方面，先后出现了Okubo-Weiss参数法、海面高度异常等值线法、Winding-Angle方法和矢量几何法等。其中，Okubo-Weiss参数方法由地转流定义Okubo-Weiss参数来识别中尺度涡特征，早期的中尺度涡识别研究中使用该方法较多。海面高度异常等值线法根据海面高度异常等值线的分布特征满足若干准则来识别中尺度涡。Winding-Angle方法根据对海面高度异常值分布的逐步搜索实现对中尺度涡的识别，其识别原理与海面高度异常等值线法相似。矢量几何法利用地转流场的空间分布特征来识别中尺度涡，近年来该方法常被广泛地应用于基于高分辨率数值模式结果的中尺度涡识别。上述中尺度涡识别方法在基于海面高度数据的中尺度涡探测中均已得到了应用，部分方法之间的优缺点也有比较，多数结果显示海面高度异常等值线法在海洋中尺度涡识别上具有一定的优势。

2）海面温度数据

气旋涡（反气旋涡）可使局地海水产生上升（下沉），造成海面温度的下降（升高），使得其在海表温度场中留下相应的变化特征，这一温度异常现象可以从卫星海面温度图像中清楚地看到。因此通过卫星获取的海面温度图像，可以用于海洋中尺度涡的识别，并进一步地获取涡旋特征信息。海面温度数据的中尺度涡识别方法主要有基于海面温度场的热风速度场方法、涡旋聚类探测和轮廓跟踪方法、影像分割的随机椭圆拟合方法。另外，边缘检测算法、神经网络方法以及基于等温线的涡旋识别方法也被应用于中尺度涡识别中。

在一些如湾流和黑潮等西边界流以及厄加勒斯环流等强流变异区域，中尺度涡引起的海面高度变化明显，涡旋强度较高，其引起的海面温度变化最清晰，可在卫星海面温度数据中清楚地观察到。值得注意的是，在涡动能较弱的区域，海面温度对其他尺度动力过程更加敏感，而中尺度涡引起的海面温度变化并不明显。在全球海洋中一些较平静的海域，大尺度的大气变化掩盖了海面温度场中的中尺度信号，使得从海面温度图像中难以提取中尺度涡特征。因此基于海面温度数据的中尺度涡识别并不具有全球适用性，仅在一些强流变异区域能发现这种海面高度信号与海面温度场信号的一致性。这是在使用海面温度数据识别中尺度涡时需要特别注意的一点。

3）海洋水色数据

海洋水色传感器可以用来测量海洋反射和散射的辐亮度，进而获得海面叶绿素 a 浓度、悬浮泥沙浓度、海水光学漫衰减系数以及其他生物光学物理量。海洋水色数据的空间分辨率较高，可以捕获海洋中尺度和亚中尺度过程对水色产品空间分布引起的变化。早期基于水色数据的中尺度涡识别，基本靠人工目视解译分析。最近几年，随着深度学习的发展，一些研究尝试使用深度学习方法从水色数据中提取海洋中尺度涡信息。海洋水色遥感图像具有较高的空间分辨率，这使得其能发现海洋中的亚中尺度（约 10 km）甚至小尺度（<1 km）的海洋涡旋，在海洋涡旋的精细化观测方面有一定优势。目前通过海洋水色卫星去识别中尺度涡的研究还较少，更多的是研究中尺度涡对海面叶绿素分布的影响。研究显示海洋中叶绿素的空间分布主要是由于中尺度涡对叶绿素造成的再分布，而不是来自本地浮游植物的生长。

4）SAR 数据

星载合成孔径雷达（synthetic aperture radar，SAR）可以穿云透雾直接观测海气作用面，能够通过观测海表面粗糙度来获取海洋水文动力过程信息。在 SAR 影像数据中，中尺度涡主要呈现出明暗相间的螺旋状窄带条纹特征或因海流剪切作用呈现出明亮曲线条带特征。SAR 影像数据中的中尺度涡特征取决于海洋表面示踪物质、中尺度涡的旋转方向、风生表面波波向以及雷达视向，当这些条件都达到最佳时，中尺度涡才能被 SAR 清晰地捕获到。具有较高空间分辨率的 SAR 影像数据能够提高海洋观测的精细化程度，在海洋亚中尺度涡观测上具有一定优势。但受 SAR 影像数据刈幅宽度的限制，大多数 SAR 影像数据仅可用来识别研究某些区域的部分海洋中尺度涡，这制约了其在较大尺度海洋中尺度涡观测上的应用。

1.2.2 中尺度涡调查图集所用的遥感数据和调查方法

1）卫星高度计海面高度融合数据

为掌握全球海洋中尺度涡运动特征，增强人们对海洋中尺度过程的认识，本图集采用全球覆盖、时空分布均匀、高精度的卫星高度计海面高度融合数据，从全球海洋中探测识别中尺度涡，统计分析涡旋属性特征和时空分布规律，制作全球海洋中尺度涡遥感调查研究专题图。

卫星高度计海面高度融合数据（SEALEVEL_GLO_PHY_L4_REP_OBSERVATION _008_47）由法国国家空间研究院卫星海洋学存档数据中心（AVISO）制作，并通过欧洲哥白尼海洋环境监测服务中心（CMEMS）对外分发。该数据是大洋环流、中尺度涡和海气相互作用研究以及海洋数值业务预报最常用、使用最广泛的卫星测高资料。海面高度融合数据主要由 TOPEX/Poseidon、ERS-1/2、Envisat、Geosat Follow On、Jason-1/2/3、Cryosat-2、SARAL/AltiKa、Sentinel-3A 和 HY-2A 等多颗高度计卫星资料通过最优插值方法融合而成，空间分辨率为 0.25°，时间分辨率为 1 天，主要包含海面高度异常（SLA）、绝对动力地形（ADT）、地转流速（u、v）以及地转流速异常（u'、v'）等参数。AVISO 数据处理包含了传感器仪器校正、多卫星轨道校准、大气校正、潮汐模型校正和 20 年（1993—2013 年）平均海平面模型的使用等，它有效提高了数据产品的精度。本图集所用数据时间范围从 1993 年 1 月 1 日至 2020 年 12 月 31 日，时间序列长达 28 年。

2）中尺度涡调查方法

中尺度涡普遍存在于世界海洋之中，在海面高度场中，其最直观的表现为海表面的隆起或下凹。从海洋湍流中提取中尺度涡必须遵照合适的涡旋识别方法，基于此，科学家们已提出了多种利用高度计数据的中尺度涡识别方法。已有研究结果表明，海面高度异常等值线法具有更高的涡旋识别准确率（将海洋中尺度涡识别出来的能力）和更低的误判率（把气旋涡识别为反气旋涡或把反气旋涡识别成气旋涡），其涡旋识别能力最好；在涡旋数量、生命周期以及移动速度等方面，海面高度异常等值线法得到的探测结果最好而且更加可信。海面高度异常等值线法已被广泛应用在海洋中尺度涡识别研究中。因此，本图集中尺度涡调查选择海面高度异常等值线法开展全球中尺度涡的探测识别。

海面高度异常等值线法首先在一个 1° × 1° 经纬度移动窗口内寻找局地海面高度异常极大（小）值，判断可能的反气旋涡（气旋涡）中心。然后对于每一个可能的反气旋涡（气旋涡）中心，从其内部以 1 cm 的减幅（增幅）向外寻找海面高度异常闭合等值线，直到找到符合一定条件的最外闭合等值线（图 1.2），那么该等值线内的区域即为识别的中尺度涡，最外等值线即为中尺度涡边界，海面高度异常极值点为中尺度涡中心。就涡旋类型而言，涡旋中心的海面高度异常值大于边界值的中尺度涡为反气旋涡，而涡旋中心海面高度异常值小于边界值的中尺度涡为气旋涡。针对空间分辨率为 0.25° 的海面高度融合数据，海洋中尺度涡的具体识别条件如下：

（1）反气旋涡（气旋涡）内所有网格点的海面高度异常值大于（小于）边界值；

（2）为了避免识别的中尺度涡尺度太小或太大，涡旋内的网格点数量小于 8 个，且不超过 1000 个；

（3）反气旋涡（气旋涡）内只有 1 个局地海面高度异常极大（小）值；

（4）涡旋中心和边界的海面高度异常差值（即涡旋振幅）大于 1 cm；

（5）为了避免涡旋空间形状的不规则和畸形，涡旋区域内任意网格点距离应小于 600 km；

（6）涡旋边界定义为涡旋旋转速度 U 大于移动速度 c 的最外闭合等值线。闭合等值线的旋转速度 U 是指等值线上每个点地转速度异常 $\sqrt{u'^2+v'^2}$ 的平均值。涡旋移动速度 c 是指两个连续涡旋之间的移动距离与时间间隔的比值。在一些西边界强流区 $c = 10$ cm/s，而大洋区域则采用随纬度（lat）线性变化的移动速度 $c = (10-7\times \text{lat}/50)$ cm/s，超过 50°N/S 都采用 $c = 3$ cm/s。

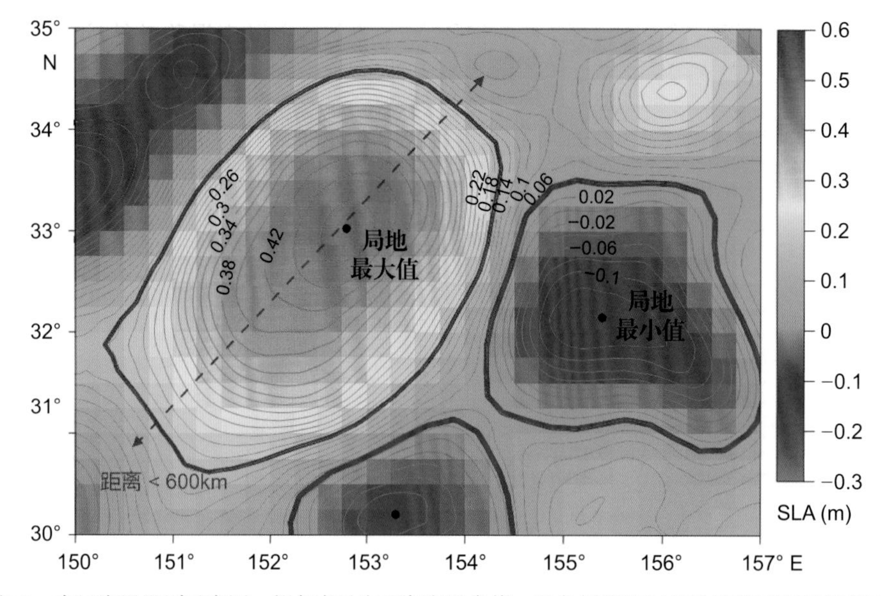

图1.2 中尺度涡识别示意图，颜色表示海面高度异常值，蓝色粗线和红色粗线表示海面高度异常等值线法确定的气旋涡和反气旋涡边界，黑点表示涡旋中心，其是SLA局地极值点

为了更好地描述和分析中尺度涡的特征，下面对中尺度涡的一些属性进行定义。中尺度涡空间尺度通常通过涡旋半径来描述。涡旋面积 A 是包含在中尺度涡边界内的区域面积，涡旋半径 R 为具有相同面积圆的半径，$R=\sqrt{A/\pi}$。将最大旋转速度等值线内的区域定义为涡核区域（eddy core）。

中尺度涡引起的海面高度变化幅度（振幅，AM）定义为涡旋中心海面高度异常（$\text{SLA}_{\text{center}}$）和边界海面高度异常（$\text{SLA}_{\text{edge}}$）的差值：

$$\text{AM} = |\,\text{SLA}_{\text{center}} - \text{SLA}_{\text{edge}}\,| \tag{1.1}$$

一般而言，中尺度涡能量的强弱可以采用涡动能（eddy kinetic energy，EKE）来表示：

$$\text{EKE} = \frac{1}{2}(u'^2 + v'^2) \tag{1.2}$$

式中，u' 和 v' 分别表示地转流异常的纬向分量和经向分量，可根据地转平衡关系由海面高度异常计算得到

$$u' = -\frac{g}{f}\frac{\partial(\text{SLA})}{\partial y}\,,\quad v' = \frac{g}{f}\frac{\partial(\text{SLA})}{\partial x} \tag{1.3}$$

式中，g 是重力加速度；f 是科氏参数；∂x 和 ∂y 分别是纬向方向和经向方向的单位距离。涡旋能量密度（energy intensity，EI）表示为单位面积的涡动能，EI = EKE / A。中尺度涡旋转速度 U 表示为涡旋内地转流速异常 $\sqrt{u'^2+v'^2}$ 的平均值。

中尺度涡涡度 ξ（即数学中的旋度），表示涡旋的旋转情况，计算如下：

$$\xi = \frac{\partial(v')}{\partial x} - \frac{\partial(u')}{\partial y} \tag{1.4}$$

在大洋中，海洋涡旋一旦形成，这种稳定的中尺度结构便可以维持相当长的时间，因此涡旋识别出来之后，可以在时间上连续的海面高度场中对其进行追踪。中尺度涡移动轨迹追踪已有许多成熟的算法，这里采用最常用的涡旋属性相似方法对全球中尺度涡移动轨迹进行追踪。该方法将一定空间范围内的相邻时间涡旋属性最相近的两个中尺度涡认为是同一个涡旋。具体地，在时刻 n 对于海面高度场中的每一个涡旋，在下一个时刻 $n+1$ 的海面高度场中寻找与其距离最近且属性最相似的涡旋：

$$S_{(n,n+1)} = \sqrt{\left(\frac{\Delta D}{D_0}\right)^2 + \left(\frac{\Delta R}{R_0}\right)^2 + \left(\frac{\Delta \xi}{\xi_0}\right)^2 + \left(\frac{\Delta \mathrm{EI}}{\mathrm{EI}_0}\right)^2} \tag{1.5}$$

式中，$S_{n,n+1}$ 描述的是时间步 n 和 $n+1$ 涡旋之间的相似度（其值越小表示相似度越高），ΔD、ΔR、$\Delta\xi$ 和 $\Delta\mathrm{EI}$ 分别为涡旋在时刻 n 和 $n+1$ 的空间距离、半径、涡度以及 EI 的变化。D_0、R_0、ξ_0 和 EI_0 分别为标准距离（$D_0 = 100$ km）、标准半径（$R_0 = 50$ km）、标准涡度（$\xi_0 = 10^{-6}\ \mathrm{s}^{-1}$）和标准 EI［$\mathrm{EI}_0 = 1\ \mathrm{cm^2/(s^2 \cdot km^2)}$］。在时刻 $n+1$，选择 $S_{n,n+1}$ 为最小值的涡旋，即认为该涡旋和时刻 n 的涡旋为同一个中尺度涡。考虑到涡旋的典型移动速度（一般为每秒几厘米），并为了避免错误的追踪，寻找范围 ΔD 被限定为 50 km。

如果下一个时间点没有找到与当前涡旋性质最相近的涡旋，那么在接下来的 10 天内继续查找与该涡旋性质最接近的涡旋，如果仍然追踪不到则认为该涡旋已经消失。这样做的原因有两个，一是一些涡旋可能正好存在于高度计轨道间隙，不能在海面高度场中显示出来。考虑如果海面高度数据融合采取 4 颗卫星高度计，那么在纬度 10°N/S 处，就卫星轨道空间覆盖而言，其轨道间距小于 50 km。假设中尺度涡以 5 cm/s 的速度移动，那么 10 天内涡旋移动了 40 km 左右，足够在下一次卫星重访时捕捉到该涡旋。另一原因是涡旋中心的跳跃性。由于高度计空间分辨率较低，实际获取的 0.25° 的网格化数据产品是依靠多星联合观测插值得到，这样一来尽管涡旋的大体范围确定的差异不会很大，但是对于涡旋中心的确定会有一些误差。尤其是当涡旋强度较强且高度计在涡旋中心附近没有观测数据时，相邻两个或几个时刻确定的涡旋中心位置会有一定的跳跃性。为了保证中尺度涡追踪的连贯性，需要在接下来的一段时间对涡旋进行查找，以免在中尺度涡追踪时产生这种因涡旋中心位置跳跃而造成的涡旋遗漏。

在中尺度涡轨迹追踪中，针对 10 天这样一个时间间隔阈值进行了检测分析。图 1.3 蓝线给出了涡旋追踪过程中在下一个时刻发现涡旋的时间间隔（也就是同一涡旋在多少天之内被重新发现）频率统计。可以看出绝大部分涡旋（93.5%）均是在 1 天内被追踪到，仅有 6.5% 的涡旋在超过 2 天的时间内被追踪到，而且随着时间间隔的增加，这种被追踪到的涡旋比例越来越小。注意，这里统计的是每个时间节点独立的涡旋（在任一时刻的海面高度场中识别出的涡旋均计入统计），而不是时间上连续的涡旋轨迹（时间上连续的涡旋轨迹看作是一个涡旋）。因此，针对后者，我们统计了不同天数时间间隔与 10 天时间间隔追踪到的涡旋轨迹数量结果的比值（图 1.3 橙线）。当以 1 天时间间隔进行涡旋追踪时，也就是对每天时间上连续的涡旋进行追踪，涡旋轨迹数量仅为

10 天时间间隔涡旋轨迹数量的 14%。尽管 93.5% 的中尺度涡在 1 天内被追踪到，但是若采用每天连续追踪的话，其追踪到的涡旋轨迹结果会明显减少。从图 1.3 中可以看出随着时间间隔天数的增加，追踪到的涡旋轨迹数量比例近线性增加。而且，涡旋在 10 天的时间间隔（仅在 10 天）被追踪到的比率已经接近 0.1%，10 天的时间间隔阈值即减少了涡旋追踪的漏检，同时也保证了追踪到的涡旋轨迹的完整，更长的时间间隔有可能会造成涡旋的错误追踪。因此，在中尺度涡轨迹追踪中，采用 10 天的时间间隔阈值去获取完整生命周期的涡旋轨迹是合适的，且限定区域 ΔD 随时间从 50 km 线性增加到 100 km。

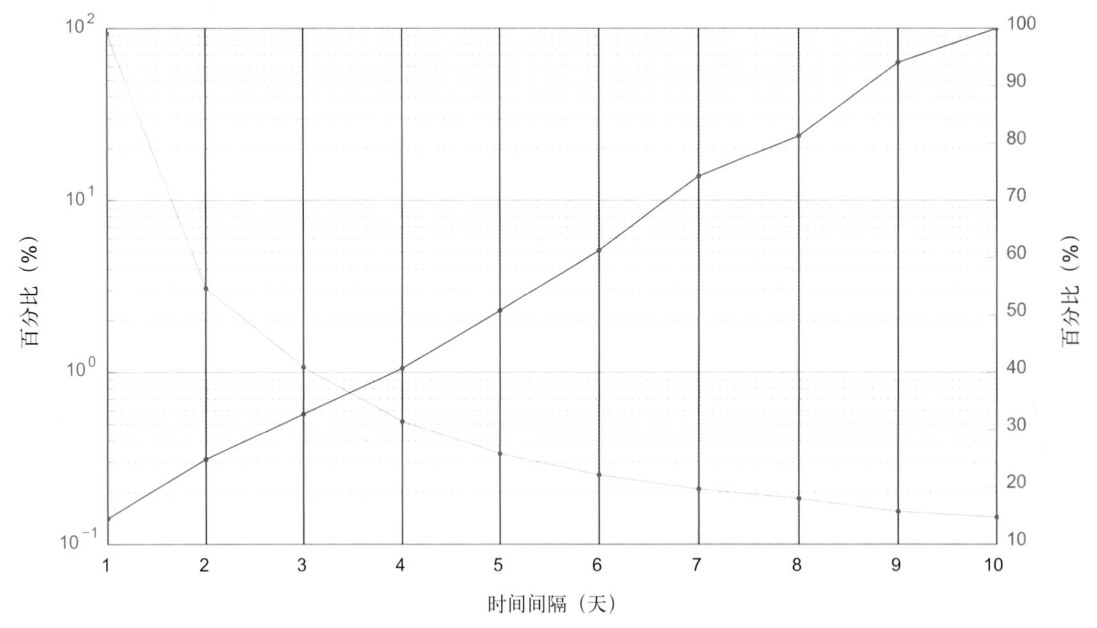

图1.3　涡旋追踪过程中在下一个时刻发现涡旋的时间间隔频率分布（蓝线）以及不同天数时间间隔与10天时间间隔追踪到的涡旋轨迹数量比值（橙线）

中尺度涡轨迹中第一个涡旋代表涡旋出现，最后一个涡旋代表涡旋消失。涡旋生命周期被定义为涡旋从出现到消失时所维持的时间长度，单位一般用天表示。涡旋移动距离被定义为涡旋出现位置与消失位置的空间距离，单位一般用 km 表示。涡旋移动速度被定义为涡旋轨迹相邻两个节点间移动距离与时间间隔的比值，单位一般用 cm/s 表示。在涡旋轨迹追踪过程中，为保证获取的中尺度涡结构的一致性以及避免小尺度海洋湍流信号的干扰，往往生命周期小于 30 天的涡旋轨迹被忽略。

1.3　中尺度涡调查分析

近年来随着现场观测资料以及卫星遥感数据的丰富，人们对海洋湍流有了新的认识，它兼有随机性和有序性。海洋湍流的基本结构之一是各种尺度的涡旋，既有大量随机的小涡旋构成背景流场，又有统计意义上拟序的中尺度涡结构。尽管海洋是一个复杂的湍流系统，不过长时间序列的全球海洋高度计观测显示中尺度涡按照一定的方式在海洋中运动。基于高度计海面测高数据的中尺度涡统计显示，海洋中尺度涡最大的特征是非线性（旋转速度与传播速度的比值超过 1），并且大部分涡旋以非频散斜压罗斯贝波的相速度向西传播，而且气旋涡和反气旋涡分别具有一个轻微地向极地和向赤道的传播倾向。长时序中尺度涡调查结果的统计分析是了解全球海洋中尺度涡运动特征和时空变化规律的重要手段。因此，使用长时间序列、全球覆盖、空间分布均匀的海面高度数据，探测识别海洋中尺度涡现象，开展全球海洋中尺度涡调查分析，可以帮助人们掌握中尺度涡运动特征和时空变化规律，增加人们对海洋中尺度过程的认识。

本图集针对海洋中尺度涡调查分析，主要给出了中尺度涡月调查结果空间分布、中尺度涡轨迹、中尺度涡属性特征等方面的统计分析和专题图。在给出全球海洋中尺度涡统计结果的同时（第 2 章）,为了研究不同大洋和海区的中尺度涡调查结果,本图集分别针对太平洋（第 3 章）、印度洋（第 4 章）、大西洋（第 5 章）、南大洋（第 6 章）以及南海（第 7 章）给出了相应的统计分析专题图。

1.3.1 中尺度涡月调查结果空间分布

基于 1993—2020 年共 28 年月平均卫星高度计海面高度融合数据，探测识别涡旋振幅超过 10 cm 的中尺度涡，得到 1993—2020 年的中尺度涡月调查结果。为了研究海洋中尺度涡月、季节和年的空间分布特征和变化规律，基于中尺度涡月调查结果，分别制作中尺度涡气候态月空间分布图、中尺度涡气候态季节空间分布图以及中尺度涡年空间分布图。

中尺度涡气候态月空间分布图：将 1993—2020 年共 28 年相同月份的涡旋结果叠加绘制。比如“1 月中尺度涡气候态月空间分布图”，是将 1993—2020 年每年 1 月的中尺度涡月调查结果叠加绘制到同一张空间分布图上。

中尺度涡气候态季节空间分布图：将 1993—2020 年共 28 年相同季节月份的涡旋结果叠加绘制。比如“春季中尺度涡气候态季节空间分布图”，是指将 1993—2020 年每年 4—6 月的中尺度涡月调查结果叠加绘制到同一张空间分布图上。为了和大洋季节以及国际水文调查结果一致，气候态季节按照以下月份对应，针对北半球，冬季对应 1—3 月，春季对应 4—6 月，夏季对应 7—9 月，秋季对应 10—12 月；而南半球，夏季对应 1—3 月，秋季对应 4—6 月，冬季对应 7—9 月，春季对应 10—12 月。需要特别说明的是，如果中尺度涡气候态季节空间分布图中同时包含北半球和南半球区域，那么对应分布图所对应的季节是针对北半球而言的，而南半球对应的是相同月份的分布结果，但是季节和北半球却是相反的。比如“太平洋春季中尺度涡气候态季节空间分布图”，是指整个太平洋 4—6 月的中尺度涡分布结果，北太平洋对应的季节是春季，而南太平洋对应的季节则是秋季。如果中尺度涡气候态季节空间分布图中仅包含北半球或南半球区域，那么空间分布图所对应的季节则是针对该区域而言的。比如“南大洋春季中尺度涡气候态季节空间分布图”，是指南大洋 10—12 月的中尺度涡空间分布结果。

中尺度涡年空间分布图：将某一年全年的中尺度涡结果叠加绘制，比如“2020 年中尺度涡空间分布图”，是将 2020 年 1—12 月的中尺度涡月调查结果叠加绘制到一张空间分布图上。图 1.4 给出了太平洋 2020 年中尺度涡年空间分布图，其中气旋涡用蓝色圆点表示，反气旋涡用红色圆点表示，圆点位置表示中尺度涡中心位置，圆点大小表示中尺度涡空间尺度大小。

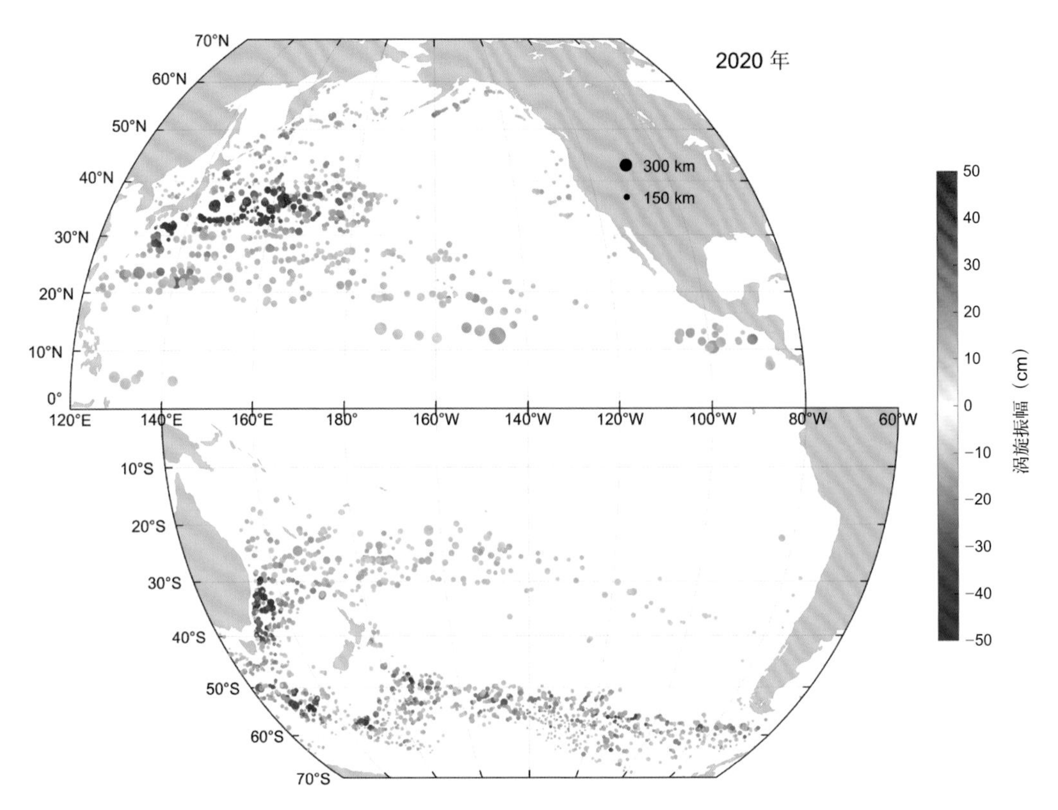

图1.4 太平洋2020年中尺度涡年空间分布图，涡旋振幅正值（红色）表示反气旋涡，涡旋振幅负值（蓝色）表示气旋涡

1.3.2 中尺度涡轨迹

使用 1993—2020 年共 28 年逐日的卫星高度计海面高度融合数据，按照 1.2.2 中所述的中尺度涡识别方法，探测识别海洋中尺度涡，得到 1993—2020 年中尺度涡日调查结果。基于逐日的中尺度涡调查结果，开展涡旋移动轨迹追踪，得到连续时间的中尺度涡移动轨迹。为了研究不同类型中尺度涡轨迹空间分布、移动方向和数量频率分布等运动特征，分别制作超过一定生命周期的中尺度涡轨迹分布图、中尺度涡相对轨迹分布图以及中尺度涡轨迹数量频率分布图。

中尺度涡轨迹分布图：基于 1993—2020 年中尺度涡识别和轨迹追踪结果，根据涡旋中心移动路径，绘制生命周期超过一定天数的中尺度涡轨迹。图 1.5 给出了太平洋生命周期≥ 360 天的中尺度涡轨迹分布图，其中气旋涡用蓝色线表示，反气旋涡用红色线表示。

中尺度涡相对轨迹分布图：基于 1993—2020 年中尺度涡识别和轨迹追踪结果，将涡旋轨迹起始点平移到经纬度原点（0°，0°），绘制生命周期超过一定天数的中尺度涡相对轨迹。图 1.6 给出了太平洋生命周期≥ 360 天的中尺度涡相对轨迹分布图，其中气旋涡用蓝色线表示，反气旋涡用红色线表示。

中尺度涡轨迹数量频率分布图：基于 1993—2020 年中尺度涡识别和轨迹追踪结果，统计不同移动方向的涡旋轨迹数量，绘制中尺度涡不同移动方向的轨迹数量频率分布图。图 1.7 给出了太平洋生命周期≥ 360 天的中尺度涡东西向和南北向移动轨迹数量频率分布图。

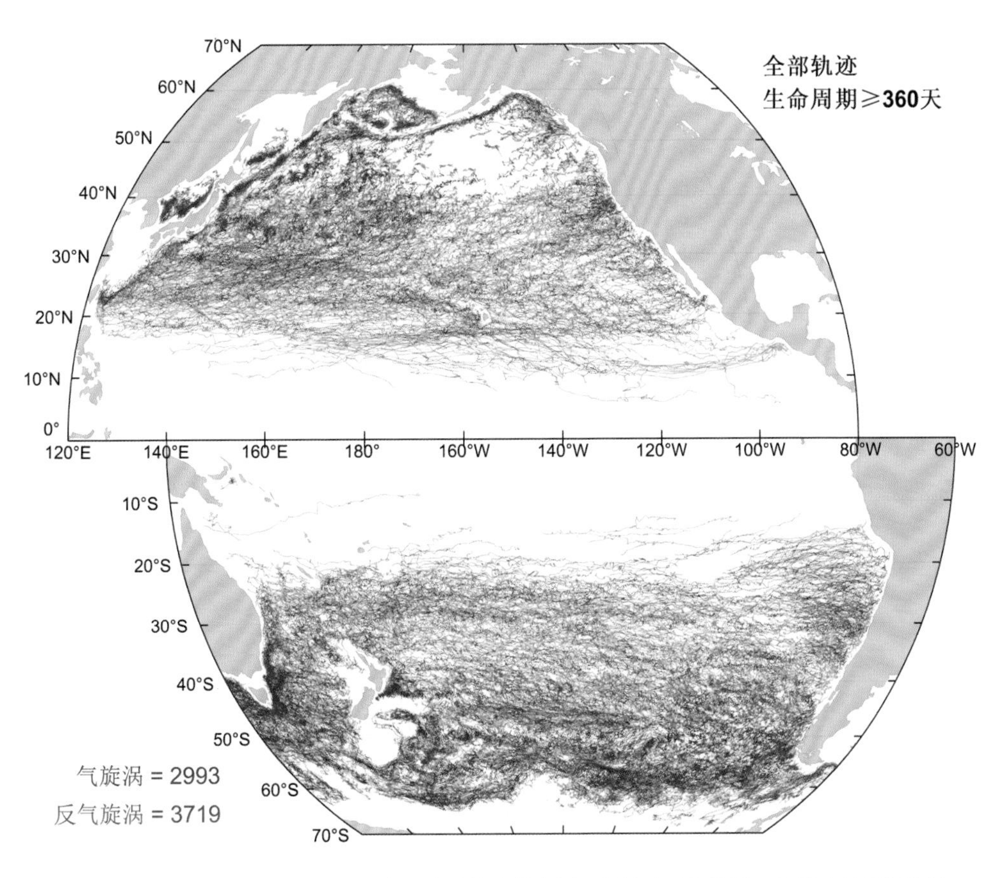

图1.5 太平洋生命周期≥360天的中尺度涡轨迹分布图，蓝线表示气旋涡，红线表示反气旋涡

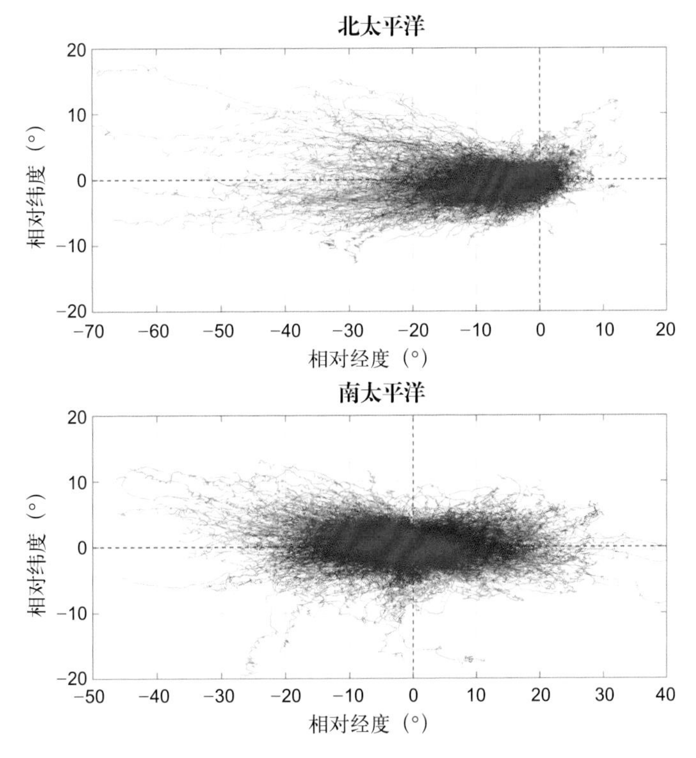

图1.6 太平洋生命周期≥360天的中尺度涡相对轨迹分布图，蓝线表示气旋涡，红线表示反气旋涡，涡旋起始点被移动到经纬度原点（0°，0°）

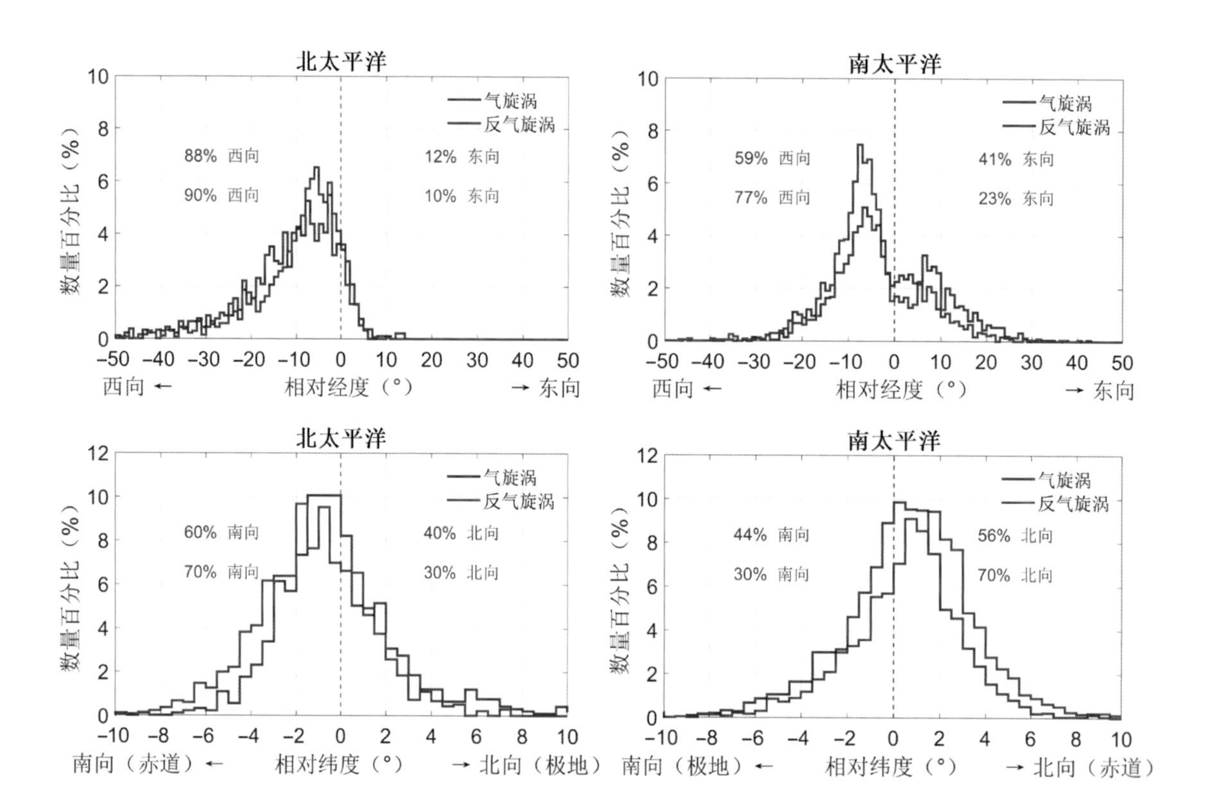

图1.7　太平洋生命周期≥360天的中尺度涡东西向和南北向移动轨迹数量频率分布图

1.3.3　中尺度涡属性特征

基于1993—2020年中尺度涡识别和轨迹追踪结果，对中尺度涡属性特征进行统计分析，绘制中尺度涡属性特征分布图。

中尺度涡轨迹数量分布图：基于1993—2020年中尺度涡识别和轨迹追踪结果，统计不同生命周期和移动距离的涡旋轨迹数量，绘制中尺度涡轨迹数量分布图。图1.8给出了太平洋不同生命周期的中尺度涡轨迹数量。

中尺度涡属性空间分布图：基于1993—2020年中尺度涡识别和轨迹追踪结果，开展涡旋数量、极性、出现位置、消失位置、振幅、半径、旋转速度、涡动能（EKE）以及移动速度等属性空间分布特征分析，绘制中尺度涡属性空间分布图。图1.9给出了太平洋中尺度涡数量空间分布图。

中尺度涡属性统计特征分布图：基于1993—2020年中尺度涡识别和轨迹追踪结果，开展涡旋振幅、半径、旋转速度、涡动能（EKE）以及移动速度等属性特征统计分析，绘制中尺度涡属性统计特征分布图。图1.10给出了太平洋中尺度涡半径频次分布图。

中尺度涡属性气候态月和年际变化分布图：基于1993—2020年中尺度涡识别和轨迹追踪结果，开展涡旋轨迹数量、振幅、半径、旋转速度、涡动能（EKE）以及移动速度等属性特征气候态月和年际变化分析，绘制中尺度涡属性特征气候态月和年际变化分布图。图1.11给出了太平洋中尺度涡月平均半径变化分布图。

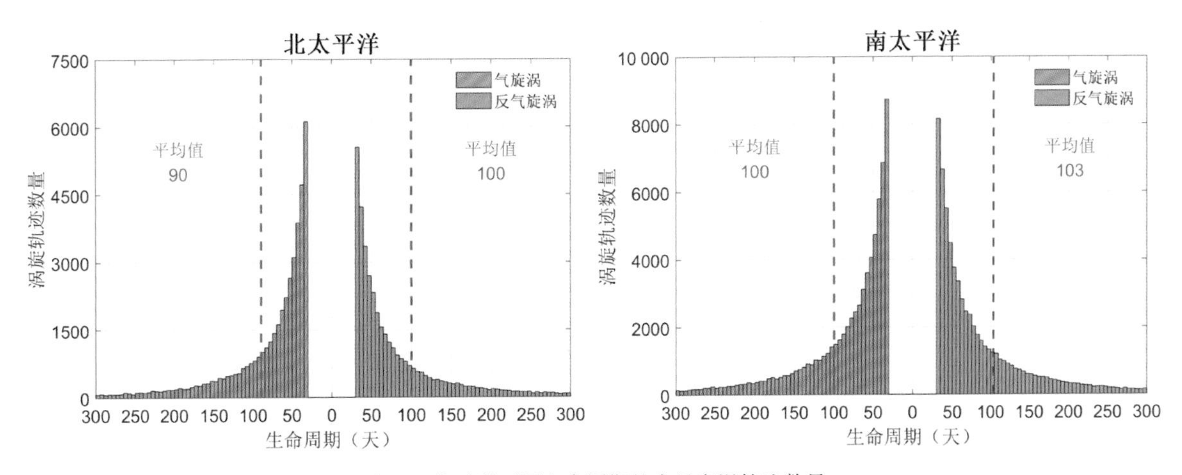

图1.8 太平洋不同生命周期的中尺度涡轨迹数量

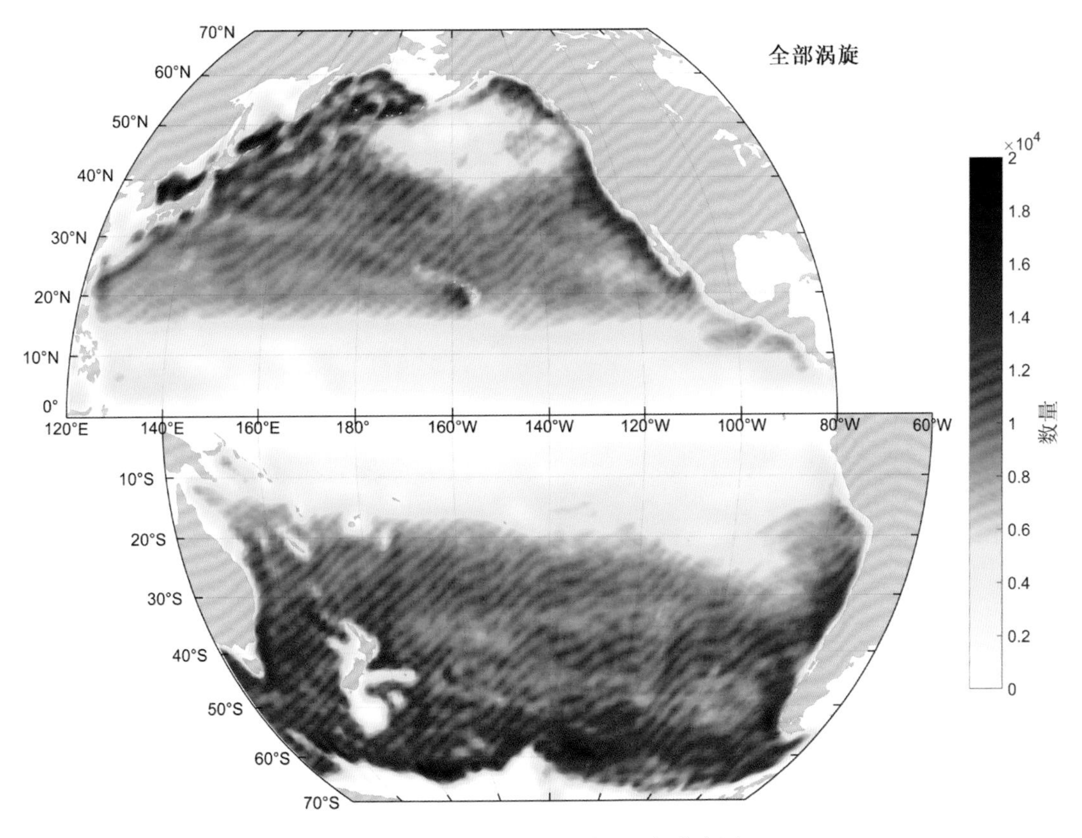

图1.9 太平洋中尺度涡数量空间分布图

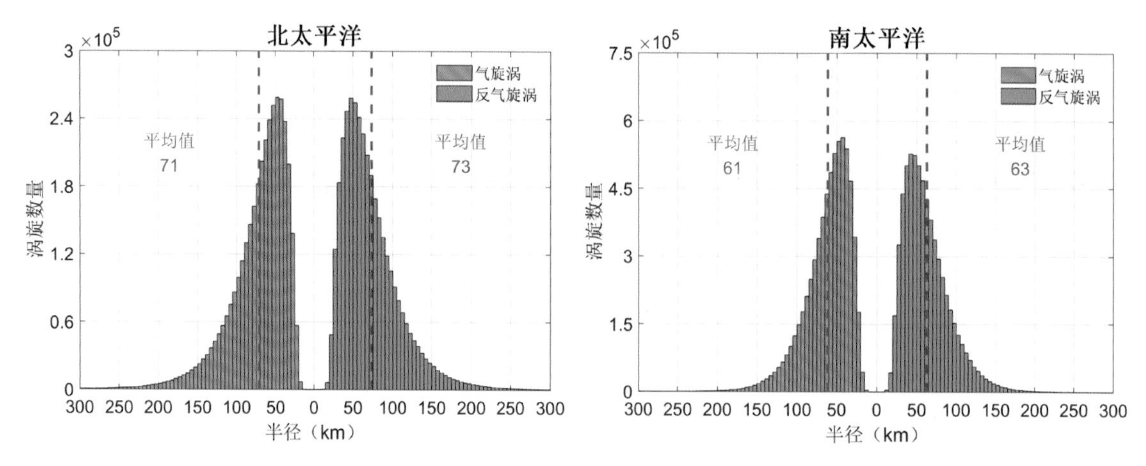

图1.10　太平洋中尺度涡半径频次分布图

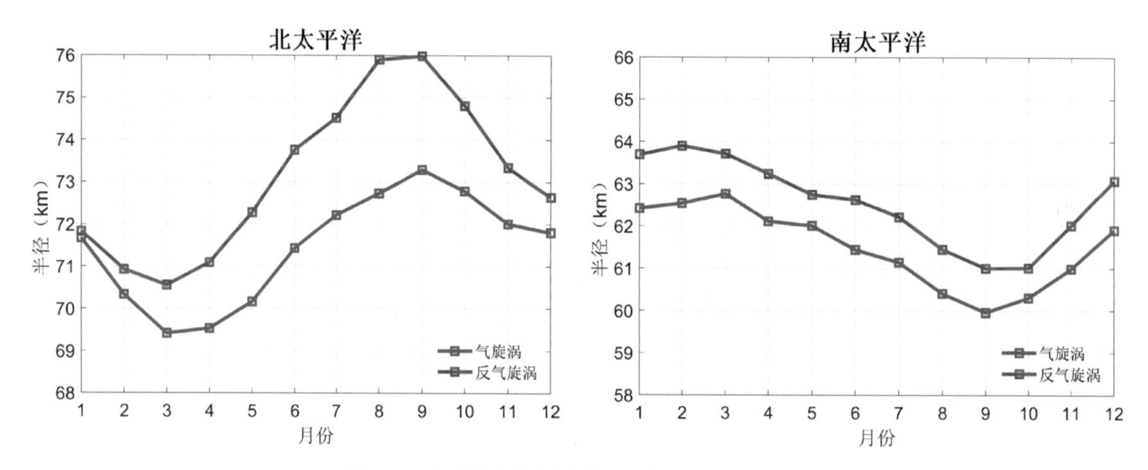

图1.11　太平洋中尺度涡月平均半径变化分布图

第 2 章 全球海洋中尺度涡遥感调查概况

海洋中尺度涡在全球海洋中广泛存在，本章对全球海洋中尺度涡总体情况进行概述，这里仅给出全球中尺度涡移动轨迹和移动方向统计以及涡旋属性特征统计分析。后面的章节将给出各大洋和重点海域海洋中尺度涡的空间分布和统计分析特征。

2.1 全球海洋中尺度涡轨迹

基于 1993—2020 年共 28 年逐日的卫星高度计海面高度融合数据，按照 1.2.2 节中介绍的中尺度涡调查方法，对全球海洋中尺度涡进行探测识别和移动轨迹追踪，确定连续时间的全球海洋中尺度涡轨迹。为了研究不同类型中尺度涡轨迹空间分布、移动方向和数量频率分布等运动特征，分别制作了超过一定生命周期的中尺度涡轨迹分布图、中尺度涡相对轨迹分布图以及不同移动方向（东西向或南北向）的中尺度涡移动轨迹数量频率分布图。

为研究不同生命周期的中尺度涡轨迹在全球海洋中的空间分布，针对中尺度涡轨迹分布图，这里分别给出了全球海洋生命周期≥ 90 天、生命周期≥ 180 天、生命周期≥ 360 天和生命周期≥ 720 天的中尺度涡轨迹分布图，其中气旋涡用蓝线表示，反气旋涡用红线表示。为了观测不同移动方向的中尺度涡轨迹在全球海洋中的空间分布，也分别给出了全球海洋中尺度涡东向轨迹、北向轨迹和南向轨迹分布图。然后，将全球海洋中尺度涡轨迹起始点平移到经纬度原点（0°，0°），即可得到全球海洋中尺度涡相对轨迹分布图。为了对比南、北半球的中尺度涡移动方向的差异，分别给出了南、北半球中尺度涡相对轨迹分布图；同时对东西向和南北向移动的中尺度涡轨迹数量进行了统计，给出了南、北半球中尺度涡东西向和南北向移动轨迹数量频率分布图。

从不同生命周期的全球海洋中尺度涡轨迹分布图中可以看出，海洋中尺度涡在全球海洋中广泛存在，气旋涡和反气旋涡均有分布，并且在南、北半球副热带区域长生命周期的中尺度涡数量较多。就中尺度涡移动方向而言，在全球大部分海洋中，中尺度涡均西向移动，仅在南大洋南极绕极流区域、一些西边界流（比如黑潮和湾流等）及其延伸区，中尺度涡东向移动。中尺度涡在南、北半球呈现不同的移动倾向。所有生命周期的反气旋涡在南、北半球均倾向于向赤道方向移动（北半球向南，南半球向北），而气旋涡在北半球倾向于向赤道方向移动，长生命周期的气旋涡则在南半球倾向于向极地方向移动，且主要集中在澳大利亚西部的东南印度洋。

- 生命周期≥90天

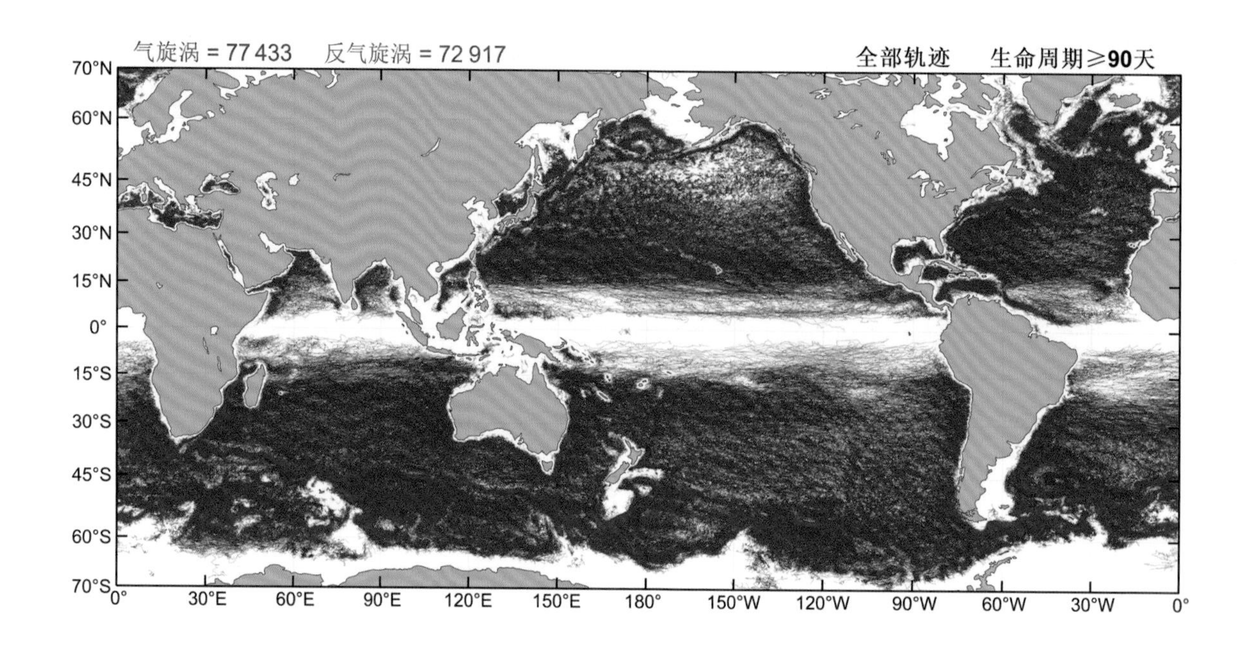

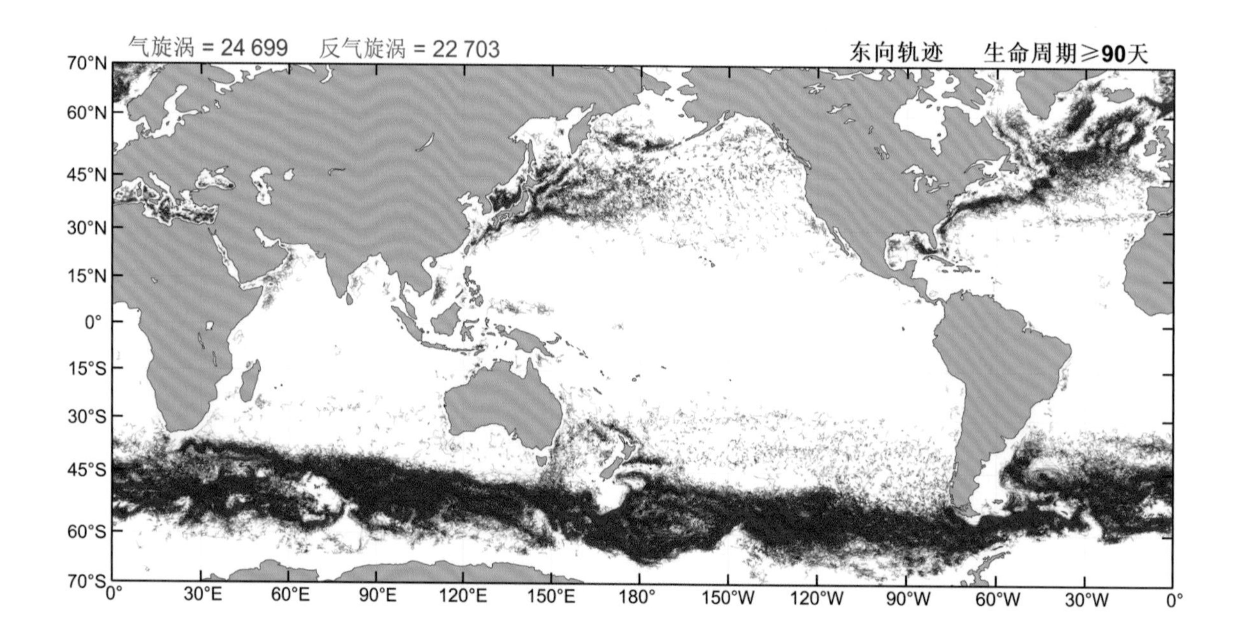

图2.1　全球海洋生命周期≥90天的中尺度涡全部轨迹和东向轨迹分布图，蓝线表示气旋涡，红线表示反气旋涡

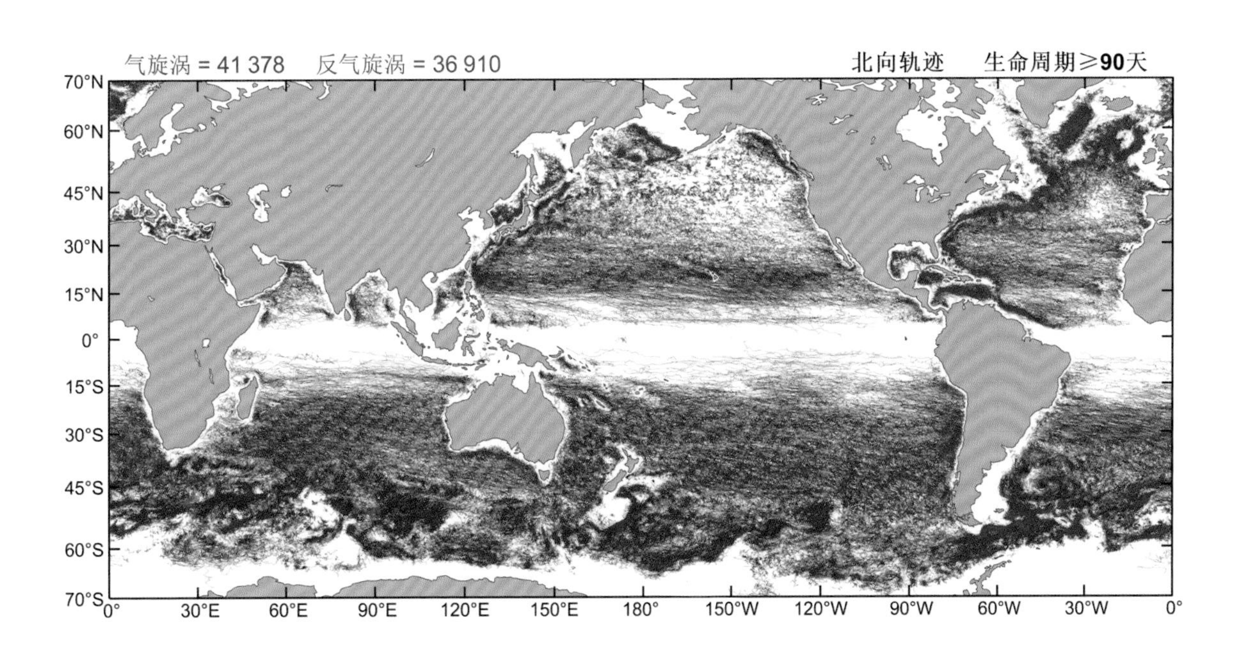

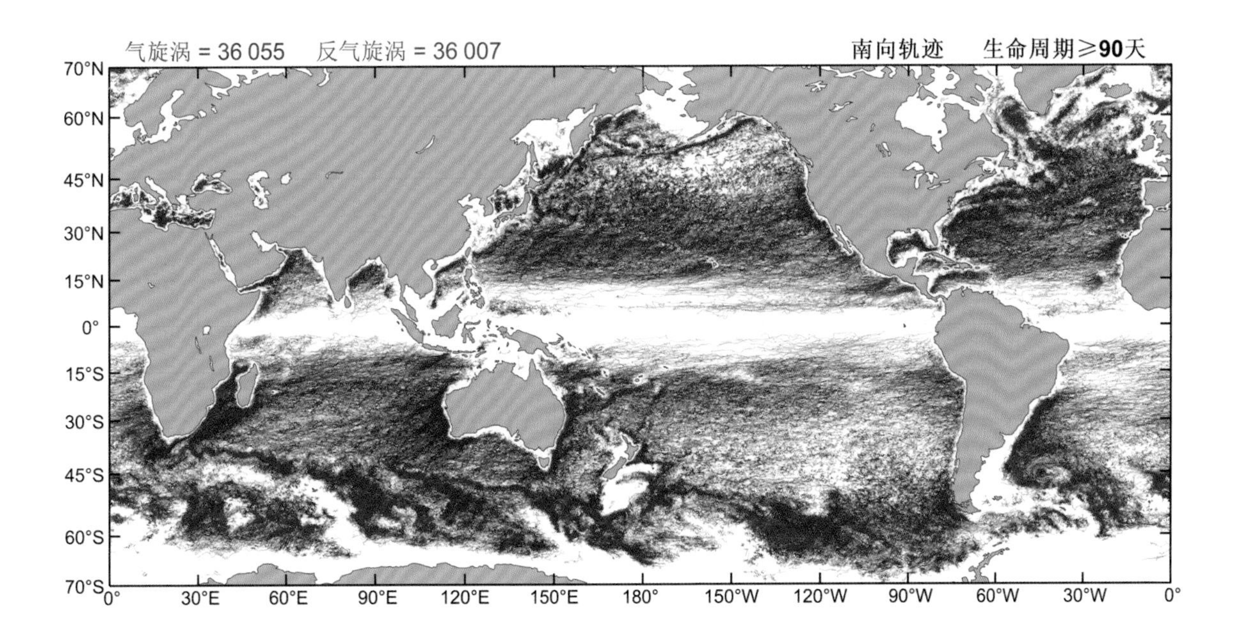

图2.2　全球海洋生命周期≥90天的中尺度涡北向轨迹和南向轨迹分布图，蓝线表示气旋涡，红线表示反气旋涡

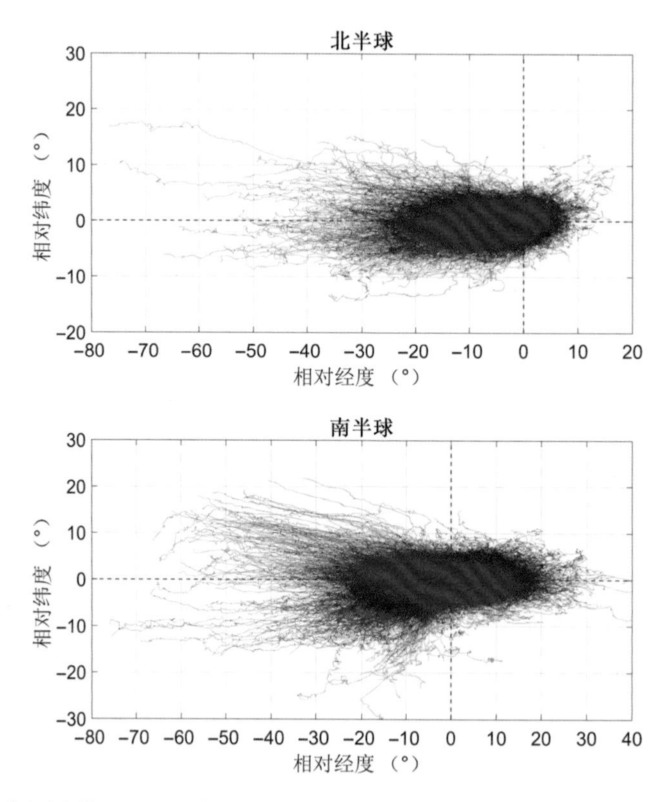

图2.3　全球海洋生命周期≥90天的中尺度涡相对轨迹分布图，蓝线表示气旋涡，红线表示反气旋涡，涡旋起始点被移动到经纬度原点（0°，0°）

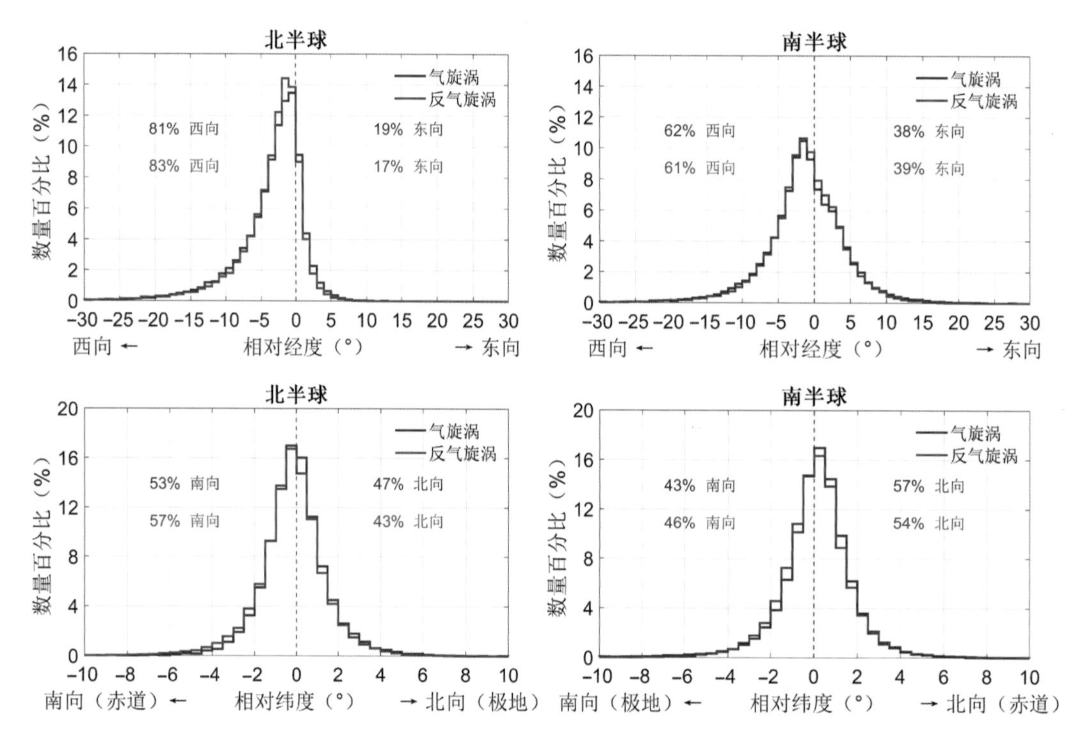

图2.4　全球海洋生命周期≥90天的中尺度涡东西向和南北向移动轨迹数量频率分布图

- 生命周期≥180天

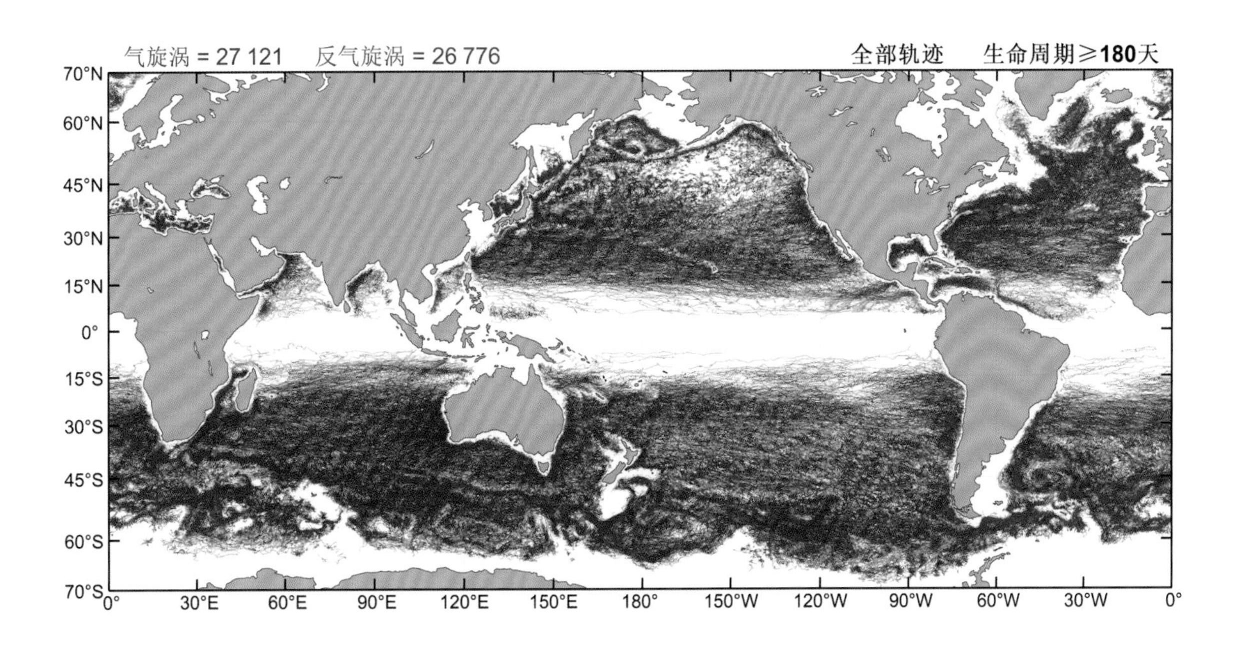

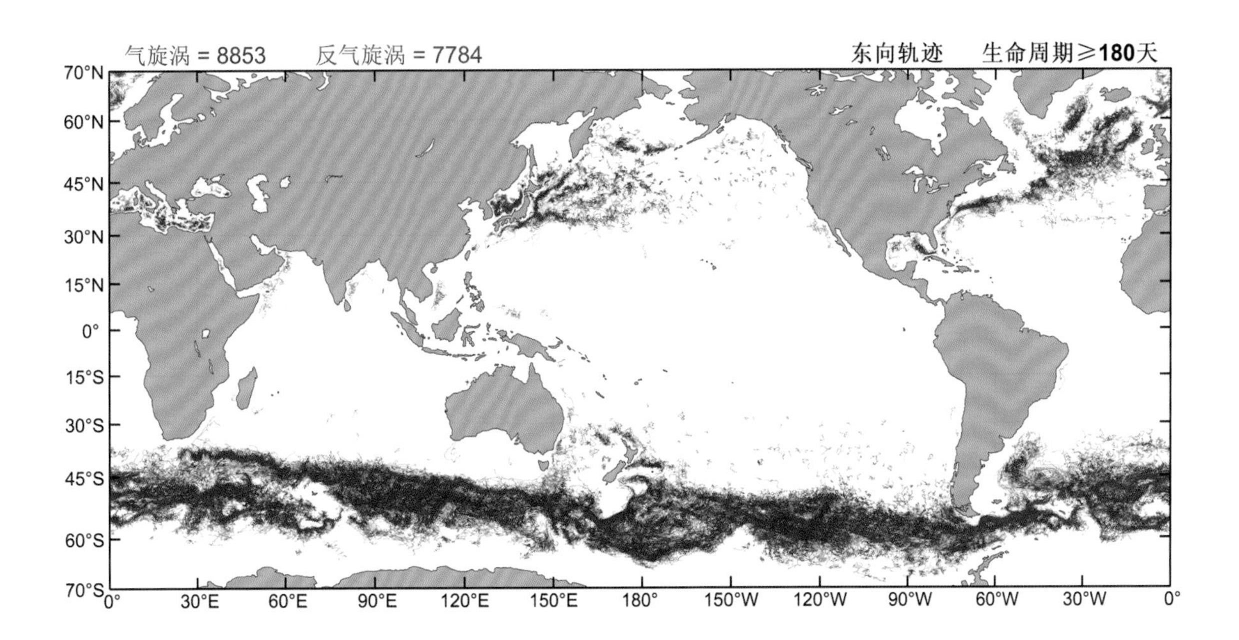

图2.5　全球海洋生命周期≥180天的中尺度涡全部轨迹和东向轨迹分布图，蓝线表示气旋涡，红线表示反气旋涡

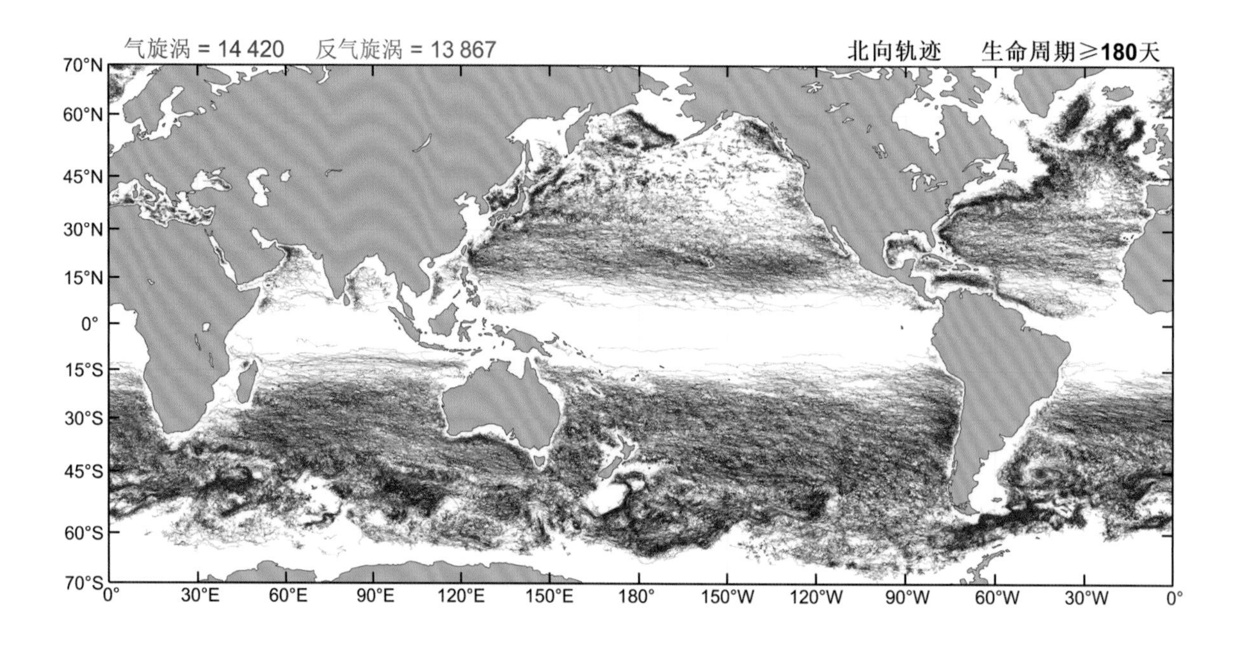

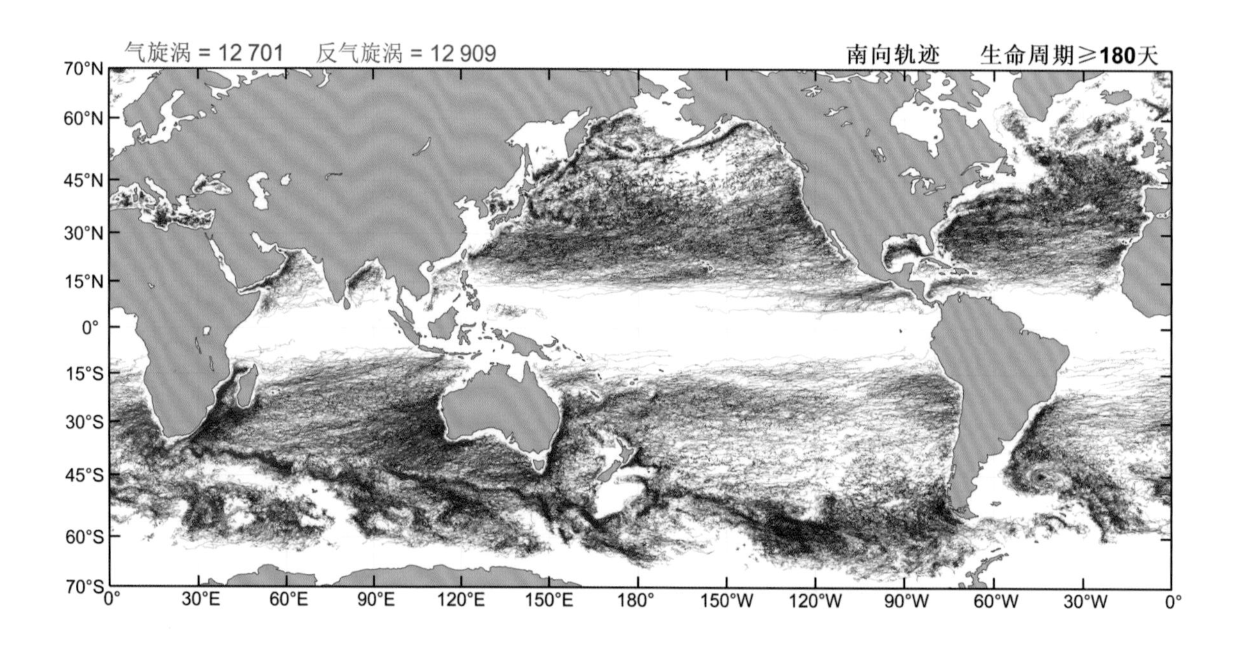

图2.6　全球海洋生命周期≥180天的中尺度涡北向轨迹和南向轨迹分布图，蓝线表示气旋涡，红线表示反气旋涡

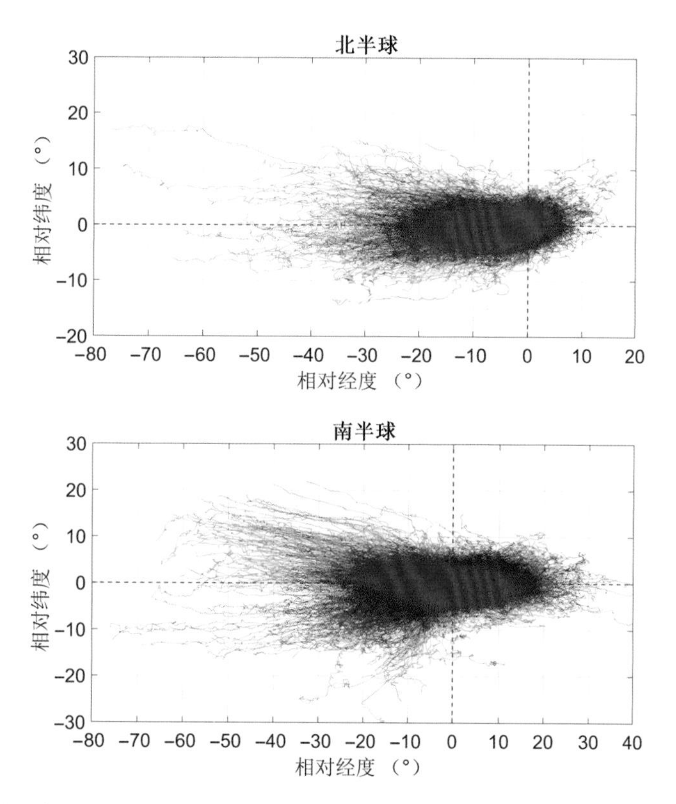

图2.7　全球海洋生命周期≥180天的中尺度涡相对轨迹分布图，蓝线表示气旋涡，红线表示反气旋涡，涡旋起始点被移动到经纬度原点（0°，0°）

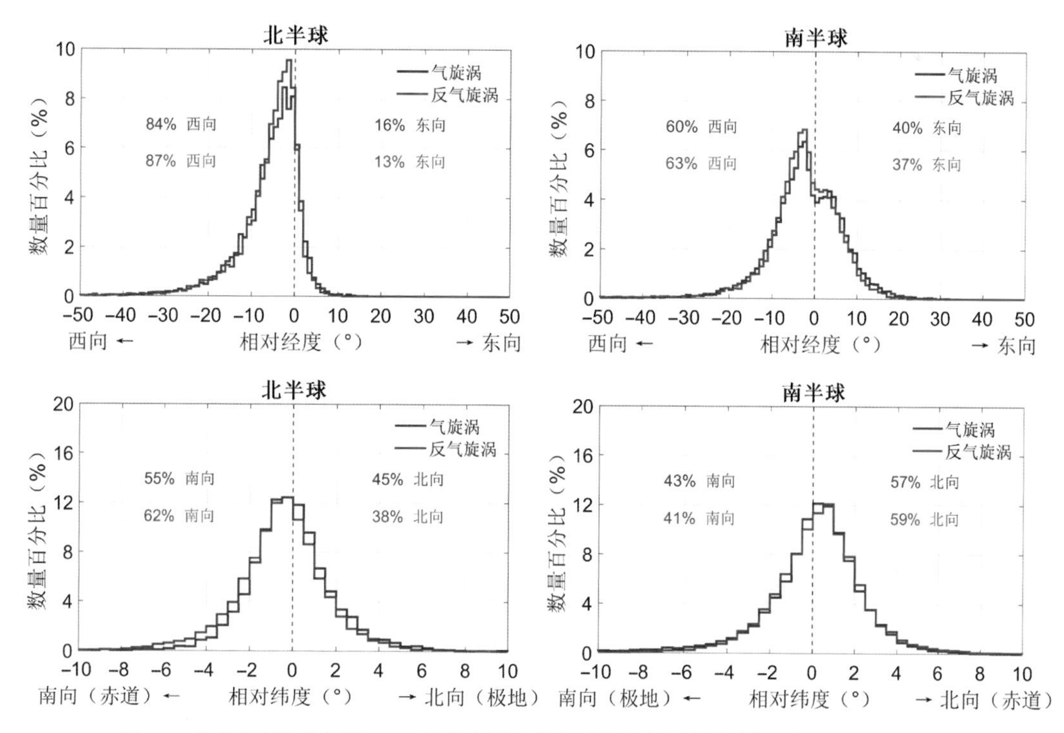

图2.8　全球海洋生命周期≥180天的中尺度涡东西向和南北向移动轨迹数量频率分布图

- 生命周期≥360天

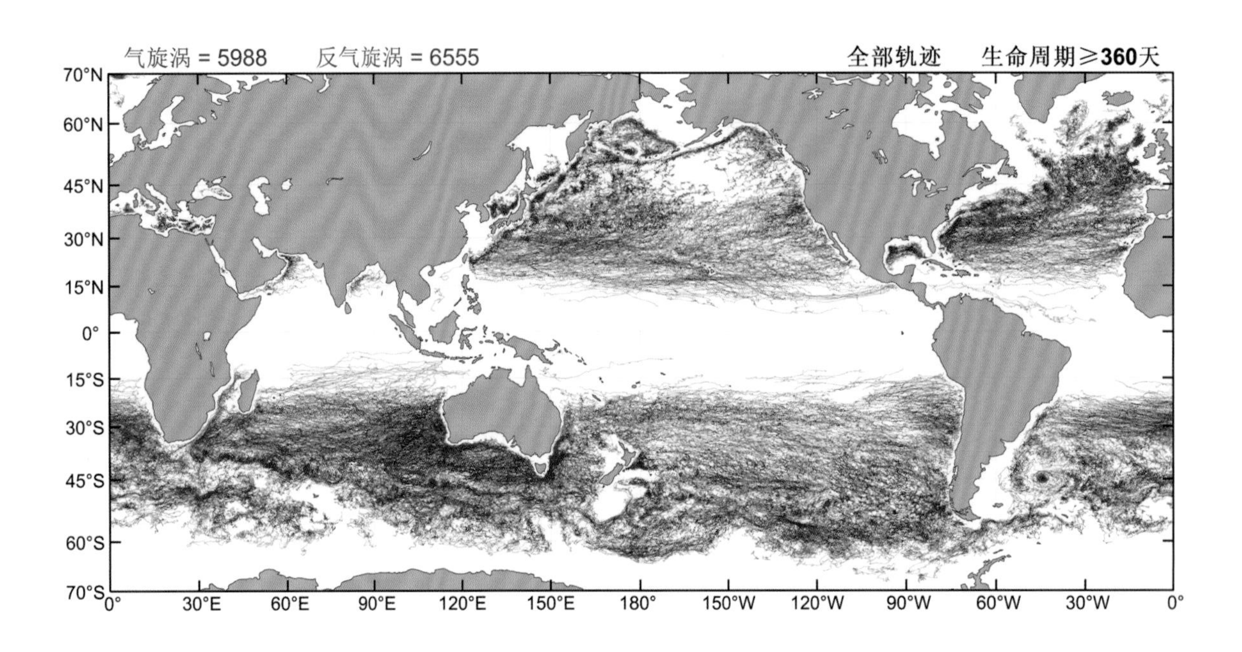

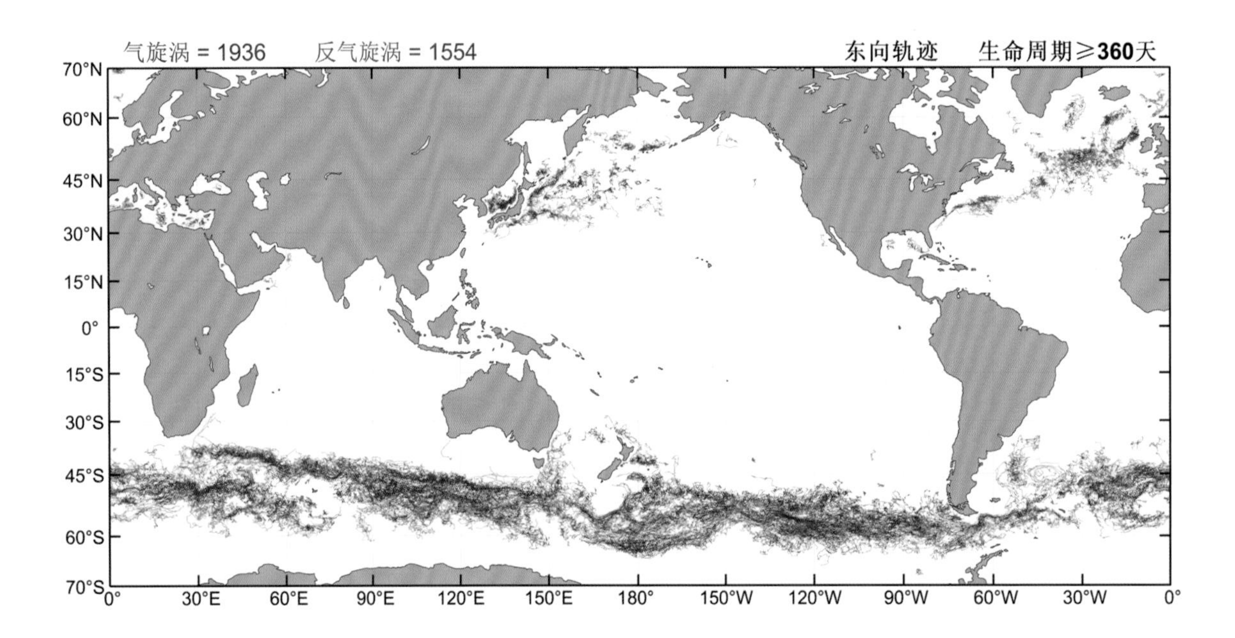

图2.9　全球海洋生命周期≥360天的中尺度涡全部轨迹和东向轨迹分布图，蓝线表示气旋涡，红线表示反气旋涡

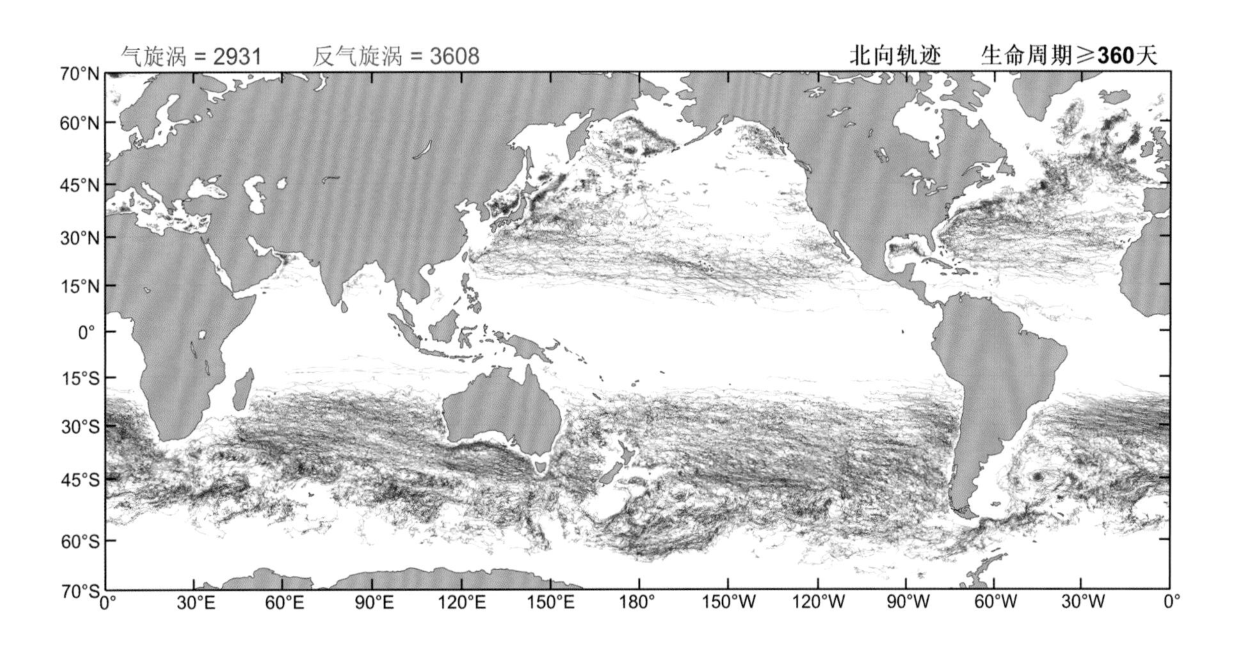

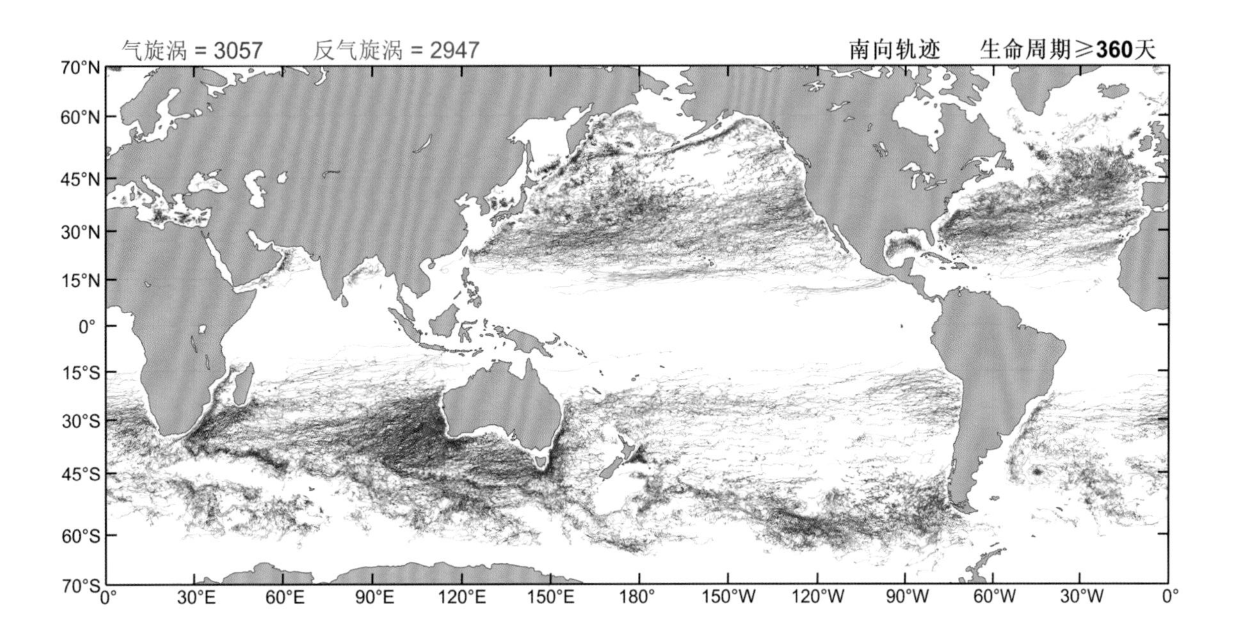

图2.10　全球海洋生命周期≥360天的中尺度涡北向轨迹和南向轨迹分布图，蓝线表示气旋涡，红线表示反气旋涡

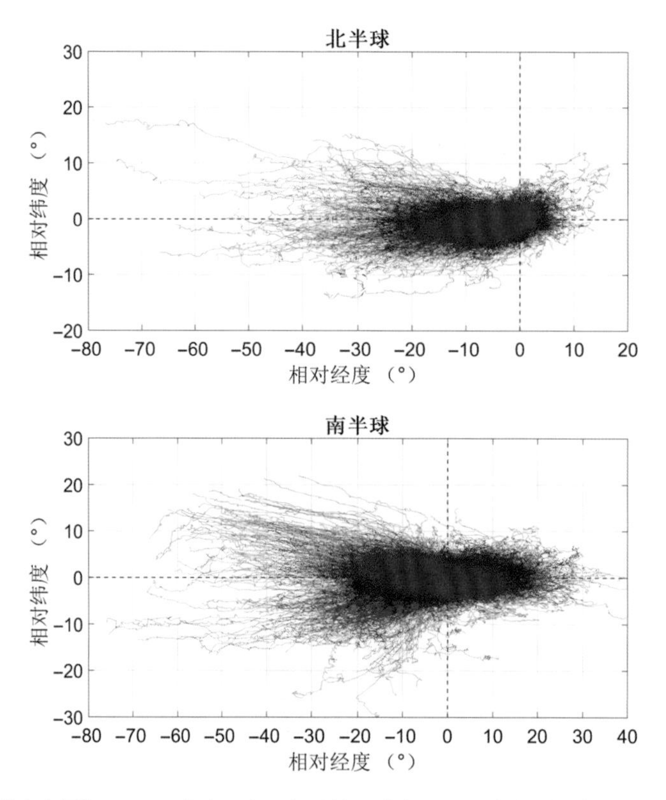

图2.11　全球海洋生命周期≥360天的中尺度涡相对轨迹分布图，蓝线表示气旋涡，红线表示反气旋涡，涡旋起始点被移动到经纬度原点（0°，0°）

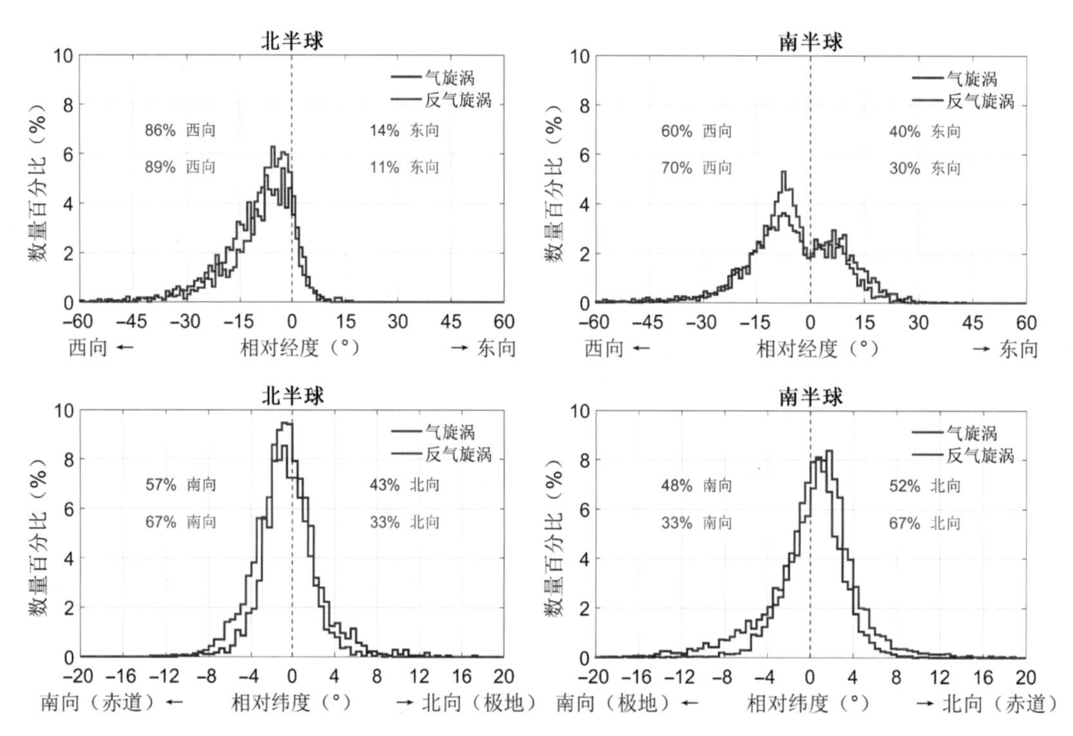

图2.12　全球海洋生命周期≥360天的中尺度涡东西向和南北向移动轨迹数量频率分布图

- 生命周期≥720天

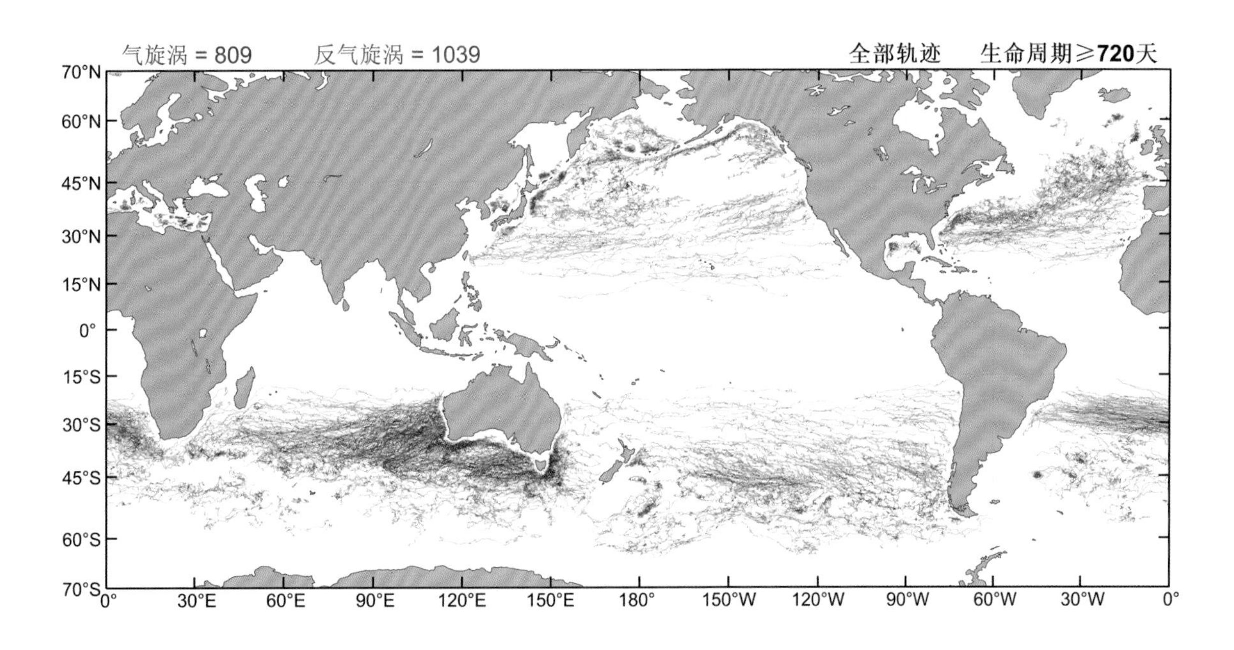

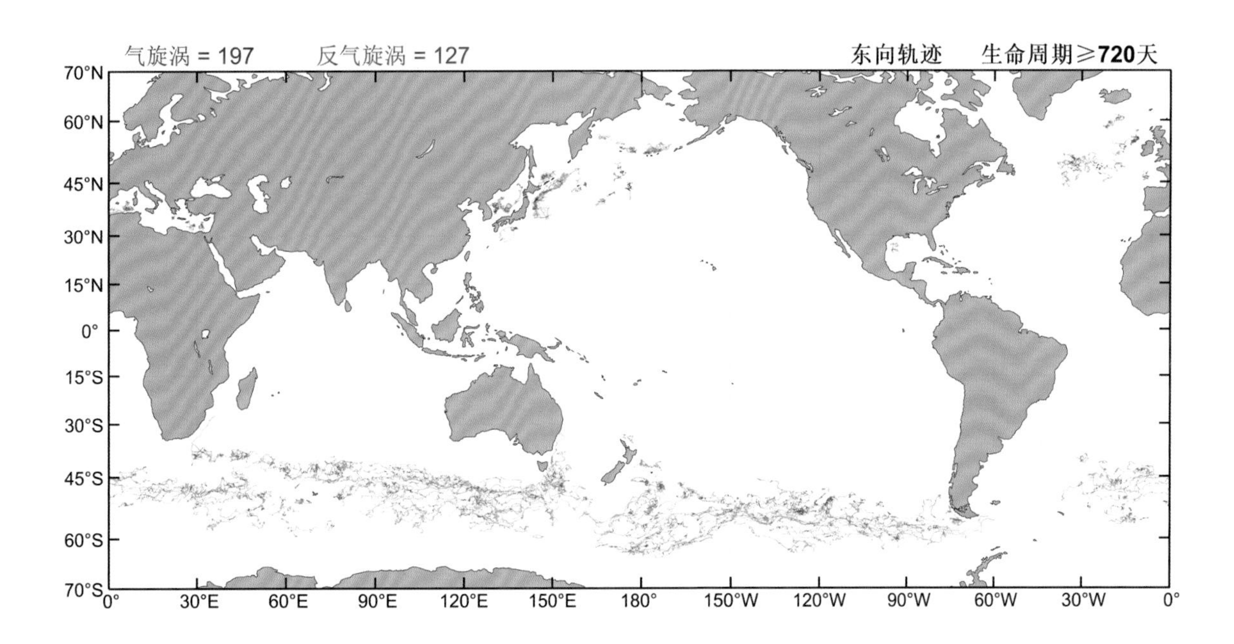

图2.13　全球海洋生命周期≥720天的中尺度涡全部轨迹和东向轨迹分布图，蓝线表示气旋涡，红线表示反气旋涡

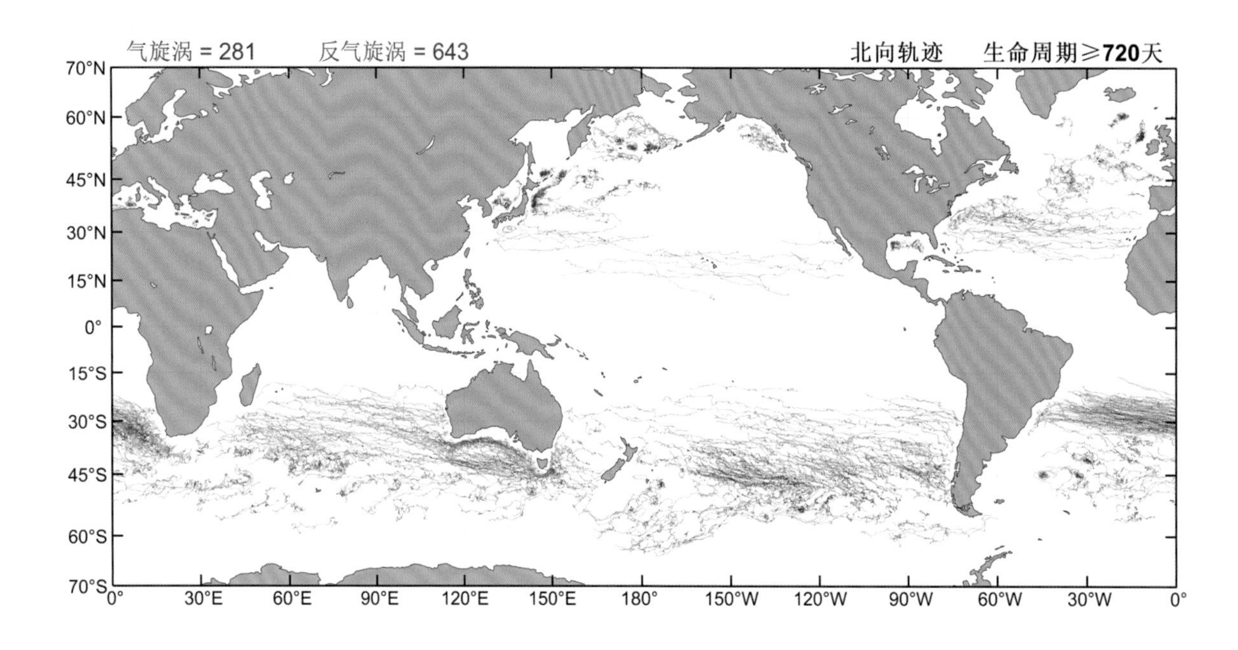

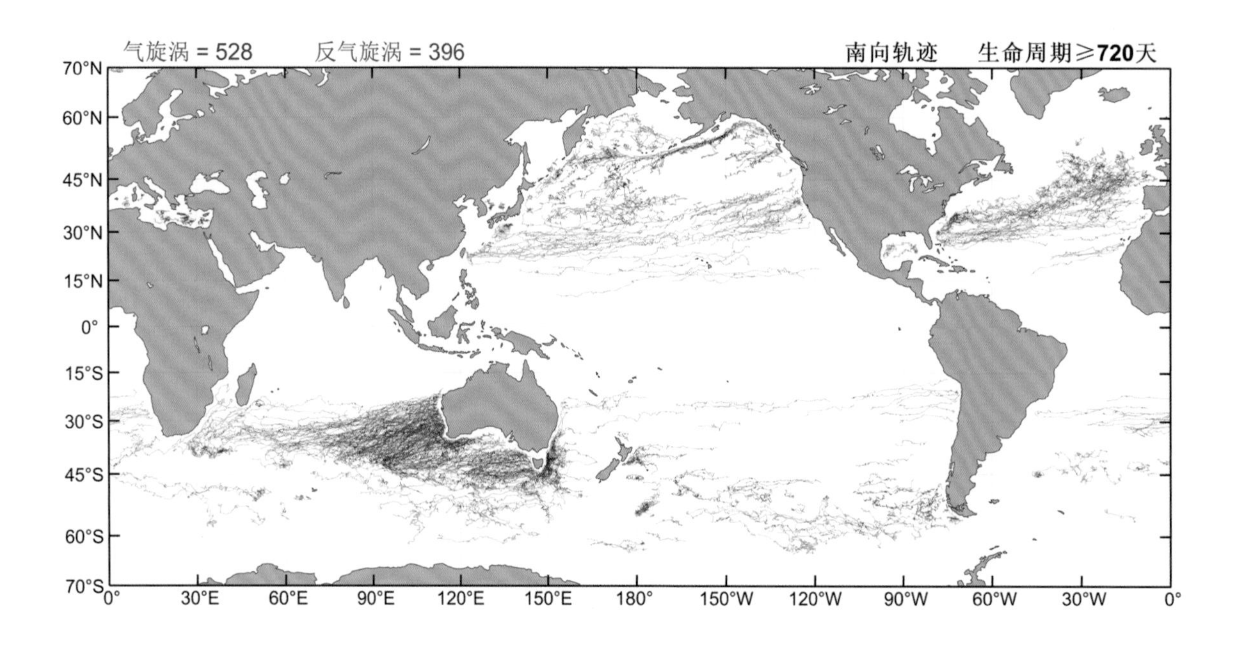

图2.14　全球海洋生命周期≥720天的中尺度涡北向轨迹和南向轨迹分布图，蓝线表示气旋涡，红线表示反气旋涡

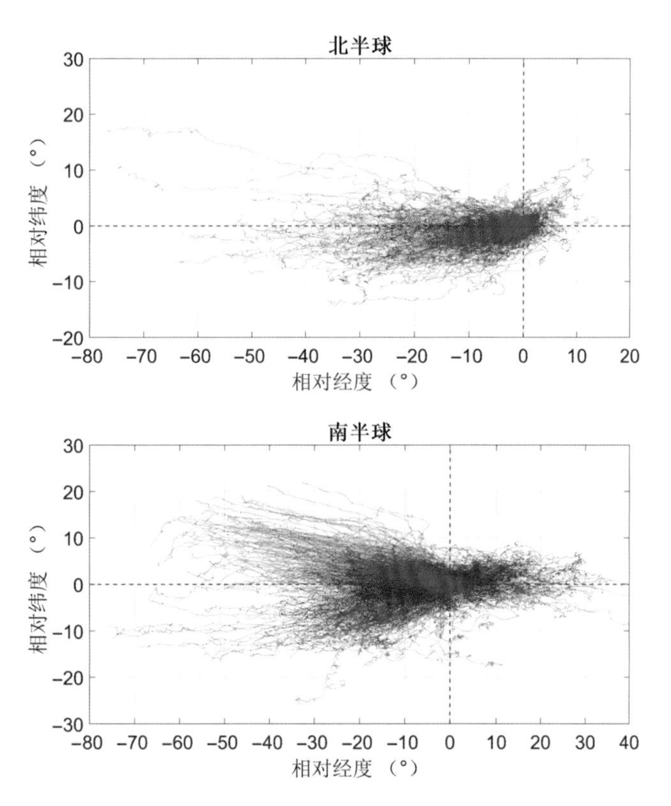

图2.15 全球海洋生命周期≥720天的中尺度涡相对轨迹分布图，蓝线表示气旋涡，红线表示反气旋涡，涡旋起始点被移动到经纬度原点（0°，0°）

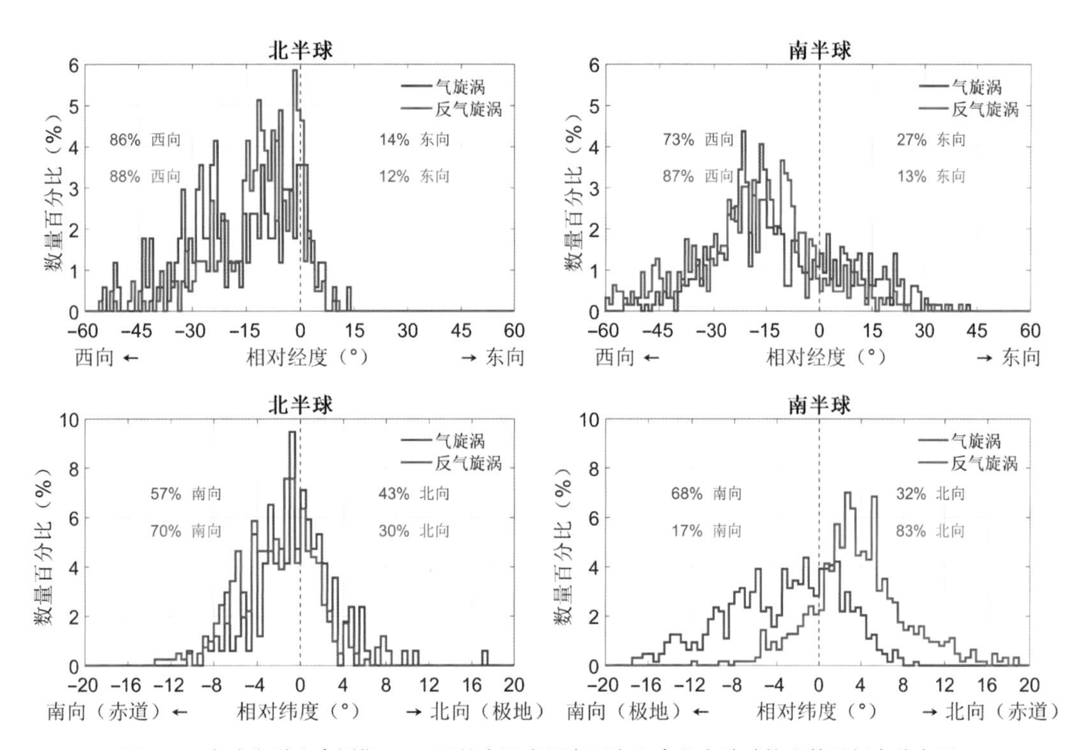

图2.16 全球海洋生命周期≥720天的中尺度涡东西向和南北向移动轨迹数量频率分布图

2.2 全球海洋中尺度涡属性特征

基于 1993—2020 年全球海洋中尺度涡识别和轨迹追踪结果，本节对中尺度涡属性特征进行统计分析，制作中尺度涡属性特征分布图。针对全球海洋中尺度涡，本节仅给出了中尺度涡轨迹数量和属性特征统计分布图，后面的章节会针对各大洋和重点海域给出区域的中尺度涡属性空间分布特征。为保证海洋中尺度涡结构的一致性以及避免海面高度数据中短暂小尺度海洋湍流信号的干扰，这里仅对生命周期≥ 30 天的中尺度涡轨迹进行统计分析。

2.2.1 全球海洋中尺度涡轨迹数量

表 2.1 给出了全球海洋超过一定生命周期的中尺度涡轨迹数量。可以看出，随着生命周期的增加，气旋涡和反气旋涡数量迅速减少。为进一步研究不同生命周期和移动距离的涡旋轨迹数量，这里对全球海洋中尺度涡轨迹进行统计，图 2.17 和图 2.18 分别给出了全球海洋不同生命周期和移动距离的中尺度涡轨迹数量，并给出了全球中尺度涡的平均生命周期和移动距离。可以看出，全球海洋中尺度涡主要以短生命周期和短移动距离涡旋为主，长生命周期和长移动距离涡旋数量较少。结合前一节全球海洋中尺度涡轨迹空间分布，可以看出，长生命周期和长移动距离涡旋主要分布在开阔的大洋区域，尤其是南北半球中纬度区域。全球海洋气旋涡平均生命周期为 94 天，平均移动距离为 558 km；反气旋涡平均生命周期为 96 天，平均移动距离为 560 km，均稍大于气旋涡。

表2.1 全球海洋超过一定生命周期的中尺度涡轨迹数量

生命周期		≥ 30 天	≥ 90 天	≥ 180 天	≥ 360 天	≥ 540 天	≥ 720 天
气旋涡	北半球	93 217	25 797	8506	1755	519	169
	南半球	153 780	51 636	18 615	4233	1421	640
	合计	246 997	77 433	27 121	5988	1940	809
反气旋涡	北半球	86 382	24 662	9025	2264	839	410
	南半球	145 864	48 255	17 751	4291	1525	629
	合计	232 246	72 917	26 776	6555	2364	1039
全部涡旋		479 243	150 350	53 897	12 543	4304	1848

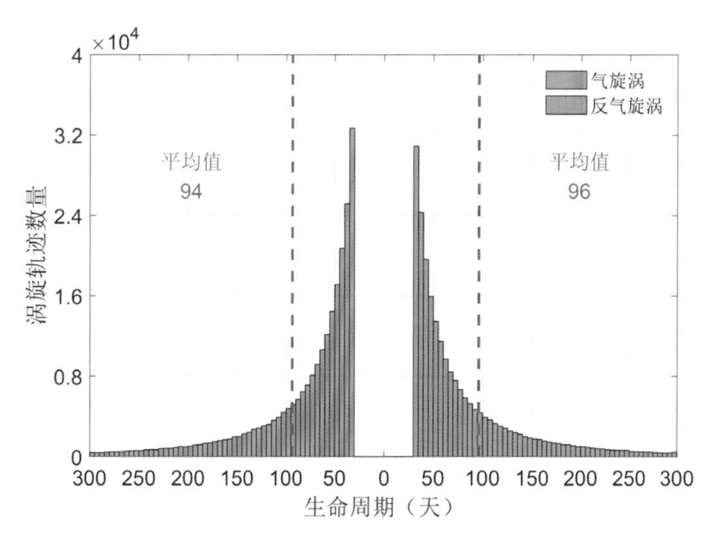

图2.17　全球海洋不同生命周期的中尺度涡轨迹数量

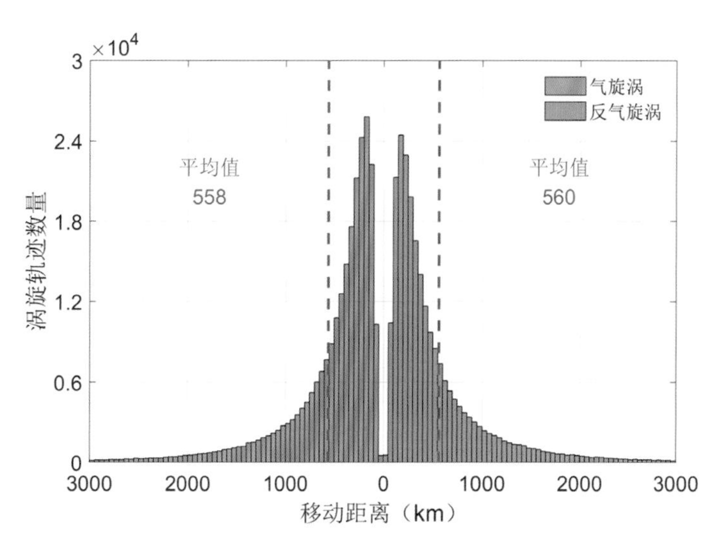

图2.18　全球海洋不同移动距离的中尺度涡轨迹数量

2.2.2　全球海洋中尺度涡属性统计特征

基于 1993—2020 年中尺度涡识别和轨迹追踪结果，对全球海洋中尺度涡的振幅、半径、旋转速度、涡动能（EKE）以及移动速度等属性特征进行统计，分别绘制全球海洋中尺度涡属性统计特征分布图。注意，该部分中尺度涡属性统计是针对涡旋轨迹中的单个涡旋进行统计（连续时间的单个涡旋组成了涡旋轨迹），因此涡旋属性特征频次（数量）远高于涡旋轨迹数量。

图 2.19 至图 2.23 分别给出了全球海洋中尺度涡的振幅、半径、旋转速度、涡动能（EKE）和移动速度的频次分布。从图中可以看出，全球海洋大部分气旋涡和反气旋涡的振幅在 10 cm 以下，平均振幅分别为 7.0 cm 和 6.5 cm；气旋涡和反气旋涡的半径主要分布在 30 ~ 100 km，二者平均半径均为 65 km；气旋涡和反气旋涡的旋转速度主要分布在 4 ~ 40 cm/s，平均旋转速度分别

为 19 cm/s 和 17 cm/s；气旋涡和反气旋涡的涡动能（EKE）主要分布在 1×10^4 cm^2/s^2 以下的低值区，不过在高值区仍有部分中尺度涡分布，这些高涡动能（EKE）的中尺度涡主要分布在南极绕极流区域以及涡流相互作用较强的西边界流区域，气旋涡和反气旋涡平均涡动能（EKE）分别约为 1.7×10^4 cm^2/s^2 和 1.4×10^4 cm^2/s^2；气旋涡和反气旋涡的移动速度主要分布在 10 cm/s 以下，平均移动速度分别为 6.7 cm/s 和 6.6 cm/s，存在一个 3 cm/s 的峰值，这表明全球海洋大部分中尺度涡以较慢的速度移动，但也存在部分中尺度涡的移动速度较快，这些涡旋主要分布在低纬度区域或流速较快的强流区域。

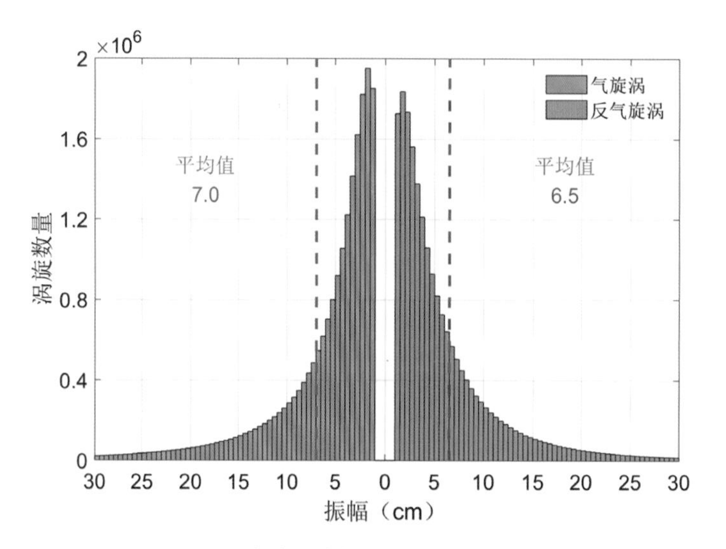

图2.19　全球海洋中尺度涡振幅频次分布图

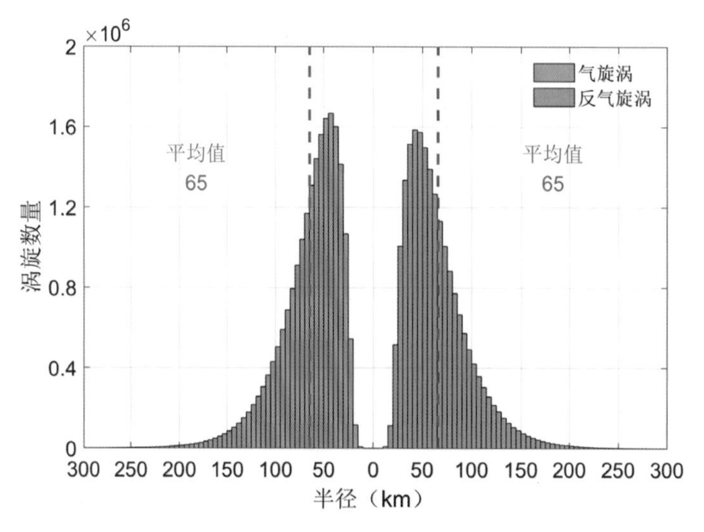

图2.20　全球海洋中尺度涡半径频次分布图

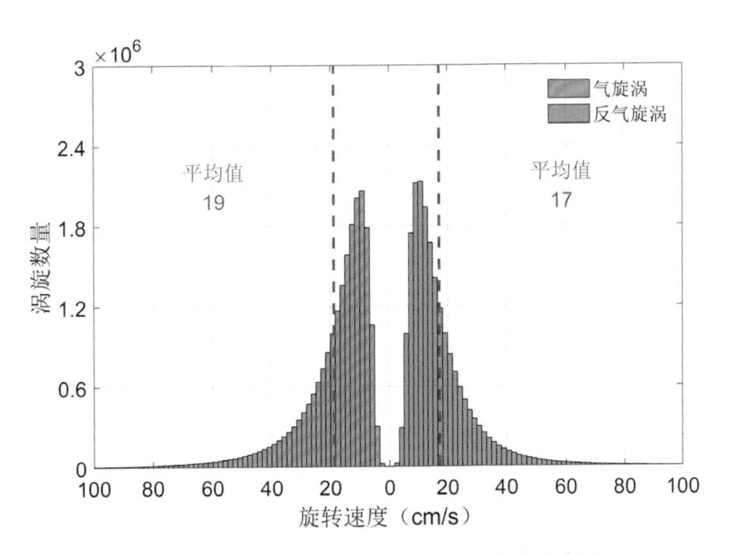

图2.21　全球海洋中尺度涡旋转速度频次分布图

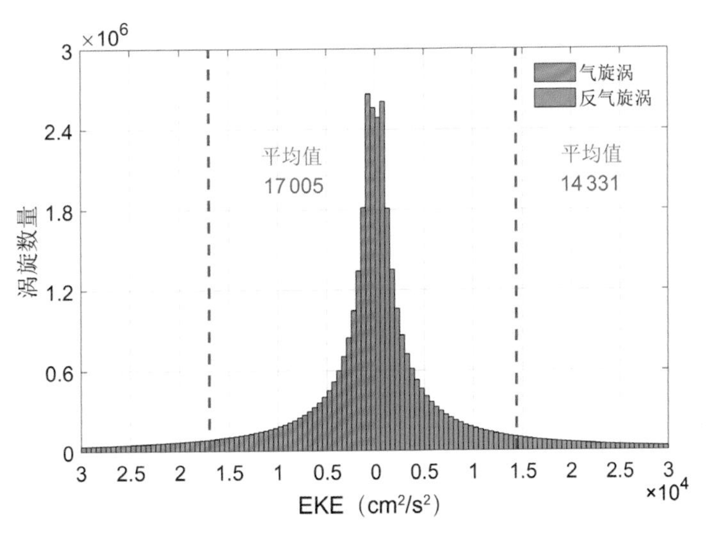

图2.22　全球海洋中尺度涡涡动能 频次分布图

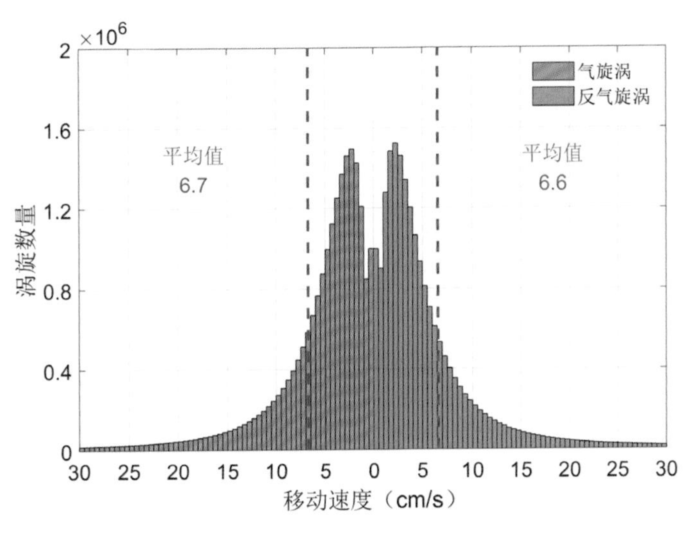

图2.23　全球海洋中尺度涡移动速度频次分布图

第3章
太平洋中尺度涡遥感调查研究图集

3.1　太平洋调查区域概况

太平洋是世界大洋中最大的大洋，其在热带、亚热带以及北太平洋副极地区域拥有显著的风生环流系统。在太平洋最南部，太平洋通过南大洋与印度洋和大西洋相连；在低纬度区域，太平洋也通过印度尼西亚群岛的通道与印度洋相通；在最北端，非常浅的白令海峡将太平洋和北极地区连接起来。图 3.1 给出了太平洋水深分布图。太平洋中部和东部为广阔且较深的大洋区域，平均水深超过 4000 m。太平洋包含了众多的边缘海，大部分都集中在太平洋西部近岸区域。相比于太平洋西侧复杂的地形和众多边缘海的分布，太平洋东侧海岸线陡峭且相对平整。针对太平洋中尺度涡遥感调查，北太平洋调查范围西起 120°E，东至北太平洋东边界；南太平洋调查范围西起澳大利亚东部海岸，东至南太平洋东边界，其中南大洋区域调查范围西起 140°E，东至 60°W。

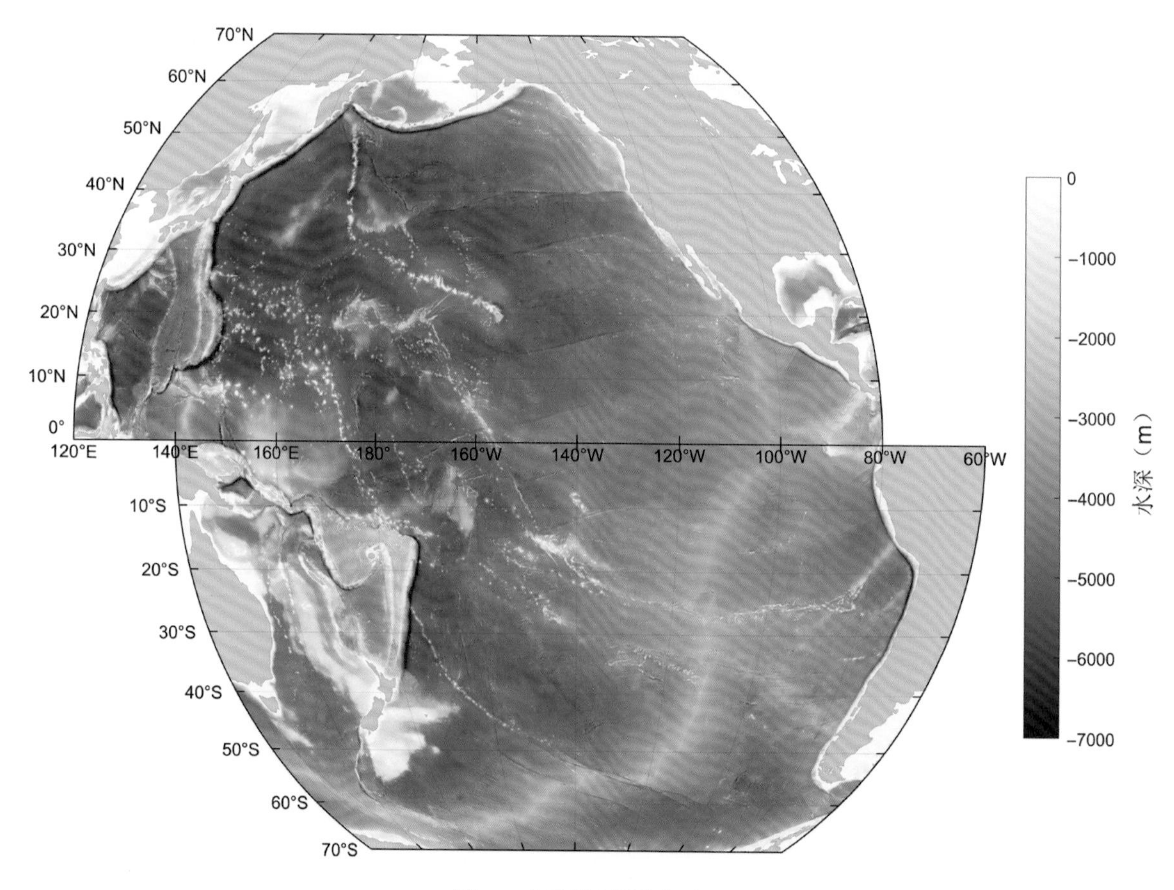

图3.1　太平洋水深分布图

太平洋的上层环流主要是风驱动的。太平洋平均动力地形的空间分布很好地反映了太平洋上层环流系统（图 3.2），平均动力地形梯度大的区域存在较强的地转流。从图 3.2 中可以看出，太平洋表层环流主要包括两个半球的副热带环流、北太平洋的副极地环流以及南大洋的环流（南极绕极流）。南北太平洋副热带环流均是反气旋式环流（北半球顺时针方向，南半球逆时针方向），北太平洋副极地环流是气旋式环流（逆时针方向），南大洋的南极绕极流基本上是东向环流。北太平洋和南太平洋副热带环流的西边界分别是黑潮（Kuroshio）和东澳大利亚流（East Australian Current），其对应的东边界流分别为加利福尼亚流（California Current）和秘鲁－智利流（Peru-Chile Current）。北太平洋副极地环流的西边界流是亲潮（Oyashio）和东堪察加流（East Kamchatka Current）。赤道太平洋环流主要包括西向的北赤道流和南赤道流、东向的北赤道逆流以及南向的棉兰老流（Mindanao Current）。

南、北赤道流之间的中轴线上产生相反的北赤道逆流，从菲律宾东岸流向厄瓜多尔西岸。北赤道流在菲律宾附近转北流东海后沿着日本以南流动，形成著名的黑潮。黑潮在 160°E 附近转向东流，称北太平洋流。北太平洋流继续向东流动，到北美洲西海岸转向南流，称加利福尼亚流。这样就形成了北太平洋副热带环流。北太平洋流北向分支进入副极地环流，形成阿拉斯加海流。另外，副极地环流逆时针流动，其西边界流向南流动，形成东堪察加流，继续向南流动形成亲潮，流向日本本州岛东面，在 36°N 附近与黑潮相遇。南赤道流抵所罗门群岛之后，向南流成为东澳大利亚流，然后折向东流形成南太平洋流，至南美洲西海岸，一支向东经德雷克海峡进入大西洋，另一支折向北流，沿着南美洲西海岸北上，形成秘鲁－智利流。这样形成南太平洋副热带环流。

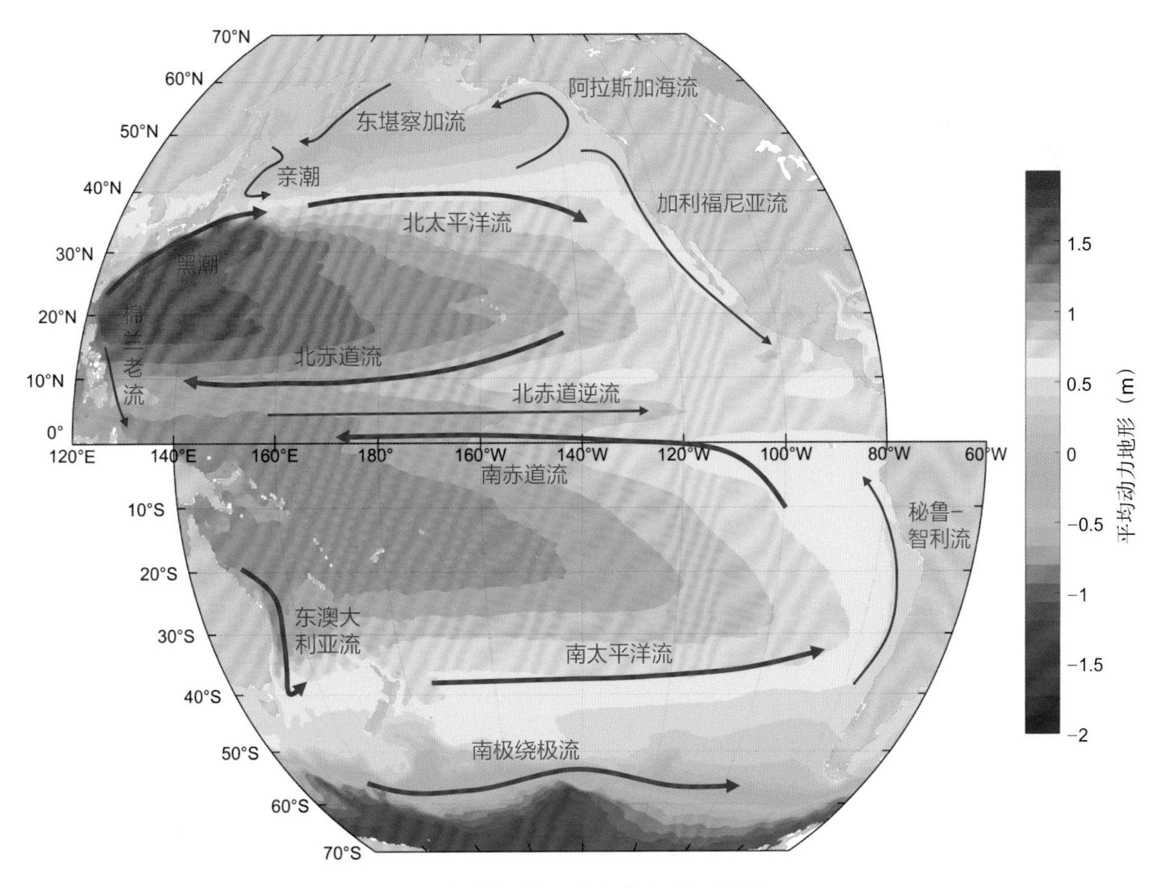

图3.2　太平洋平均动力地形和环流示意图

区域环流变化情况可以通过涡动能（EKE）进行描述。涡动能高的区域表明那里环流变化明显，对应着丰富的不稳定流或者涡旋系统。环流涡动能（EKE）表示为：EKE= $0.5(u'^2+v'^2)$，式中 u' 和 v' 分别表示环流流速异常的纬向分量和经向分量。图 3.3 给出了太平洋环流涡动能空间分布。从图 3.3 中可以看出，太平洋环流涡动能高值区主要分布在黑潮及其延伸区、副热带西北太平洋、低纬度赤道区域、东澳大利亚流以及南极绕极流等区域，表明这些区域环流变化比较明显，可能是中尺度涡高发区。相比之下，东北太平洋、南太平洋中部和东部的环流涡动能值较小，表明这些区域环流变化较小，对应着平静的大洋区域，相应的中尺度涡出现也可能较少。

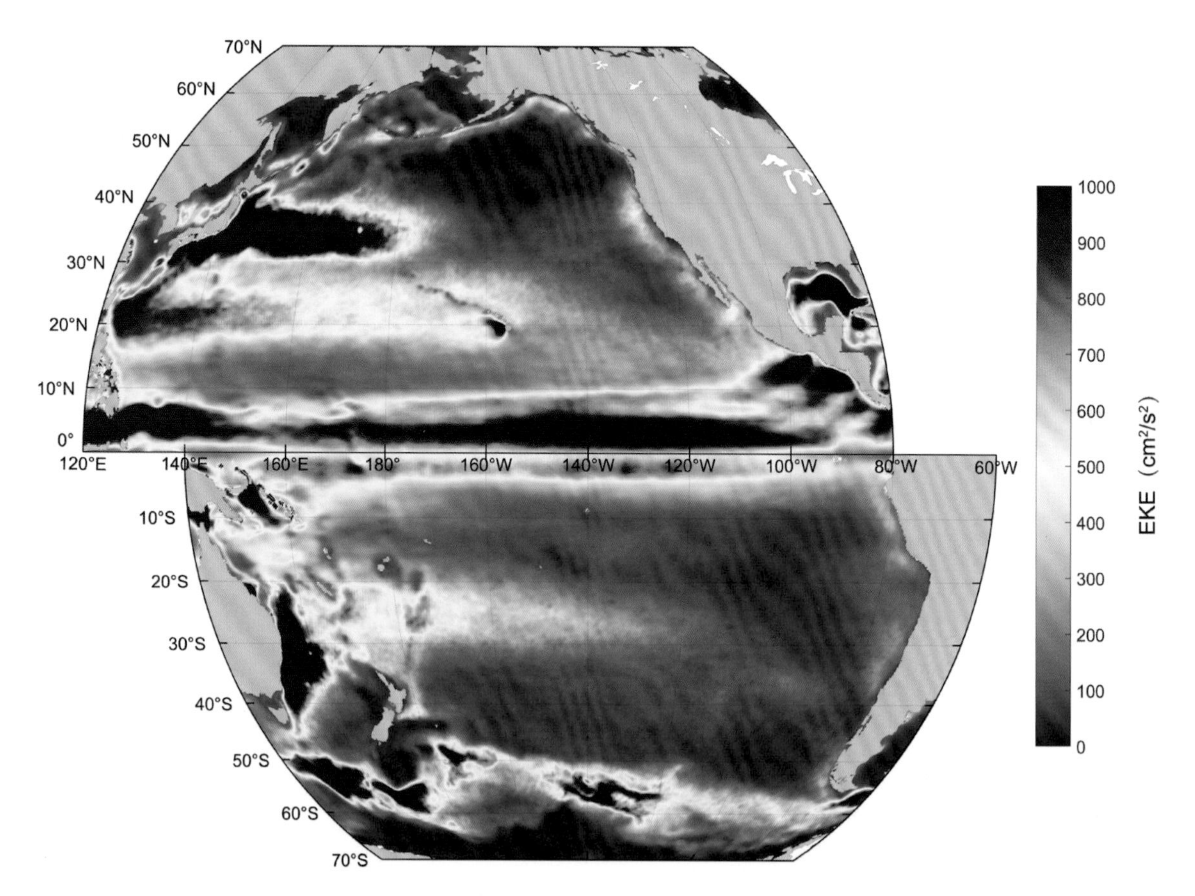

图3.3　太平洋环流涡动能（EKE）空间分布图

3.2　太平洋中尺度涡月调查结果空间分布

基于 1993—2020 年共 28 年月平均卫星高度计海面高度融合数据，按照 1.2.2 节中介绍的中尺度涡识别方法，探测识别涡旋振幅超过 10 cm 的中尺度涡，得到 1993—2020 年中尺度涡月调查结果。基于太平洋中尺度涡月调查结果，分别制作中尺度涡气候态月空间分布图、中尺度涡气候态季节空间分布图以及中尺度涡年空间分布图。

太平洋中尺度涡气候态月空间分布图：将 1993—2020 年共 28 年相同月份的涡旋结果叠加绘制。比如“1 月中尺度涡气候态月空间分布图”，是将 1993—2020 年每年 1 月的中尺度涡月调查结果叠加绘制到同一张分布图上。

太平洋中尺度涡气候态季节空间分布图：将 1993—2020 年共 28 年相同季节月份的涡旋结果叠加绘制。比如“春季中尺度涡气候态季节空间分布图”，是将 1993—2020 年每年 4—6 月的中尺度涡月调查结果叠加绘制到同一张分布图上。为了和大洋季节以及国际水文调查结果一致，气候态季节按照以下月份对应：针对北半球，冬季对应 1—3 月，春季对应 4—6 月，夏季对应 7—9 月，秋季对应 10—12 月；针对南半球，夏季对应 1—3 月，秋季对应 4—6 月，冬季对应 7—9 月，春季对应 10—12 月。需要特别说明的是，如果中尺度涡气候态季节分布图中既包含北半球也包含南半球区域，那么分布图所对应的季节是针对北半球而言的，而南半球对应的是相同月份的分布结果，但是季节却和北半球是相反的。比如“太平洋春季中尺度涡气候态季节空间分布图”，是指整个太平洋 4—6 月的中尺度涡分布结果，北太平洋对应的季节是春季，而南太平洋对应的季节则是秋季。

太平洋中尺度涡年空间分布图：将某一年全年的中尺度涡结果叠加绘制。比如“2020 年中尺度涡空间分布图”，是将 2020 年 1—12 月的中尺度涡月调查结果叠加绘制到一张分布图上。

针对中尺度涡气候态月空间分布图和气候态季节空间分布图，气旋涡和反气旋涡结果分别绘制在不同图中，其中气旋涡用蓝色圆点表示，反气旋涡用红色圆点表示，圆点位置表示涡旋中心位置，圆点大小表示涡旋空间尺度大小，颜色表示涡旋振幅大小。针对中尺度涡年空间分布图，气旋涡和反气旋涡结果绘制在同一张图中，为区分气旋涡和反气旋涡的涡旋振幅值，气旋涡振幅大小用负值表示，其他涡旋特征表示方式均与中尺度涡气候态月空间分布图和气候态季节空间分布图一致。

3.2.1 太平洋中尺度涡气候态月空间分布

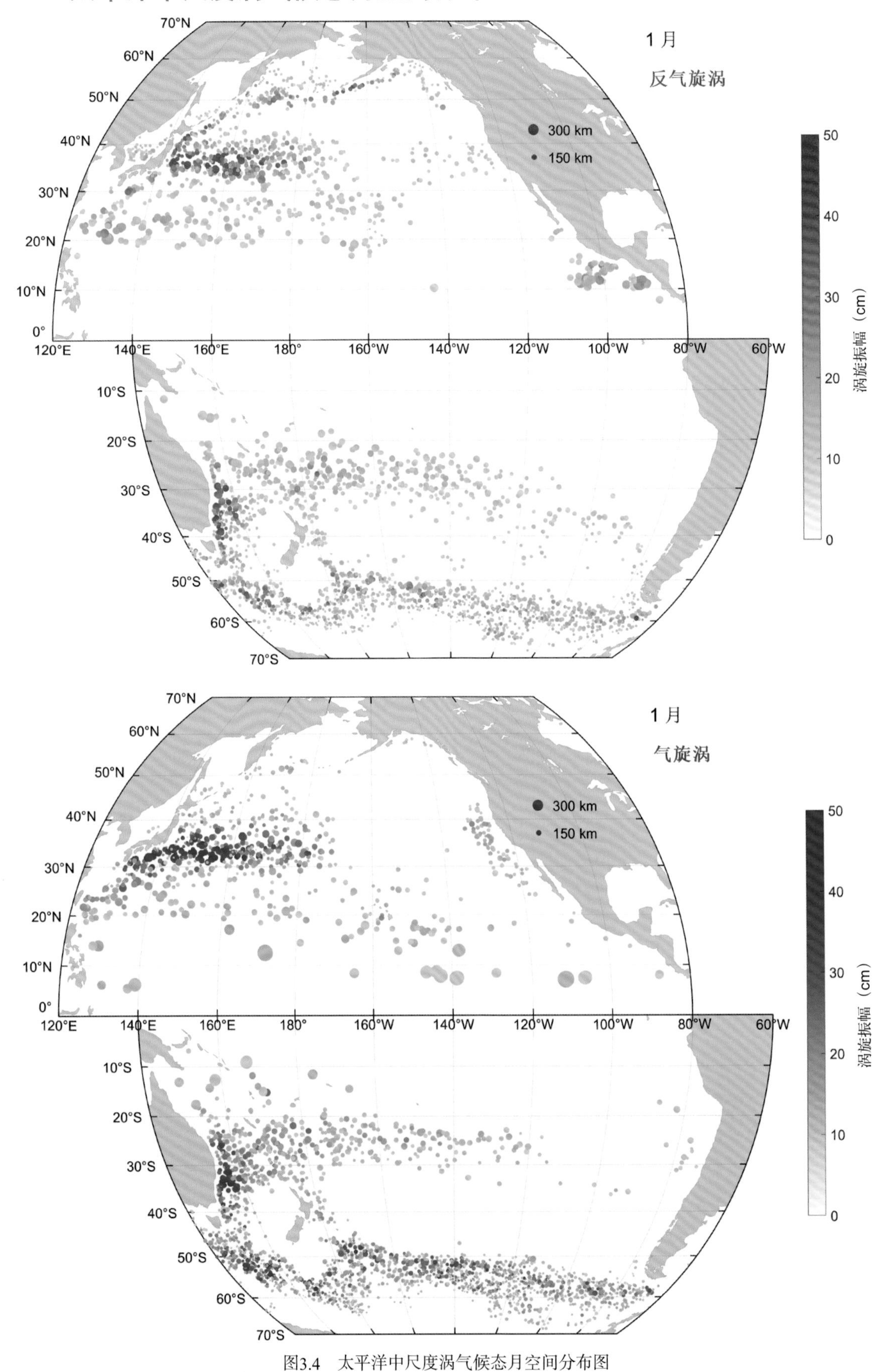

图3.4 太平洋中尺度涡气候态月空间分布图

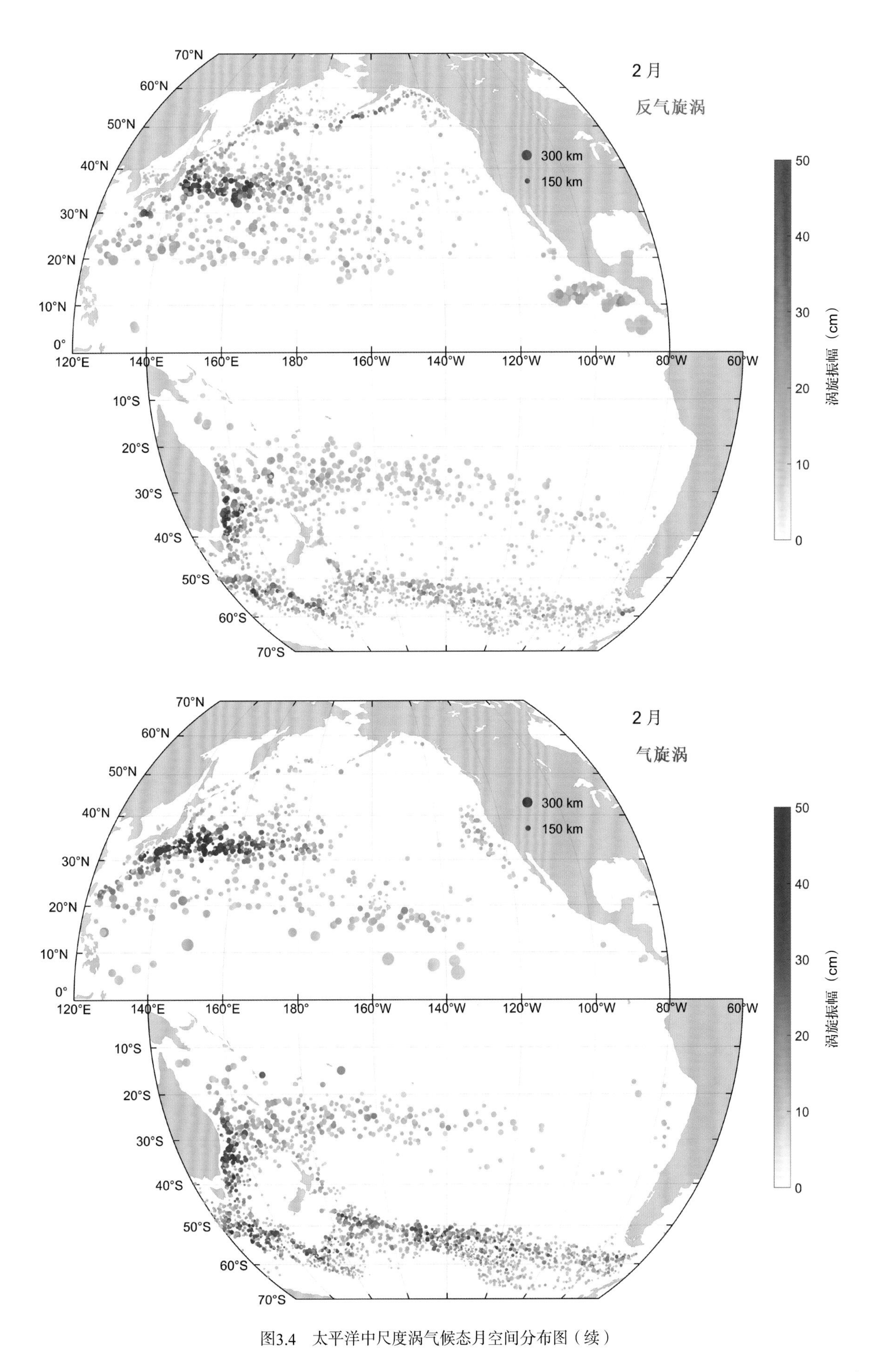

图3.4　太平洋中尺度涡气候态月空间分布图（续）

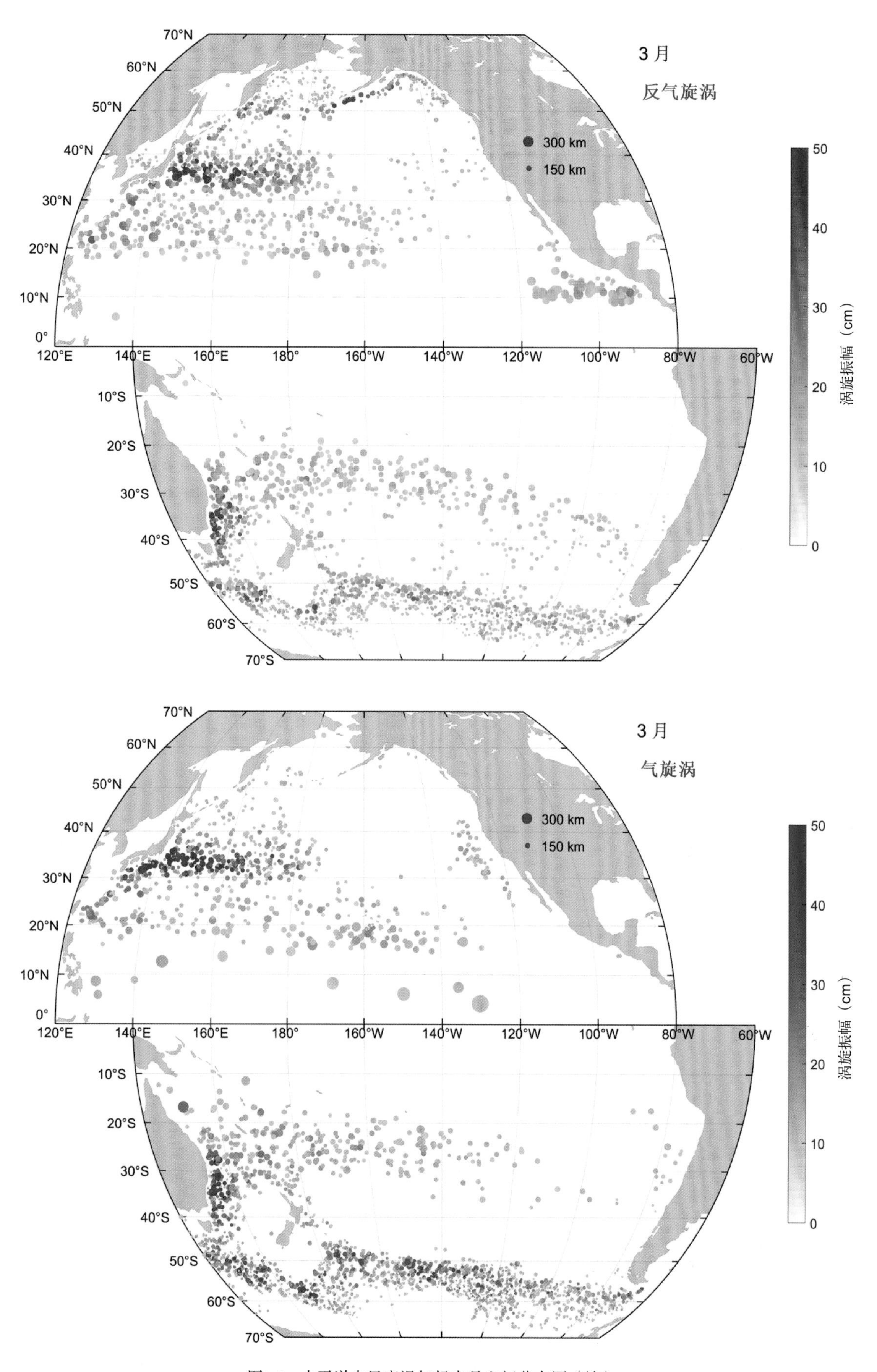

图3.4 太平洋中尺度涡气候态月空间分布图（续）

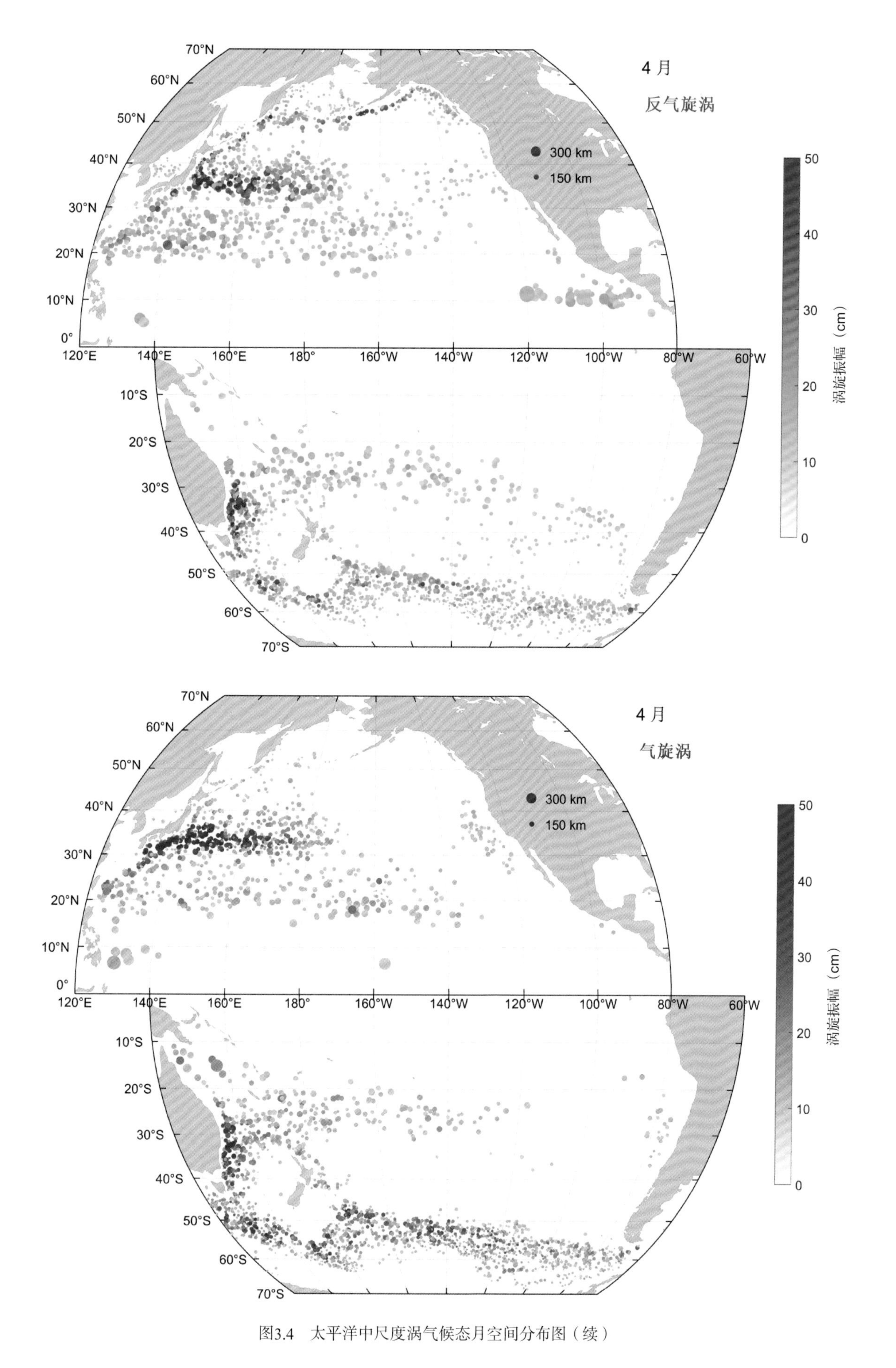

图3.4　太平洋中尺度涡气候态月空间分布图（续）

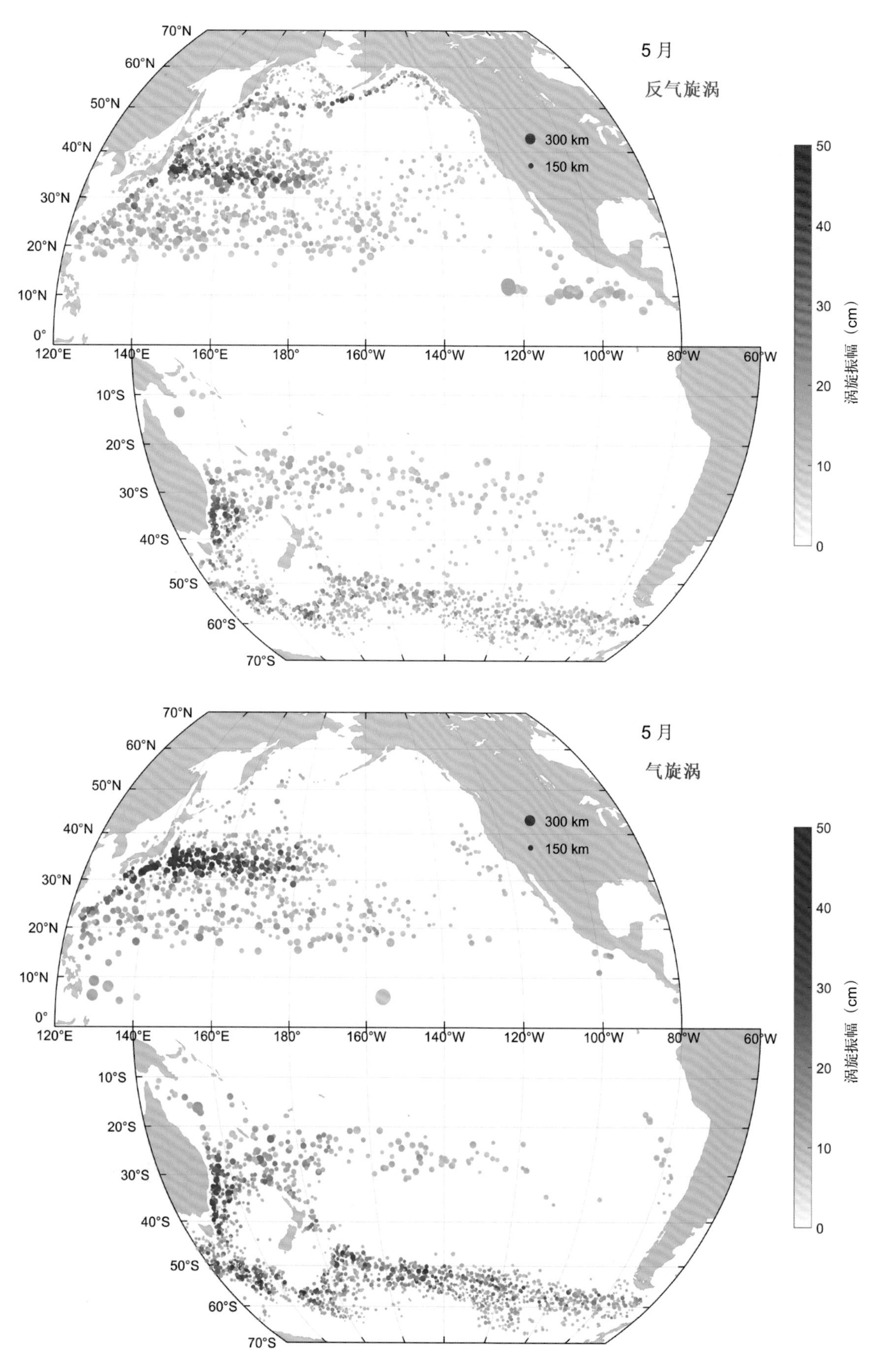

图3.4　太平洋中尺度涡气候态月空间分布图（续）

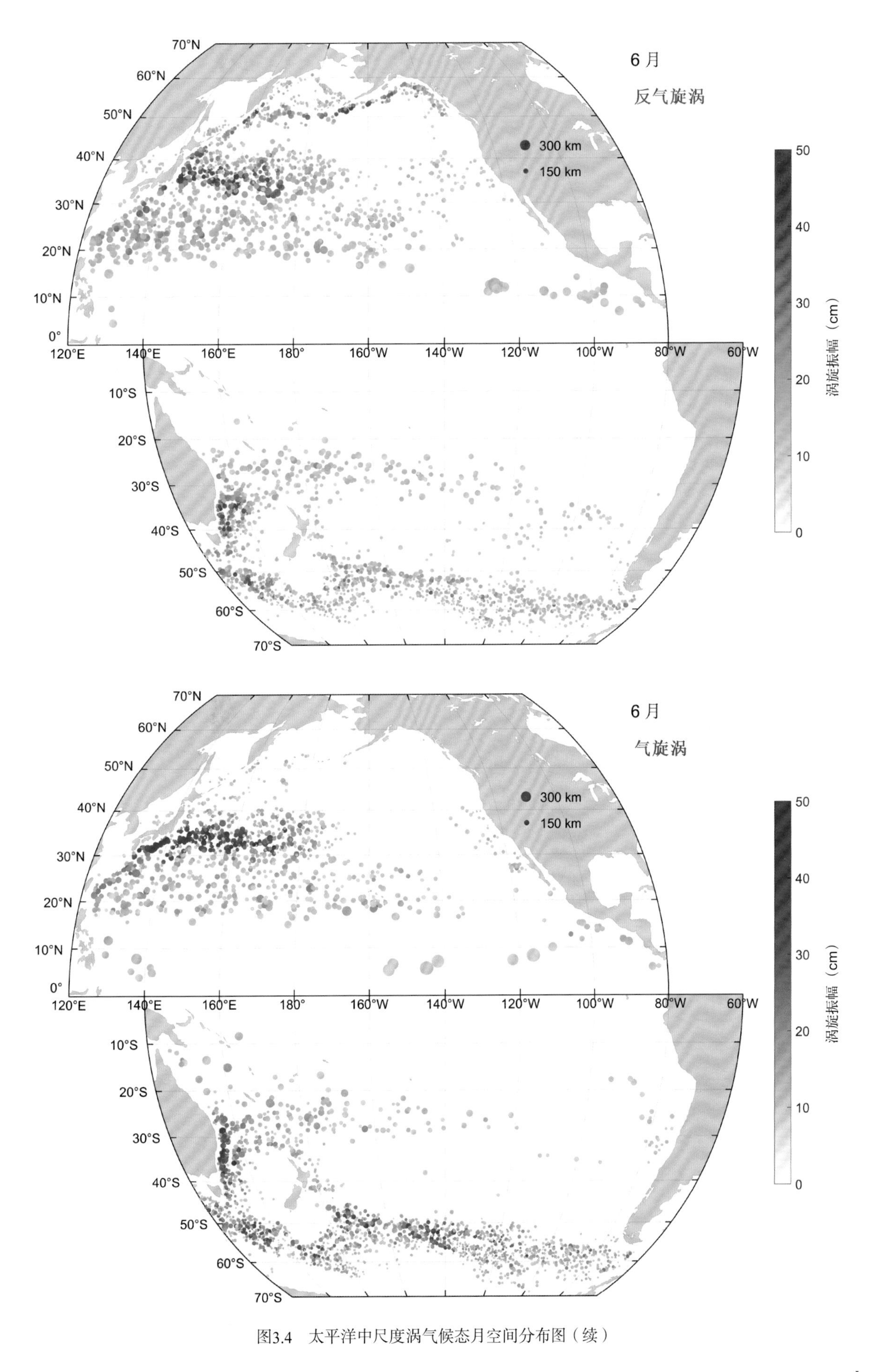

图3.4　太平洋中尺度涡气候态月空间分布图（续）

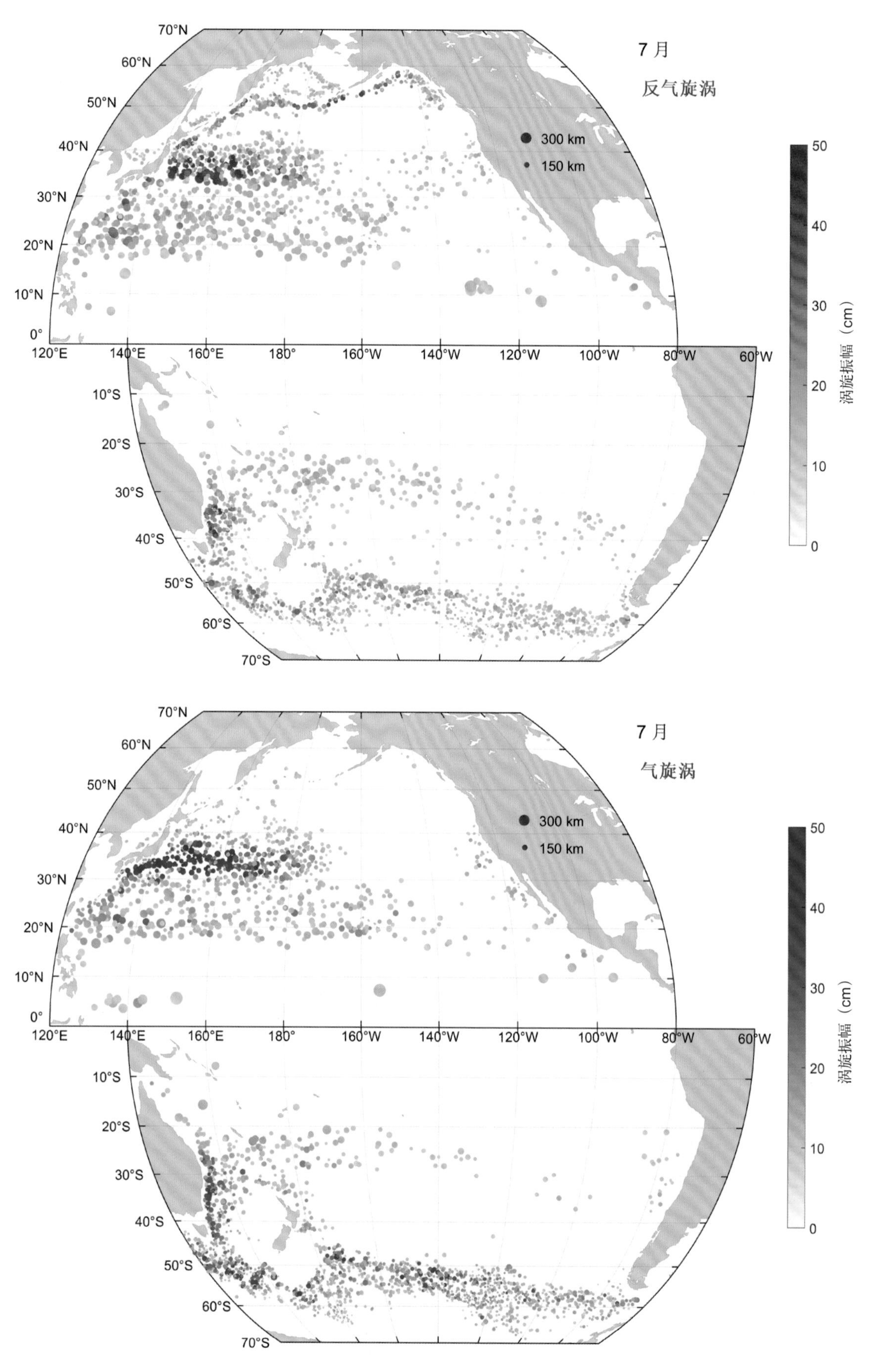

图3.4　太平洋中尺度涡气候态月空间分布图（续）

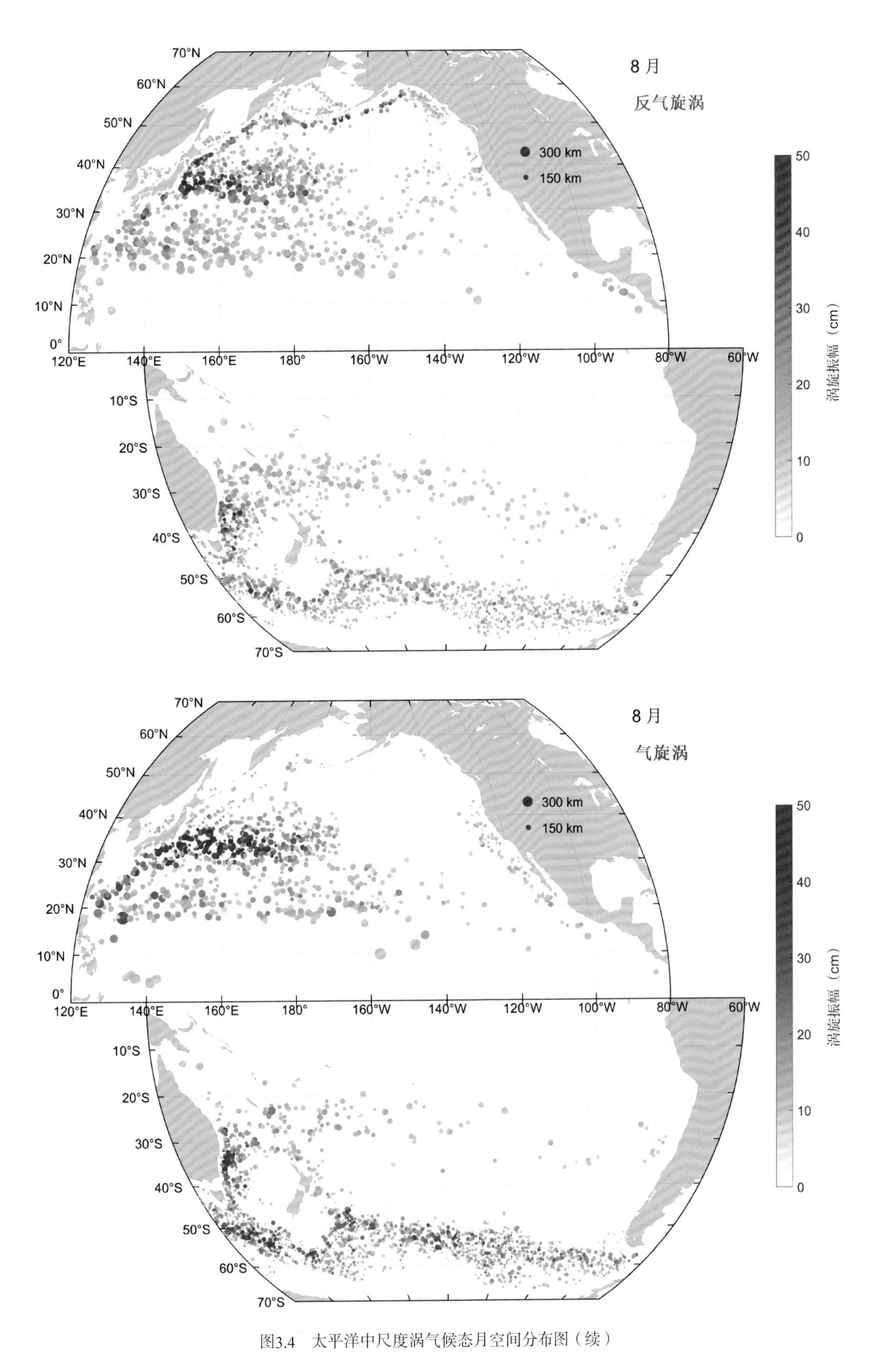

图3.4　太平洋中尺度涡气候态月空间分布图（续）

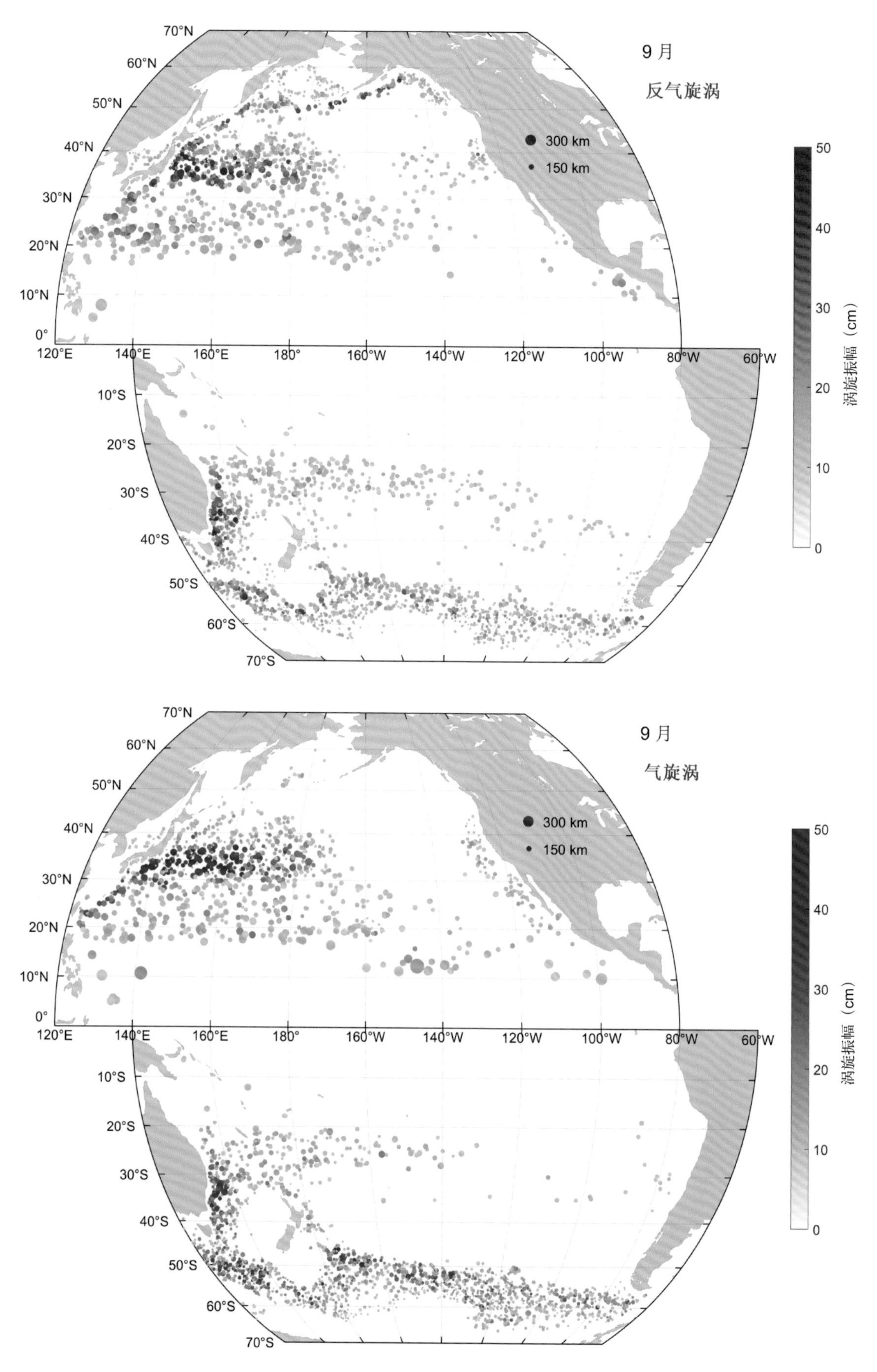

图3.4　太平洋中尺度涡气候态月空间分布图（续）

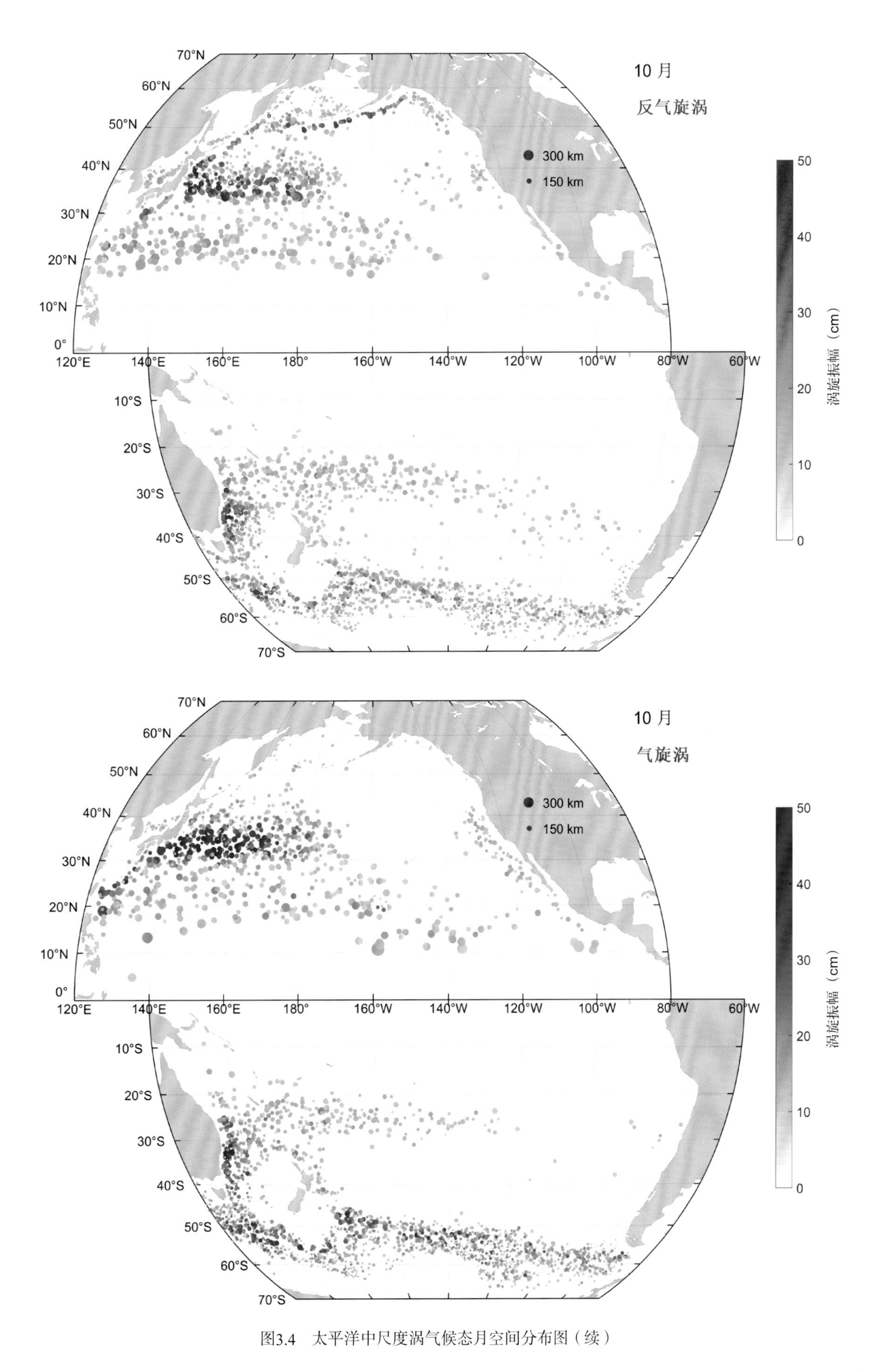

图3.4　太平洋中尺度涡气候态月空间分布图（续）

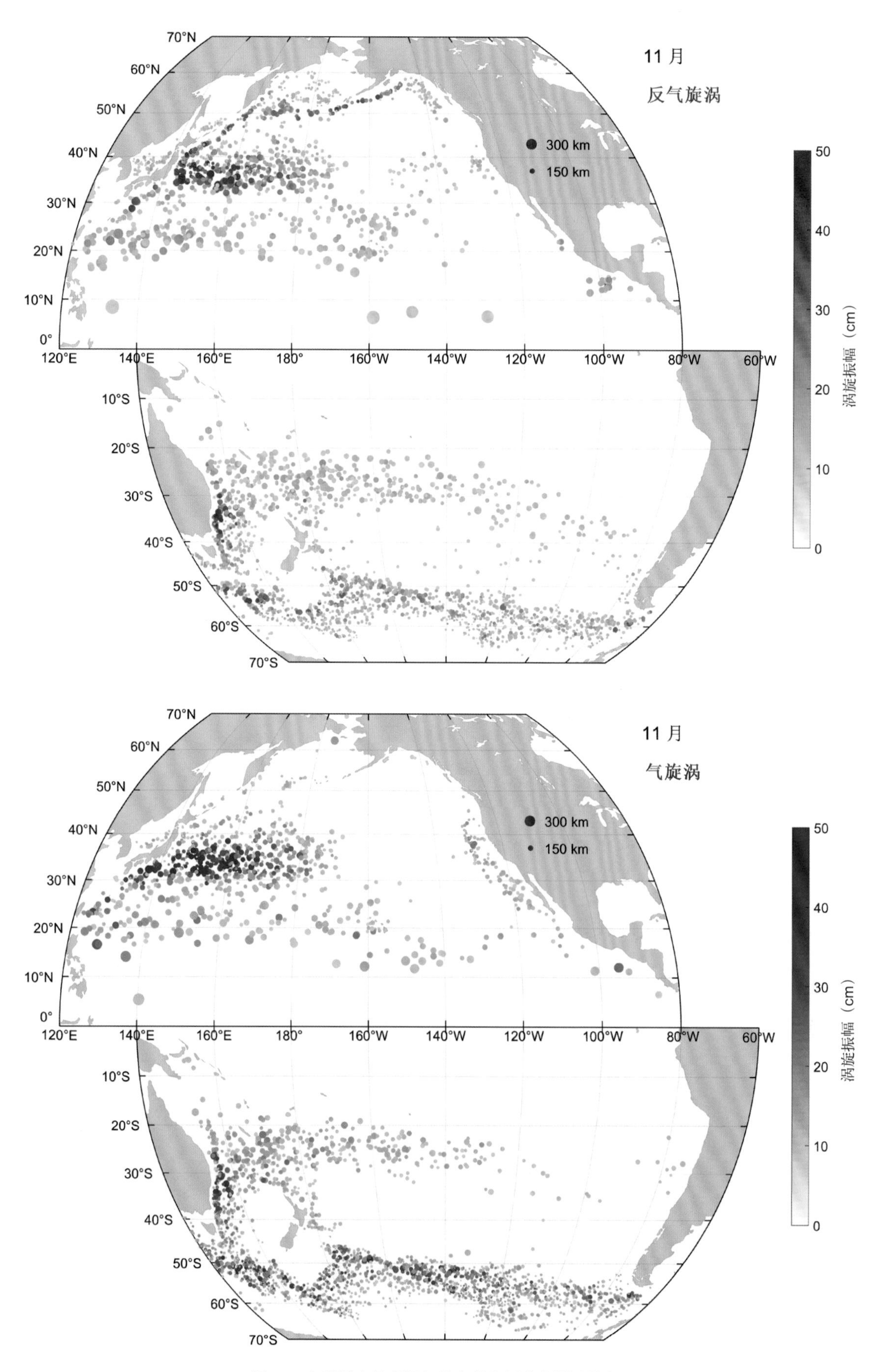

图3.4　太平洋中尺度涡气候态月空间分布图（续）

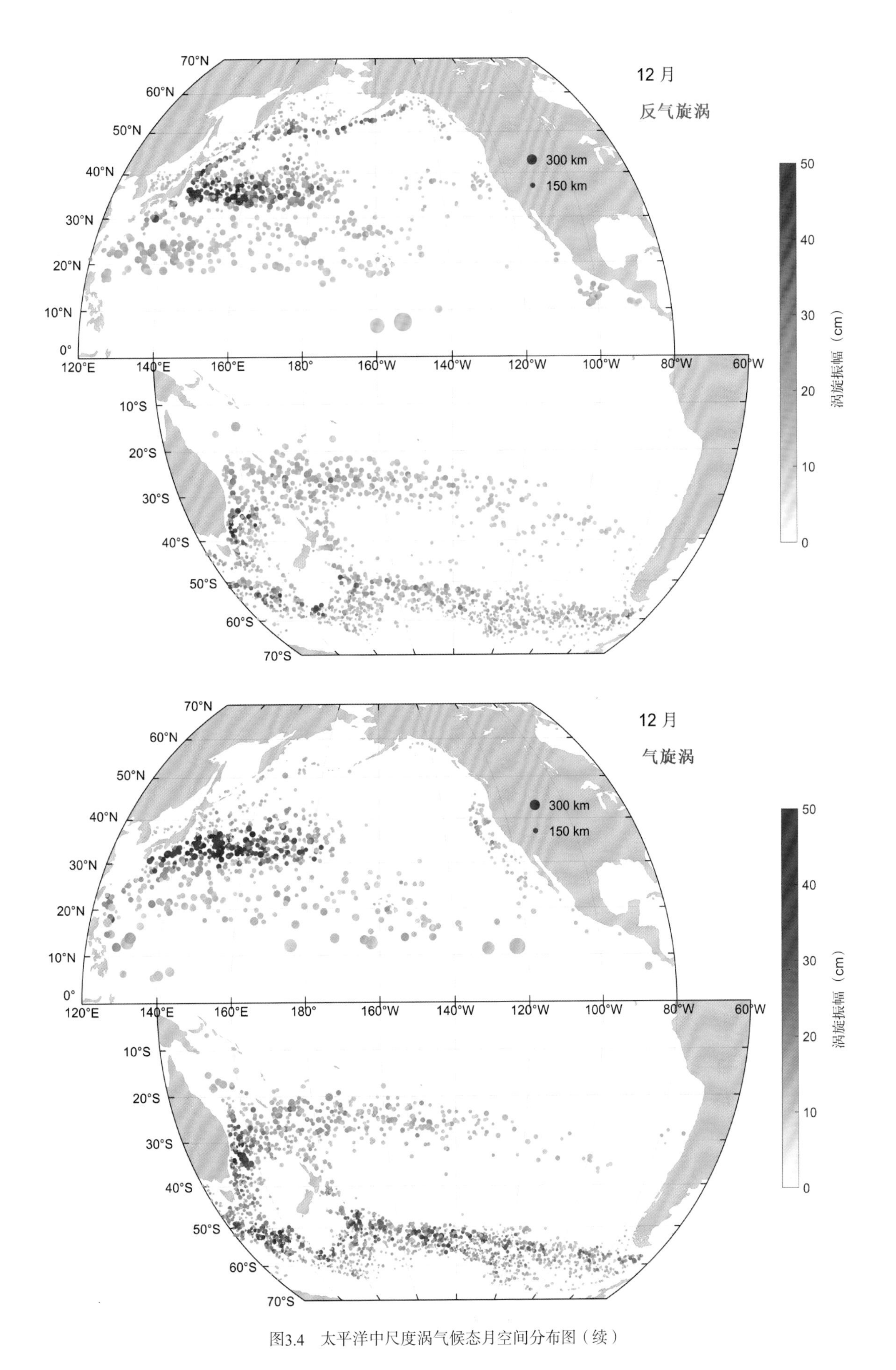

图3.4　太平洋中尺度涡气候态月空间分布图（续）

3.2.2 太平洋中尺度涡气候态季节空间分布

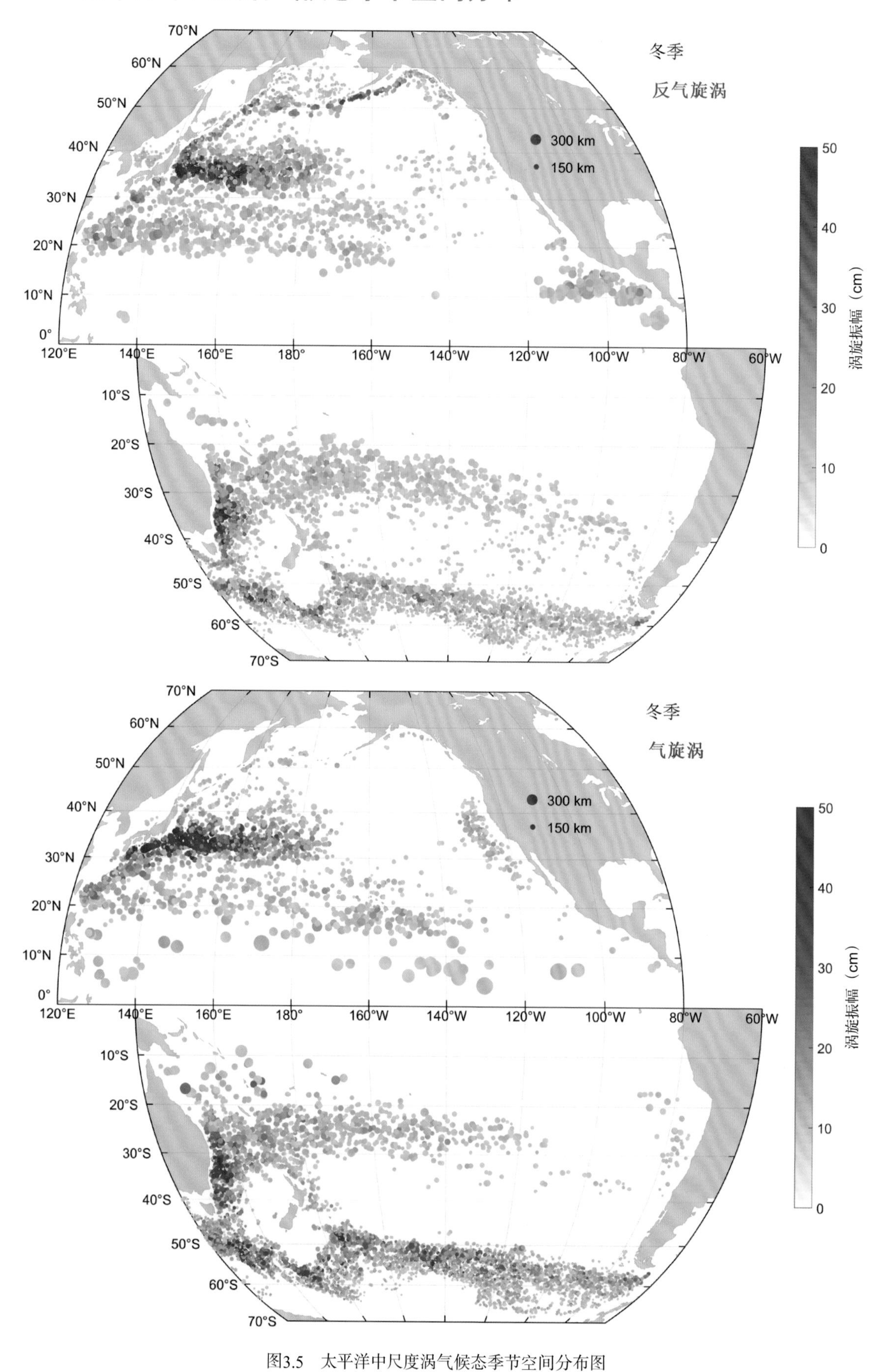

图3.5 太平洋中尺度涡气候态季节空间分布图

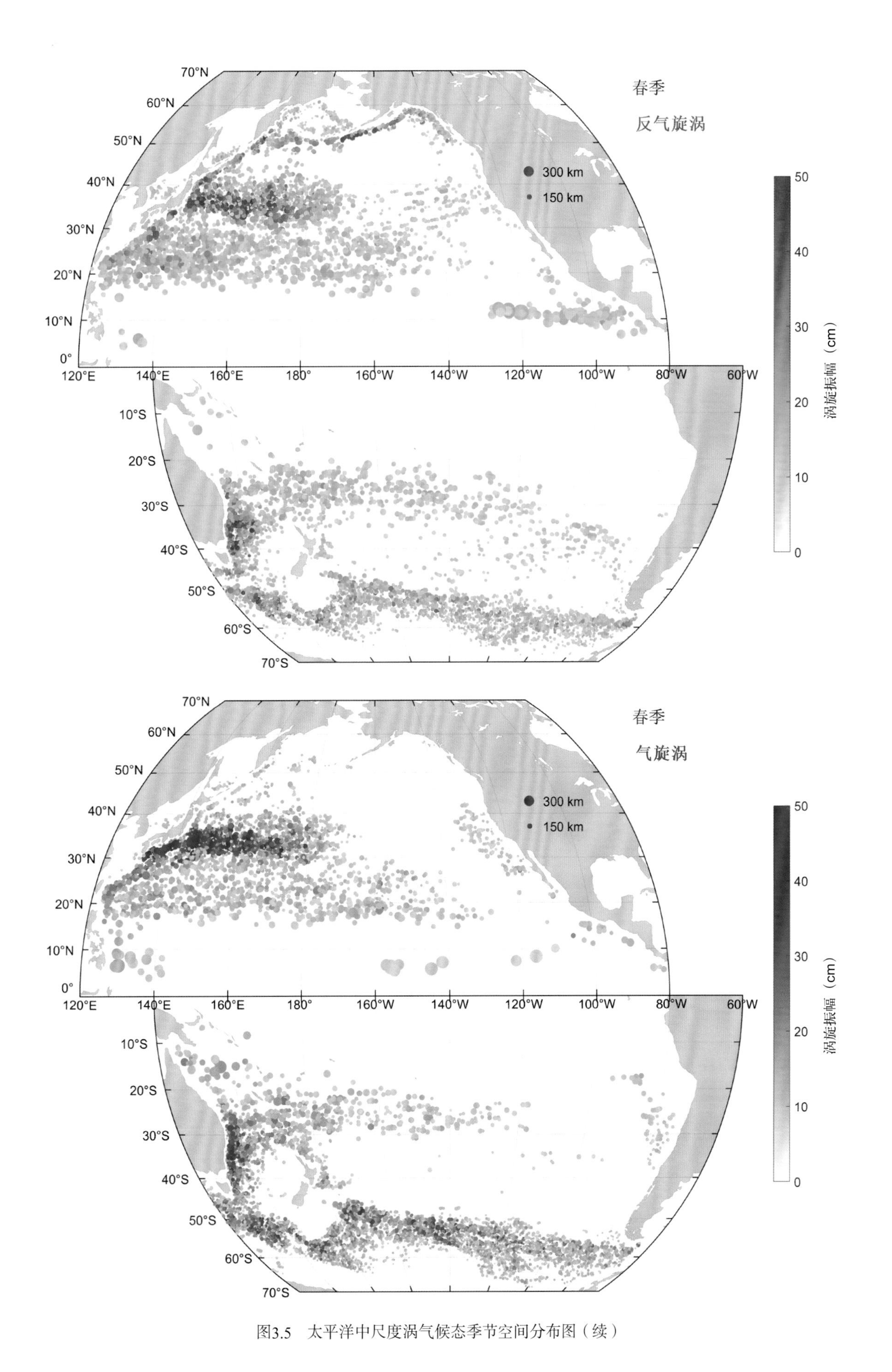

图3.5　太平洋中尺度涡气候态季节空间分布图（续）

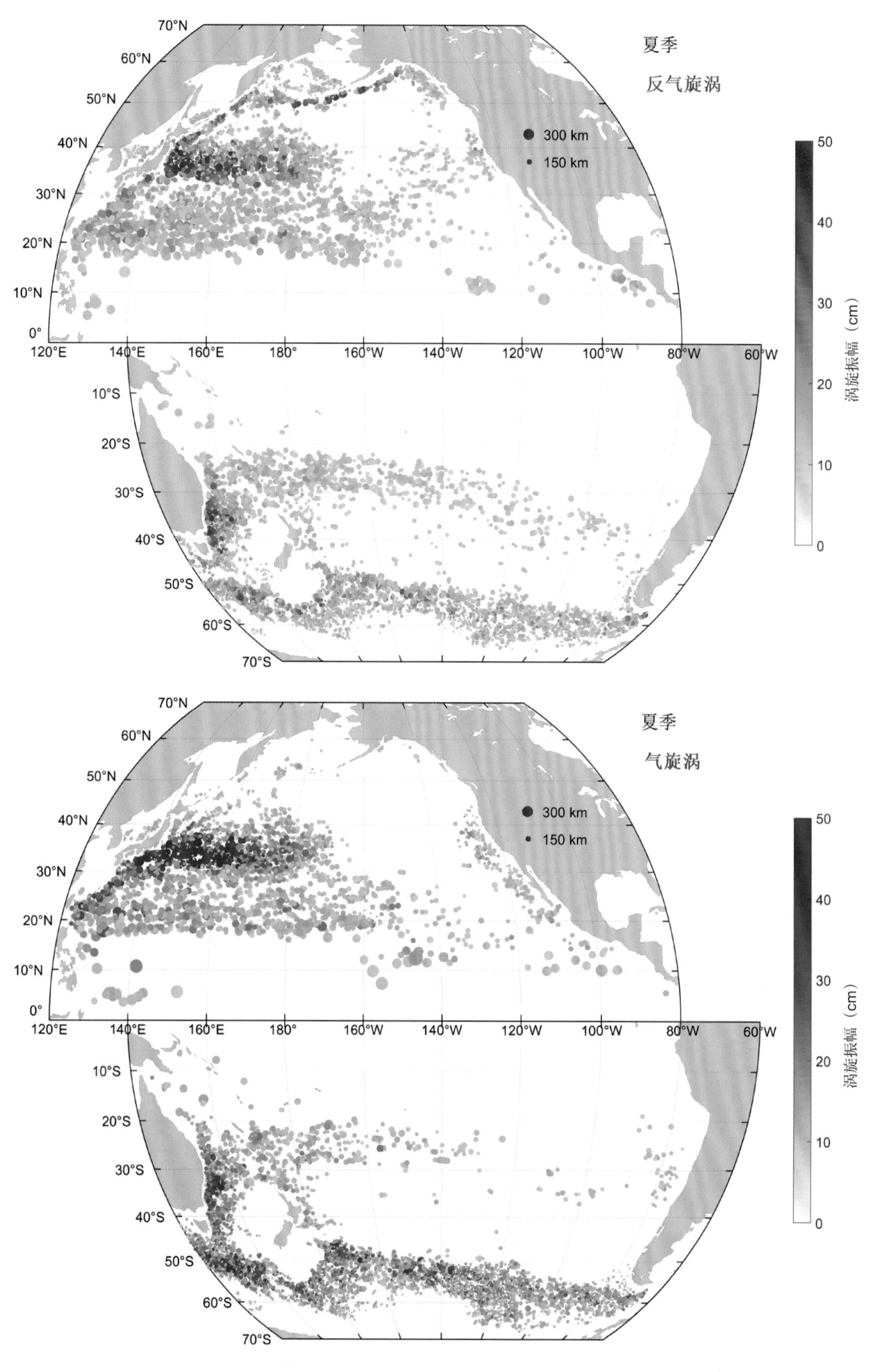

图3.5　太平洋中尺度涡气候态季节空间分布图（续）

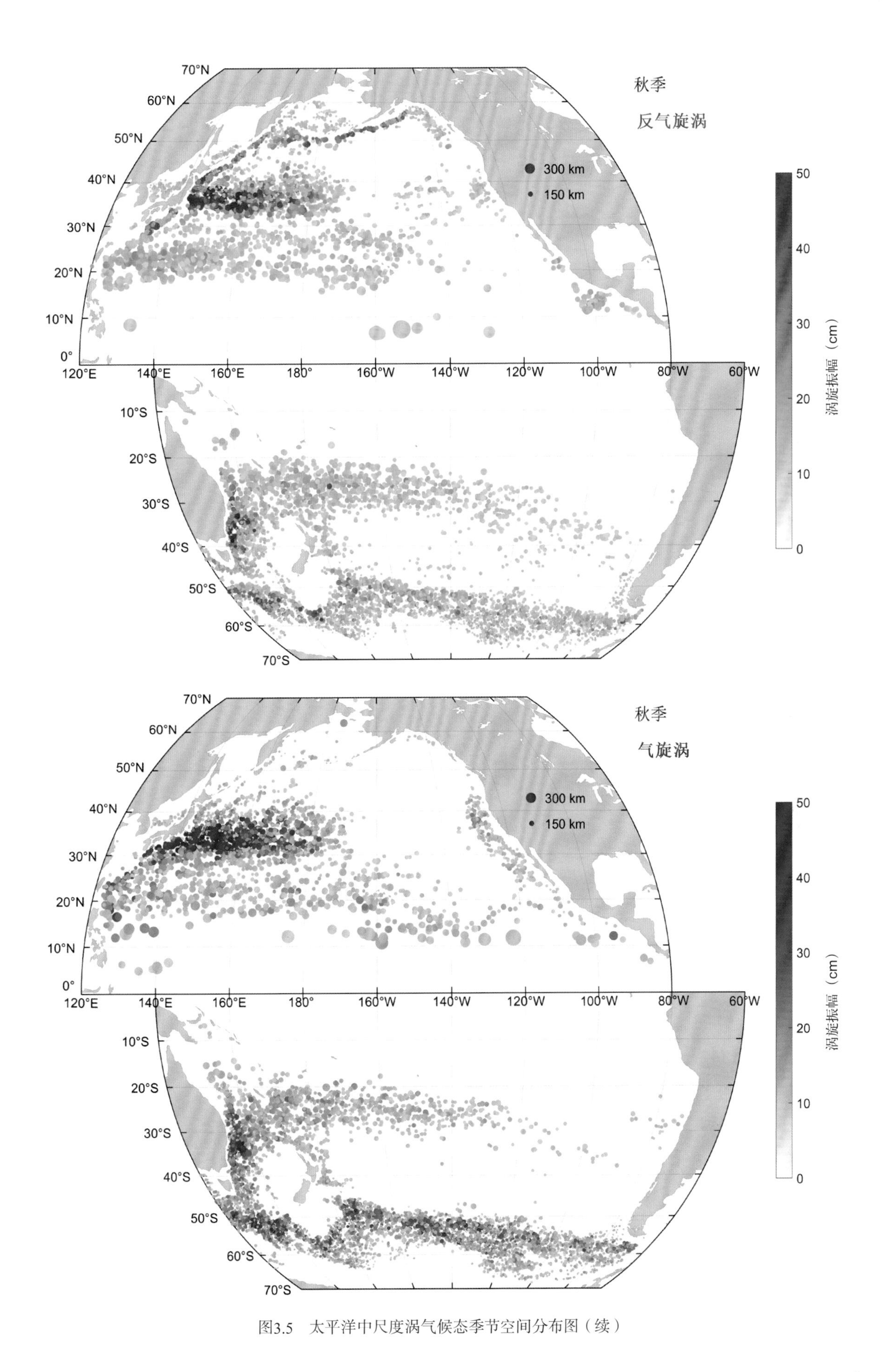

图3.5　太平洋中尺度涡气候态季节空间分布图（续）

3.2.3 太平洋中尺度涡年空间分布

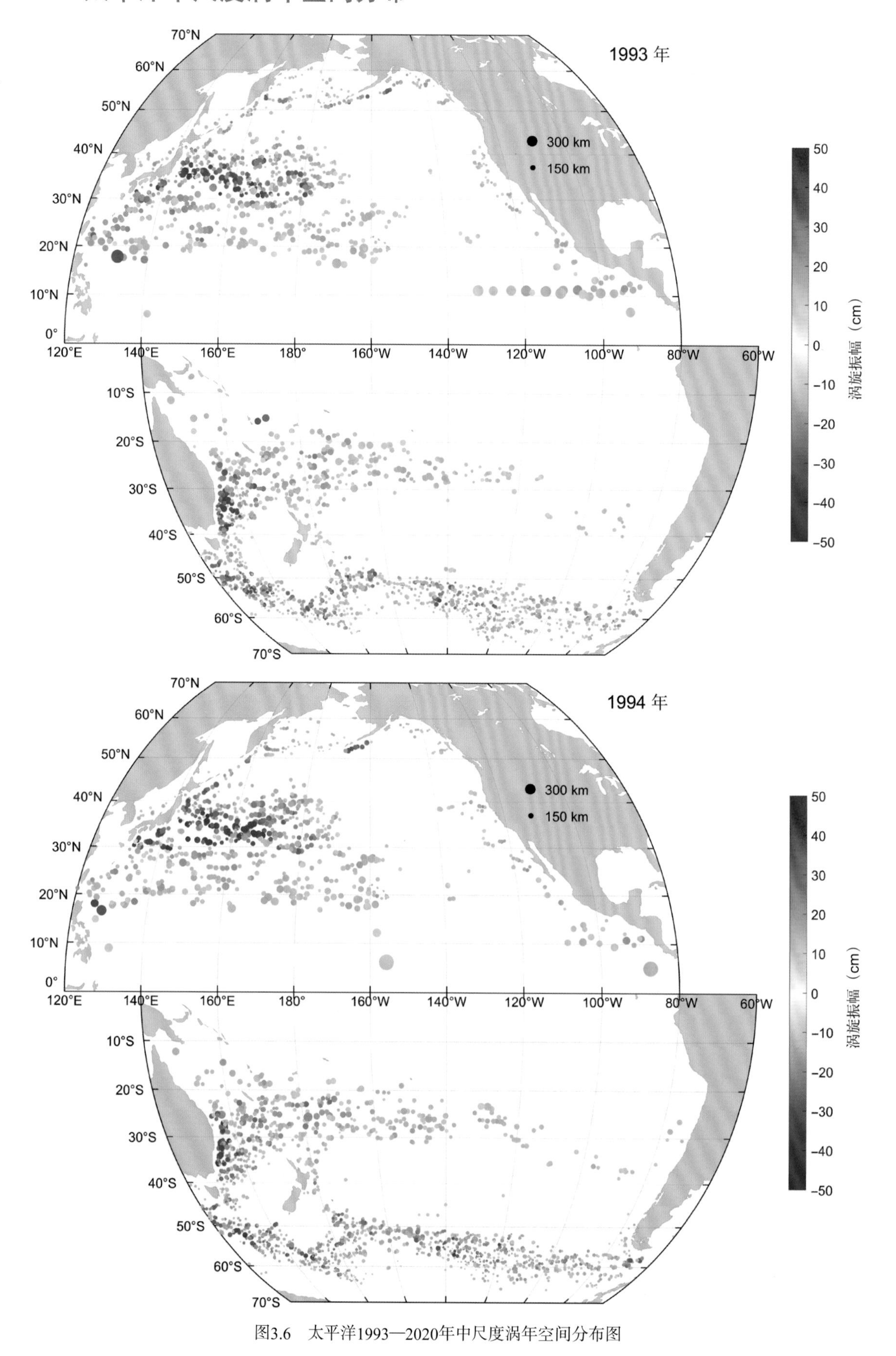

图3.6 太平洋1993—2020年中尺度涡年空间分布图

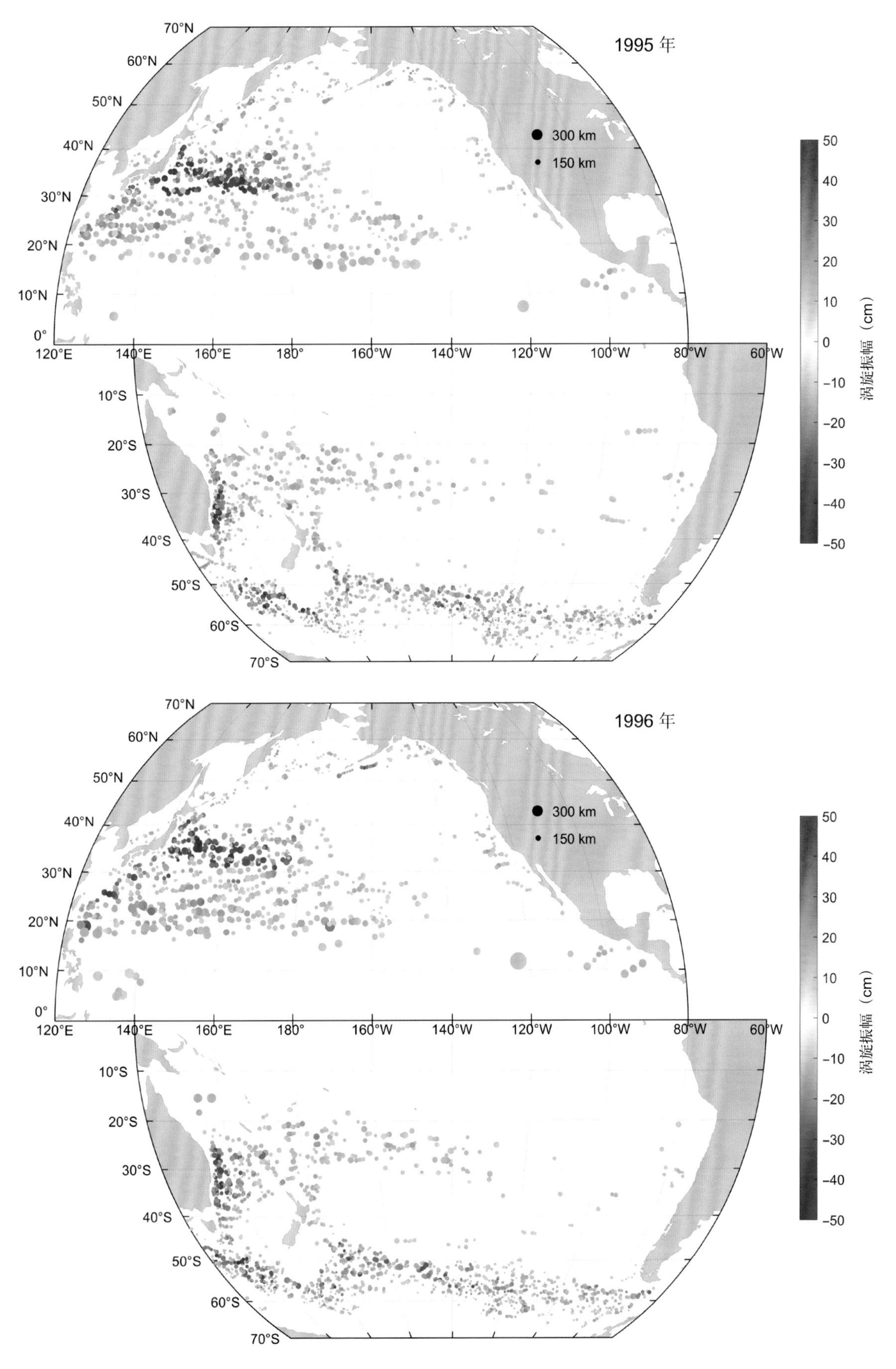

图3.6　太平洋1993—2020年中尺度涡年空间分布图（续）

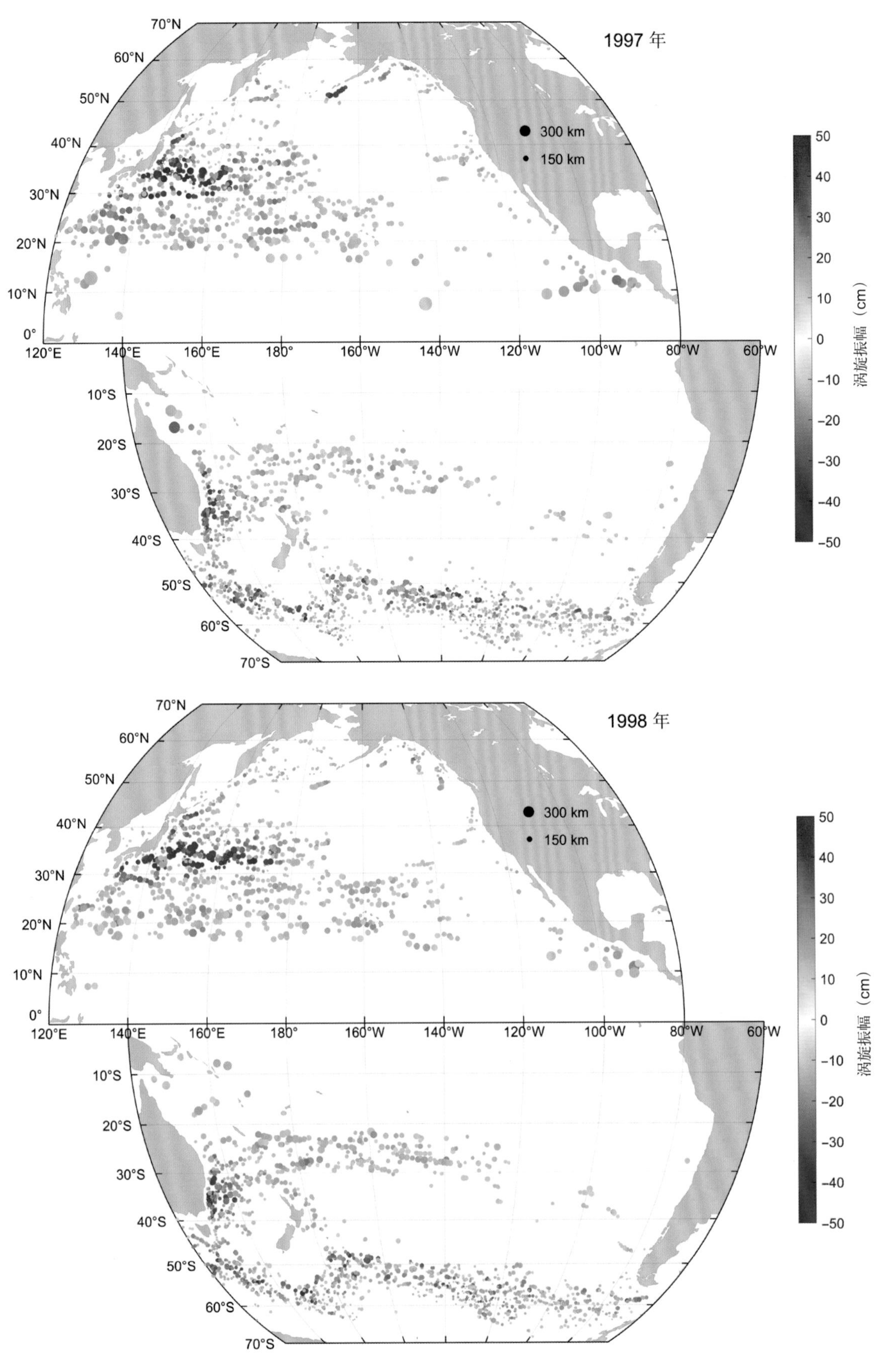

图3.6　太平洋1993—2020年中尺度涡年空间分布图（续）

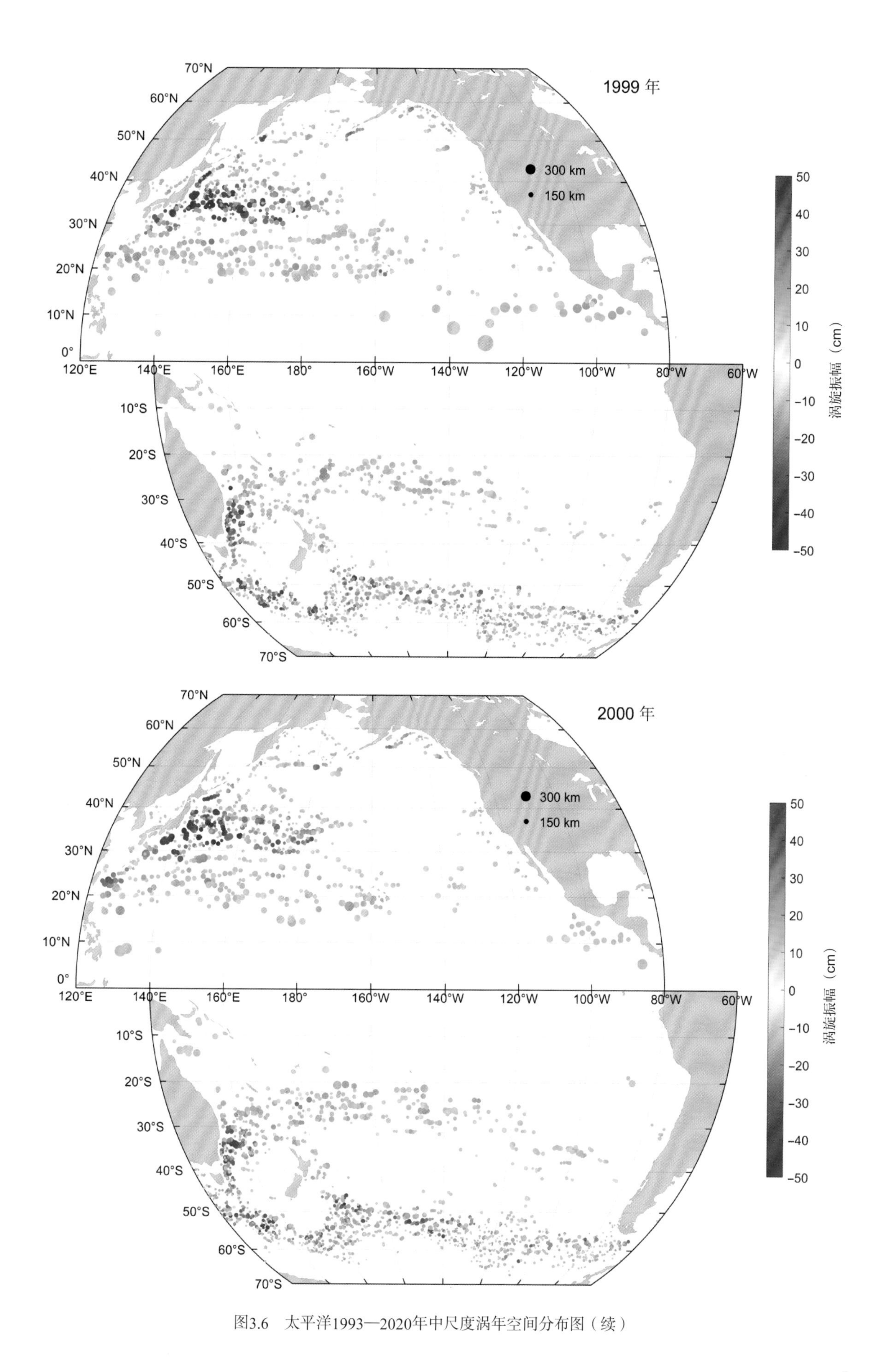

图3.6　太平洋1993—2020年中尺度涡年空间分布图（续）

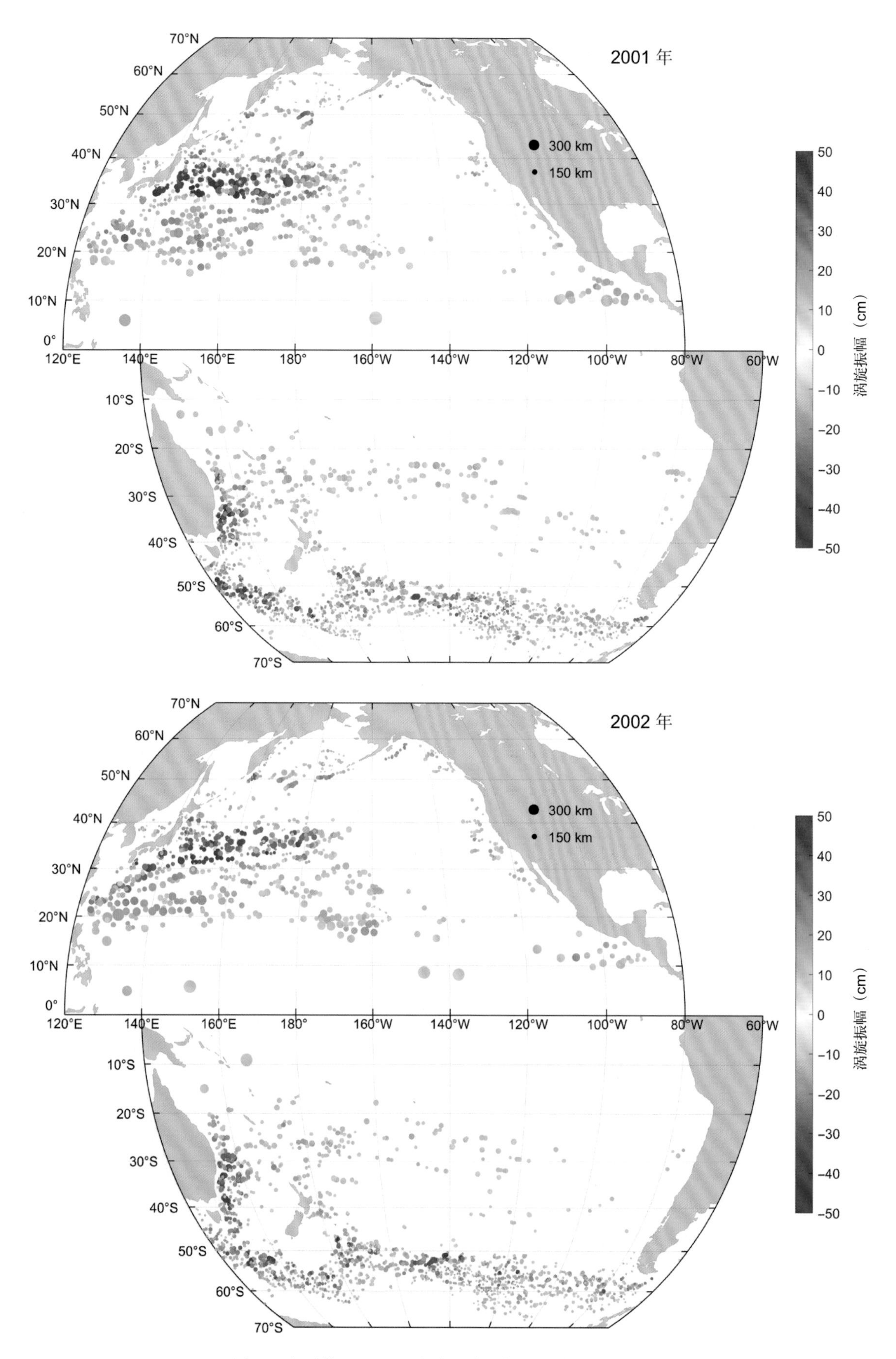

图3.6　太平洋1993—2020年中尺度涡年空间分布图（续）

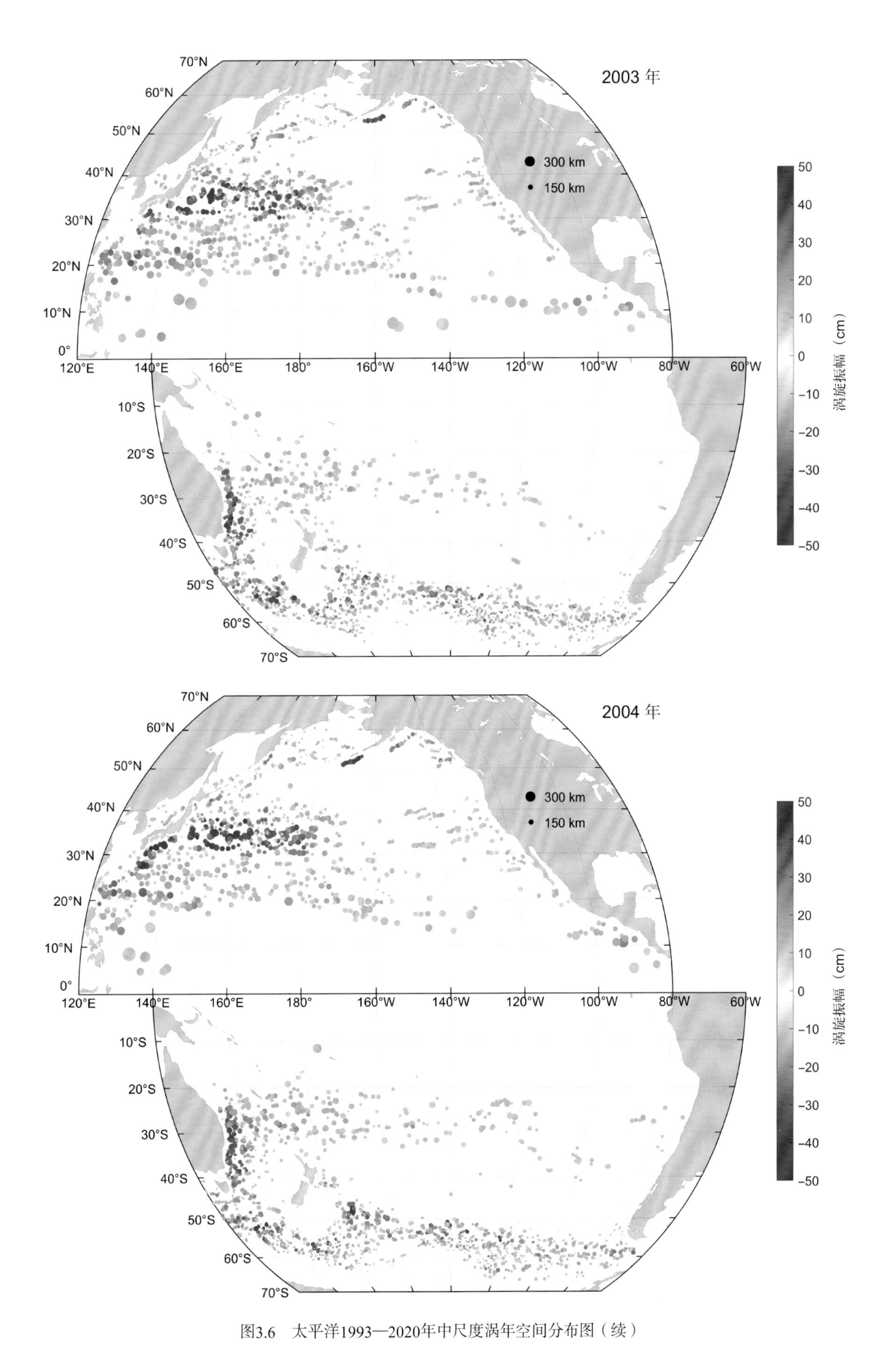

图3.6　太平洋1993—2020年中尺度涡年空间分布图（续）

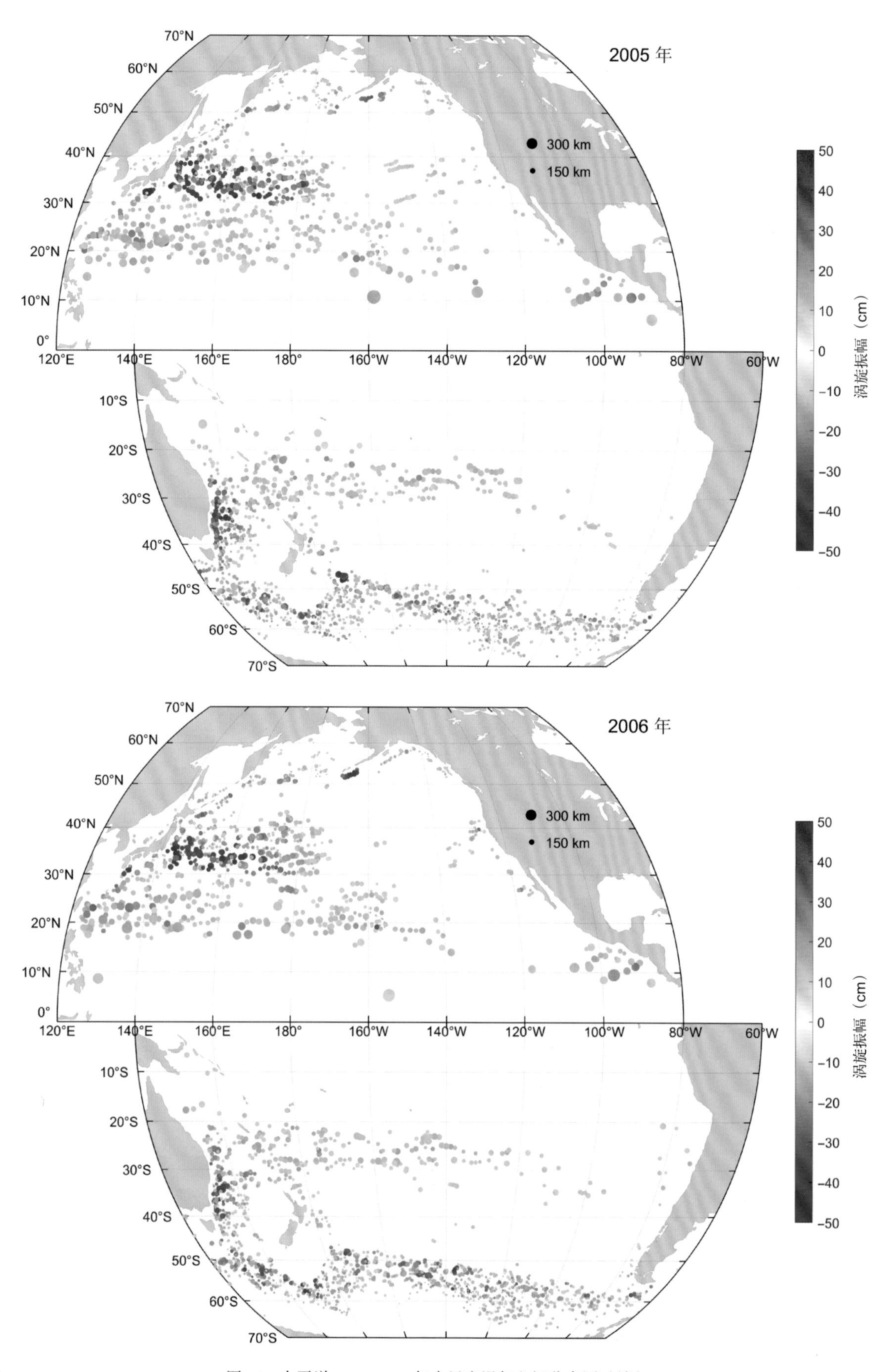

图3.6　太平洋1993—2020年中尺度涡年空间分布图（续）

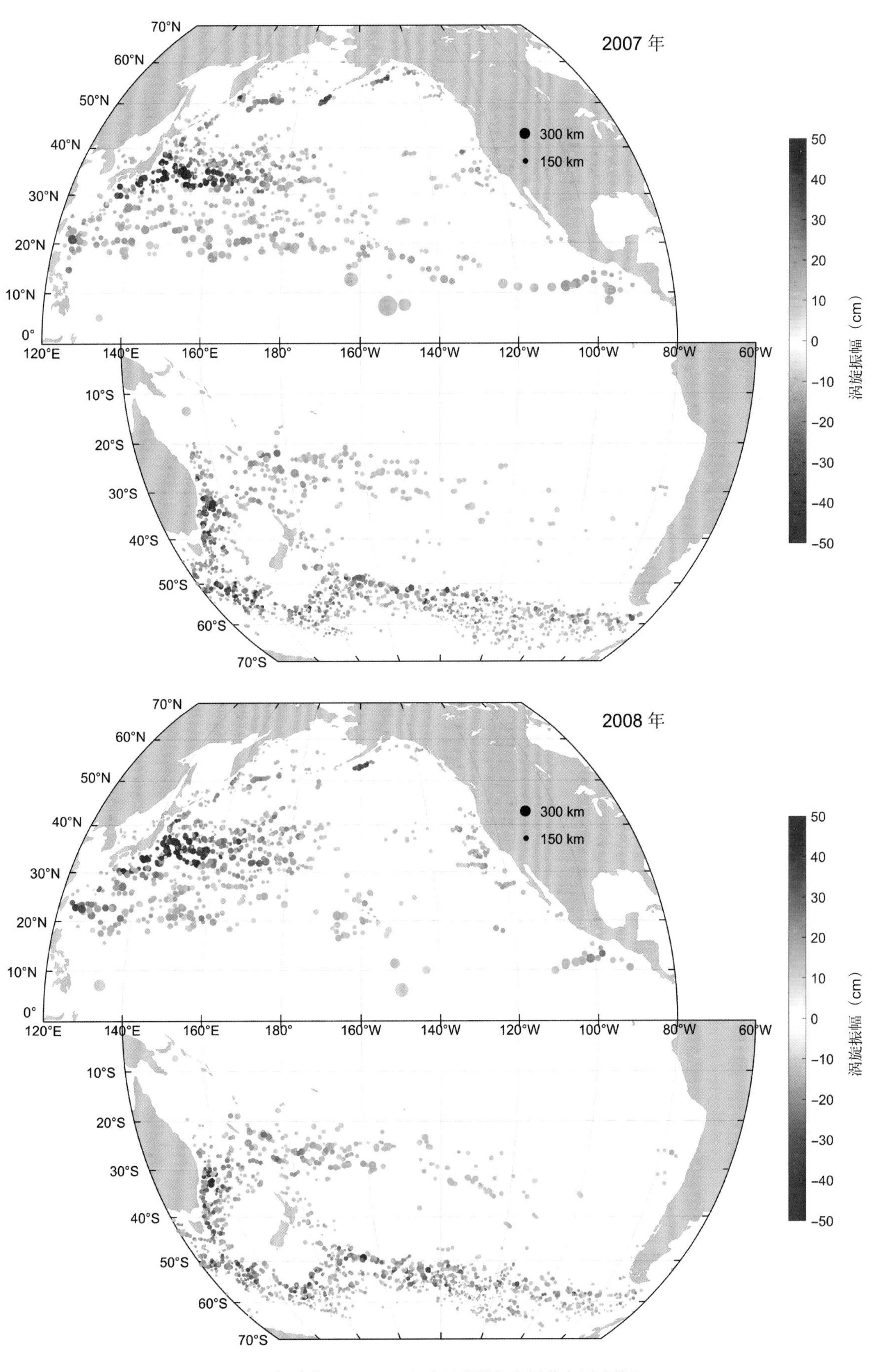

图3.6　太平洋1993—2020年中尺度涡年空间分布图（续）

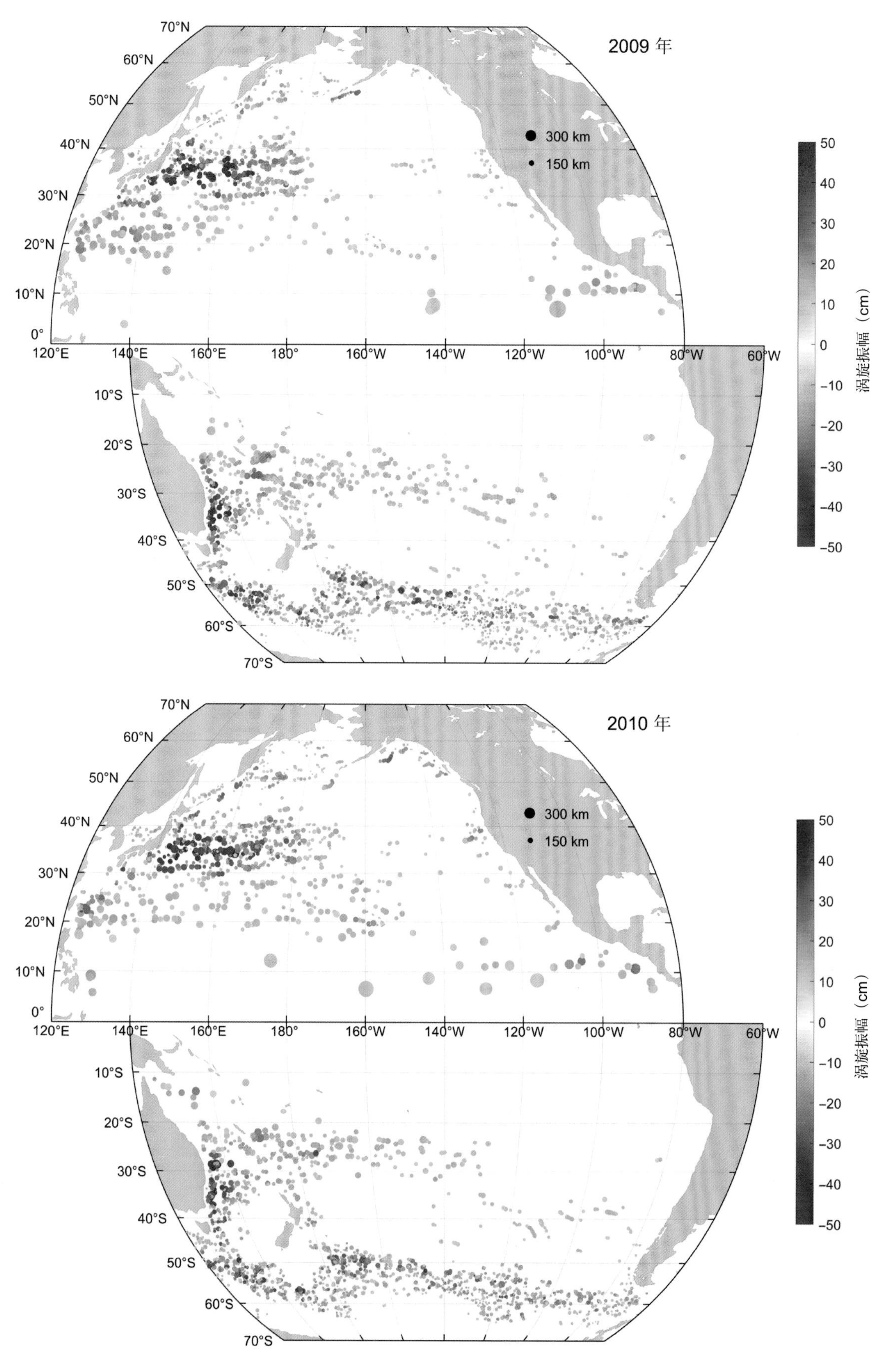

图3.6　太平洋1993—2020年中尺度涡年空间分布图（续）

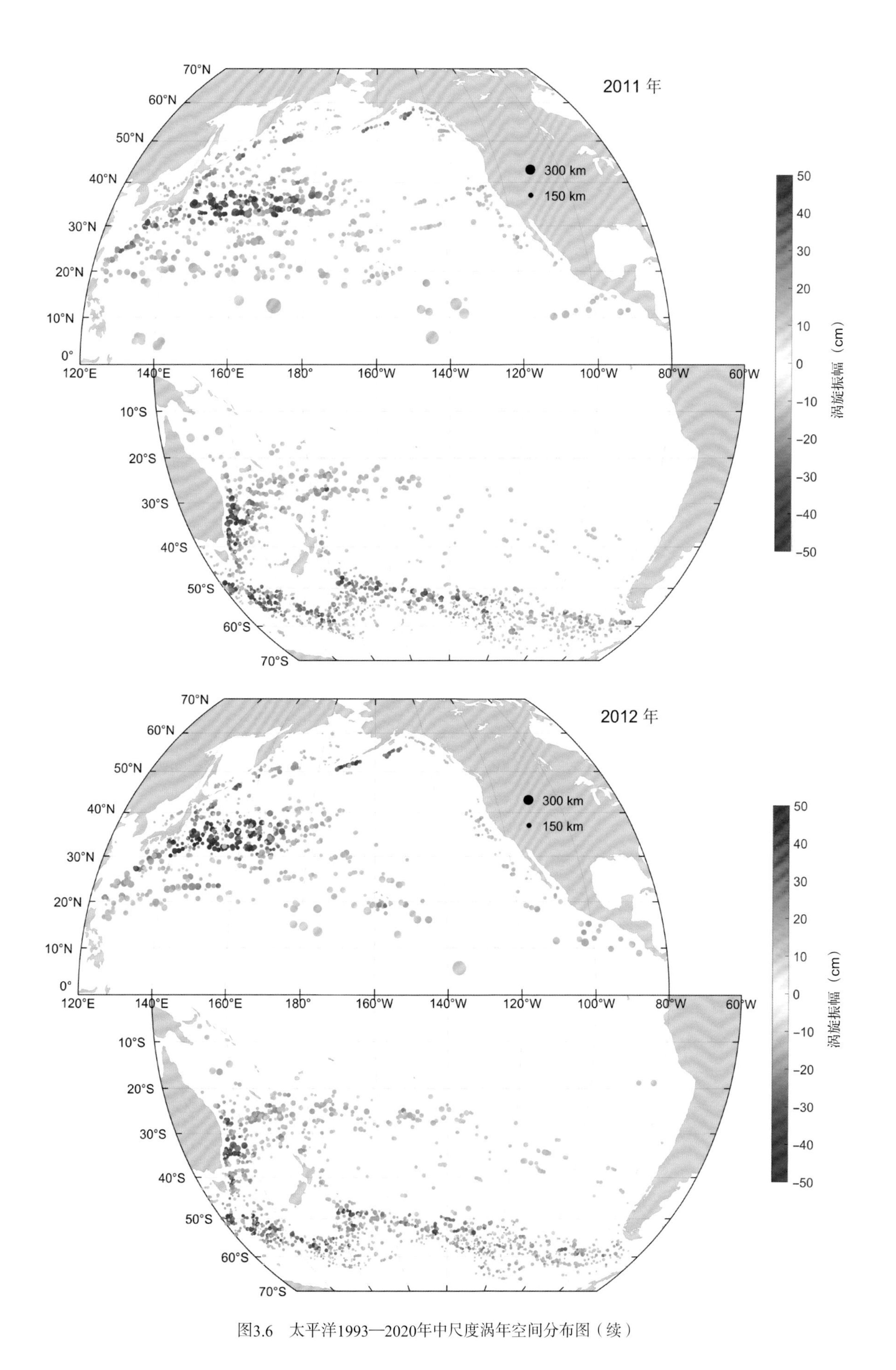

图3.6　太平洋1993—2020年中尺度涡年空间分布图（续）

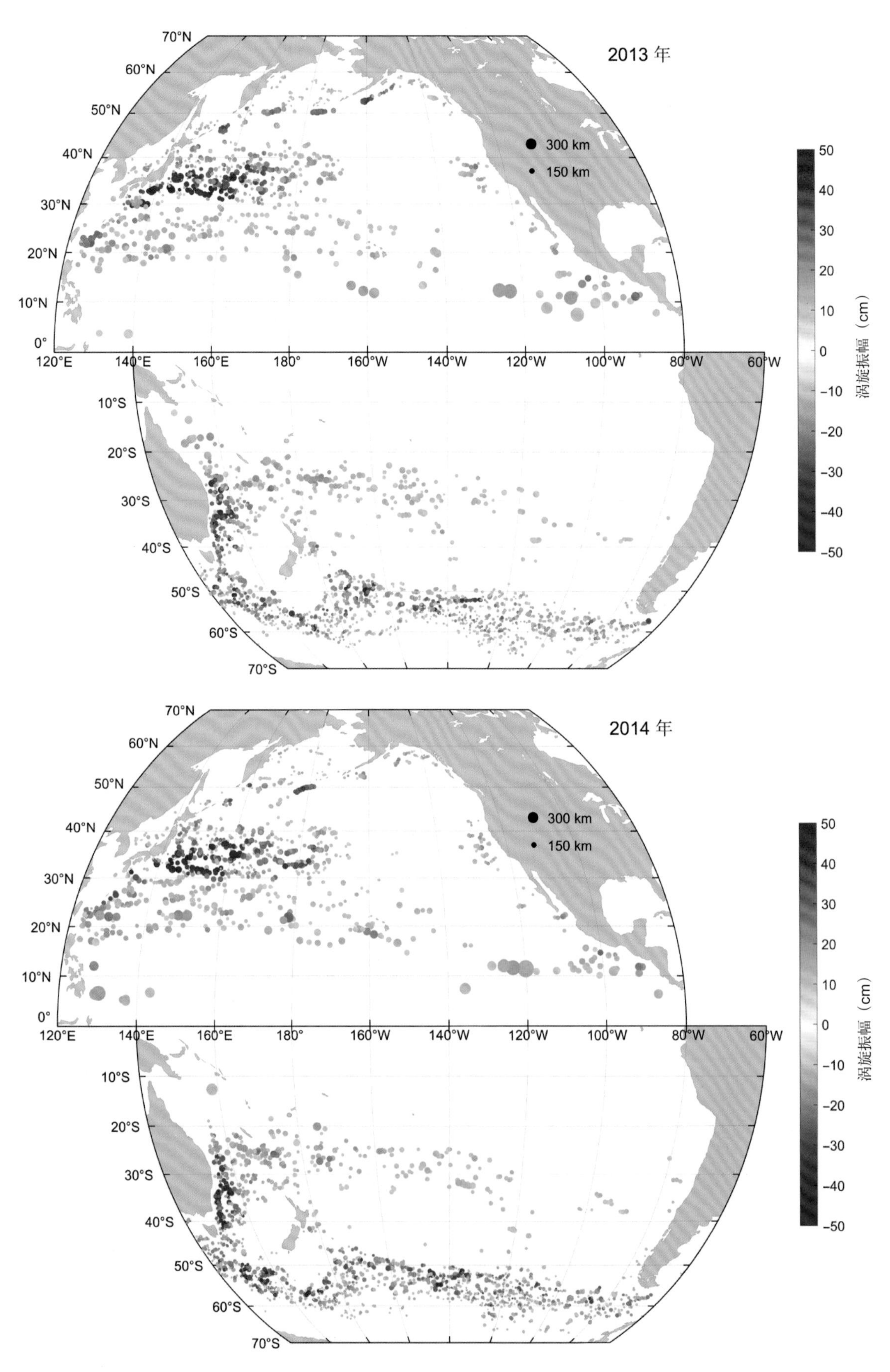

图3.6　太平洋1993—2020年中尺度涡年空间分布图（续）

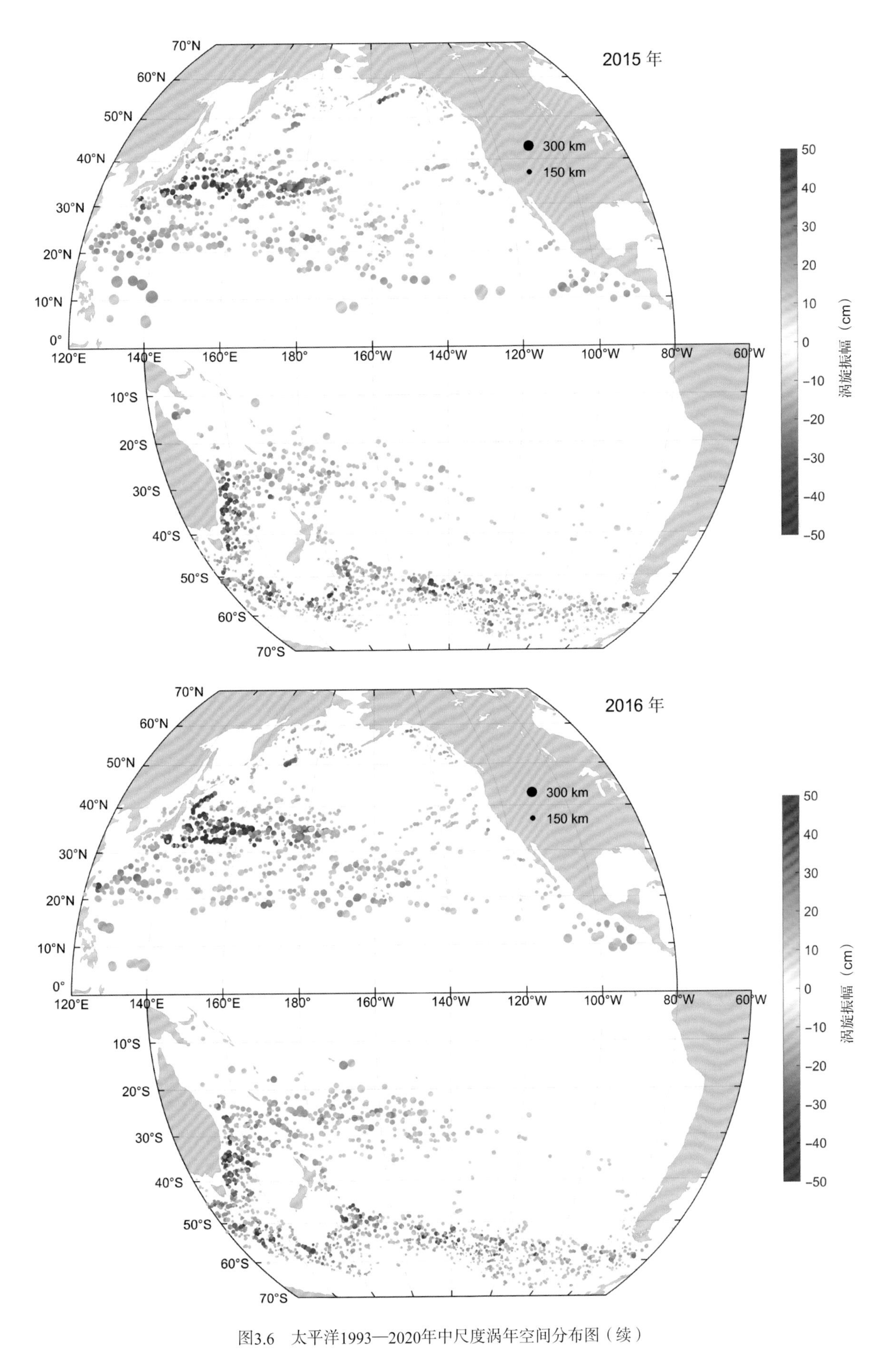

图3.6　太平洋1993—2020年中尺度涡年空间分布图（续）

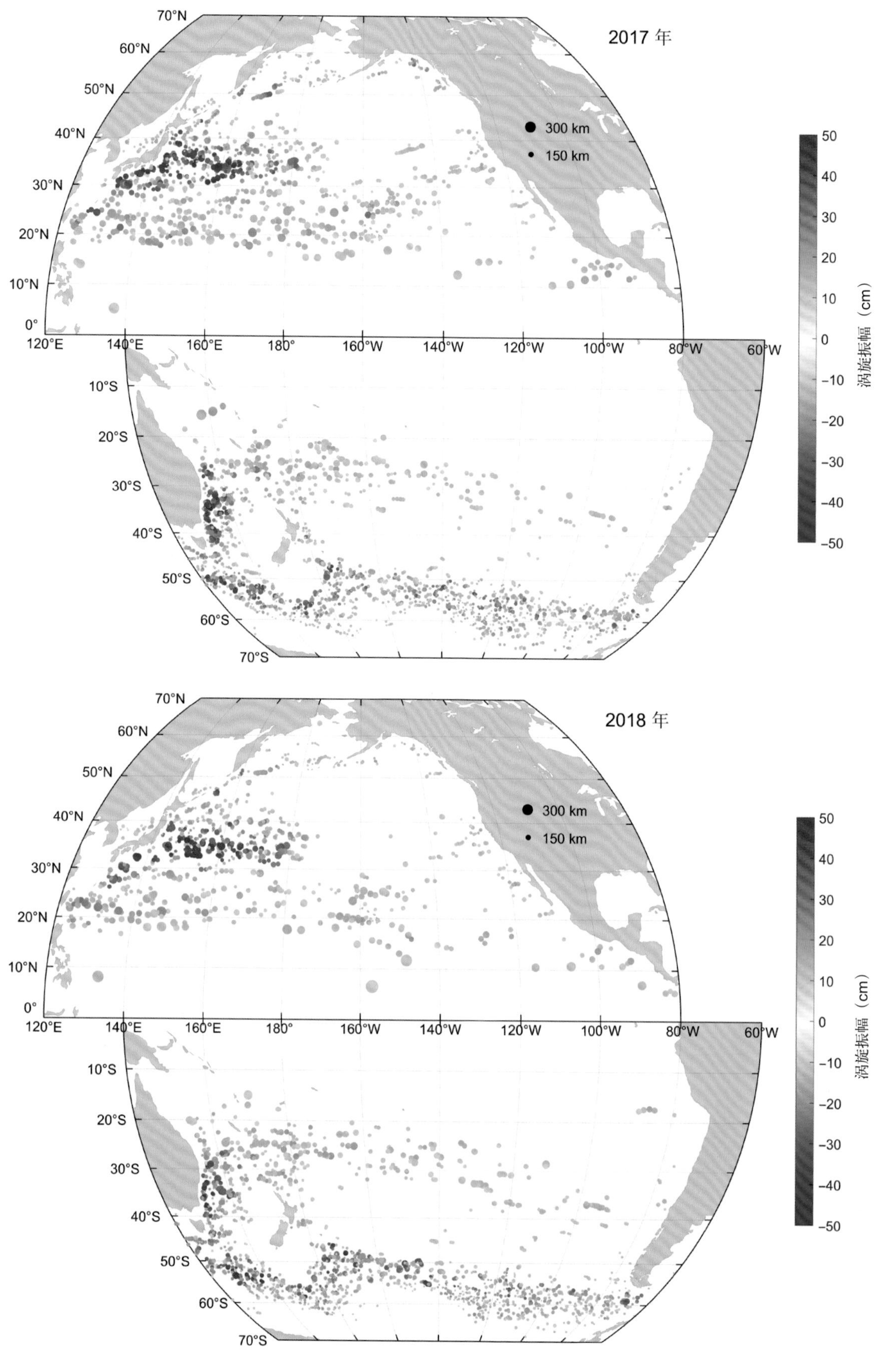

图3.6　太平洋1993—2020年中尺度涡年空间分布图（续）

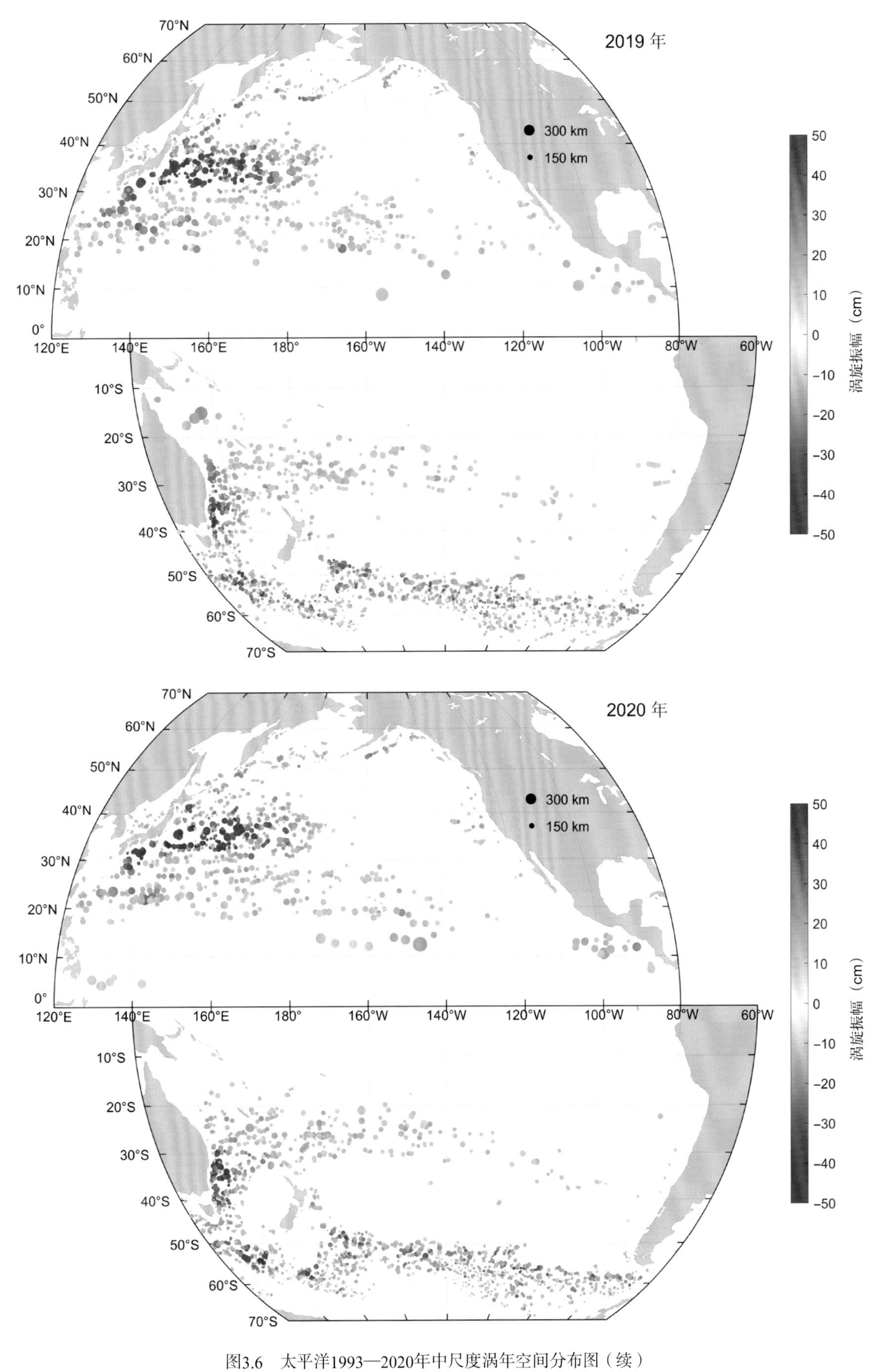

图3.6　太平洋1993—2020年中尺度涡年空间分布图（续）

3.3 太平洋中尺度涡轨迹

基于1993—2020年共28年逐日的卫星高度计海面高度融合数据，按照1.2.2节中介绍的中尺度涡调查方法，对太平洋区域的海洋中尺度涡进行探测识别和移动轨迹追踪，确定连续时间的太平洋中尺度涡轨迹。为了研究不同类型中尺度涡轨迹空间分布、移动方向和数量频率分布等运动特征，分别制作了超过一定生命周期的中尺度涡轨迹分布图、中尺度涡相对轨迹分布图以及不同移动方向（东西向或南北向）的中尺度涡移动轨迹数量频率分布图。

为研究太平洋区域内不同生命周期中尺度涡轨迹的空间分布，针对中尺度涡轨迹分布图，分别给出了太平洋生命周期≥ 90天、生命周期≥ 180天、生命周期≥ 360天和生命周期≥ 720天的中尺度涡轨迹，其中气旋涡用蓝线表示，反气旋涡用红线表示。为了观测不同移动方向的中尺度涡轨迹在太平洋的空间分布，也分别给出了中尺度涡东向轨迹、北向轨迹和南向轨迹分布图。然后，将太平洋中尺度涡轨迹起始点平移到经纬度原点（0°，0°），即得到中尺度涡相对轨迹分布图。为了对比南、北太平洋中尺度涡移动方向的差异，分别给出了南、北太平洋中尺度涡相对轨迹分布图；同时对东西向和南北向移动的中尺度涡轨迹数量进行了统计，给出了南、北太平洋中尺度涡东西向和南北向移动轨迹数量频率分布图。

从不同生命周期的太平洋中尺度涡轨迹分布图中可以看出，海洋中尺度涡在太平洋中广泛存在，气旋涡和反气旋涡均有分布，并且在南、北太平洋副热带区域长生命周期的中尺度涡数量较多。就中尺度涡移动方向而言，太平洋大部分区域的中尺度涡均西向移动，仅在黑潮、亲潮以及它们的延伸区，日本海和南大洋南极绕极流等区域，中尺度涡东向移动。北太平洋中尺度涡东向移动距离明显小于南太平洋中尺度涡，这是由于南太平洋存在横贯整个纬向的东向南极绕极流，中尺度涡会随着背景场流向东移动较远的距离，尤其是对气旋涡而言。大部分中尺度涡在南、北太平洋均呈现出向赤道方向的移动倾向（北太平洋向南，南太平洋向北），不过长生命周期气旋涡在南太平洋呈现出向极地（南）方向的移动倾向。

- 生命周期≥90天

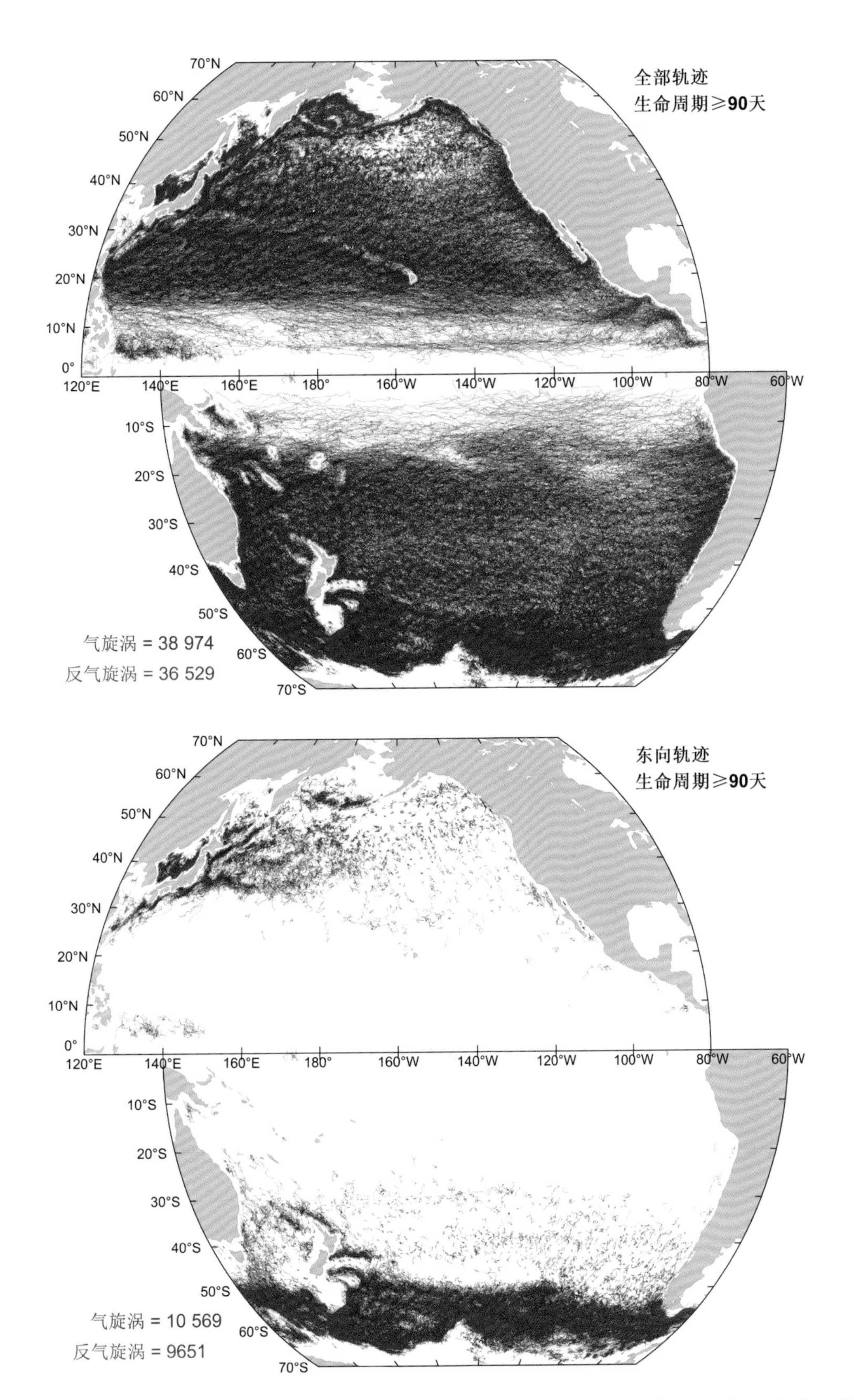

图3.7　太平洋生命周期≥90天的中尺度涡全部轨迹和东向轨迹分布图，蓝线表示气旋涡，红线表示反气旋涡

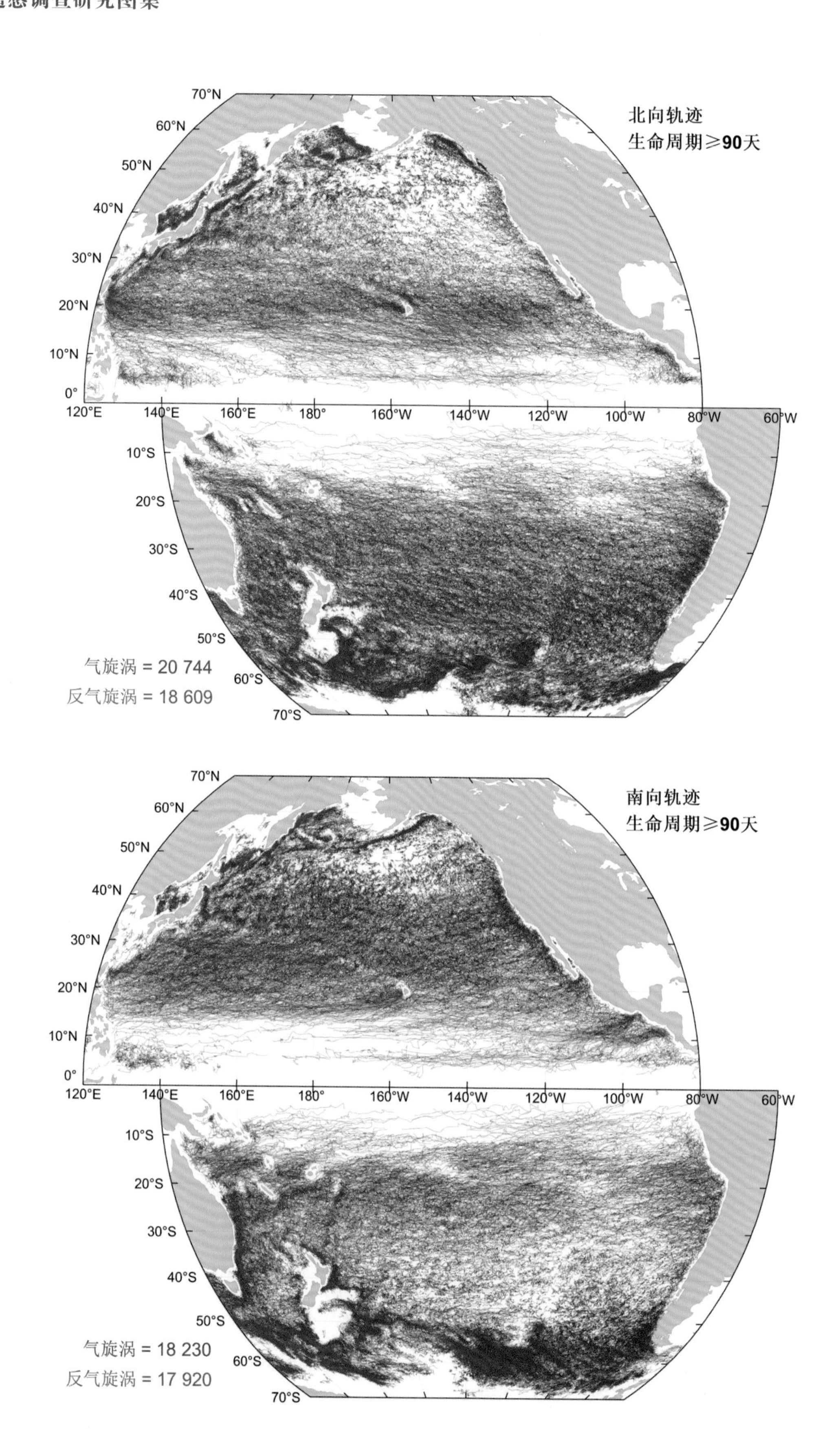

图3.8　太平洋生命周期≥90天的中尺度涡北向轨迹和南向轨迹分布图，蓝线表示气旋涡，红线表示反气旋涡

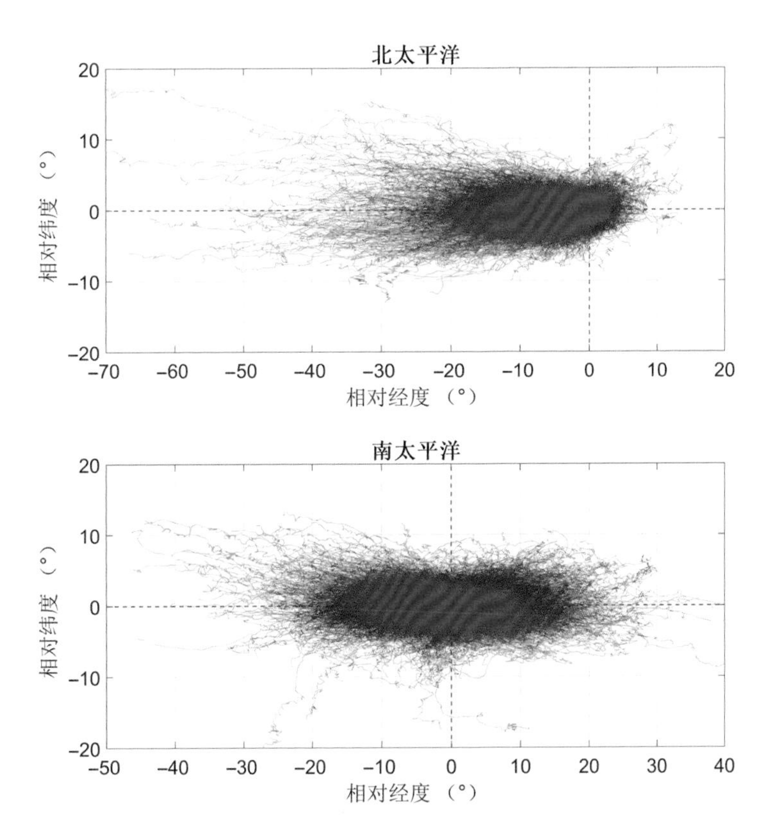

图3.9　太平洋生命周期≥90天的中尺度涡相对轨迹分布图，蓝线表示气旋涡，红线表示反气旋涡，涡旋起始点被移动到经纬度原点（0°，0°）

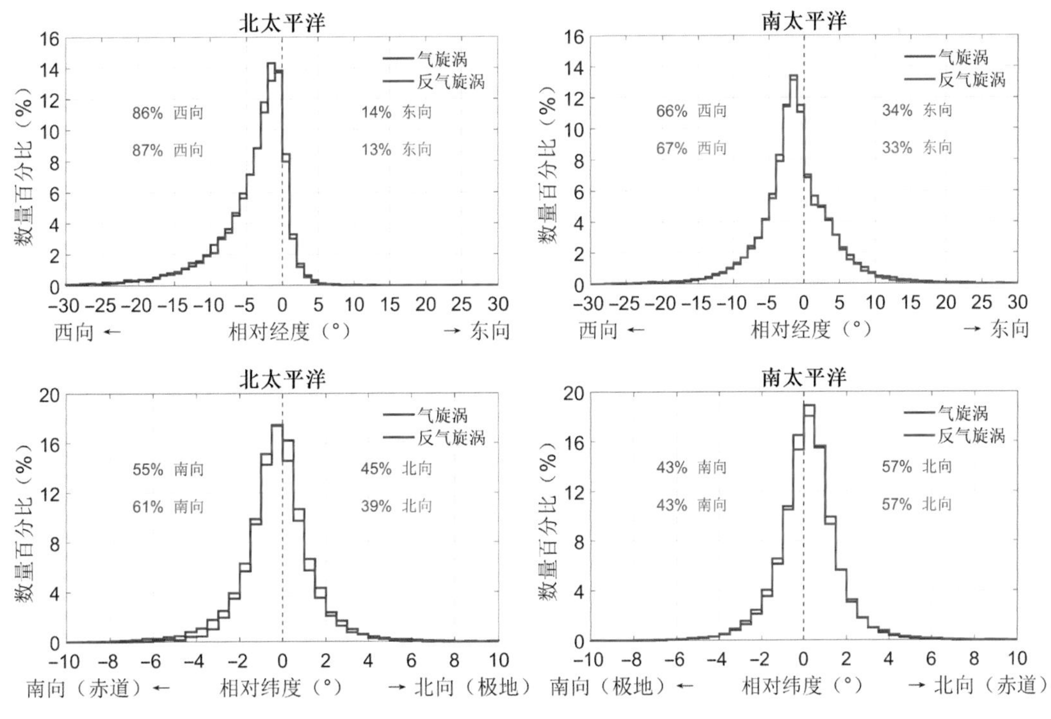

图3.10　太平洋生命周期≥90天的中尺度涡东西向和南北向移动轨迹数量频率分布图

- 生命周期≥180天

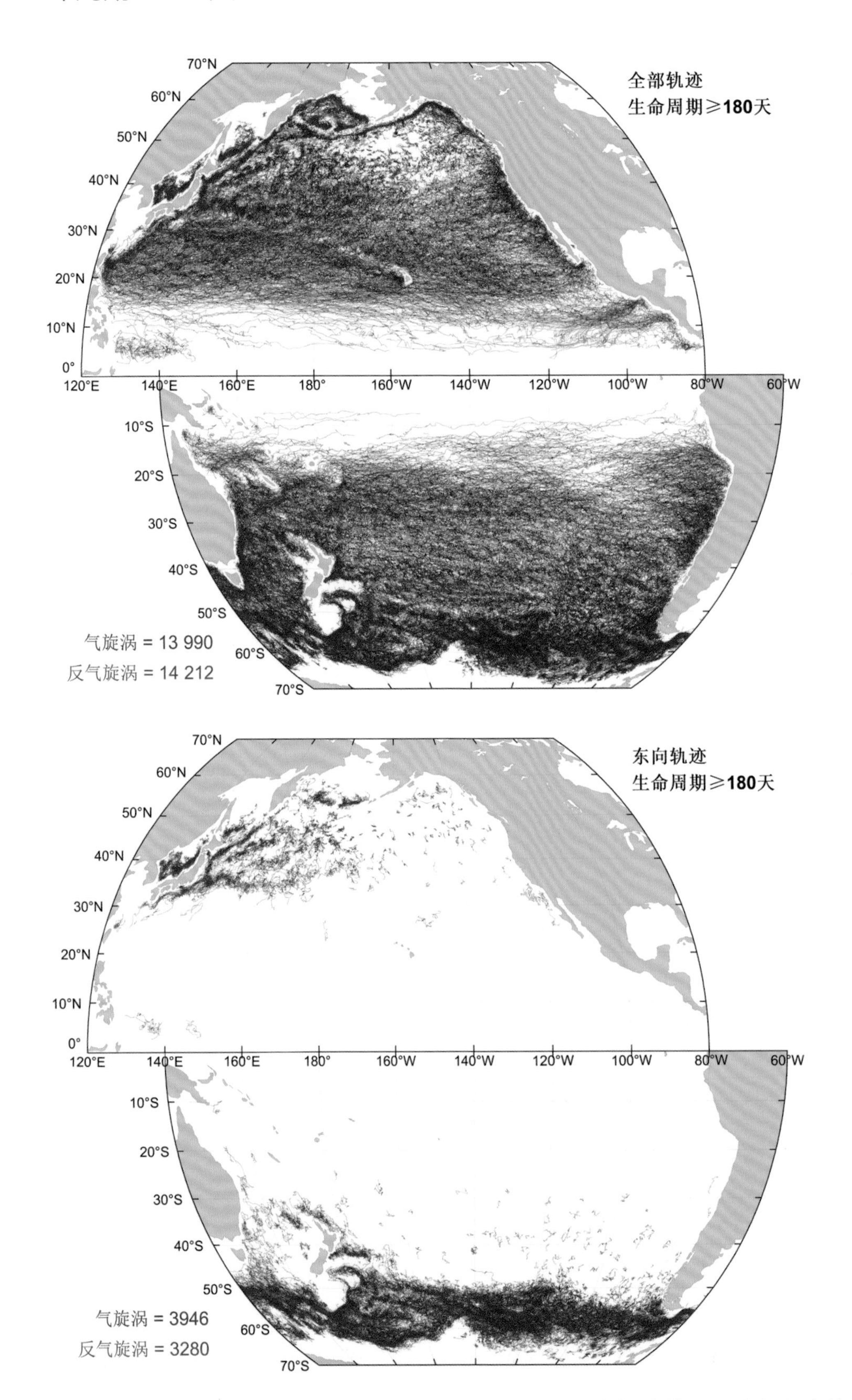

图3.11　太平洋生命周期≥180天的中尺度涡全部轨迹和东向轨迹分布图，蓝线表示气旋涡，红线表示反气旋涡

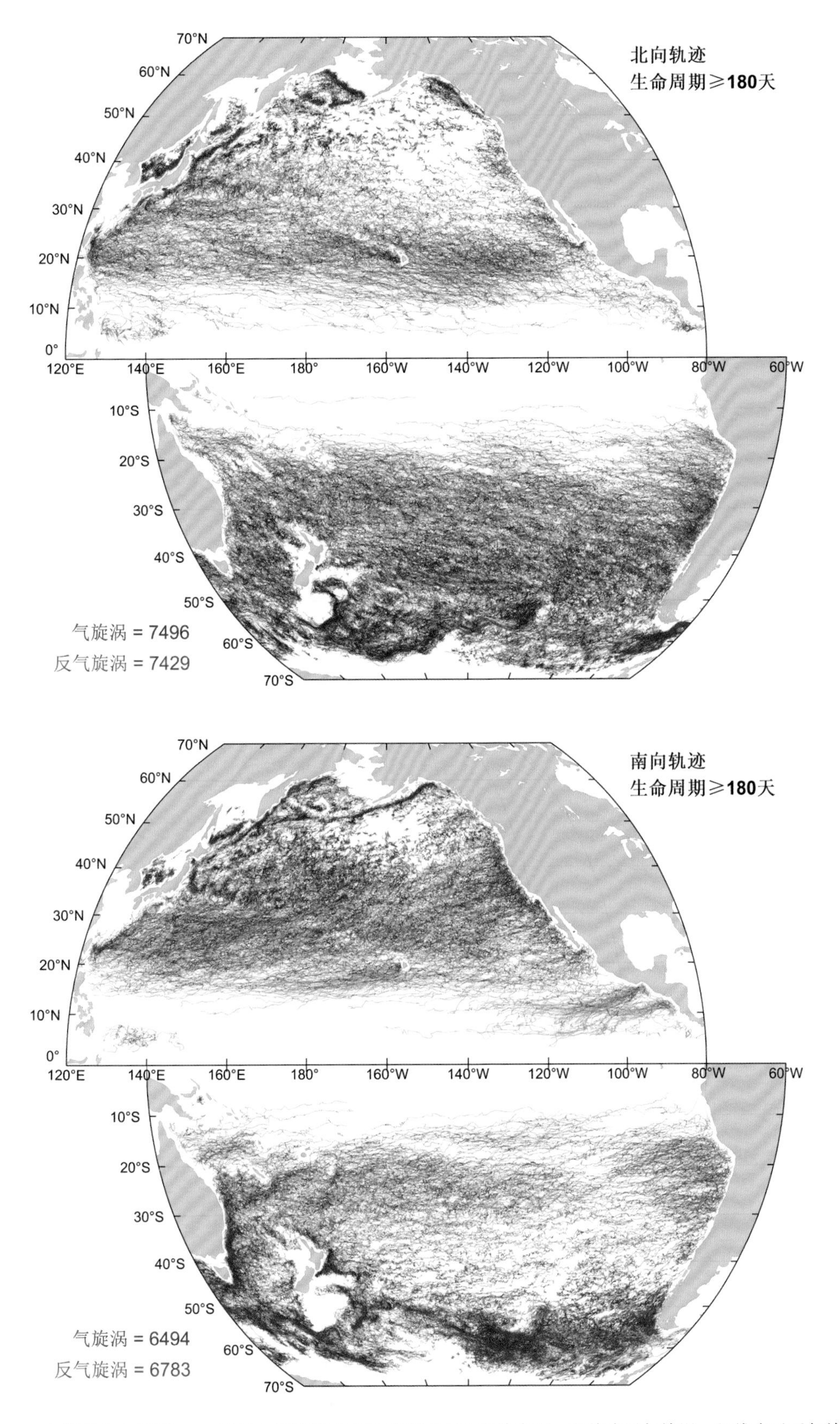

图3.12　太平洋生命周期≥180天的中尺度涡北向轨迹和南向轨迹分布图，蓝线表示气旋涡，红线表示反气旋涡

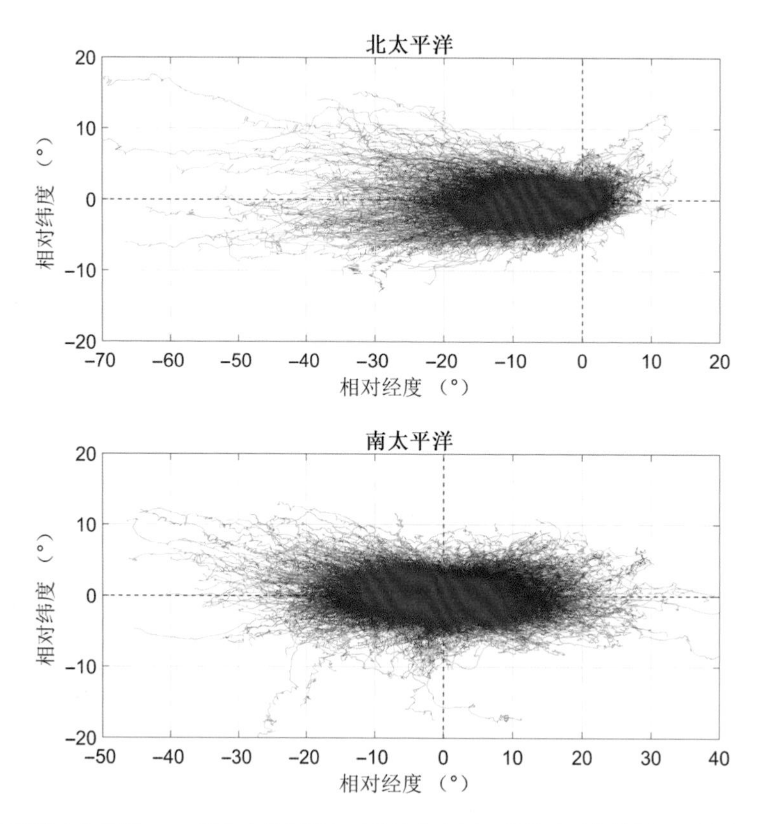

图3.13　太平洋生命周期≥180天的中尺度涡相对轨迹分布图，蓝线表示气旋涡，红线表示反气旋涡，涡旋起始点被移动到经纬度原点（0°，0°）

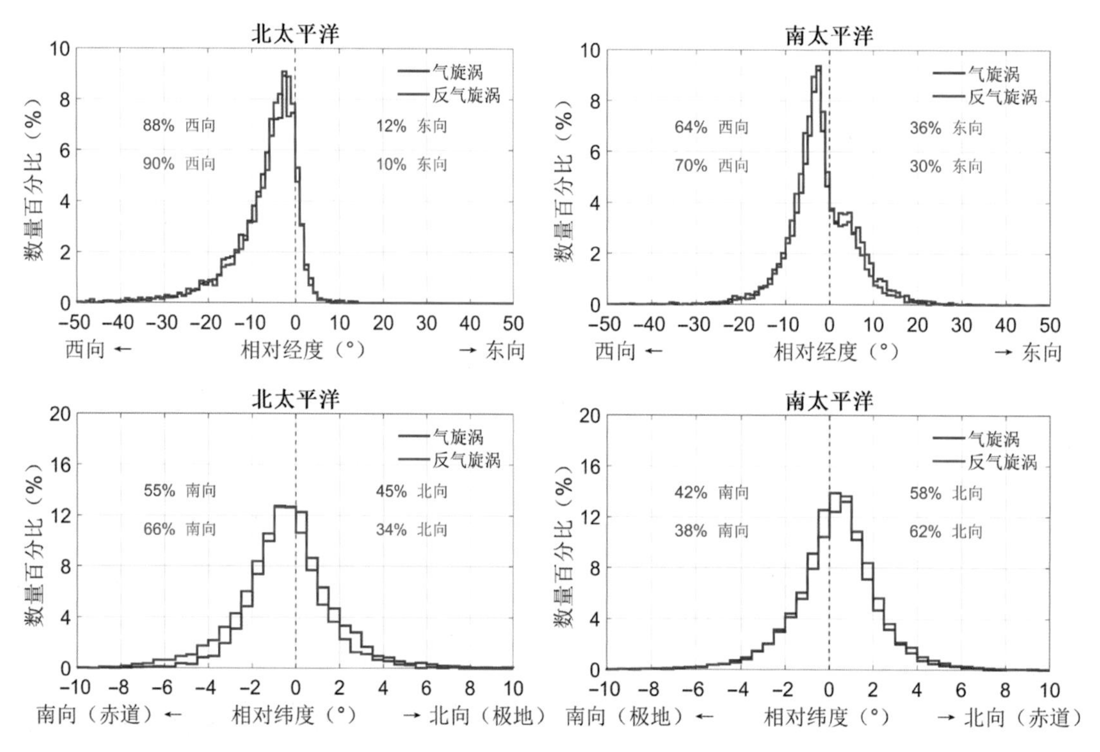

图3.14　太平洋生命周期≥180天的中尺度涡东西向和南北向移动轨迹数量频率分布图

- 生命周期≥360天

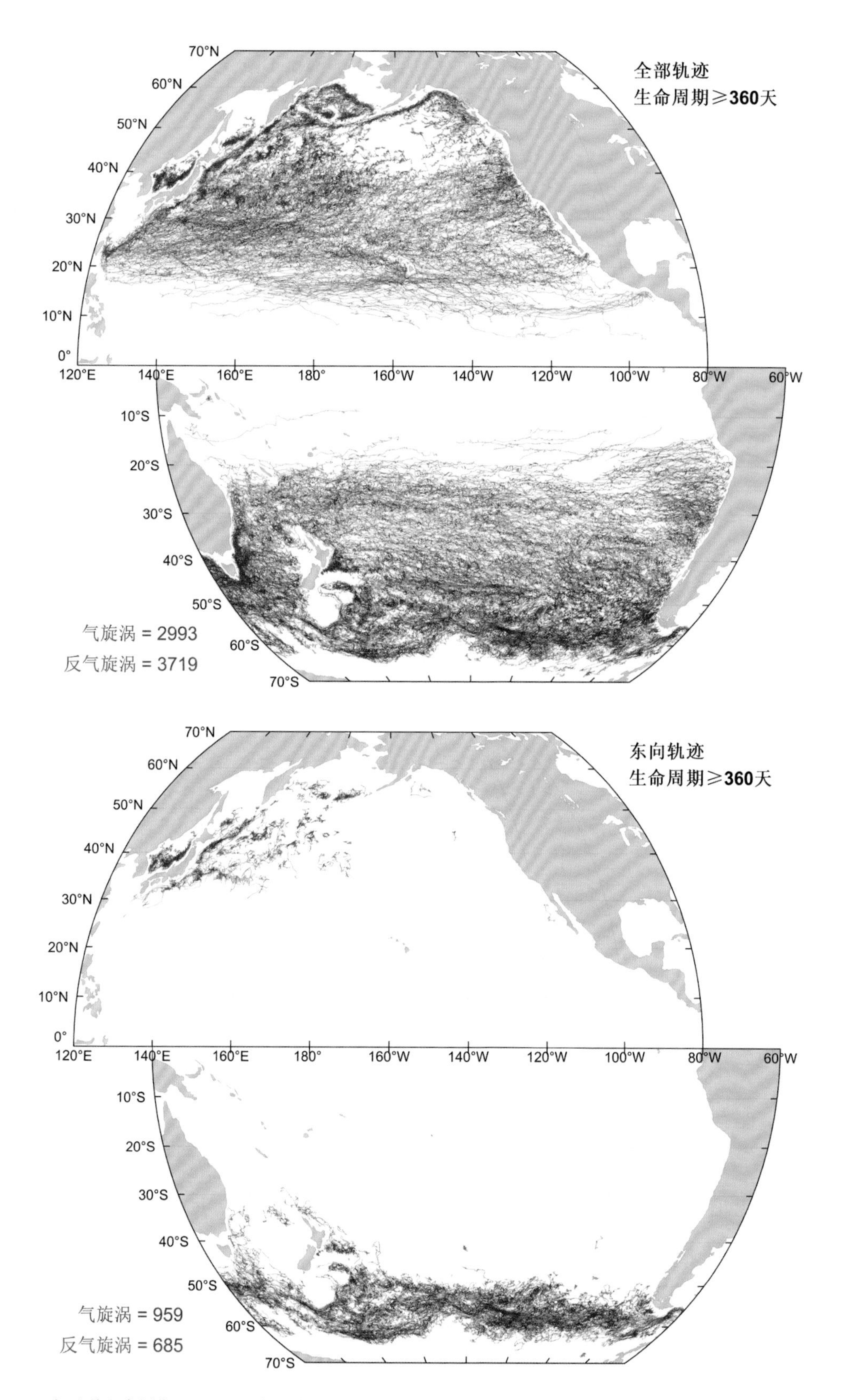

图3.15　太平洋生命周期≥360天的中尺度涡全部轨迹和东向轨迹分布图，蓝线表示气旋涡，红线表示反气旋涡

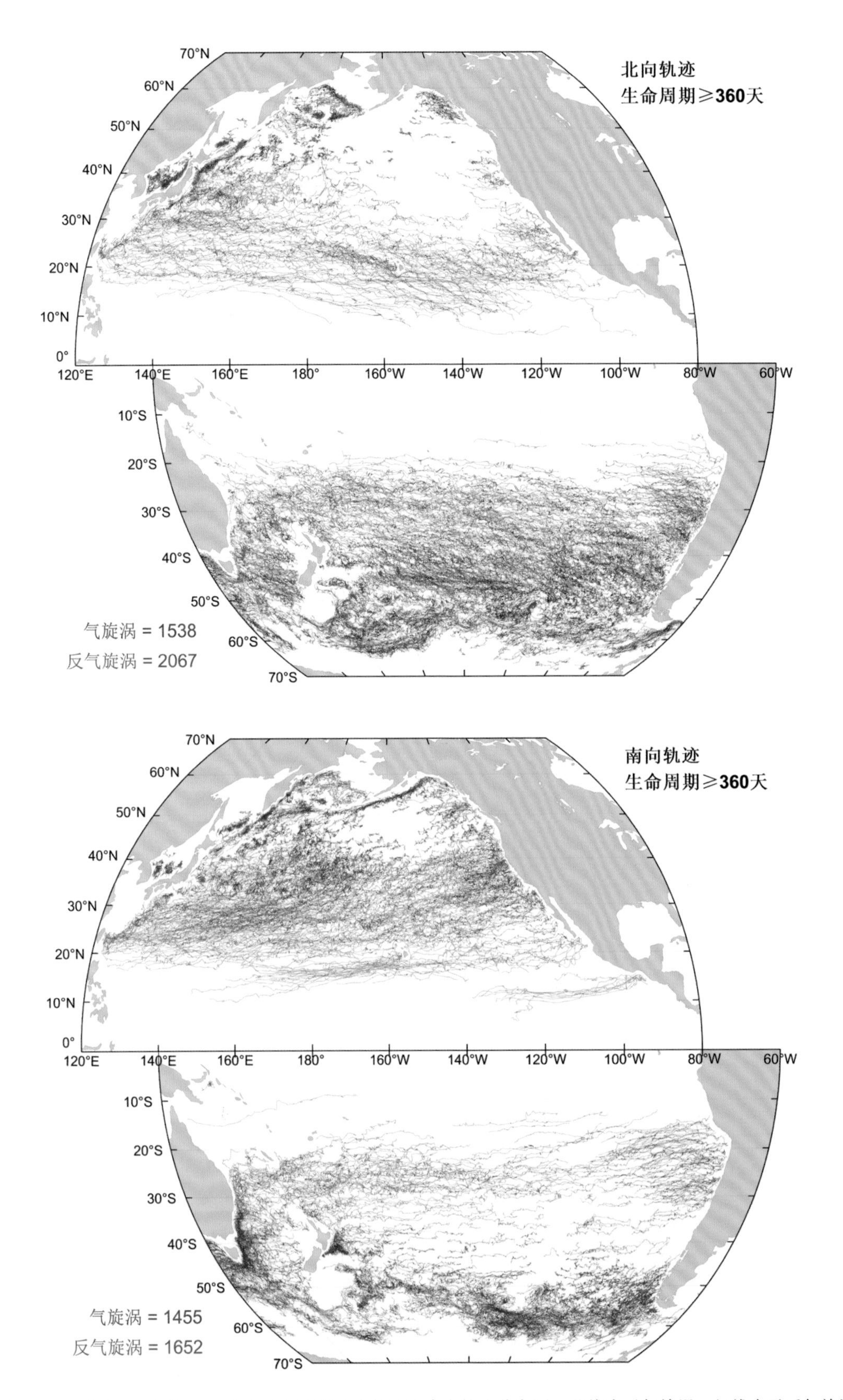

图3.16　太平洋生命周期≥360天的中尺度涡北向轨迹和南向轨迹分布图，蓝线表示气旋涡，红线表示反气旋涡

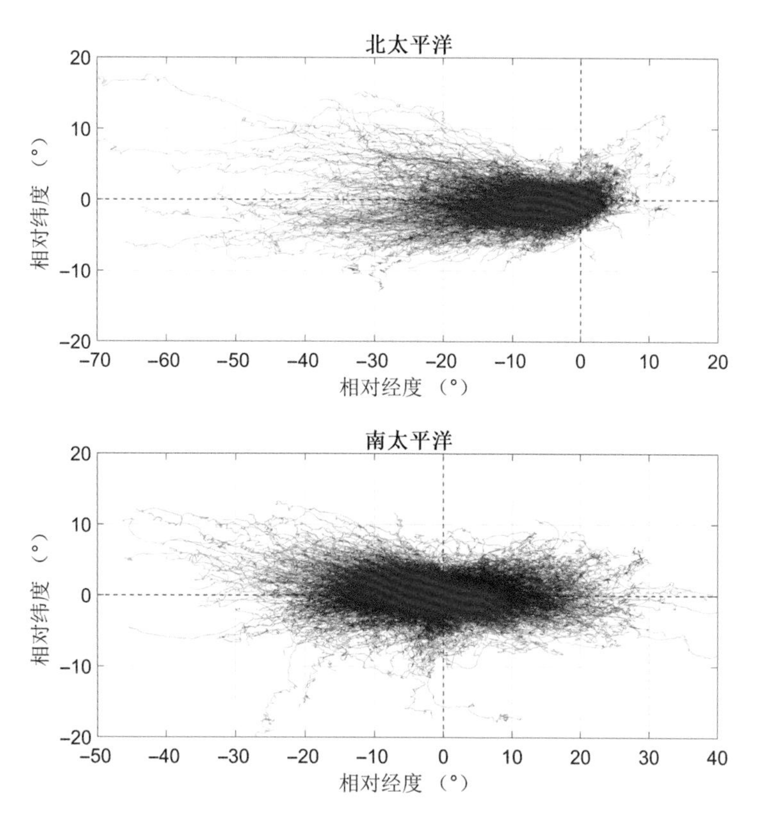

图3.17　太平洋生命周期≥360天的中尺度涡相对轨迹分布图，蓝线表示气旋涡，红线表示反气旋涡，涡旋起始点被移动到经纬度原点（0°，0°）

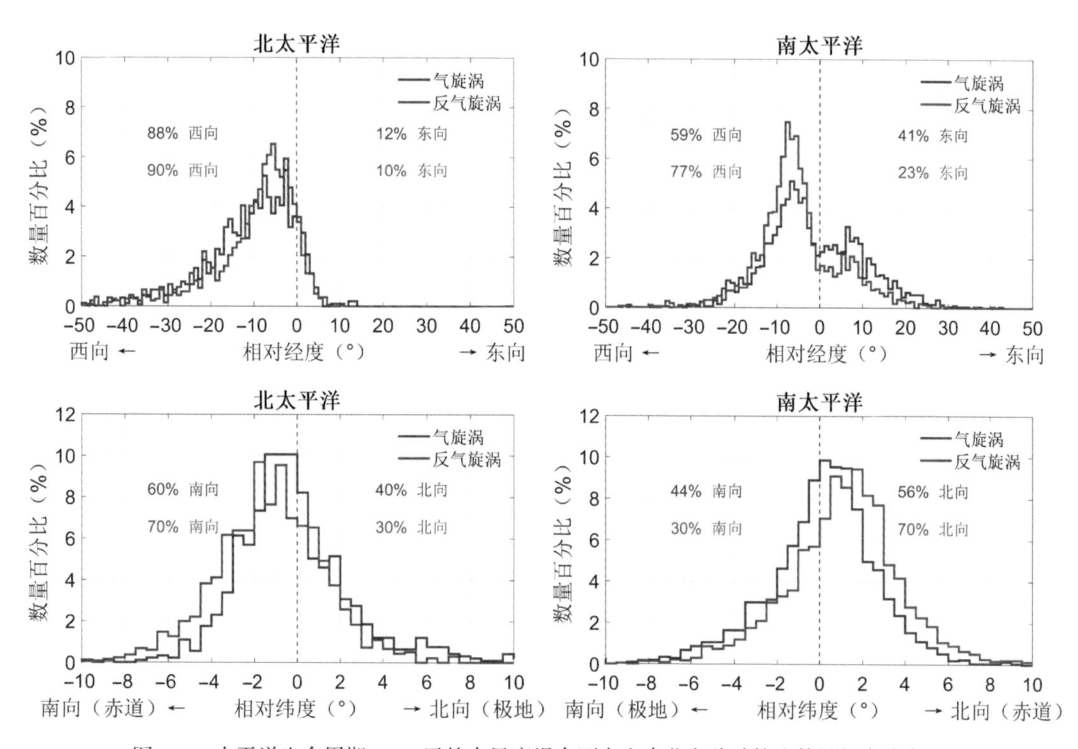

图3.18　太平洋生命周期≥360天的中尺度涡东西向和南北向移动轨迹数量频率分布图

- 生命周期≥720天

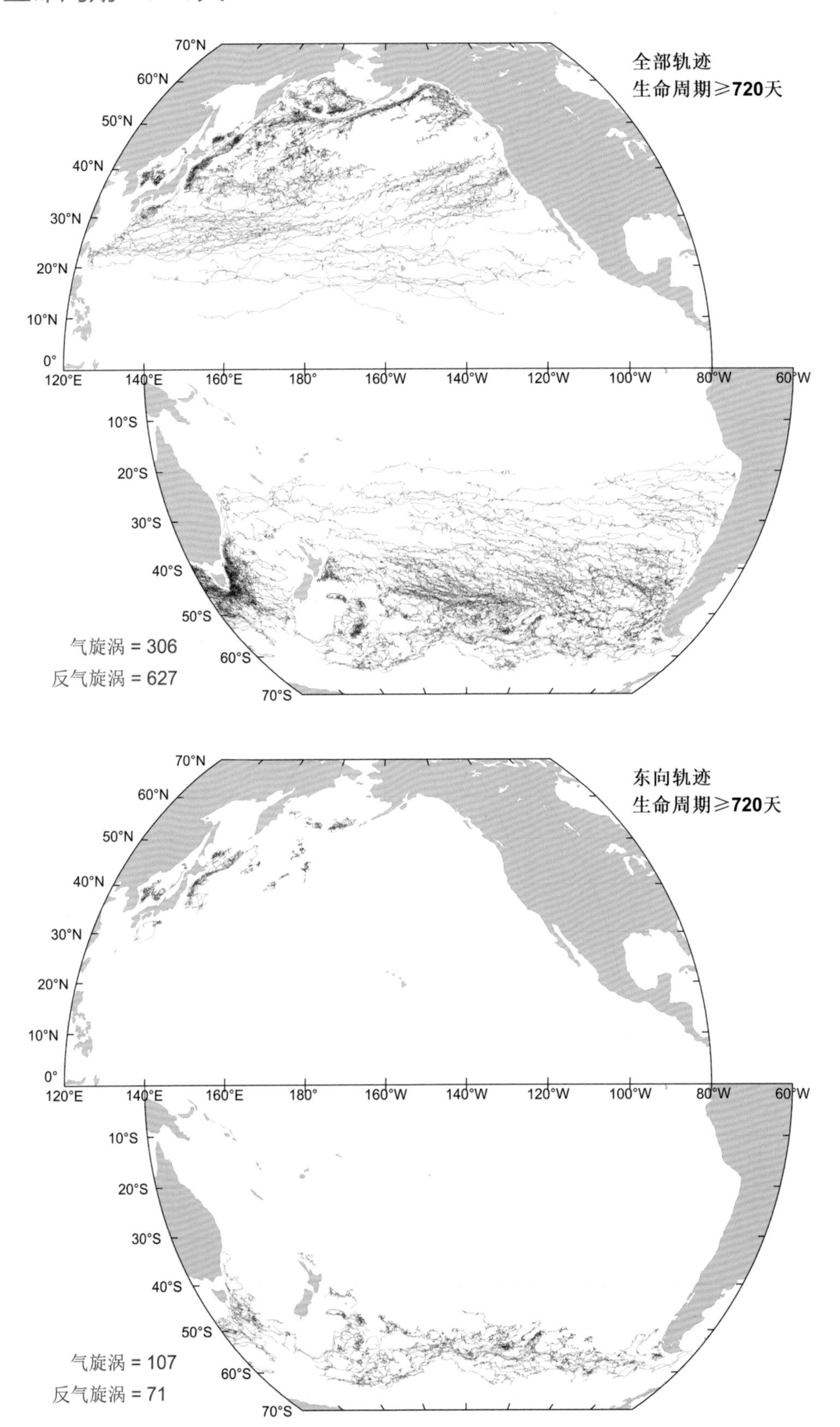

图3.19　太平洋生命周期≥720天的中尺度涡全部轨迹和东向轨迹分布图，蓝线表示气旋涡，红线表示反气旋涡

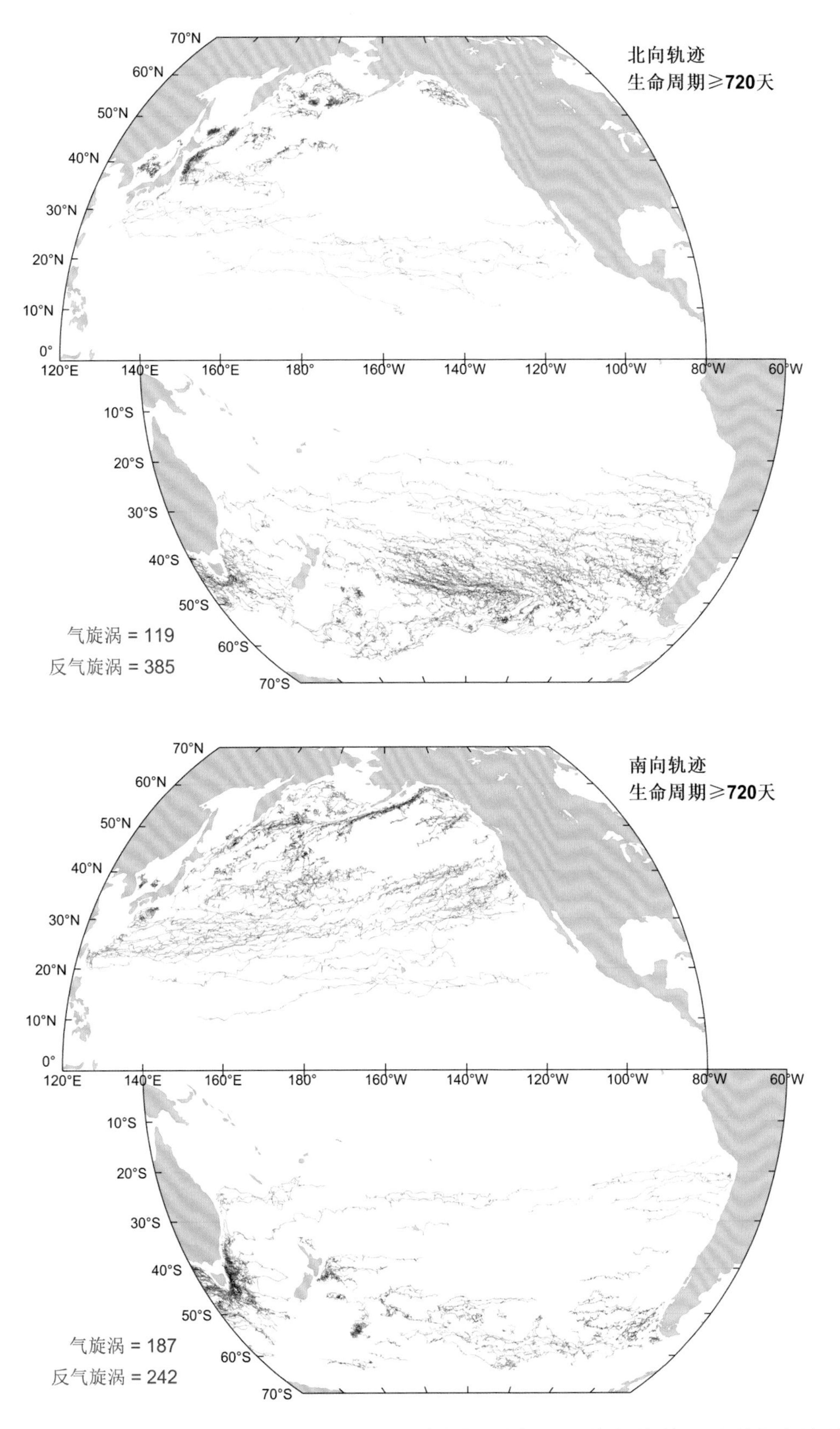

图3.20　太平洋生命周期≥720天的中尺度涡北向轨迹和南向轨迹分布图，蓝线表示气旋涡，红线表示反气旋涡

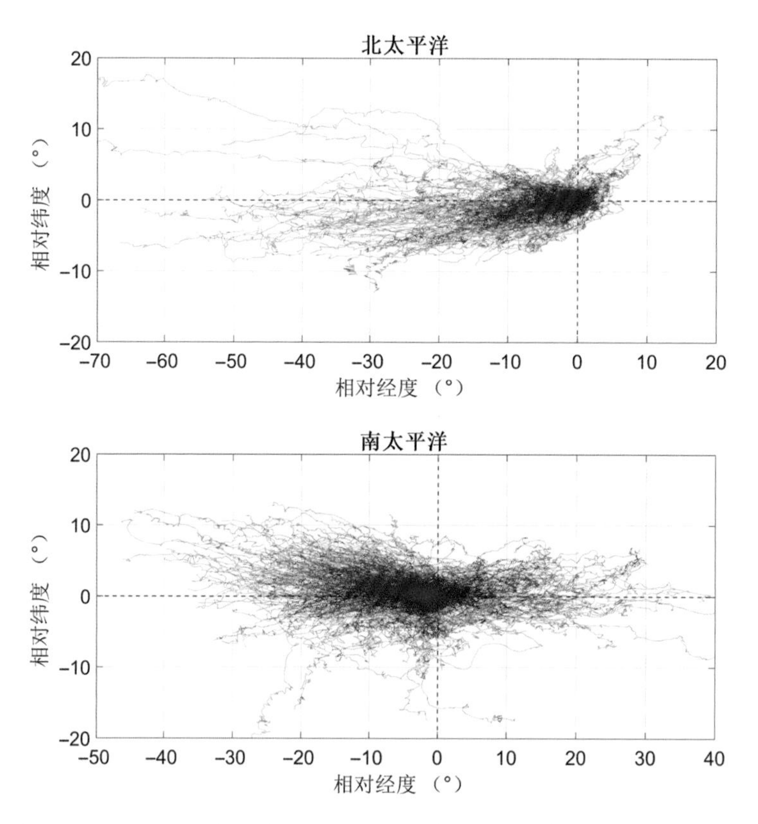

图3.21　太平洋生命周期≥720天的中尺度涡相对轨迹分布图，蓝线表示气旋涡，红线表示反气旋涡，涡旋起始点被移动到经纬度原点（0°，0°）

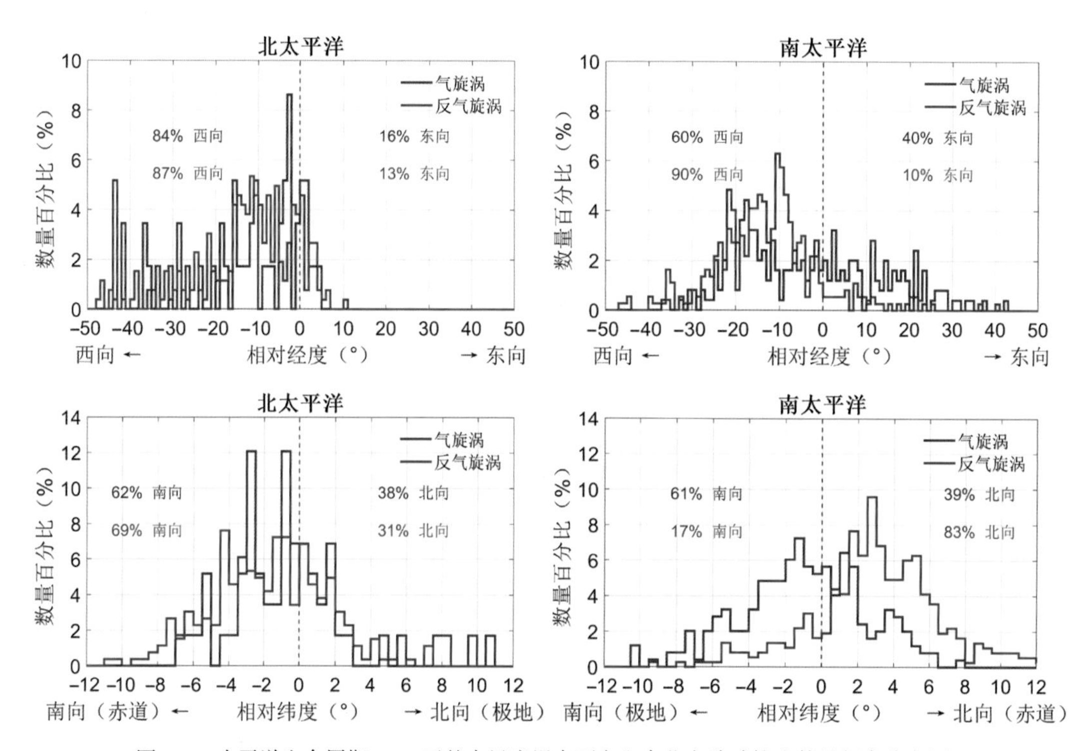

图3.22　太平洋生命周期≥720天的中尺度涡东西向和南北向移动轨迹数量频率分布图

3.4　太平洋中尺度涡属性特征

基于 1993—2020 年太平洋中尺度涡探测识别和轨迹追踪结果，本节对中尺度涡属性特征进行统计分析，制作中尺度涡属性特征分布图。为保证海洋中尺度涡结构的一致性以及避免海面高度数据中短暂小尺度海洋湍流信号的干扰，这里仅对生命周期≥ 30 天的中尺度涡轨迹进行统计分析。针对太平洋中尺度涡，本节分别给出了中尺度涡轨迹数量分布图、中尺度涡属性空间分布图、中尺度涡属性统计特征分布图以及中尺度涡属性气候态月变化和年际变化分布图。

3.4.1　太平洋中尺度涡轨迹数量

表 3.1 给出了太平洋区域内超过一定生命周期的中尺度涡轨迹数量。可以看出，随着生命周期的增加，气旋涡和反气旋涡数量迅速减少。对于生命周期≥ 30 天的全部中尺度涡而言，太平洋气旋涡轨迹数量（118 011 个）多于反气旋涡轨迹数量（108 553 个）。不过随着生命周期的增加，这种情况发生了变化：当生命周期≥ 180 天时，太平洋反气旋涡轨迹数量超过了气旋涡。

为进一步研究不同生命周期和移动距离的涡旋轨迹数量，这里对太平洋中尺度涡轨迹进行统计，图 3.23 和图 3.24 分别给出了太平洋不同生命周期和移动距离的中尺度涡轨迹数量，并给出了太平洋中尺度涡的平均生命周期和移动距离。可以看出，太平洋中尺度涡主要以短生命周期和短移动距离涡旋为主，长生命周期和长移动距离涡旋数量较少。结合前一节太平洋中尺度涡轨迹空间分布，可以看出，长生命周期和长移动距离涡旋主要分布在开阔的大洋区域，尤其是南北太平洋纬度区域。北太平洋气旋涡平均生命周期为 90 天，平均移动距离为 588 km；北太平洋反气旋涡平均生命周期为 100 天，平均移动距离为 619 km，均稍大于气旋涡。南太平洋气旋涡平均生命周期为 100 天，平均移动距离为 527 km；南太平洋反气旋涡平均生命周期为 103 天，平均移动距离为 532 km。南太平洋中尺度涡的平均生命周期大于北太平洋中尺度涡，而南太平洋中尺度涡的平均移动距离小于北太平洋中尺度涡，这主要是由于南太平洋有较多东向中尺度涡存在（在南大洋区域），这些东向涡旋的移动距离一般小于西向涡旋。

表3.1　太平洋超过一定生命周期的中尺度涡轨迹数量

生命周期		≥ 30 天	≥ 90 天	≥ 180 天	≥ 360 天	≥ 540 天	≥ 720 天
气旋涡	北太平洋	44 375	13 371	4565	914	227	58
	南太平洋	73 636	25 603	9425	2079	620	248
	合计	118 011	38 974	13 990	2993	847	306
反气旋涡	北太平洋	39 568	12 504	5007	1364	512	262
	南太平洋	68 985	24 025	9205	2355	877	365
	合计	108 553	36 529	14 212	3719	1389	627
全部涡旋		226 564	75 503	28 202	6712	2236	933

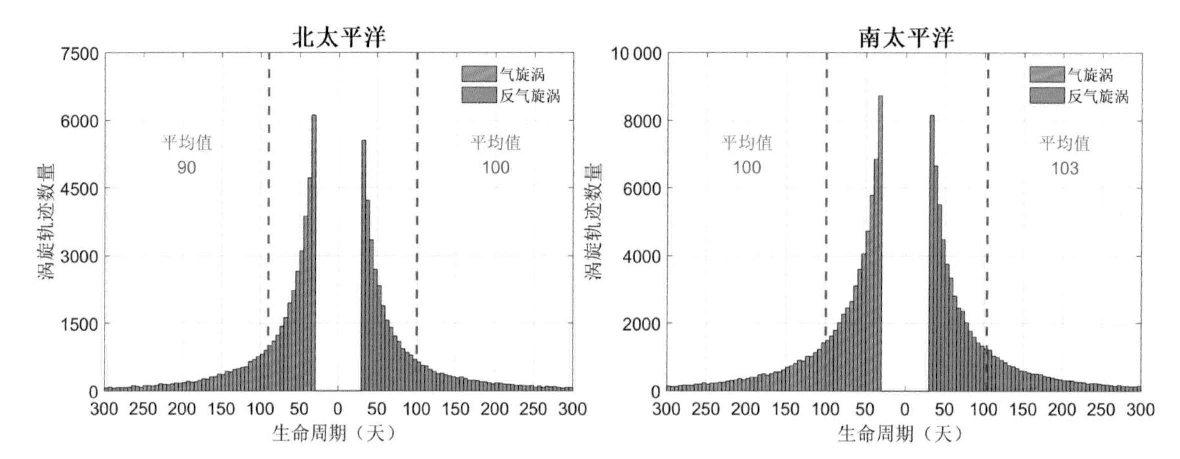

图3.23　太平洋不同生命周期的中尺度涡轨迹数量

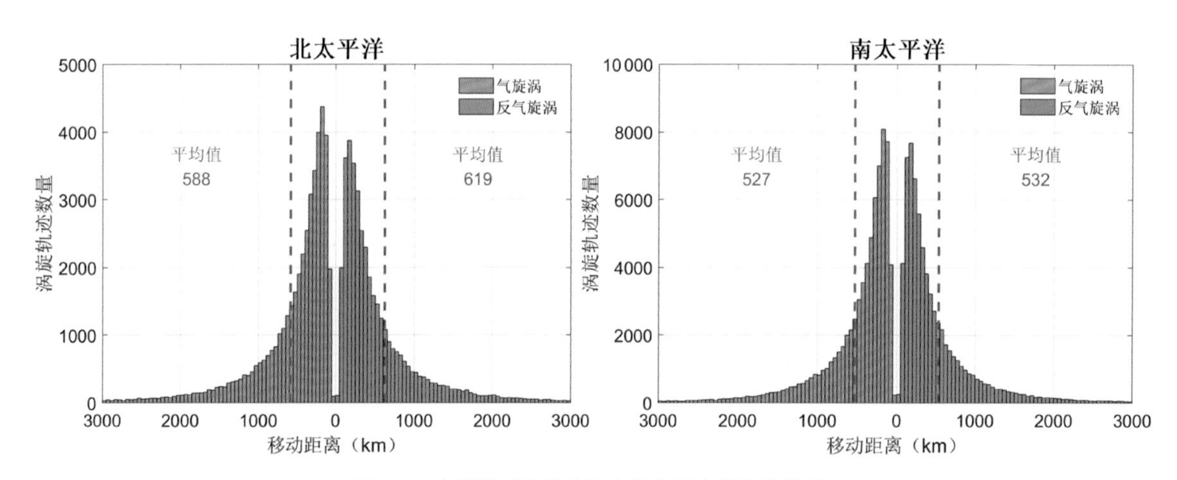

图3.24　太平洋不同移动距离的中尺度涡轨迹数量

3.4.2　太平洋中尺度涡属性空间分布

为统计太平洋中尺度涡属性的空间分布特征，将太平洋区域划分成经纬度 1°×1° 的网格，分别统计每个 1°×1° 网格内的中尺度涡属性特征。基于 1993—2020 年中尺度涡探测识别和轨迹追踪结果，对太平洋区域内的气旋涡和反气旋涡数量、极性、出现位置、消失位置、振幅、半径、旋转速度、涡动能（EKE）以及移动速度等属性进行地理空间分布特征统计，绘制相应的地理空间分布图。其中，涡旋极性 P 表示某一区域倾向于出现气旋涡（$P<0$）还是反气旋涡（$P>0$），计算方法如下：

$$P=(F_{AE}-F_{CE})/(F_{AE}+F_{CE}) \tag{3.1}$$

式中，F_{AE} 和 F_{CE} 分别表示反气旋涡和气旋涡的发生频率。

中尺度涡空间分布特征［数量、极性、振幅、半径、旋转速度、涡动能（EKE）以及移动速度等］统计的是中尺度涡轨迹中不同时刻独立涡旋在 1°×1° 的经纬度网格内的分布特征，而中尺度涡出现位置和消失位置空间分布统计的是涡旋轨迹出现（轨迹中第一个涡旋）和消失（轨迹中最后一个涡旋）时的位置，因此涡旋出现位置和消失位置的数量空间分布要比涡旋数量空间分布小很多。

图 3.25 至图 3.33 分别给出了太平洋中尺度涡的数量、极性、出现位置、消失位置、振幅、旋转速度、涡动能（EKE）、半径和移动速度的空间分布。从图中可以看出，太平洋中尺度涡主要分布在南大洋南极绕极流区域、大洋西边界流区域以及大洋东岸，而在低纬度赤道区域以及北太平洋（140°—180°W，40°—55°N）区域，中尺度涡数量较少。在太平洋中高纬度区域（北太平洋 35°N 以北，南太平洋 30°—50°S）和东北太平洋低纬度区域，中尺度涡倾向于以反气旋涡的形式出现；而在南大洋南极绕极流区域、太平洋中低纬度区域（北太平洋 10°—20°N，南太平洋 10°—30°S）以及黑潮延伸区以南，中尺度涡倾向于以气旋涡的形式出现。太平洋中尺度涡出现位置主要分布在太平洋东岸、南大洋南极绕极流以及一些岛屿近岸区域，而中尺度涡消失位置主要集中在太平洋西岸、南大洋南极绕极流以及大洋中部局部区域。太平洋中尺度涡在黑潮延伸区、澳大利亚东部海域以及南大洋南极绕极流等强流变异区域涡旋振幅较高，一般在太平洋中部涡旋振幅较低。同样，在涡旋振幅较高的区域，中尺度涡旋转速度和涡动能（EKE）也较高；另外，在北赤道低纬度区域，中尺度涡旋转速度和涡动能（EKE）也较高。太平洋中尺度涡半径在低纬度赤道区域较大，高纬度区域较小；相比于同纬度其他区域，黑潮及其延伸区涡旋半径较大。与中尺度涡半径空间分布相似，太平洋中尺度涡移动速度在低纬度区域较快，在高纬度区域较慢。

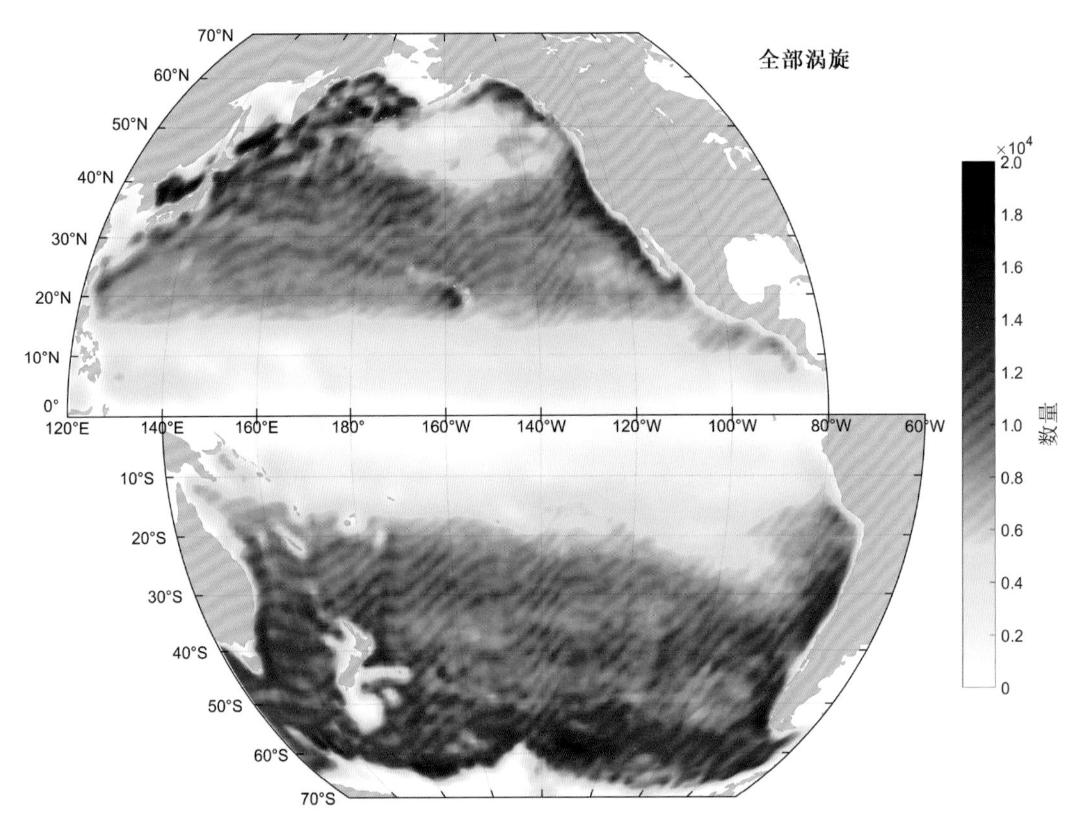

图3.25 太平洋中尺度涡数量空间分布图

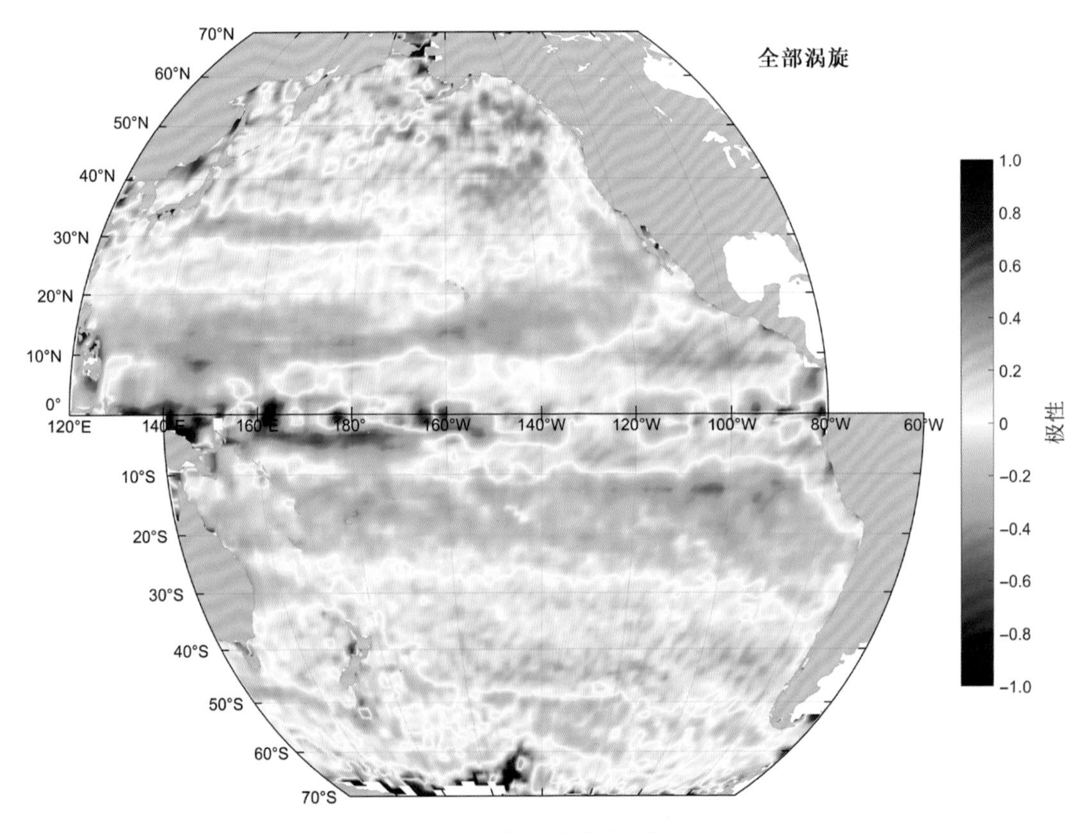

图3.26 太平洋中尺度涡极性空间分布图

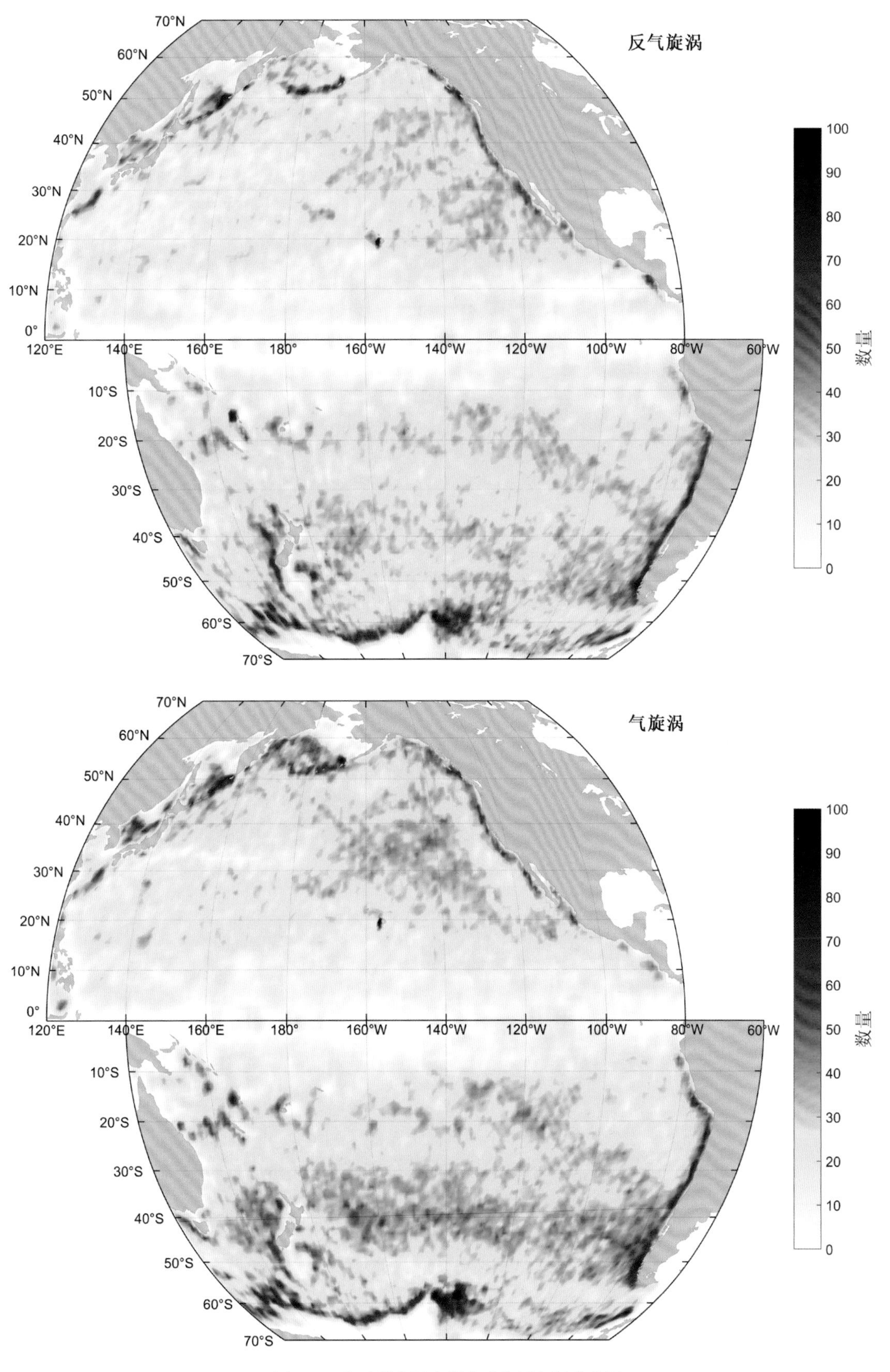

图3.27　太平洋中尺度涡出现位置空间分布图

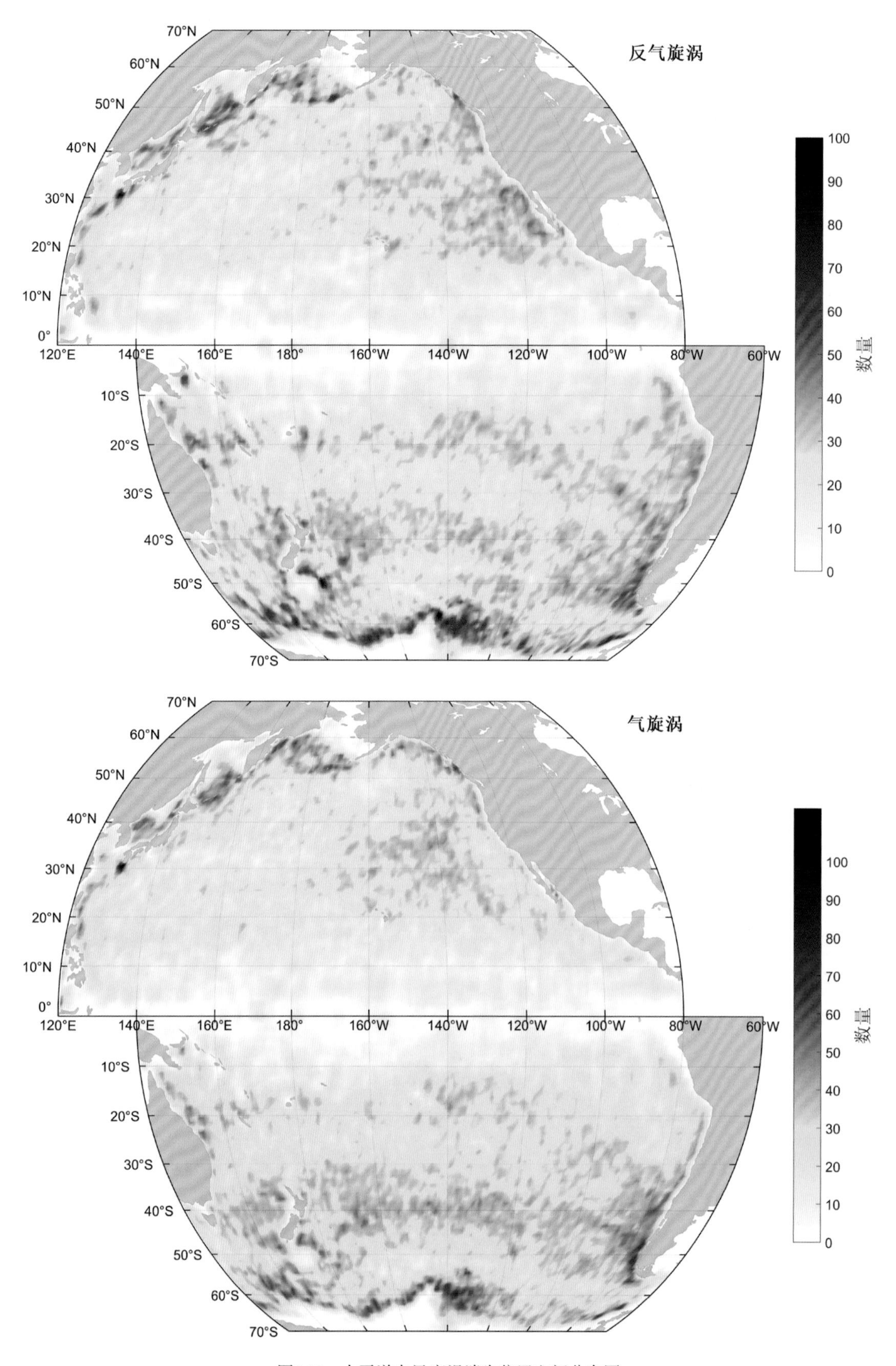

图3.28　太平洋中尺度涡消失位置空间分布图

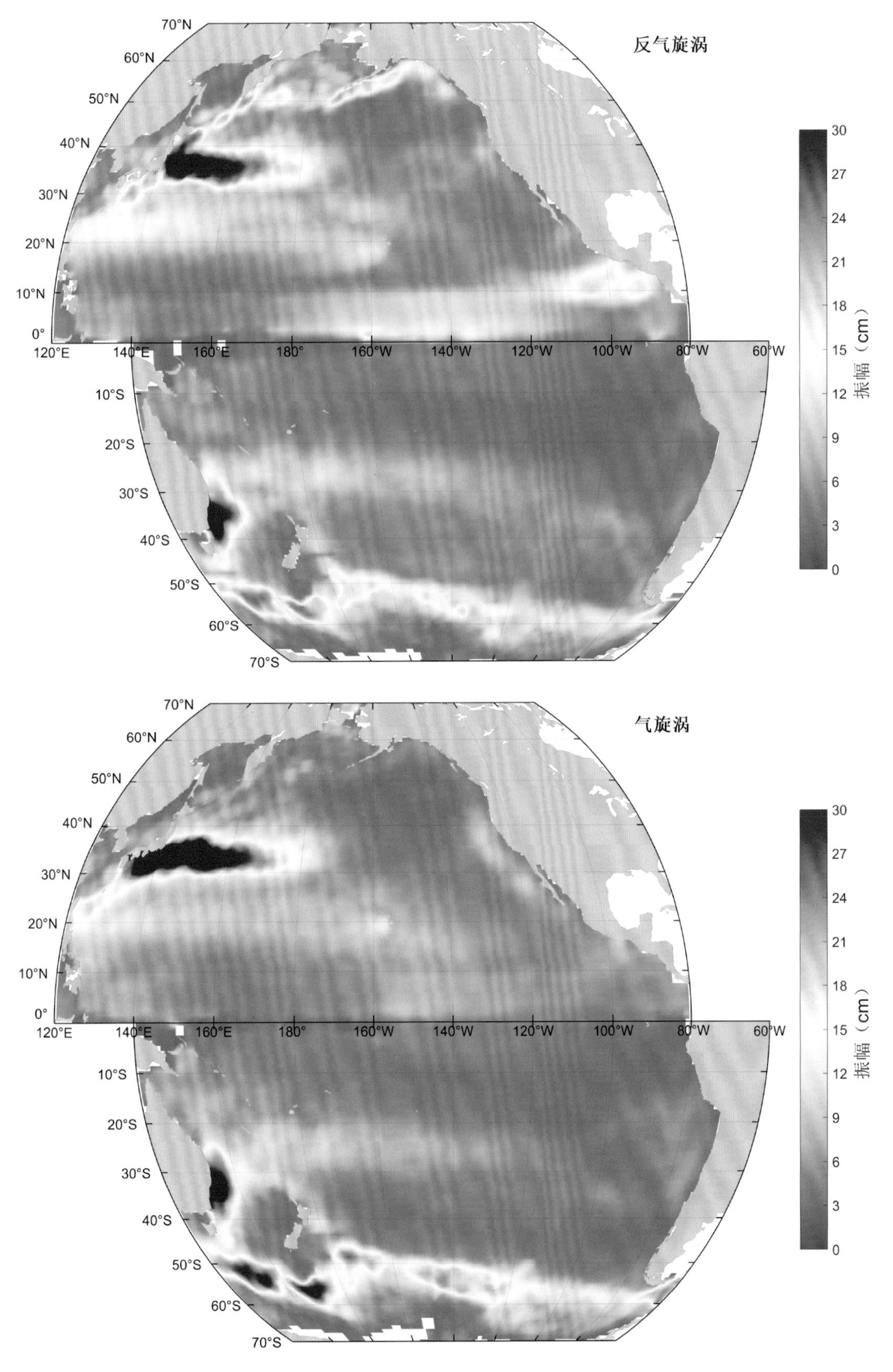

图3.29　太平洋中尺度涡振幅空间分布图

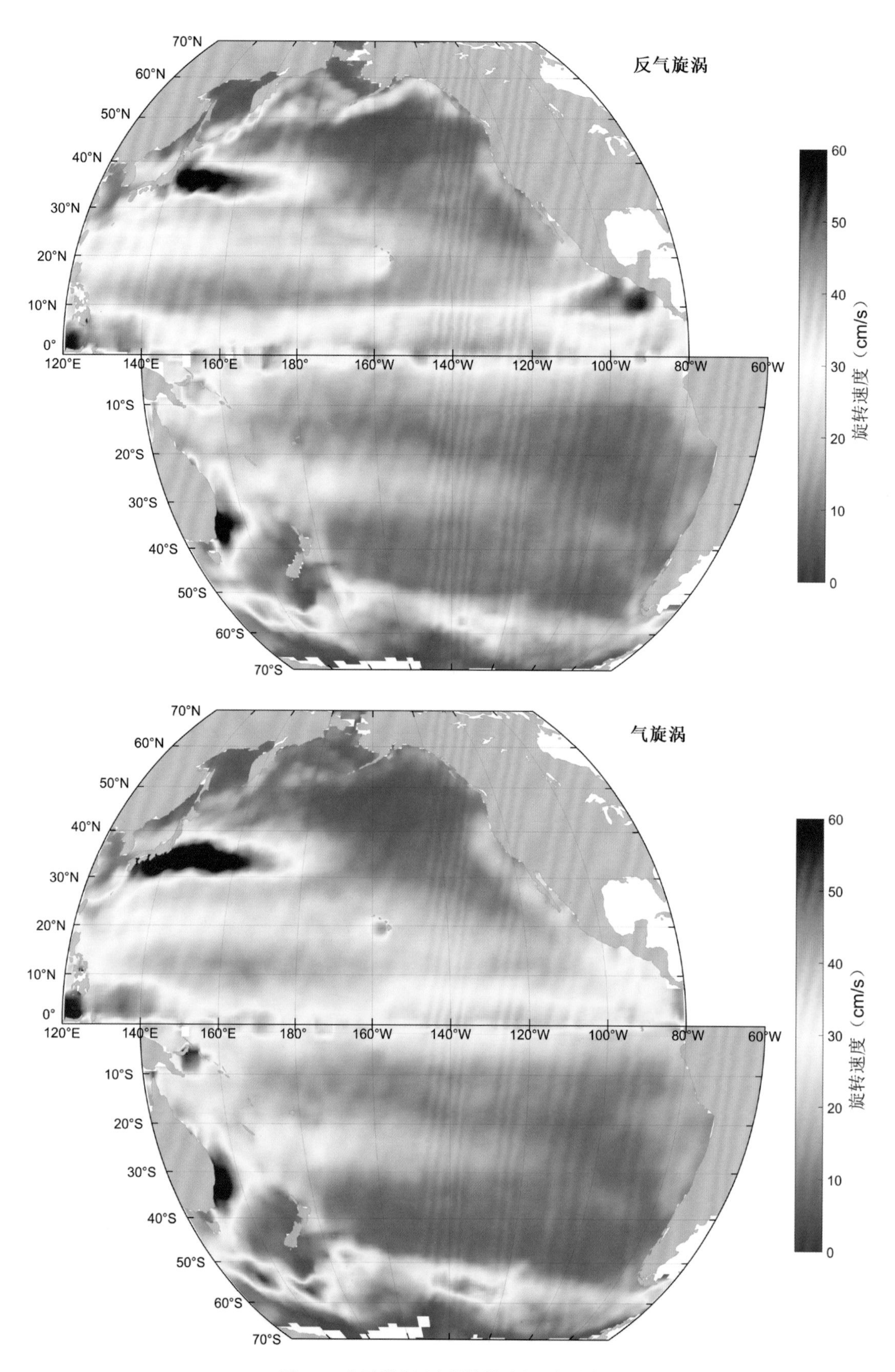

图3.30　太平洋中尺度涡旋转速度空间分布图

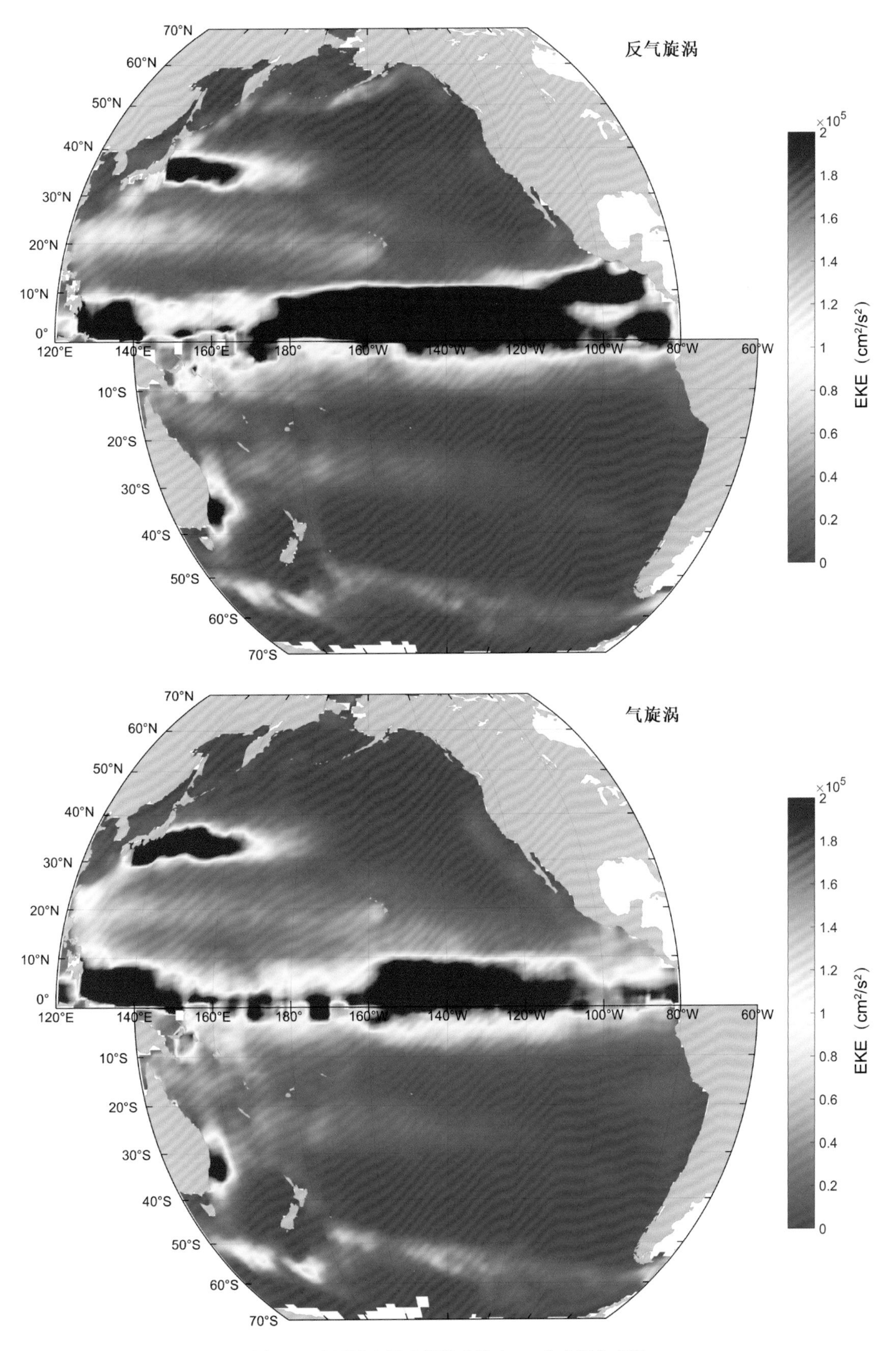

图3.31 太平洋中尺度涡涡动能（EKE）空间分布图

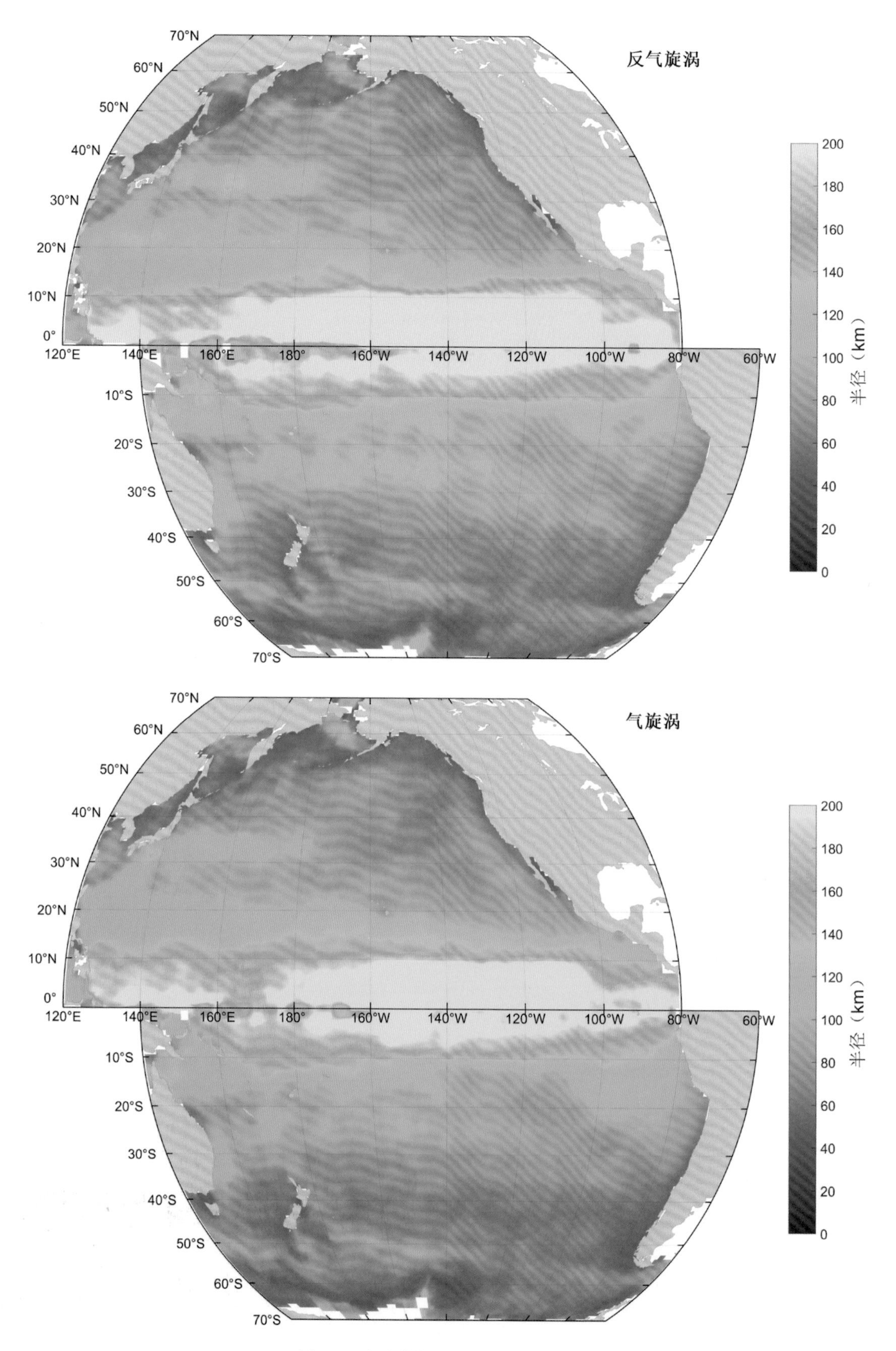

图3.32　太平洋中尺度涡半径空间分布图

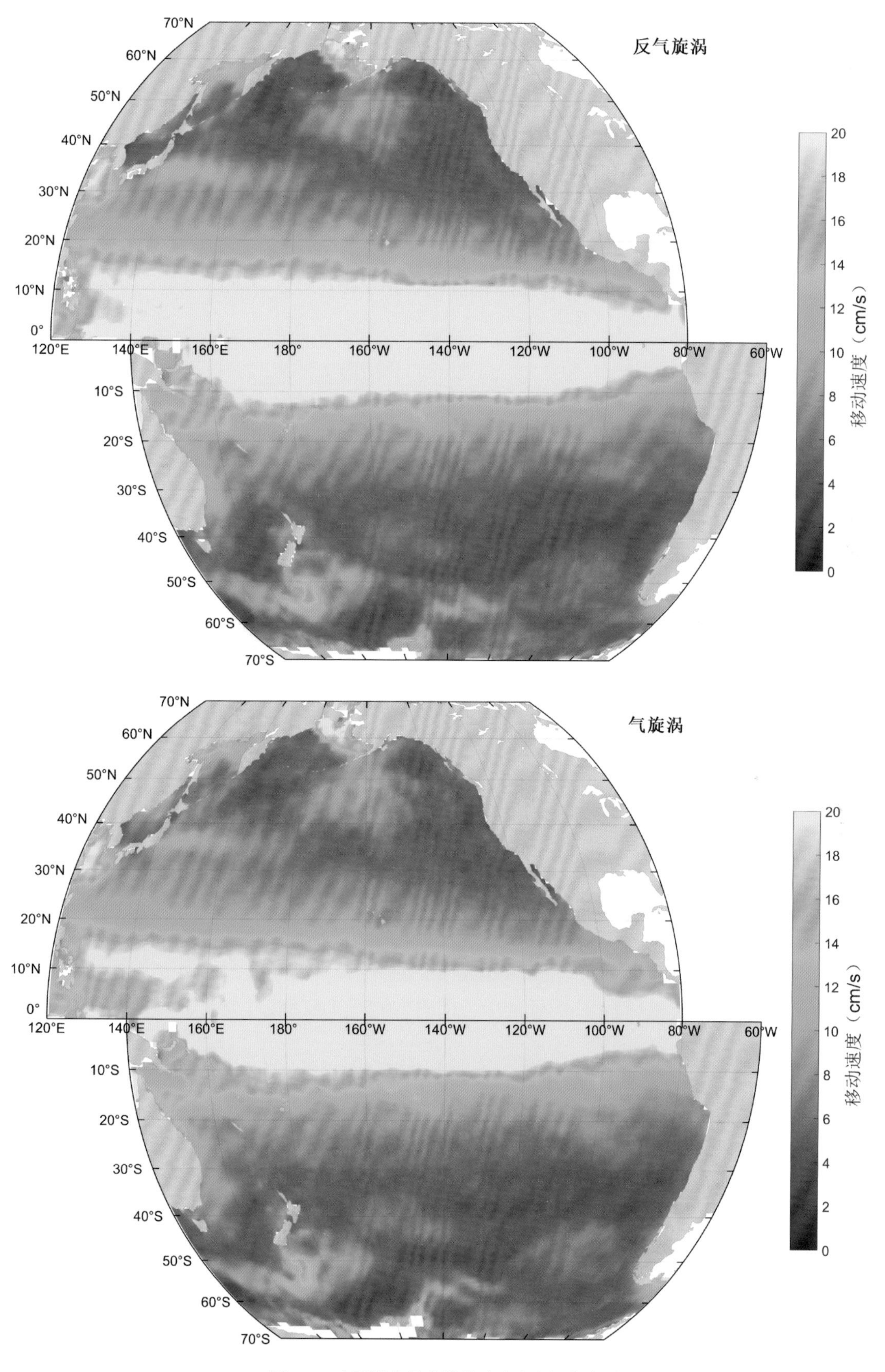

图3.33 太平洋中尺度涡移动速度空间分布图

3.4.3 太平洋中尺度涡属性统计特征

基于1993—2020年中尺度涡识别和轨迹追踪结果，对太平洋中尺度涡的振幅、半径、旋转速度、涡动能（EKE）以及移动速度等属性特征进行统计，分别给出太平洋中尺度涡属性统计特征分布图。为研究南、北太平洋中尺度涡属性的区域差异，这里分别给出了北太平洋和南太平洋的中尺度涡属性统计特征分布结果。与全球海洋中尺度涡属性统计特征（2.2.2节）一样，中尺度涡属性统计是针对涡旋轨迹中的单个涡旋进行统计的（连续时间的单个涡旋组成了涡旋轨迹），因此涡旋属性特征频次（数量）远高于涡旋轨迹数量。

图3.34至图3.38分别给出了太平洋中尺度涡的振幅、半径、旋转速度、涡动能（EKE）和移动速度频次分布。可以看出，南、北太平洋中尺度涡基本均集中在10 cm以下的低振幅区间。北太平洋气旋涡和反气旋涡平均振幅分别为5.8 cm和6.4 cm，南太平洋气旋涡和反气旋涡的平均振幅分别为6.2 cm和5.7 cm；相比之下，北太平洋反气旋涡振幅要高于南太平洋，而南太平洋的气旋涡振幅高于北太平洋。不过，南、北太平洋气旋涡和反气旋涡平均振幅均要小于全球气旋涡和反气旋涡平均振幅（分别为7.0 cm和6.5 cm）。南、北太平洋气旋涡和反气旋涡半径基本集中分布在30 ~ 100 km之间。北太平洋气旋涡和反气旋涡平均半径分别为71 km和73 km（均大于全球中尺度涡平均半径65 km），而南太平洋气旋涡和反气旋涡平均半径分别为61 km和63 km（均小于全球中尺度涡平均半径65 km）。北太平洋中尺度涡平均半径大于南太平洋中尺度涡，并且南北太平洋反气旋涡平均半径均大于气旋涡。太平洋中尺度涡旋转速度基本集中在4 ~ 40 cm/s之间，北太平洋气旋涡和反气旋涡平均旋转速度均为18 cm/s，南太平洋气旋涡和反气旋涡平均旋转速度分别为16 cm/s和15 cm/s。相比北太平洋，南太平洋中尺度涡旋转速度更加集中分布在低值区间，其平均值低于北太平洋。太平洋中尺度涡EKE主要集中分布在1×10^4 cm^2/s^2以下的低值区域，不过在一些高值区仍有部分中尺度涡分布，这些高EKE中尺度涡主要分布在北太平洋黑潮及其延伸区、南太平洋的南极绕极流以及强流变异区域。北太平洋气旋涡和反气旋涡平均EKE均约为1.8×10^4 cm^2/s^2，相比之下，南太平洋中尺度涡EKE明显较小，其气旋涡和反气旋涡平均EKE分别约为1.0×10^4 cm^2/s^2和0.8×10^4 cm^2/s^2。太平洋中尺度涡移动速度主要集中在10 cm/s以下区间内，存在一个3 cm/s的峰值。北太平洋气旋涡和反气旋涡平均移动速度分别为7.4 cm/s和6.9 cm/s，南太平洋气旋涡和反气旋涡平均移动速度分别为5.9 cm/s和5.8 cm/s，均小于北太平洋涡旋移动速度。南太平洋中尺度涡移动速度较慢主要与南极绕极流区域东向移动的中尺度涡有关，这些东向中尺度涡移动速度一般较慢。

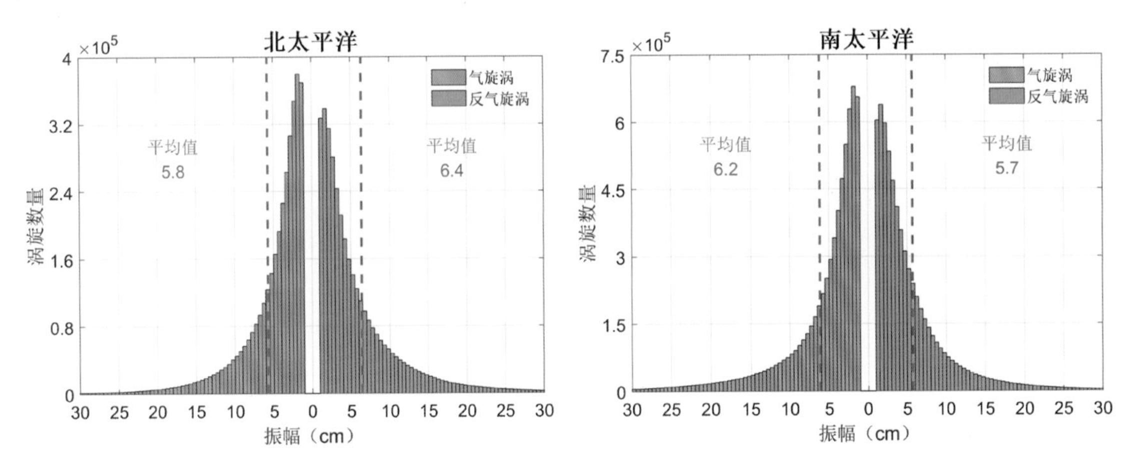

图3.34 太平洋中尺度涡振幅频次分布图

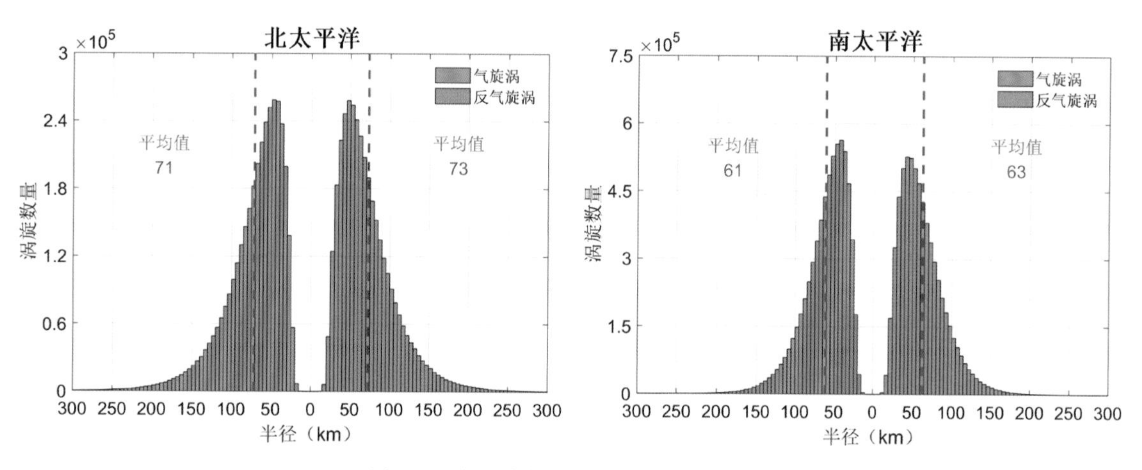

图3.35　太平洋中尺度涡半径频次分布图

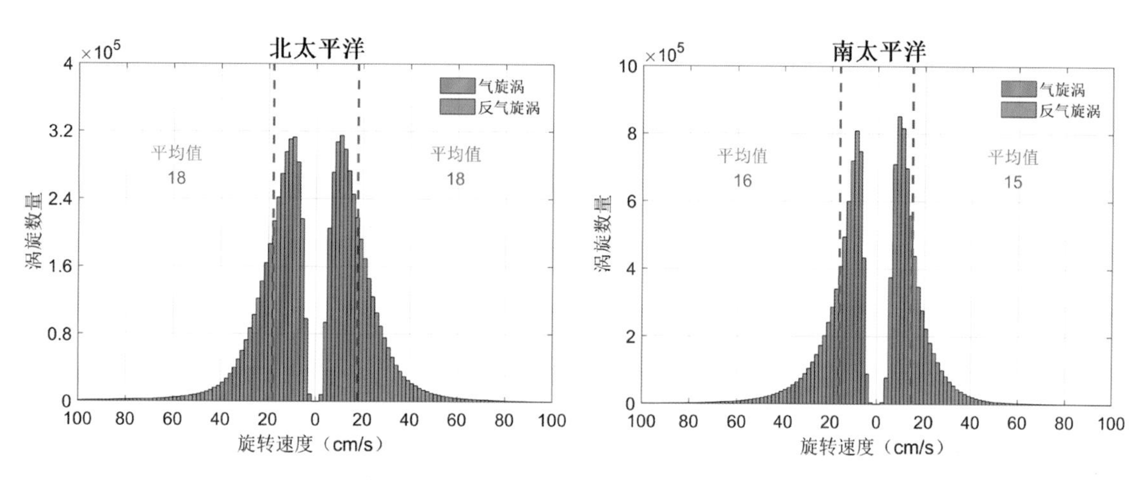

图3.36　太平洋中尺度涡旋转速度频次分布图

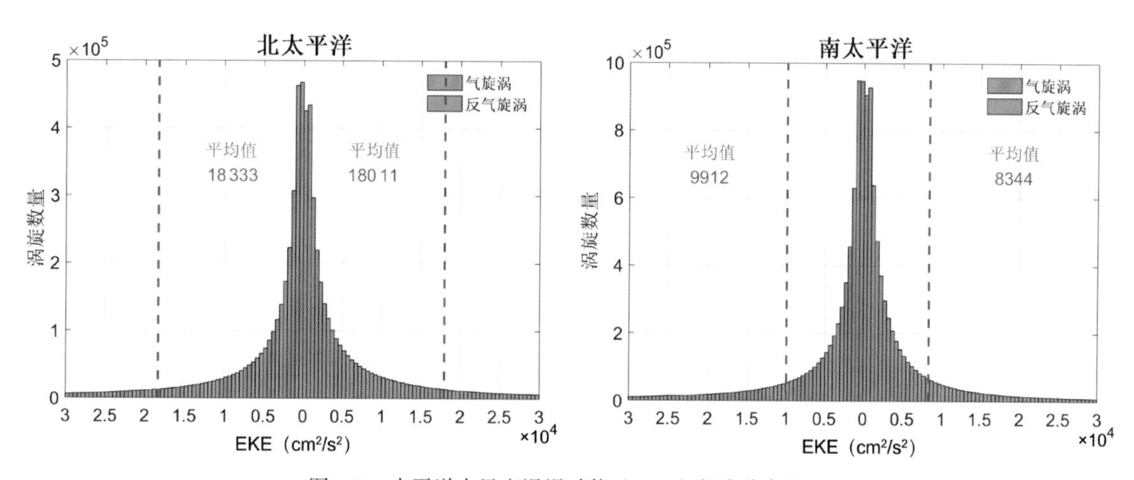

图3.37　太平洋中尺度涡涡动能（EKE）频次分布图

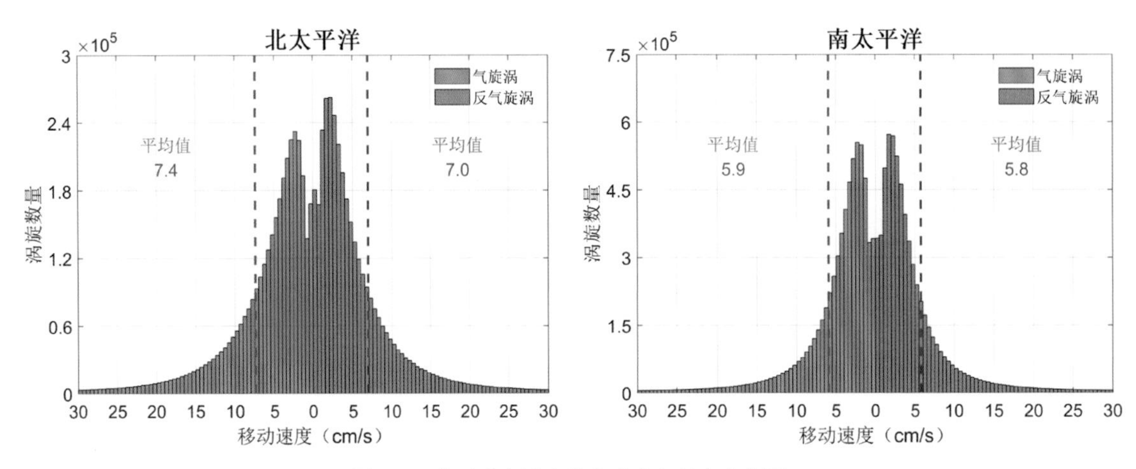

图3.38　太平洋中尺度涡移动速度频次分布图

3.4.4　太平洋中尺度涡属性气候态月变化

基于1993—2020年中尺度涡识别和轨迹追踪结果，对太平洋中尺度涡的轨迹数量、振幅、半径、旋转速度、涡动能（EKE）以及移动速度等属性的气候态月变化进行分析，分别给出太平洋中尺度涡属性月变化。这里为研究南、北太平洋中尺度涡属性的区域差异，分别给出了北太平洋和南太平洋的中尺度涡属性月变化。针对中尺度涡轨迹数量月变化，这里按照中尺度涡轨迹出现时的月份进行统计，即如果某一个中尺度涡在某一月份出现，则将该涡旋轨迹统计到该月份内，因此这里统计得到的是28年间涡旋轨迹数量累计月变化。针对中尺度涡的振幅、半径、旋转速度、涡动能（EKE）以及移动速度等属性的月变化，按照中尺度涡轨迹内的单个涡旋对应的月份进行统计，即将某一月份内所有单个涡旋的属性进行平均得到，因此统计得到的是28年间涡旋属性平均月变化。图3.39至图3.44分别给出了太平洋中尺度涡的轨迹数量、振幅、半径、旋转速度、涡动能（EKE）和移动速度的月变化。

从图中可以看出，南、北太平洋各月份的气旋涡轨迹数量均多于反气旋涡。北太平洋气旋涡和反气旋涡轨迹数量基本呈现一致的月变化，在上半年数量较多，下半年数量相对较少。南太平洋气旋涡和反气旋涡轨迹数量的月变化也基本一致，2月数量最少，随后各月份数量逐渐增加，10月达到最大，然后又逐渐减少。北太平洋中尺度涡振幅在冬季1—3月较低，然后在春季4—6月逐渐升高，基本在夏季6—8月达到最大，然后又逐渐减小；南太平洋中尺度涡振幅同样在夏季1—3月最大，然后在冬季7—9月最低。北太平洋反气旋涡平均振幅在所有月份均大于气旋涡，与北太平洋相反，南太平洋气旋涡平均振幅在各月份均大于反气旋涡。北太平洋中尺度涡平均半径月变化在3月最小，9月最大；南太平洋中尺度涡平均半径月变化小于北太平洋，其一般在夏季1—3月最大，9—10月最小。南、北太平洋反气旋涡平均半径在各月份均大于气旋涡。北太平洋中尺度涡旋转速度月变化在11月至次年1月较小，春季4—6月较高；南太平洋中尺度涡旋转速度月变化在春季10—12月较高，秋季4—6月较小。北太平洋气旋涡EKE月变化在6—7月最高，春季1—3月最低，而反气旋涡EKE月变化较小；南太平洋中尺度涡EKE月变化在夏季1—3月最高，冬季7—9月最低。北太平洋中尺度涡移动速度月变化在6—7月最低，冬季1—3月最高；南太平洋中尺度涡移动速度月变化在12月至次年1月最低，冬季7—9月最高。

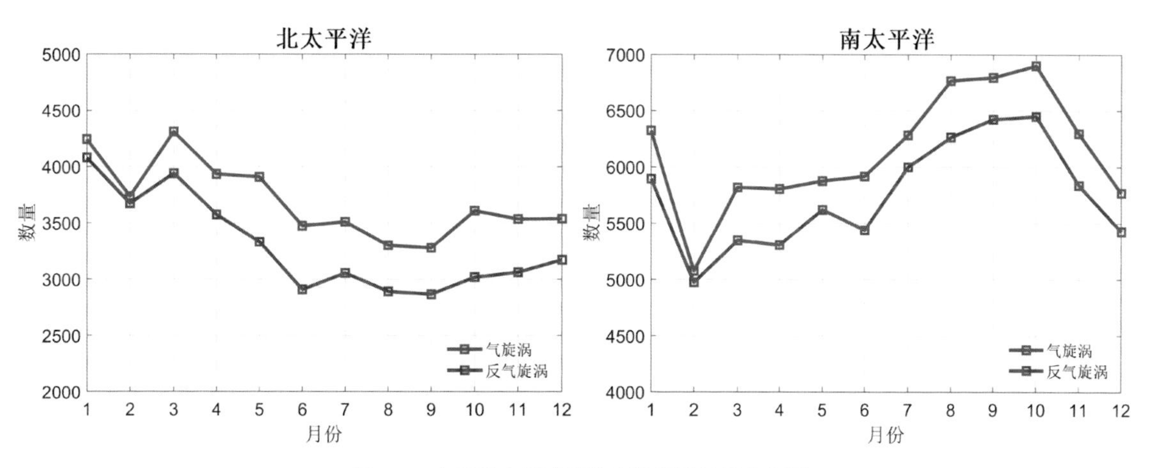

图3.39　太平洋中尺度涡轨迹数量累计月变化图

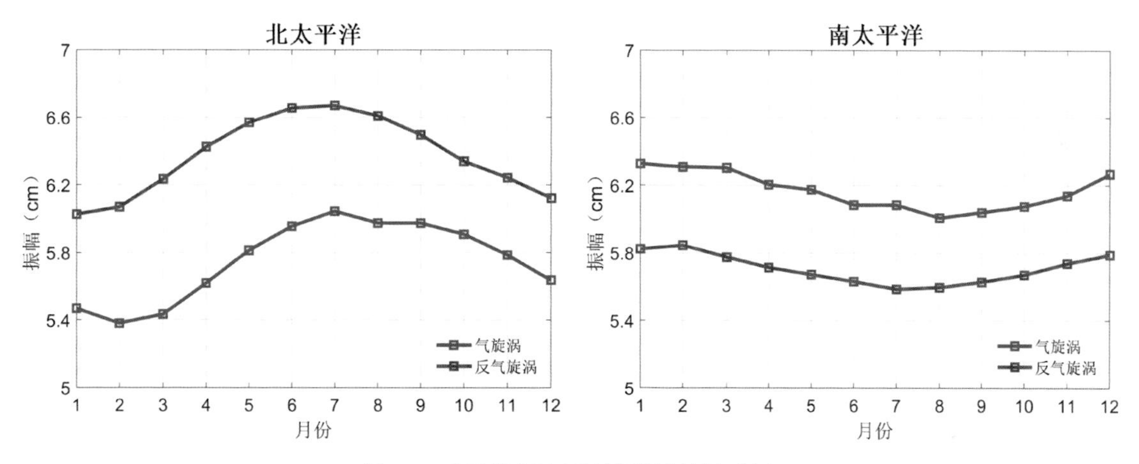

图3.40　太平洋中尺度涡月平均振幅变化图

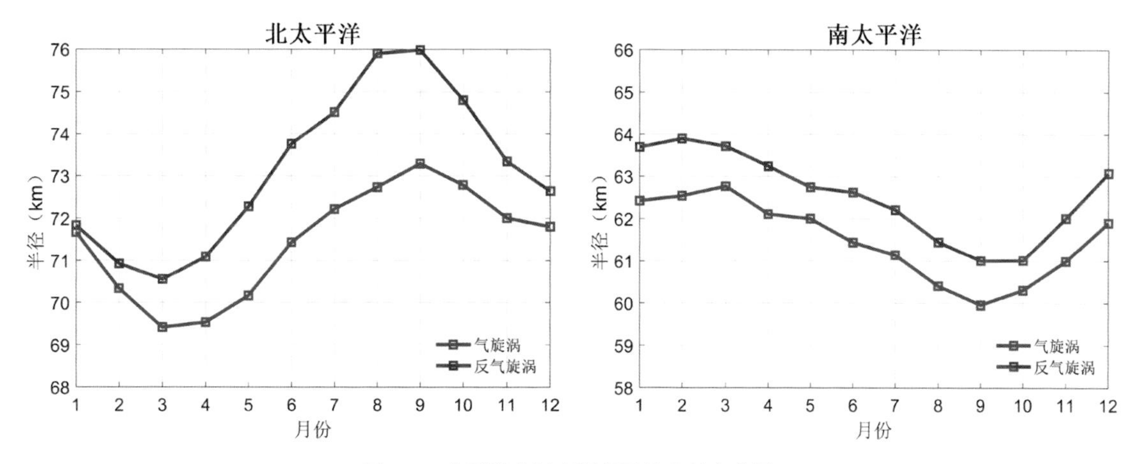

图3.41　太平洋中尺度涡月平均半径变化图

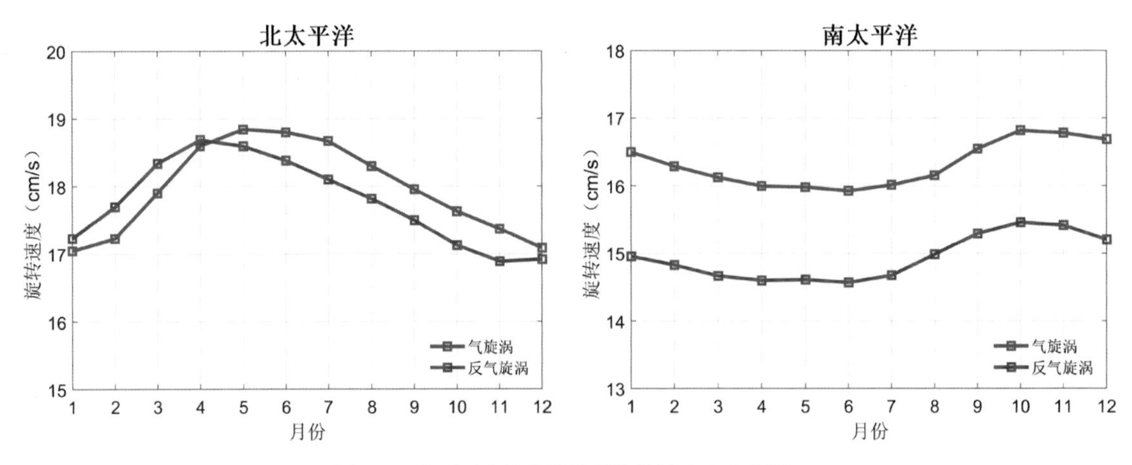

图3.42　太平洋中尺度涡月平均旋转速度变化图

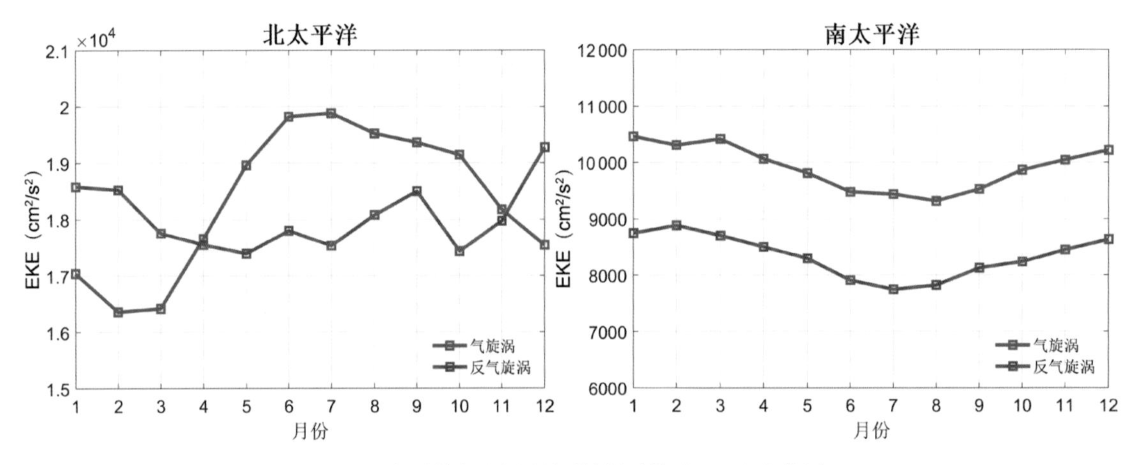

图3.43　太平洋中尺度涡月平均涡动能（EKE）变化图

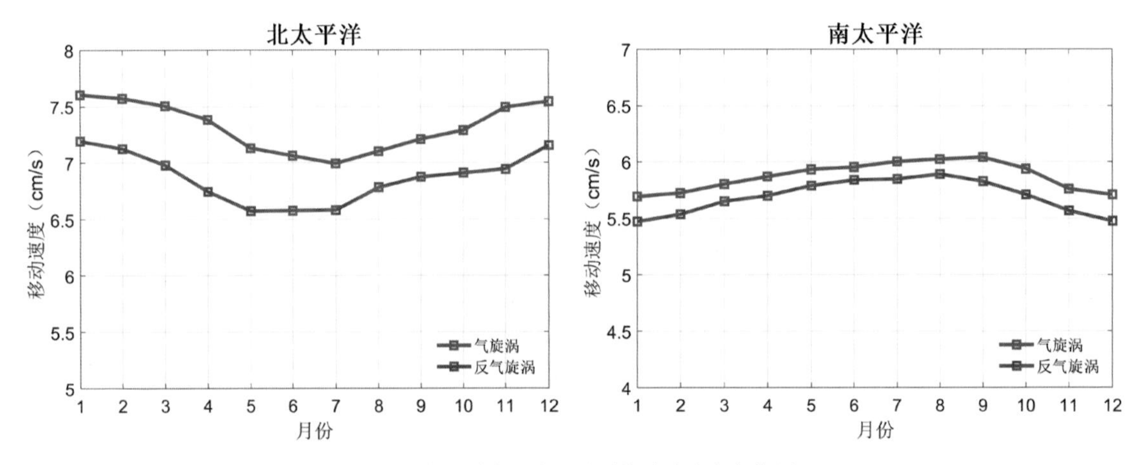

图3.44　太平洋中尺度涡月平均移动速度变化图

3.4.5　太平洋中尺度涡属性年际变化

基于1993—2020年中尺度涡识别和轨迹追踪结果，对太平洋中尺度涡的轨迹数量、振幅、半径、旋转速度、涡动能（EKE）以及移动速度等属性的年际变化进行分析，分别给出太平洋中尺度涡属性年际变化。针对中尺度涡轨迹数量年际变化，按照中尺度涡轨迹出现时的年份进行统计。针对中尺度涡的振幅、半径、旋转速度、涡动能（EKE）以及移动速度等属性的年际变化，按照中尺度涡轨迹内的单个涡旋对应的年份进行统计，即将某一年内所有单个涡旋的属性进行平均得到。图 3.45 至图 3.50 分别给出了太平洋中尺度涡轨迹数量、振幅、半径、旋转速度、涡动能（EKE）和移动速度的年际变化。

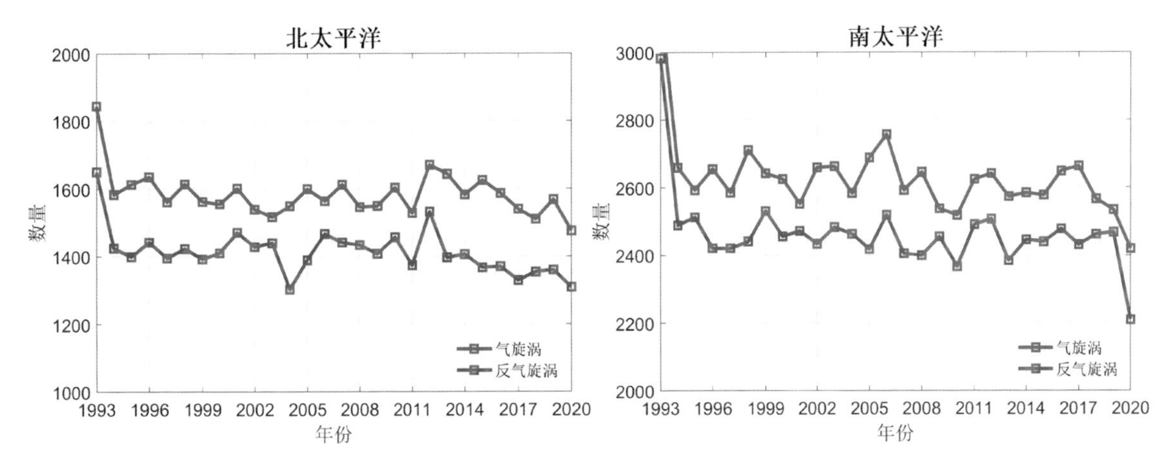

图3.45 太平洋中尺度涡轨迹数量年际变化图

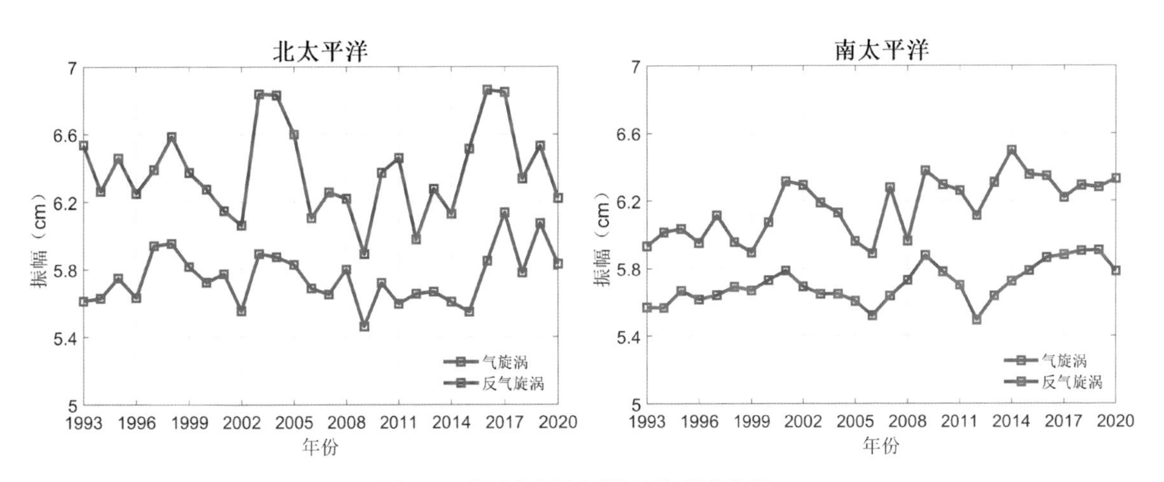

图3.46 太平洋中尺度涡振幅年际变化图

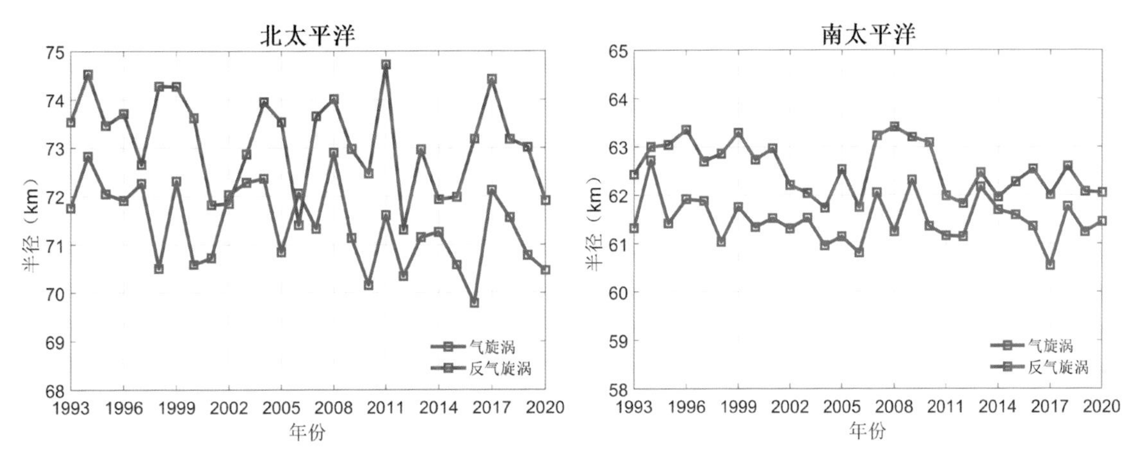

图3.47 太平洋中尺度涡半径年际变化图

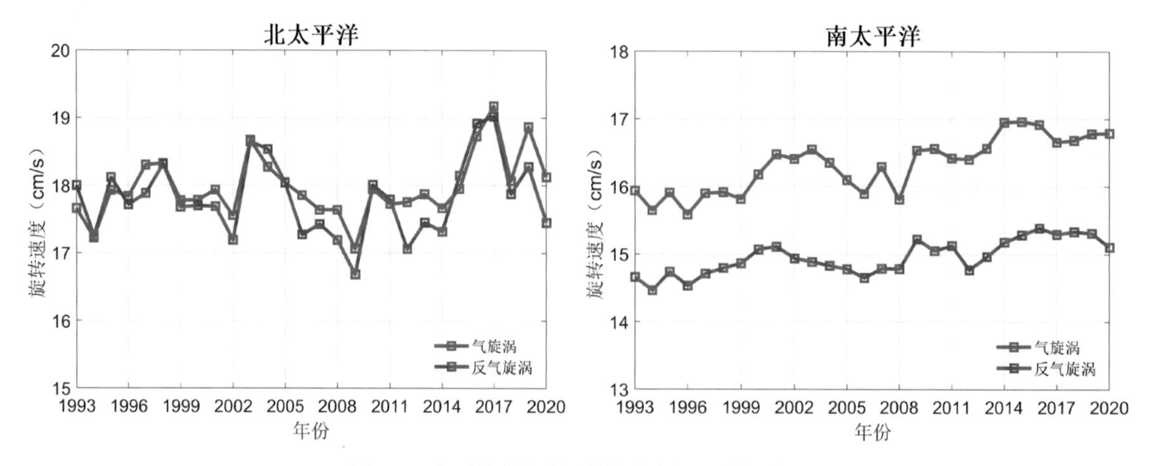

图3.48　太平洋中尺度涡旋转速度年际变化图

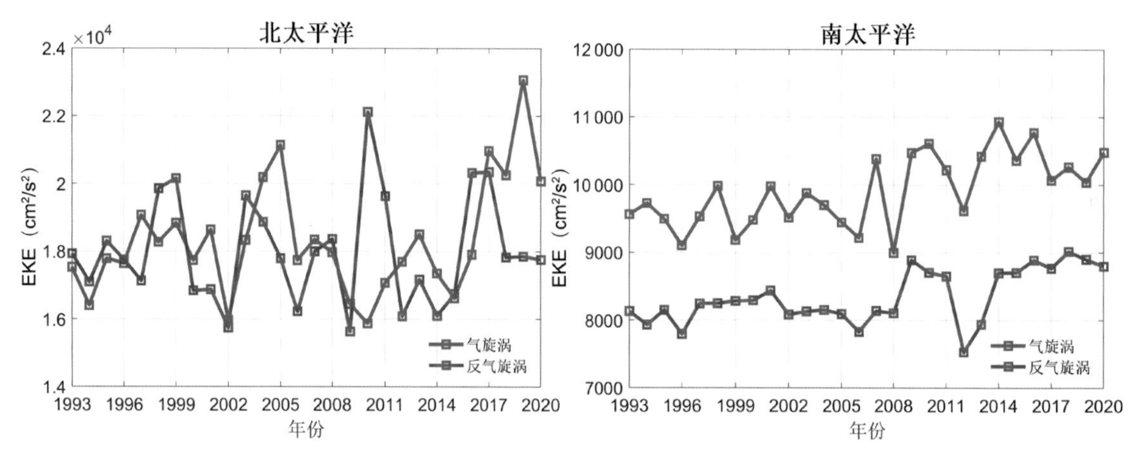

图3.49　太平洋中尺度涡涡动能（EKE）年际变化图

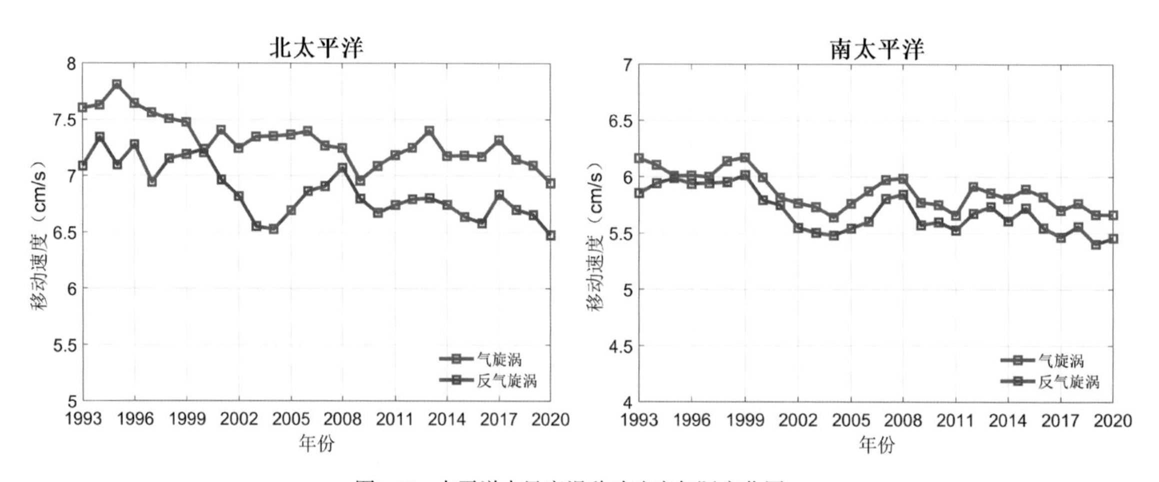

图3.50　太平洋中尺度涡移动速度年际变化图

第4章 印度洋中尺度涡遥感调查研究图集

4.1 印度洋调查区域概况

印度洋是世界三大洋（太平洋、印度洋和大西洋）中面积最小的一个。与太平洋和大西洋相比，印度洋在北半球没有中高纬度的大洋，北印度洋最北端仅延伸到25°N。北印度洋在西部和东部有两大海湾,分别是阿拉伯海和孟加拉湾。印度洋最南端通过南极绕极流与大西洋和太平洋相连，另外还通过印度尼西亚群岛的通道与太平洋相连。图4.1给出了印度洋水深分布图。印度洋地形要比大西洋和太平洋复杂得多，海底洋脊将深层环流分成了许多复杂的路径。针对印度洋中尺度涡遥感调查，北印度洋调查范围西起非洲大陆，东到100°E，包括红海、波斯湾、阿拉伯海以及孟加拉湾等区域；南印度洋调查范围西起非洲东部海岸，东至澳大利亚西部海岸和140°E；针对南印度洋的南大洋区域，调查范围西起20°E，东至150°E。

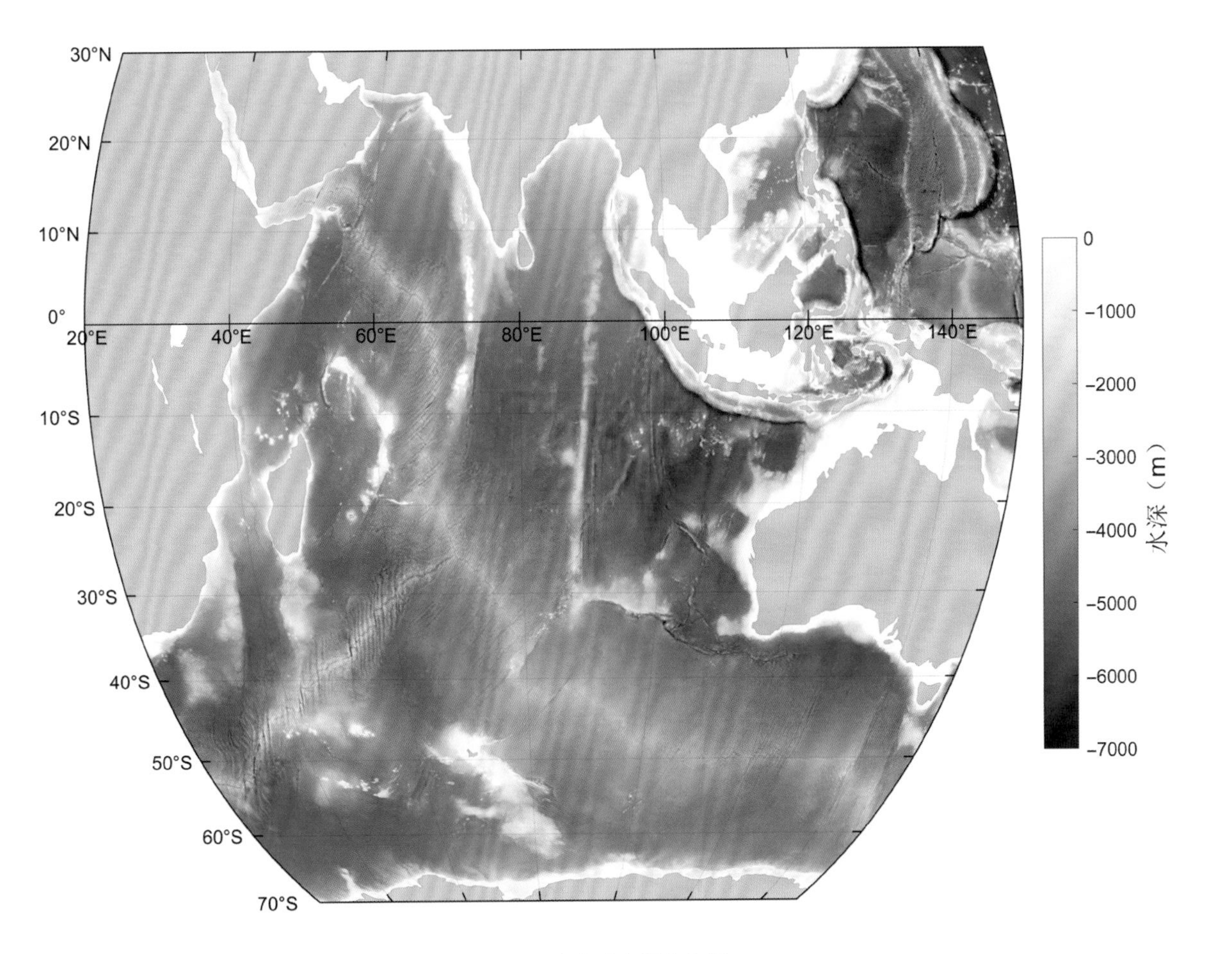

图4.1 印度洋水深分布图

印度洋上层海洋环流主要由南印度洋副热带环流以及热带和北印度洋的季风环流组成。在10°—12°S附近，南赤道流携带着低盐太平洋海水向西穿过整个印度洋，将上述两个环流系统分割开来。印度洋平均动力地形的空间分布较好地反映了印度洋上层环流系统（图4.2）。从图4.2中可以看出，南印度洋副热带环流呈现反气旋式流动，这与太平洋和大西洋副热带环流相似。不过，南印度洋西边界流可以越过非洲海岸继续向西流动。南印度洋的西边界流——厄加勒斯流（Agulhas Current）是最强的洋流之一，其流路狭窄流速快，最大流速超过2.5 m/s。厄加勒斯流可以越过非洲最南部将印度洋海水输运到大西洋，同时在40°S附近厄加勒斯流将折回到印度洋，形成厄加勒斯回流，其将混合的南印度洋和南大西洋海水带回到南印度洋。另外，位于澳大利亚西岸的南印度洋东边界流——利文流（Leeuwin Current）向南流动，这与其他大洋环流系统明显不同。南印度洋的南赤道流一年四季均向西流动，并且在马达加斯加沿岸分裂为两支海流。

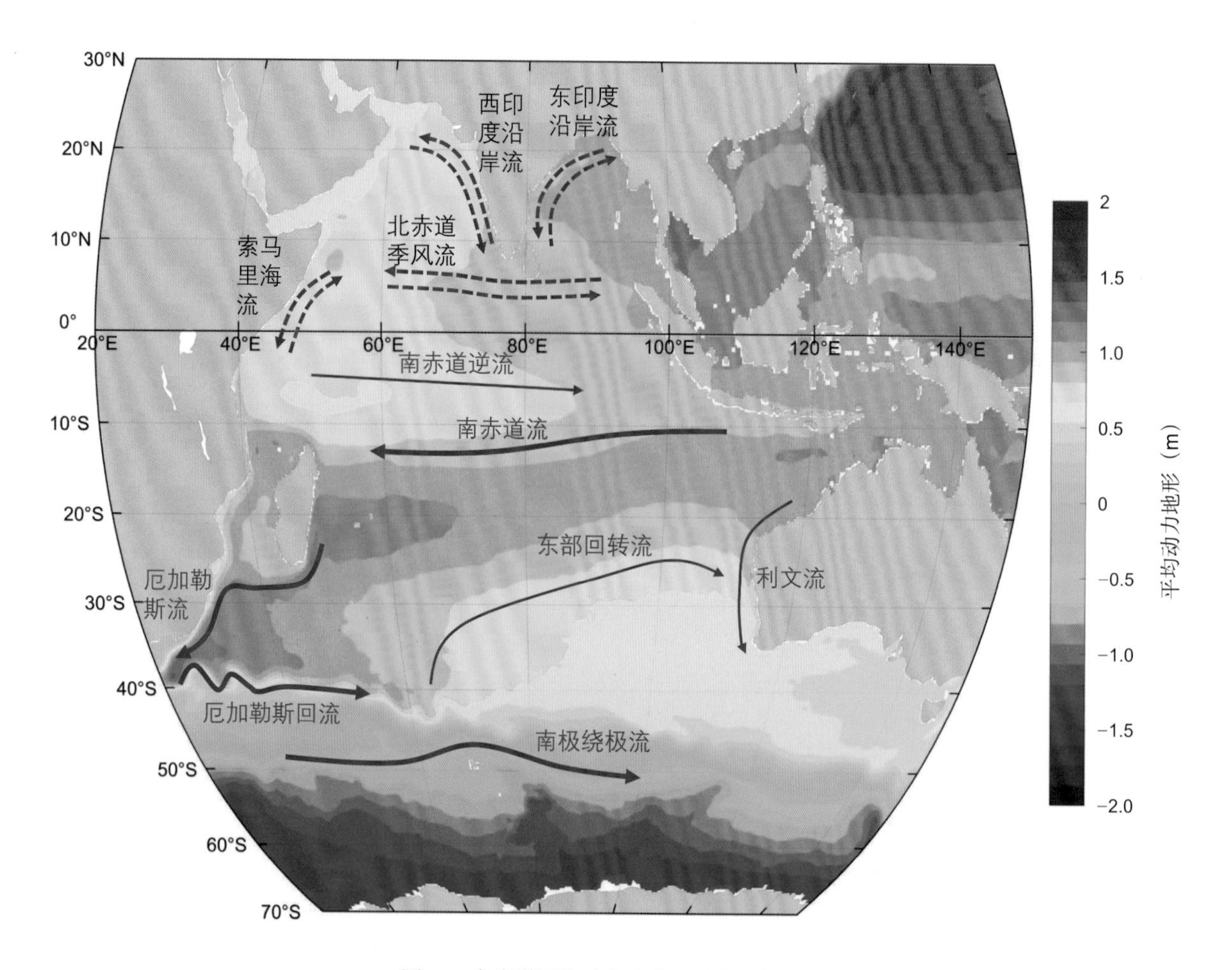

图4.2　印度洋平均动力地形和环流示意图

在热带和北印度洋，海洋环流主要由季风主导。南赤道流到达非洲东海岸后，向北流动的分支由季风决定。西南季风期间，北向支流穿过赤道形成北向的索马里海流（Somalia Current）。在北印度洋低纬海域，海洋环流（北赤道流）向东流动，其中斯里兰卡南部东向流动的海水称作西南季风漂流（Southwest Monsoon Current）。受整个西南季风的影响，阿拉伯海和孟加拉湾内均存在反气旋式的东向环流，西印度沿岸流（West Indian Coastal Current）和东印度沿岸流（East Indian Coastal Current）均向东流动。东北季风期间，整个北印度洋环流发生反转：北赤道流向西流动，形成西北季风漂流（Northwest Monsoon Current）；阿拉伯海和孟加拉湾呈现气旋式的西向环流，西印度沿岸流和东印度沿岸流向西流动；索马里海流也由先前的北向转为南向流动。阿拉伯海和孟加拉湾的环流由完全不同的海洋动力机制主导。含盐量大的阿拉伯海及其边缘海（红海和波斯湾）由蒸发作用主导，而含盐量小的孟加拉湾则由印度、孟加拉国和缅甸的主要河流入海径流主导。

区域环流变化情况可以通过涡动能（EKE）进行描述,涡动能高的区域表明那里环流变化明显，对应着丰富的不稳定流或者涡旋系统。环流涡动能（EKE）表示为：EKE= $0.5(u'^2+v'^2)$，式中 u' 和 v' 分别表示环流流速异常的纬向分量和经向分量。图 4.3 给出了印度洋环流涡动能空间分布。从图 4.3 中可以看出，印度洋环流涡动能高值区主要分布在阿拉伯海西部、孟加拉湾西部近岸区域、莫桑比克海峡、厄加勒斯流及其回流区、利文流区域以及南极绕极流等区域，表明这些区域环流变化比较明显，可能是中尺度涡高发区。相比之下，低纬度赤道附近、阿拉伯海东部、孟加拉湾东部、南印度洋副热带和中部区域的环流涡动能值较小，表明这些区域环流变化较小，对应着平静的大洋区域，相应的中尺度涡出现也可能较少。

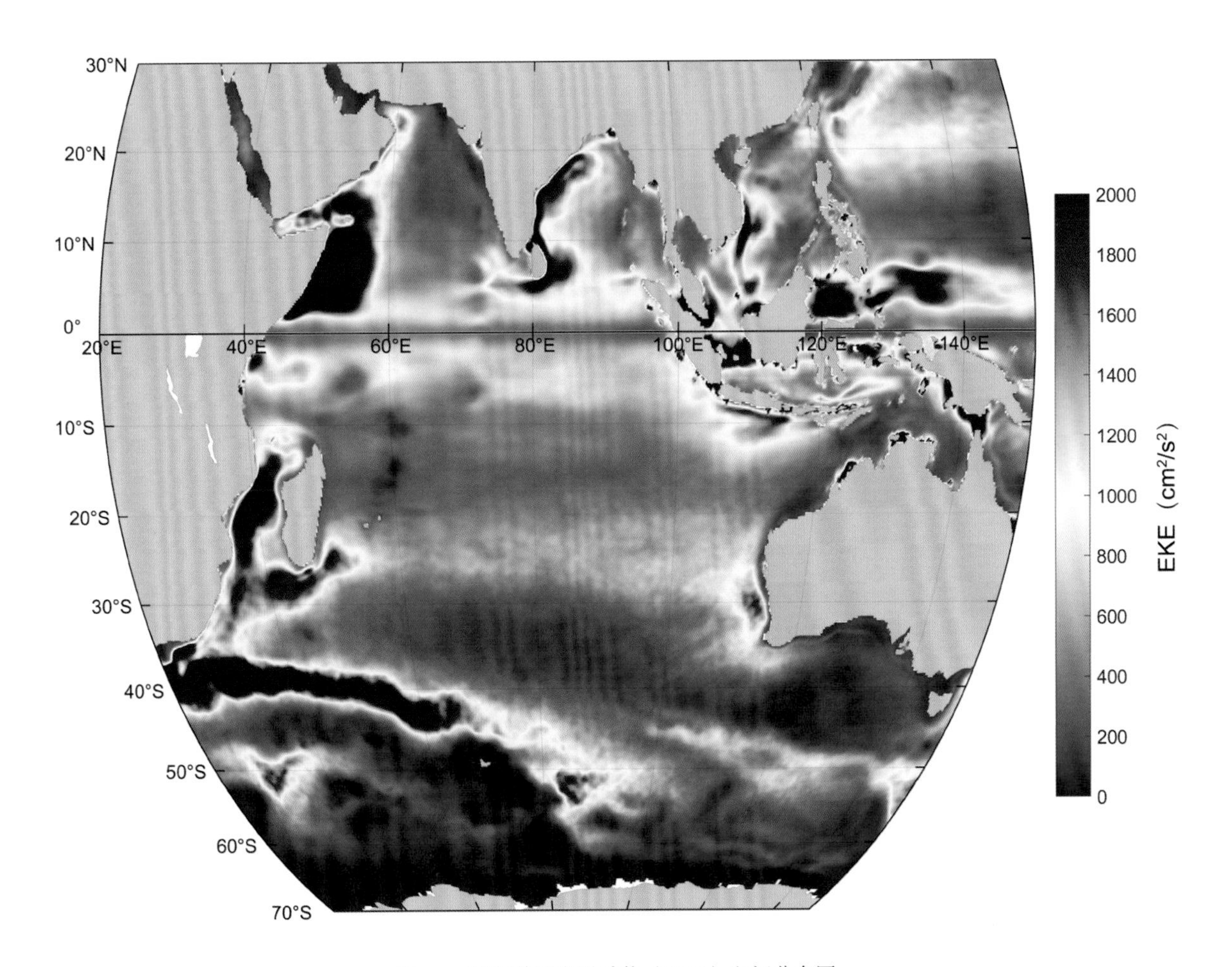

图4.3 印度洋环流涡动能（EKE）空间分布图

4.2 印度洋中尺度涡月调查结果空间分布

基于1993—2020年共28年月平均卫星高度计海面高度融合数据，按照1.2.2节中介绍的中尺度涡识别方法，探测识别涡旋振幅超过10 cm的中尺度涡，得到1993—2020年中尺度涡月调查结果。基于印度洋中尺度涡月调查结果，分别制作中尺度涡气候态月空间分布图、中尺度涡气候态季节空间分布图以及中尺度涡年空间分布图。

印度洋中尺度涡气候态月空间分布图：将1993—2020年共28年相同月份的涡旋结果叠加绘制。比如“1月中尺度涡气候态月空间分布图”，是将1993—2020年每年1月的中尺度涡月调查结果叠加绘制到同一张分布图上。

印度洋中尺度涡气候态季节空间分布图：将1993—2020年共28年相同季节月份的涡旋结果叠加绘制。比如“春季中尺度涡气候态季节空间分布图”，是指将1993—2020年每年4—6月的中尺度涡月调查结果叠加绘制到同一张分布图上。为了和大洋季节以及国际水文调查结果一致，气候态季节按照以下月份对应：针对北半球，冬季对应1—3月，春季对应4—6月，夏季对应7—9月，秋季对应10—12月；针对南半球，夏季对应1—3月，秋季对应4—6月，冬季对应7—9月，春季对应10—12月。需要特别说明的是，如果中尺度涡气候态季节分布图中既包含北半球也包含南半球区域，那么分布图所对应的季节是针对北半球而言的，而南半球对应的是相同月份的分布结果，但是季节却和北半球是相反的。比如“印度洋春季中尺度涡气候态季节空间分布图”，是指整个印度洋4—6月的中尺度涡分布结果，北印度洋对应的季节是春季，而南印度洋对应的季节则是秋季。

印度洋中尺度涡年空间分布图：将某一年全年的中尺度涡结果叠加绘制。比如“2020年中尺度涡空间分布图”，是将2020年1—12月的中尺度涡月调查结果叠加绘制到一张分布图上。

针对中尺度涡气候态月空间分布图和气候态季节空间分布图，气旋涡和反气旋涡结果分别绘制在不同图中，其中气旋涡用蓝色圆点表示，反气旋涡用红色圆点表示，圆点位置表示涡旋中心位置，圆点大小表示涡旋空间尺度大小，颜色表示涡旋振幅大小。针对中尺度涡年空间分布图，气旋涡和反气旋涡结果绘制在同一张图中，为区分气旋涡和反气旋涡的涡旋振幅值，气旋涡振幅大小用负值表示，其他涡旋特征表示方式均与中尺度涡气候态月空间分布图和气候态季节空间分布图一致。

4.2.1 印度洋中尺度涡气候态月空间分布

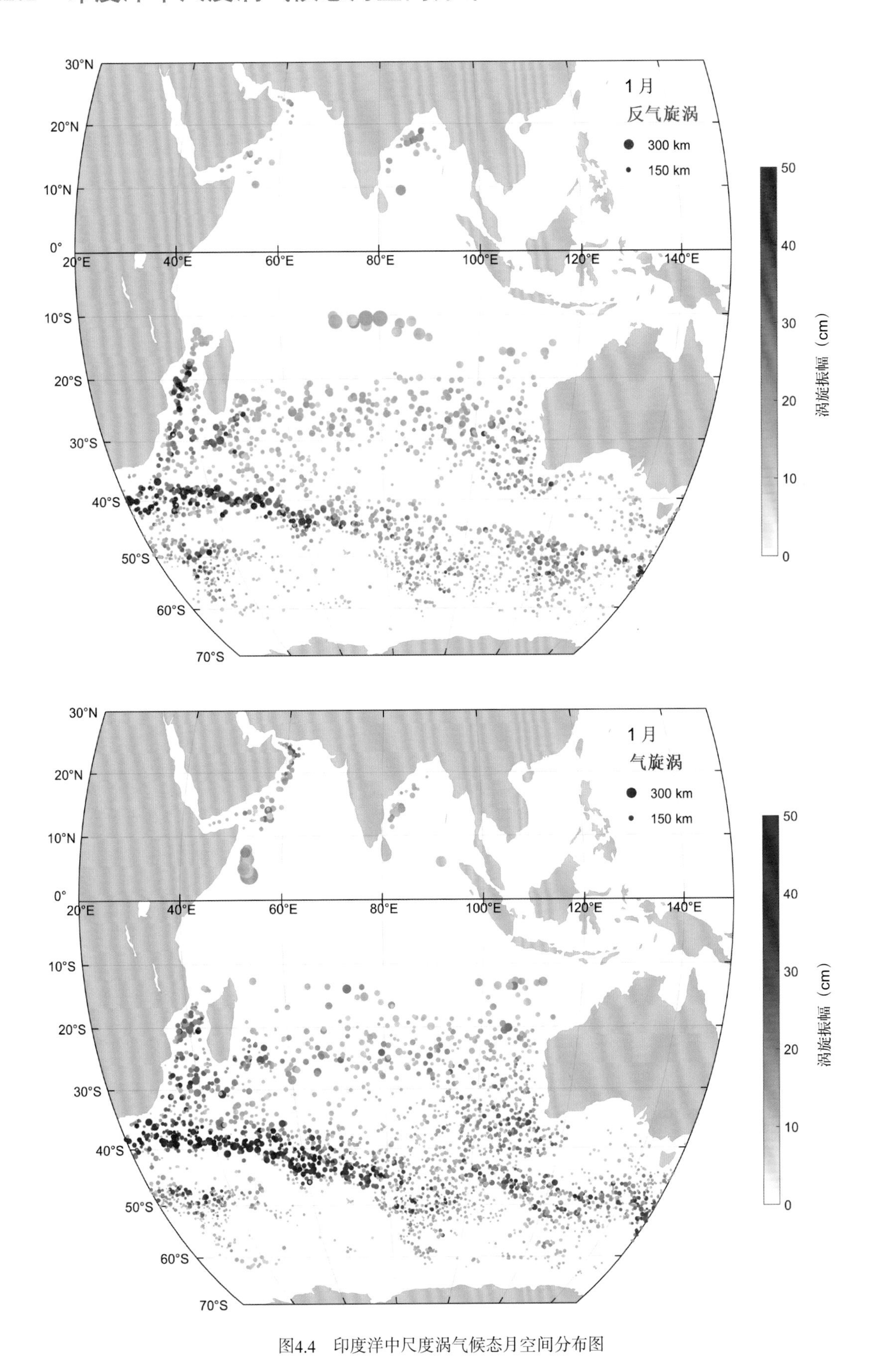

图4.4　印度洋中尺度涡气候态月空间分布图

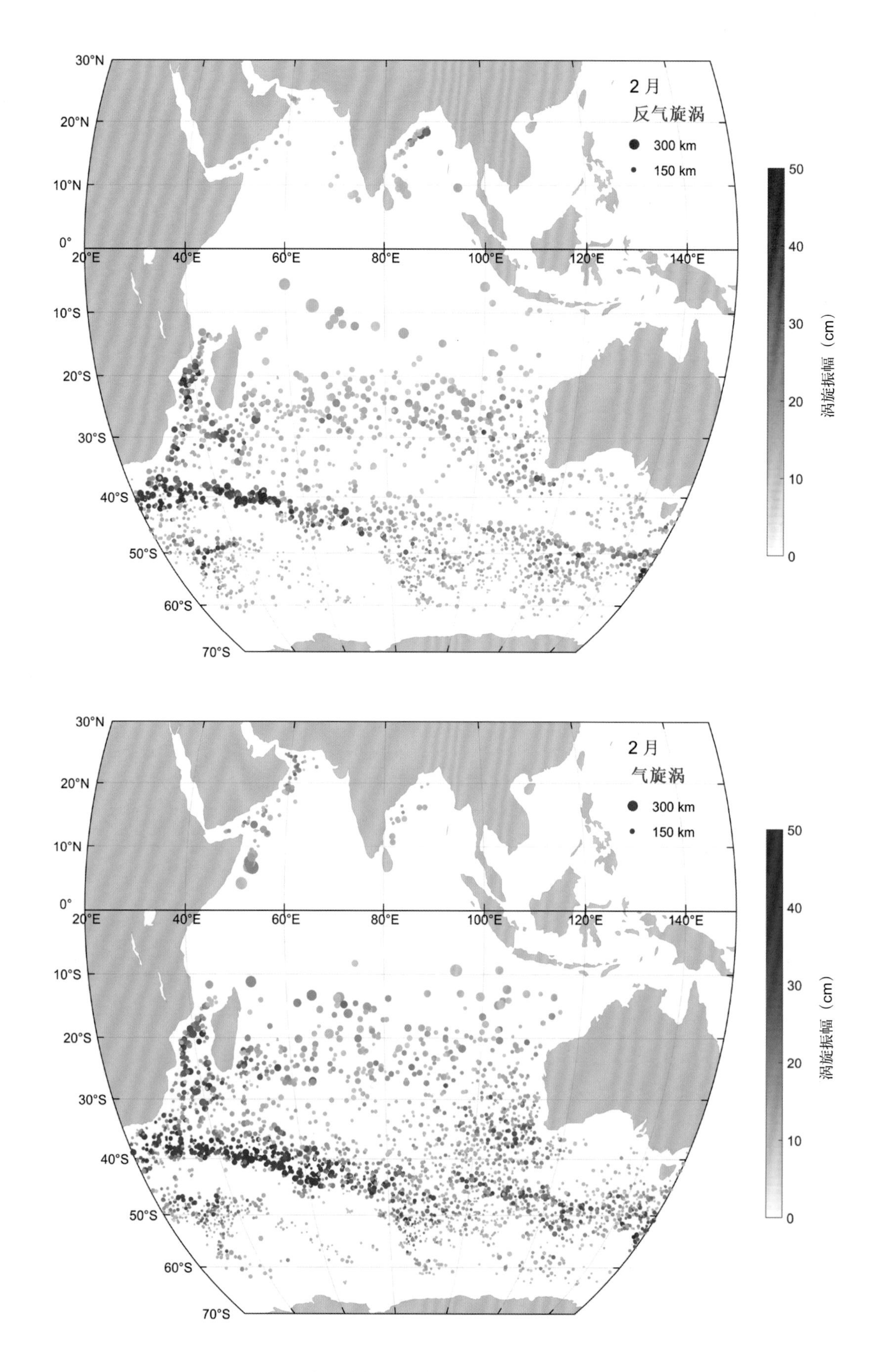

图4.4　印度洋中尺度涡气候态月空间分布图（续）

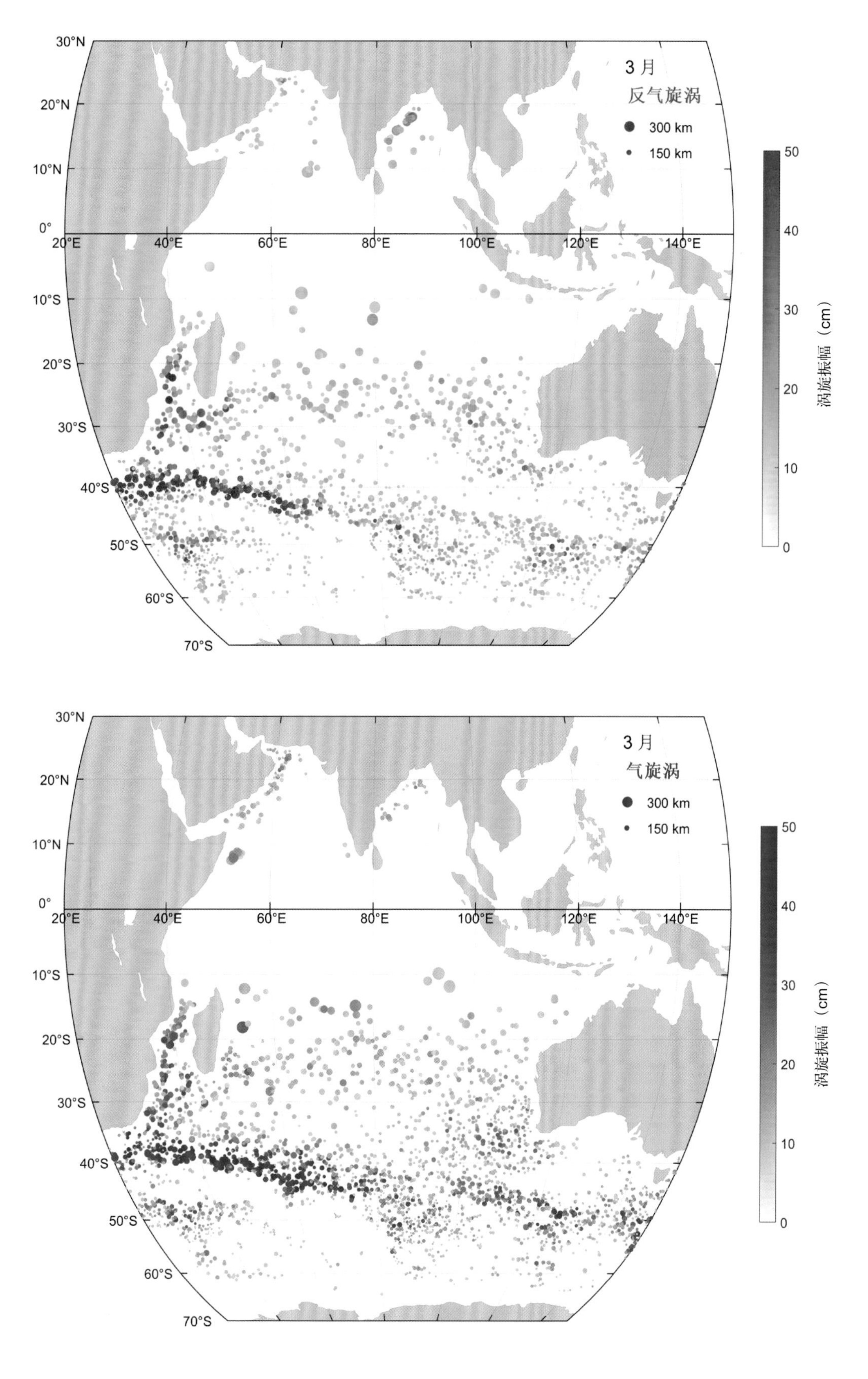

图4.4　印度洋中尺度涡气候态月空间分布图（续）

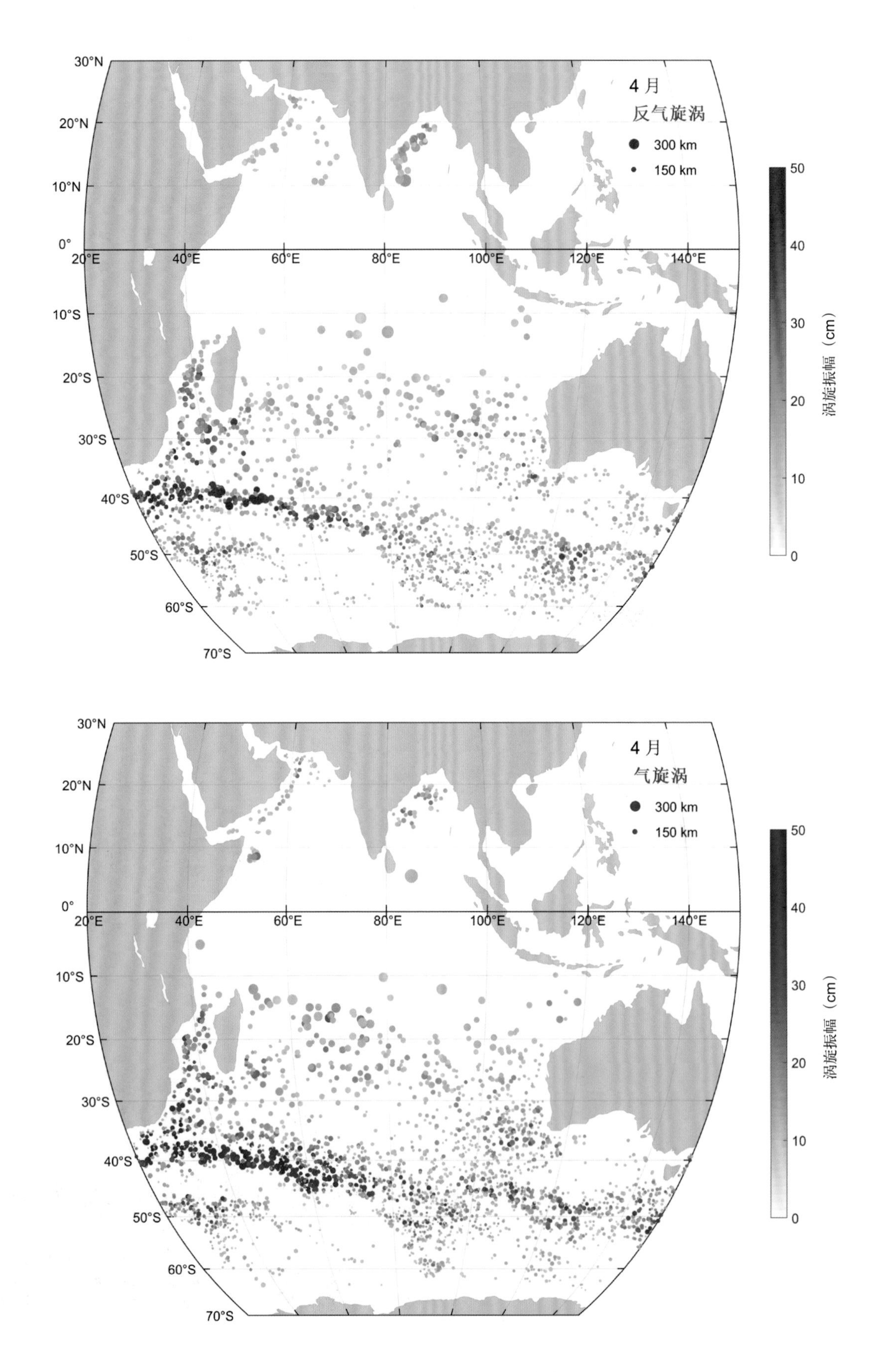

图4.4　印度洋中尺度涡气候态月空间分布图（续）

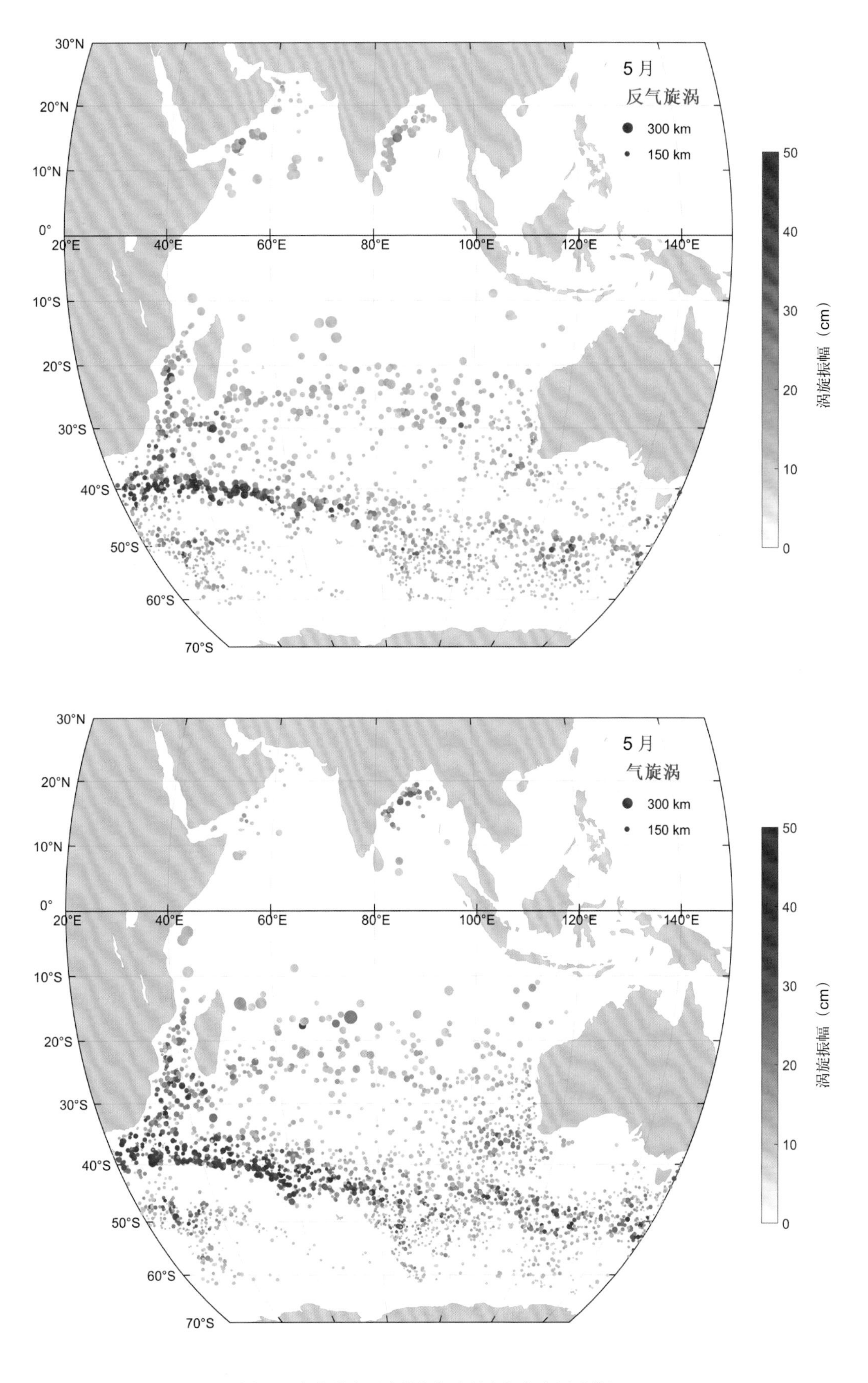

图4.4　印度洋中尺度涡气候态月空间分布图（续）

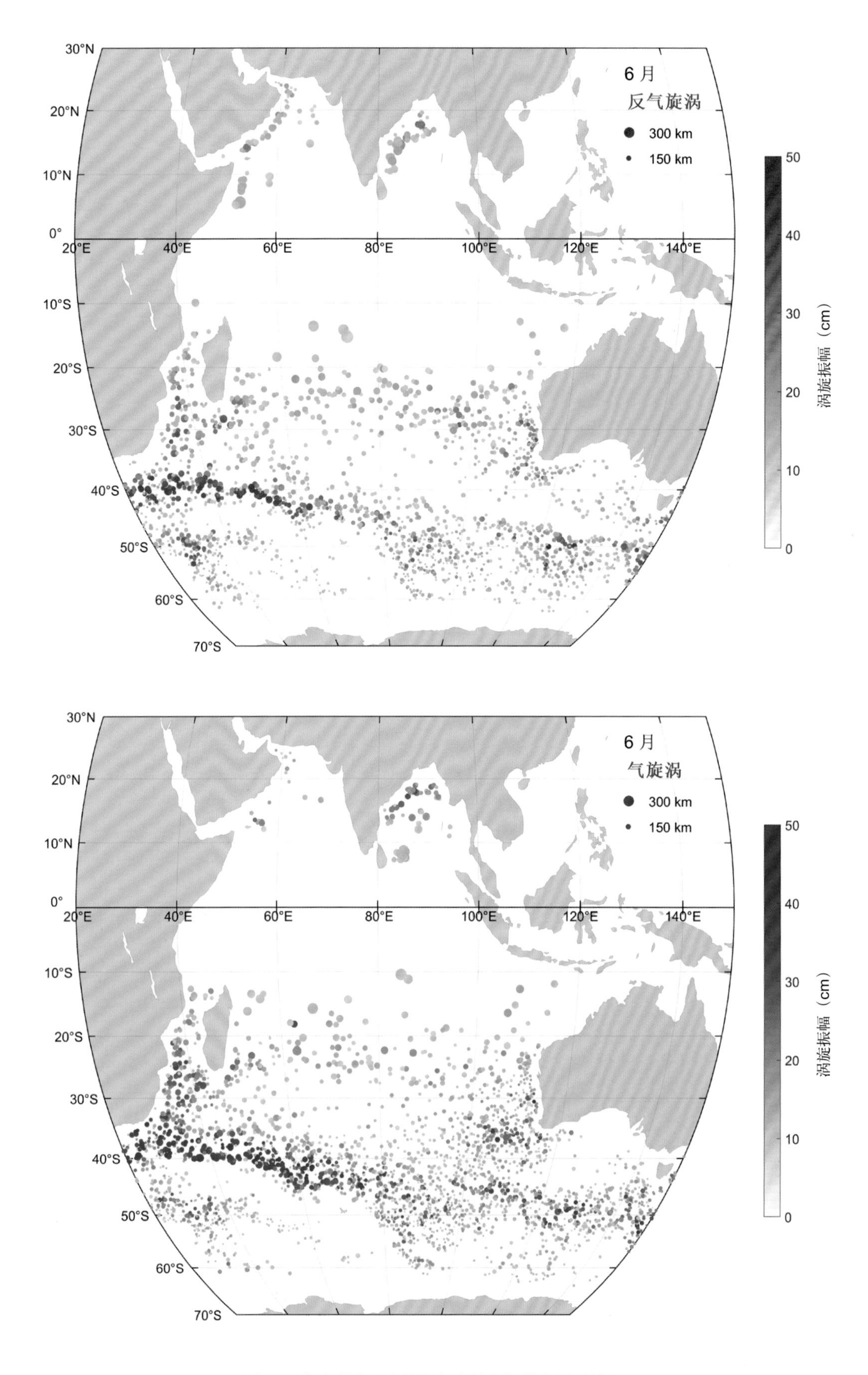

图4.4　印度洋中尺度涡气候态月空间分布图（续）

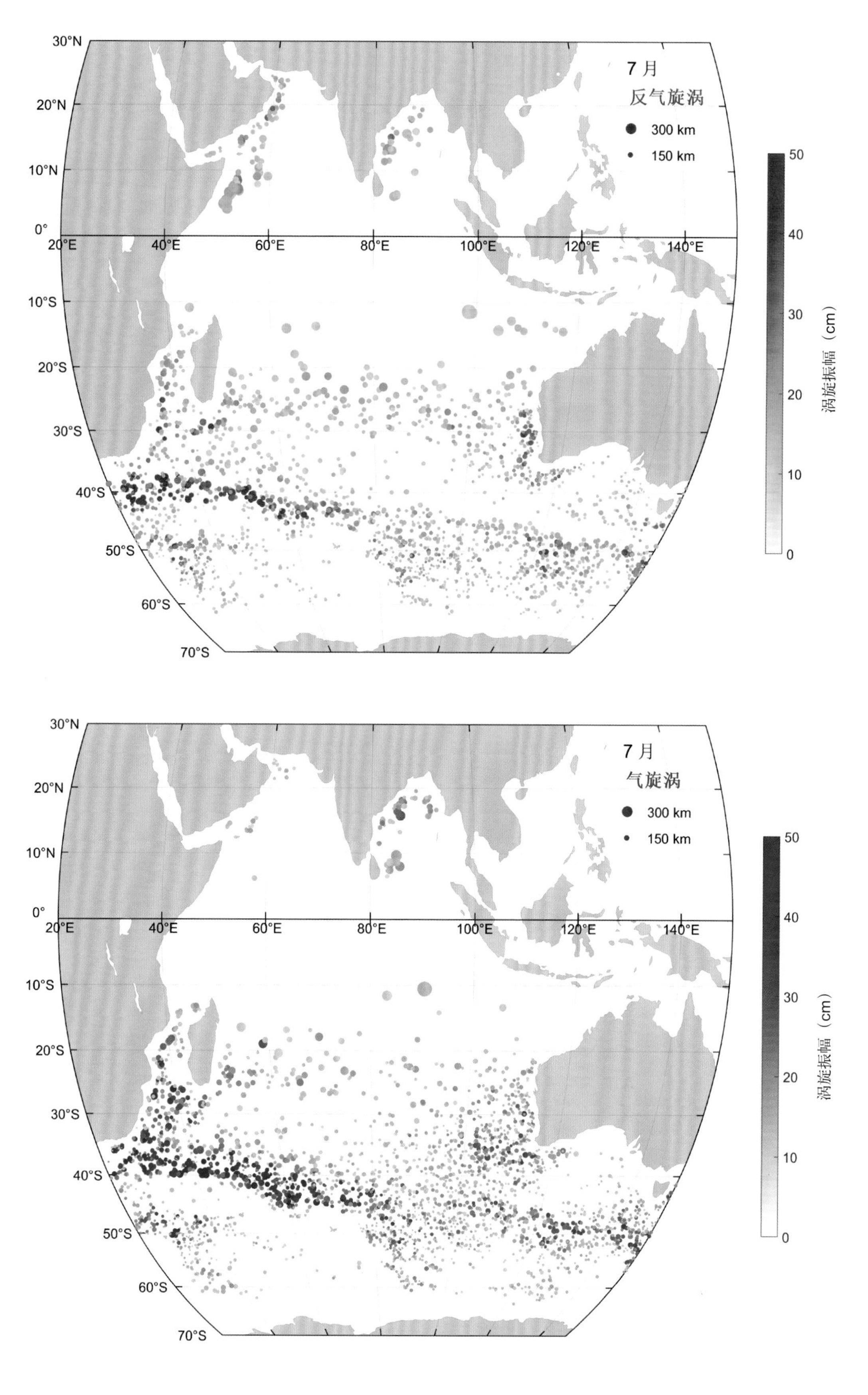

图4.4　印度洋中尺度涡气候态月空间分布图（续）

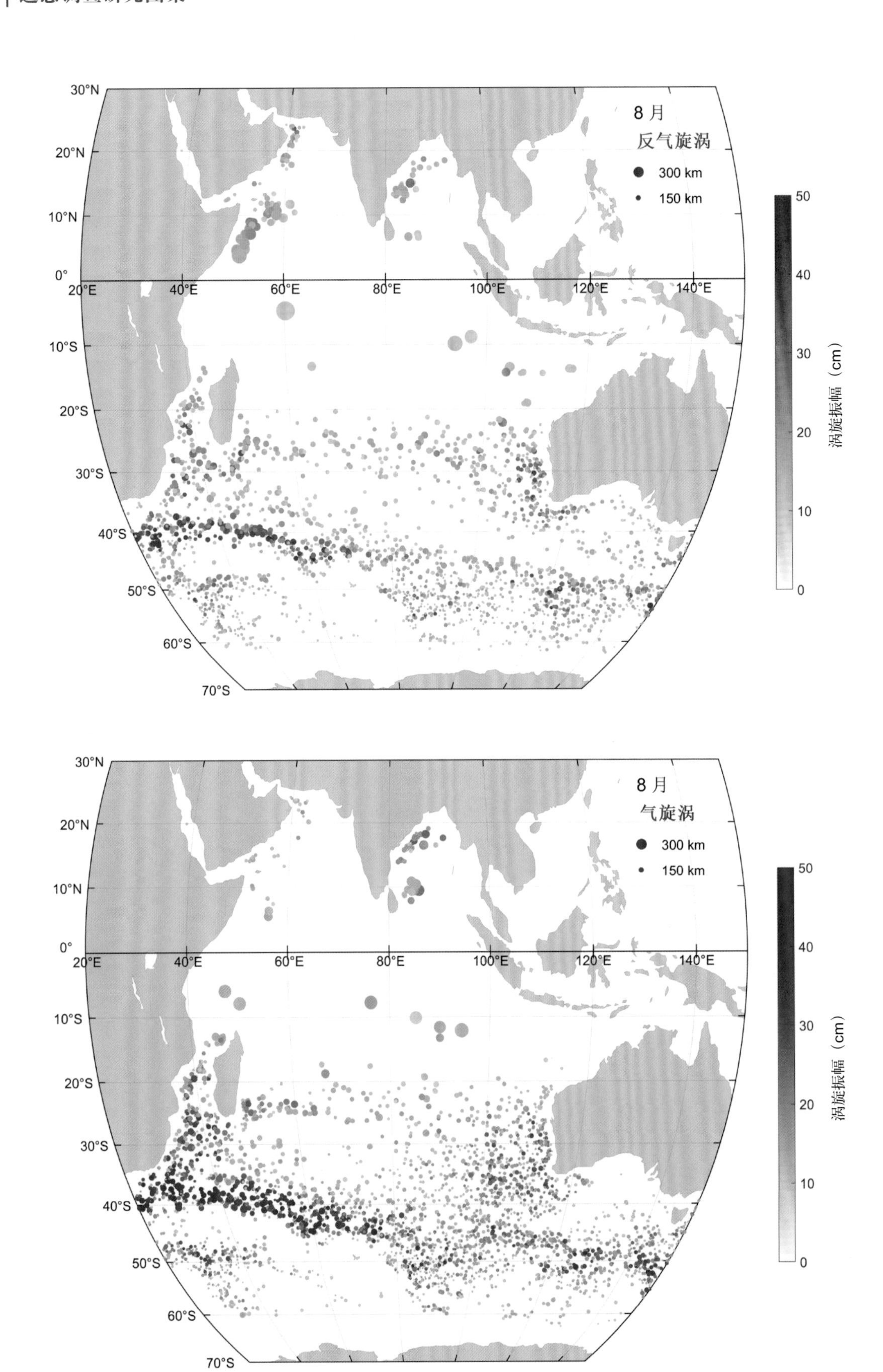

图4.4 印度洋中尺度涡气候态月空间分布图（续）

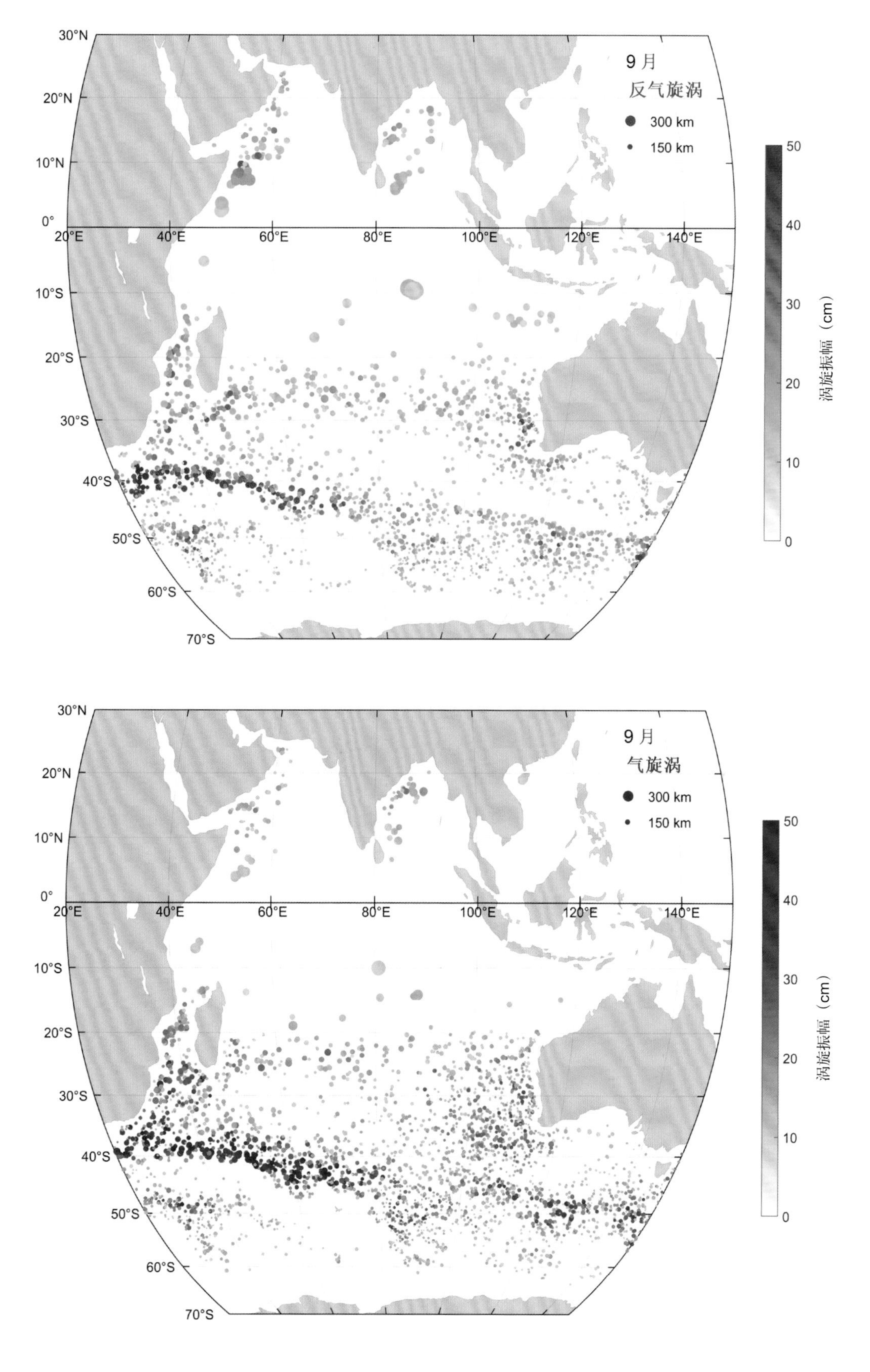

图4.4　印度洋中尺度涡气候态月空间分布图（续）

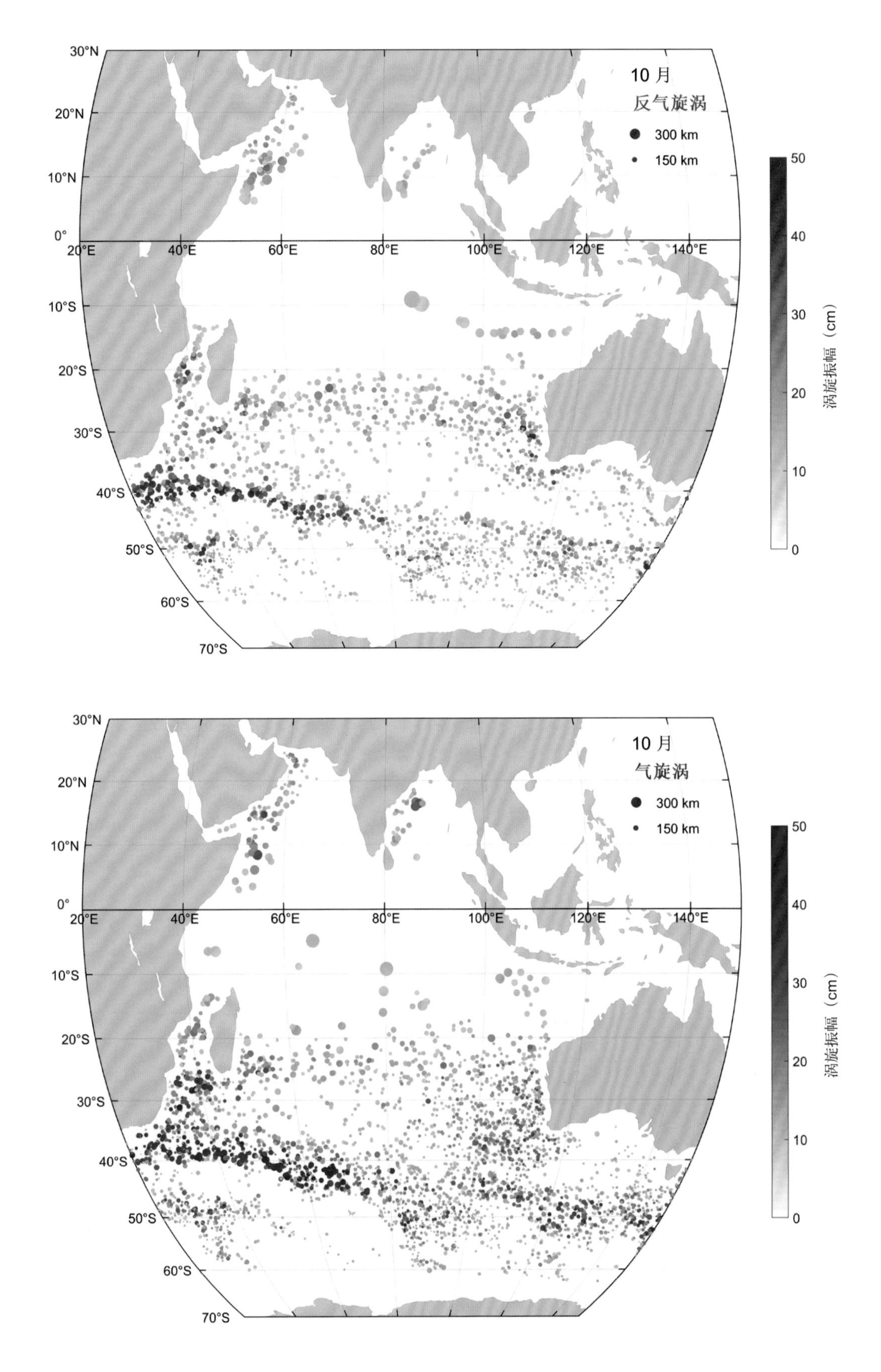

图4.4　印度洋中尺度涡气候态月空间分布图（续）

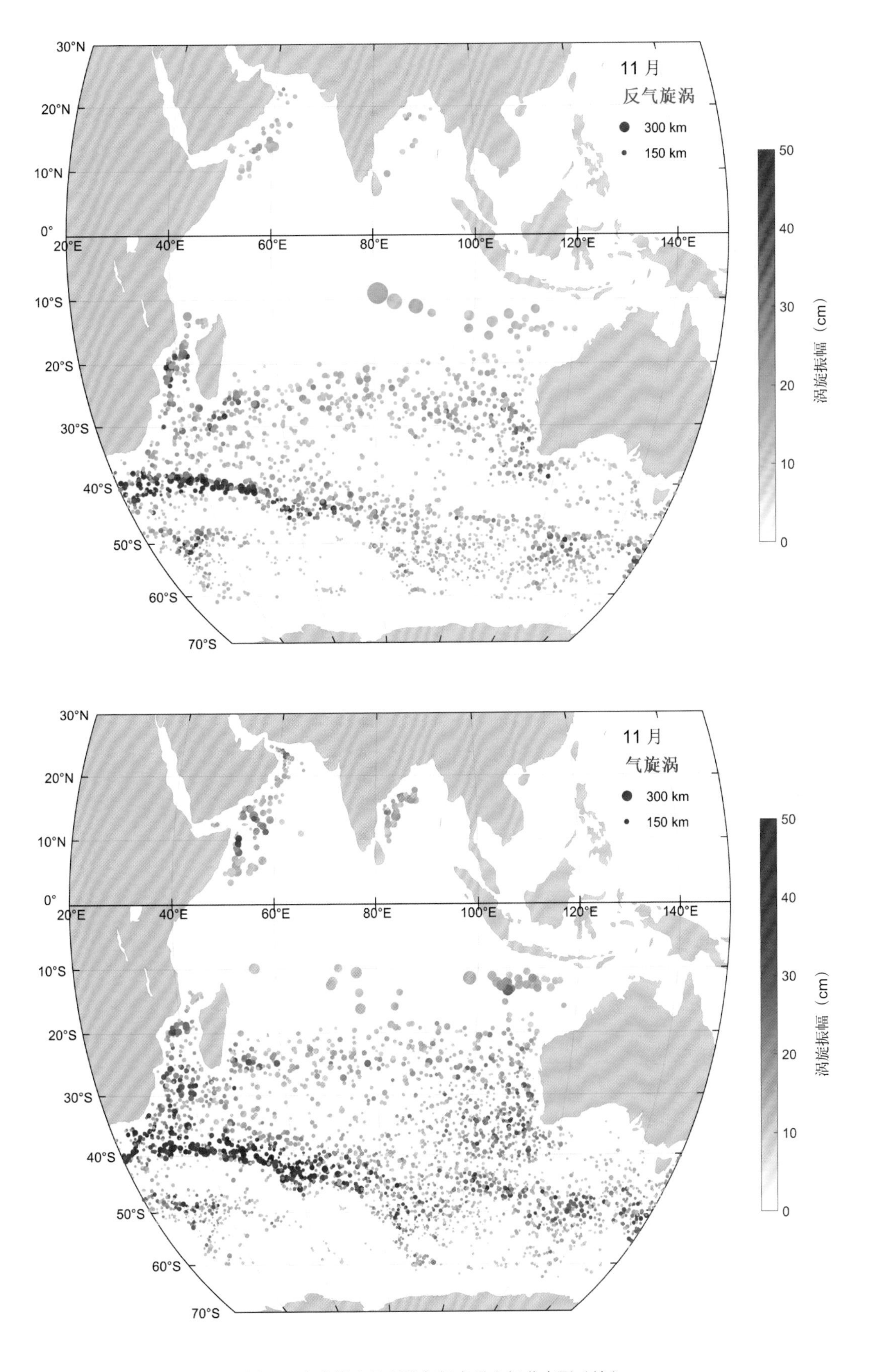

图4.4　印度洋中尺度涡气候态月空间分布图（续）

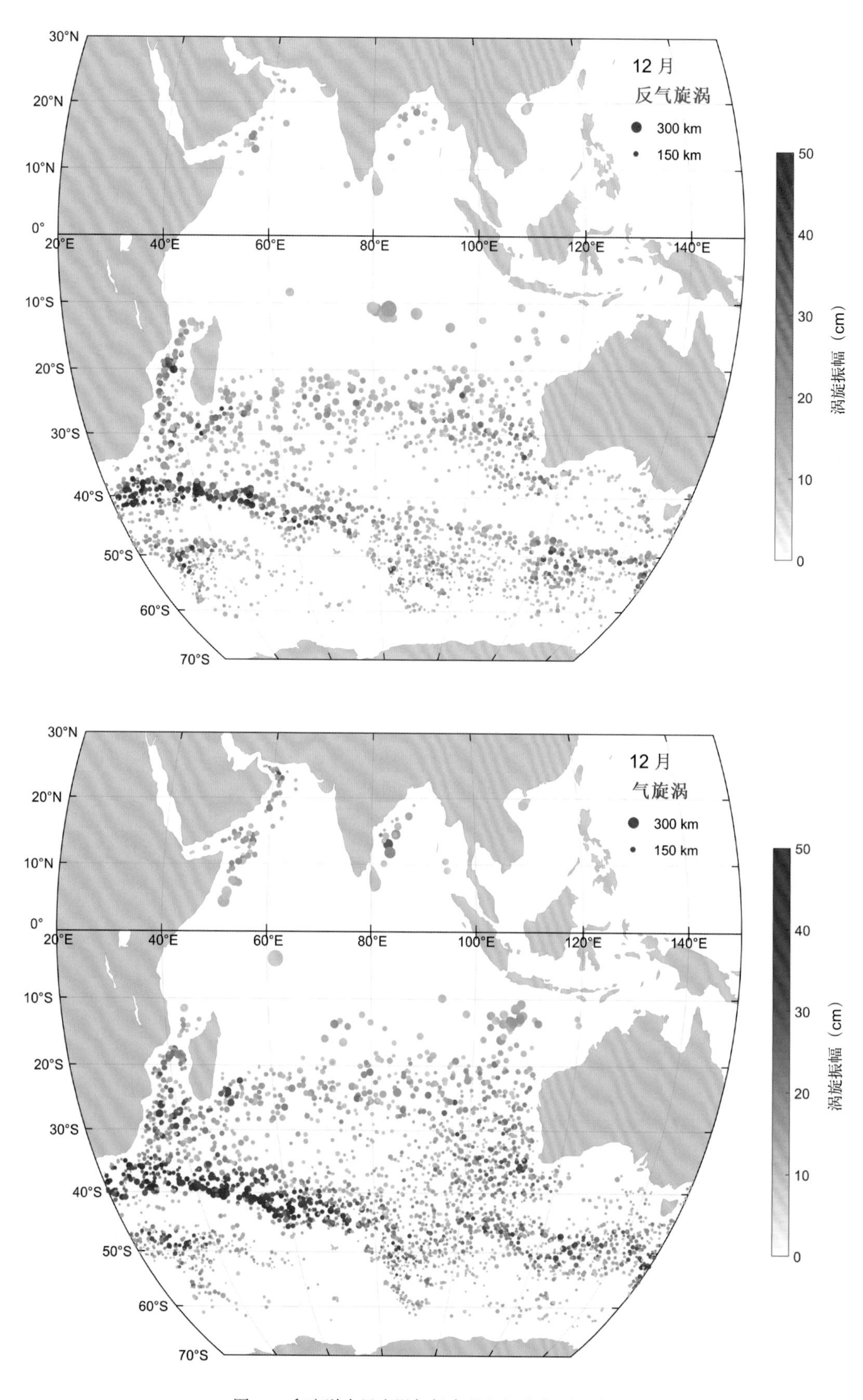

图4.4　印度洋中尺度涡气候态月空间分布图（续）

4.2.2　印度洋中尺度涡气候态季节空间分布

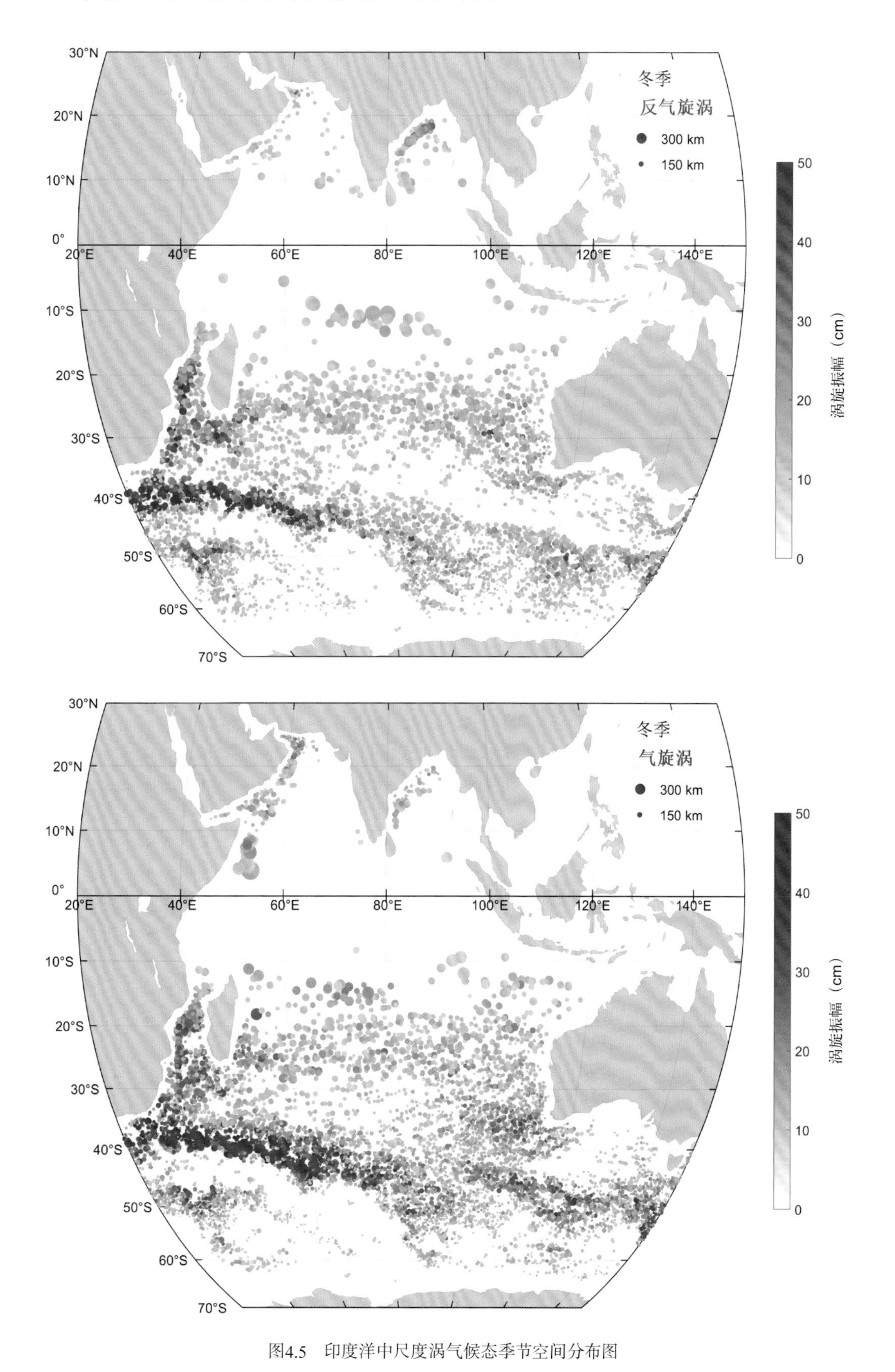

图4.5　印度洋中尺度涡气候态季节空间分布图

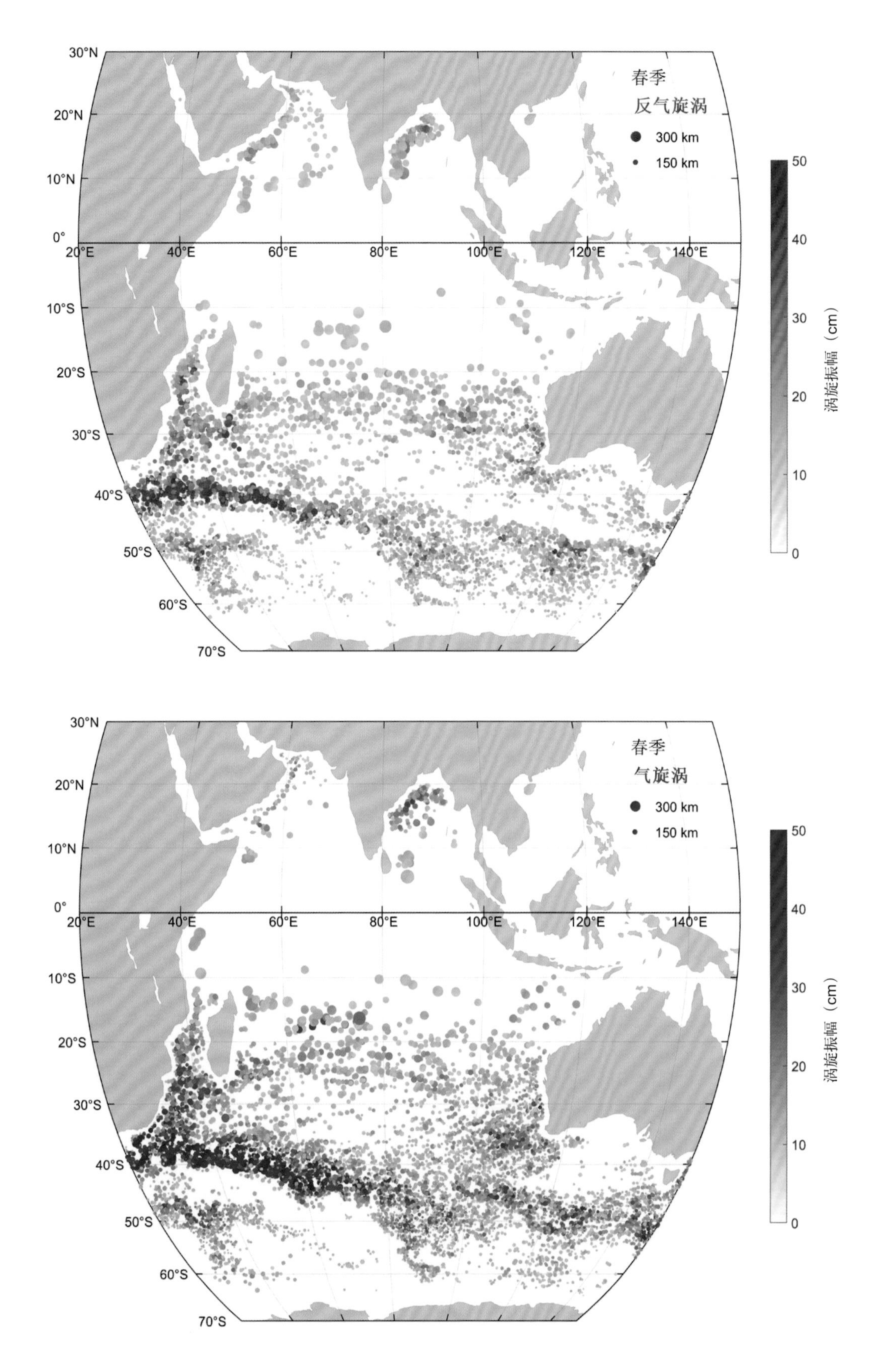

图4.5　印度洋中尺度涡气候态季节空间分布图（续）

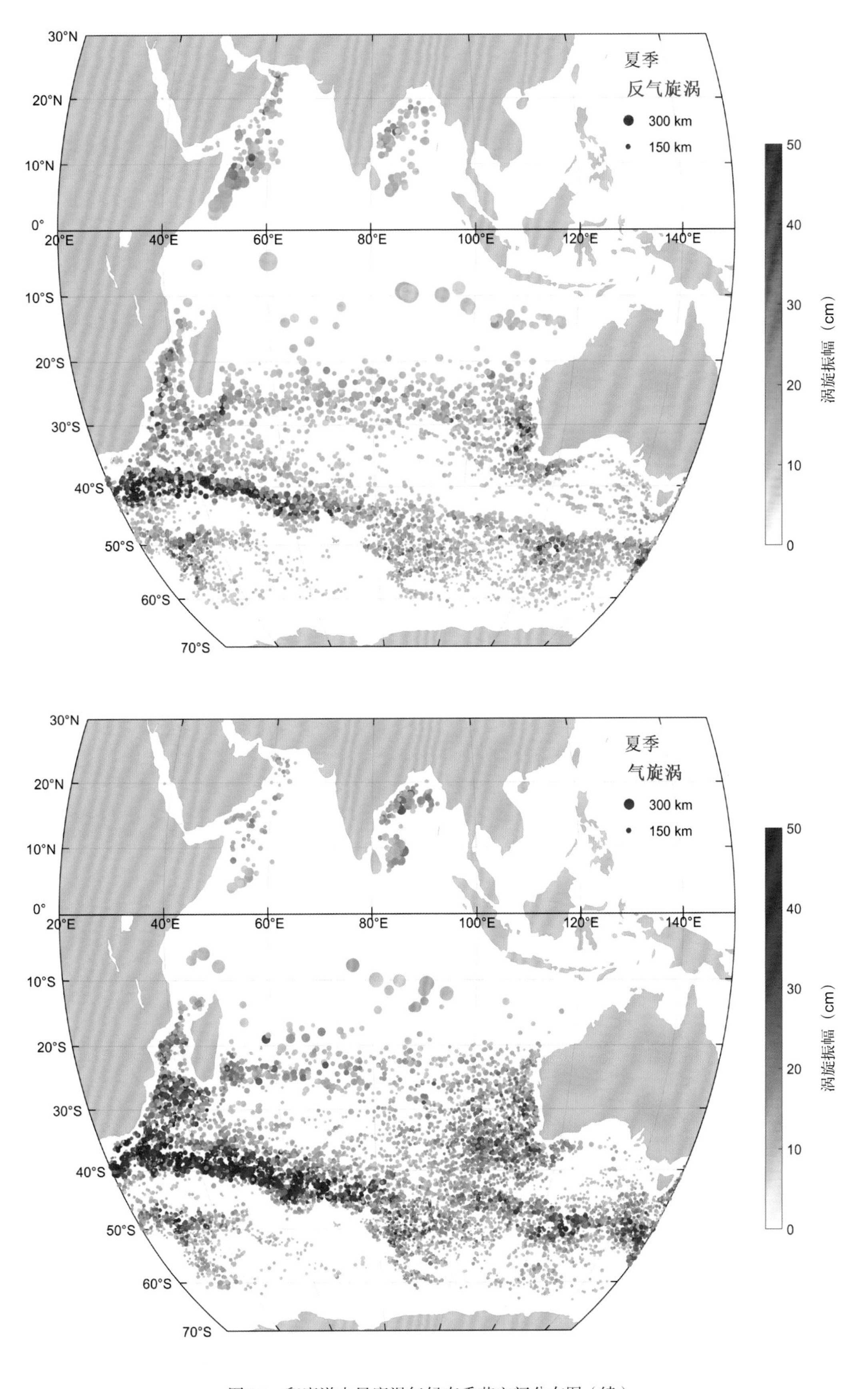

图4.5　印度洋中尺度涡气候态季节空间分布图（续）

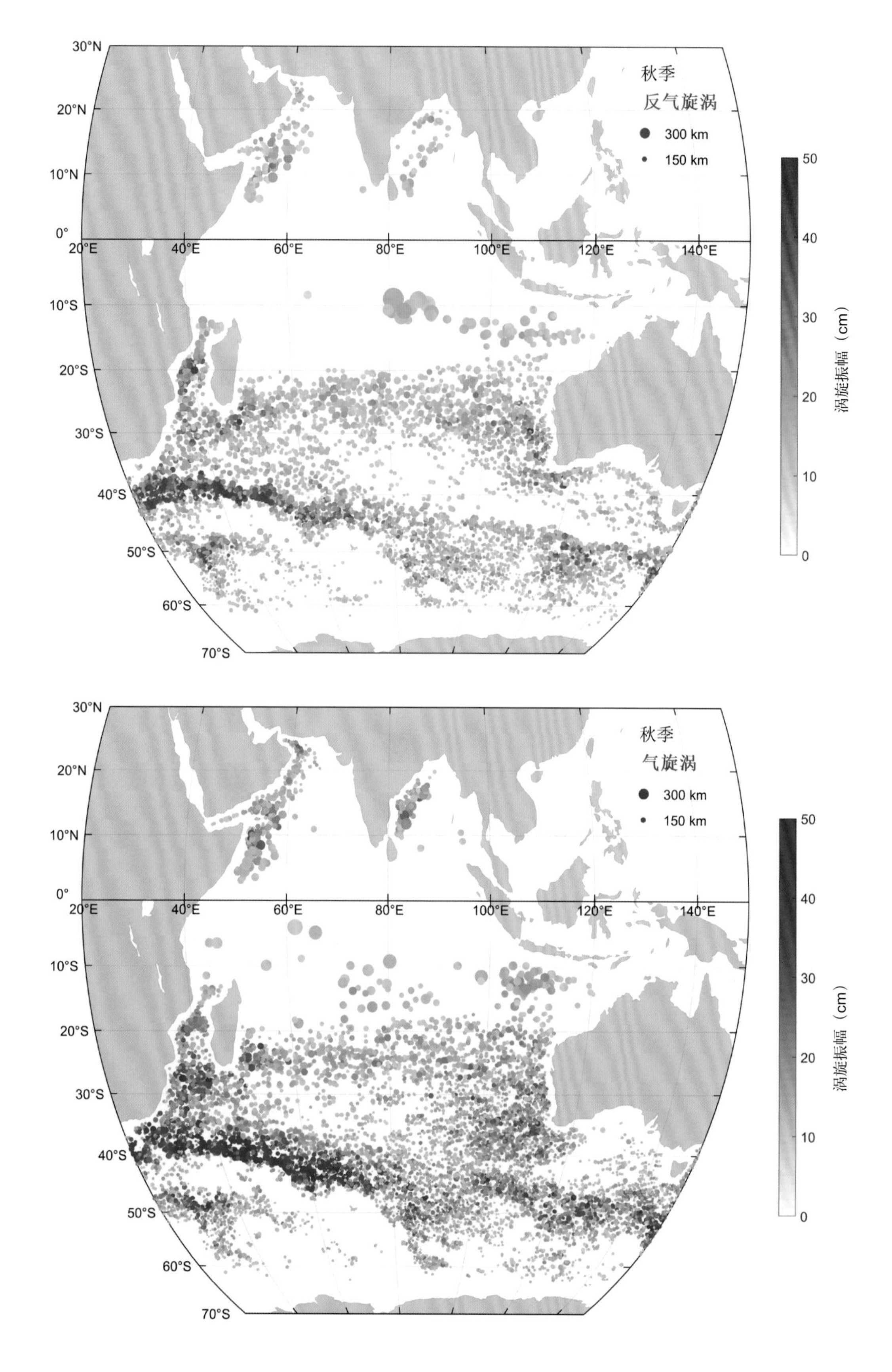

图4.5 印度洋中尺度涡气候态季节空间分布图（续）

4.2.3　印度洋中尺度涡年空间分布

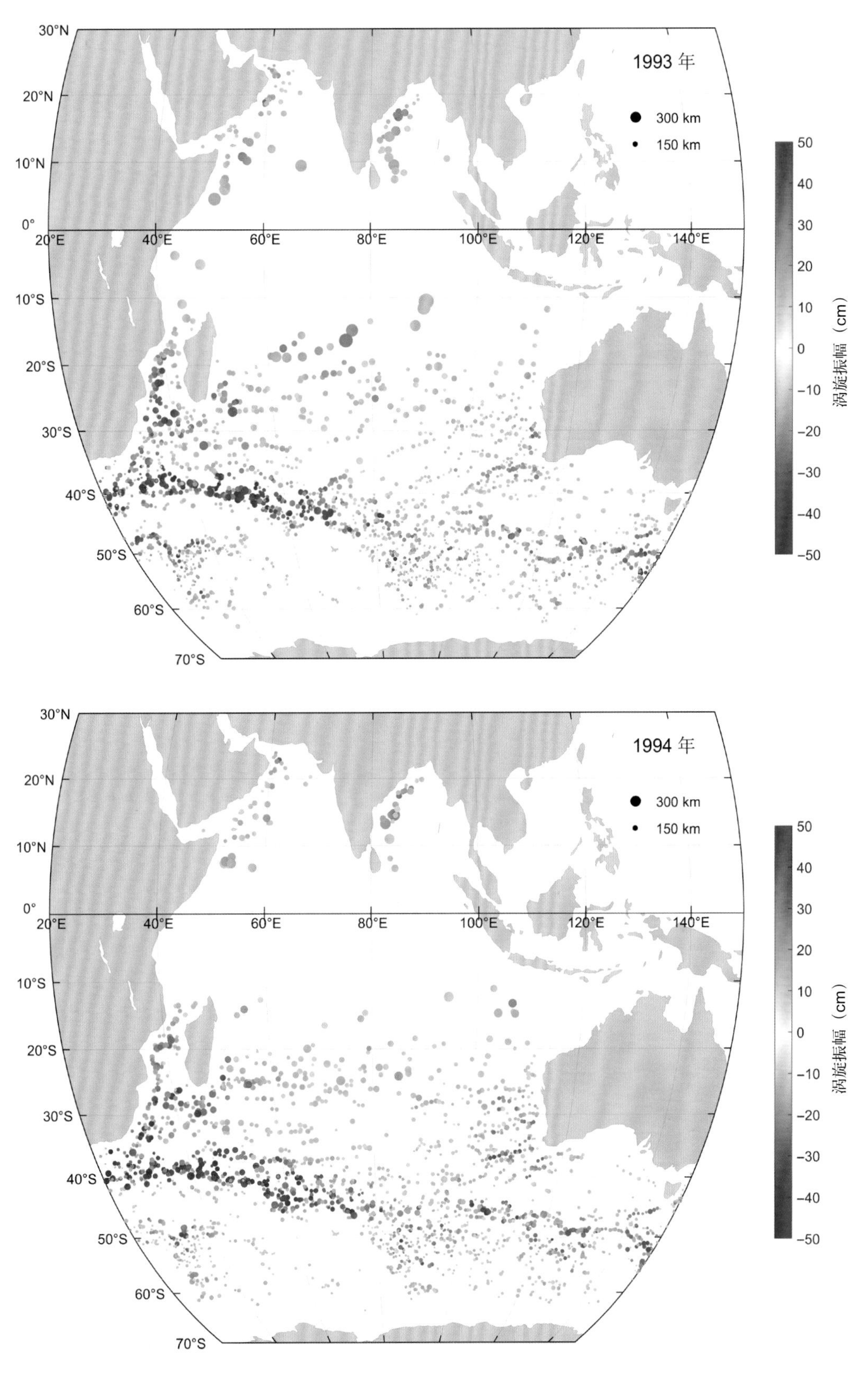

图4.6　印度洋1993—2020年中尺度涡年空间分布图

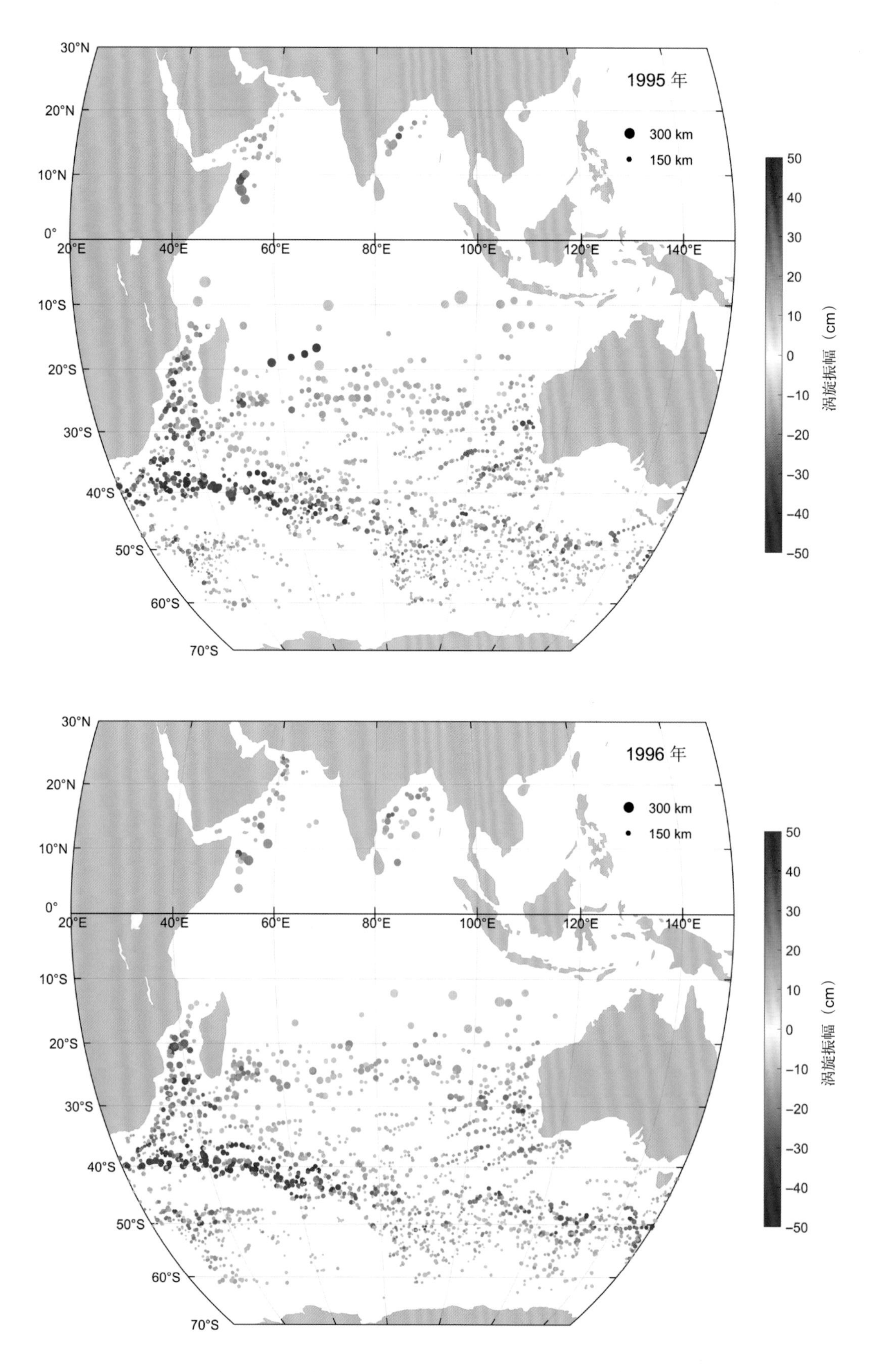

图4.6　印度洋1993—2020年中尺度涡年空间分布图（续）

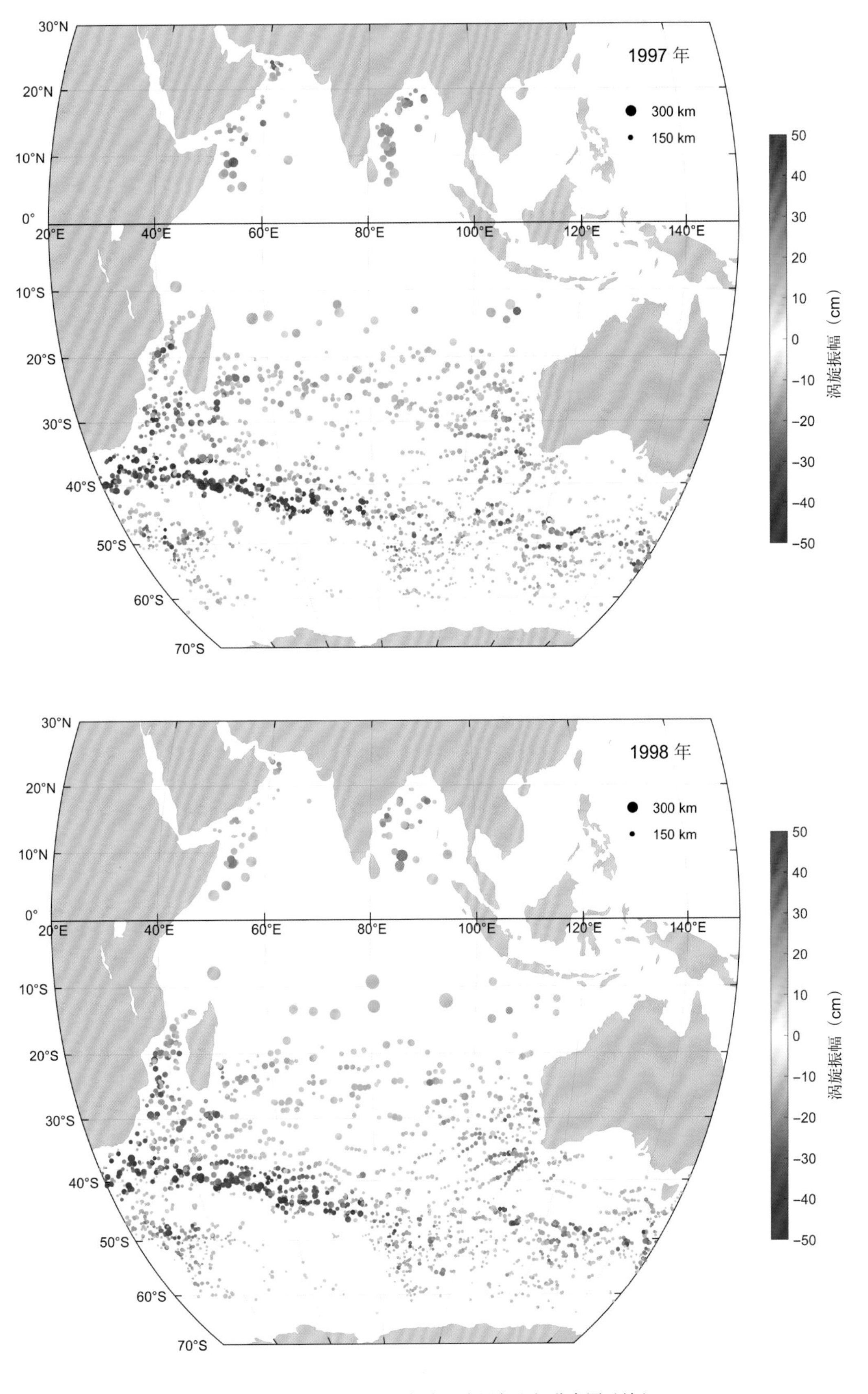

图4.6　印度洋1993—2020年中尺度涡年空间分布图（续）

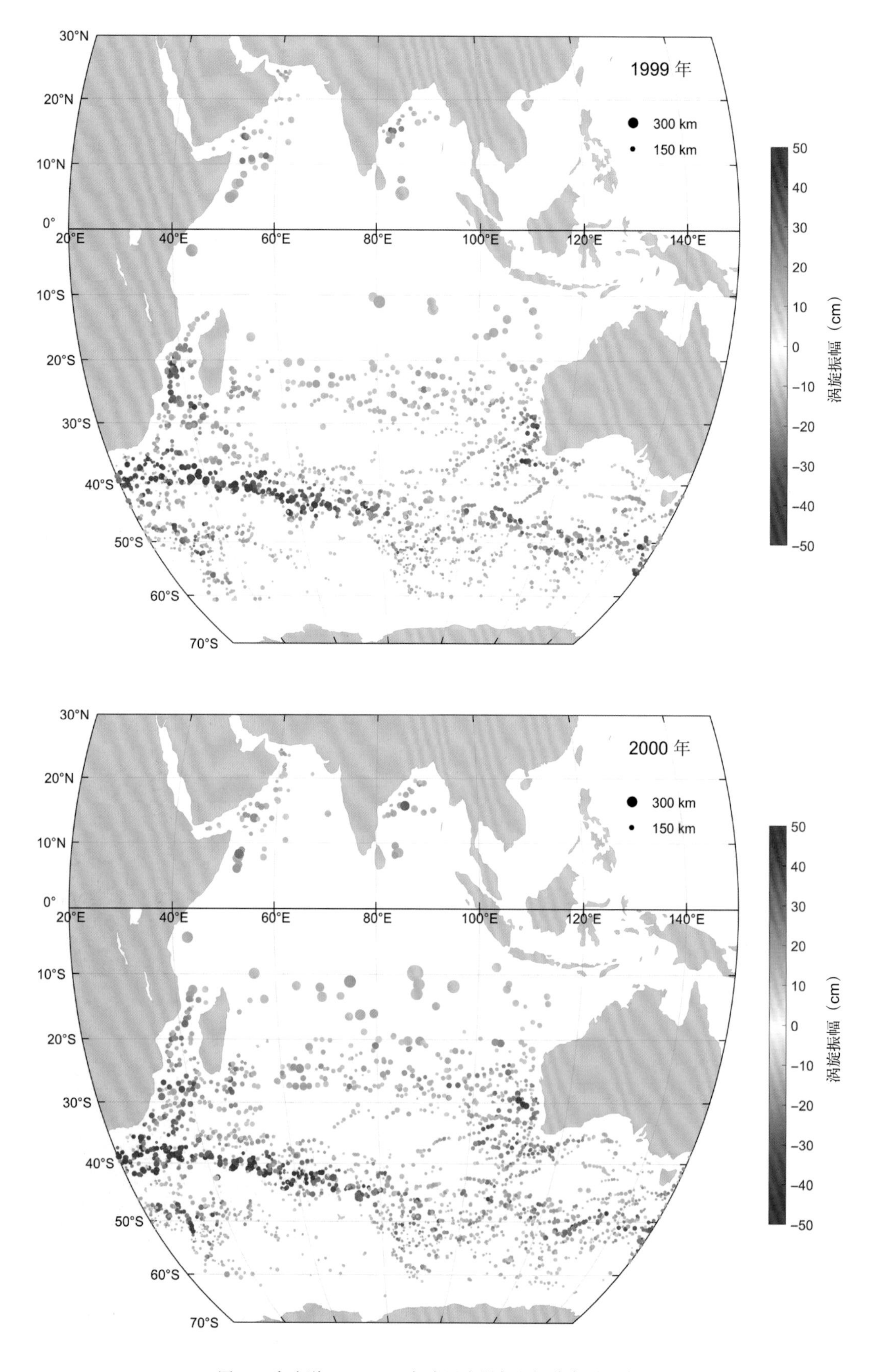

图4.6　印度洋1993—2020年中尺度涡年空间分布图（续）

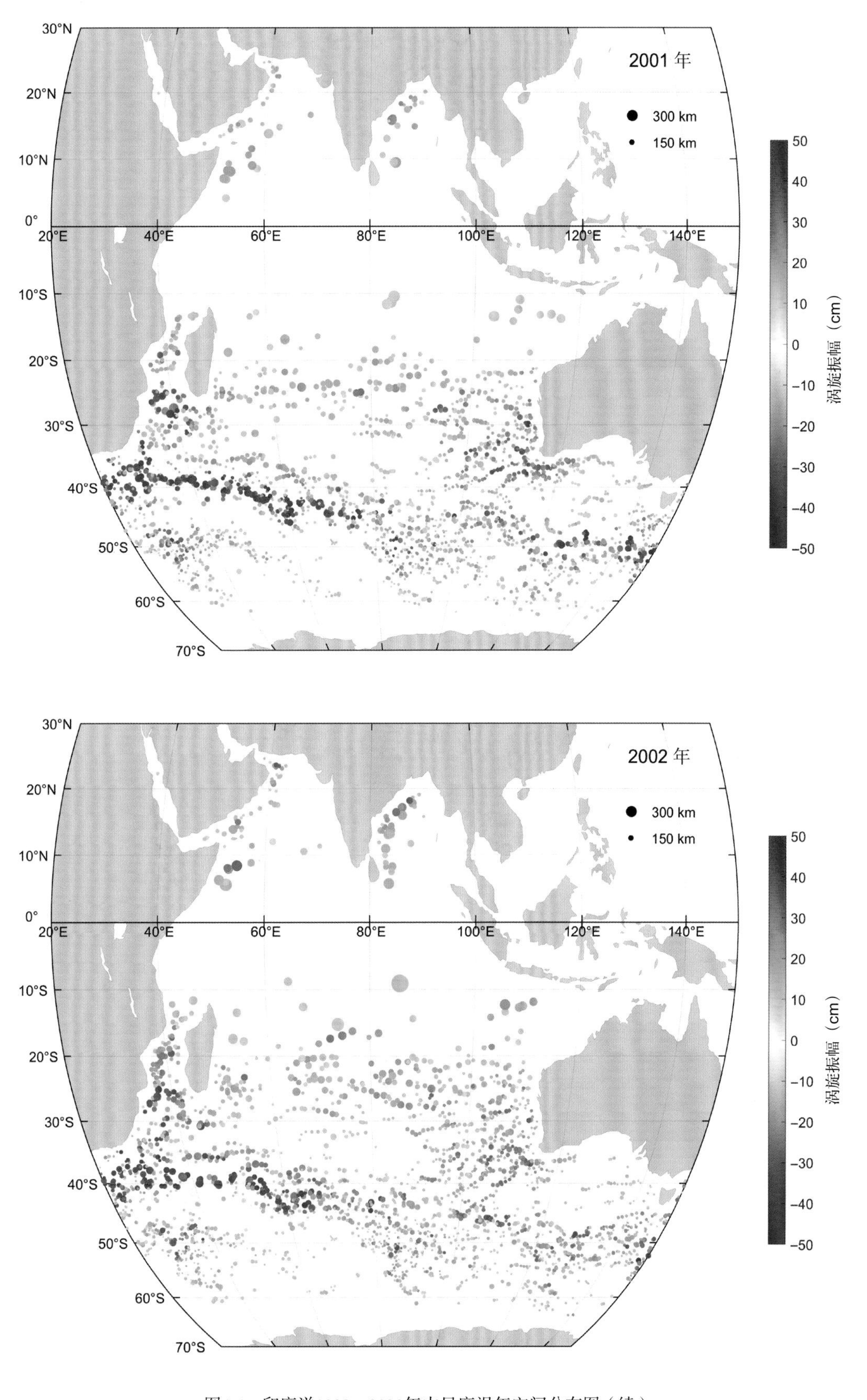

图4.6　印度洋1993—2020年中尺度涡年空间分布图（续）

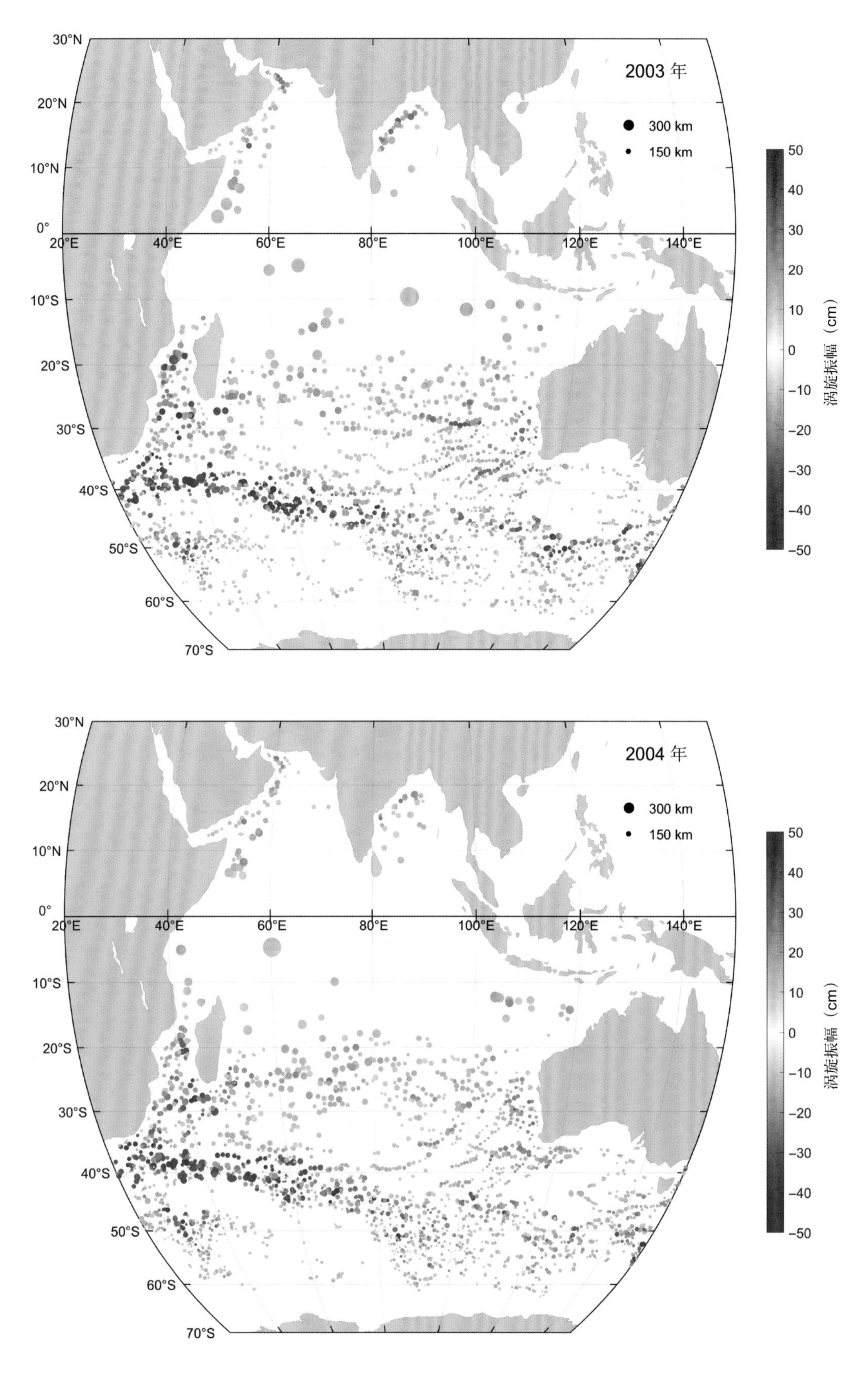

图4.6　印度洋1993—2020年中尺度涡年空间分布图（续）

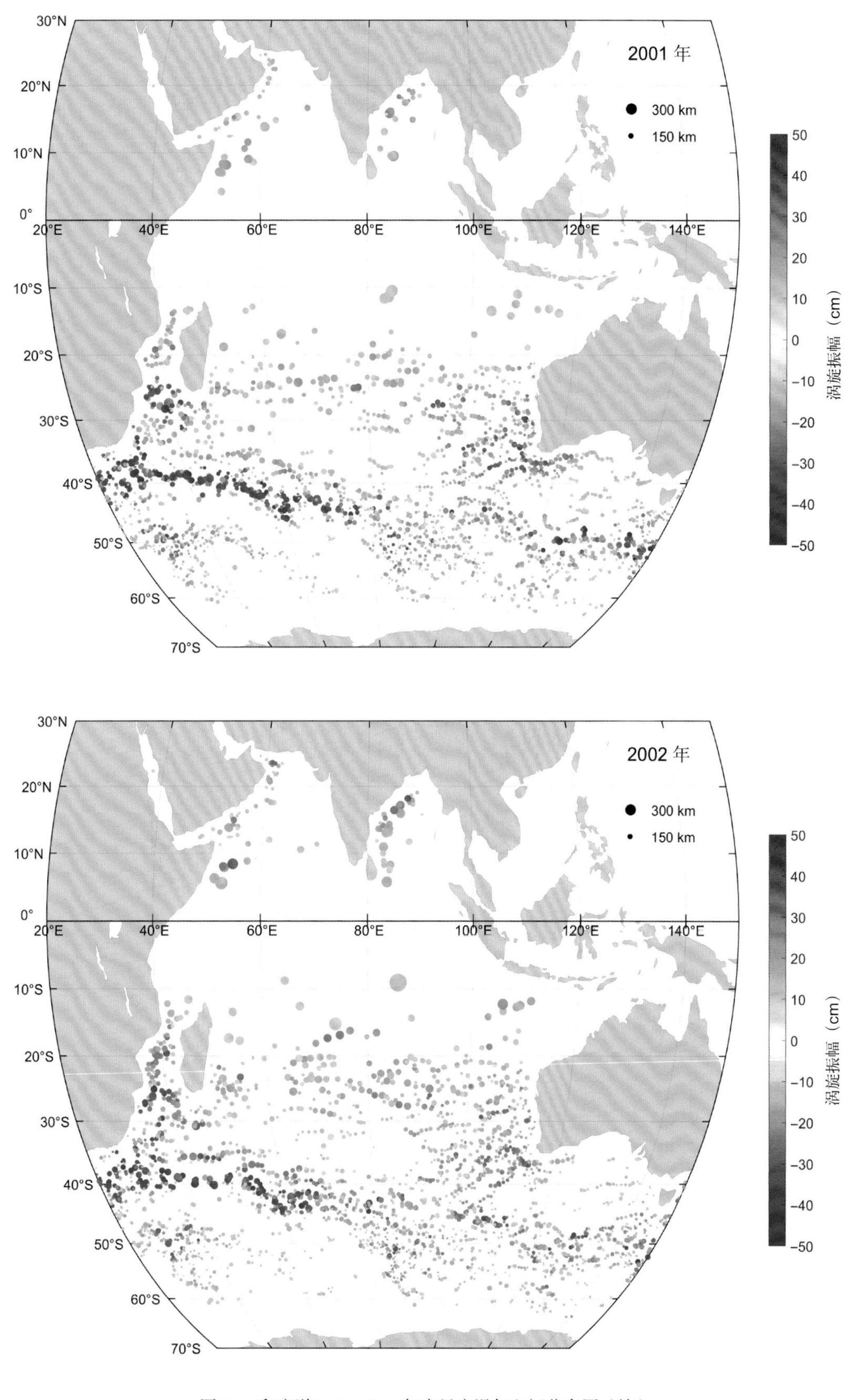

图4.6　印度洋1993—2020年中尺度涡年空间分布图（续）

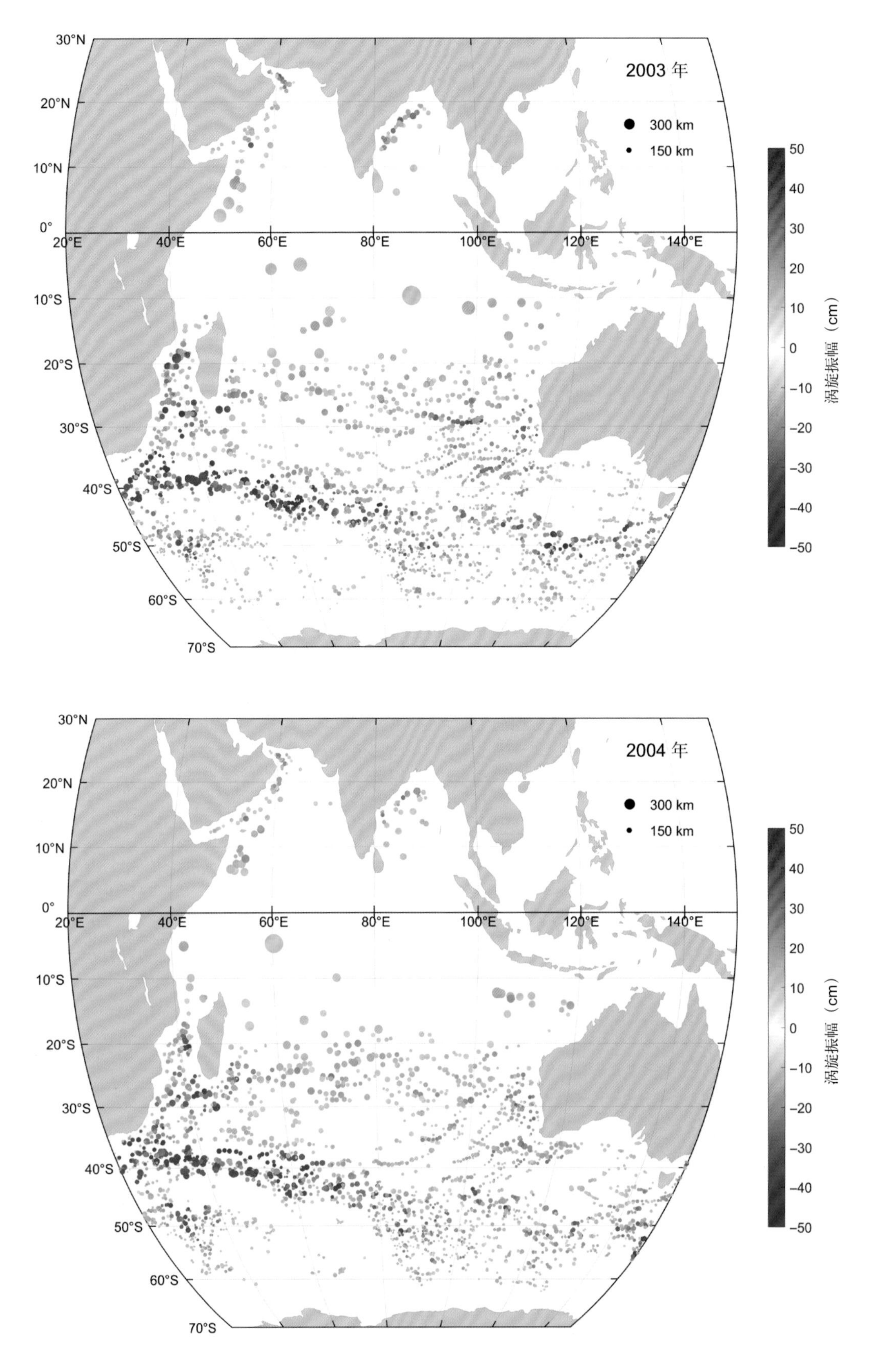

图4.6　印度洋1993—2020年中尺度涡年空间分布图（续）

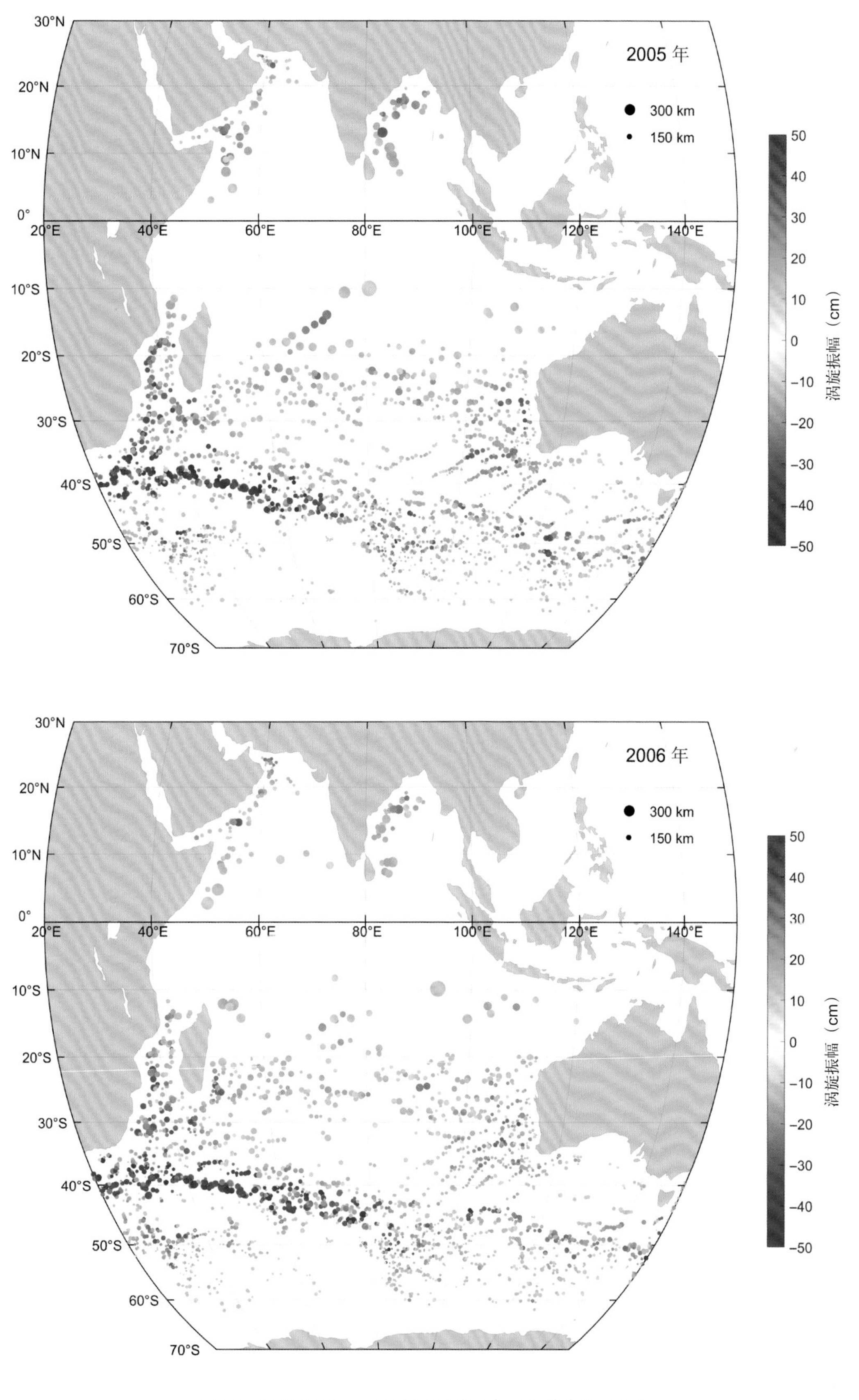

图4.6　印度洋1993—2020年中尺度涡年空间分布图（续）

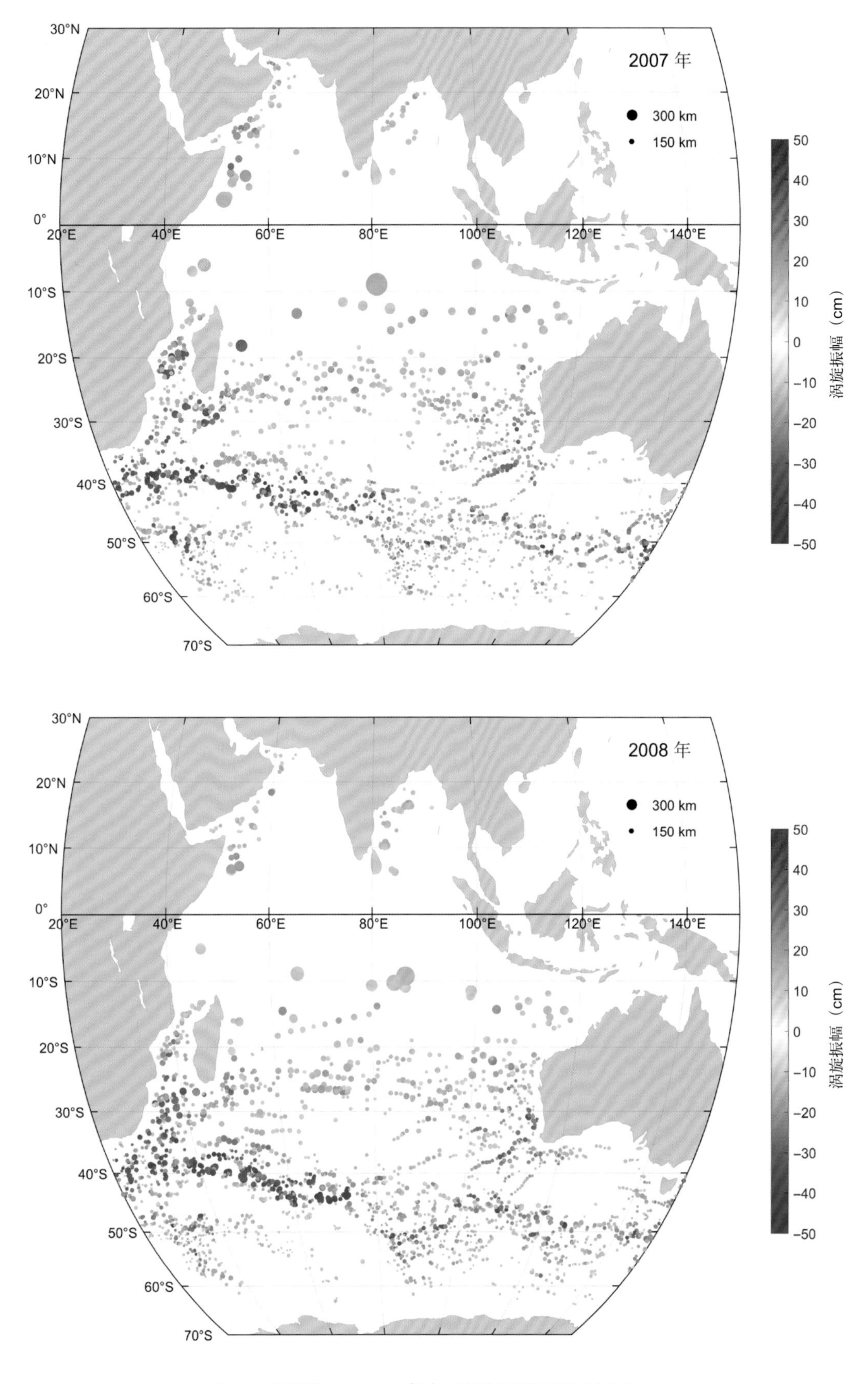

图4.6　印度洋1993—2020年中尺度涡年空间分布图（续）

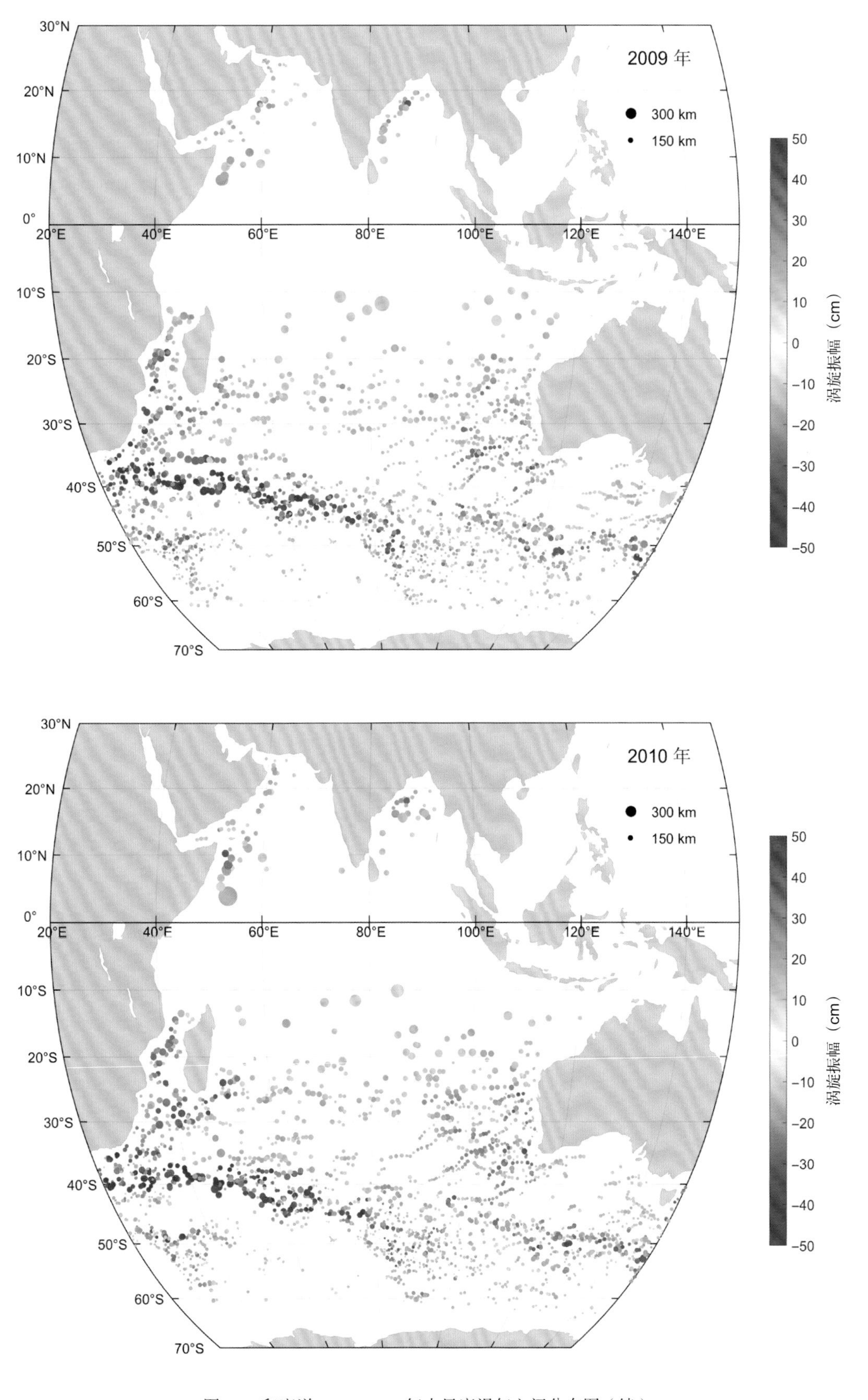

图4.6　印度洋1993—2020年中尺度涡年空间分布图（续）

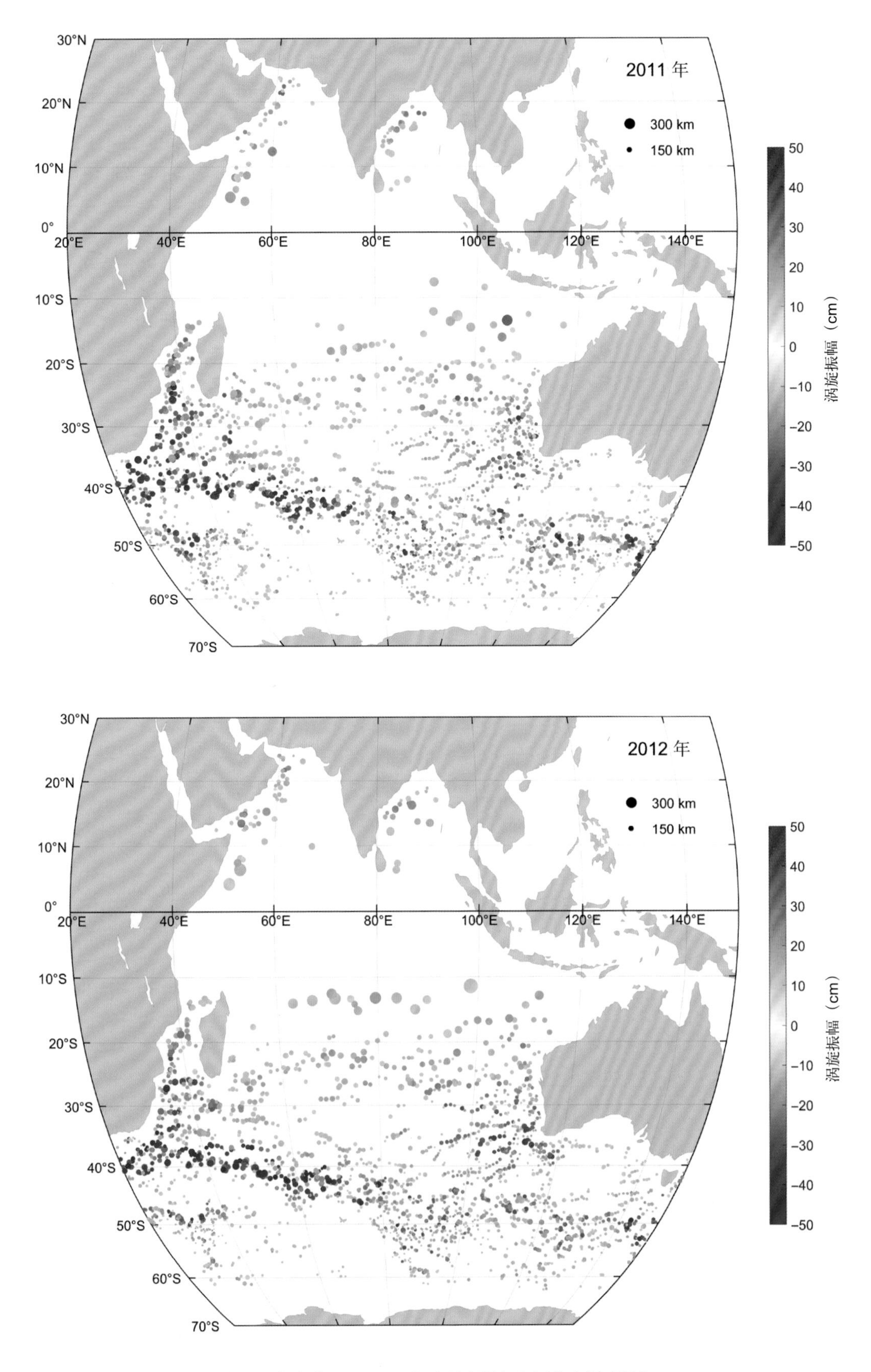

图4.6　印度洋1993—2020年中尺度涡年空间分布图（续）

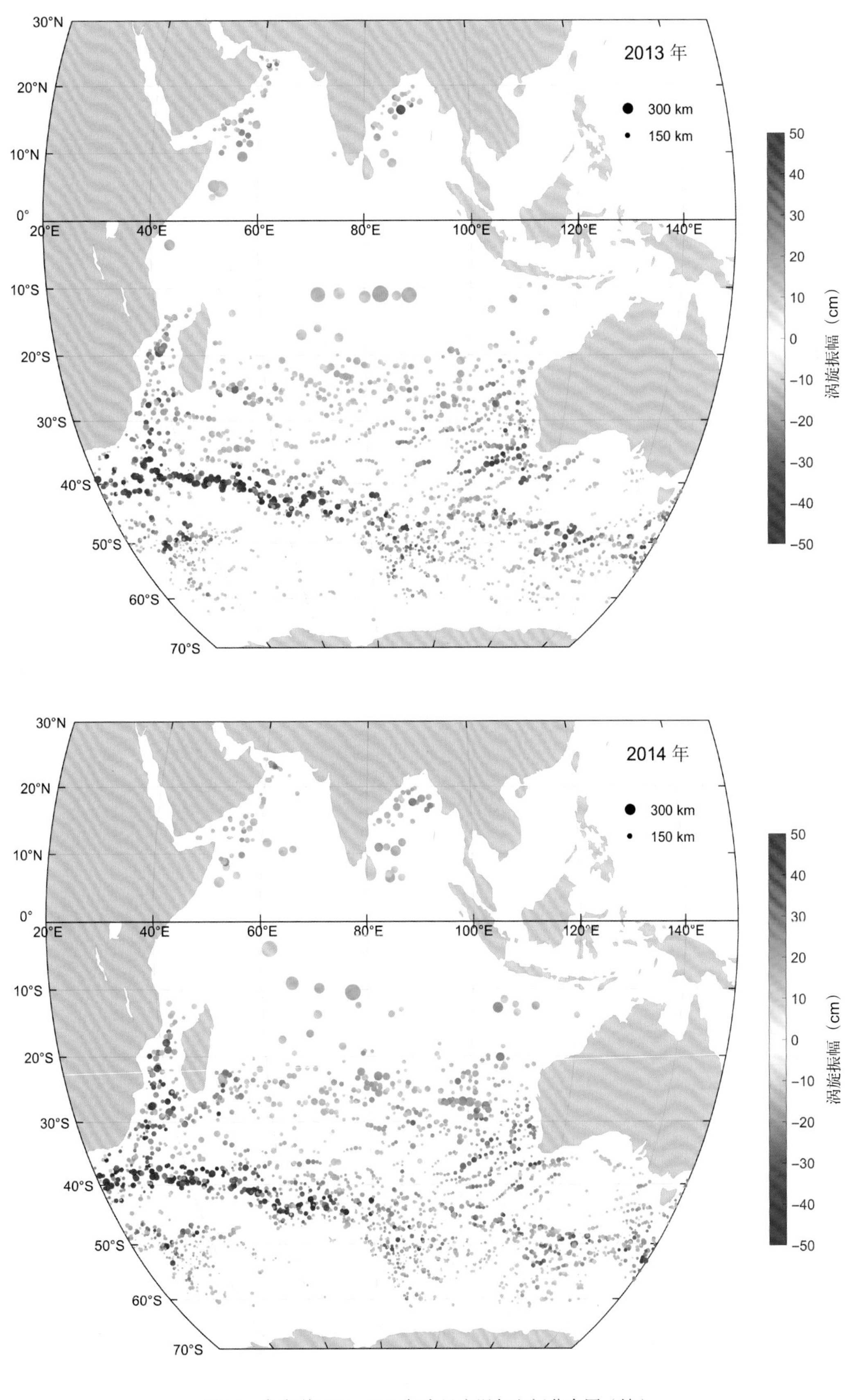

图4.6　印度洋1993—2020年中尺度涡年空间分布图（续）

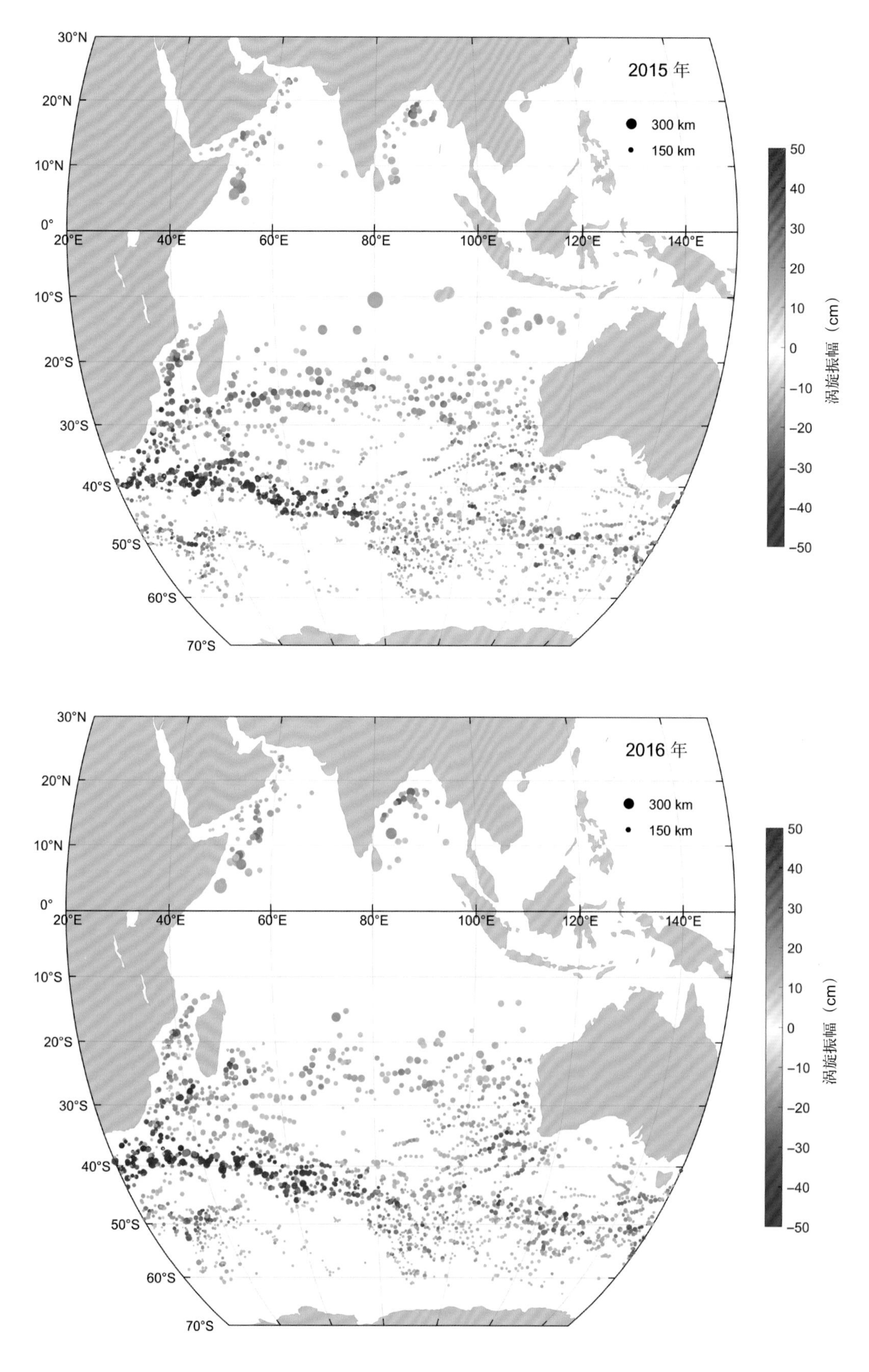

图4.6　印度洋1993—2020年中尺度涡年空间分布图（续）

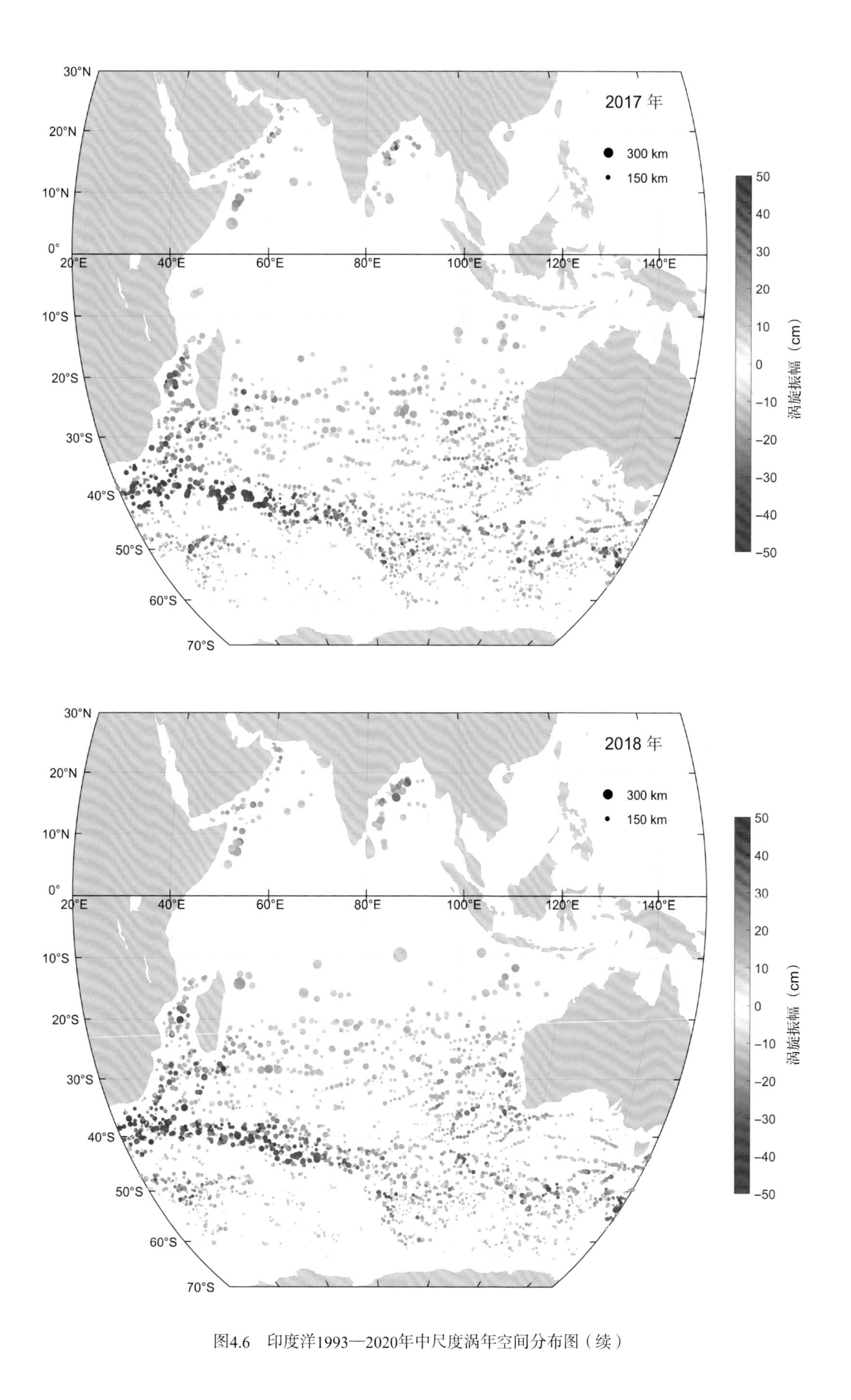

图4.6　印度洋1993—2020年中尺度涡年空间分布图（续）

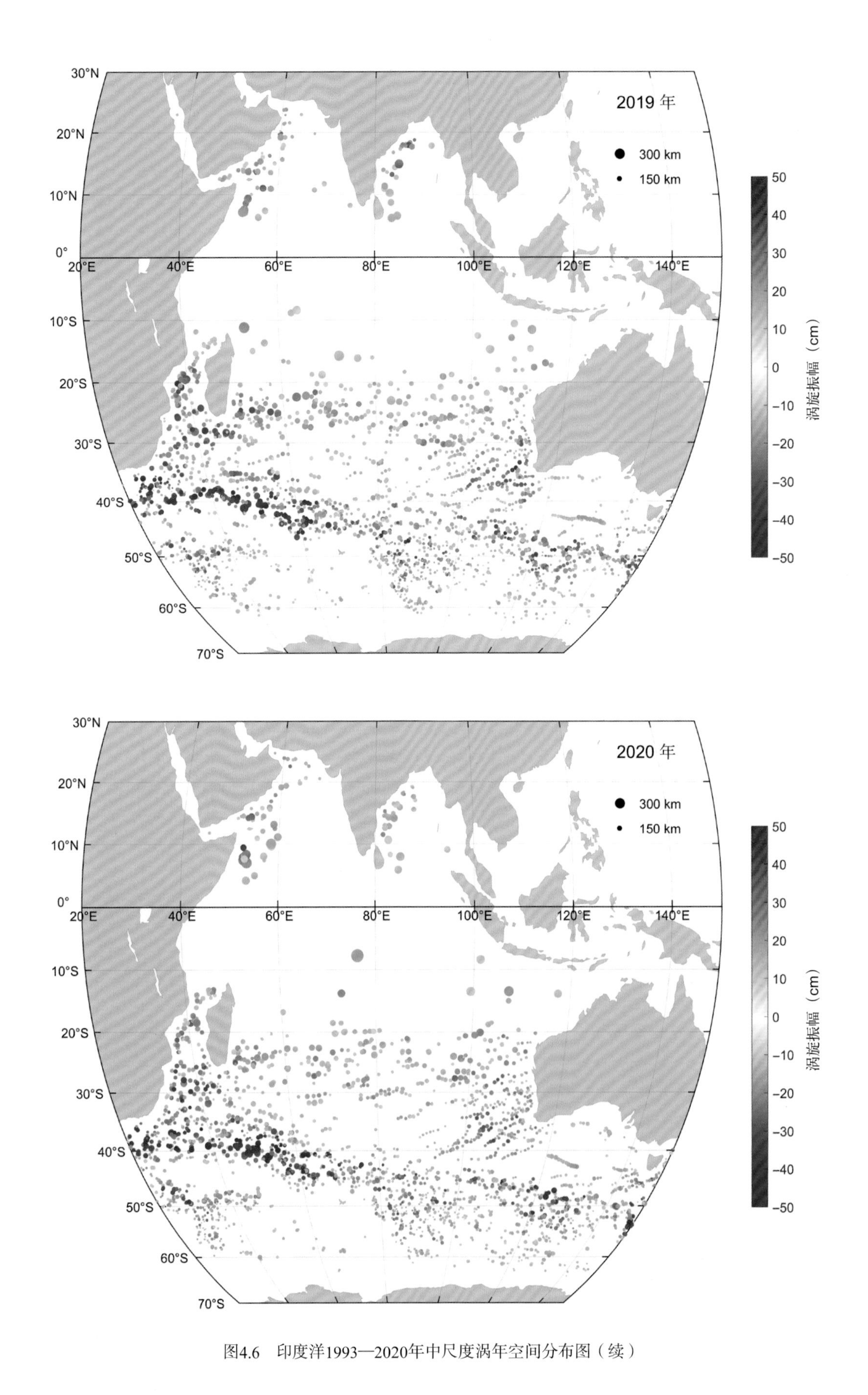

图4.6　印度洋1993—2020年中尺度涡年空间分布图（续）

4.3　印度洋中尺度涡轨迹

基于 1993—2020 年共 28 年逐日的卫星高度计海面高度融合数据，按照 1.2.2 节中介绍的中尺度涡调查方法，对印度洋区域的海洋中尺度涡进行探测识别和移动轨迹追踪，确定连续时间的印度洋中尺度涡轨迹。为了研究不同类型中尺度涡轨迹空间分布、移动方向和数量频率分布等运动特征，分别制作了超过一定生命周期的中尺度涡轨迹分布图、中尺度涡相对轨迹分布图以及不同移动方向（东西向或南北向）的中尺度涡轨迹数量频率分布图。

为研究印度洋区域内不同生命周期中尺度涡轨迹的空间分布，针对中尺度涡轨迹分布图，这里分别给出了印度洋生命周期≥ 90 天、生命周期≥ 180 天、生命周期≥ 360 天和生命周期≥ 720 天的中尺度涡轨迹，其中气旋涡用蓝线表示，反气旋涡用红线表示。为了观测不同移动方向的中尺度涡轨迹在印度洋的空间分布，也分别给出了中尺度涡东向轨迹、北向轨迹和南向轨迹分布图。然后，将印度洋中尺度涡轨迹起始点平移到经纬度原点（0°，0°），即可得到中尺度涡相对轨迹分布图；为了对比南、北印度洋的涡旋移动方向的差异，分别给出了南、北印度洋中尺度涡相对轨迹分布图。为了进一步显示南、北印度洋中尺度涡移动方向的差异，这里对东西向和南北向移动的中尺度涡轨迹数量进行了统计，给出了南、北印度洋中尺度涡东西向和南北向移动轨迹数量频率分布图。

从不同生命周期的印度洋中尺度涡轨迹分布图中可以看出，海洋中尺度涡在印度洋中广泛存在，气旋涡和反气旋涡均有分布，并且在南印度洋中纬度区域长生命周期的中尺度涡数量较多。就中尺度涡移动方向而言，印度洋大部分区域的中尺度涡均西向移动，仅在南大洋东向的南极绕极流区域、孟加拉湾以及阿拉伯海西部的近岸海域，中尺度涡东向移动。而且由于南印度洋东向南极绕极流的存在，南印度洋东向移动中尺度涡数量和比例明显高于北印度洋。北印度洋由于仅有阿拉伯海和孟加拉湾两个区域有限的近海海域，且被印度半岛分开，北印度洋中尺度涡生命周期以及移动距离均要明显小于南印度洋中尺度涡。在北印度洋，中尺度涡均呈现出向赤道（南）的移动倾向。南印度洋气旋涡呈现出向极地（南）的移动倾向，反气旋涡呈现出向赤道（北）的移动倾向，尤其是对长生命周期涡旋而言。向极地移动的气旋涡以及向赤道移动的反气旋涡主要分布在澳大利亚西部和南部海域。

- 生命周期≥90天

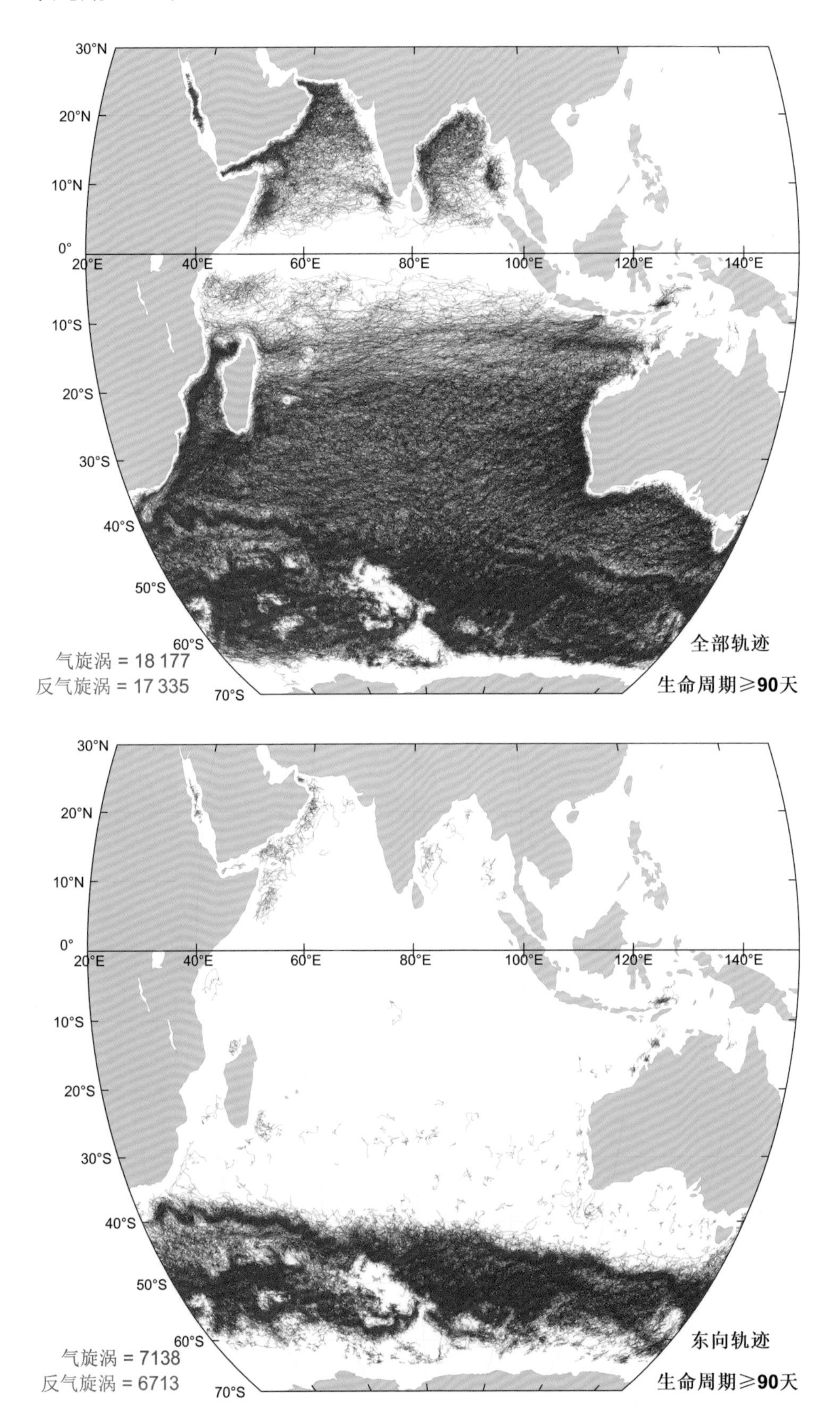

图4.7 印度洋生命周期≥90天的中尺度涡全部轨迹和东向轨迹分布图，蓝线表示气旋涡，红线表示反气旋涡

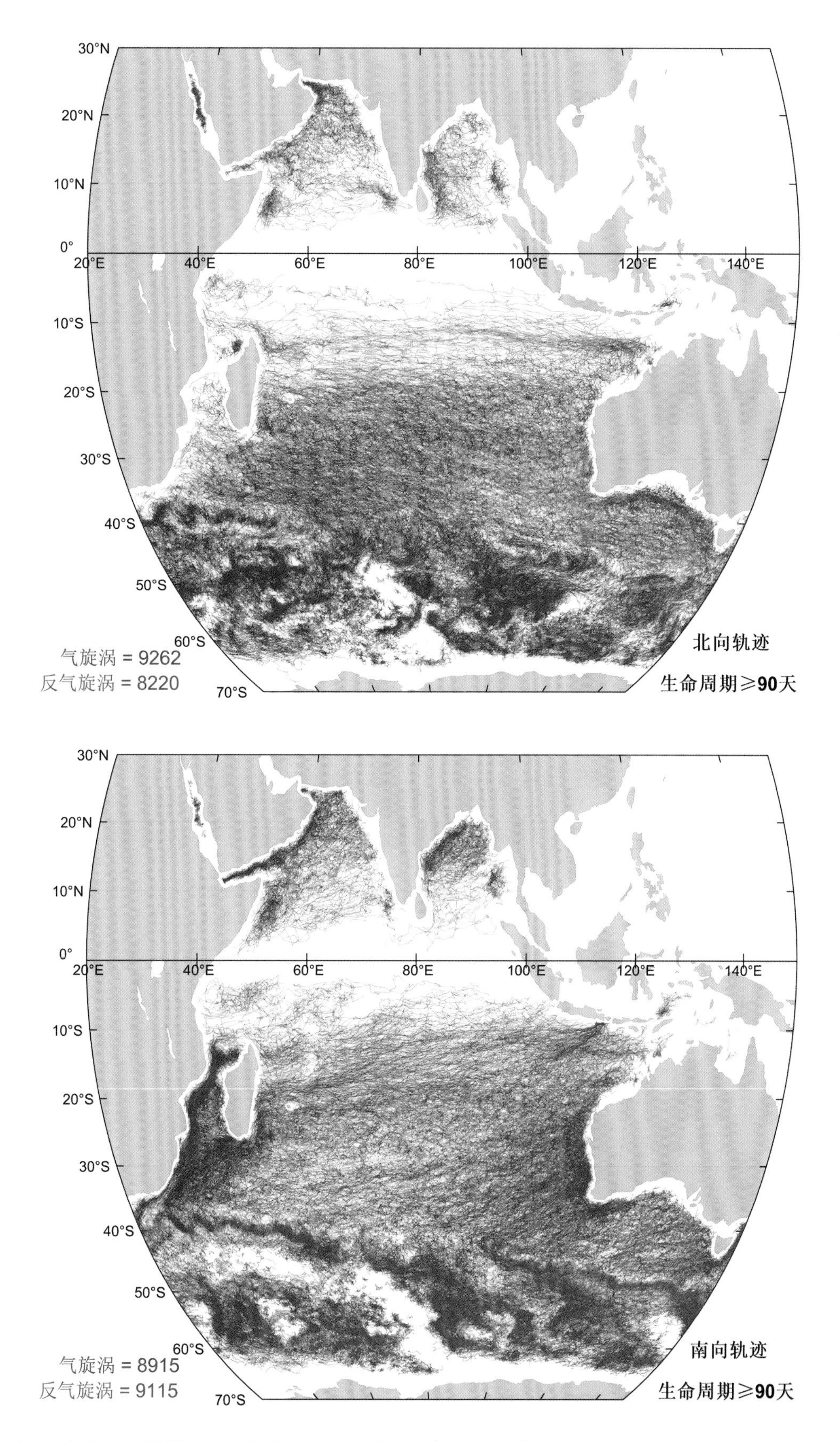

图4.8　印度洋生命周期≥90天的中尺度涡北向轨迹和南向轨迹分布图，蓝线表示气旋涡，红线表示反气旋涡

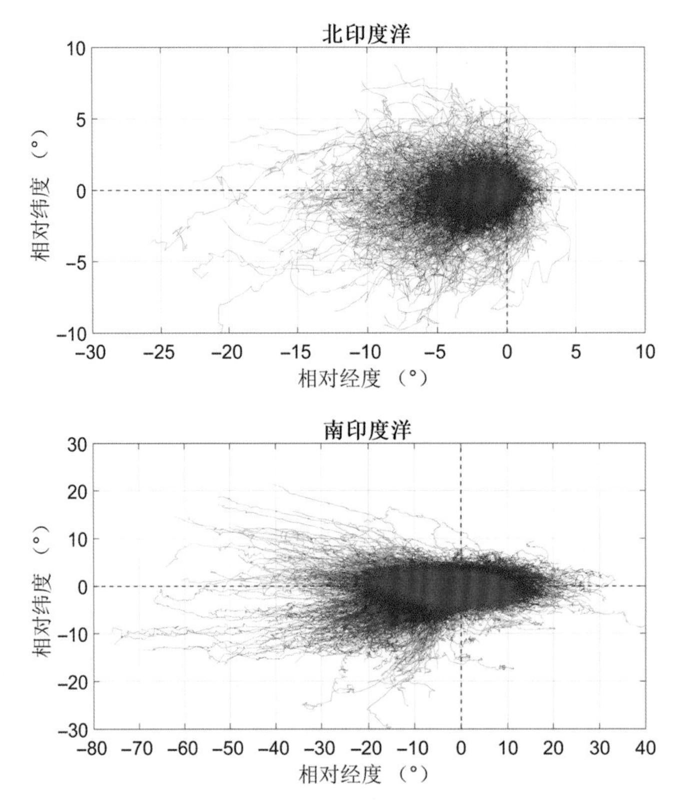

图4.9　印度洋生命周期≥90天的中尺度涡相对轨迹分布图，蓝线表示气旋涡，红线表示反气旋涡，涡旋起始点被移动到经纬度原点（0°，0°）

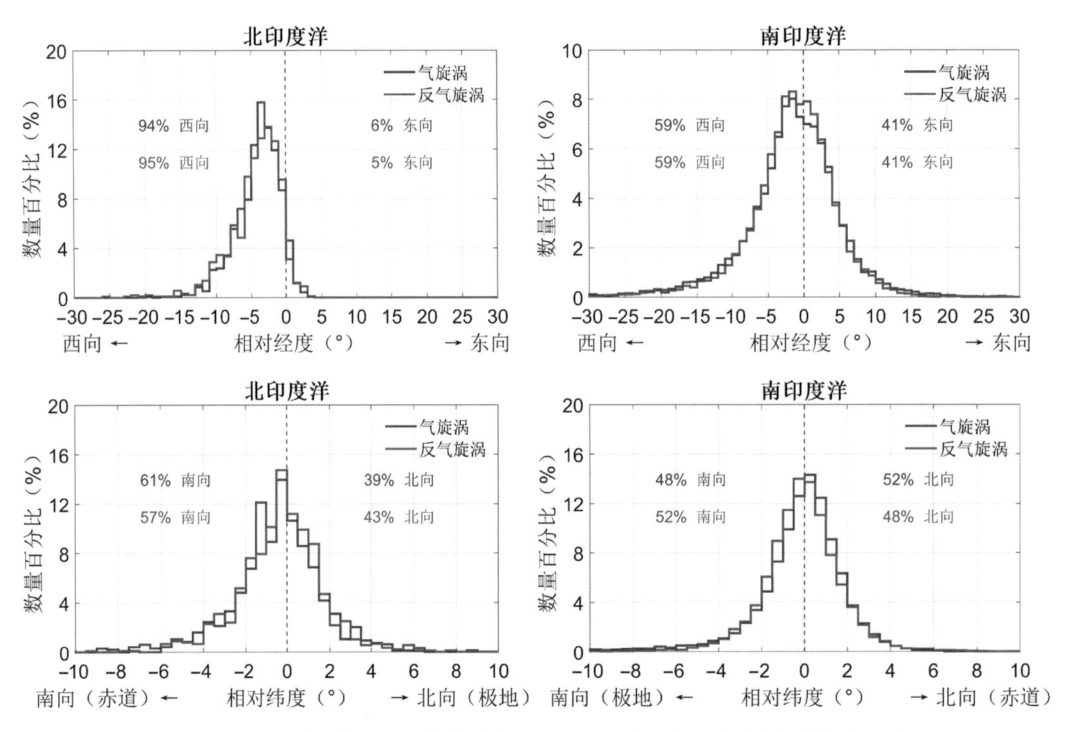

图4.10　印度洋生命周期≥90天的中尺度涡东西向和南北向移动轨迹数量频率分布图

- 生命周期≥180天

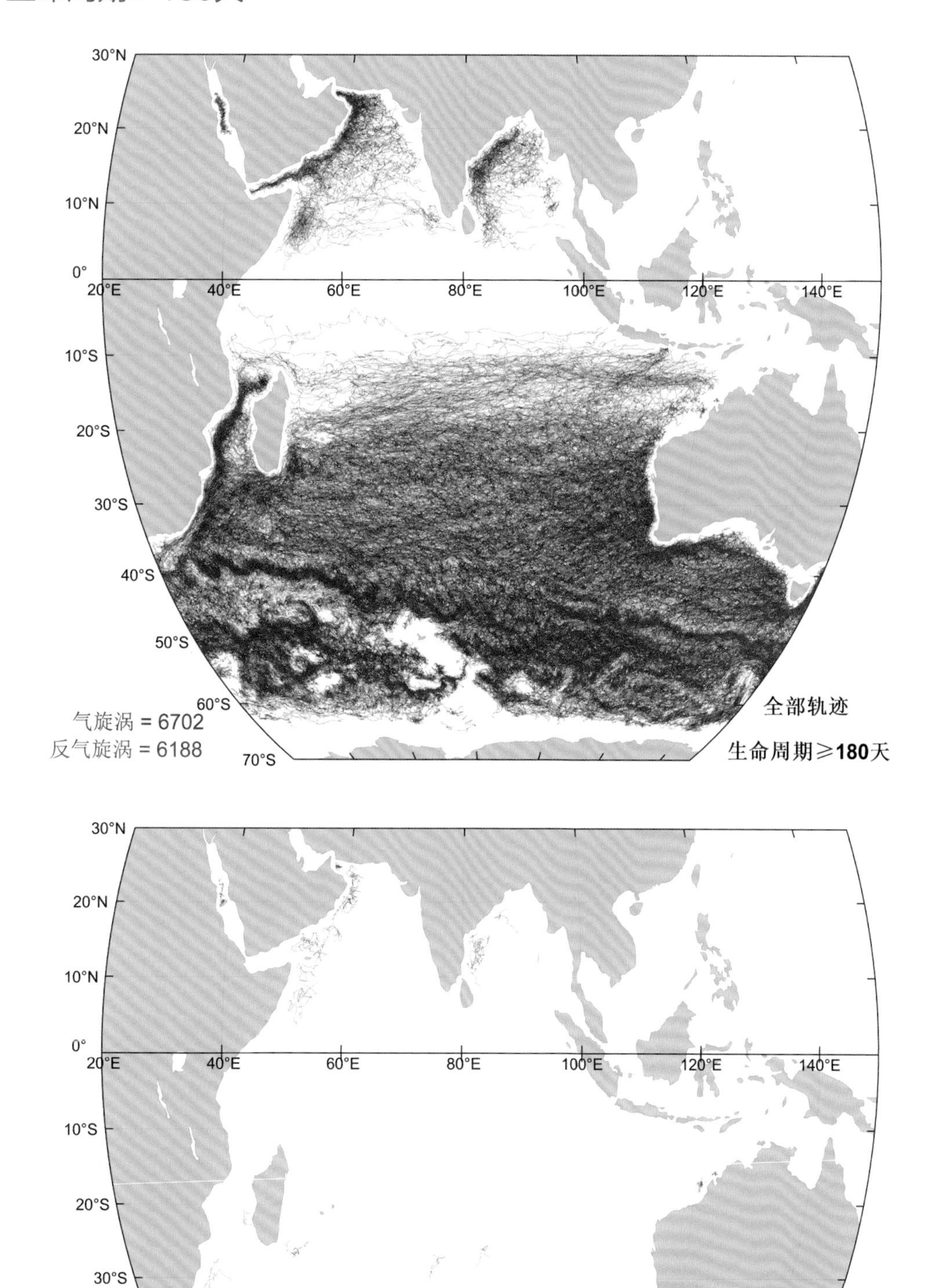

图4.11 印度洋生命周期≥180天的中尺度涡全部轨迹和东向轨迹分布图，蓝线表示气旋涡，红线表示反气旋涡

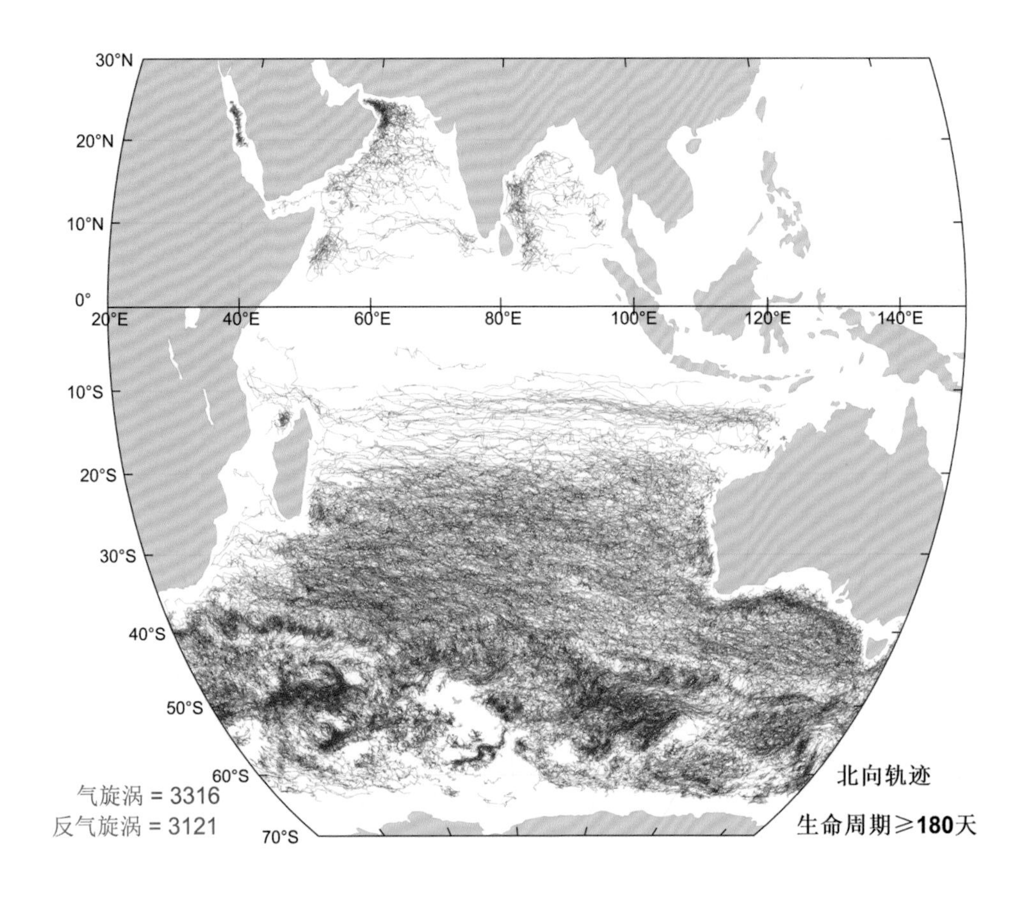

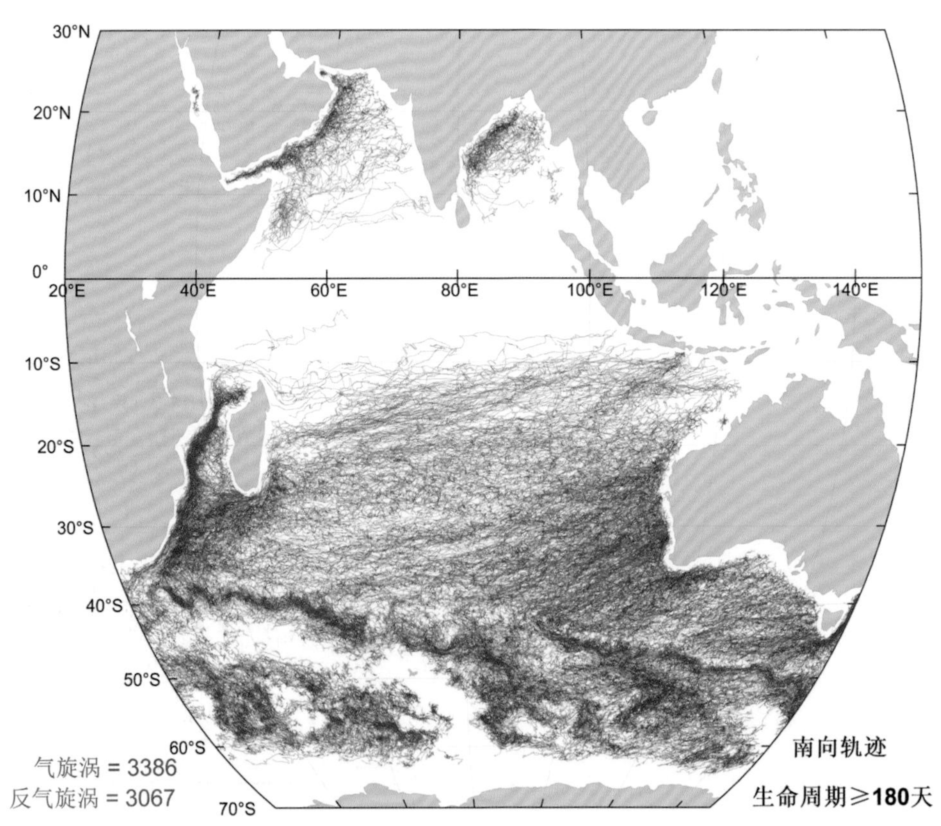

图4.12　印度洋生命周期≥180天的中尺度涡北向轨迹和南向轨迹分布图，蓝线表示气旋涡，红线表示反气旋涡

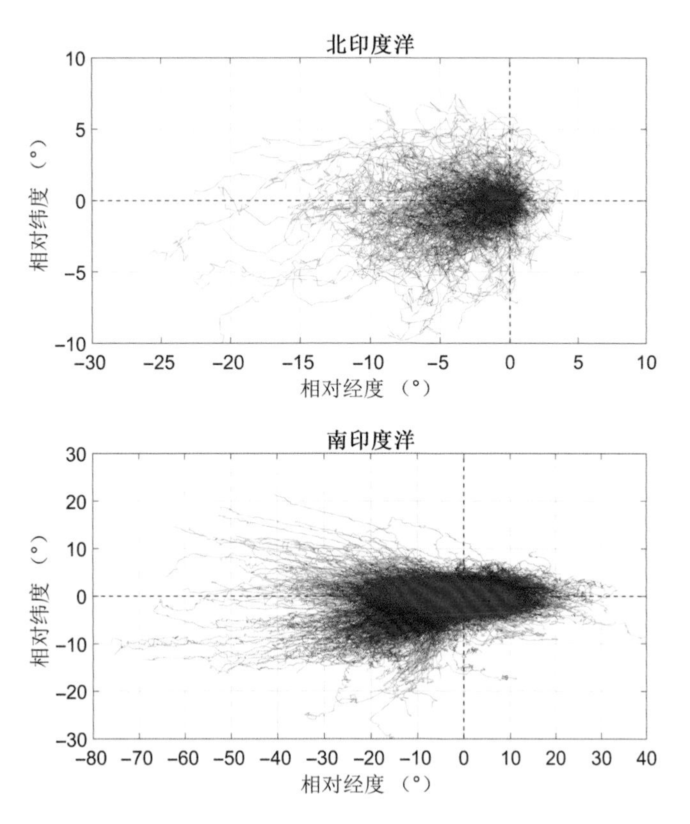

图4.13　印度洋生命周期≥180天的中尺度涡相对轨迹分布图，蓝线表示气旋涡，红线表示反气旋涡，涡旋起始点被移动到经纬度原点（0°，0°）

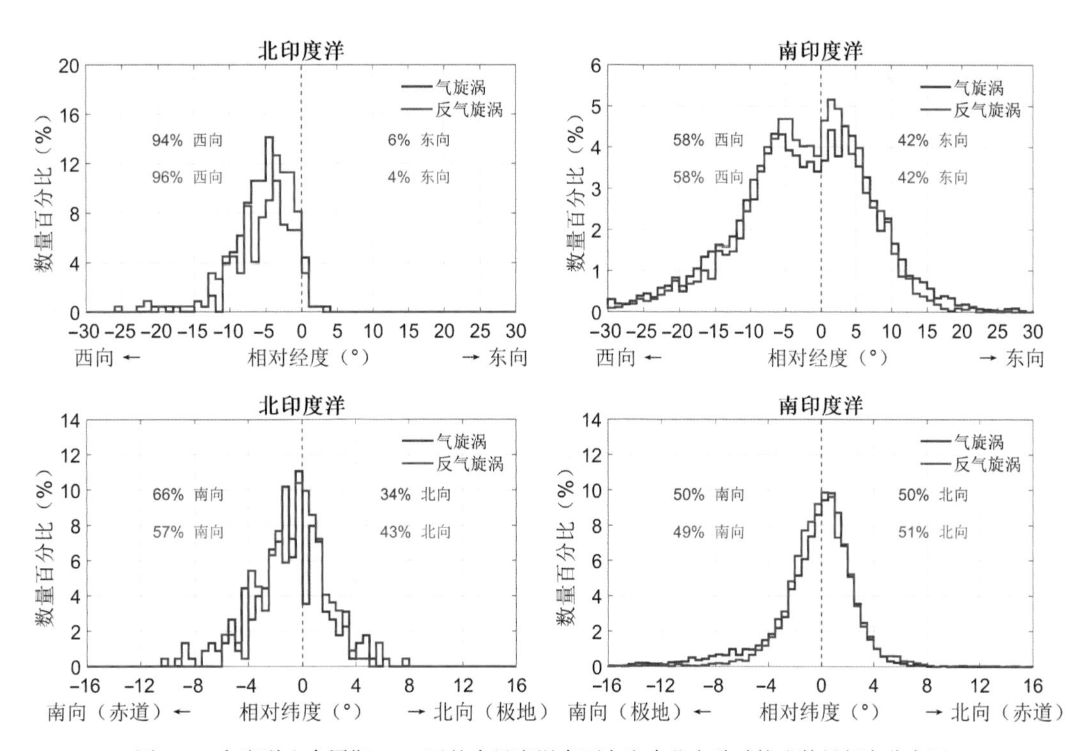

图4.14　印度洋生命周期≥180天的中尺度涡东西向和南北向移动轨迹数量频率分布图

- 生命周期≥360天

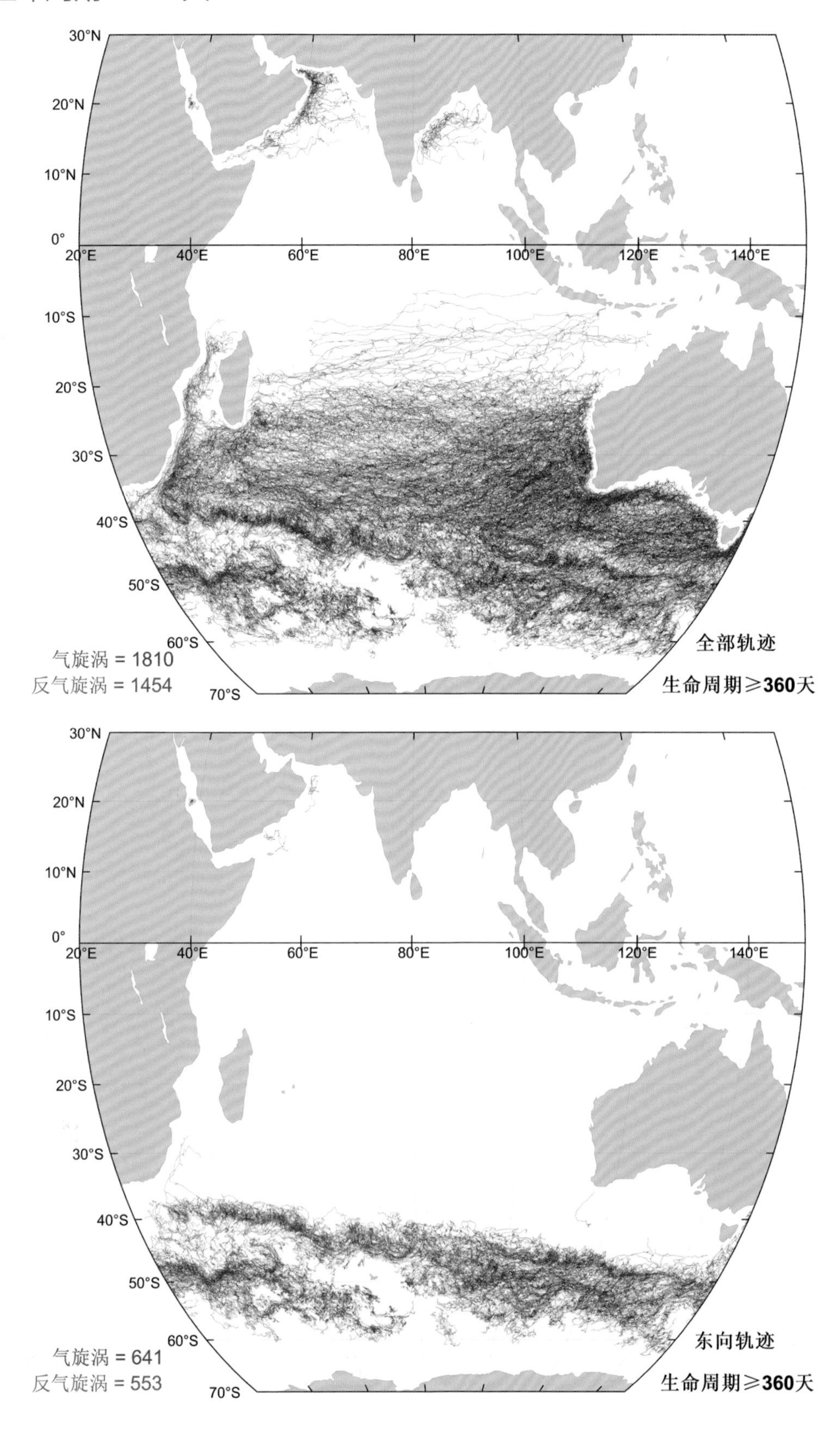

图4.15 印度洋生命周期≥360天的中尺度涡全部轨迹和东向轨迹分布图，蓝线表示气旋涡，红线表示反气旋涡

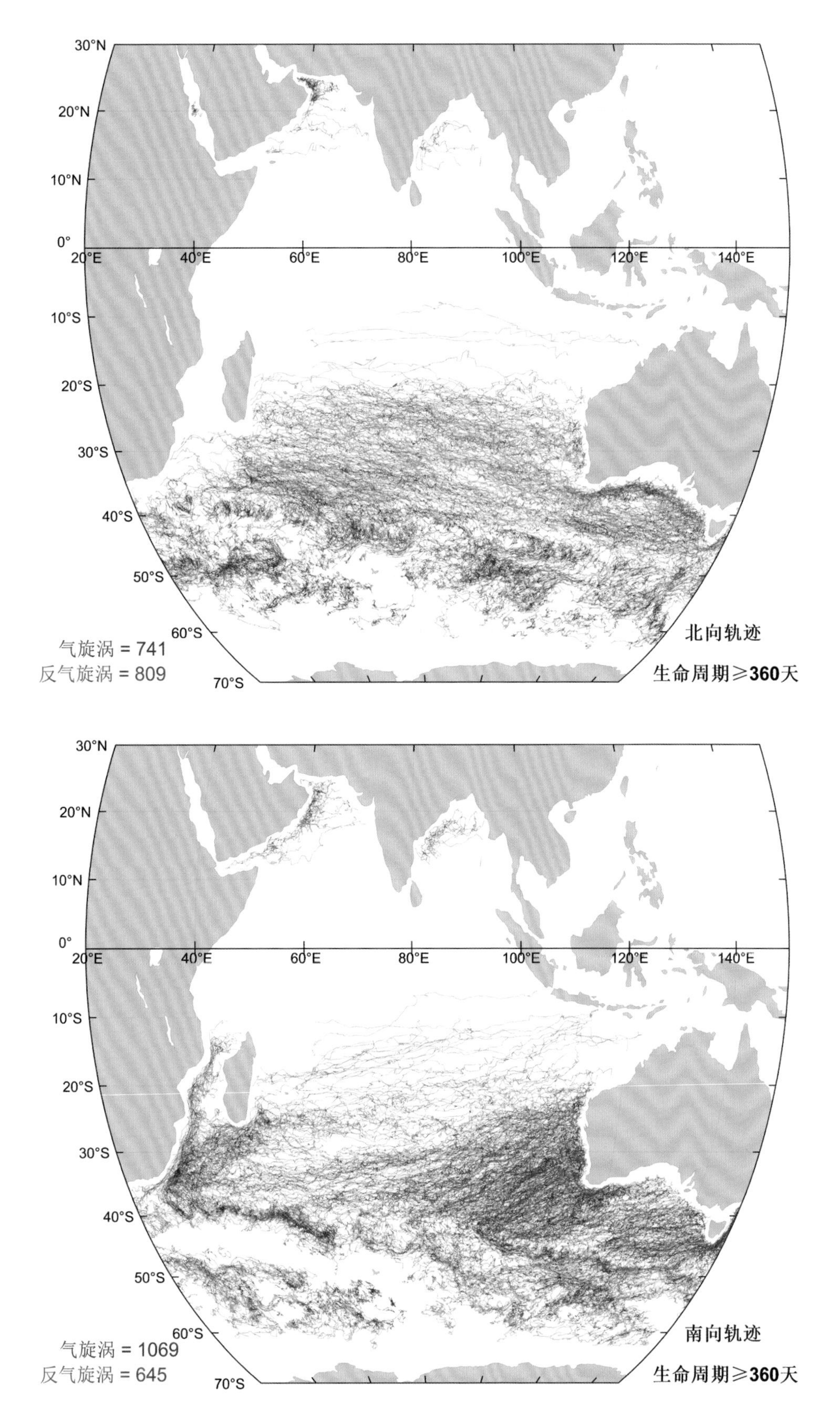

图4.16　印度洋生命周期≥360天的中尺度涡北向轨迹和南向轨迹分布图，蓝线表示气旋涡，红线表示反气旋涡

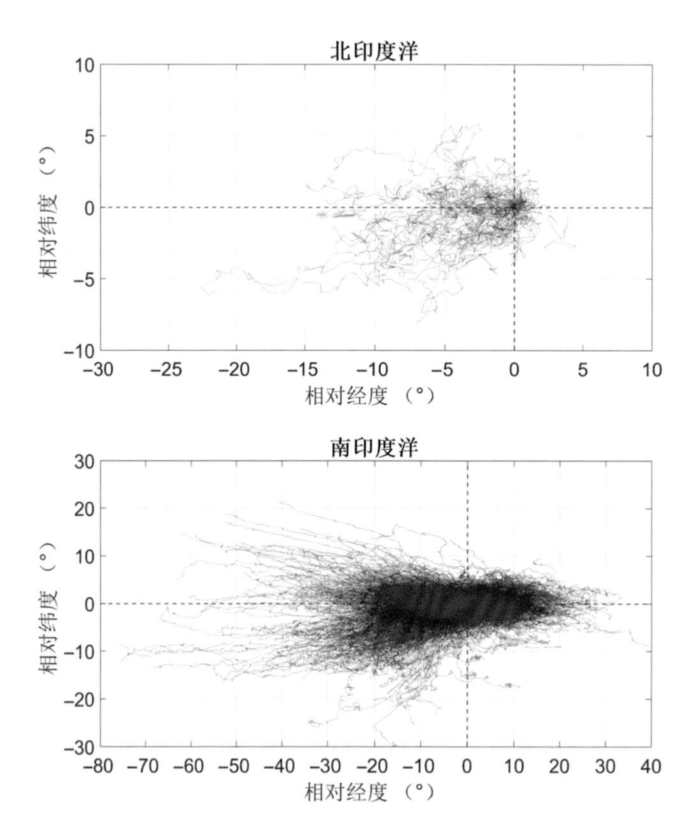

图4.17　印度洋生命周期≥360天的中尺度涡相对轨迹分布图，蓝线表示气旋涡，红线表示反气旋涡，涡旋起始点被移动到经纬度原点（0°，0°）

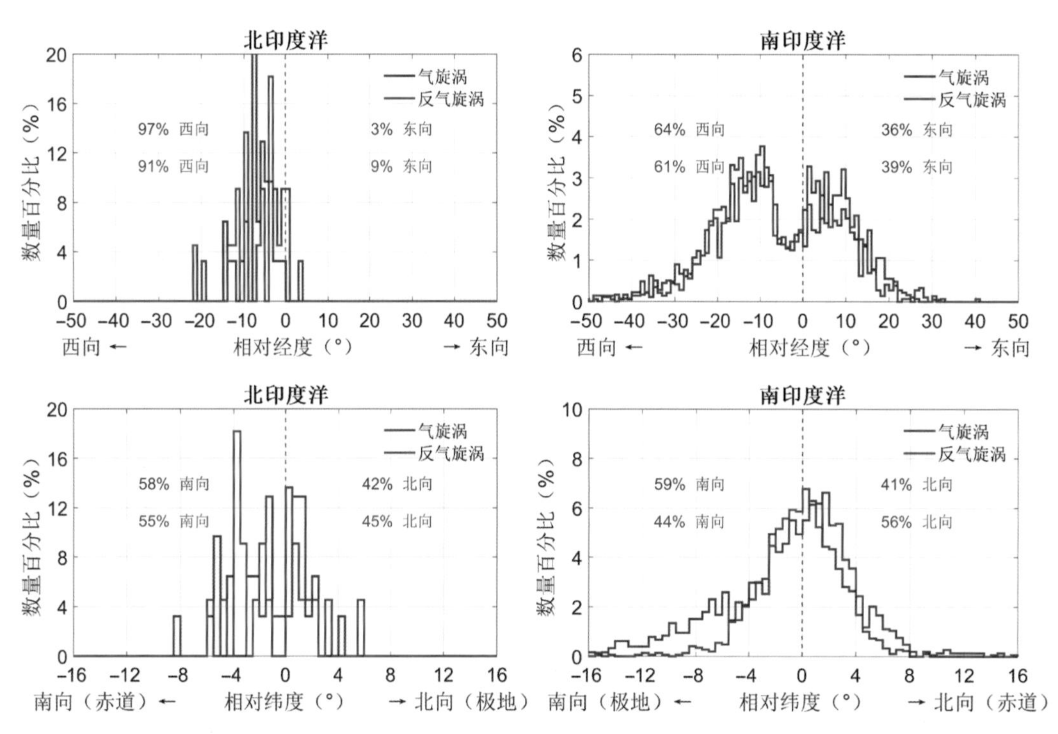

图4.18　印度洋生命周期≥360天的中尺度涡东西向和南北向移动轨迹数量频率分布图

- 生命周期≥720天

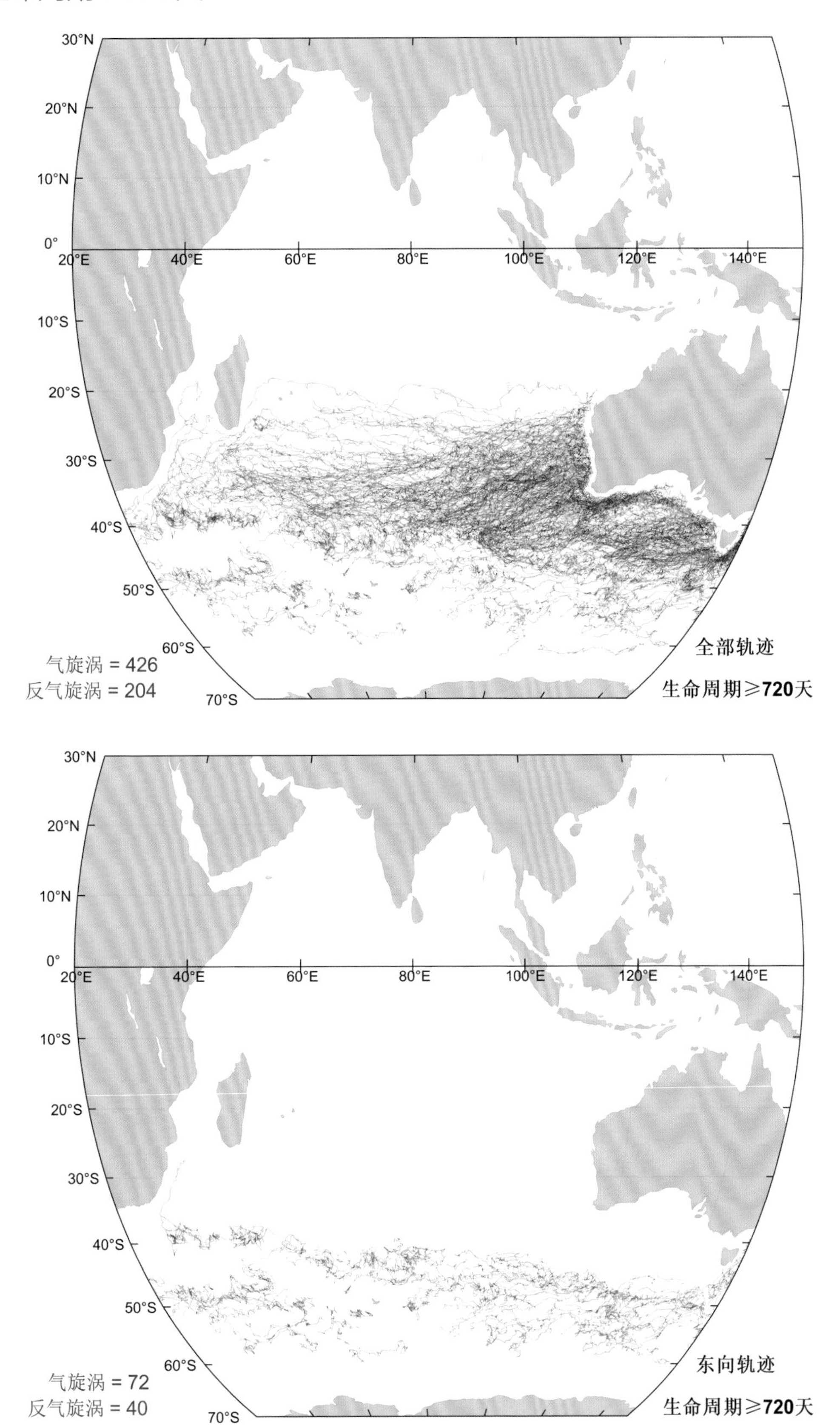

图4.19 印度洋生命周期≥720天的中尺度涡全部轨迹和东向轨迹分布图，蓝线表示气旋涡，红线表示反气旋涡

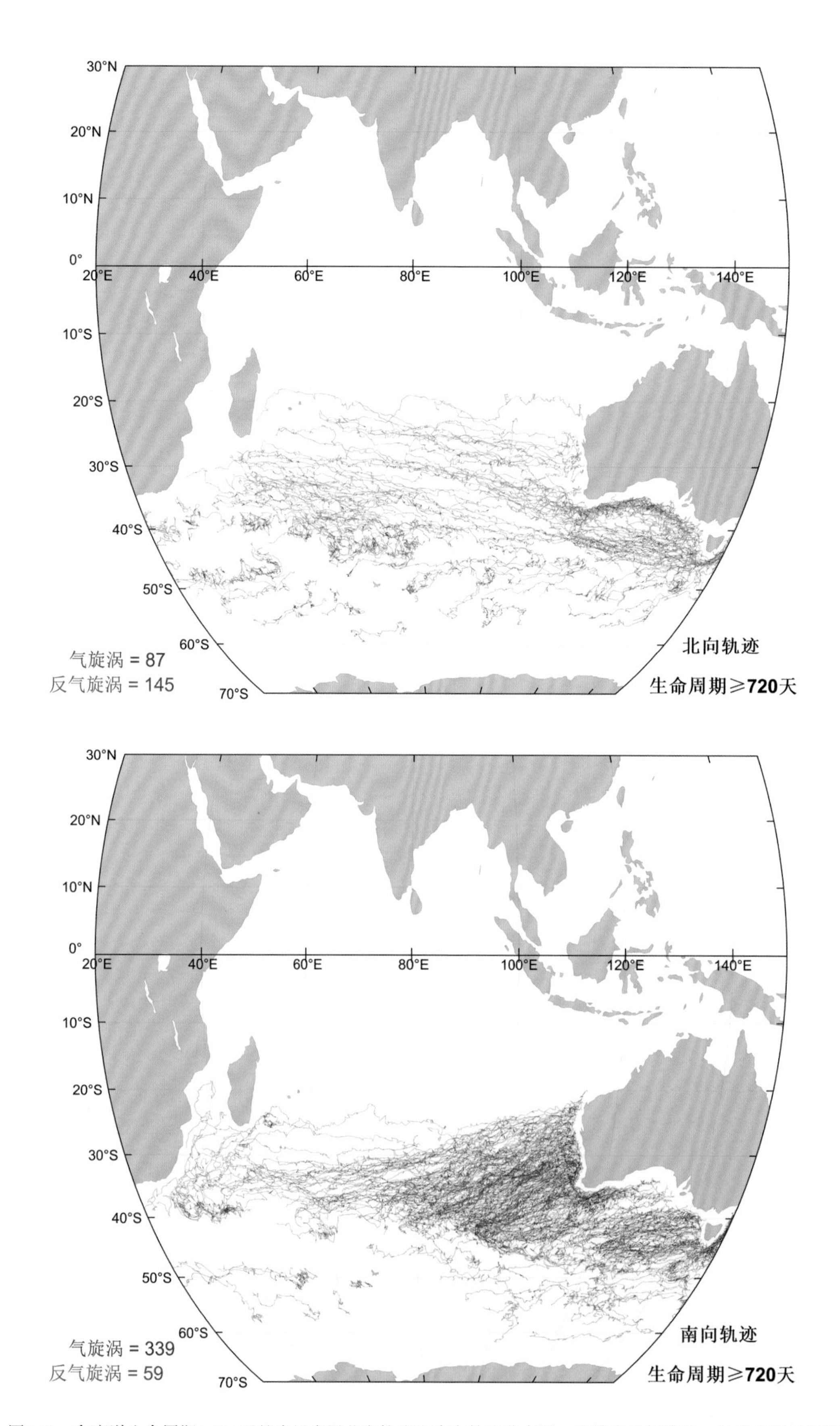

图4.20 印度洋生命周期≥720天的中尺度涡北向轨迹和南向轨迹分布图，蓝线表示气旋涡，红线表示反气旋涡

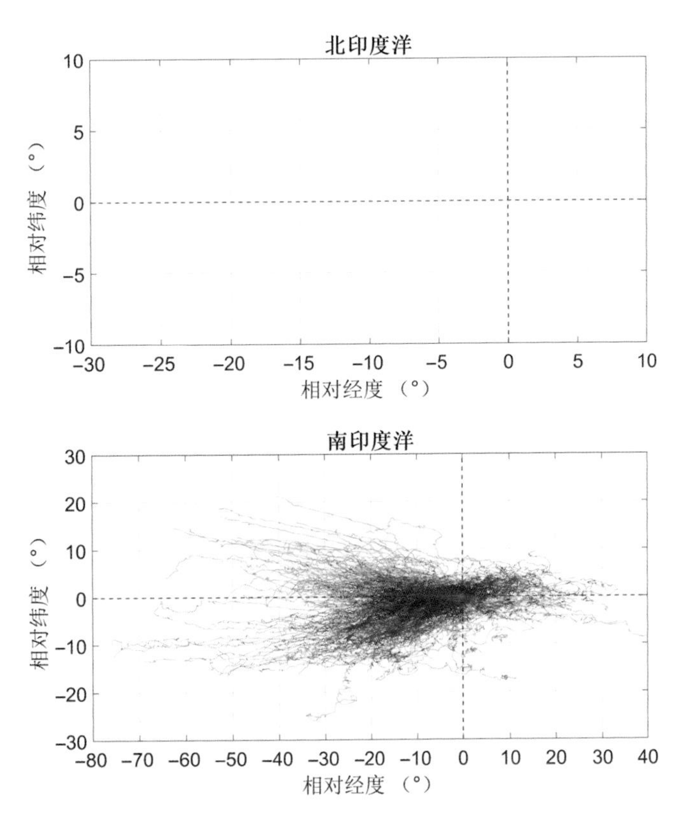

图4.21　印度洋生命周期≥720天的中尺度涡相对轨迹分布图，蓝线表示气旋涡，红线表示反气旋涡，涡旋起始点被移动到经纬度原点（0°，0°）

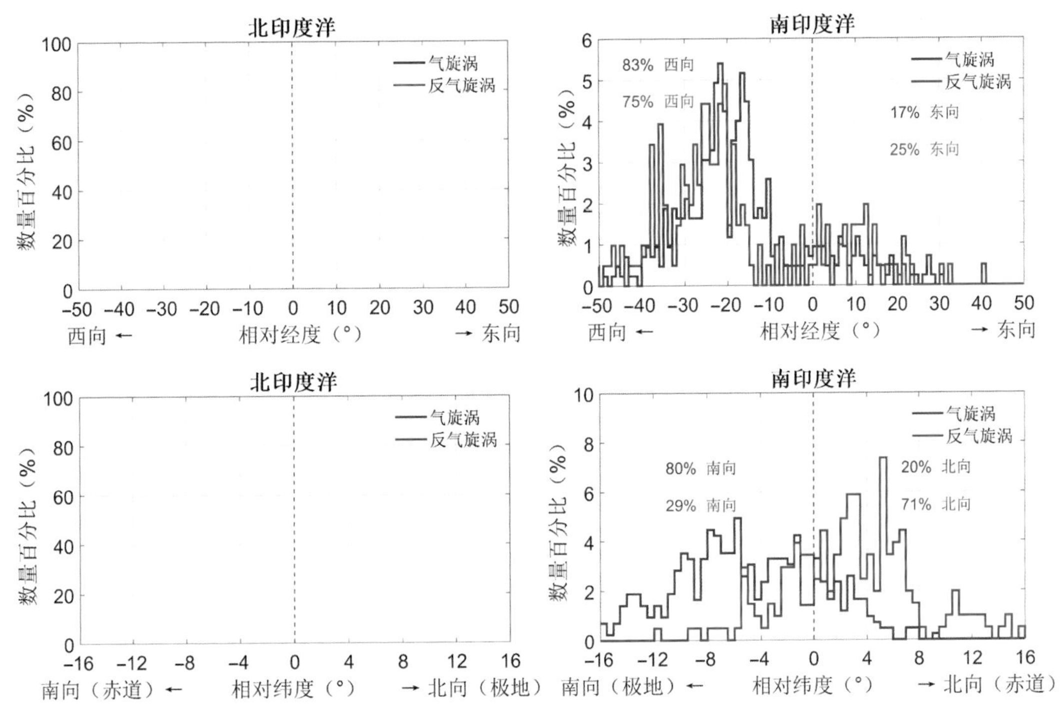

图4.22　印度洋生命周期≥720天的中尺度涡东西向和南北向移动轨迹数量频率分布图

4.4 印度洋中尺度涡属性特征

基于 1993—2020 年印度洋中尺度涡探测识别和轨迹追踪结果，本节对中尺度涡属性特征进行统计分析，制作中尺度涡属性特征分布图。为保证海洋中尺度涡结构的一致性以及避免海面高度数据中短暂小尺度海洋湍流信号的干扰，这里仅对生命周期≥ 30 天的中尺度涡轨迹进行统计分析。针对印度洋中尺度涡，本节分别给出了中尺度涡轨迹数量分布图、中尺度涡属性空间分布图、中尺度涡属性统计特征分布图以及中尺度涡属性气候态月变化和年际变化分布图。

4.4.1 印度洋中尺度涡轨迹数量

表 4.1 给出了印度洋区域内超过一定生命周期的中尺度涡轨迹数量。可以看出，随着生命周期的增加，气旋涡和反气旋涡数量迅速减少。对于各生命周期的中尺度涡而言，印度洋气旋涡轨迹数量稍多于反气旋涡轨迹数量。另外，由于北印度洋仅有阿拉伯海和孟加拉湾两个海域，不存在中高纬度宽广的大洋，因此北印度洋中尺度涡轨迹数量明显小于南印度洋，尤其是对生命周期较长的涡旋而言。

为进一步研究不同生命周期和移动距离的涡旋轨迹数量，这里对印度洋中尺度涡轨迹进行统计，图 4.23 和图 4.24 分别给出了不同生命周期和移动距离的中尺度涡轨迹数量，并给出了印度洋中尺度涡的平均生命周期和移动距离。可以看出，印度洋中尺度涡主要以短生命周期和短移动距离涡旋为主，其中北印度洋长生命周期和长移动距离涡旋数量较少。结合前一节印度洋中尺度涡轨迹空间分布，可以看出，长生命周期和长移动距离涡旋主要分布在开阔的大洋区域，尤其是南印度洋中纬度区域。北印度洋气旋涡平均生命周期为 77 天，平均移动距离为 736 km；北印度洋反气旋涡平均生命周期为 78 天，平均移动距离为 752 km，均稍大于气旋涡。南印度洋气旋涡平均生命周期为 103 天，平均移动距离为 631 km；南印度洋反气旋涡平均生命周期为 97 天，平均移动距离为 606 km。南印度洋中尺度涡的平均生命周期大于北印度洋中尺度涡，而南印度洋中尺度涡的平均移动距离小于北印度洋中尺度涡。这主要是由于北印度洋仅存在低纬度的海域，这些中尺度涡生命周期虽然短，但其移动距离较远；而南印度洋中高纬度区域中尺度涡较多，这些涡旋生命周期虽然偏长，但其移动缓慢，移动距离并不会太远。

表4.1　印度洋超过一定生命周期的中尺度涡轨迹数量

生命周期		≥ 30 天	≥ 90 天	≥ 180 天	≥ 360 天	≥ 540 天	≥ 720 天
气旋涡	北印度洋	3807	932	226	31	6	0
	南印度洋	51 636	17 245	6476	1779	776	426
	合计	55 443	18 177	6702	1810	782	426
反气旋涡	北印度洋	3262	869	221	22	4	0
	南印度洋	50 830	16 466	5967	1432	497	204
	合计	54 092	17 335	6188	1454	501	204
全部涡旋		109 535	35 512	12 890	3264	1283	630

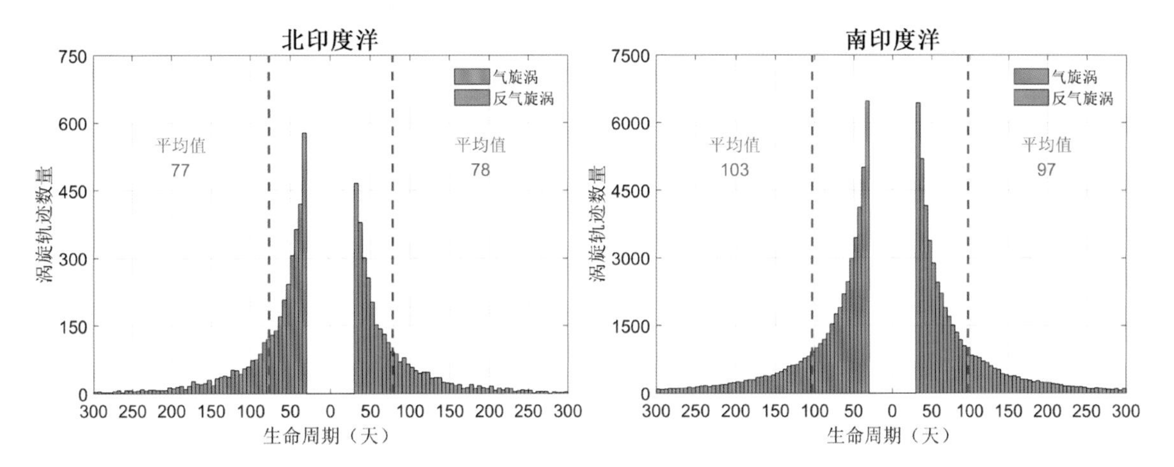

图4.23　印度洋不同生命周期的中尺度涡轨迹数量

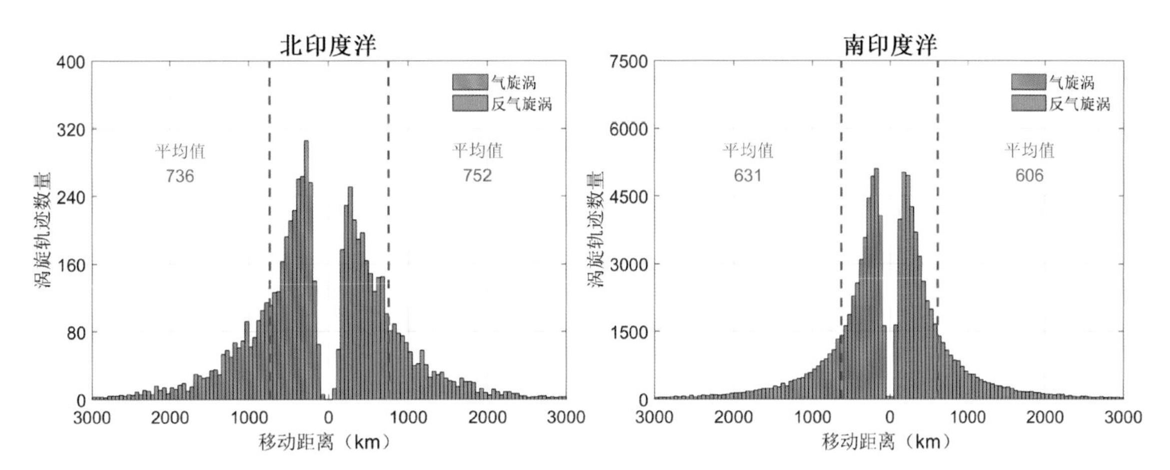

图4.24　印度洋不同移动距离的中尺度涡轨迹数量

4.4.2 印度洋中尺度涡属性空间分布

为统计印度洋中尺度涡属性的空间分布特征，将印度洋区域划分成经纬度 1°×1° 的网格，分别统计每个 1°×1° 网格内的中尺度涡属性特征。基于 1993—2020 年中尺度涡探测识别和轨迹追踪结果，对印度洋区域内的气旋涡和反气旋涡数量、极性、出现位置、消失位置、振幅、半径、旋转速度、涡动能（EKE）以及移动速度等属性进行地理空间分布特征统计，绘制相应的地理空间分布图。

中尺度涡空间分布特征［数量、极性、振幅、半径、旋转速度、涡动能（EKE）以及移动速度等］统计的是中尺度涡轨迹中不同时刻独立涡旋在 1°×1° 的经纬度网格内的分布特征，而中尺度涡出现位置和消失位置空间分布统计的是涡旋轨迹出现（轨迹中第一个涡旋）和消失（轨迹中最后一个涡旋）时的位置，因此涡旋出现位置和消失位置的数量空间分布要比涡旋数量空间分布小很多。

图 4.25 至图 4.33 分别给出了印度洋中尺度涡的数量、极性、出现位置、消失位置、振幅、半径、旋转速度、涡动能（EKE）和移动速度的空间分布。从图中可以看出，印度洋中尺度涡主要分布在南印度洋南极绕极流区域、澳大利亚西部海域、莫桑比克海峡、阿拉伯海以及孟加拉湾的西部海域，在低纬度赤道区域中尺度涡数量较少。在北印度洋低纬区域（阿拉伯海和孟加拉湾外海区域）、南印度洋中低纬度区域（25°S 以北）、35°—45°S 纬度带以及澳大利亚西部海域，中尺度涡极性倾向于气旋涡；而在阿拉伯海和孟加拉湾中部海域、南印度洋中纬度 25°—35°S 区域以及南极绕极流 45°S 以南区域，中尺度涡极性倾向于反气旋涡。印度洋中尺度涡出现位置主要分布在阿拉伯海和孟加拉湾东部近岸区域、澳大利亚和马达加斯加西部海域以及南极绕极流区域，中尺度涡消失位置主要集中在阿拉伯海和孟加拉湾西部海域、非洲大陆和马达加斯加东部海域以及南极绕极流区域。印度洋中尺度涡在非洲南岸厄加勒斯流及其回流区具有非常高的振幅，另外在阿拉伯海和孟加拉湾的西部海域、澳大利亚西部海域以及南极绕极流区域，中尺度涡振幅也较高，一般在大洋中部涡旋振幅较低。同样，在涡旋振幅较高的区域，中尺度涡旋转速度和涡动能（EKE）也较高；另外，在北印度洋低纬度区域，中尺度涡旋转速度和涡动能（EKE）也较高。印度洋中尺度涡半径在低纬度赤道区域较大，高纬度区域较小。与中尺度涡半径空间分布相似，印度洋中尺度涡移动速度在低纬度区域较快，高纬度区域较慢。

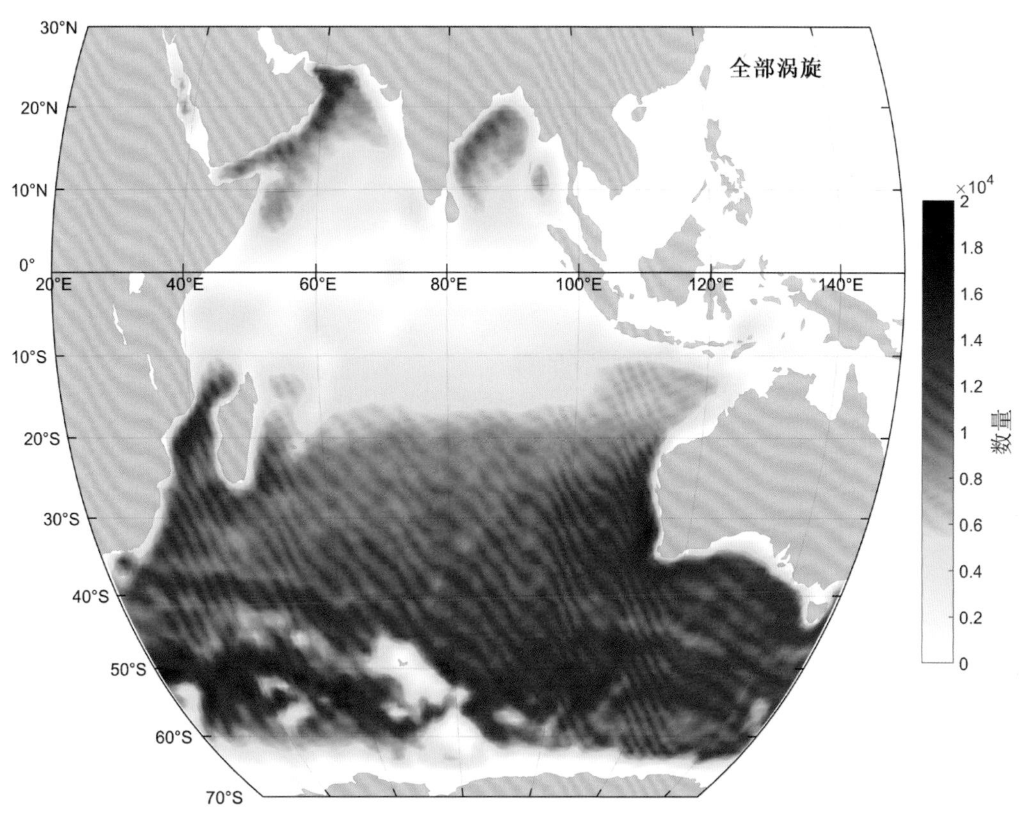

图4.25　印度洋中尺度涡数量空间分布图

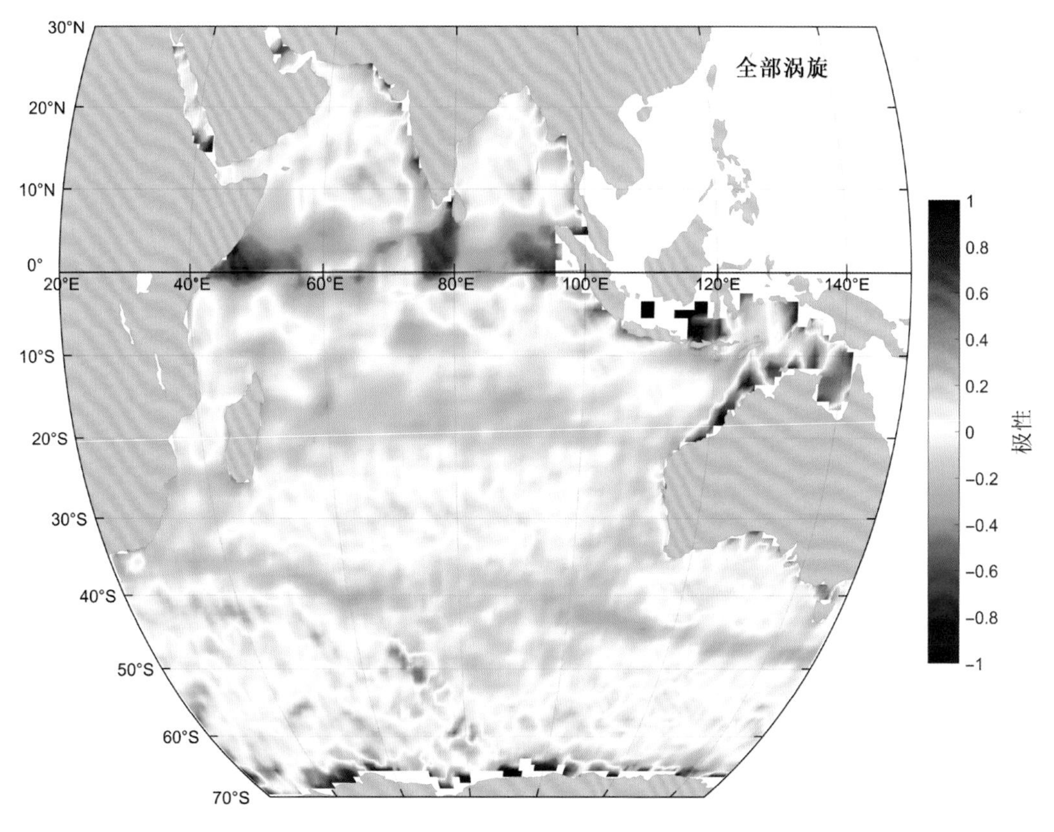

图4.26　印度洋中尺度涡极性空间分布图

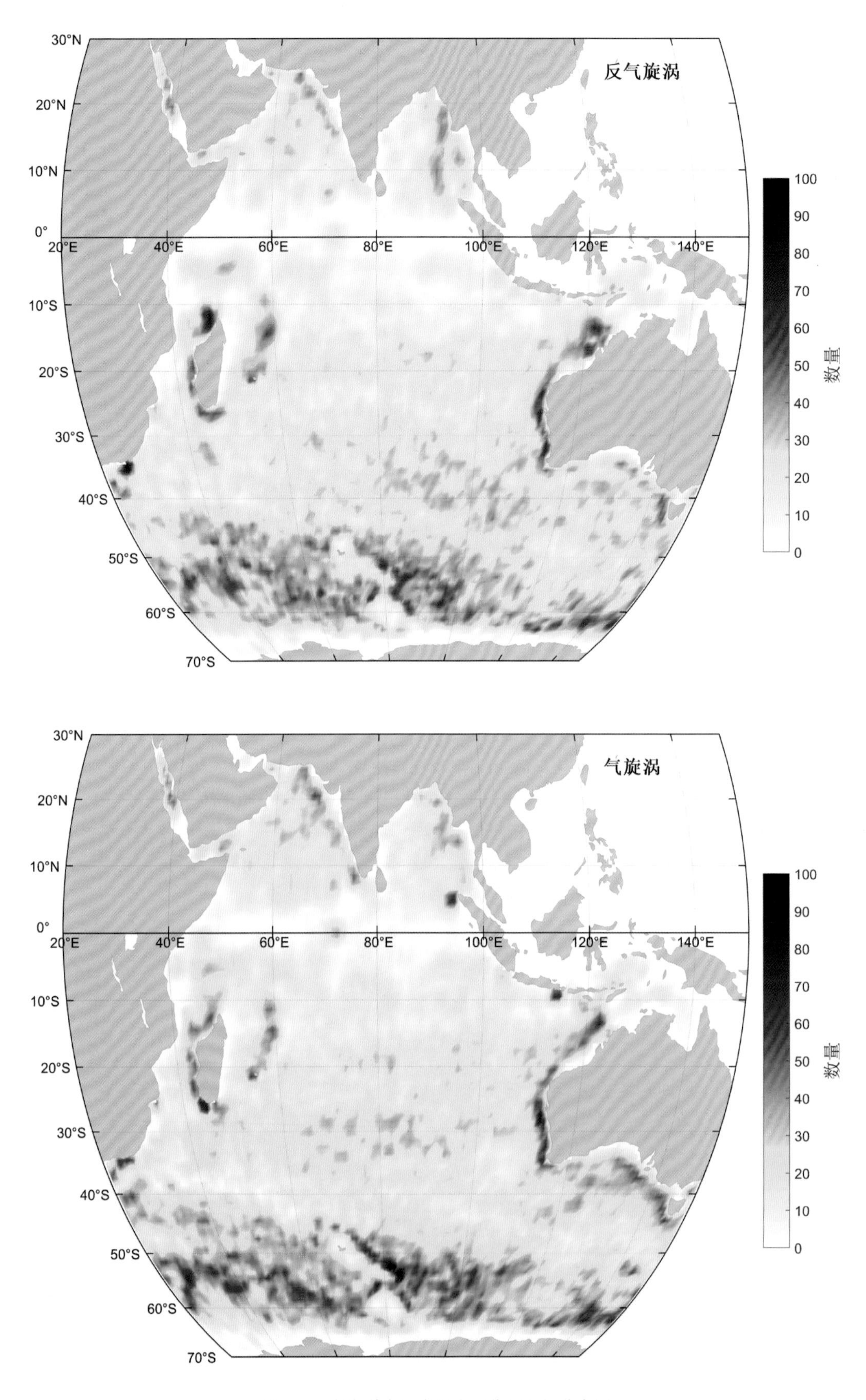

图4.27 印度洋中尺度涡出现位置空间分布图

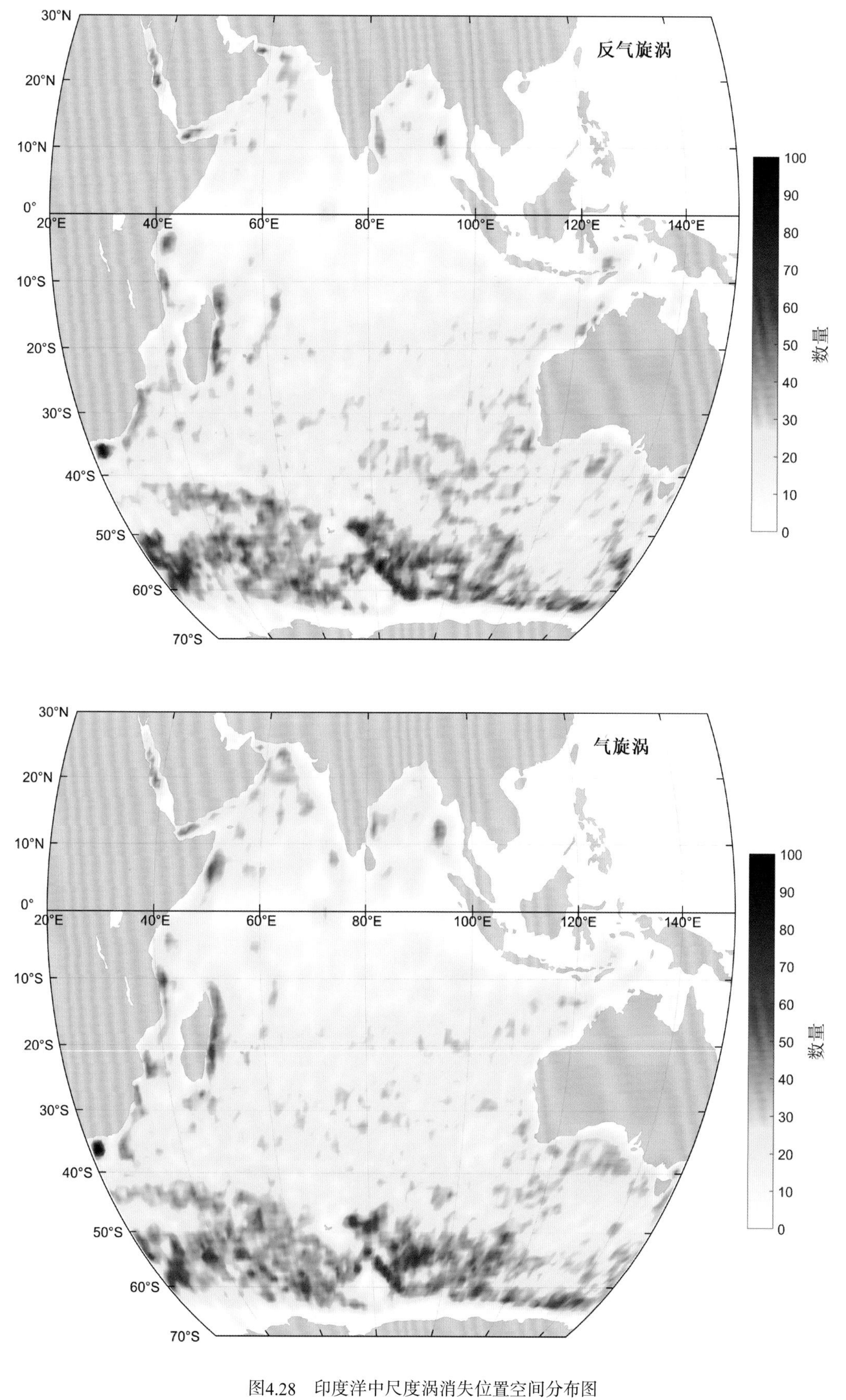

图4.28　印度洋中尺度涡消失位置空间分布图

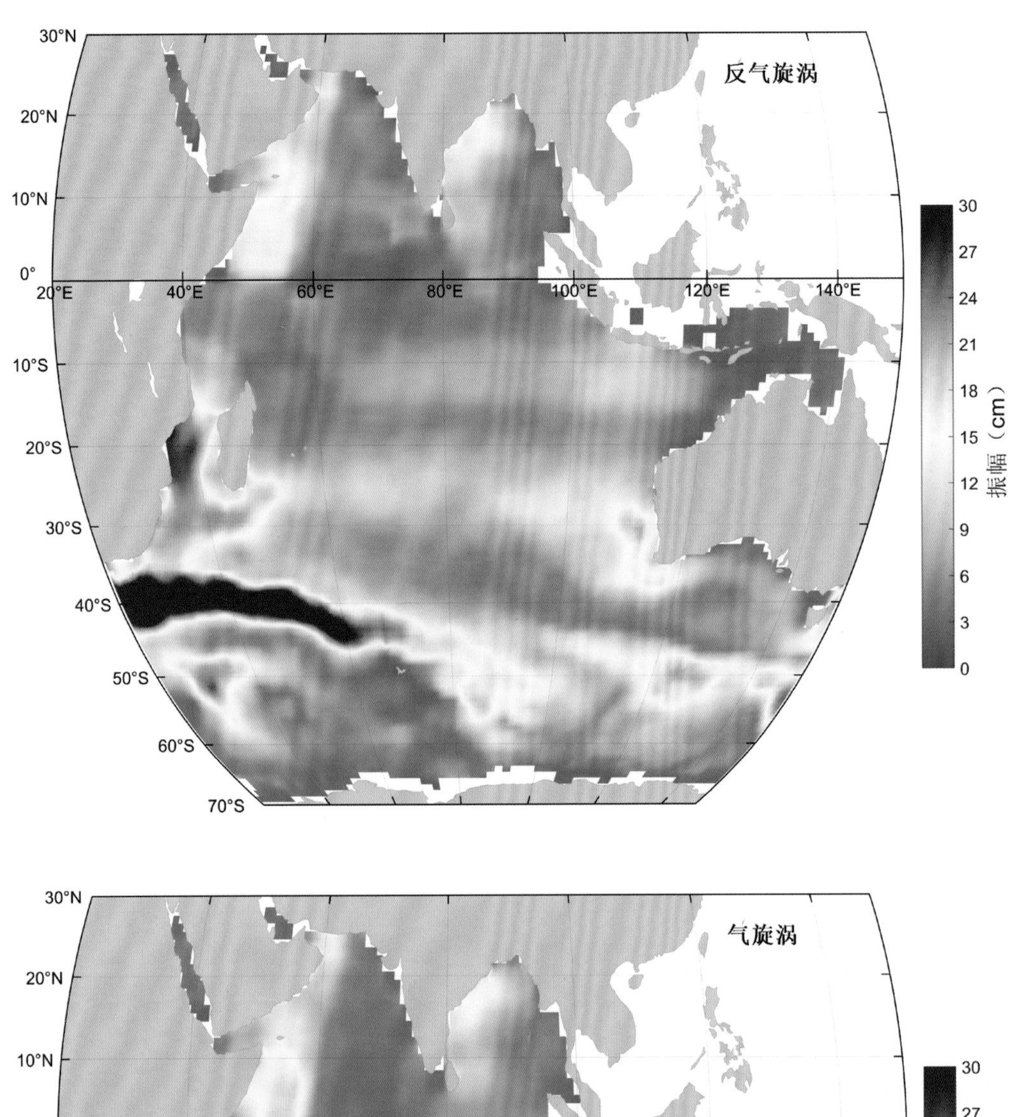

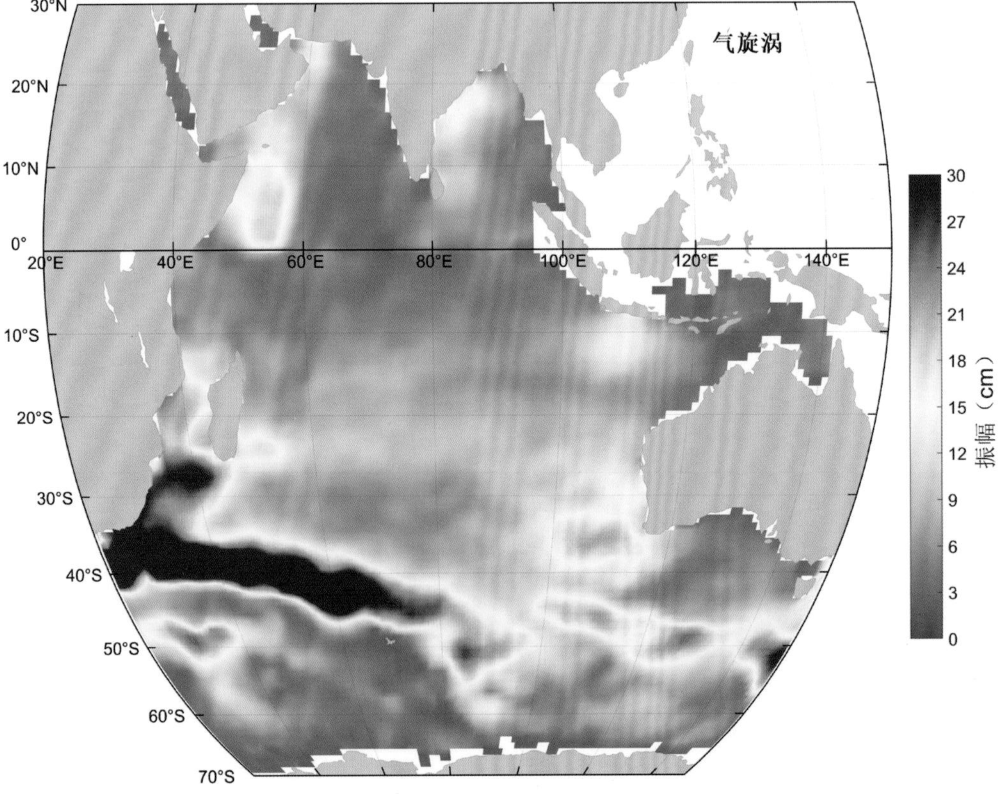

图4.29　印度洋中尺度涡振幅空间分布图

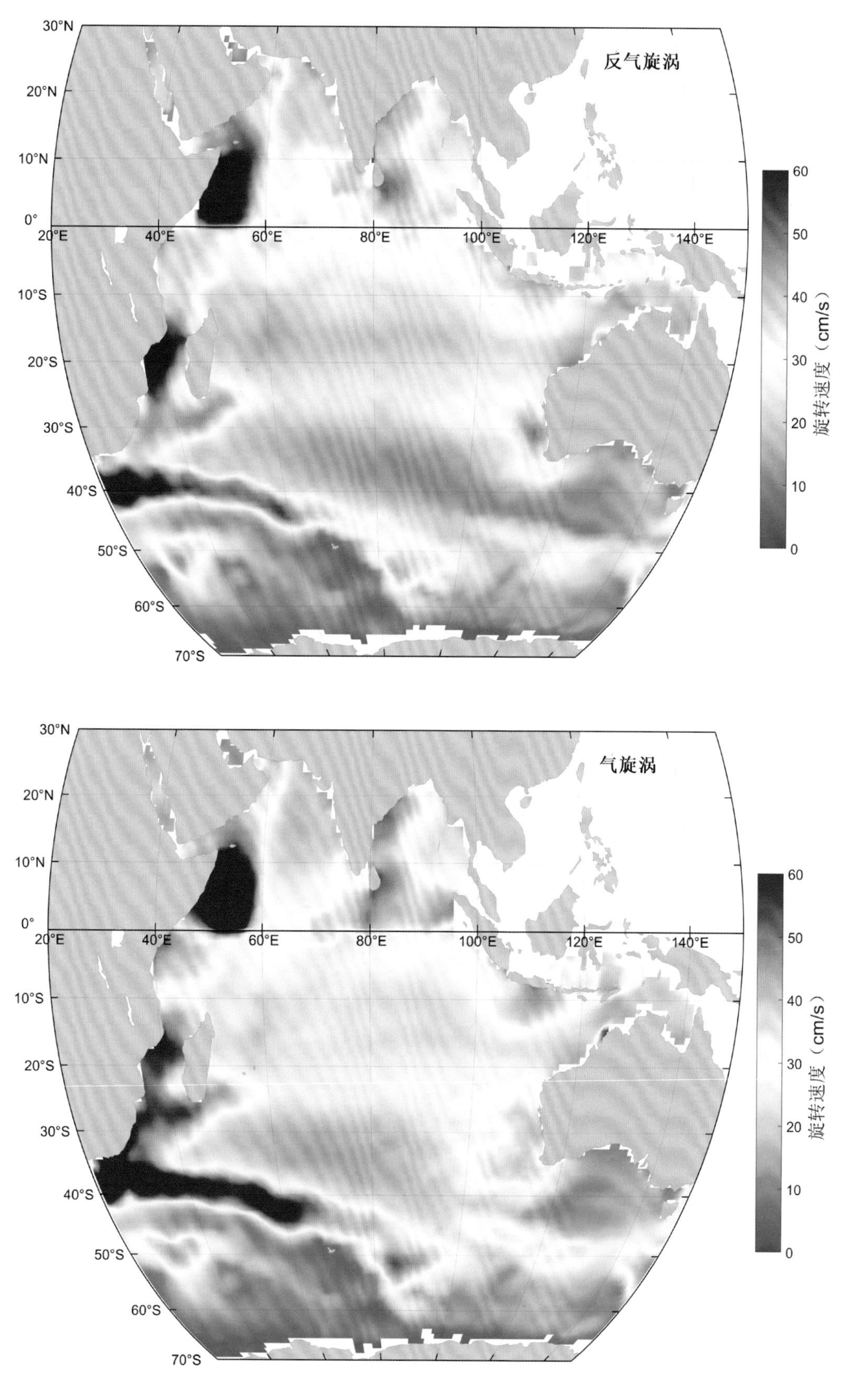

图4.30　印度洋中尺度涡旋转速度空间分布图

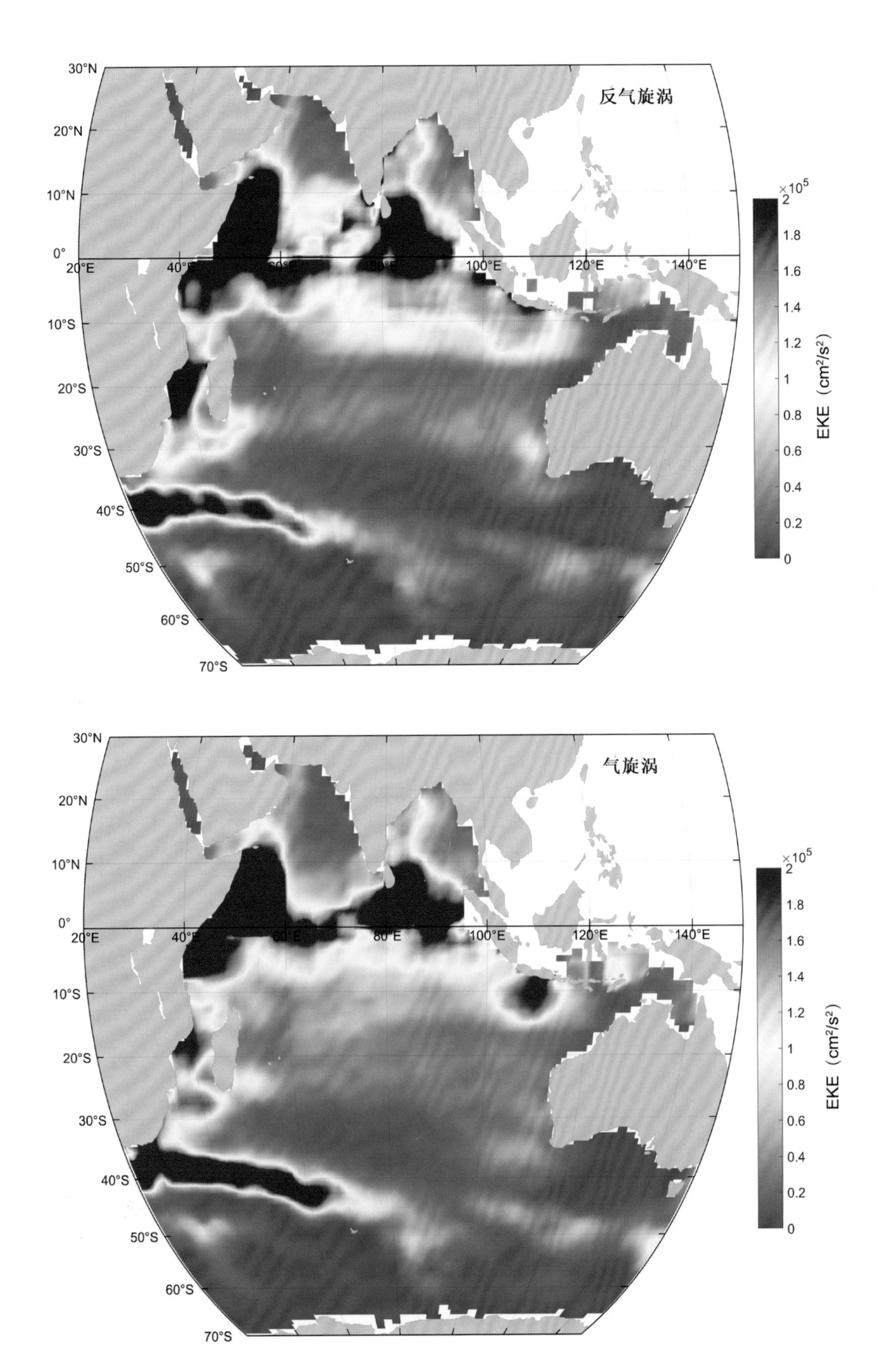

图4.31 印度洋中尺度涡涡动能（EKE）空间分布图

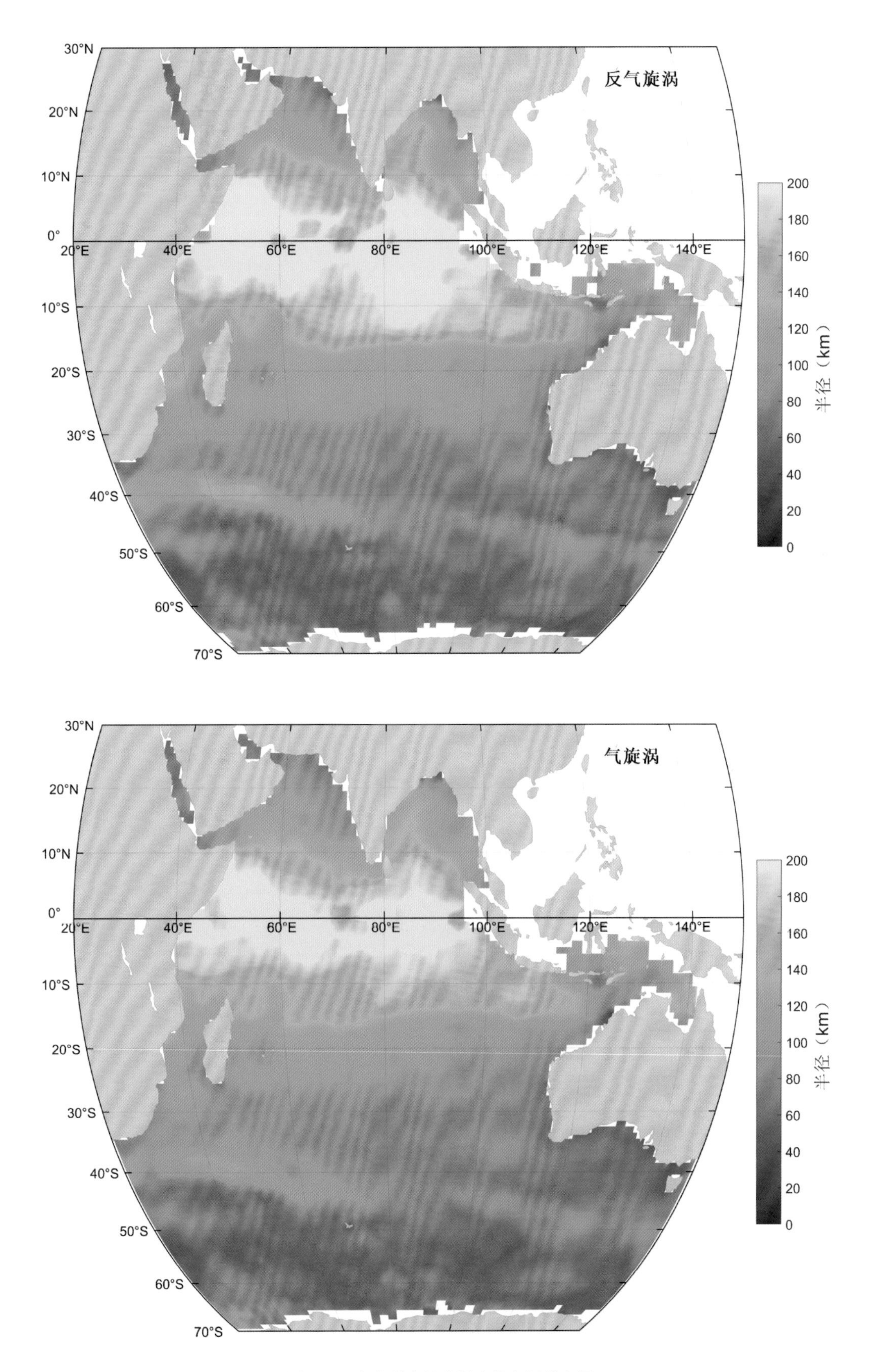

图4.32　印度洋中尺度涡半径空间分布图

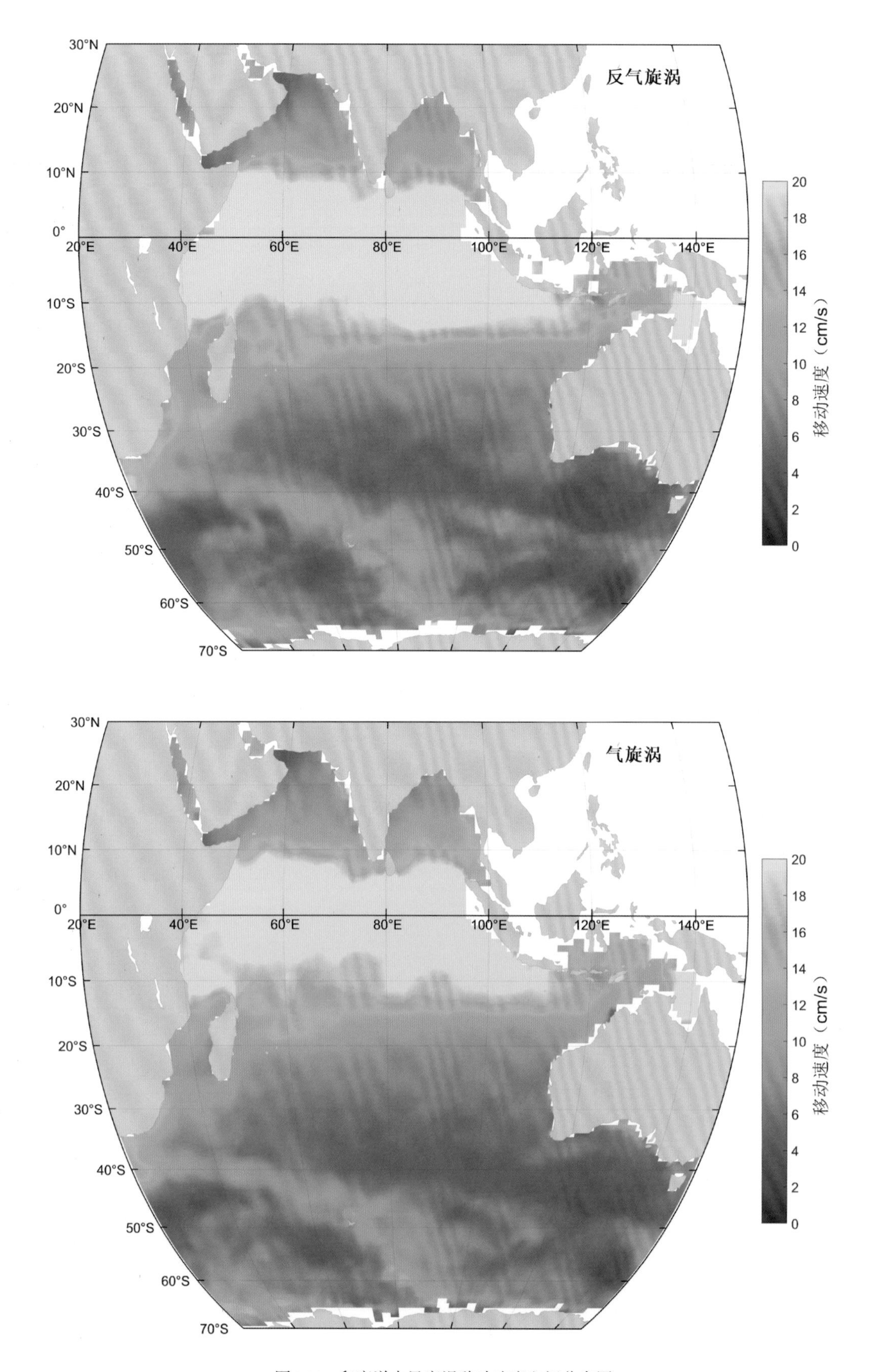

图4.33　印度洋中尺度涡移动速度空间分布图

4.4.3　印度洋中尺度涡属性统计特征

基于 1993—2020 年中尺度涡识别和轨迹追踪结果，对印度洋中尺度涡的振幅、半径、旋转速度、涡动能（EKE）以及移动速度等属性特征进行统计，分别给出印度洋中尺度涡属性统计特征分布图。为研究南、北印度洋中尺度涡属性的区域差异，这里分别给出了北印度洋和南印度洋的中尺度涡属性统计特征分布结果。与全球海洋中尺度涡属性统计特征（2.2.2 节）一样，中尺度涡属性统计是针对涡旋轨迹中的单个涡旋进行统计的（连续时间的单个涡旋组成了涡旋轨迹），因此涡旋属性特征频次（数量）远高于涡旋轨迹数量。

图 4.34 至图 4.38 分别给出了印度洋中尺度涡的振幅、半径、旋转速度、涡动能（EKE）和移动速度频次分布。可以看出，北印度洋中尺度涡主要集中在 10 cm 以下的低振幅区间，南印度洋中尺度涡主要集中在 15 cm 以下的低振幅区间。北印度洋气旋涡和反气旋涡平均振幅分别为 6.5 cm 和 6.3 cm，南印度洋气旋涡和反气旋涡的平均振幅分别为 9.1 cm 和 7.9 cm。相比之下，南印度洋中尺度涡平均振幅要明显大于北印度洋，并且南印度洋气旋涡和反气旋涡平均振幅相差更大。北印度洋中尺度涡半径基本集中分布在 30 ~ 150 km 之间，南印度洋中尺度涡半径集中在 30 ~ 100 km 之间，更加倾向于更小的空间尺度。北印度洋气旋涡和反气旋涡平均半径分别为 94 km 和 98 km（明显大于全球中尺度涡平均半径 65 km），南印度洋气旋涡和反气旋涡平均半径分别为 65 km 和 66 km。北印度洋中尺度涡平均半径明显大于南印度洋中尺度涡，这主要是由于北印度洋仅存在低纬度的阿拉伯海和孟加拉湾，中尺度涡在低纬度区域空间尺度更大。北印度洋中尺度涡旋转速度基本集中在 6 ~ 60 cm/s 之间，南印度洋中尺度涡旋转速度集中在 4 ~ 40 cm/s 之间，与北印度洋中尺度涡相比，其更倾向于集中在低值区间。北印度洋气旋涡和反气旋涡平均旋转速度为 31 cm/s 和 28 cm/s，南印度洋气旋涡和反气旋涡平均旋转速度分别为 22 cm/s 和 20 cm/s。北印度洋中尺度涡 EKE 主要集中分布在 6×10^4 cm^2/s^2 以下的区间，南印度洋中尺度涡 EKE 集中分布在 2×10^4 cm^2/s^2 以下的区间。北印度洋气旋涡和反气旋涡平均 EKE 分别约为 7.3×10^4 cm^2/s^2 和 5.7×10^4 cm^2/s^2，相比之下，南印度洋中尺度涡 EKE 明显较小，其气旋涡和反气旋涡平均 EKE 分别约为 2.2×10^4 cm^2/s^2 和 1.9×10^4 cm^2/s^2。北印度洋中尺度涡移动速度集中分布在 20 cm/s 以下区间内，存在一个 5 cm/s 的峰值；南印度洋中尺度涡移动速度集中分布在 10 cm/s 以下区间内，存在一个 3 cm/s 的峰值。北印度洋气旋涡和反气旋涡平均移动速度分别为 10.8 cm/s 和 10.9 cm/s，南印度洋气旋涡和反气旋涡平均移动速度分别为 6.9 cm/s 和 7.0 cm/s，均小于北印度洋涡旋移动速度。

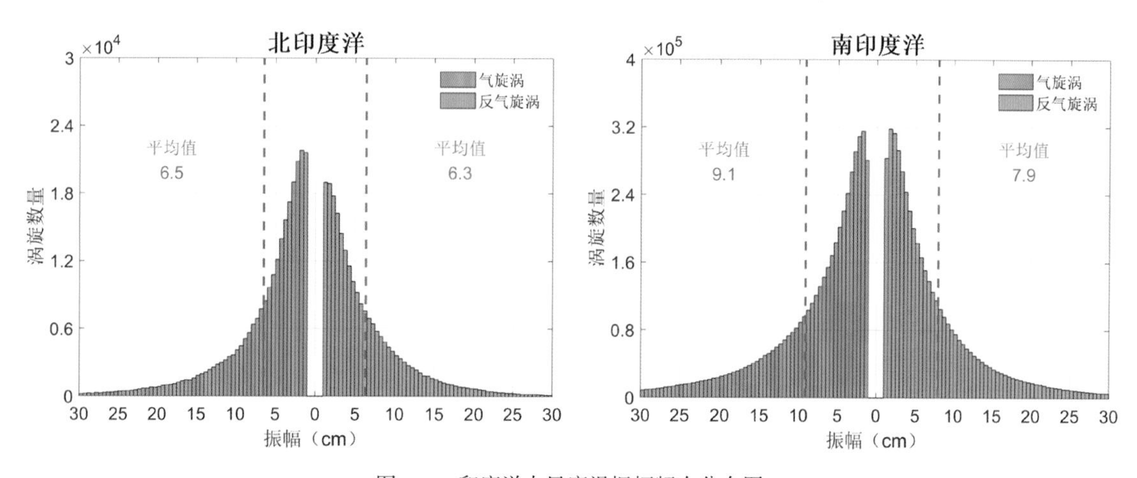

图4.34　印度洋中尺度涡振幅频次分布图

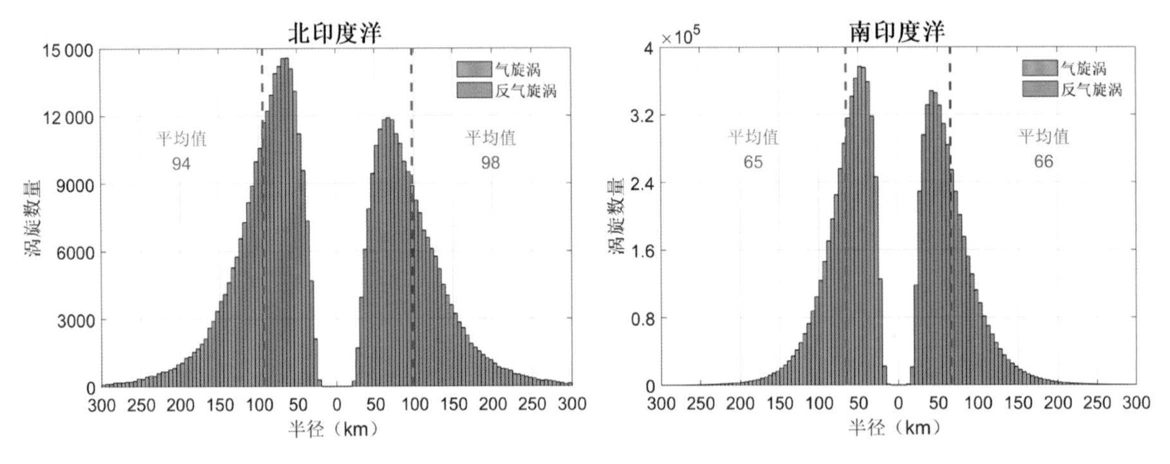

图4.35 印度洋中尺度涡半径频次分布图

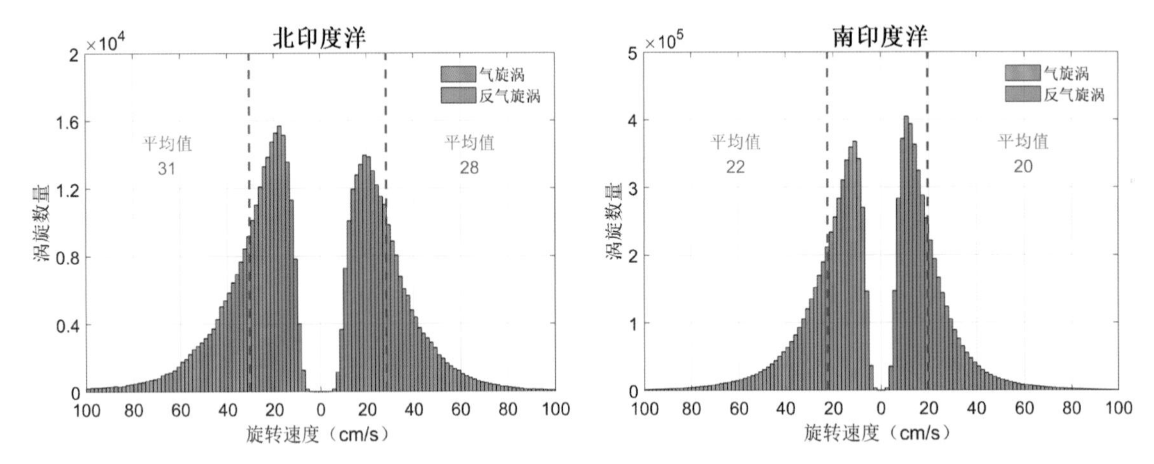

图4.36 印度洋中尺度涡旋转速度频次分布图

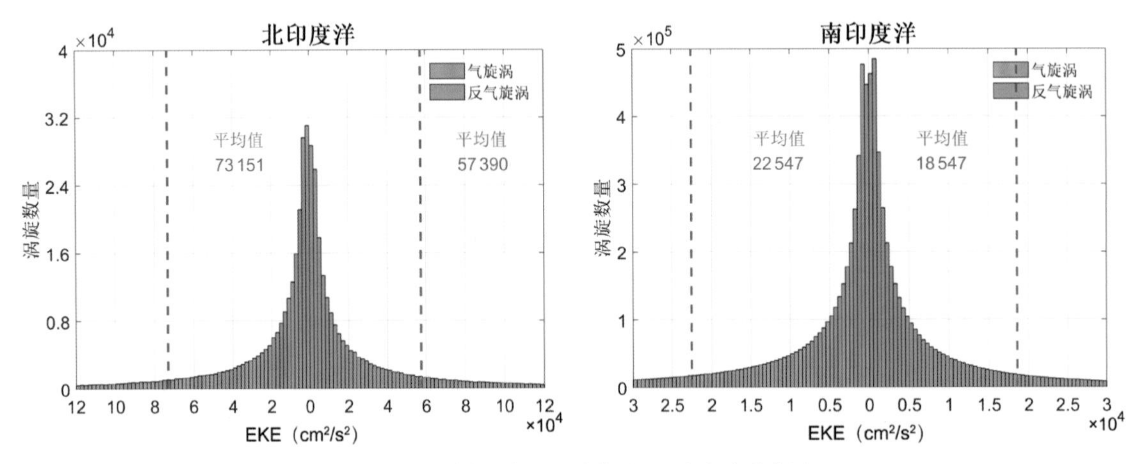

图4.37 印度洋中尺度涡涡动能（EKE）频次分布图

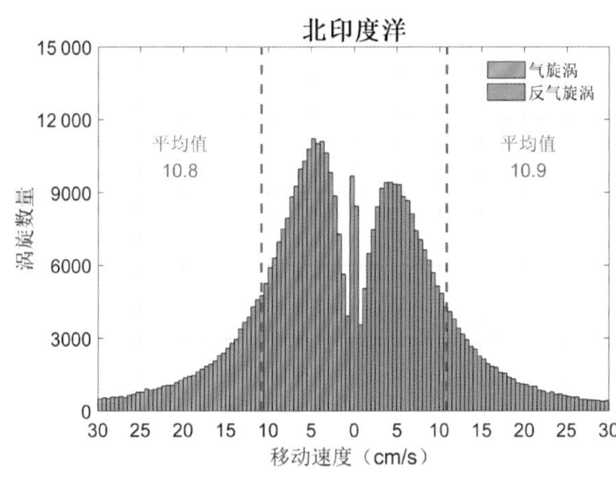

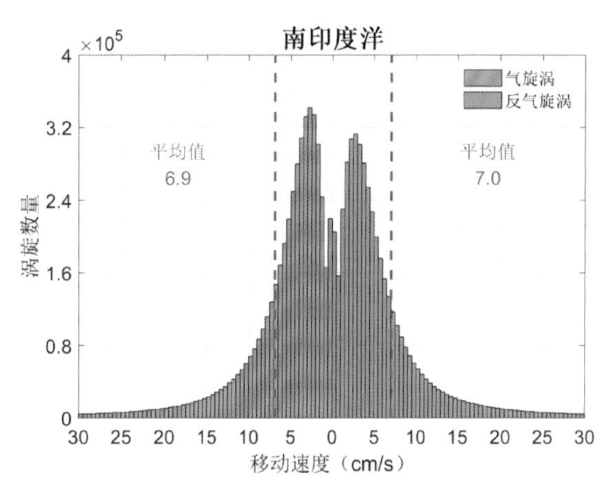

图4.38　印度洋中尺度涡移动速度频次分布图

4.4.4　印度洋中尺度涡属性气候态月变化

基于 1993—2020 年中尺度涡识别和轨迹追踪结果，对印度洋中尺度涡的轨迹数量、振幅、半径、旋转速度、涡动能（EKE）以及移动速度等属性的气候态月变化进行分析，分别给出印度洋中尺度涡属性月变化。这里为研究南、北印度洋中尺度涡属性的区域差异，分别给出了北印度洋和南印度洋的中尺度涡属性月变化。针对中尺度涡轨迹数量月变化，这里按照中尺度涡轨迹出现时的月份进行统计，即如果某一个中尺度涡在某一月份出现，则将该涡旋轨迹统计到该月份内，因此这里统计得到的是 28 年间涡旋轨迹数量累计月变化。针对中尺度涡的振幅、半径、旋转速度、涡动能（EKE）以及移动速度等属性的月变化，按照中尺度涡轨迹内的单个涡旋对应的月份进行统计，即将某一月份内所有单个涡旋的属性进行平均得到，因此统计得到的是 28 年间涡旋属性平均月变化。图 4.39 至图 4.44 分别给出了印度洋中尺度涡的轨迹数量、振幅、半径、旋转速度、涡动能（EKE）和移动速度的月变化。

从图中可以看出，北印度洋气旋涡和反气旋涡轨迹数量累计月变化在 200 ~ 400 个之间，而南印度洋气旋涡和反气旋涡轨迹数量累计月变化基本在 4000 ~ 4500 个之间。北印度洋气旋涡振幅在 2—3 月最低，然后不断升高，在 11 月达到最大；反气旋涡振幅在 12 月至次年 1 月较小，在 9 月最大。南印度洋气旋涡振幅在 5 月最小，在 11 月最大；反气旋涡振幅在 7 月最小，在 12 月最大。北印度洋气旋涡半径在 3 月最小，在 11 月最大；反气旋涡半径在 12 月最小，在 9 月最大。南印度洋气旋涡半径在 8 月最小，在 1 月最大；反气旋涡半径在 7 月最小，在 2 月最大。北印度洋中尺度涡旋转速度、涡动能和移动速度基本在上半年较小，在下半年较大。南印度洋中尺度涡旋转速度也呈现出上半年小、下半年大的特征。南印度洋气旋涡涡动能在 7 月较小，在 10—12 月较大；反气旋涡涡动能在 7 月较小，在 1—3 月较大。南印度洋中尺度涡移动速度基本在 1—3 月较低，在 7—9 月较高。

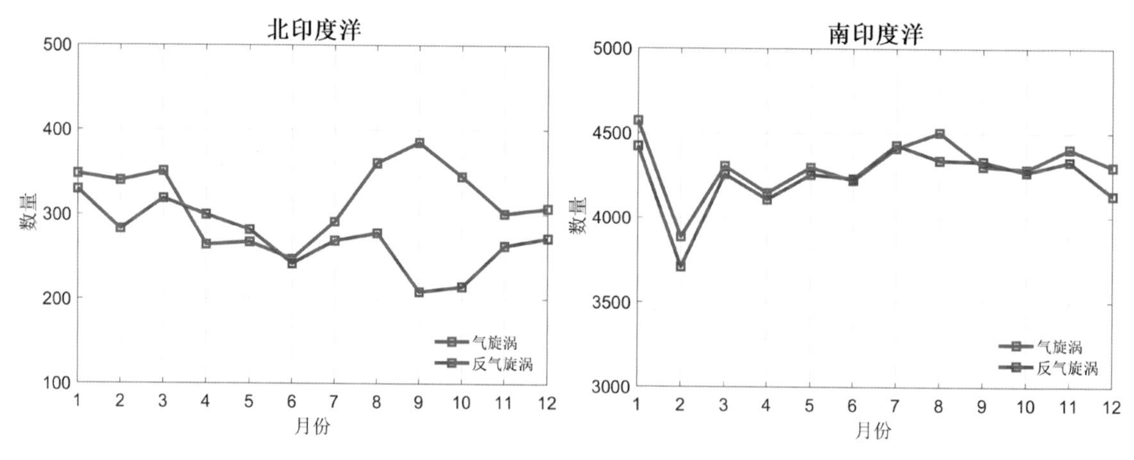

图4.39　印度洋中尺度涡轨迹数量累计月变化图

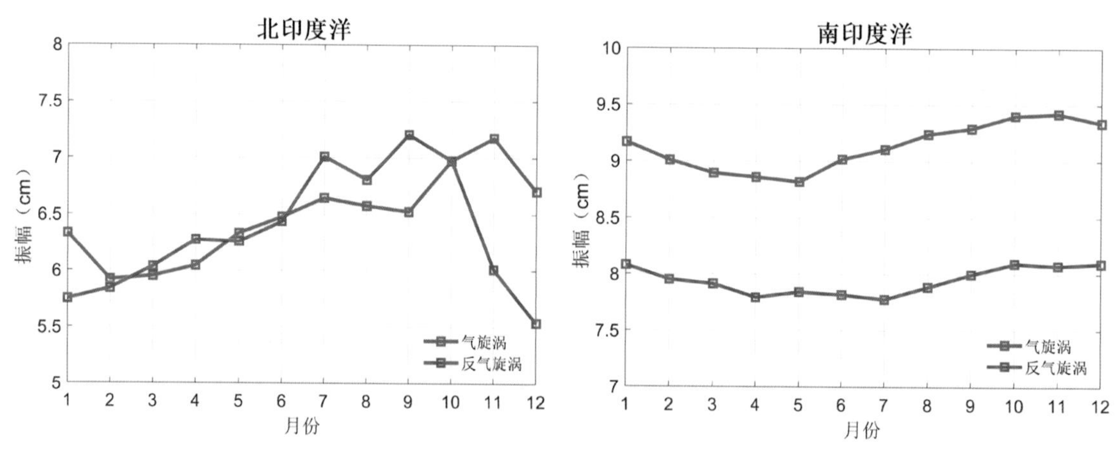

图4.40　印度洋中尺度涡月平均振幅变化图

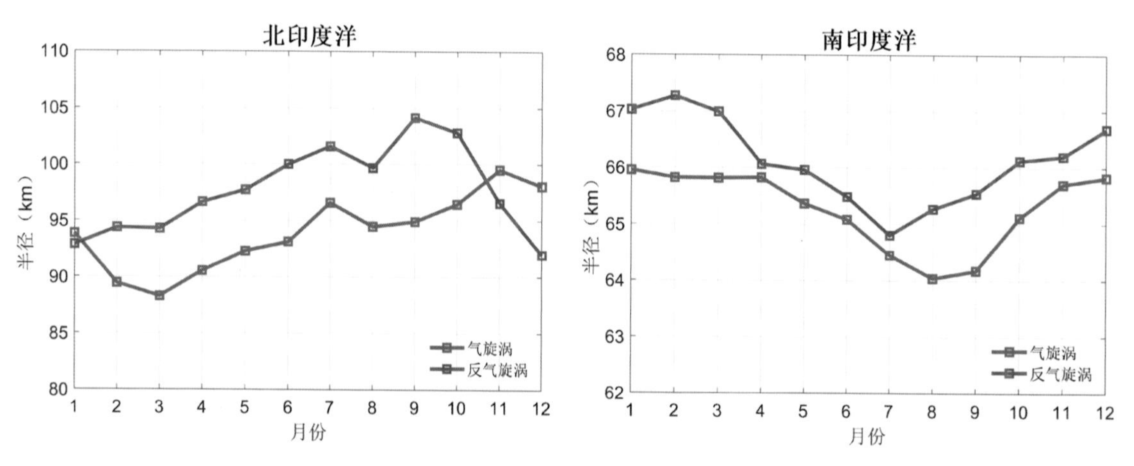

图4.41　印度洋中尺度涡月平均半径变化图

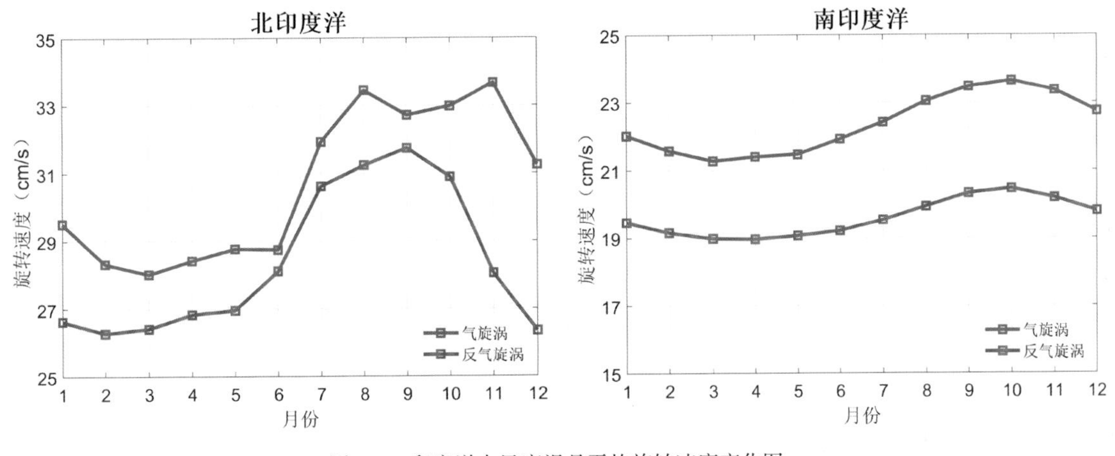

图4.42　印度洋中尺度涡月平均旋转速度变化图

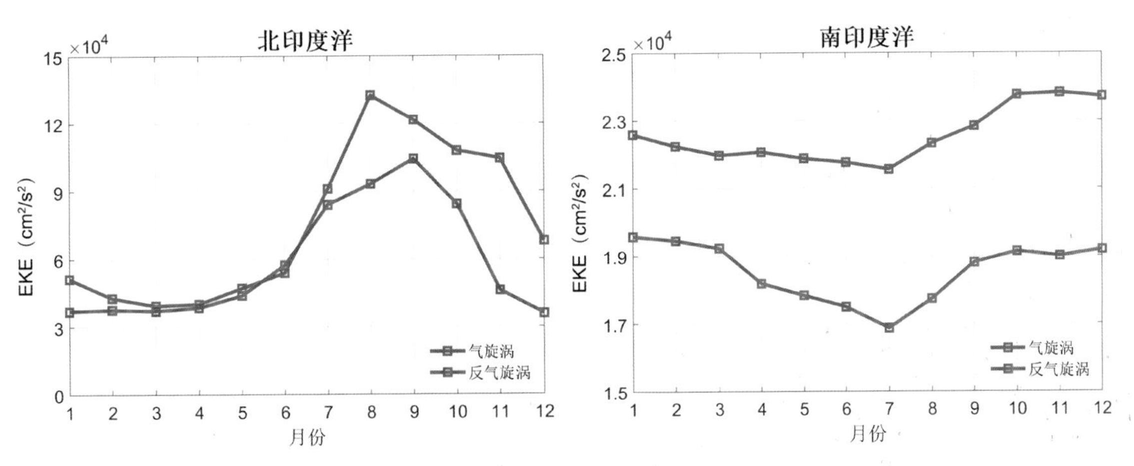

图4.43　印度洋中尺度涡月平均涡动能（EKE）变化图

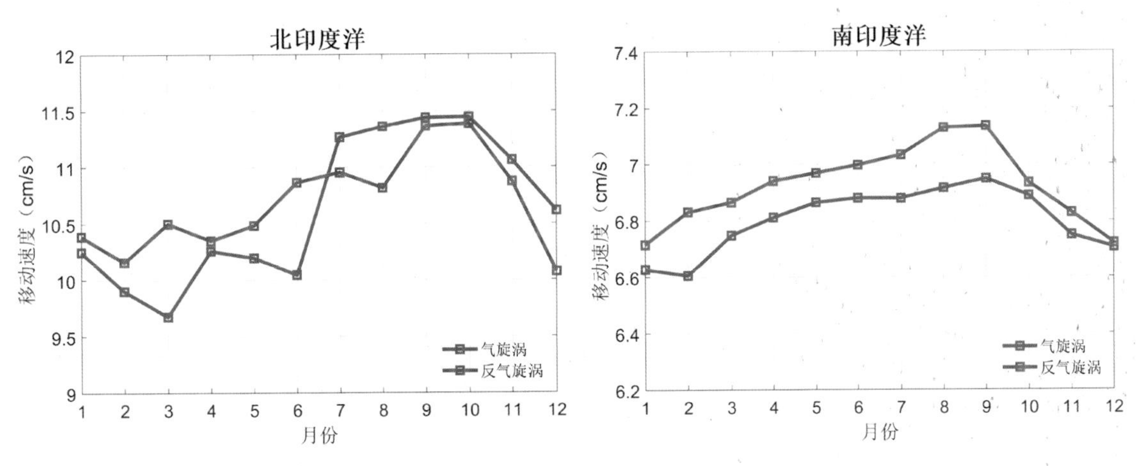

图4.44　印度洋中尺度涡月平均移动速度变化图

4.4.5　印度洋中尺度涡属性年际变化

基于 1993—2020 年中尺度涡识别和轨迹追踪结果，对印度洋中尺度涡的轨迹数量、振幅、半径、旋转速度、涡动能（EKE）以及移动速度等属性的年际变化进行分析，分别给出印度洋中尺度涡属性年际变化。针对中尺度涡轨迹数量年际变化，按照中尺度涡轨迹出现时的年份进行统计。针对中尺度涡的振幅、半径、旋转速度、涡动能（EKE）以及移动速度等属性的年际变化，按照中尺度涡轨迹内的单个涡旋对应的年份进行统计，即将某一年内所有单个涡旋的属性进行平均得到。图 4.45 至图 4.50 分别给出了印度洋中尺度涡轨迹数量、振幅、半径、旋转速度、涡动能（EKE）和移动速度的年际变化。

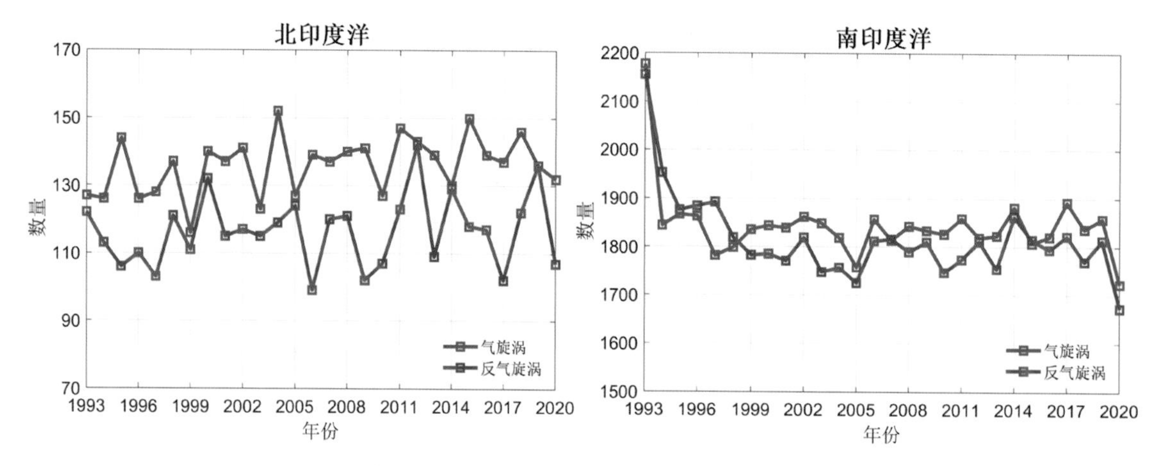

图4.45　印度洋中尺度涡轨迹数量年际变化图

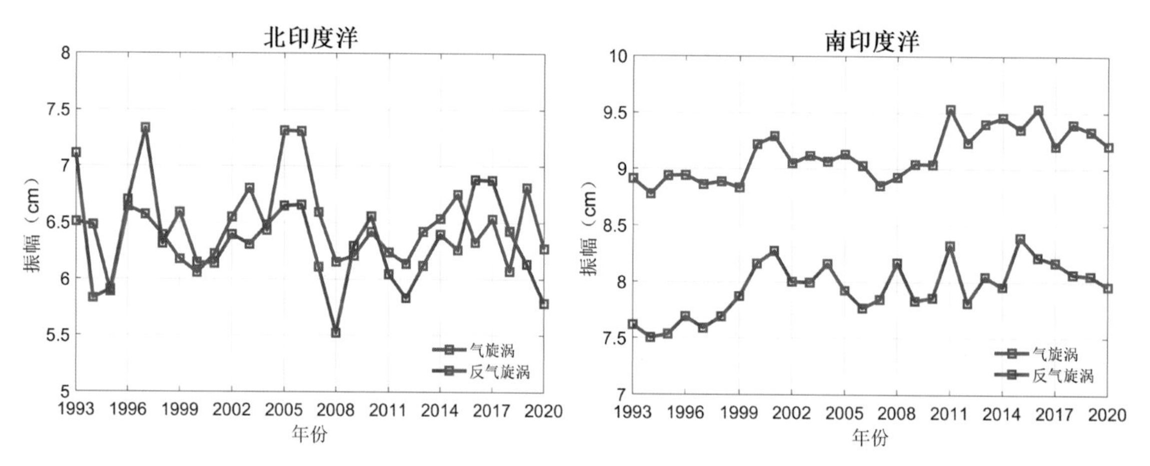

图4.46　印度洋中尺度涡振幅年际变化图

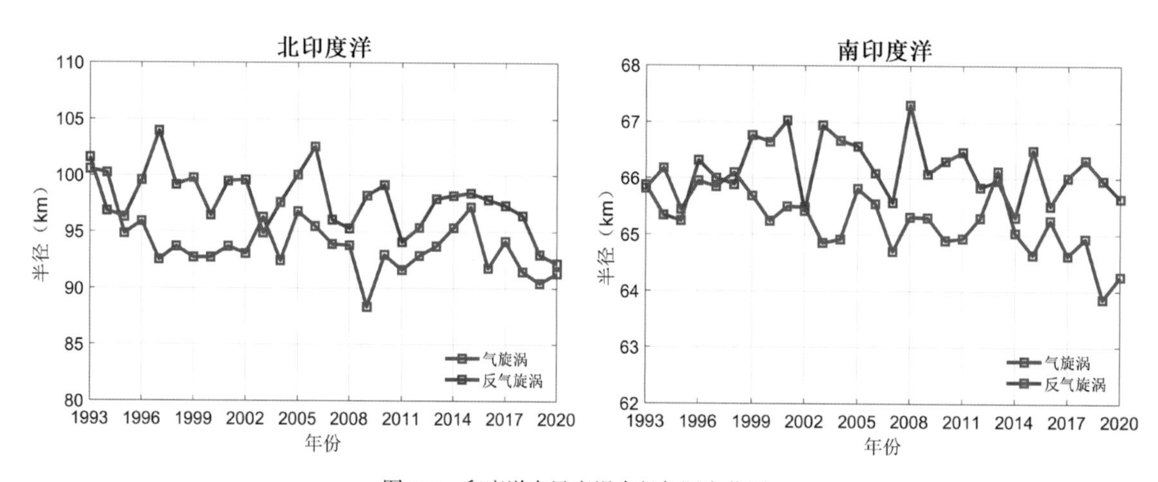

图4.47　印度洋中尺度涡半径年际变化图

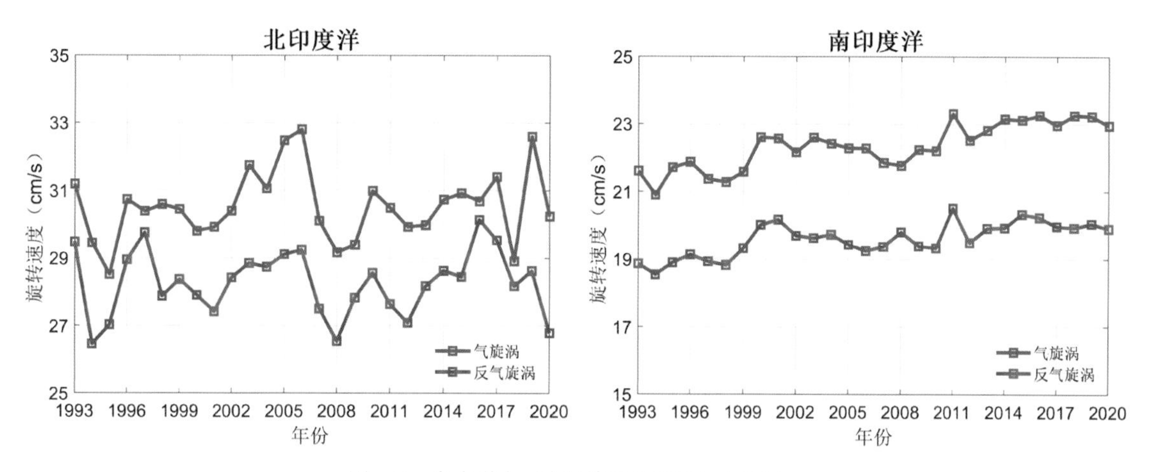

图4.48　印度洋中尺度涡旋转速度年际变化图

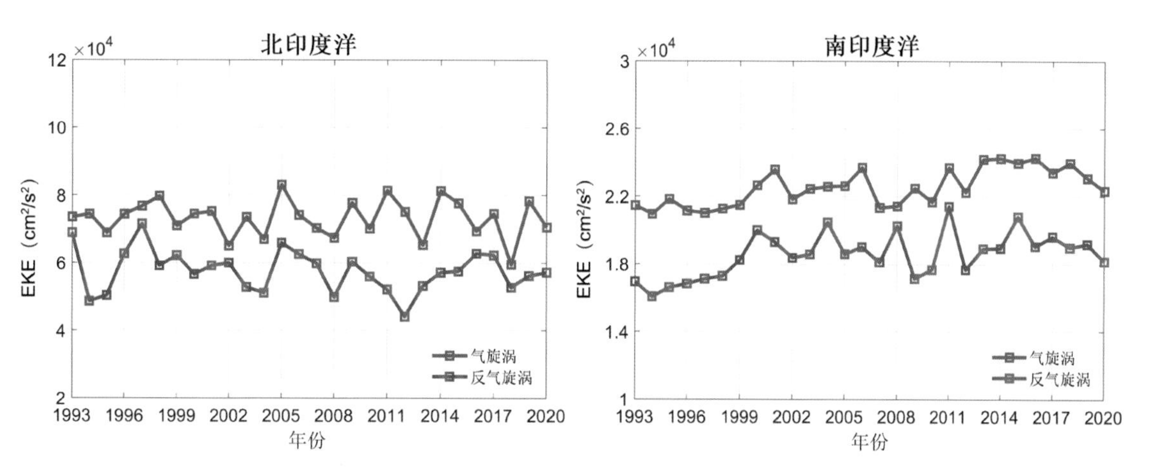

图4.49　印度洋中尺度涡涡动能（EKE）年际变化图

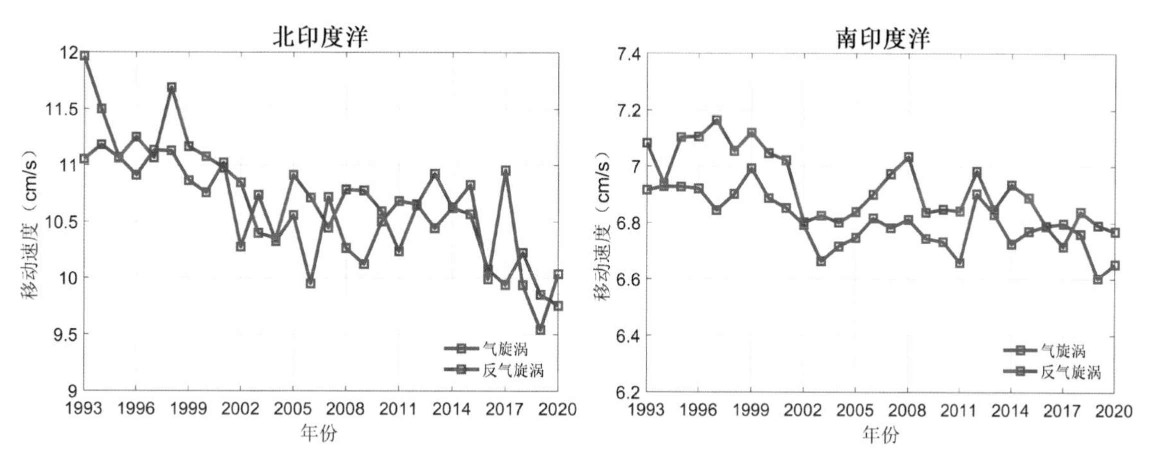

图4.50　印度洋中尺度涡移动速度年际变化图

第5章
大西洋中尺度涡遥感调查研究图集

5.1 大西洋调查区域概况

大西洋是世界第二大洋，面积仅次于太平洋，其是由大西洋中脊平分的长而窄的大洋，形状呈现S形。大西洋具有众多的边缘海，但整个大西洋仅在其南部和北部与其他大洋相连，中部基本上呈现封闭的环流系统。在北部，北大西洋通过北欧海（The Nordic Seas）和戴维斯海峡（Davis Strait）与北冰洋相连；在南部，南大西洋通过南大洋与太平洋和印度洋相连。图5.1给出了大西洋水深分布图。针对大西洋中尺度涡遥感调查，大西洋调查范围西起美洲东海岸东至欧洲和非洲西海岸，在南大洋区域西起德雷克海峡东至30°E。

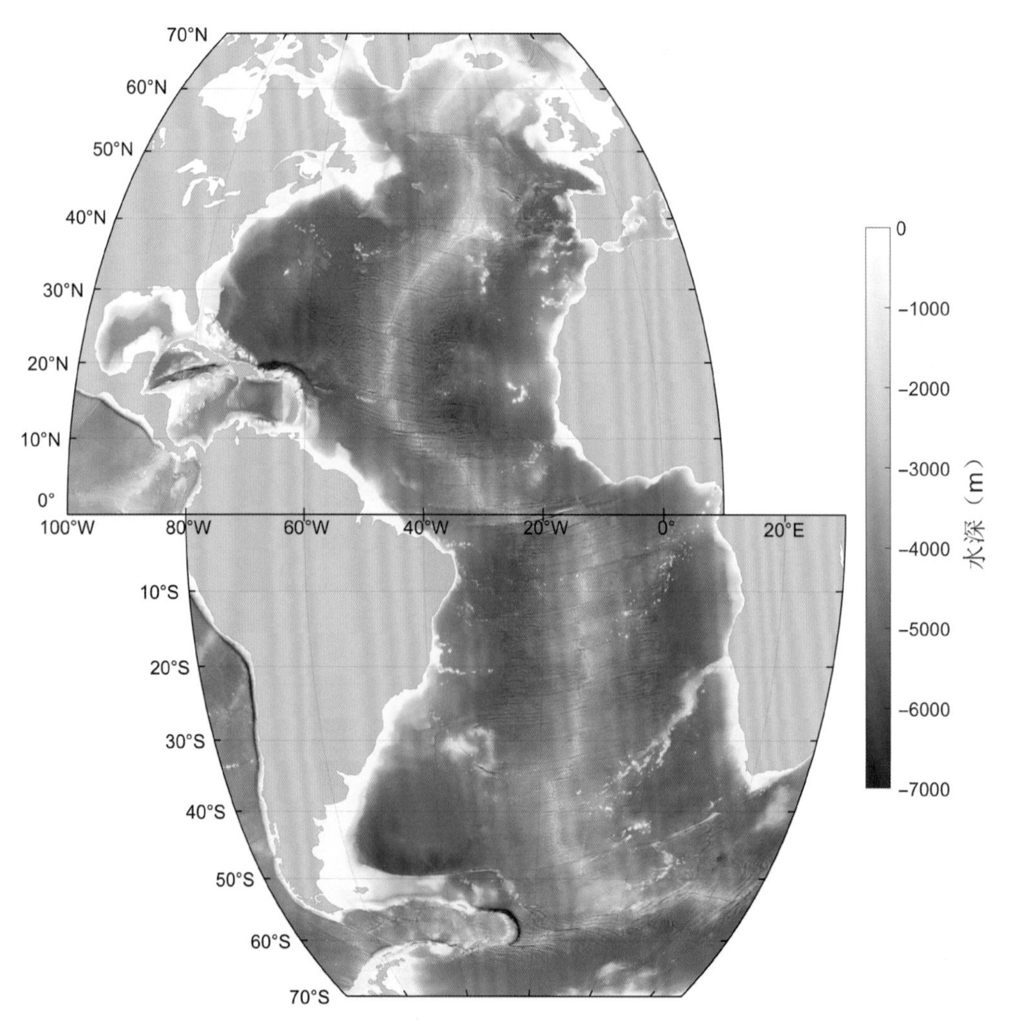

图5.1　大西洋水深分布图

大西洋环流主要由北大西洋和南大西洋副热带反气旋式环流、北大西洋副极地气旋式环流以及南大西洋南极绕极流组成。由于大西洋上层主要是风生环流系统，因此大西洋平均动力地形可以较好地反映大西洋上层环流（图 5.2）。北大西洋副热带环流是反气旋式环流系统，具有典型的西边界流和东边界流，在环流西边界是强劲、狭窄并且向北流动的湾流（Gulf Stream），在环流东边界是宽阔且向南流动的加那利流（Canary Current）。北大西洋副极地环流是气旋式环流系统，其主要受地形影响。北大西洋流是副极地环流南侧的东向流，北大西洋流的东北向分支流向高纬的北欧海，南向分支流向副热带环流系统。热带环流主要由纬向的北赤道流、北赤道逆流以及南赤道流组成，尤其是东向的北赤道逆流将大西洋分成了北大西洋和南大西洋两个独立的环流系统。

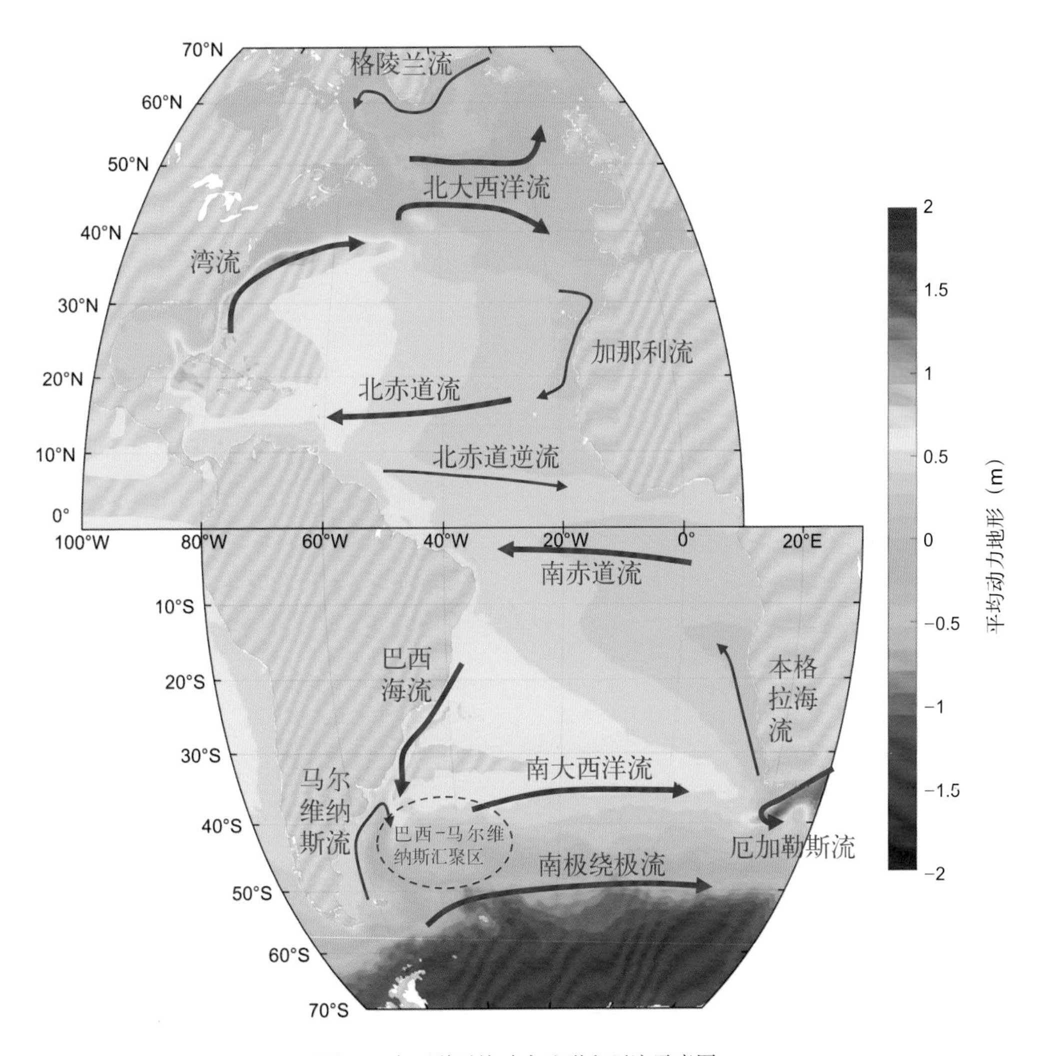

图5.2 大西洋平均动力地形和环流示意图

南大西洋副热带环流的西边界流是巴西海流（Brazil Current），其沿着南美洲海岸向南流动；东部边界是本格拉海流（Benguela Current），其是典型的沿岸上升流，沿着非洲西海岸向北流动。副热带环流北侧是广阔向西的南赤道流，南侧是东向流动的南大西洋流。在巴西海流南部，南大西洋环流与南极绕极流相遇。南极绕极流穿越德雷克海峡，从太平洋进入南大西洋，然后沿着南美洲海岸向北转变成马尔维纳斯流（Malvinas Current）。北向的马尔维纳斯流与南向的巴西海流相遇，形成了巴西－马尔维纳斯汇聚区（Brazil-Malvinas Confluence）。南大西洋和南印度洋主要通过来自印度洋的厄加勒斯流以及东向的南极绕极流相连。来自印度洋的厄加勒斯流向南大西洋提供了净输入的北向流，这些水流通过本格拉流或者脱落的厄加勒斯涡旋进入南大西洋。

区域环流变化情况可以通过涡动能（EKE）进行描述，涡动能高的区域表明那里环流变化明显，对应着丰富的不稳定流或者涡旋系统。环流涡动能（EKE）表示为：$EKE = 0.5(u'^2 + v'^2)$，式中 u' 和 v' 分别表示环流流速异常的纬向分量和经向分量。图 5.3 给出了大西洋环流涡动能空间分布。从图 5.3 中可以看出，大西洋环流涡动能高值区主要分布在湾流及其延伸区、墨西哥湾和加勒比海、北大西洋低纬度西部海域、巴西－马尔维纳斯汇聚区以及非洲南部的厄加勒斯流等区域，表明这些区域环流变化比较明显，可能是中尺度涡高发区。相比之下，北大西洋中部和东部、赤道低纬度区域以及南大西洋中部的环流涡动能值较小，表明这些区域环流变化较小，对应着平静的大洋区域，相应的中尺度涡出现也可能较少。

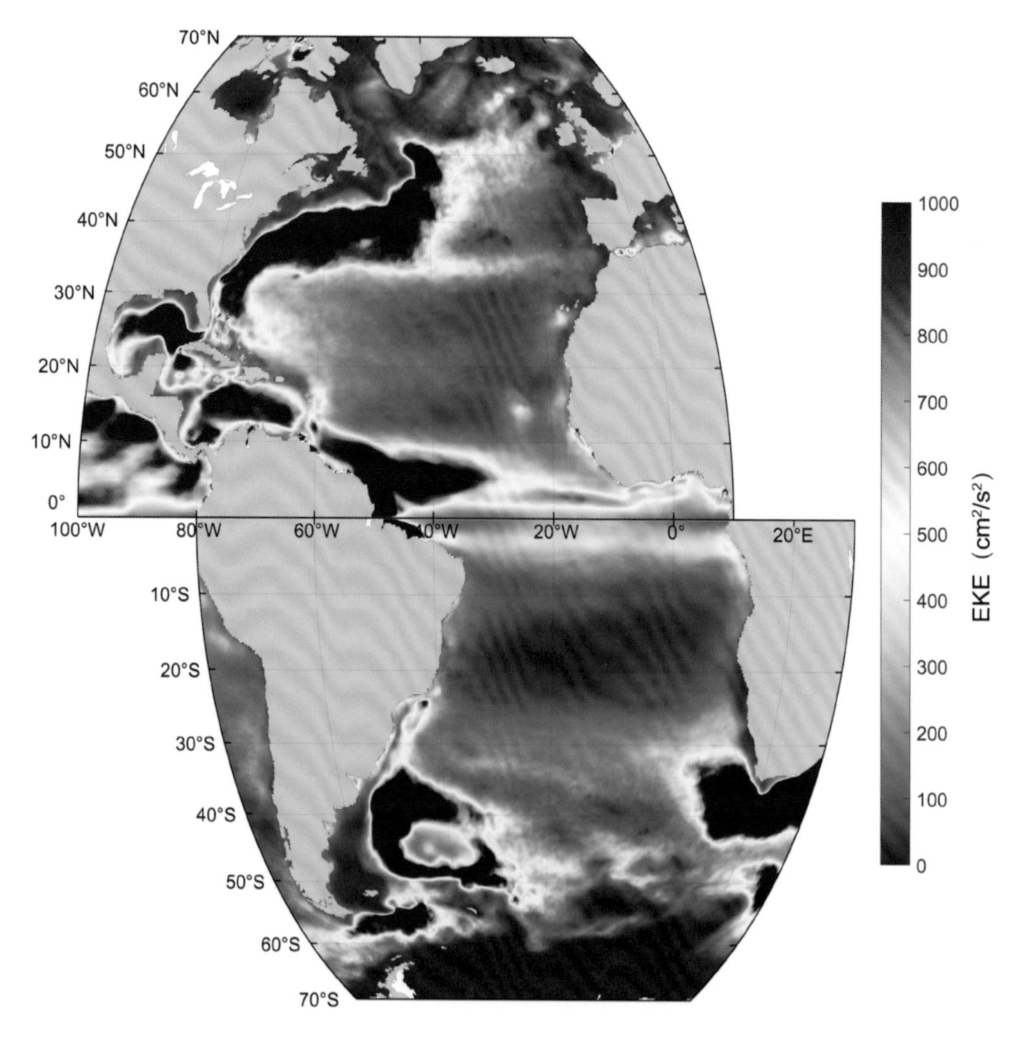

图5.3　大西洋环流涡动能（EKE）空间分布图

5.2　大西洋中尺度涡月调查结果空间分布

基于 1993—2020 年共 28 年月平均卫星高度计海面高度融合数据，按照 1.2.2 节中介绍的中尺度涡识别方法,探测识别涡旋振幅超过 10 cm 的中尺度涡,得到 1993—2020 年中尺度涡月调查结果。基于大西洋中尺度涡月调查结果，分别制作中尺度涡气候态月空间分布图、中尺度涡气候态季节空间分布图以及中尺度涡年空间分布图。

大西洋中尺度涡气候态月空间分布图：将 1993—2020 年共 28 年相同月份的涡旋结果叠加绘制。比如“1 月中尺度涡气候态月空间分布图”，是将 1993—2020 年每年 1 月的中尺度涡月调查结果叠加绘制到同一张分布图上。

大西洋中尺度涡气候态季节空间分布图：将 1993—2020 年共 28 年相同季节月份的涡旋结果叠加绘制。比如“春季中尺度涡气候态季节空间分布图”，是将 1993—2020 年每年 4—6 月的中尺度涡月调查结果叠加绘制到同一张分布图上。为了和大洋季节以及国际水文调查结果一致，气候态季节按照以下月份对应：针对北半球，冬季对应 1—3 月，春季对应 4—6 月，夏季对应 7—9 月，秋季对应 10—12 月；针对南半球，夏季对应 1—3 月，秋季对应 4—6 月，冬季对应 7—9 月，春季对应 10—12 月。需要特别说明的是，如果中尺度涡气候态季节分布图中既包含北半球也包含南半球区域，那么分布图所对应的季节是针对北半球而言的，而南半球对应的是相同月份的分布结果，但是季节和北半球却是相反的。比如“大西洋春季中尺度涡气候态季节空间分布图”，是指整个大西洋 4—6 月的中尺度涡分布结果，北大西洋对应的季节是春季，而南大西洋对应的季节则是秋季。

大西洋中尺度涡年空间分布图：将某一年全年的中尺度涡结果叠加绘制。比如“2020 年中尺度涡空间分布图”，是将 2020 年 1—12 月的中尺度涡月调查结果叠加绘制到一张分布图上。

针对中尺度涡气候态月空间分布图和气候态季节空间分布图，气旋涡和反气旋涡结果分别绘制在不同图中，其中气旋涡用蓝色圆点表示，反气旋涡用红色圆点表示，圆点位置表示涡旋中心位置，圆点大小表示涡旋空间尺度大小，颜色表示涡旋振幅大小。针对中尺度涡年空间分布图，气旋涡和反气旋涡结果绘制在同一张图中，为区分气旋涡和反气旋涡的涡旋振幅值，气旋涡振幅大小用负值表示，其他涡旋特征表示方式均与中尺度涡气候态月空间分布图和气候态季节空间分布图一致。

5.2.1 大西洋中尺度涡气候态月空间分布

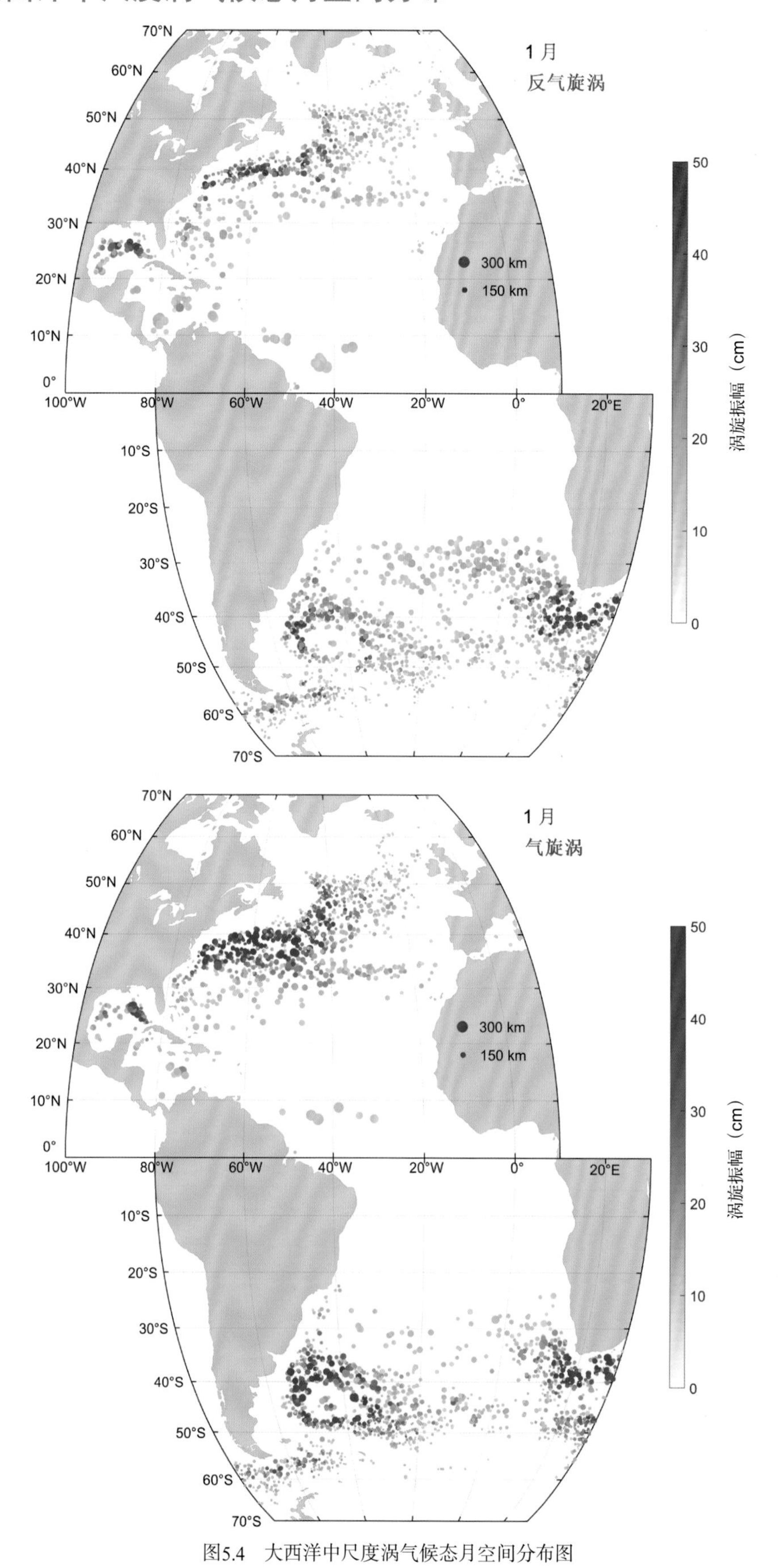

图5.4 大西洋中尺度涡气候态月空间分布图

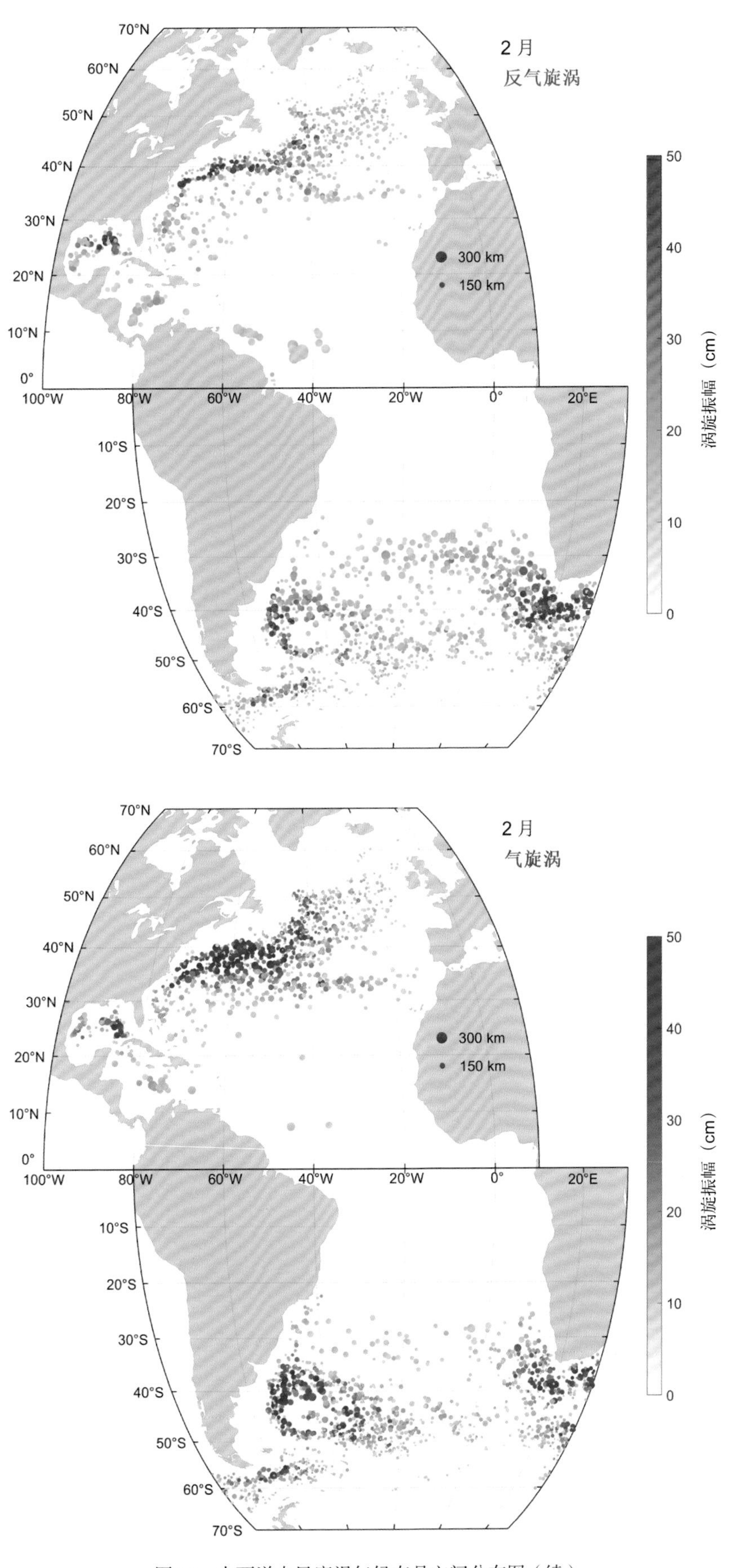

图5.4 大西洋中尺度涡气候态月空间分布图（续）

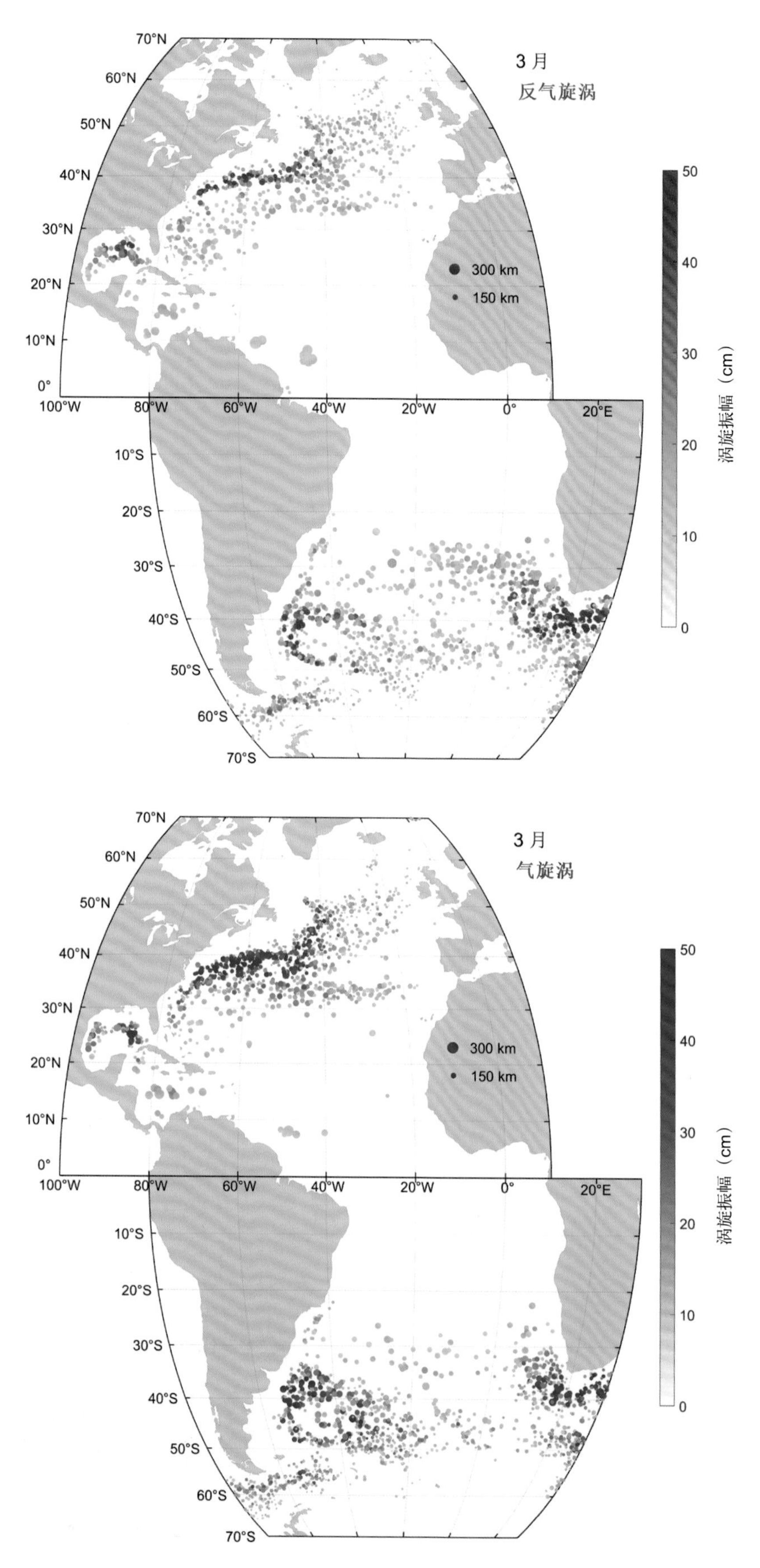

图5.4　大西洋中尺度涡气候态月空间分布图（续）

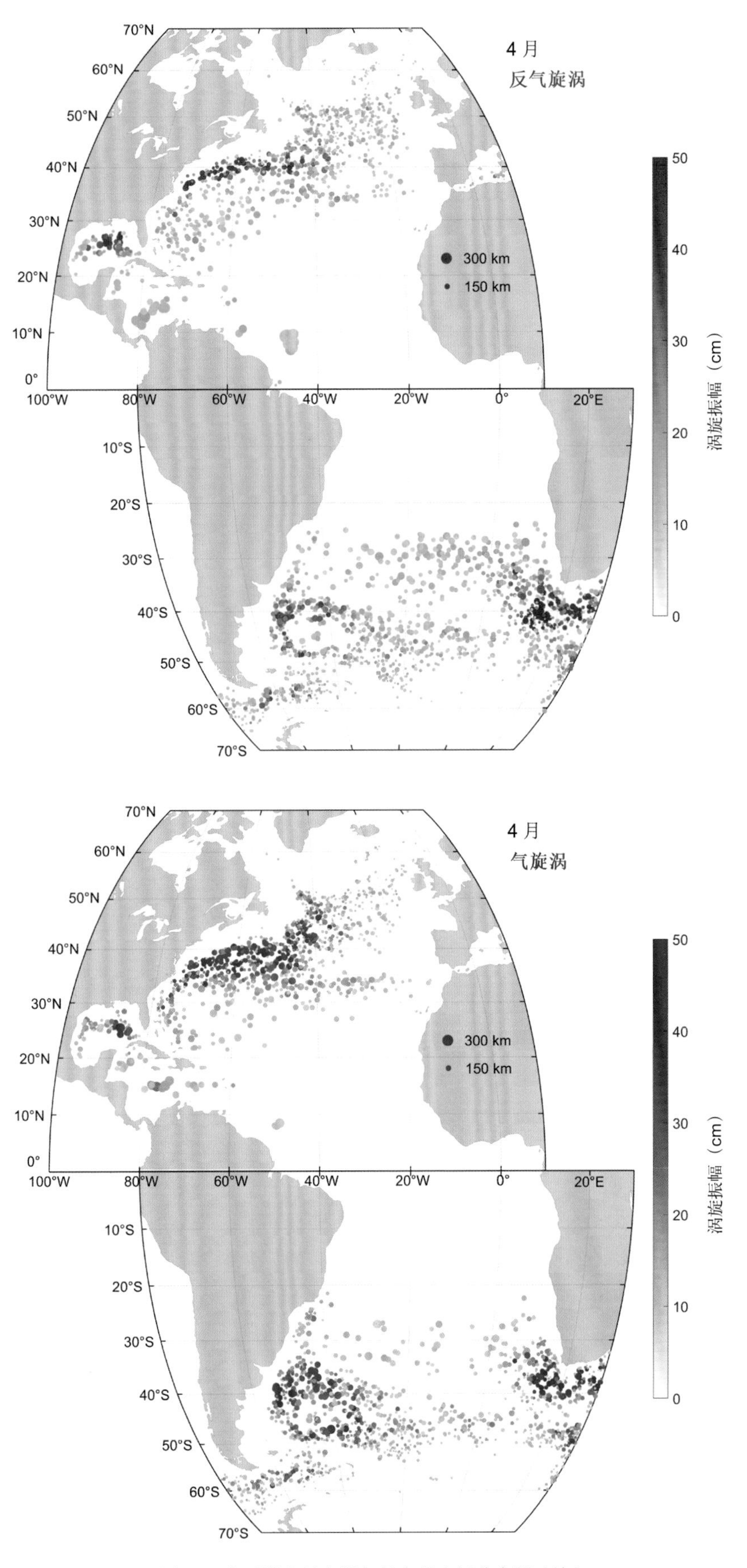

图5.4　大西洋中尺度涡气候态月空间分布图（续）

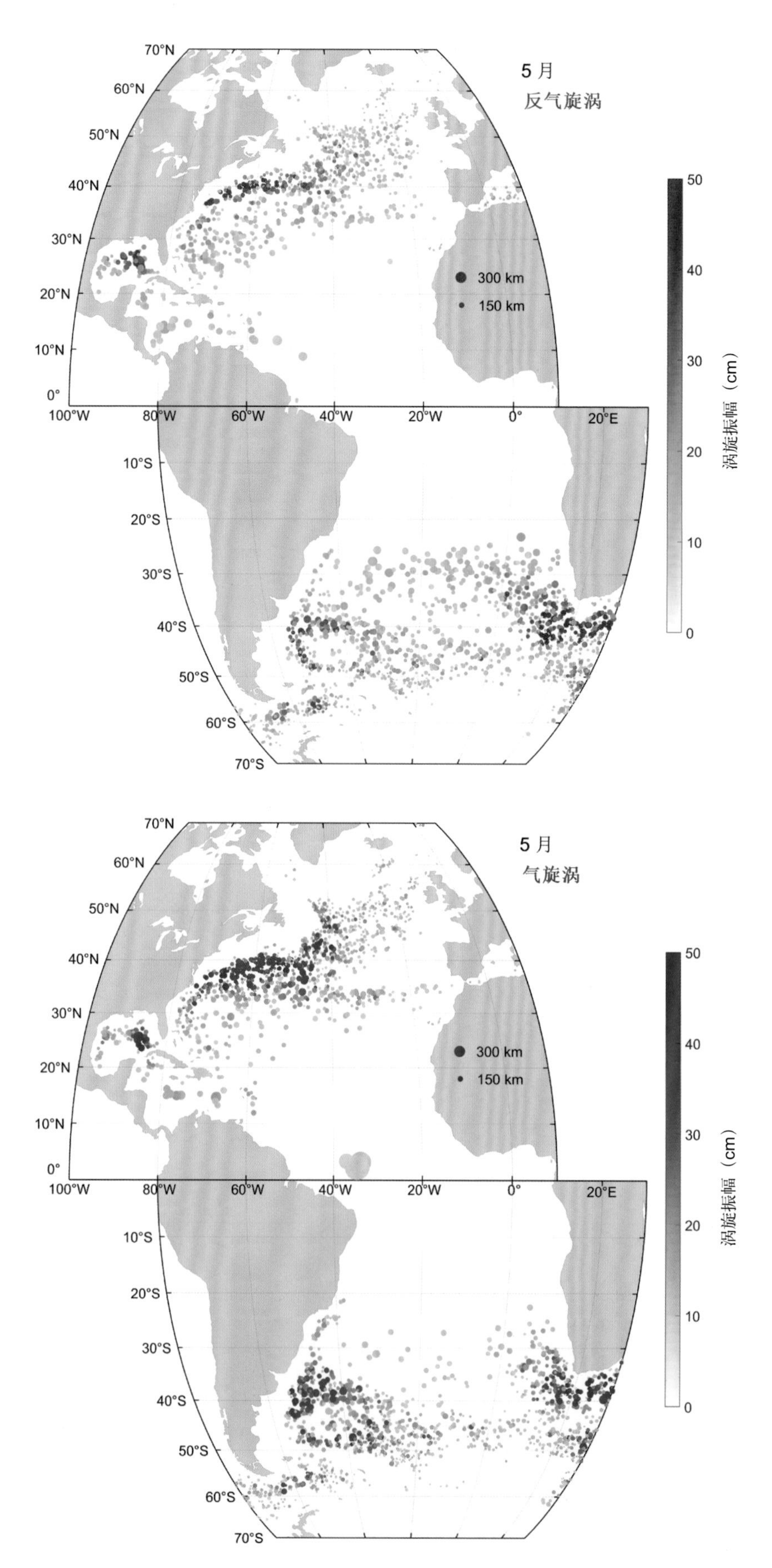

图5.4　大西洋中尺度涡气候态月空间分布图（续）

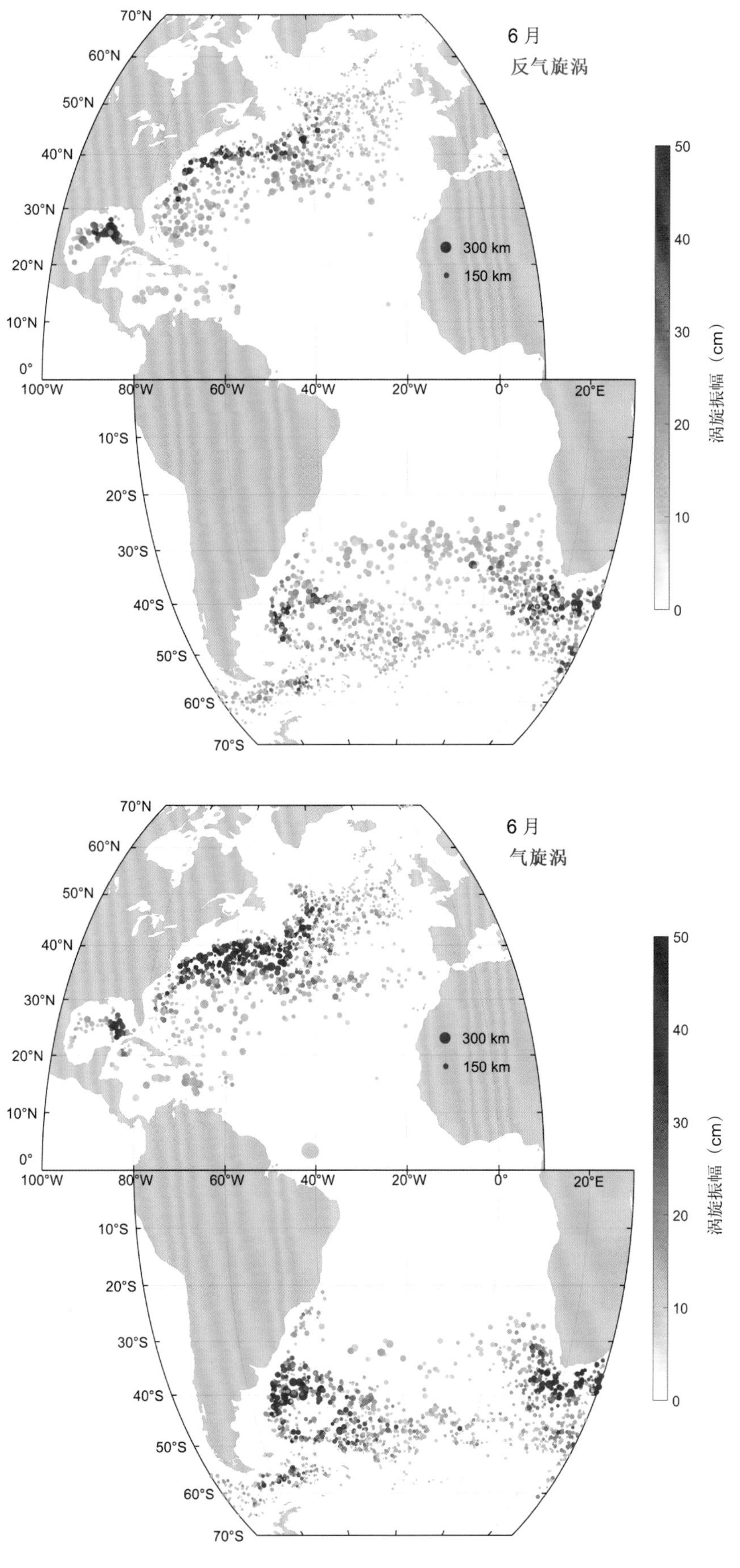

图5.4　大西洋中尺度涡气候态月空间分布图（续）

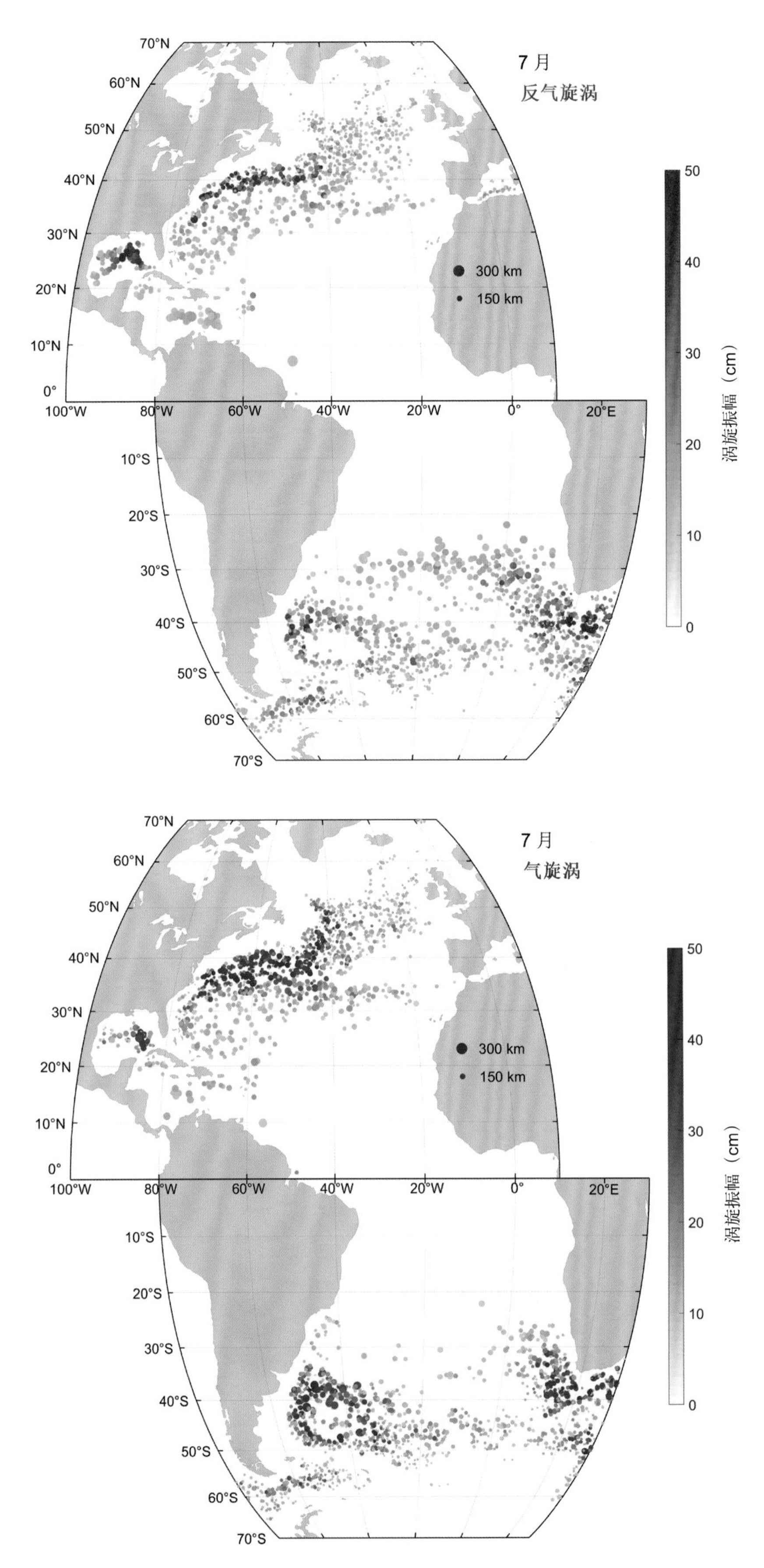

图5.4 大西洋中尺度涡气候态月空间分布图（续）

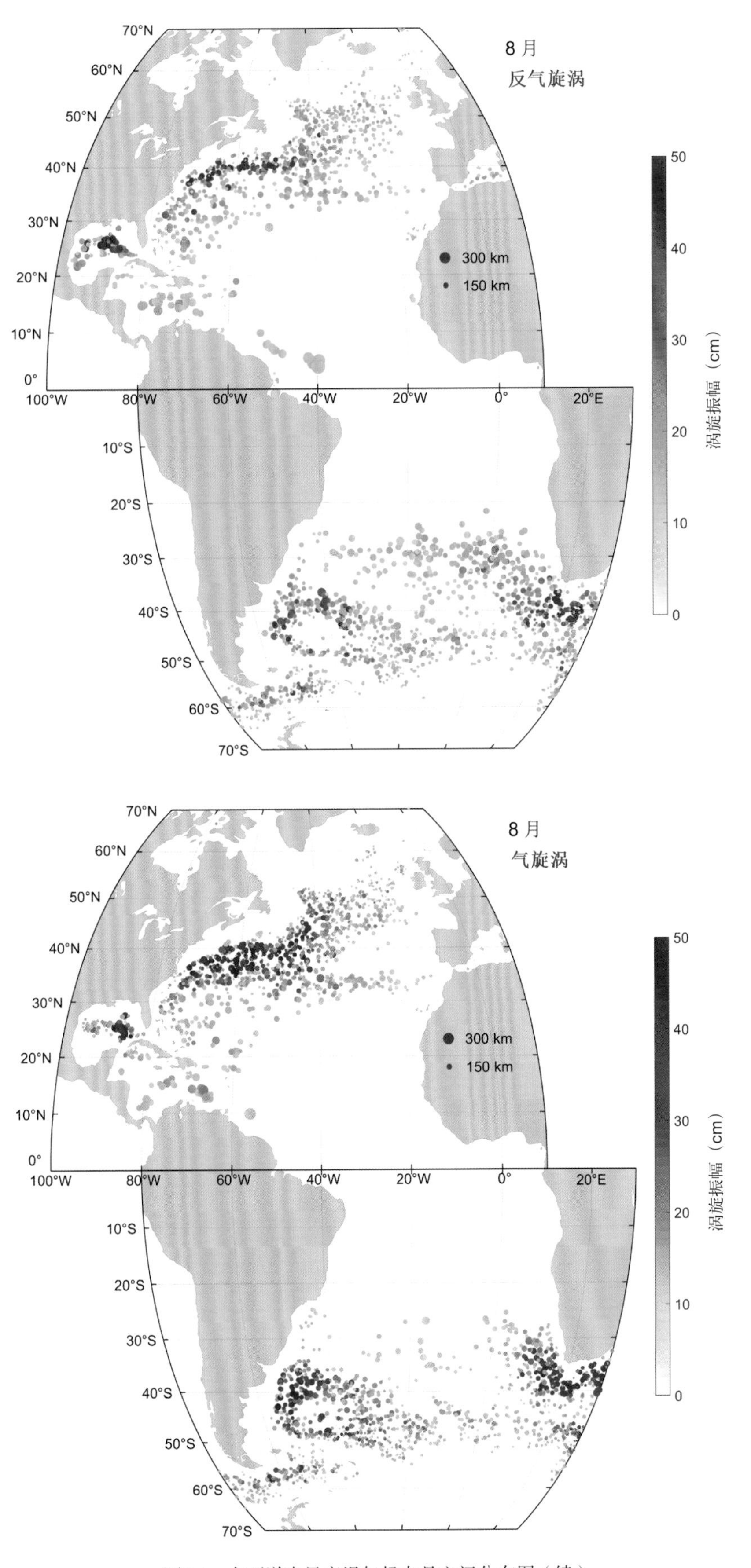

图5.4 大西洋中尺度涡气候态月空间分布图（续）

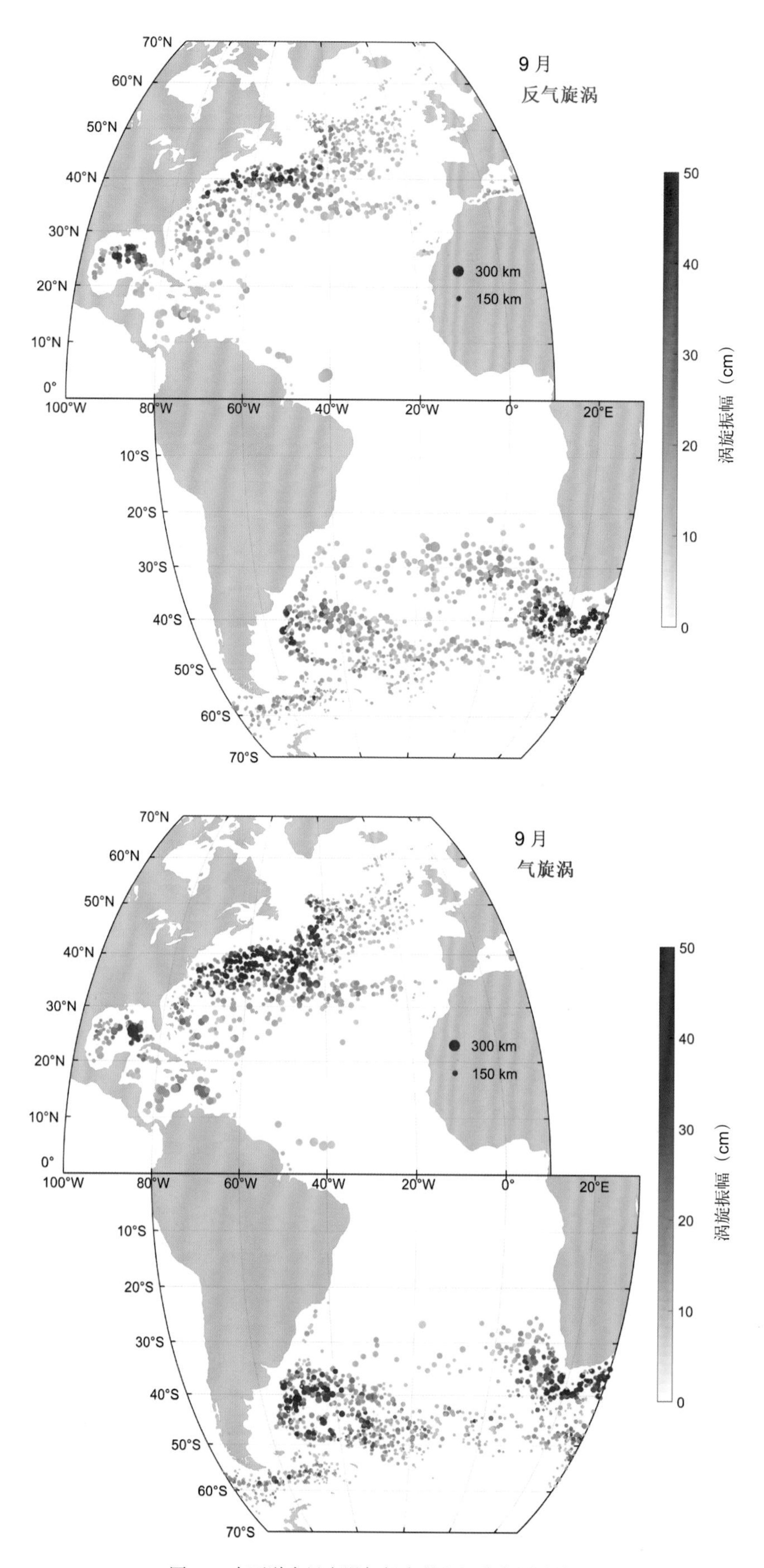

图5.4　大西洋中尺度涡气候态月空间分布图（续）

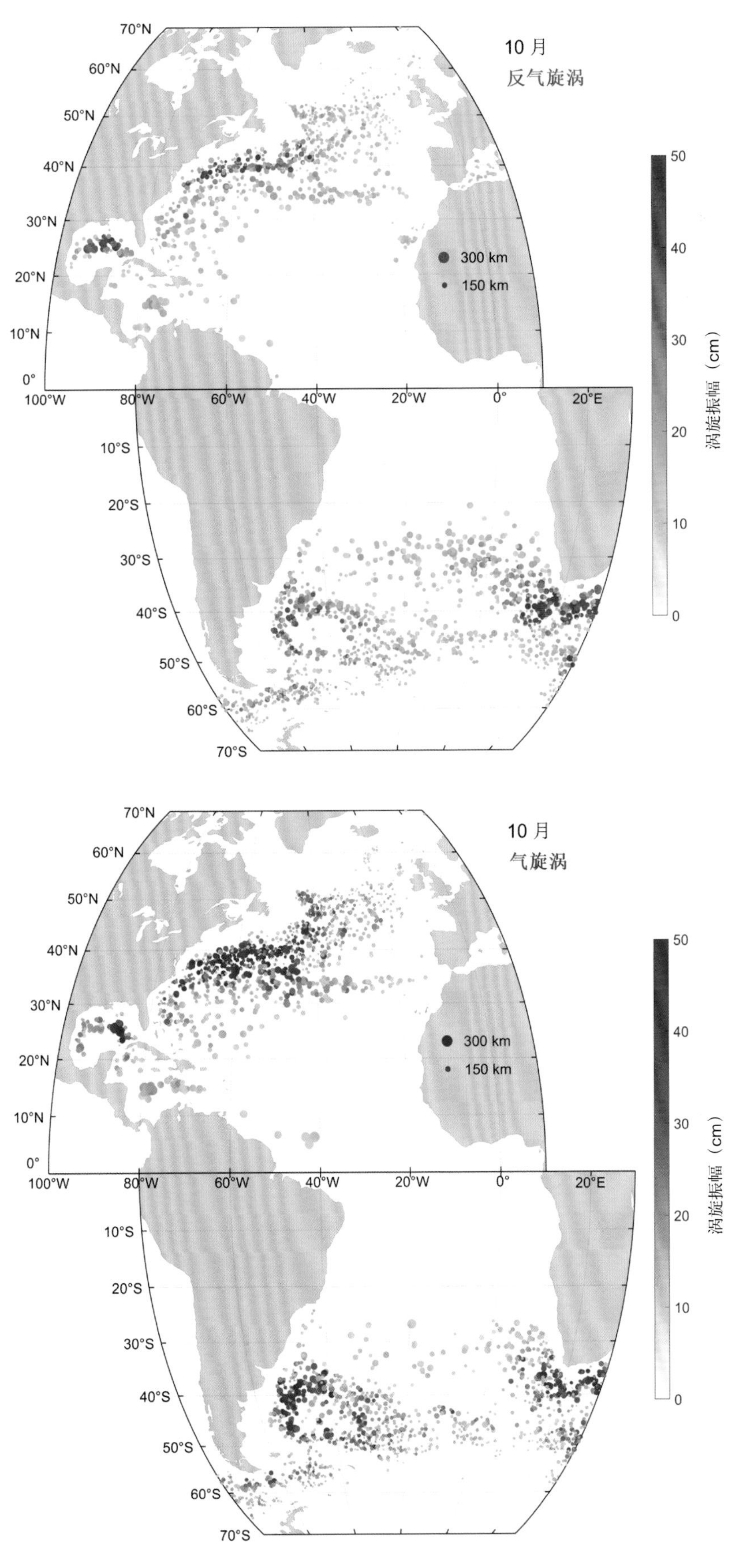

图5.4　大西洋中尺度涡气候态月空间分布图（续）

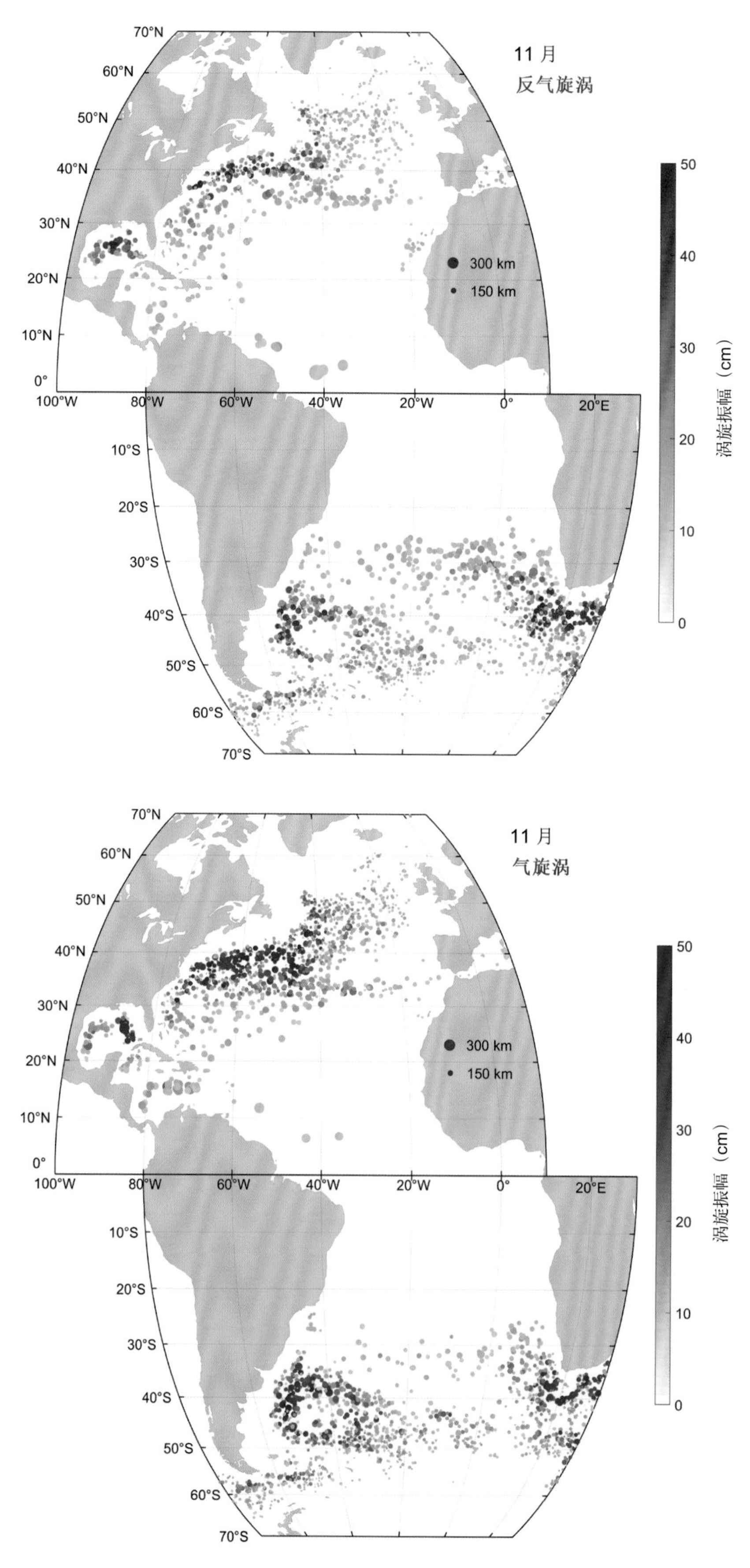

图5.4　大西洋中尺度涡气候态月空间分布图（续）

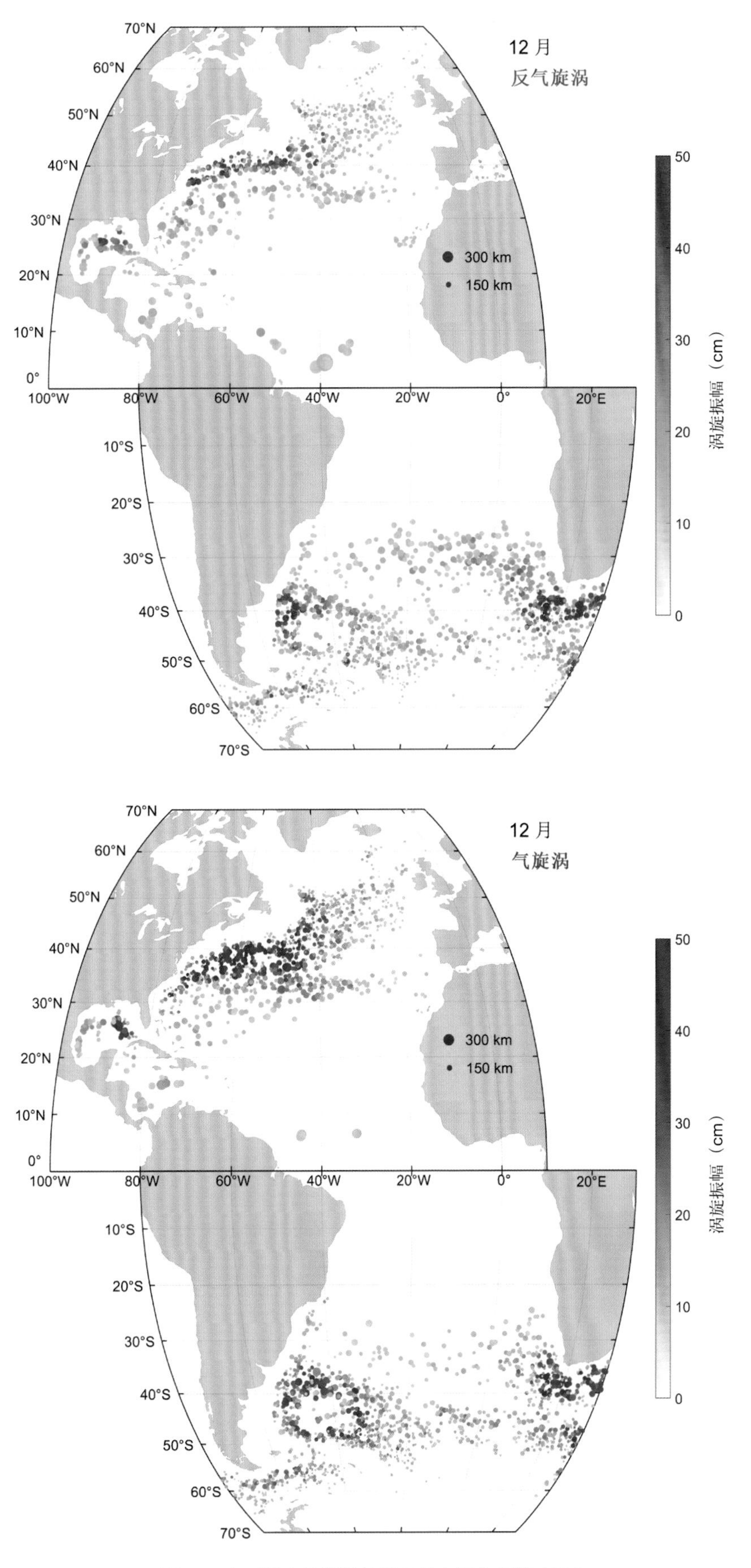

图5.4　大西洋中尺度涡气候态月空间分布图（续）

5.2.2 大西洋中尺度涡气候态季节空间分布

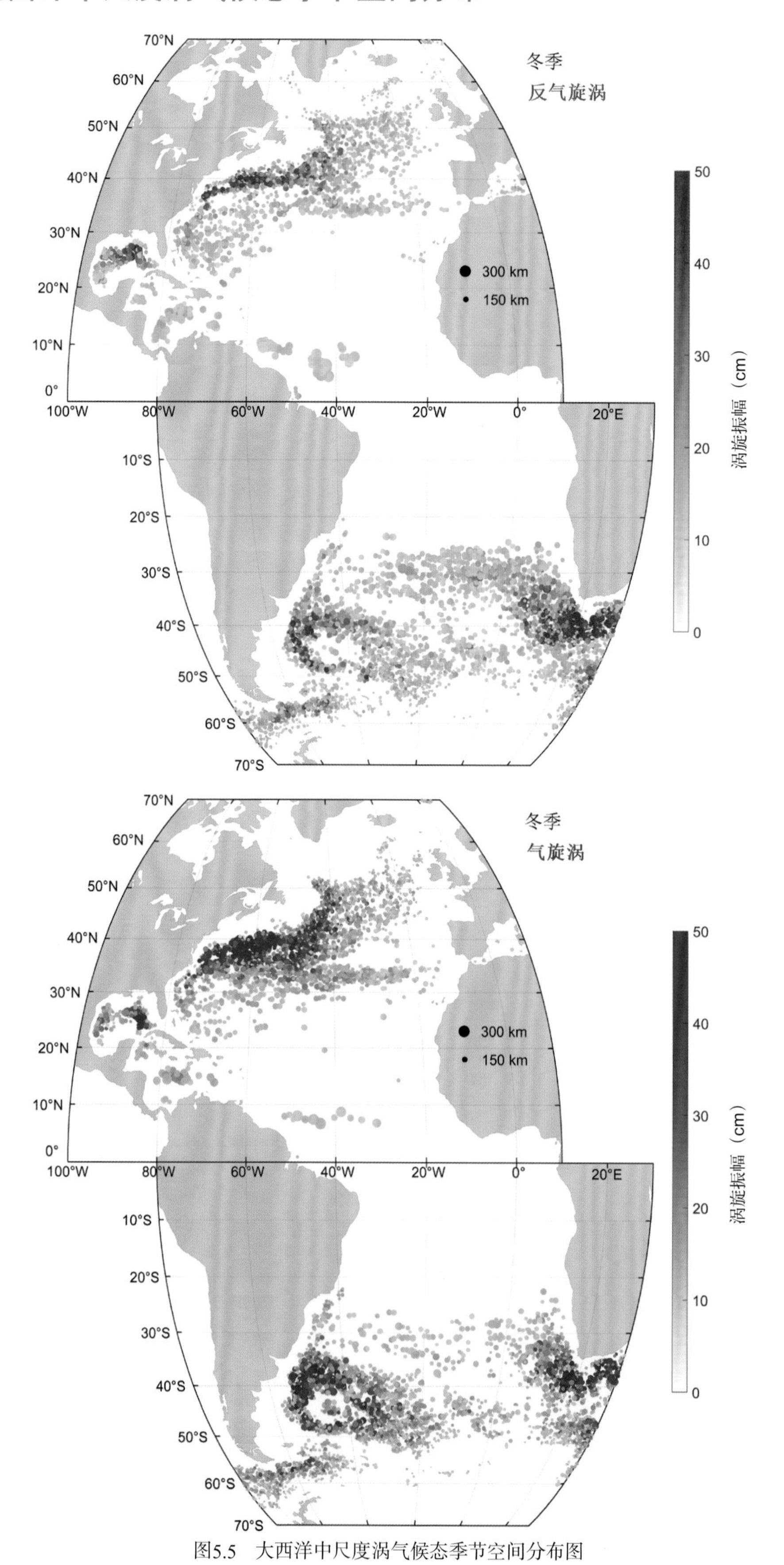

图5.5 大西洋中尺度涡气候态季节空间分布图

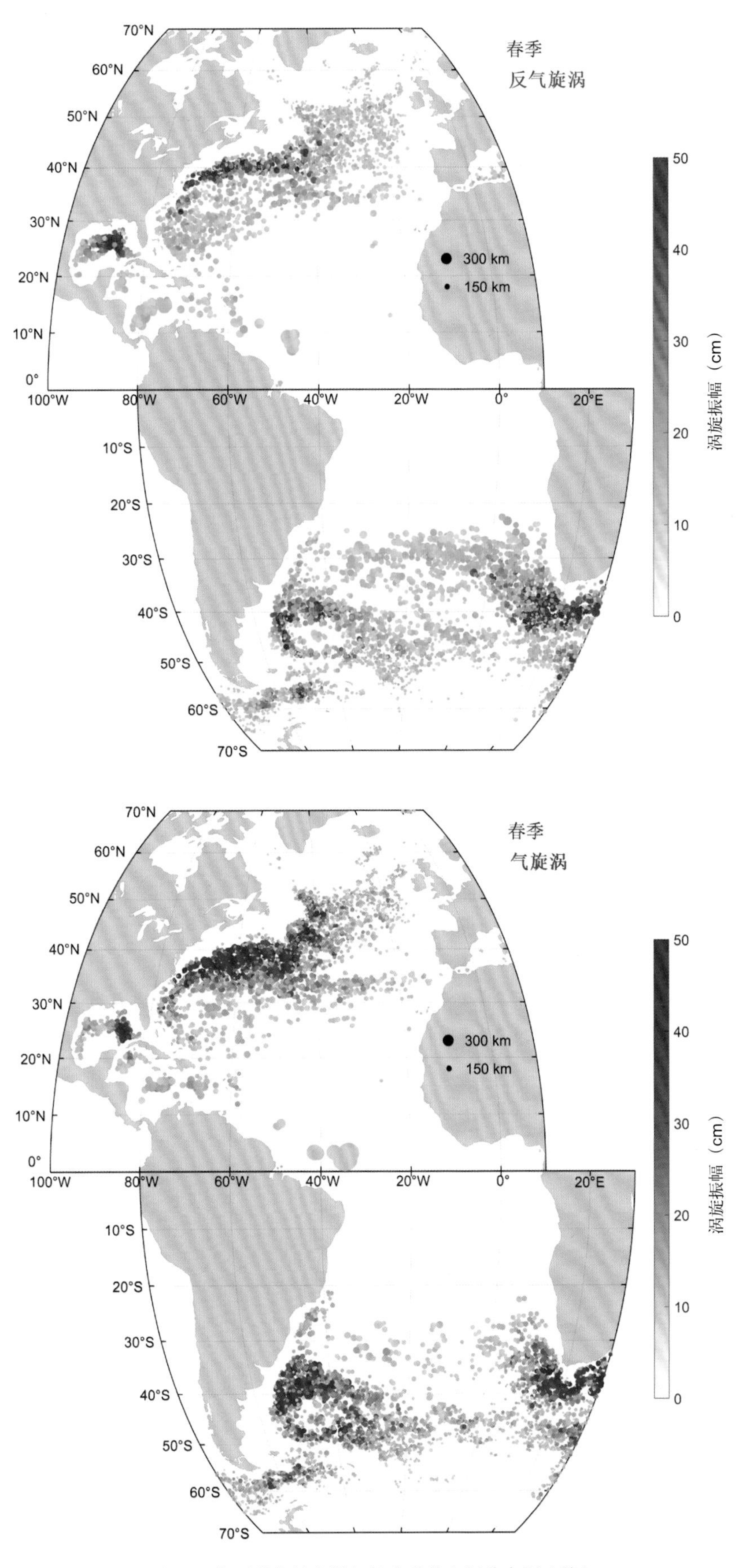

图5.5　大西洋中尺度涡气候态季节空间分布图（续）

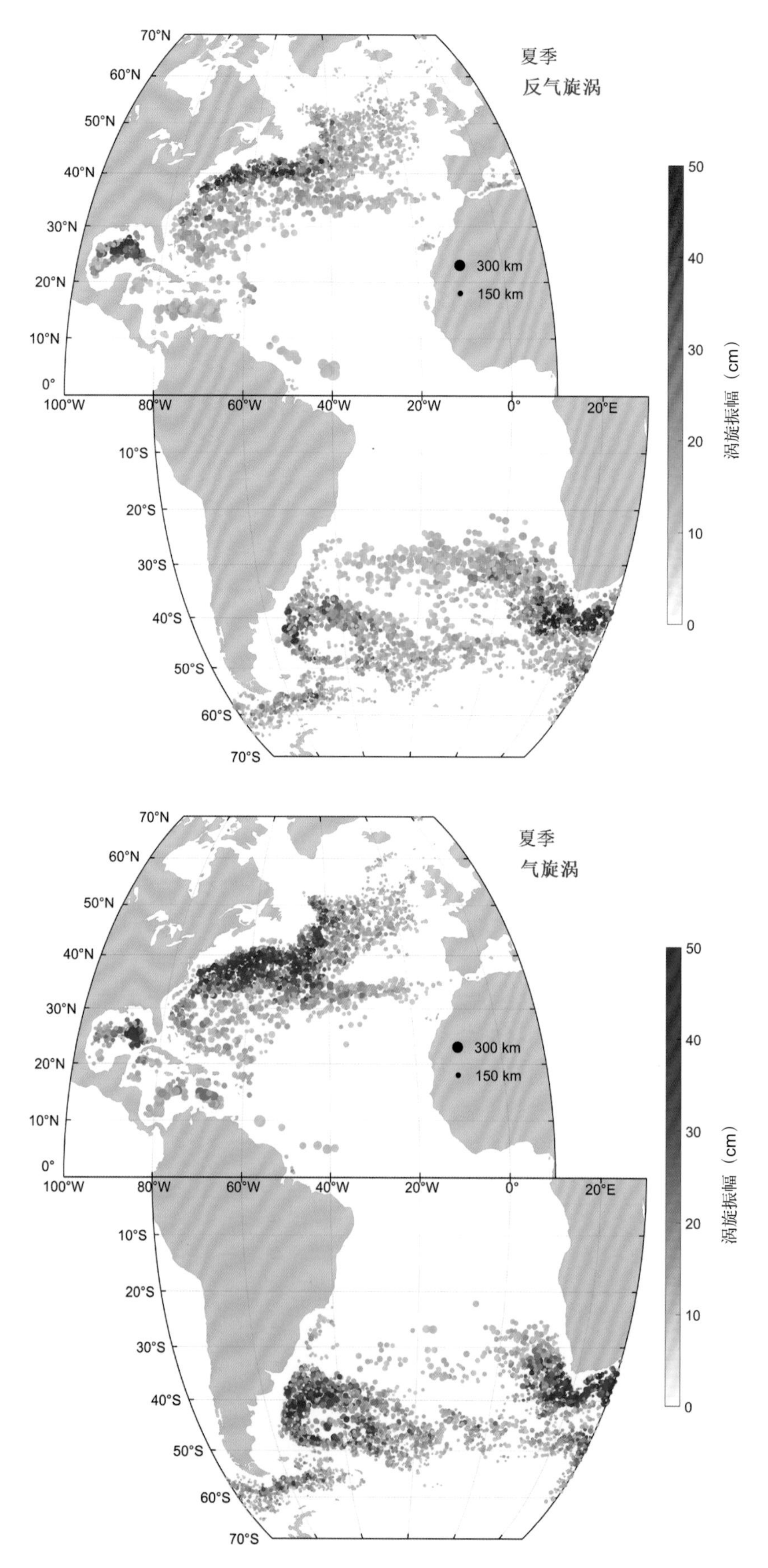

图5.5 大西洋中尺度涡气候态季节空间分布图（续）

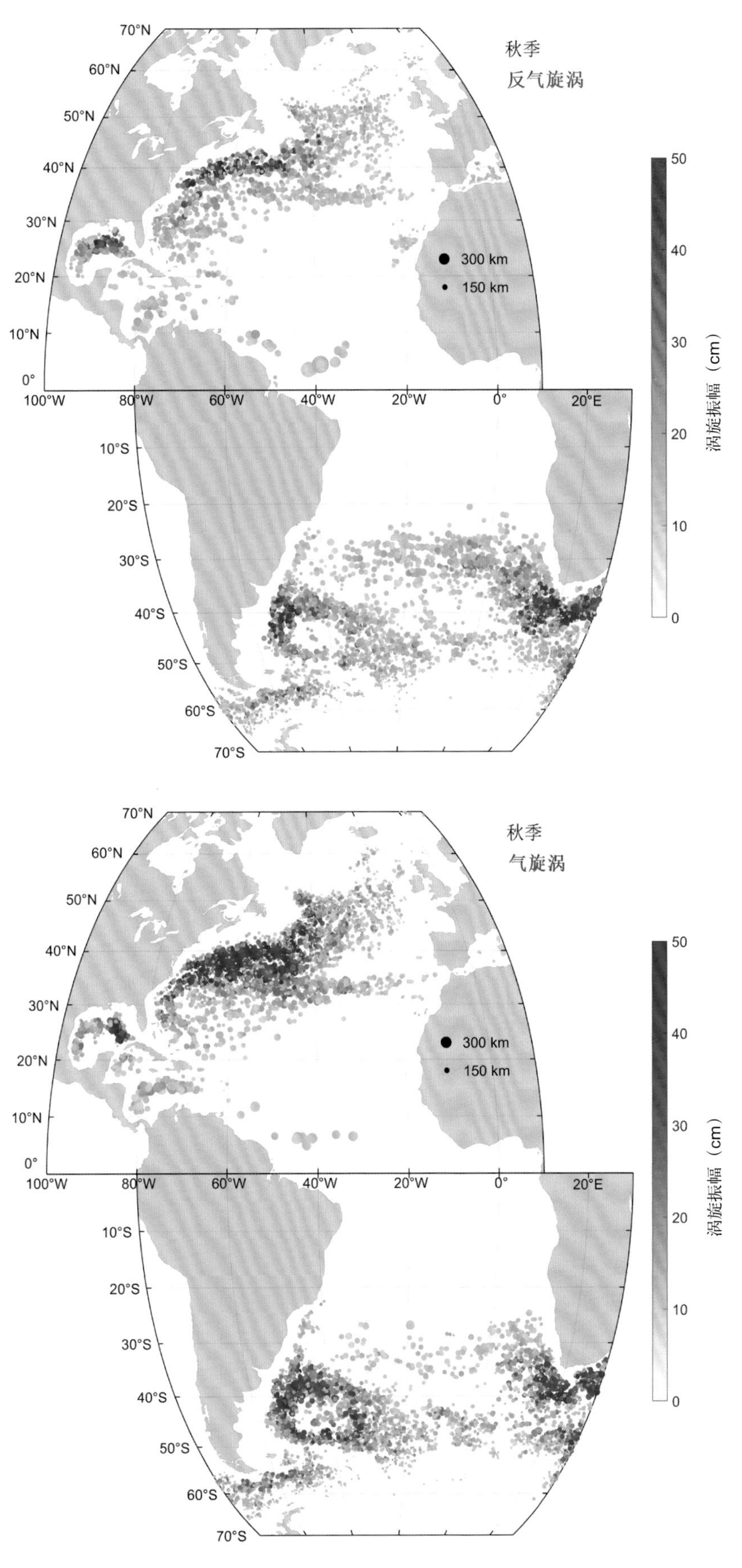

图5.5　大西洋中尺度涡气候态季节空间分布图（续）

5.2.3 大西洋中尺度涡年空间分布

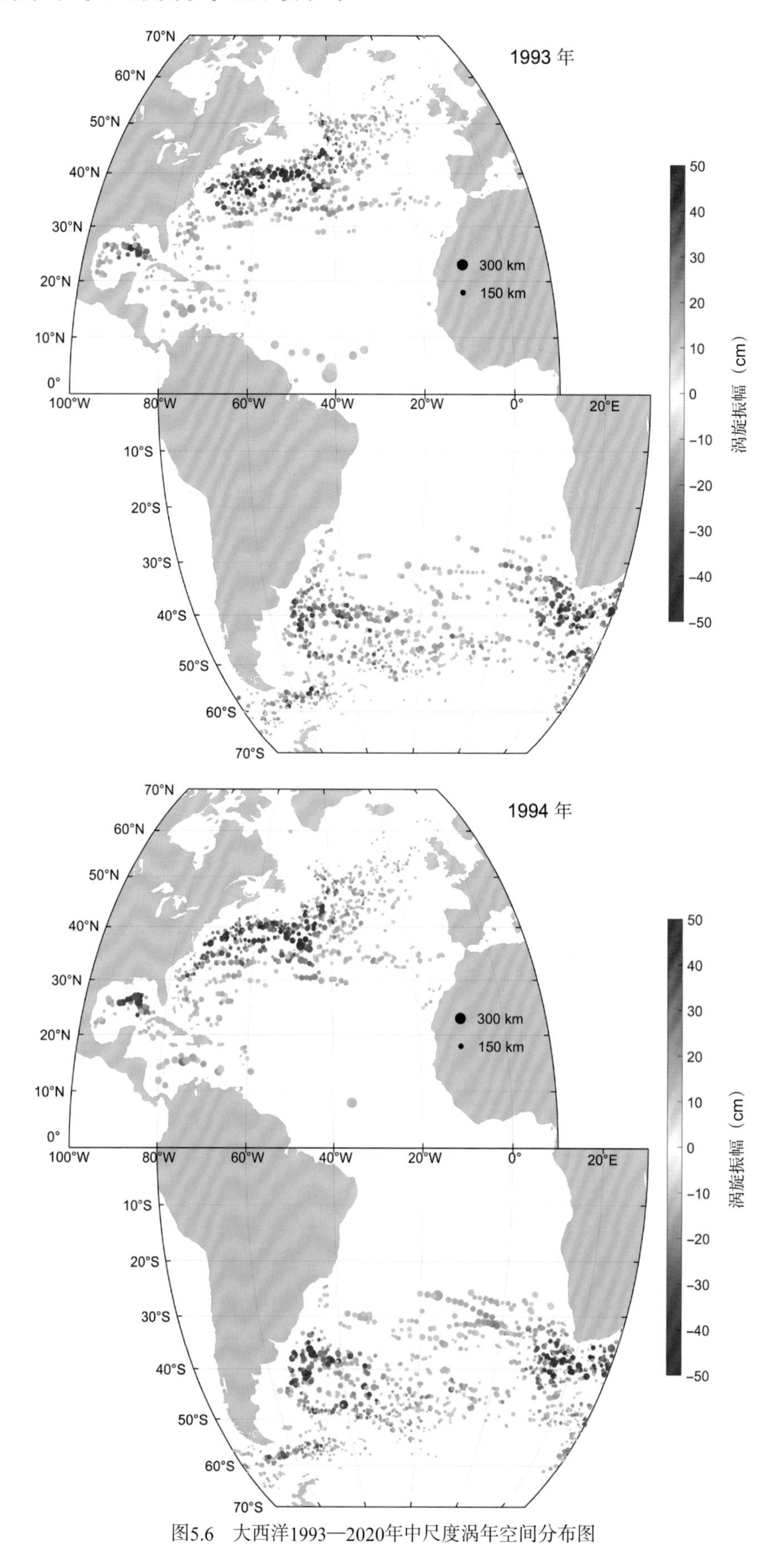

图5.6 大西洋1993—2020年中尺度涡年空间分布图

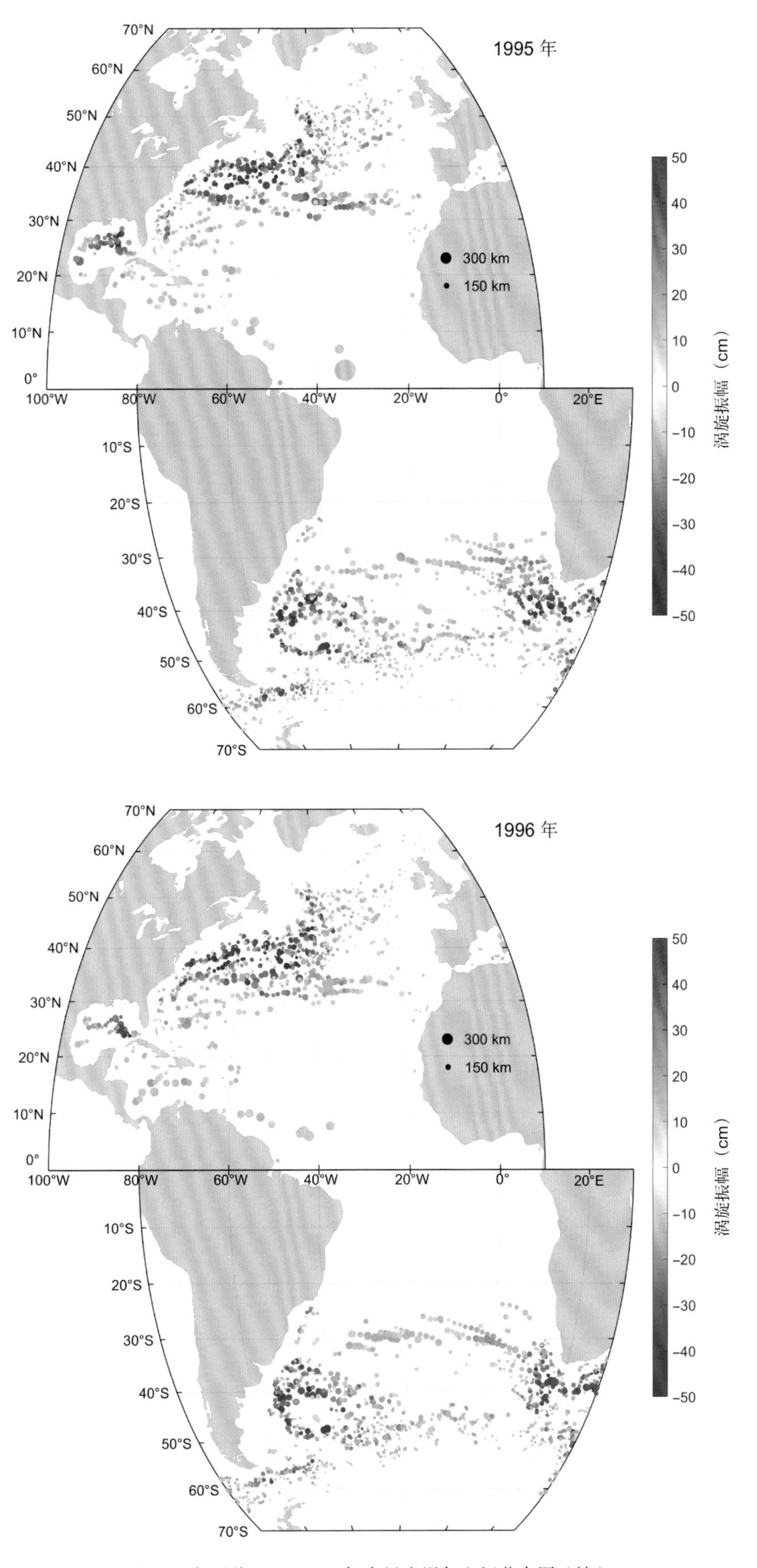

图5.6　大西洋1993—2020年中尺度涡年空间分布图（续）

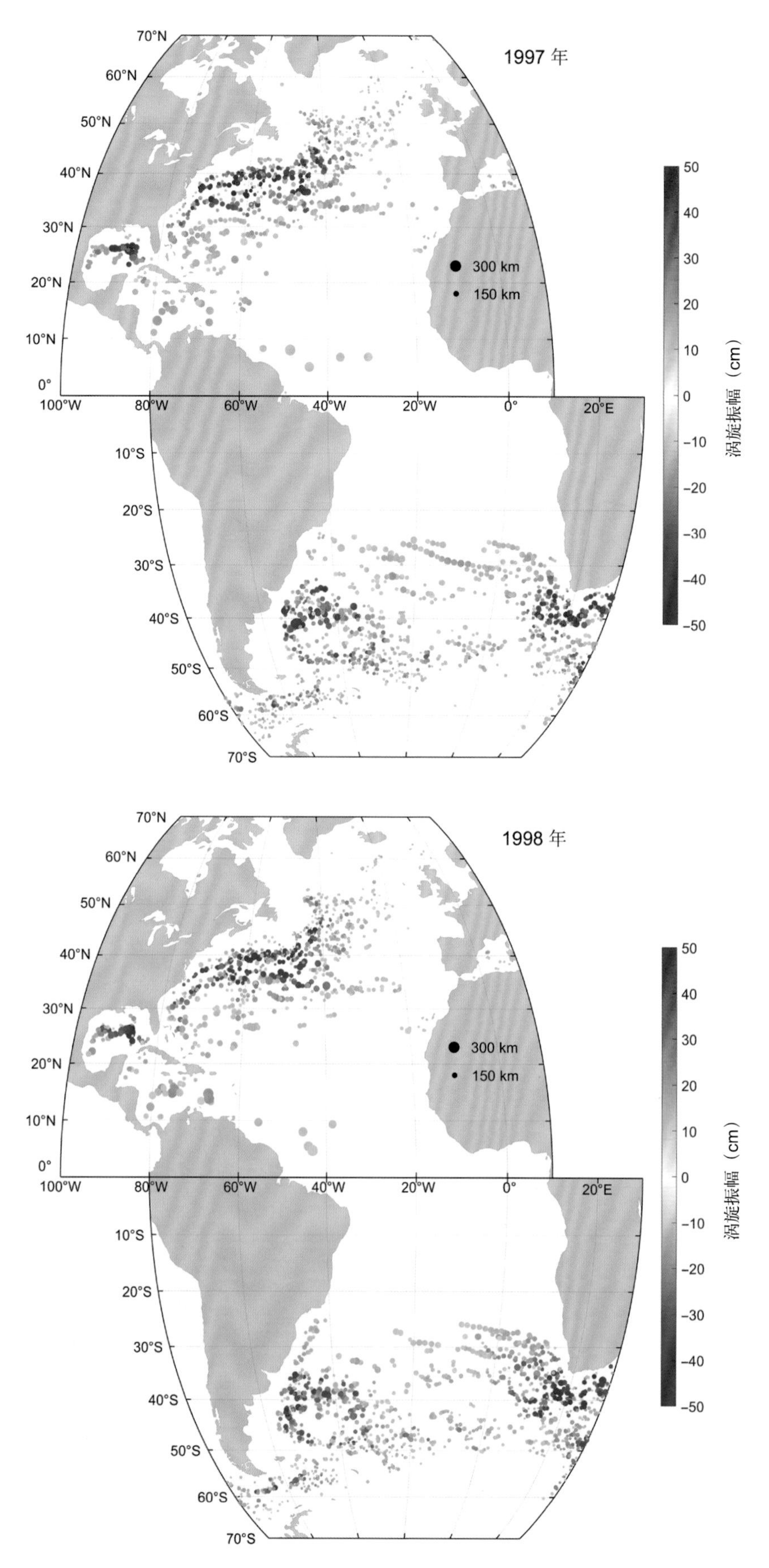

图5.6　大西洋1993—2020年中尺度涡年空间分布图（续）

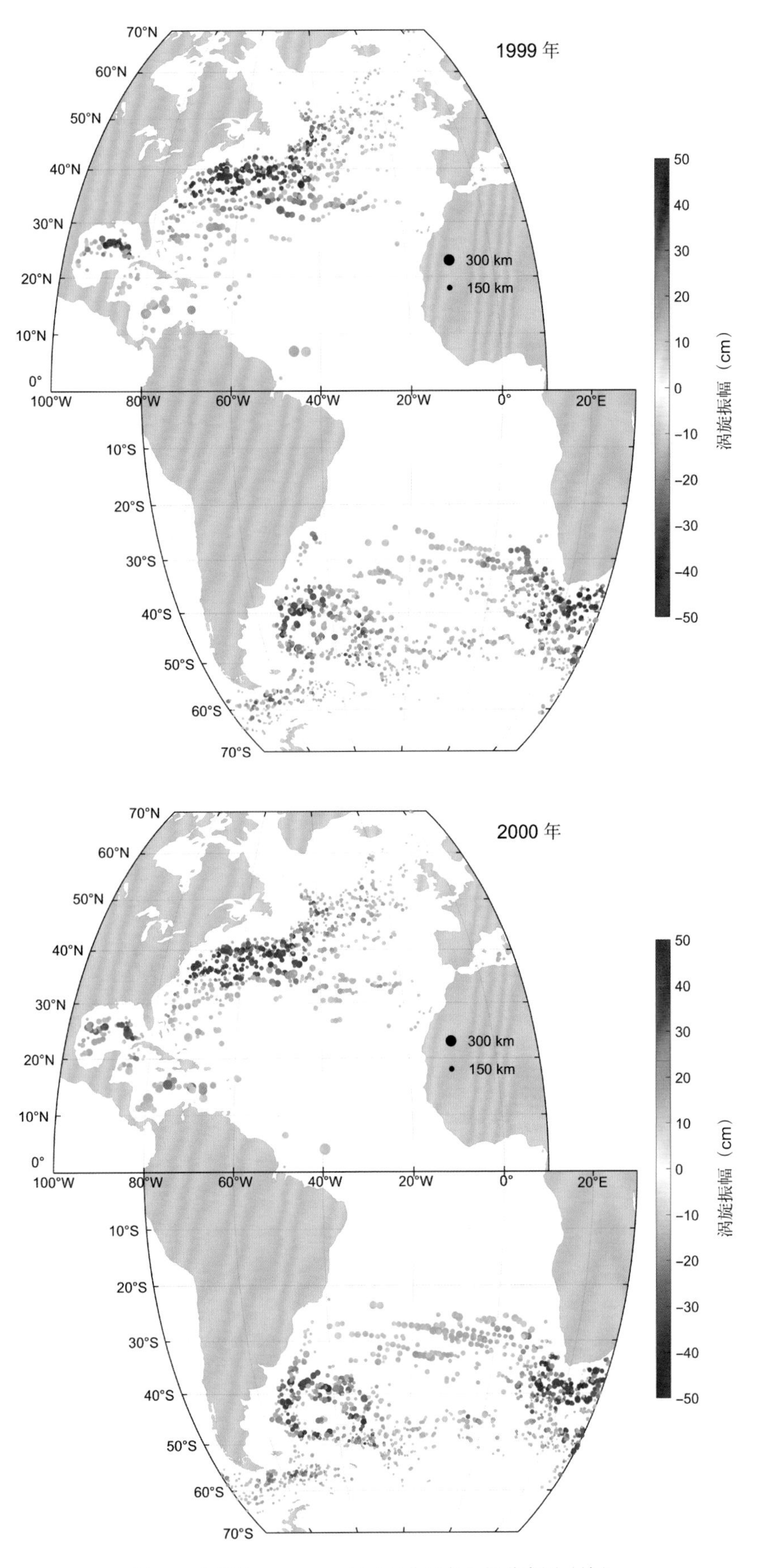

图5.6　大西洋1993—2020年中尺度涡年空间分布图（续）

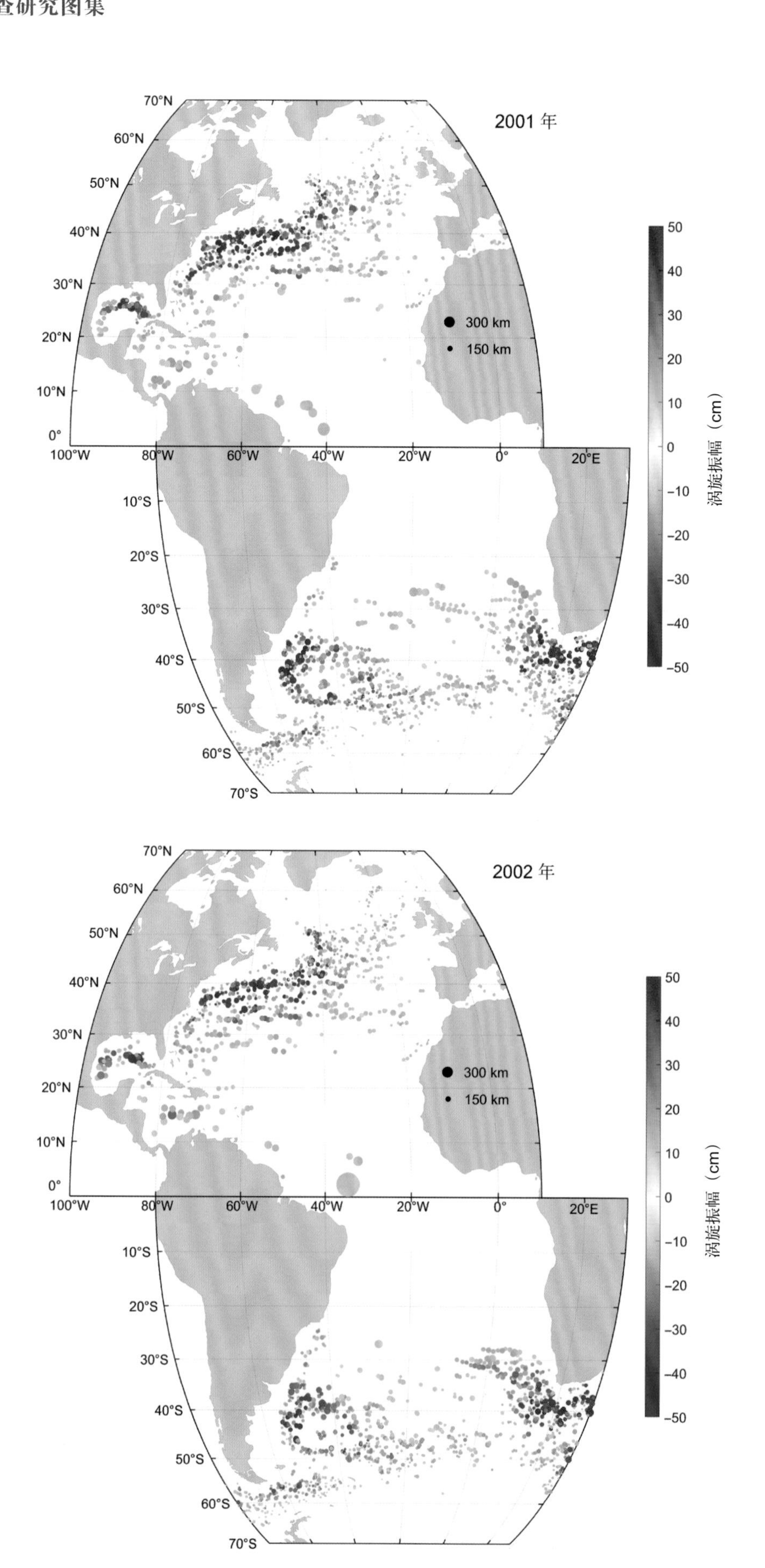

图5.6　大西洋1993—2020年中尺度涡年空间分布图（续）

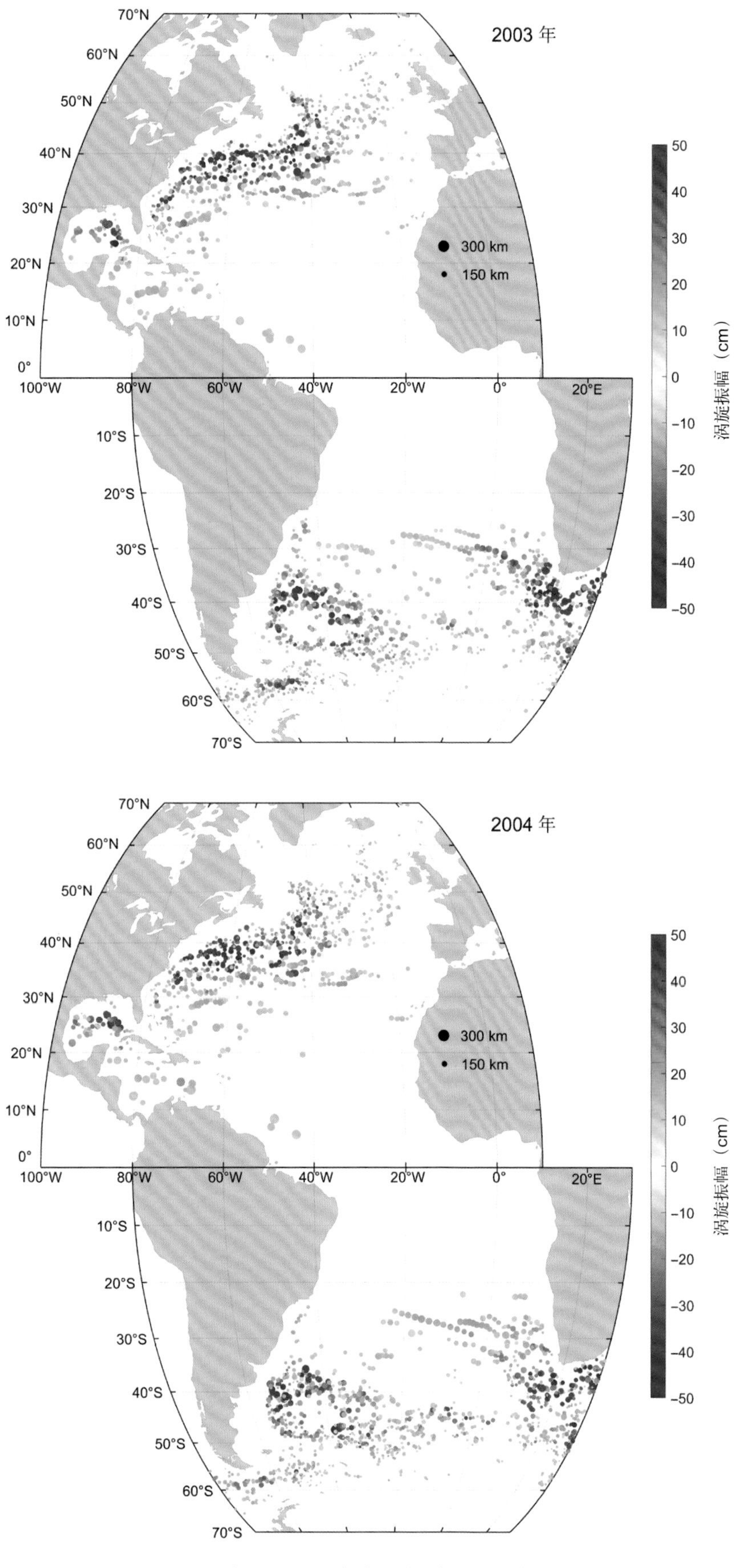

图5.6 大西洋1993—2020年中尺度涡年空间分布图（续）

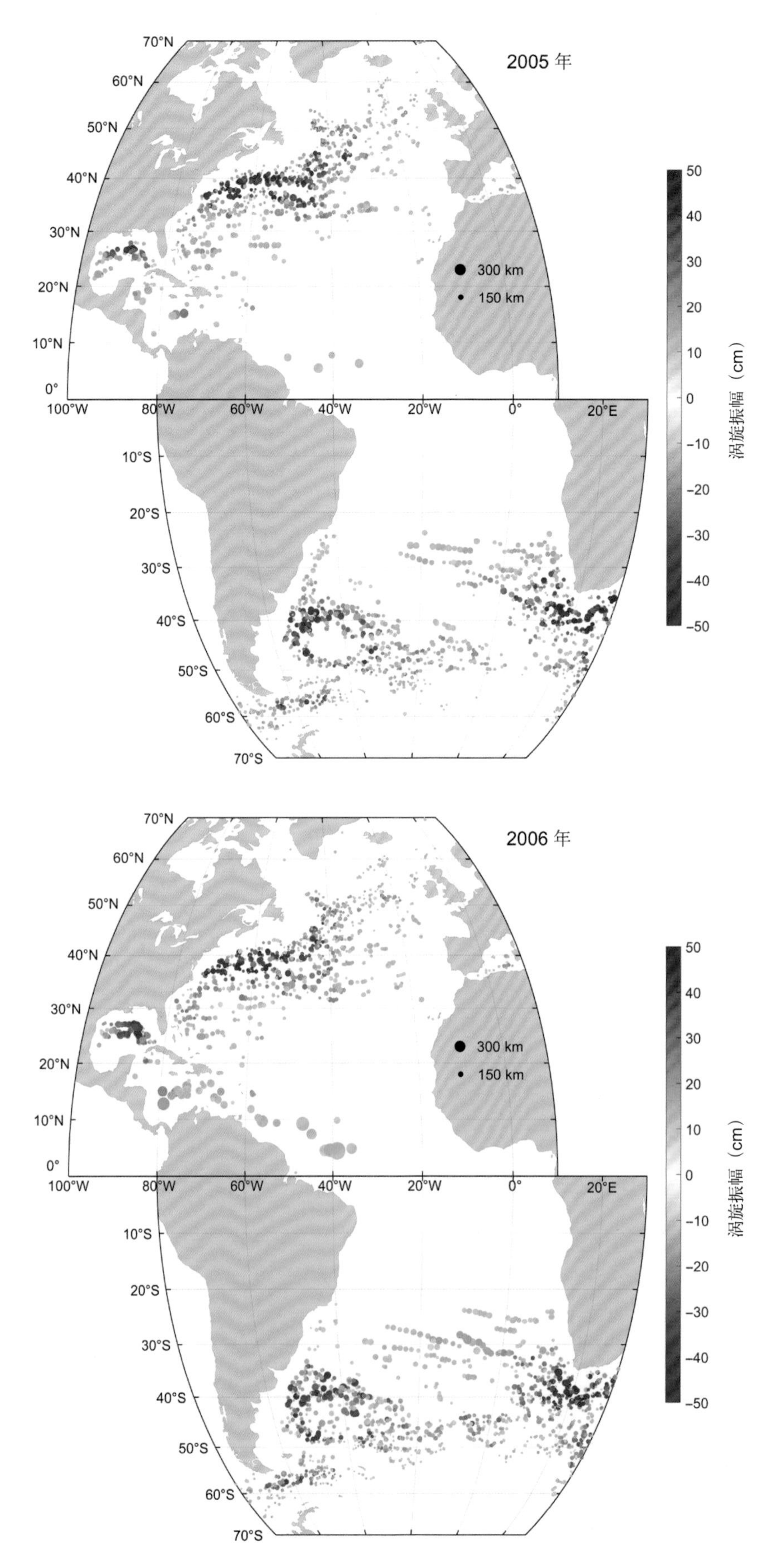

图5.6　大西洋1993—2020年中尺度涡年空间分布图（续）

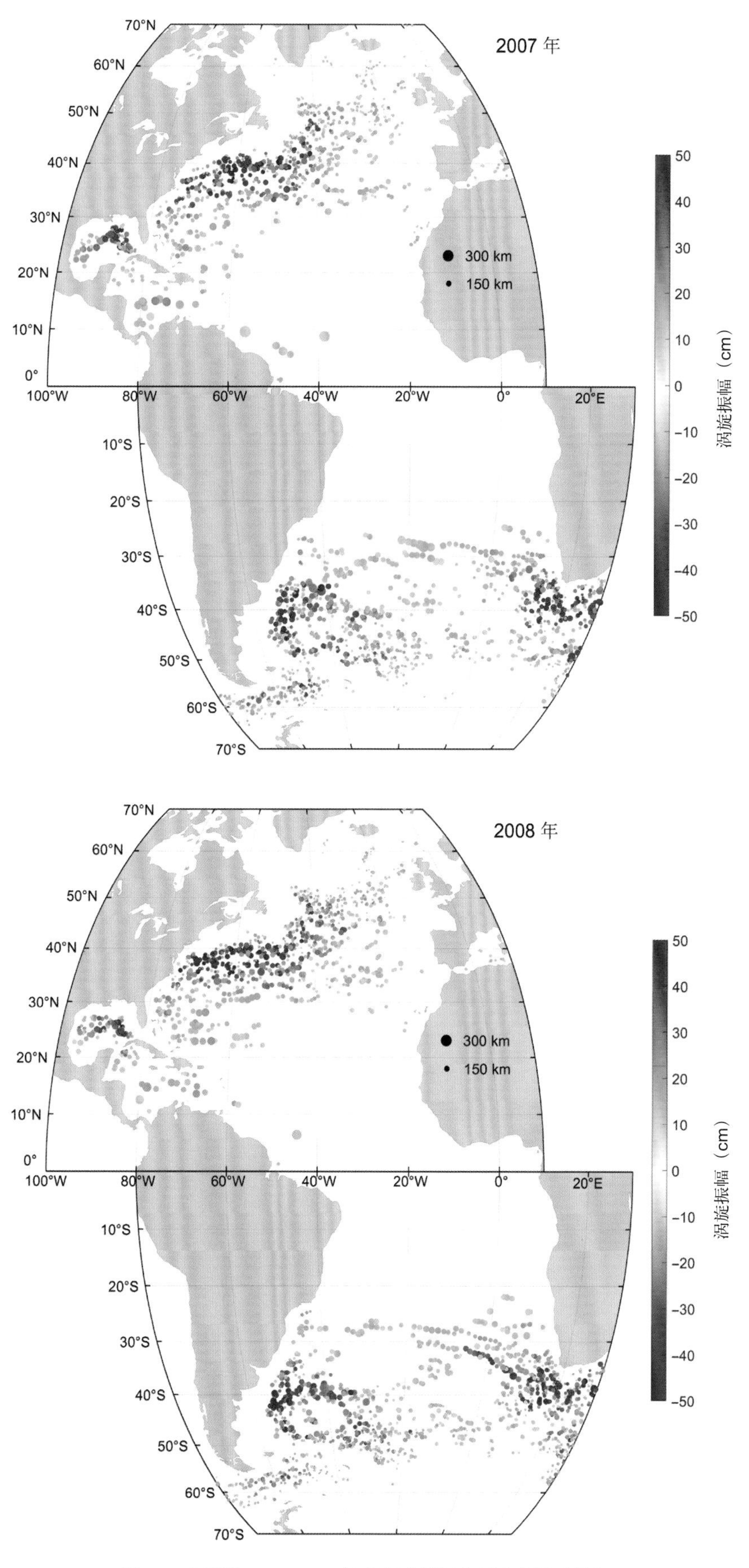

图5.6　大西洋1993—2020年中尺度涡年空间分布图（续）

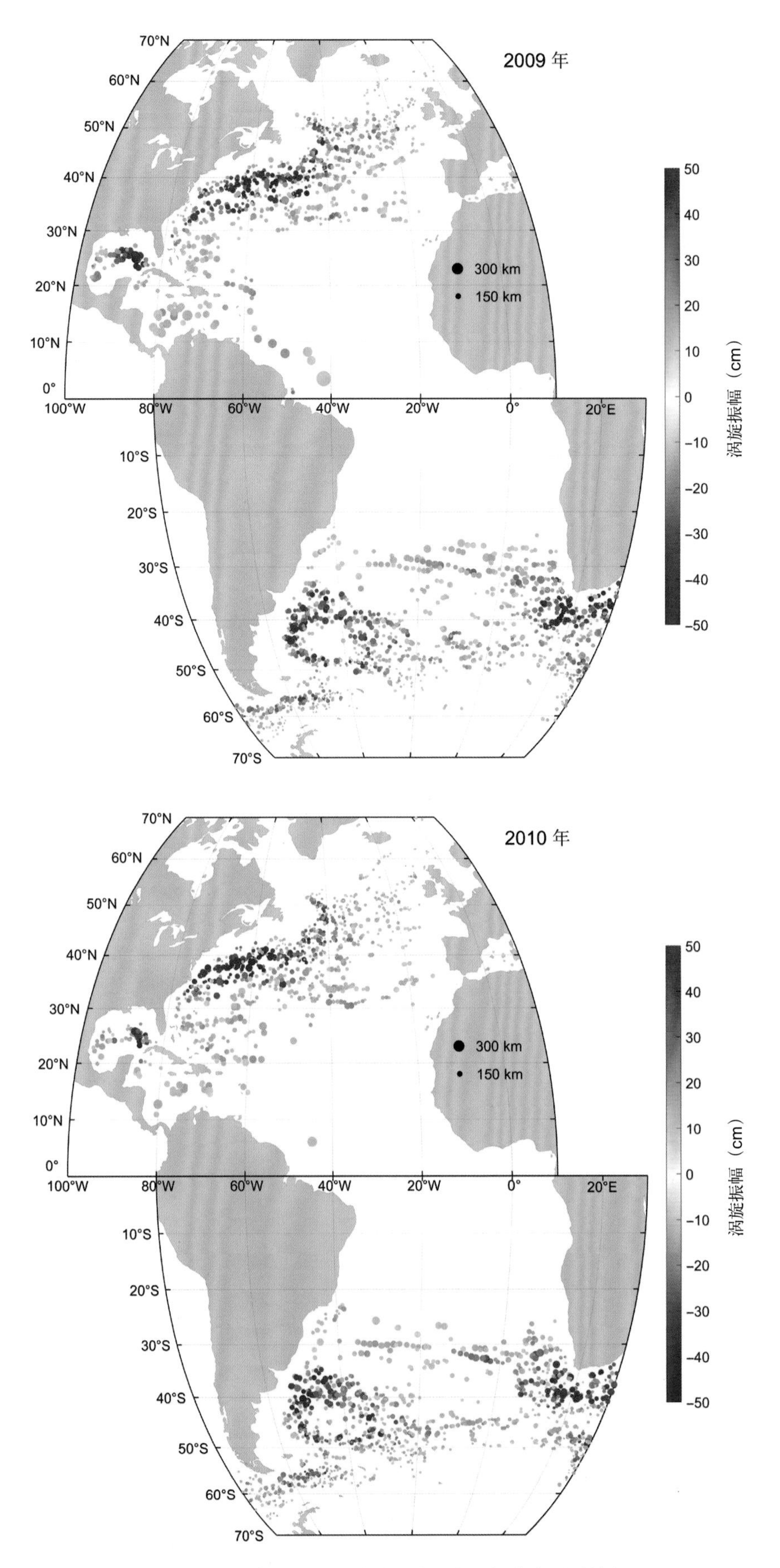

图5.6　大西洋1993—2020年中尺度涡年空间分布图（续）

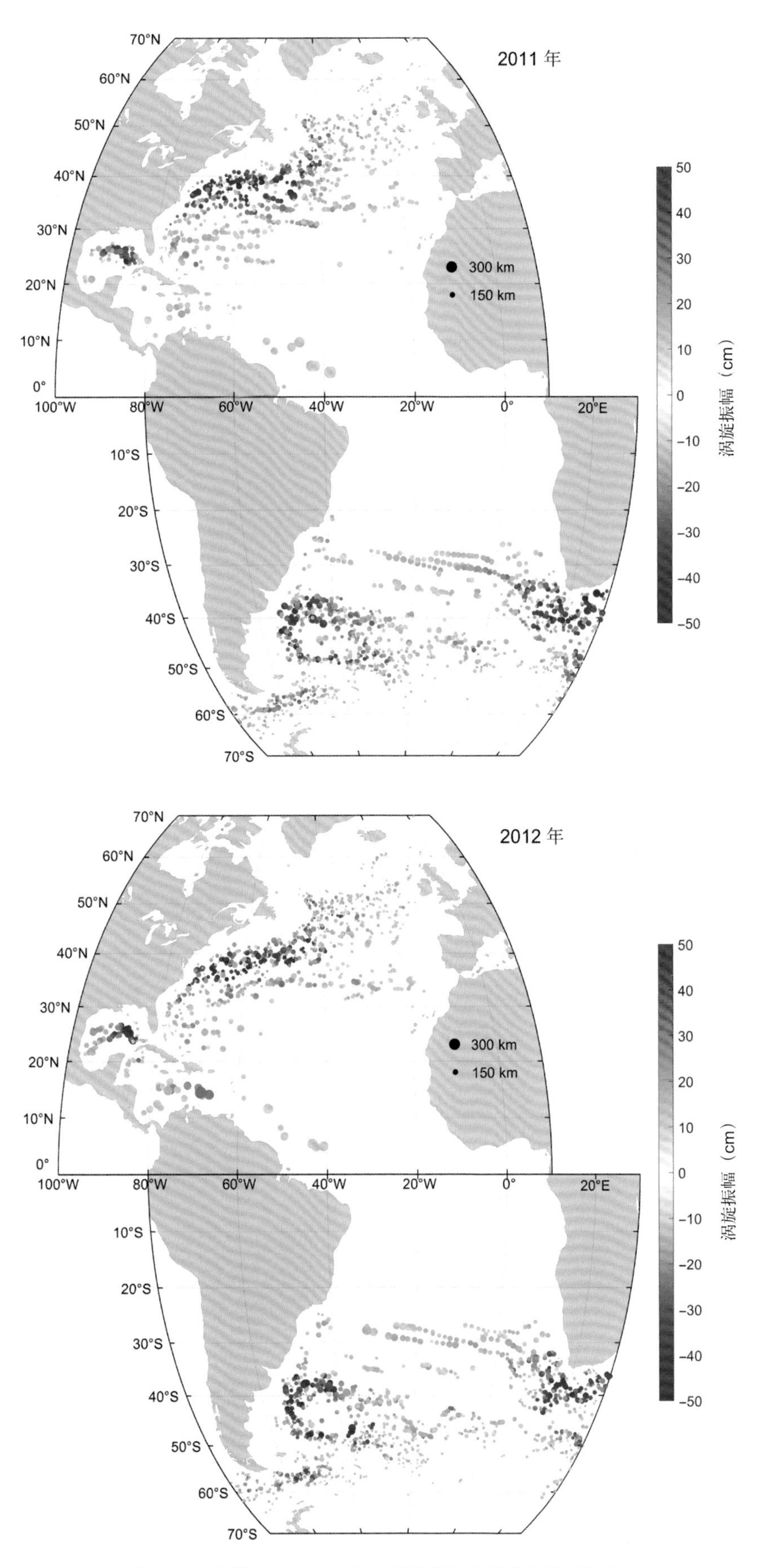

图5.6　大西洋1993—2020年中尺度涡年空间分布图（续）

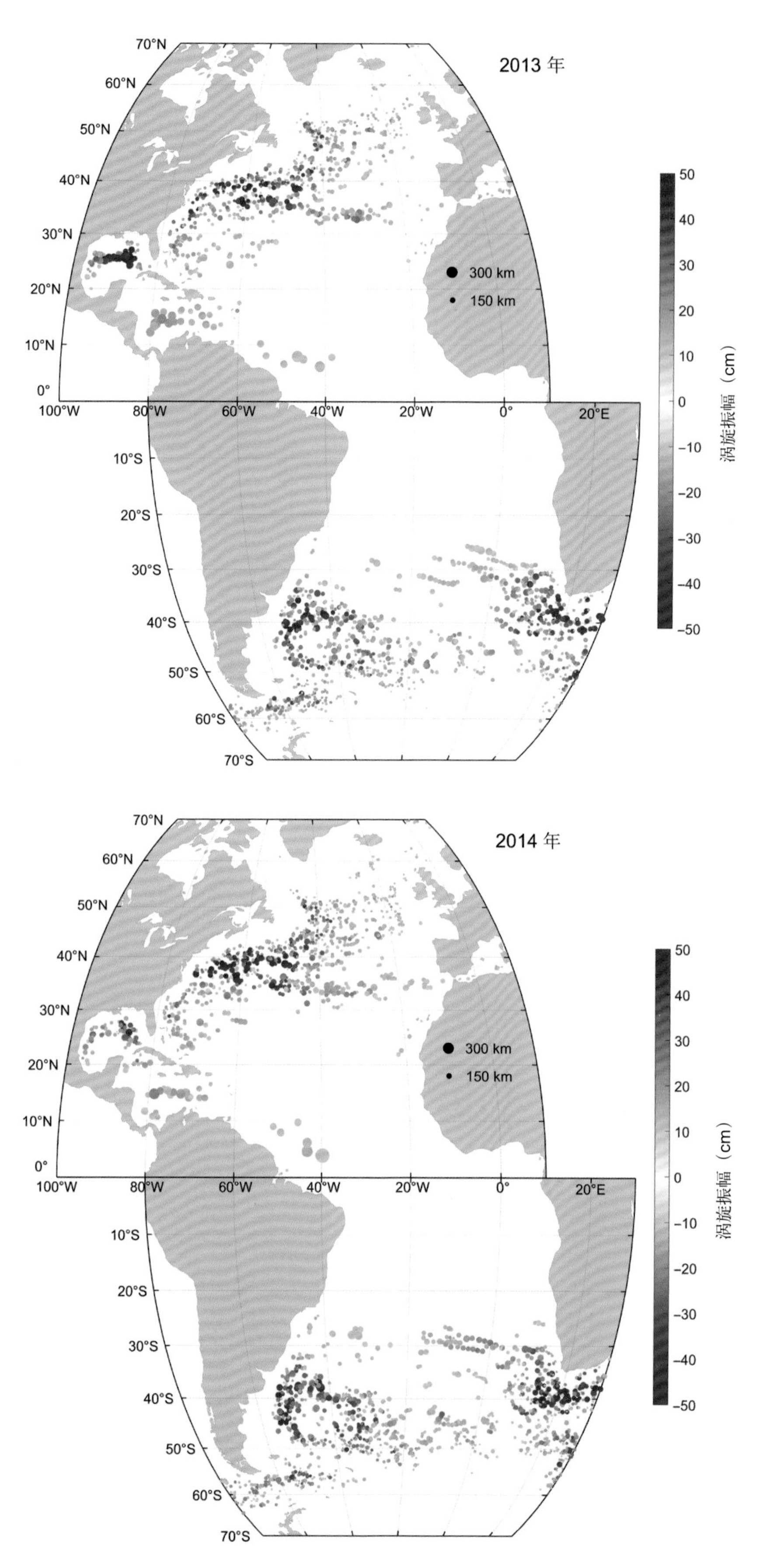

图5.6　大西洋1993—2020年中尺度涡年空间分布图（续）

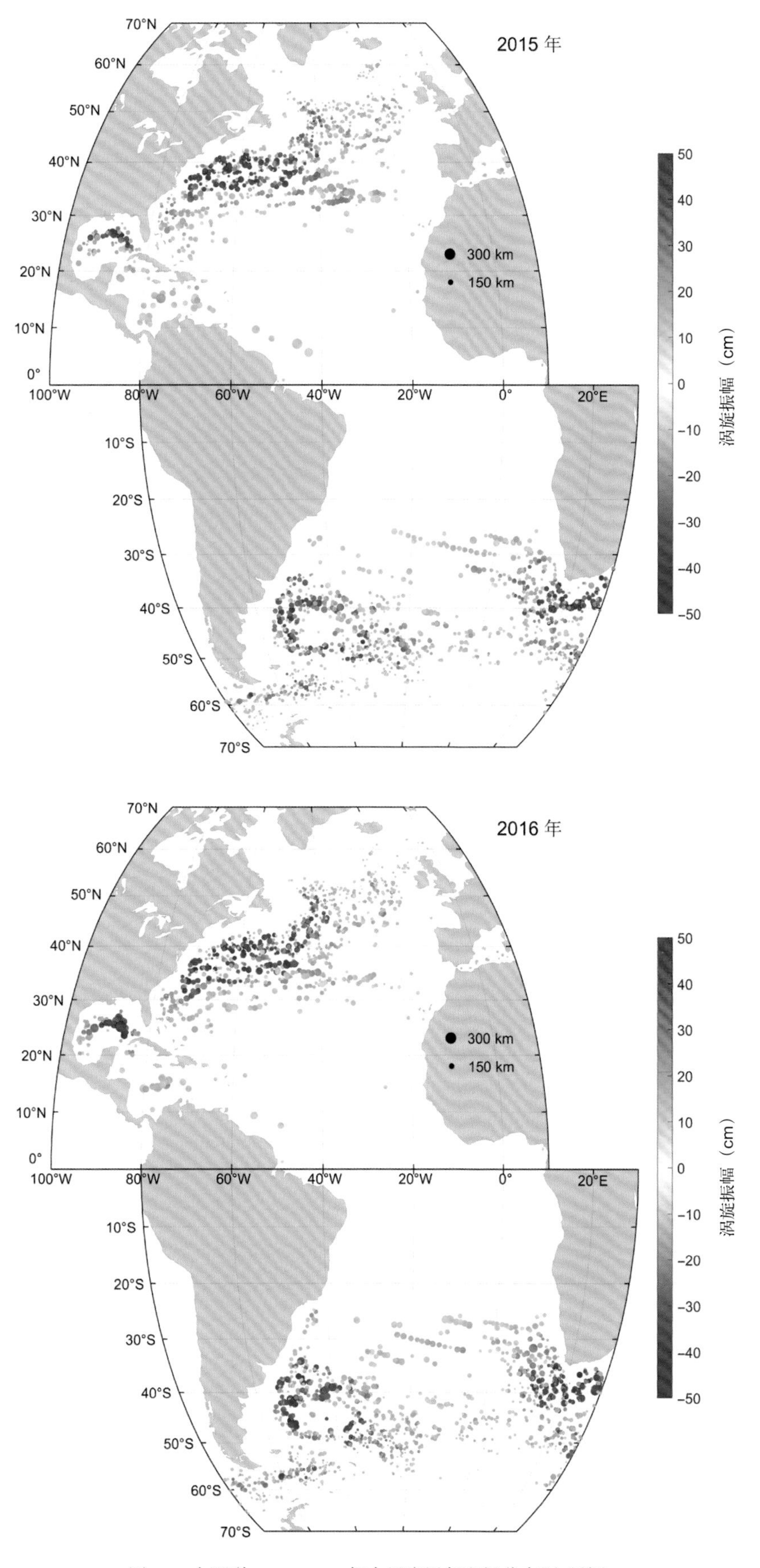

图5.6　大西洋1993—2020年中尺度涡年空间分布图（续）

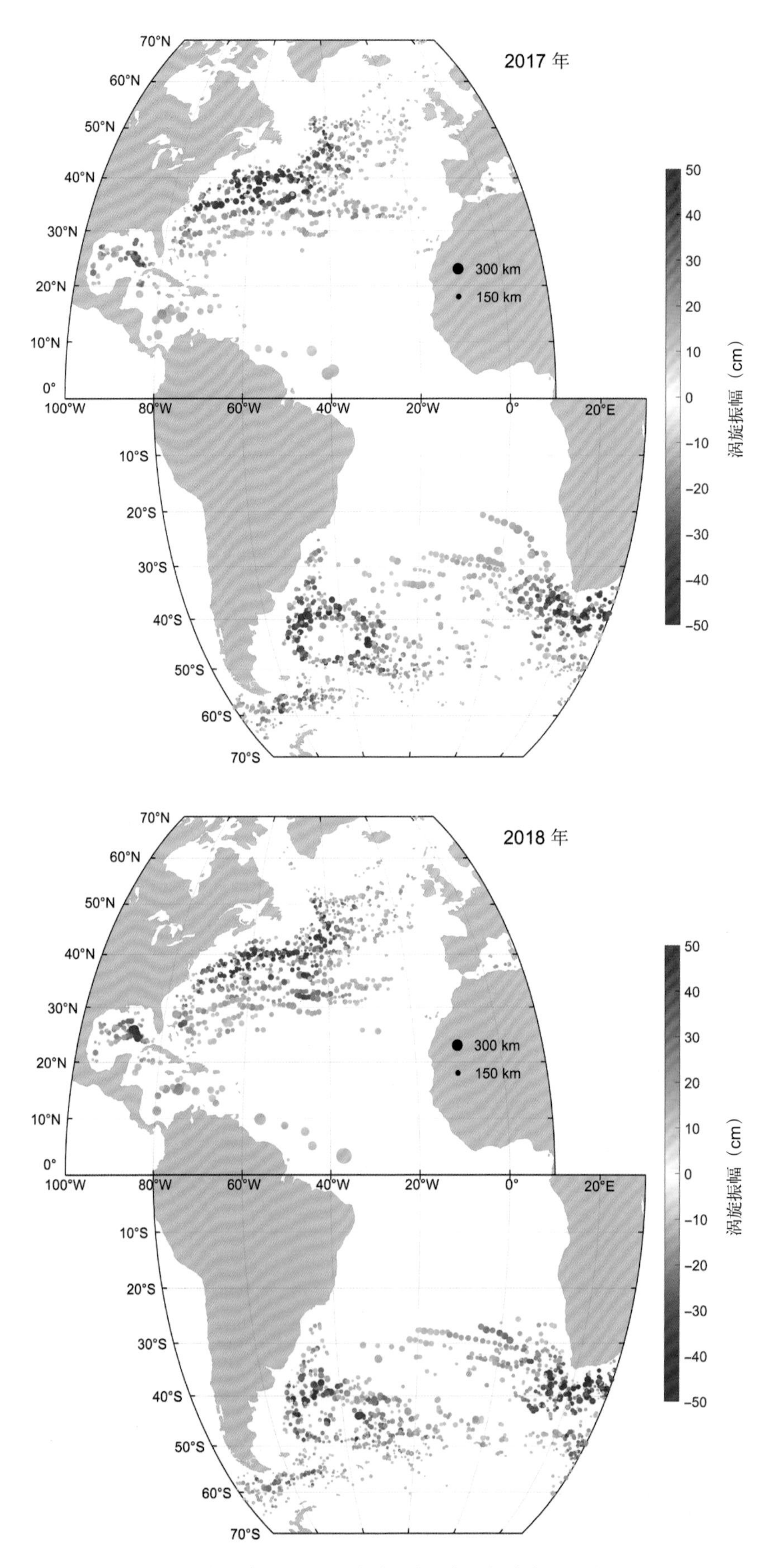

图5.6　大西洋1993—2020年中尺度涡年空间分布图（续）

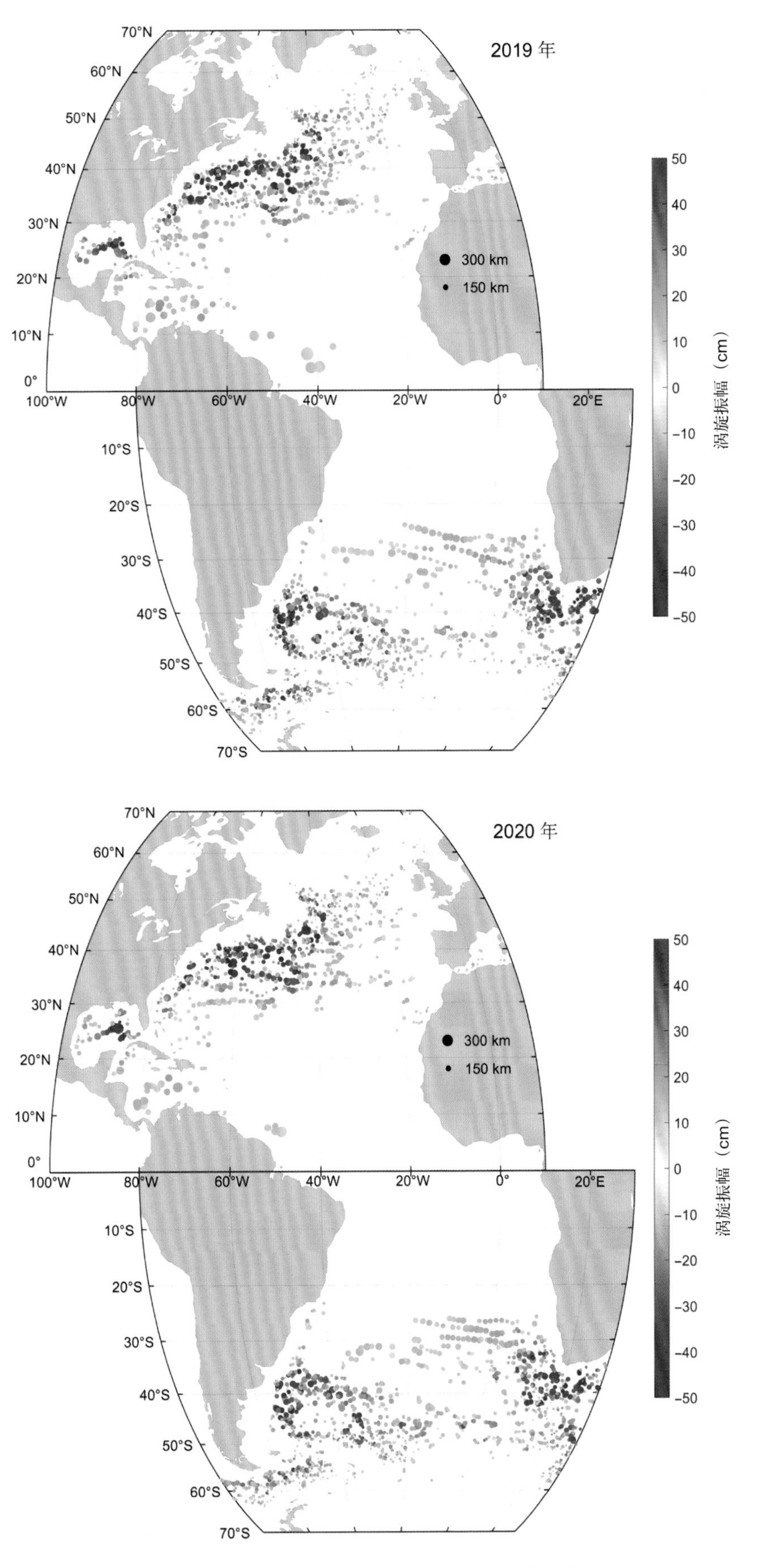

图5.6　大西洋1993—2020年中尺度涡年空间分布图（续）

5.3 大西洋中尺度涡轨迹

基于1993—2020年共28年逐日的卫星高度计海面高度融合数据，按照1.2.2节中介绍的中尺度涡调查方法，对大西洋区域的海洋中尺度涡进行探测识别和移动轨迹追踪，确定连续时间的大西洋中尺度涡轨迹。为了研究不同类型中尺度涡轨迹空间分布、移动方向和数量频率分布等运动特征，分别制作了超过一定生命周期的中尺度涡轨迹分布图、中尺度涡相对轨迹分布图以及不同移动方向（东西向或南北向）的中尺度涡轨迹数量频率分布图。

为研究大西洋区域内不同生命周期中尺度涡轨迹的空间分布，针对中尺度涡轨迹分布图，这里分别给出了大西洋生命周期≥90天、生命周期≥180天、生命周期≥360天和生命周期≥720天的中尺度涡轨迹，其中气旋涡用蓝线表示，反气旋涡用红线表示。为了观测不同移动方向的中尺度涡轨迹在大西洋的空间分布，也分别给出了中尺度涡东向轨迹、北向轨迹和南向轨迹分布图。然后，将大西洋中尺度涡轨迹起始点平移到经纬度原点（0°，0°），即可得到中尺度涡相对轨迹分布图；为了对比南、北大西洋的涡旋移动方向的差异，分别给出了南、北大西洋中尺度涡相对轨迹分布图；同时对东西向和南北向移动的中尺度涡轨迹数量进行了统计，给出了南、北大西洋中尺度涡东西向和南北向移动轨迹数量频率分布图。

从不同生命周期的大西洋中尺度涡轨迹分布图中可以看出，海洋中尺度涡在大西洋中广泛存在，气旋涡和反气旋涡均有分布，并且在南、北大西洋副热带区域长生命周期的中尺度涡数量较多。就中尺度涡移动方向而言，大西洋大部分区域的中尺度涡均西向移动，仅在南极绕极流区域、湾流及其延伸区以及北大西洋高纬度海域，中尺度涡东向移动。北大西洋东向涡旋移动距离明显小于南大西洋东向移动涡旋，这是由于南大西洋存在横贯整个纬向的东向南极绕极流，中尺度涡会随着背景场流向东移动较远的距离。中尺度涡在南、北大西洋均呈现出向赤道的移动倾向（北大西洋向南，南大西洋向北），随着生命周期的增加，这种向赤道的移动倾向更加明显。

- 生命周期≥90天

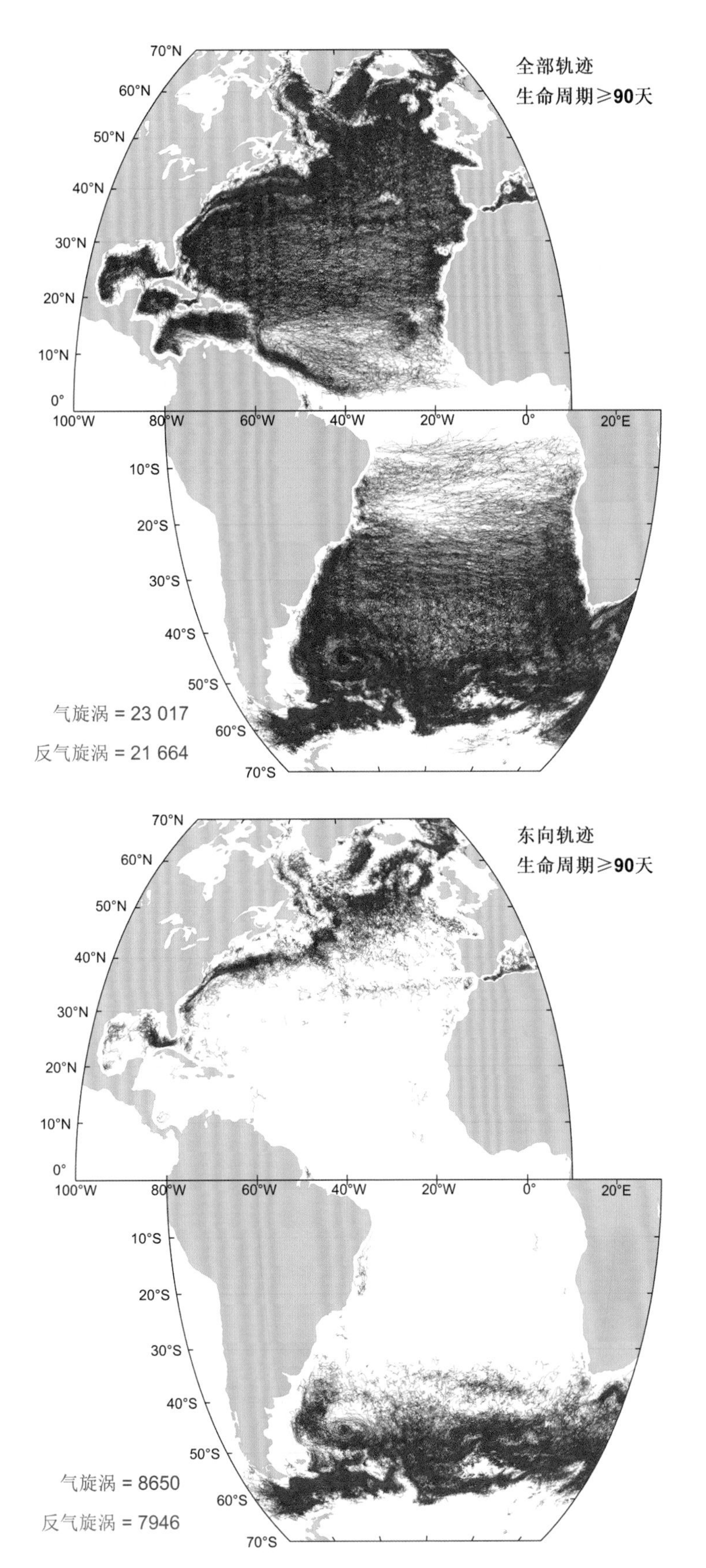

图5.7　大西洋生命周期≥90天的中尺度涡全部轨迹和东向轨迹分布图，蓝线表示气旋涡，红线表示反气旋涡

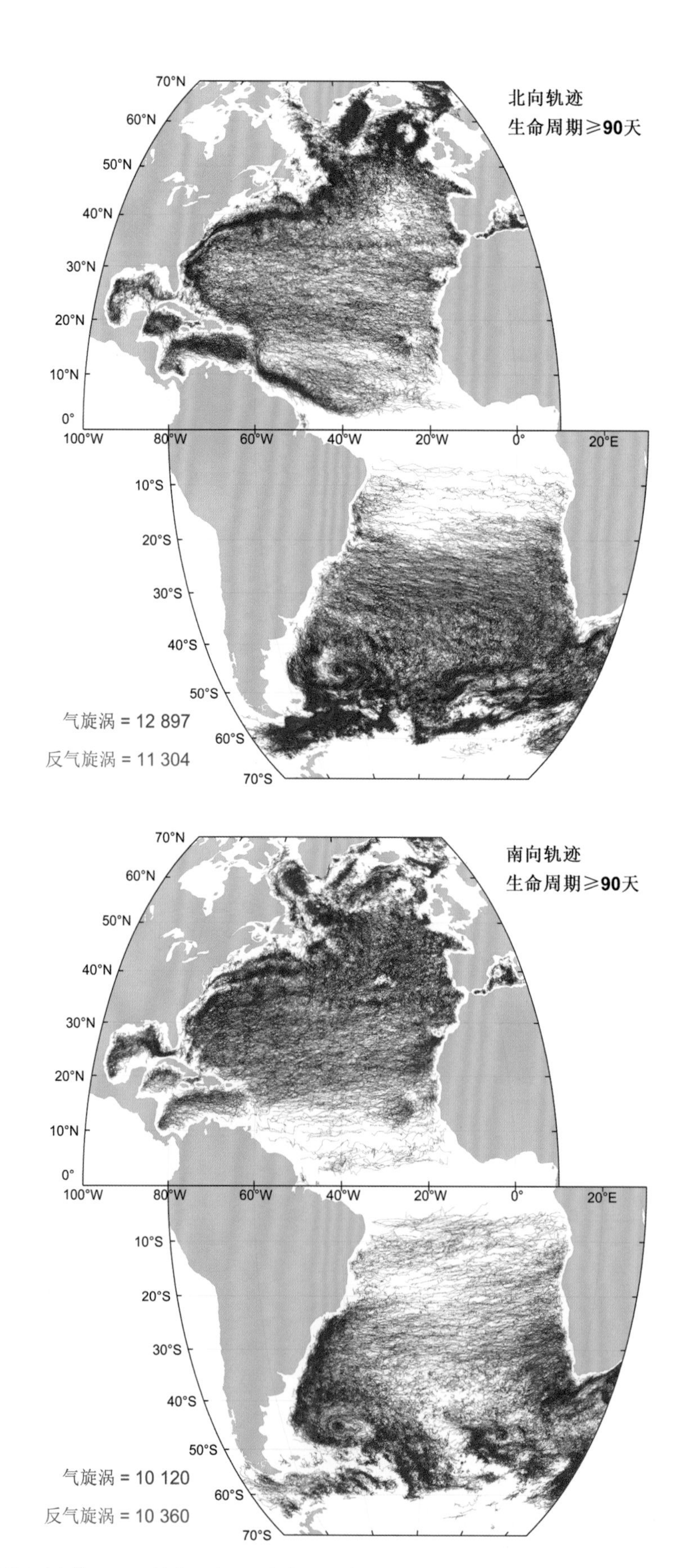

图5.8　大西洋生命周期≥90天的中尺度涡北向轨迹和南向轨迹分布图，蓝线表示气旋涡，红线表示反气旋涡

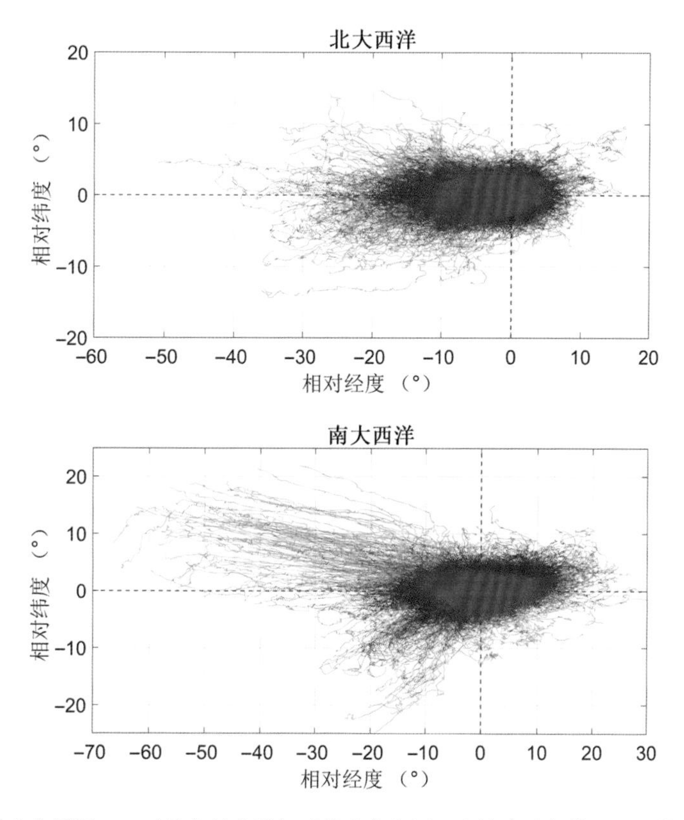

图5.9　大西洋生命周期≥90天的中尺度涡相对轨迹分布图，蓝线表示气旋涡，红线表示反气旋涡，涡旋起始点被移动到经纬度原点（0°，0°）

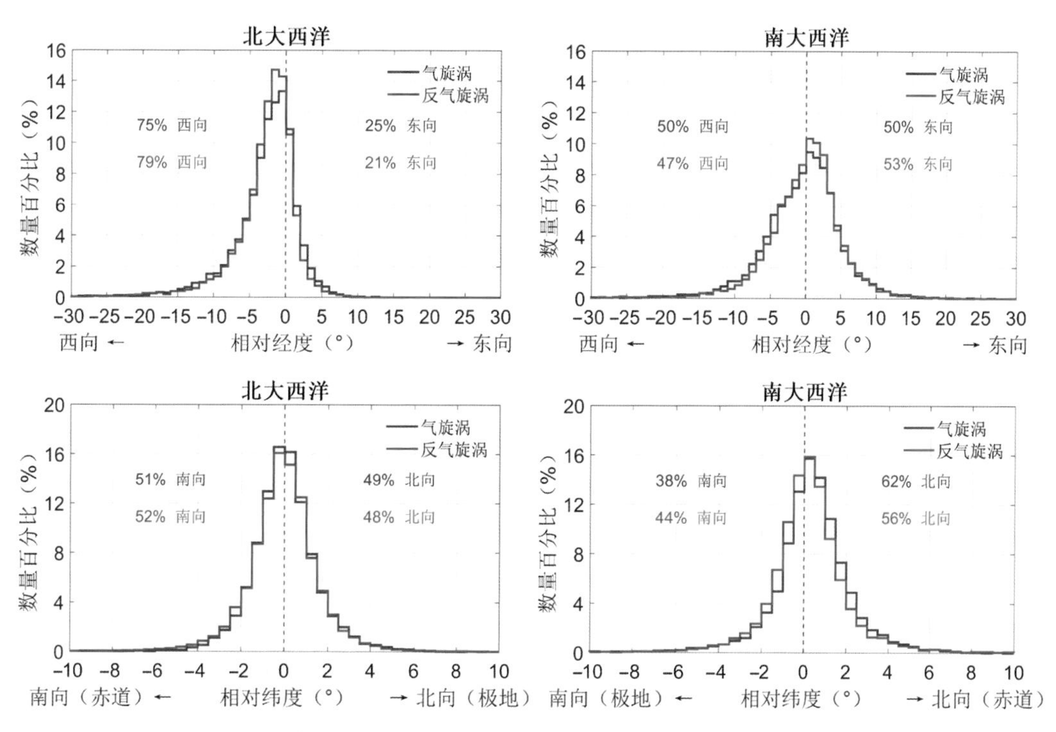

图5.10　大西洋生命周期≥90天的中尺度涡东西向和南北向移动轨迹数量频率分布图

- 生命周期≥180天

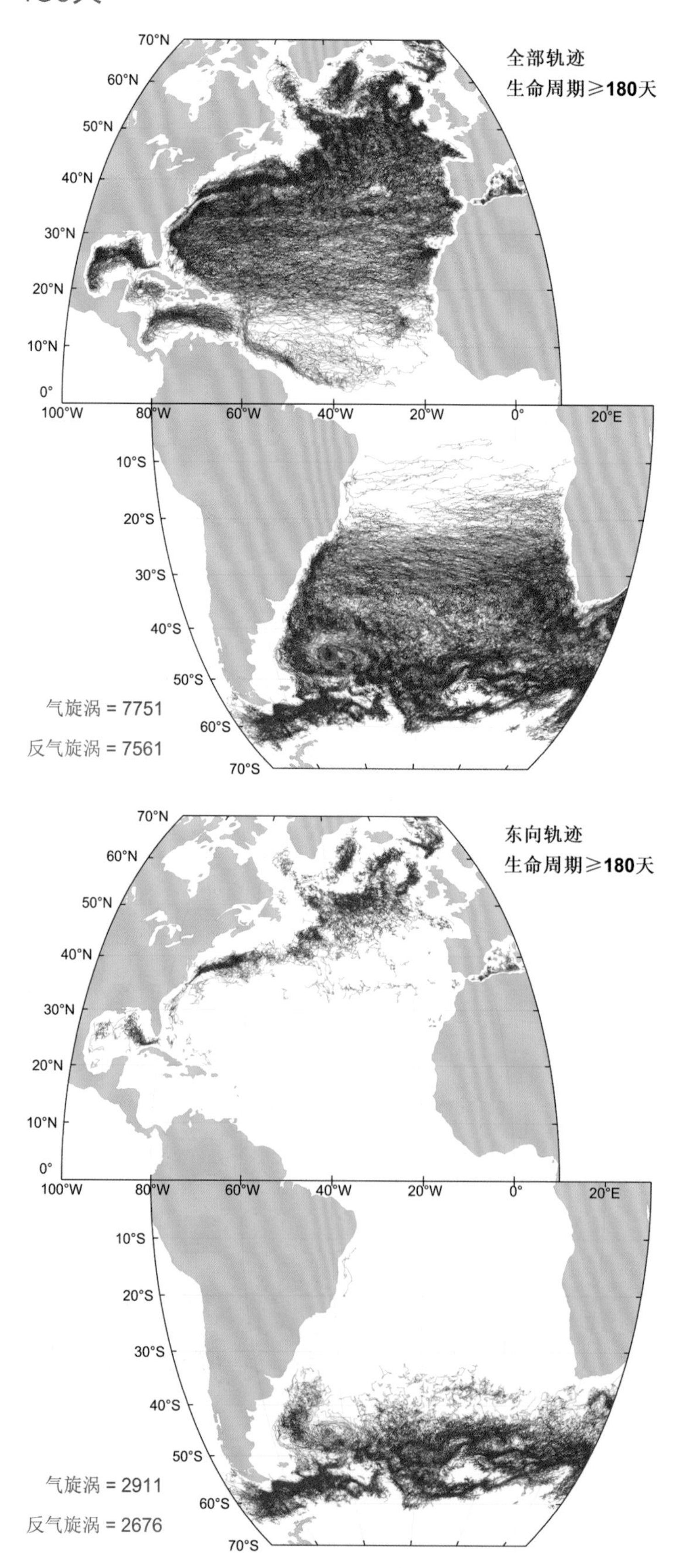

图5.11　大西洋生命周期≥180天的中尺度涡全部轨迹和东向轨迹分布图，蓝线表示气旋涡，红线表示反气旋涡

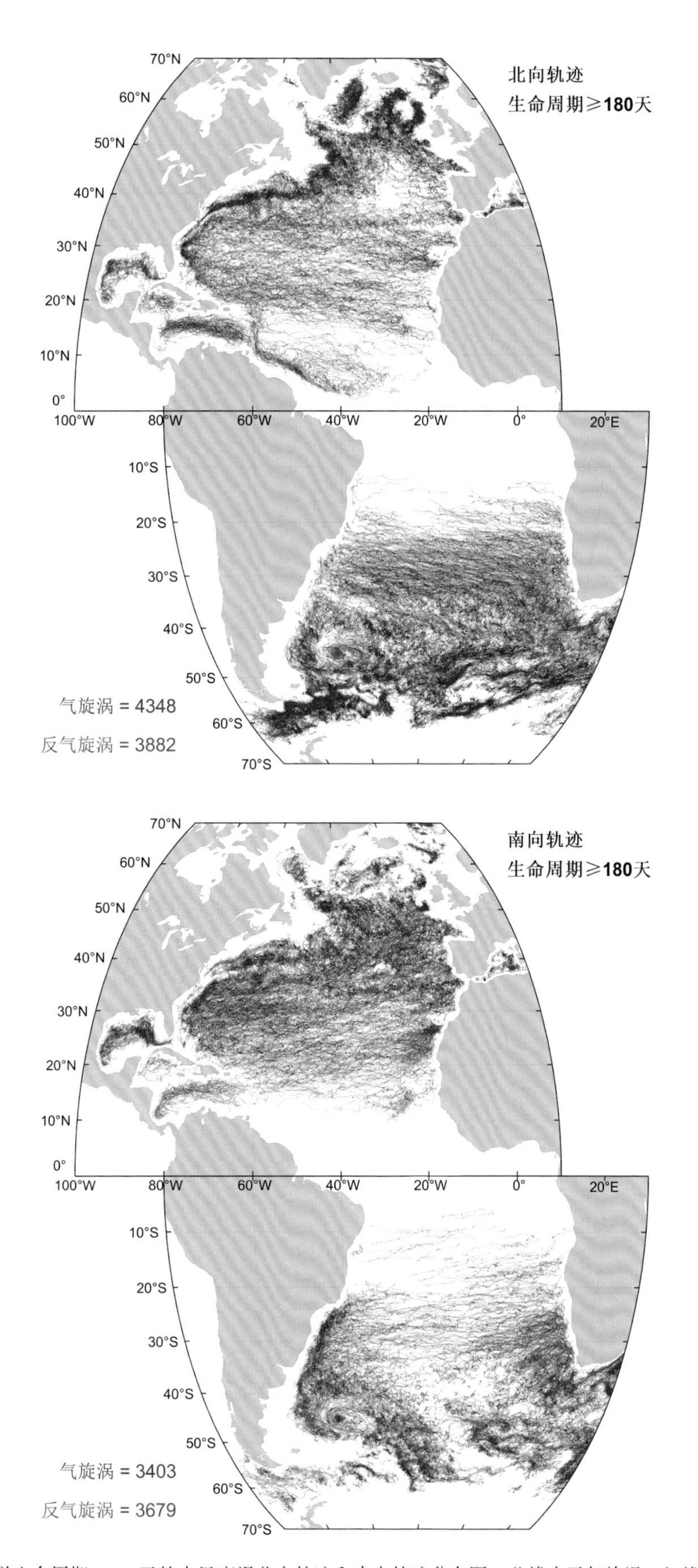

图5.12　大西洋生命周期≥180天的中尺度涡北向轨迹和南向轨迹分布图，蓝线表示气旋涡，红线表示反气旋涡

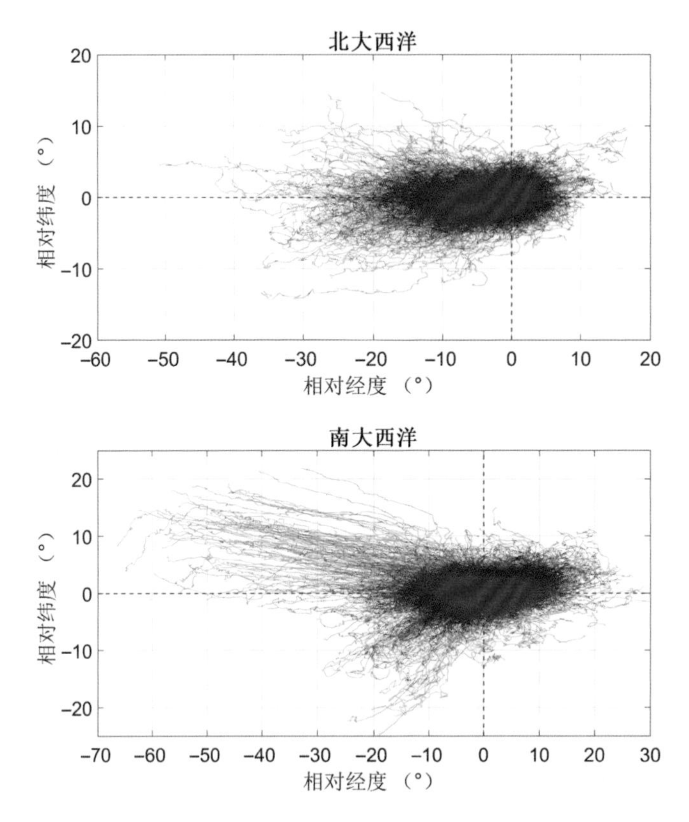

图5.13　大西洋生命周期≥180天的中尺度涡相对轨迹分布图，蓝线表示气旋涡，红线表示反气旋涡，涡旋起始点被移动到经纬度原点（0°，0°）

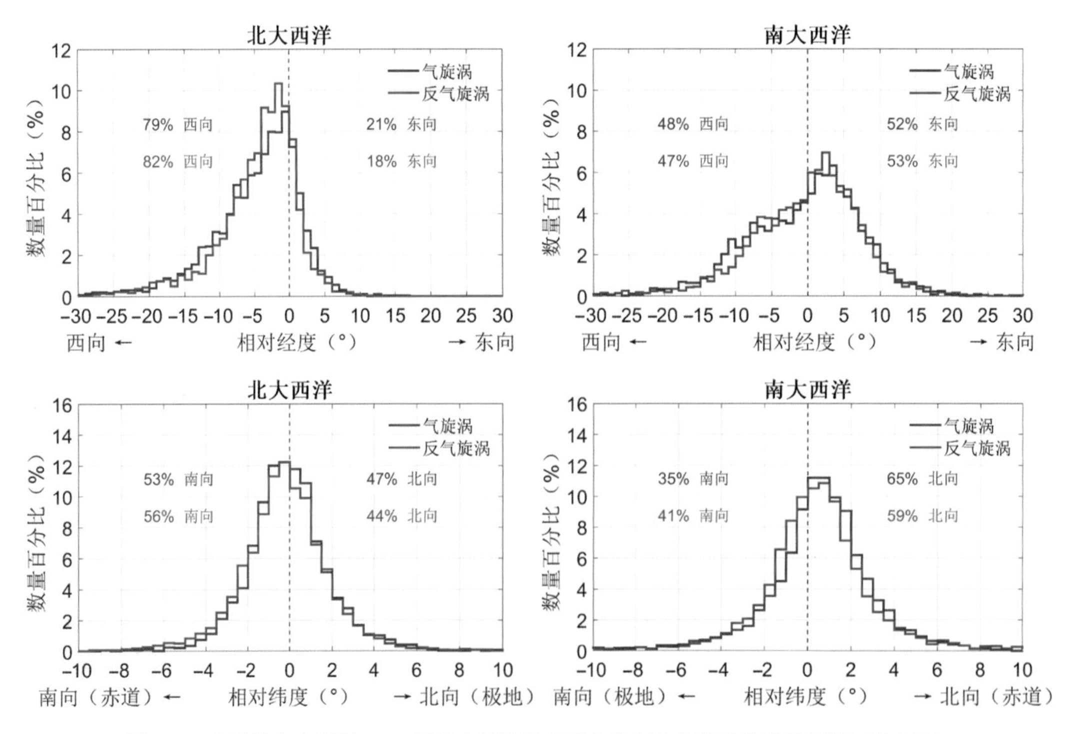

图5.14　大西洋生命周期≥180天的中尺度涡东西向和南北向移动轨迹数量频率分布图

- 生命周期≥360天

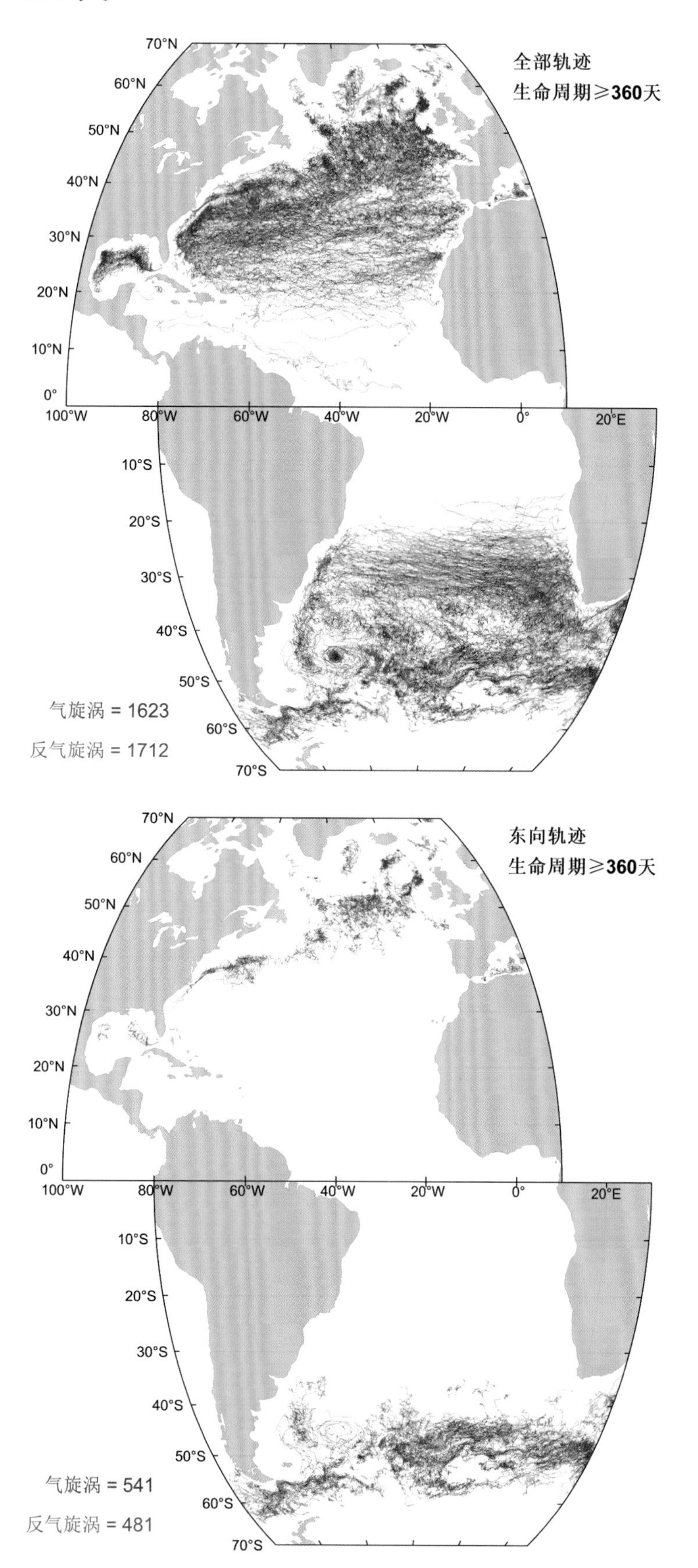

图5.15　大西洋生命周期≥360天的中尺度涡全部轨迹和东向轨迹分布图，蓝线表示气旋涡，红线表示反气旋涡

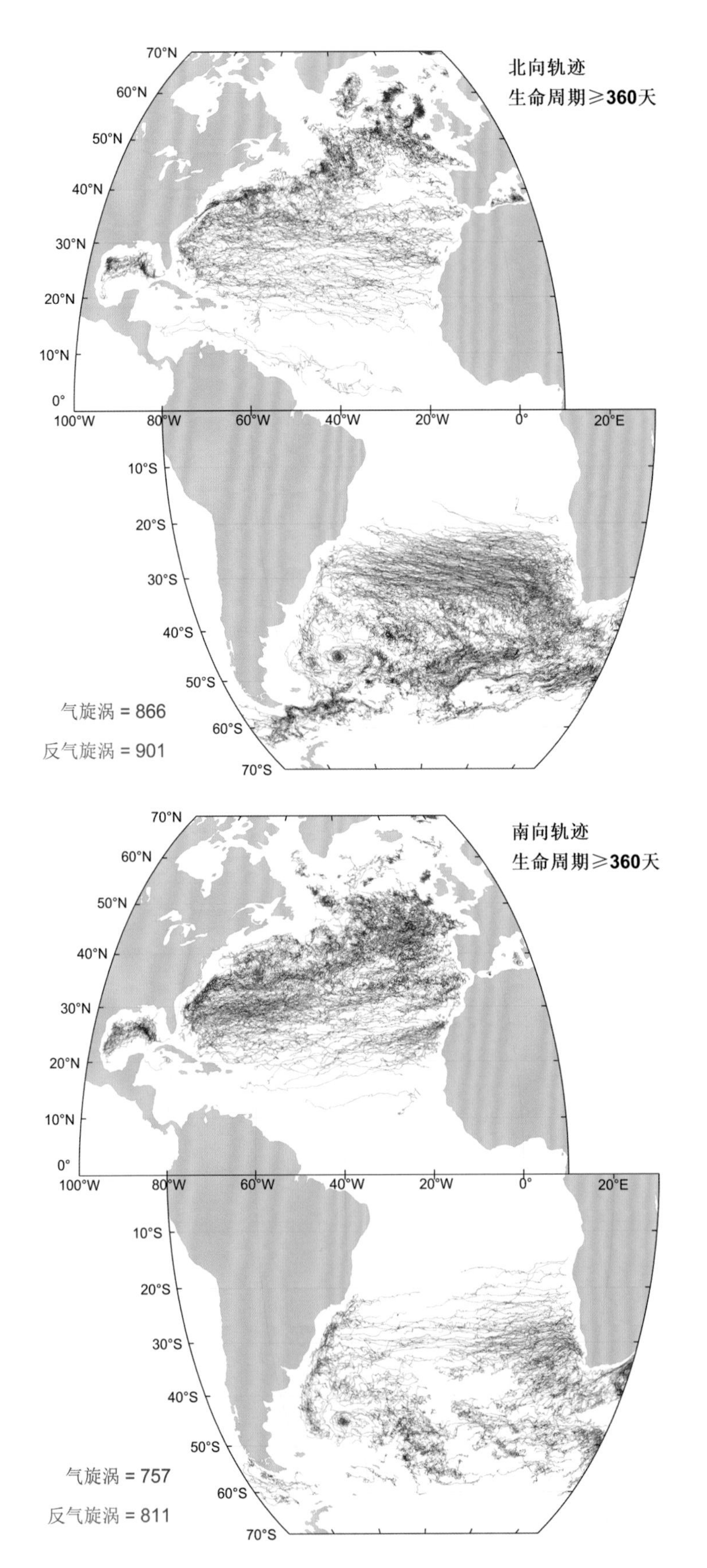

图5.16　大西洋生命周期≥360天的中尺度涡北向轨迹和南向轨迹分布图，蓝线表示气旋涡，红线表示反气旋涡

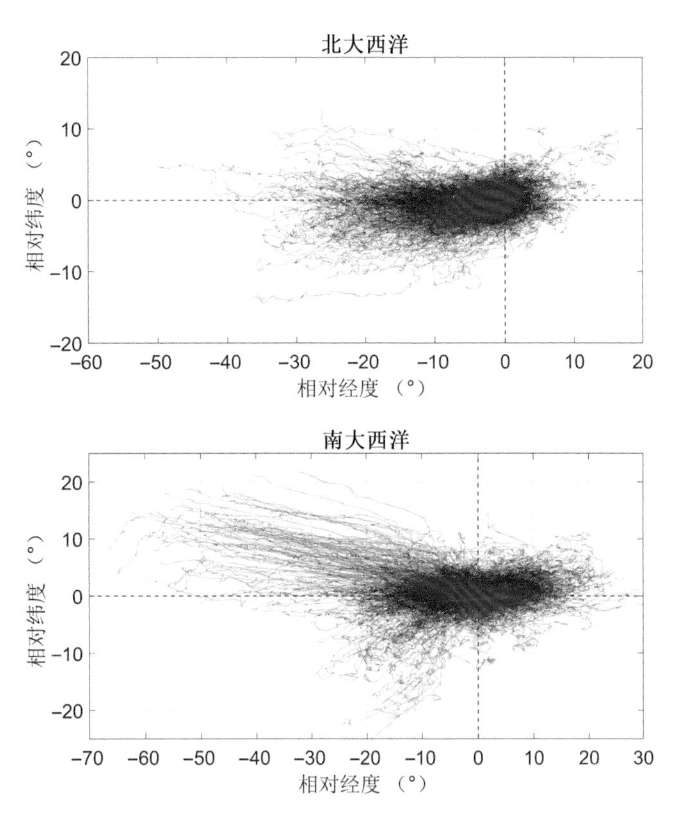

图5.17　大西洋生命周期≥360天的中尺度涡相对轨迹分布图，蓝线表示气旋涡，红线表示反气旋涡，涡旋起始点被移动到经纬度原点（0°，0°）

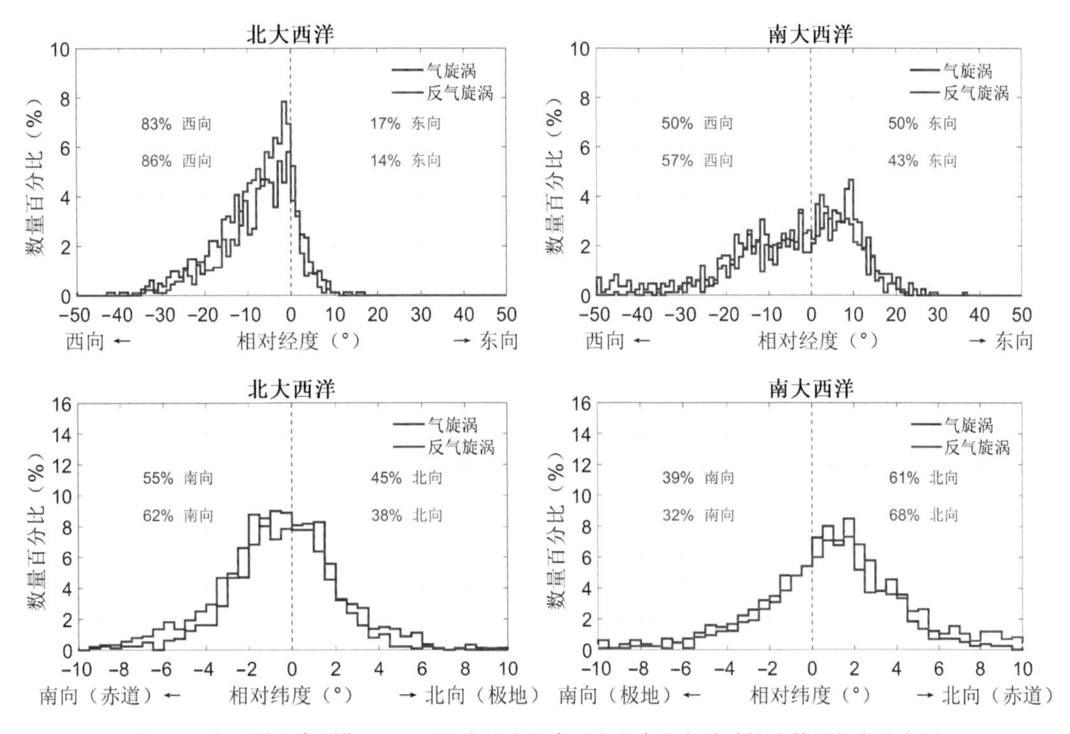

图5.18　大西洋生命周期≥360天的中尺度涡东西向和南北向移动轨迹数量频率分布图

- 生命周期≥720天

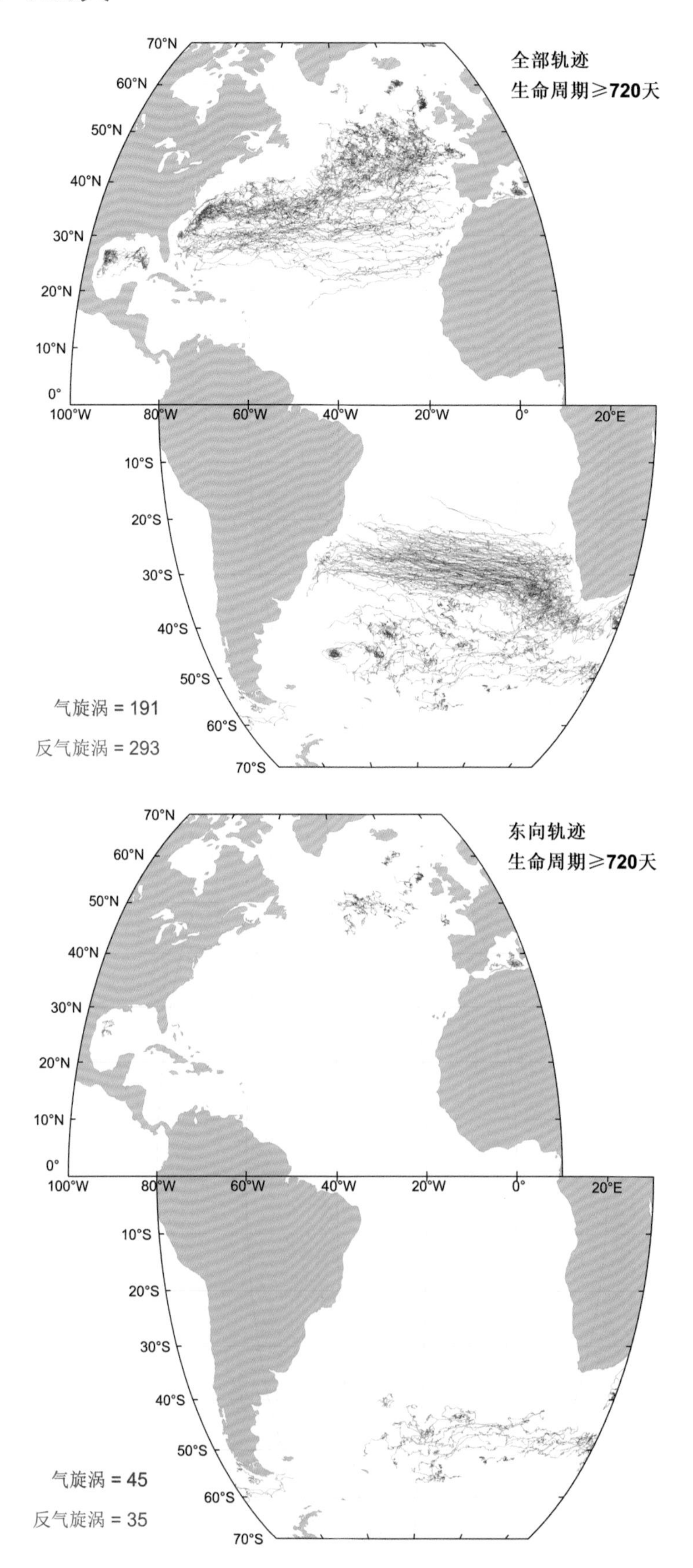

图5.19　大西洋生命周期≥720天的中尺度涡全部轨迹和东向轨迹分布图，蓝线表示气旋涡，红线表示反气旋涡

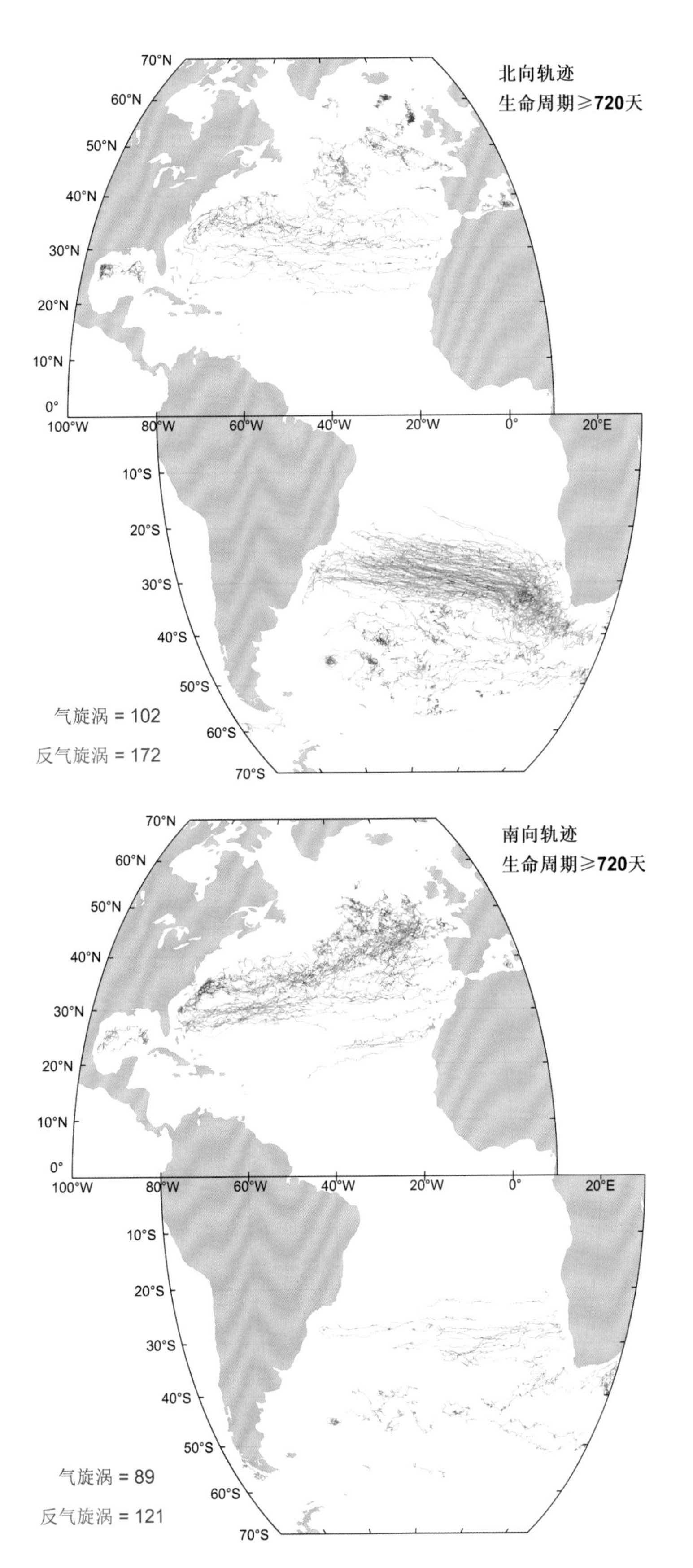

图5.20 大西洋生命周期≥720天的中尺度涡北向轨迹和南向轨迹分布图，蓝线表示气旋涡，红线表示反气旋涡

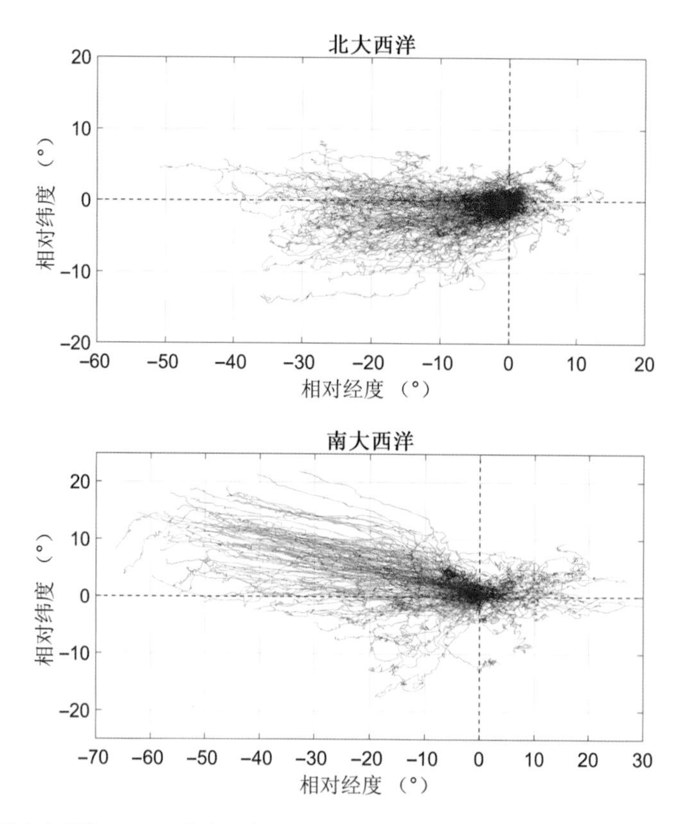

图5.21　大西洋生命周期≥720天的中尺度涡相对轨迹分布图，蓝线表示气旋涡，红线表示反气旋涡，涡旋起始点被移动到经纬度原点（0°，0°）

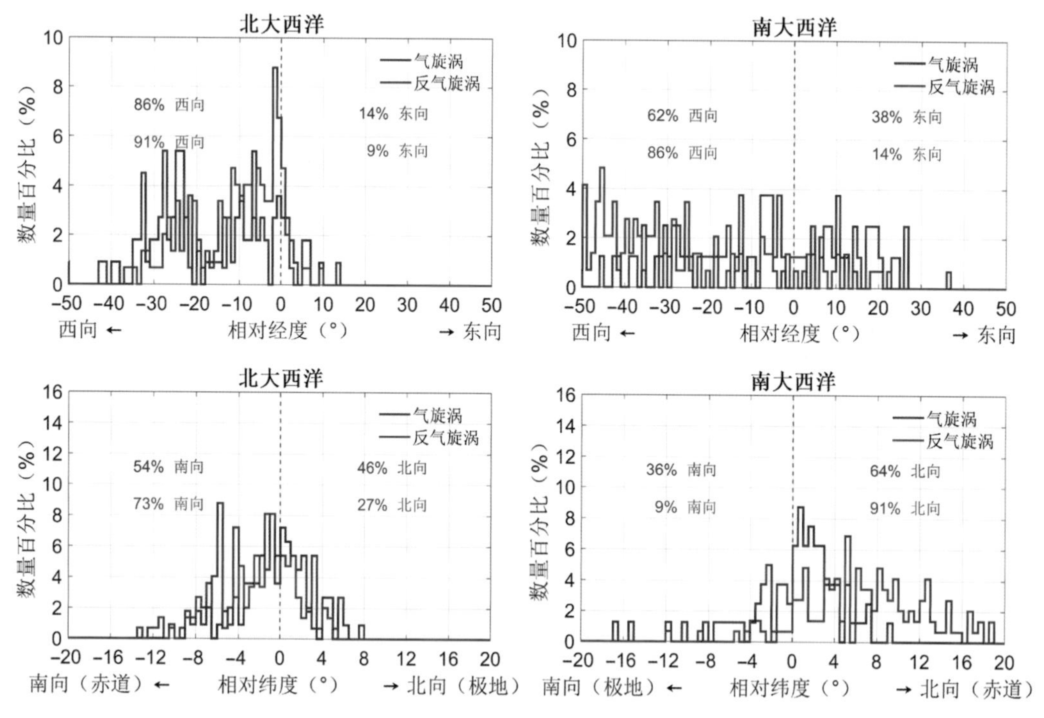

图5.22　大西洋生命周期≥720天的中尺度涡东西向和南北向移动轨迹数量频率分布图

5.4　大西洋中尺度涡属性特征

基于 1993—2020 年大西洋中尺度涡探测识别和轨迹追踪结果，本节对中尺度涡属性特征进行统计分析，制作中尺度涡属性特征分布图。为保证海洋中尺度涡结构的一致性以及避免海面高度数据中短暂小尺度海洋湍流信号的干扰，这里仅对生命周期≥ 30 天的中尺度涡轨迹进行统计分析。针对大西洋中尺度涡，本节分别给出了中尺度涡轨迹数量分布图、中尺度涡属性空间分布图、中尺度涡属性统计特征分布图以及中尺度涡属性气候态月变化和年际变化分布图。

5.4.1　大西洋中尺度涡轨迹数量

表 5.1 给出了大西洋区域内超过一定生命周期的中尺度涡轨迹数量。可以看出，随着生命周期的增加，气旋涡和反气旋涡数量迅速减少。对于生命周期≥ 30 天的全部中尺度涡而言，大西洋气旋涡轨迹数量（78 524 个）多于反气旋涡轨迹数量（74 156 个）。不过随着生命周期的增加，这种情况发生了变化：当生命周期≥ 360 天时，大西洋反气旋涡轨迹数量超过了气旋涡。

为进一步研究不同生命周期和移动距离的涡旋轨迹数量，这里对大西洋中尺度涡轨迹进行统计，图 5.23 和图 5.24 分别给出了大西洋不同生命周期和移动距离的中尺度涡轨迹数量，并给出了大西洋中尺度涡的平均生命周期和移动距离。可以看出，大西洋中尺度涡主要以短生命周期和短移动距离涡旋为主，长生命周期和长移动距离涡旋数量较少。结合前一节大西洋中尺度涡轨迹空间分布，可以看出，长生命周期和长移动距离涡旋主要分布在开阔的大洋区域，尤其是南、北大西洋中纬度区域。北大西洋气旋涡平均生命周期为 86 天，平均移动距离为 515 km；北大西洋反气旋涡平均生命周期为 88 天，平均移动距离为 520 km，均稍大于气旋涡。南大西洋气旋涡平均生命周期为 93 天，平均移动距离为 560 km；南大西洋反气旋涡平均生命周期为 95 天，平均移动距离为 560 km。南大西洋中尺度涡的平均生命周期和移动距离均大于北大西洋中尺度涡。

表5.1　大西洋超过一定生命周期的中尺度涡轨迹数量

生命周期		≥ 30 天	≥ 90 天	≥ 180 天	≥ 360 天	≥ 540 天	≥ 720 天
气旋涡	北大西洋	41 997	11 256	3707	810	286	111
	南大西洋	36 527	11 761	4044	813	230	80
	合计	78 524	23 017	7751	1623	516	191
反气旋涡	北大西洋	40 260	10 995	3783	878	323	148
	南大西洋	33 896	10 669	3778	834	301	145
	合计	74 156	21 664	7561	1712	624	293
全部涡旋		152 680	44 681	15 312	3335	1140	484

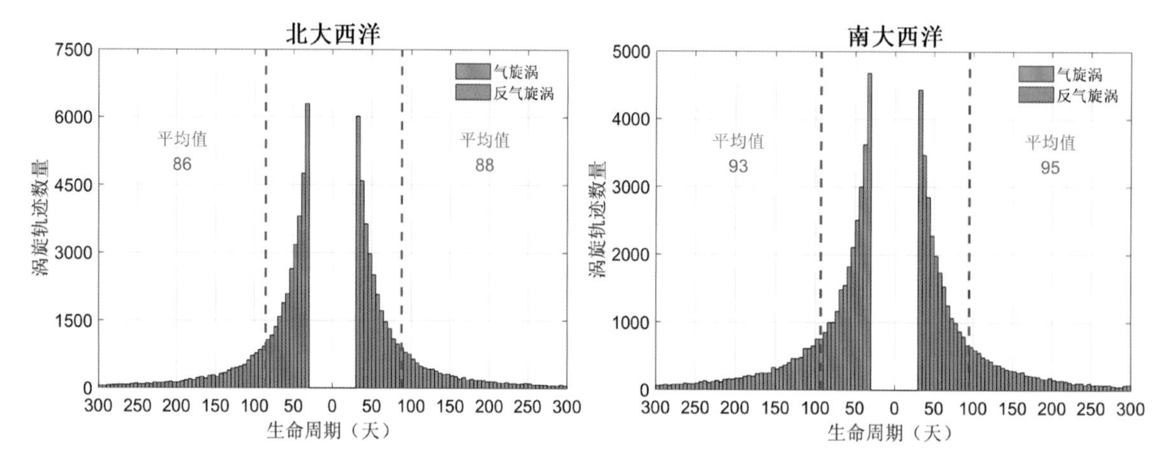

图5.23　大西洋不同生命周期的中尺度涡轨迹数量

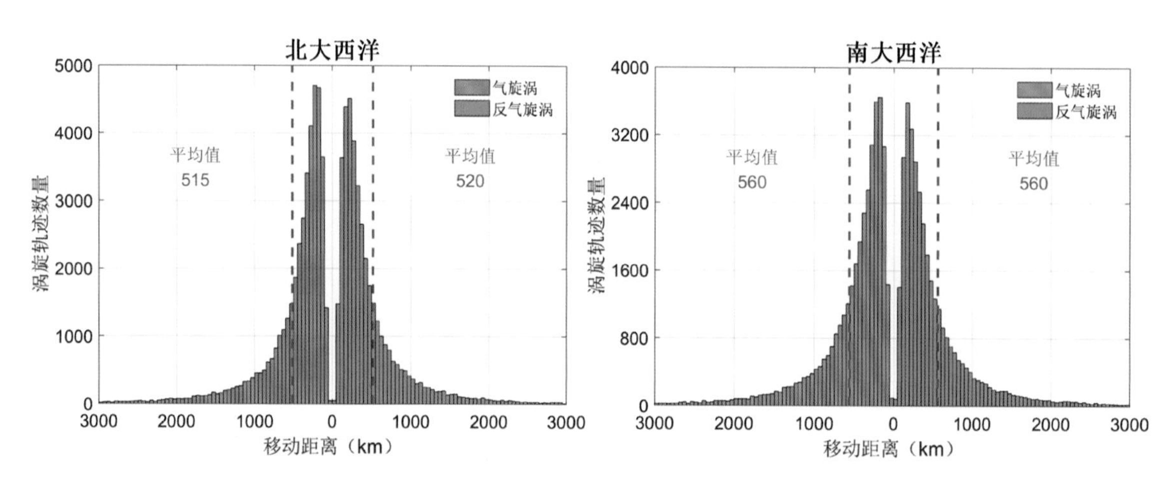

图5.24　大西洋不同移动距离的中尺度涡轨迹数量

5.4.2　大西洋中尺度涡属性空间分布

为统计大西洋中尺度涡属性的空间分布特征，将大西洋区域划分成经纬度 1° × 1° 的网格，分别统计每个 1° × 1° 网格内的中尺度涡属性特征。基于 1993—2020 年中尺度涡探测识别和轨迹追踪结果，对大西洋区域内的气旋涡和反气旋涡数量、极性、出现位置、消失位置、振幅、半径、旋转速度、涡动能（EKE）以及移动速度等属性进行地理空间分布特征统计，绘制相应的地理空间分布图。

中尺度涡空间分布特征［数量、极性、振幅、半径、旋转速度、涡动能（EKE）以及移动速度等］统计的是中尺度涡轨迹中不同时刻独立涡旋在 1° × 1° 的经纬度网格内的分布特征，而中尺度涡出现位置和消失位置空间分布统计的是涡旋轨迹出现（轨迹中第一个涡旋）和消失（轨迹中最后一个涡旋）时的位置，因此涡旋出现位置和消失位置的数量空间分布要比涡旋数量空间分布小很多。

图 5.25 至图 5.33 分别给出了大西洋中尺度涡的数量、极性、出现位置、消失位置、振幅、半径、旋转速度、涡动能（EKE）和移动速度的空间分布。从图中可以看出，大西洋中尺度涡主要分布在南大洋南极绕极流区域、湾流延伸区以及北大西洋高纬度海域，而在低纬度赤道区域，中尺度涡数量较少。在北大西洋中低纬度区域（10°—40°N）、南大西洋低纬度区域（0°—20°S）、南大西洋西南部区域以及南美洲东部近岸海域，中尺度涡极性倾向于气旋涡；而在北大西洋高纬度区域（40°N 以北）、南大西洋中纬度区域（20°—40°S）、南极绕极流近极地区域和非洲西部近岸海域，中尺度涡极性倾向于反气旋涡。大西洋中尺度涡出现位置主要分布在大西洋东岸、南大洋南极绕极流区域、湾流以及北大西洋高纬度海域，而中尺度涡消失位置主要集中在大西洋西岸、南大洋南极绕极流以及北大西洋高纬度区域。大西洋中尺度涡在湾流及其延伸区、墨西哥湾、巴西海流以及厄加勒斯流区域涡旋振幅较高，一般在大洋中部涡旋振幅较低。同样，在涡旋振幅较高的区域，中尺度涡旋转速度和涡动能（EKE）也较高；另外，在北赤道低纬度区域，中尺度涡旋转速度和涡动能（EKE）也较高。大西洋中尺度涡半径在低纬度赤道区域较大，高纬度区域较小；相比于同纬度其他区域，湾流及其延伸区、墨西哥湾和巴西海流区域涡旋半径较大。与中尺度涡半径空间分布相似，大西洋中尺度涡移动速度在低纬度区域较快，在高纬度区域较慢。

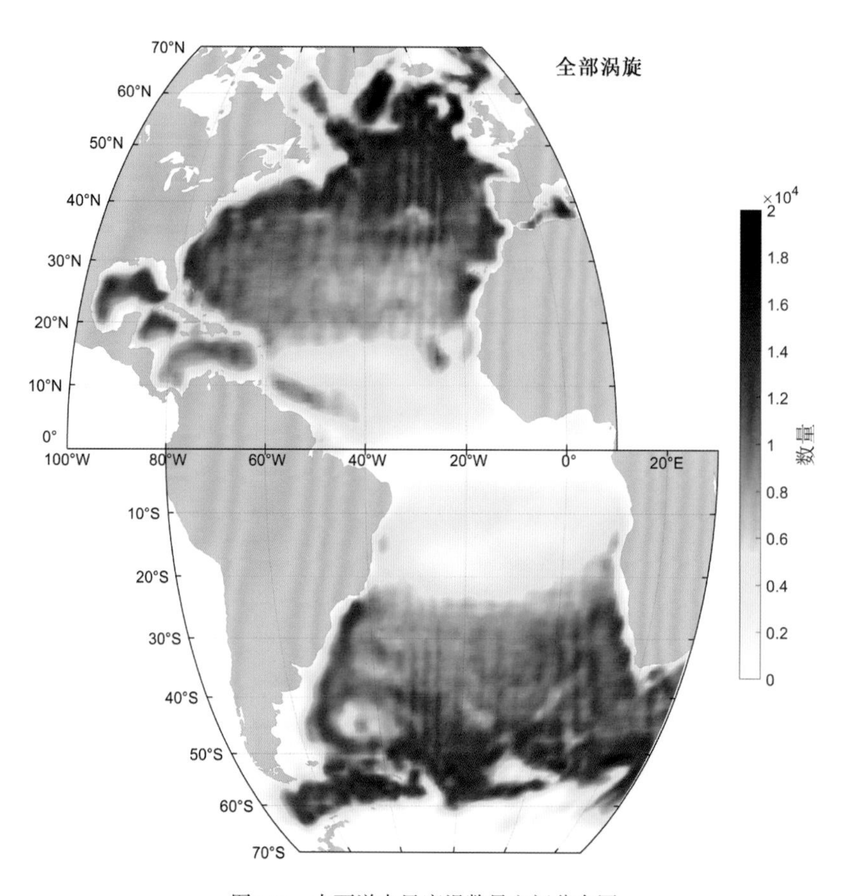

图5.25　大西洋中尺度涡数量空间分布图

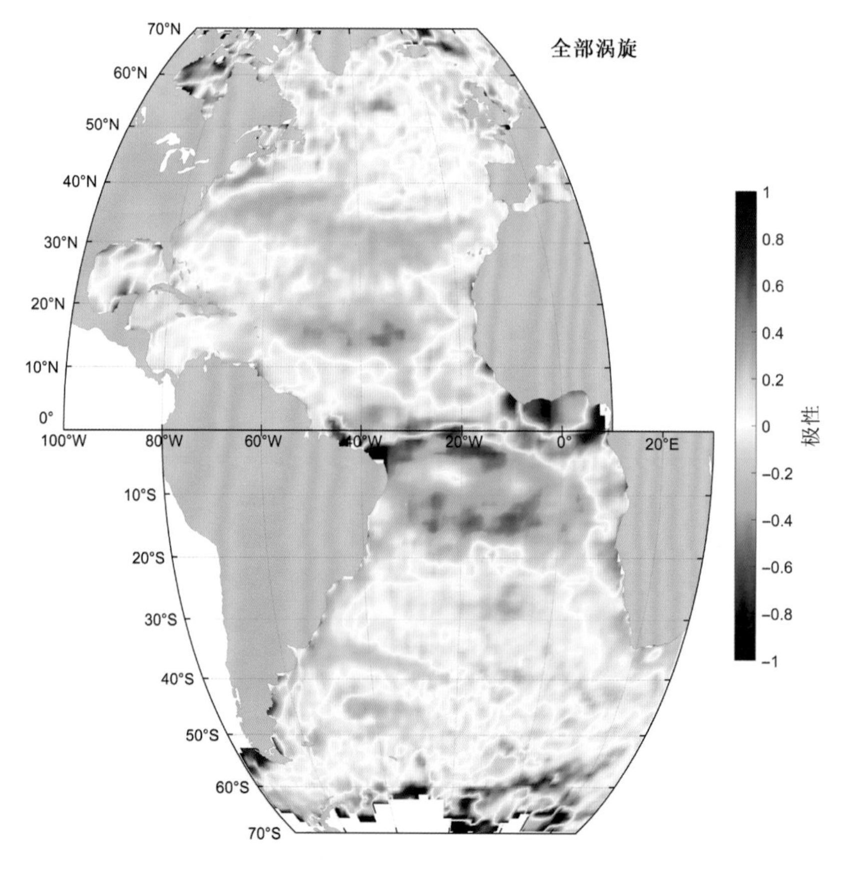

图5.26　大西洋中尺度涡极性空间分布图

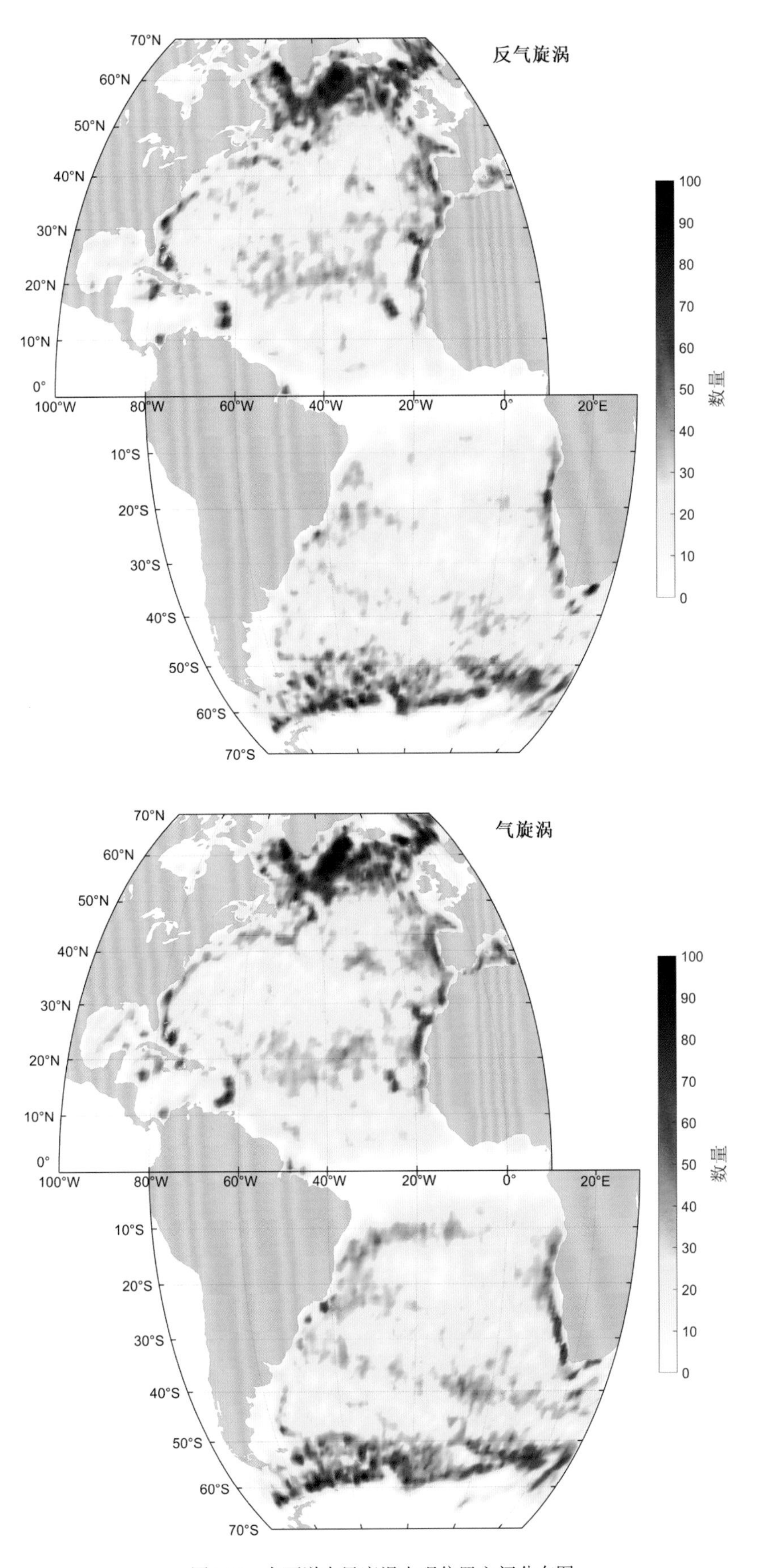

图5.27　大西洋中尺度涡出现位置空间分布图

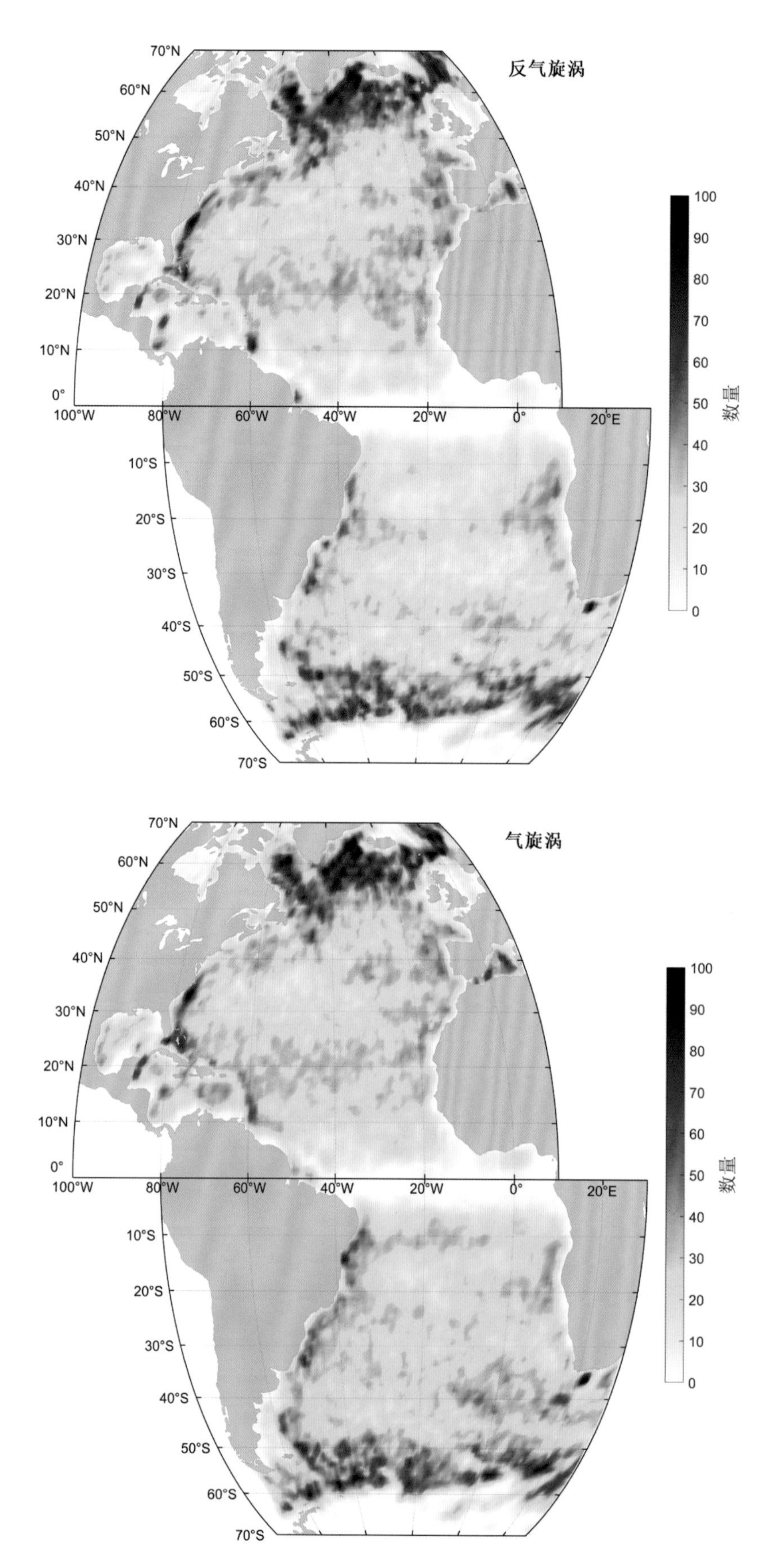

图5.28 大西洋中尺度涡消失位置空间分布图

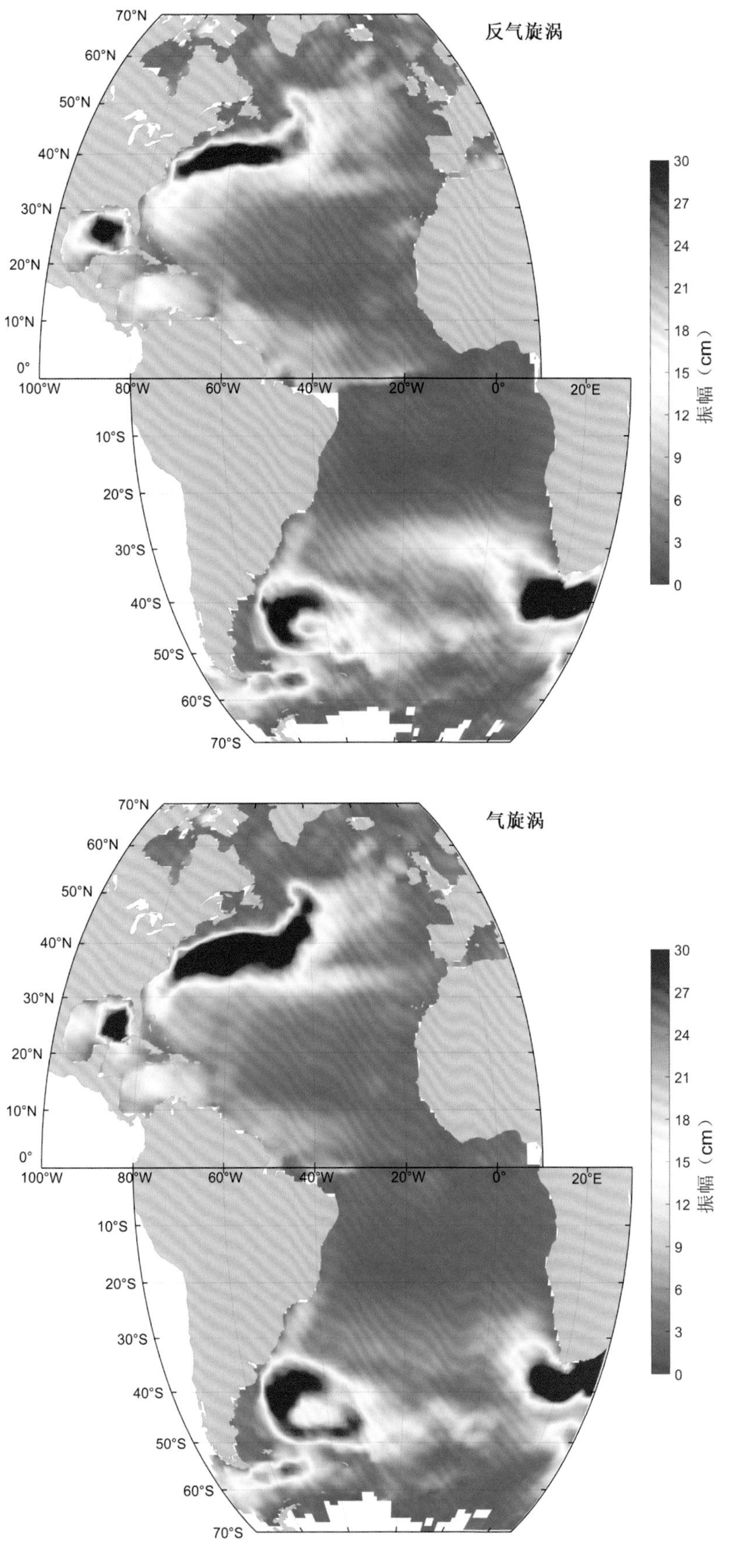

图5.29　大西洋中尺度涡振幅空间分布图

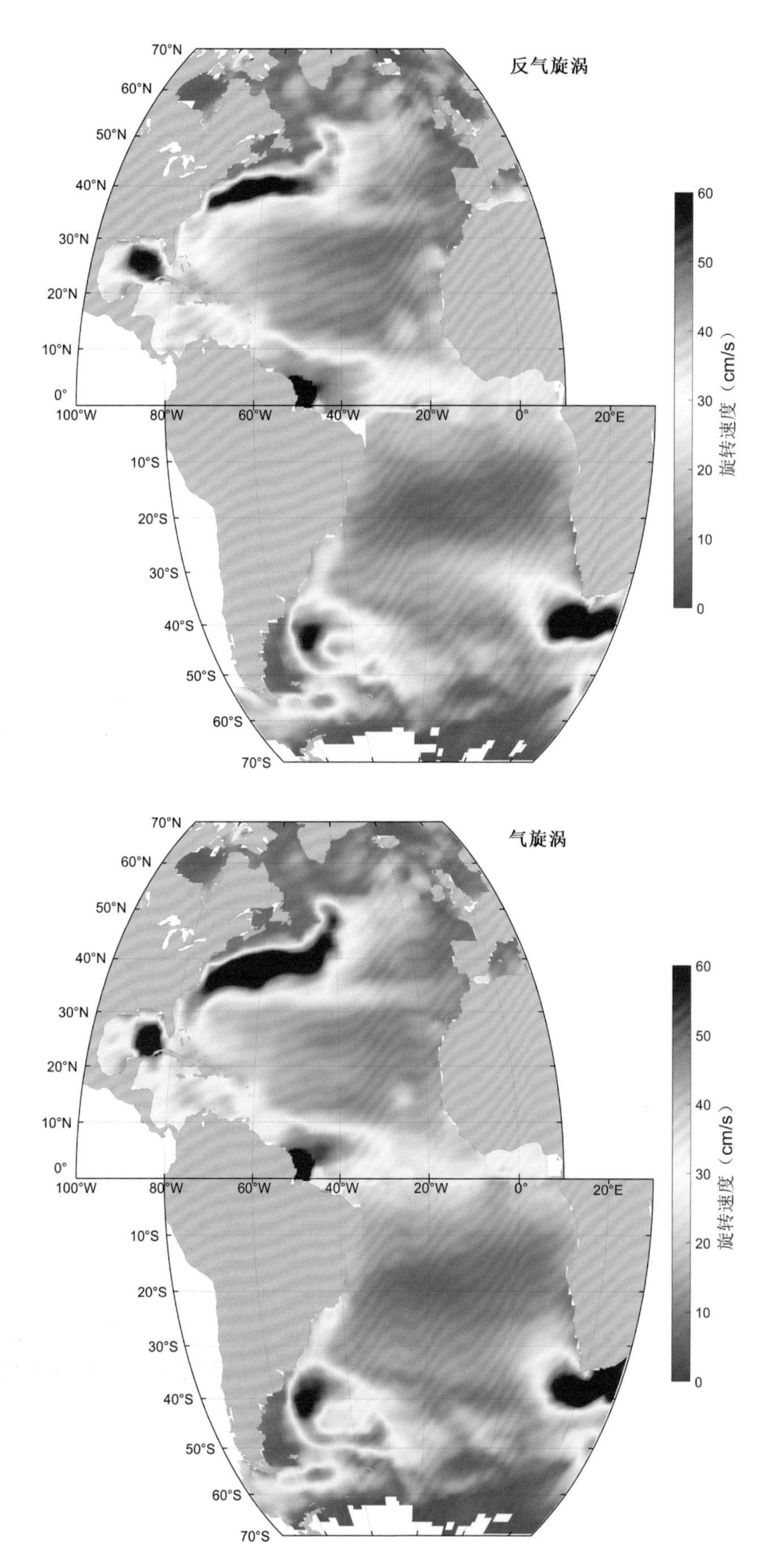

图5.30　大西洋中尺度涡旋转速度空间分布图

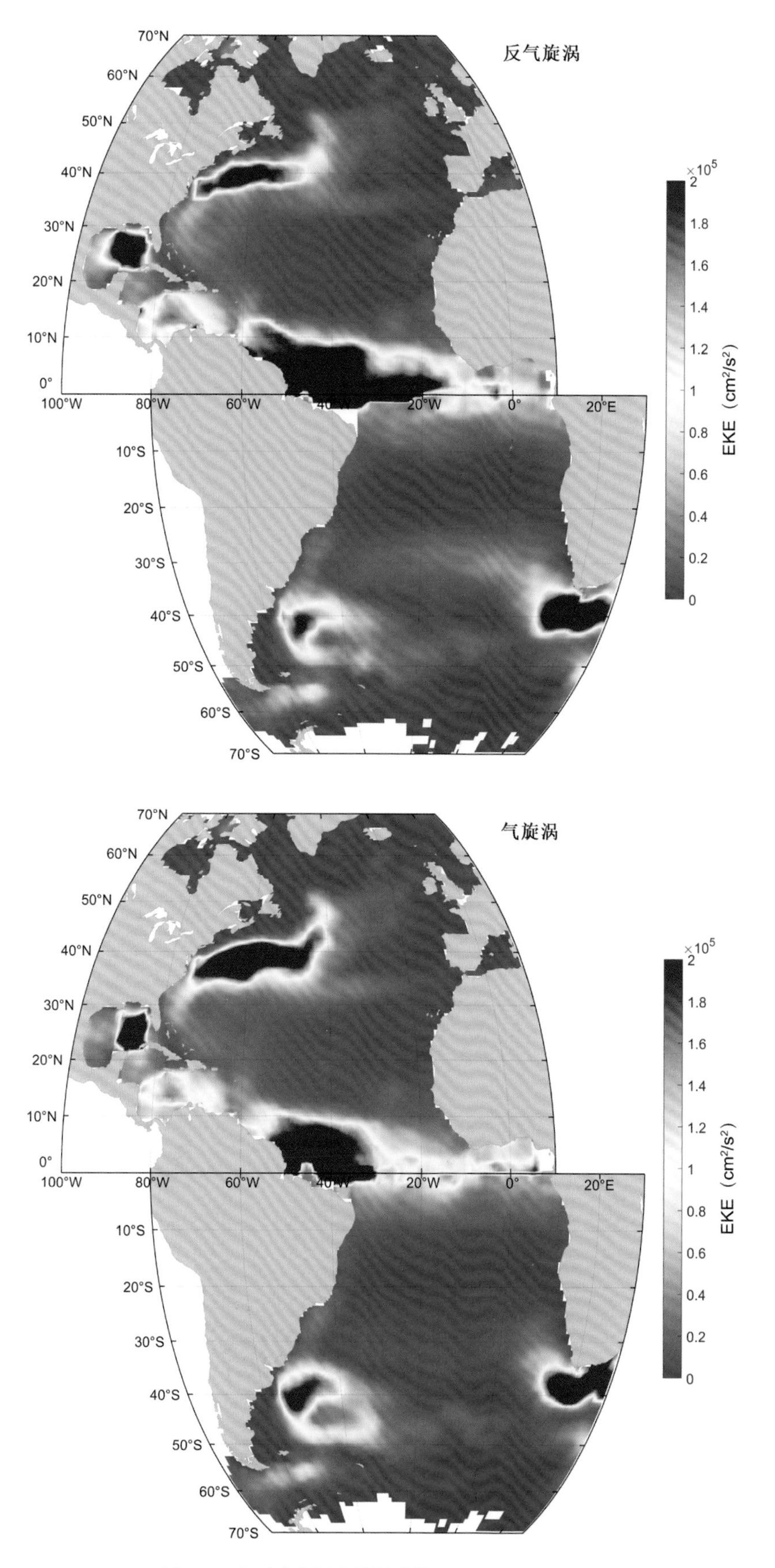

图5.31　大西洋中尺度涡涡动能（EKE）空间分布图

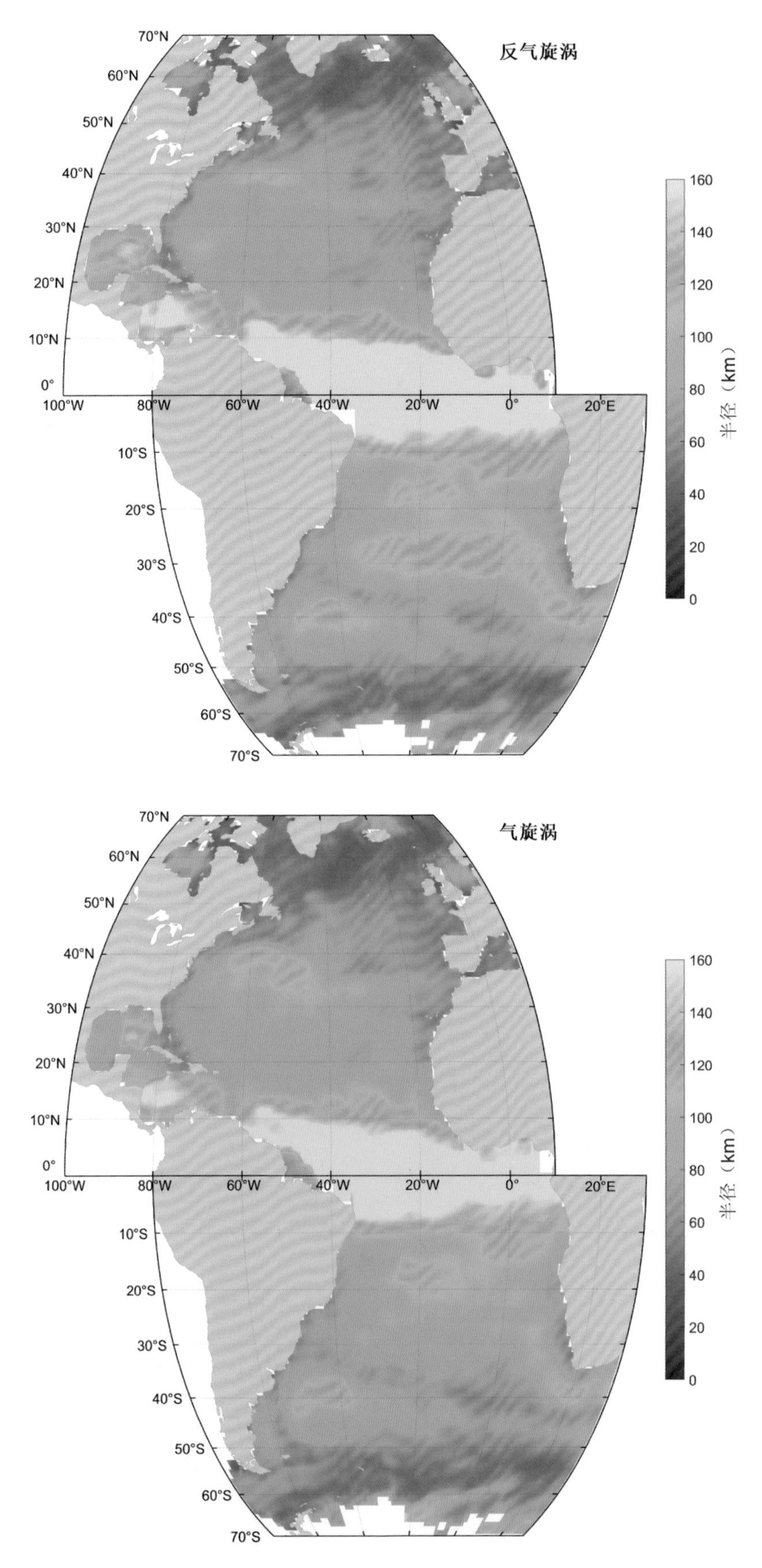

图5.32　大西洋中尺度涡半径空间分布图

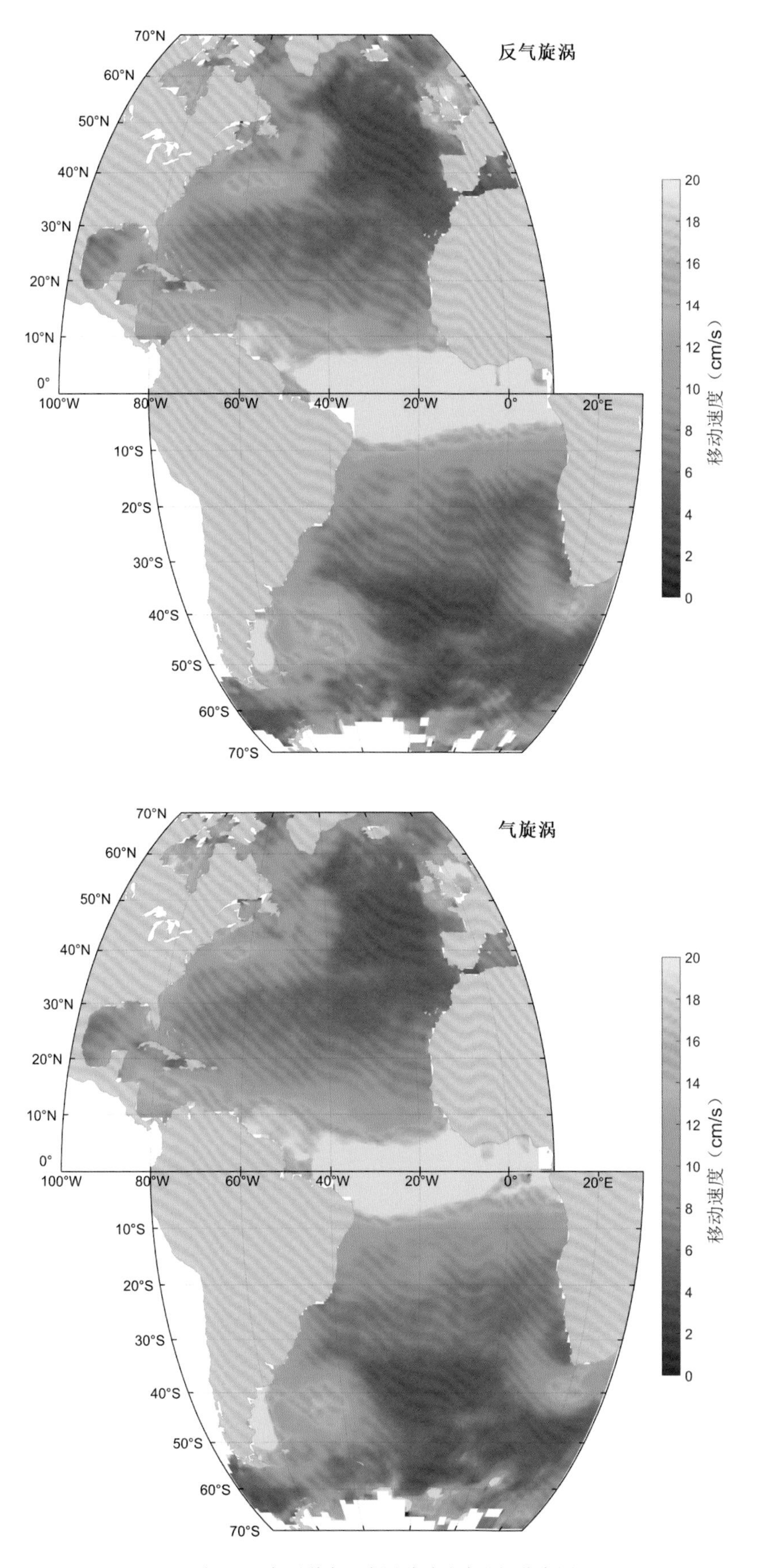

图5.33 大西洋中尺度涡移动速度空间分布图

5.4.3 大西洋中尺度涡属性统计特征

基于 1993—2020 年中尺度涡识别和轨迹追踪结果，对大西洋中尺度涡的振幅、半径、旋转速度、涡动能（EKE）以及移动速度等属性特征进行统计，分别给出大西洋中尺度涡属性统计特征分布图。为研究南、北大西洋中尺度涡属性的区域差异，这里分别给出了北大西洋和南大西洋的中尺度涡属性统计特征分布结果。与全球海洋中尺度涡属性统计特征（2.2.2 节）一样，中尺度涡属性统计是针对涡旋轨迹中的单个涡旋进行统计的（连续时间的单个涡旋组成了涡旋轨迹），因此涡旋属性特征频次（数量）远高于涡旋轨迹数量。

图 5.34 至图 5.38 分别给出了大西洋中尺度涡的振幅、半径、旋转速度、涡动能（EKE）和移动速度的频次分布。可以看出，南、北大西洋中尺度涡基本均集中在 10 cm 以下的低振幅区间。北大西洋气旋涡和反气旋涡平均振幅分别为 7.0 cm 和 6.1 cm，南大西洋气旋涡和反气旋涡的平均振幅分别为 8.0 cm 和 7.9 cm；相比之下，南大西洋涡旋振幅要高于北大西洋。南、北大西洋气旋涡和反气旋涡半径主要集中分布在 30 ~ 100 km 之间。北大西洋气旋涡和反气旋涡平均半径分别为 62 km 和 61 km（均小于全球中尺度涡平均半径 65 km），而南大西洋气旋涡和反气旋涡平均半径分别为 63 km 和 65 km，稍大于北大西洋中尺度涡。大西洋中尺度涡旋转速度基本集中在 4 ~ 40 cm/s 之间，北大西洋气旋涡和反气旋涡平均旋转速度分别为 20 cm/s 和 18 cm/s，南大西洋气旋涡和反气旋涡平均旋转速度分别为 20 cm/s 和 19 cm/s，南、北大西洋相差不大。大西洋中尺度涡（EKE）主要集中分布在 1×10^4 cm^2/s^2 以下的低值区域，不过在一些高值区仍有部分中尺度涡分布，这些高 EKE 中尺度涡主要分布在北大西洋湾流及其延伸区、北大西洋低纬度海域以及南大西洋厄加勒斯环流区域。北大西洋气旋涡和反气旋涡平均 EKE 分别约为 2.1×10^4 cm^2/s^2 和 1.5×10^4 cm^2/s^2，南大西洋气旋涡和反气旋涡平均 EKE 分别约为 1.8×10^4 cm^2/s^2 和 1.7×10^4 cm^2/s^2。大西洋中尺度涡移动速度主要集中在 10 cm/s 以下区间内，存在一个 3 cm/s 的峰值。北大西洋气旋涡和反气旋涡平均移动速度分别为 6.9 cm/s 和 6.7 cm/s，南大西洋气旋涡和反气旋涡平均移动速度分别为 6.8 cm/s 和 6.7 cm/s，南、北大西洋相差不大。

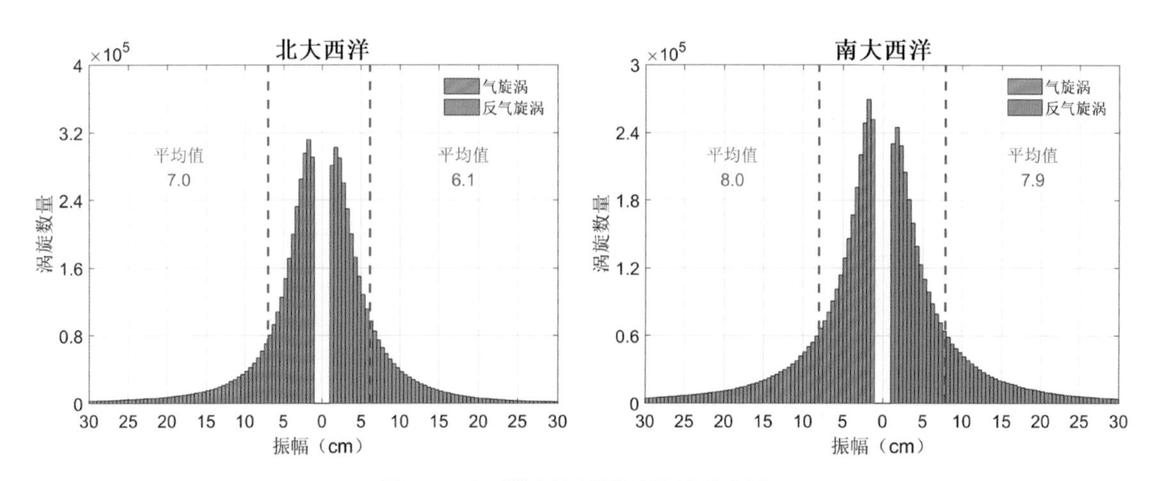

图5.34 大西洋中尺度涡振幅频次分布图

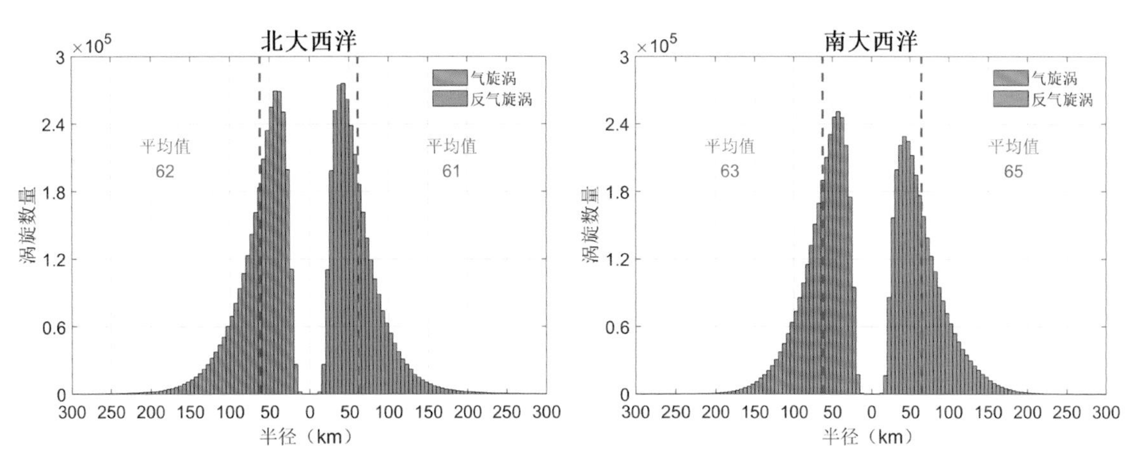

图5.35 大西洋中尺度涡半径频次分布图

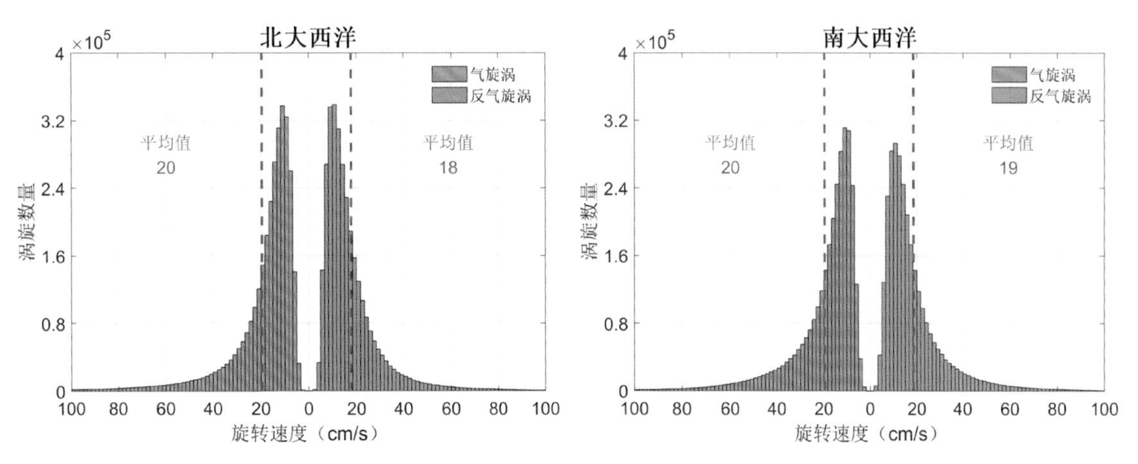

图5.36 大西洋中尺度涡旋转速度频次分布图

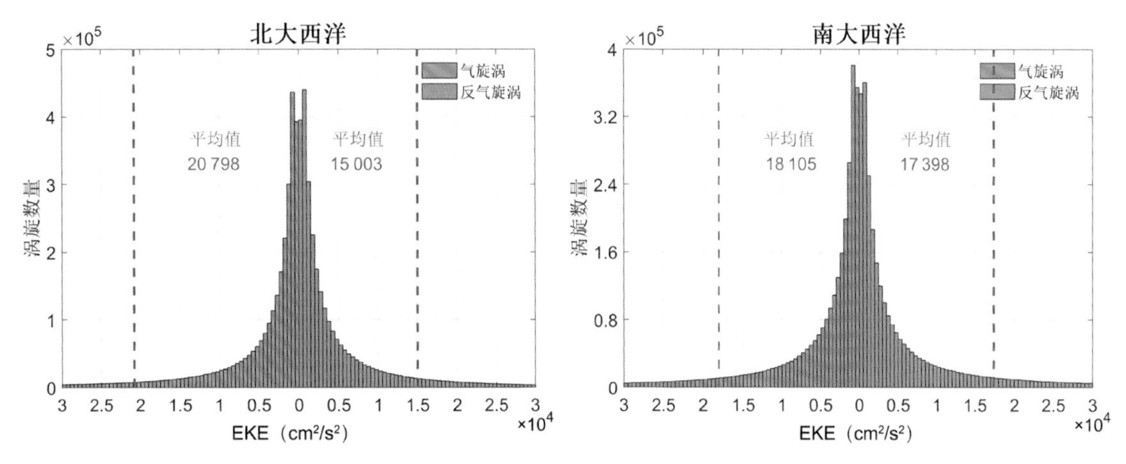

图5.37 大西洋中尺度涡涡动能（EKE）频次分布图

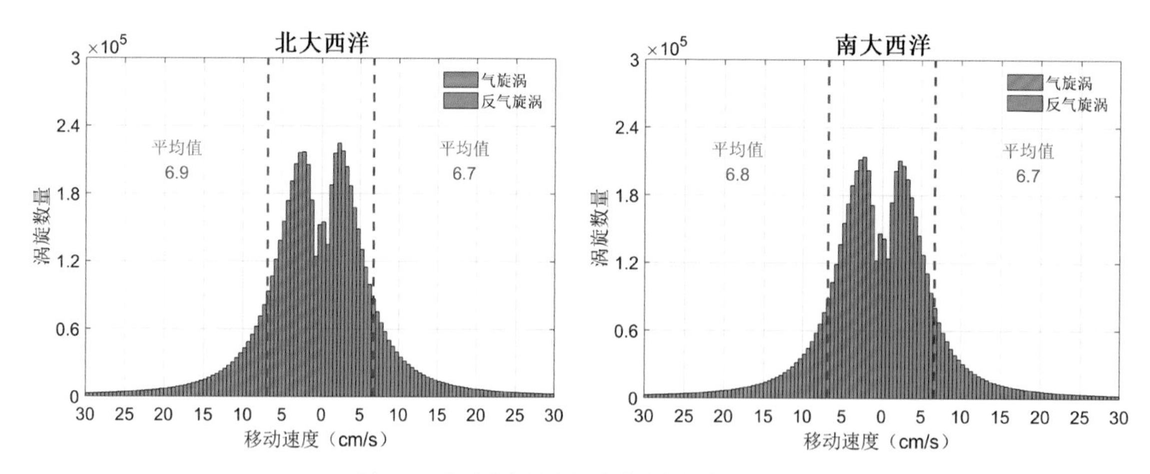

图5.38　大西洋中尺度涡移动速度频次分布图

5.4.4 大西洋中尺度涡属性气候态月变化

基于1993—2020年中尺度涡识别和轨迹追踪结果，对大西洋中尺度涡的轨迹数量、振幅、半径、旋转速度、涡动能（EKE）以及移动速度等属性的气候态月变化进行分析，分别给出大西洋中尺度涡属性月变化。这里为研究南、北大西洋中尺度涡属性的区域差异，分别给出了北大西洋和南大西洋的中尺度涡属性月变化。针对中尺度涡轨迹数量月变化，这里按照中尺度涡轨迹出现时的月份进行统计，即如果某一个中尺度涡在某一月份出现，则将该涡旋轨迹统计到该月份内，因此这里统计得到的是28年间涡旋轨迹数量累计月变化。针对中尺度涡的振幅、半径、旋转速度、涡动能（EKE）以及移动速度等属性的月变化，按照中尺度涡轨迹内的单个涡旋对应的月份进行统计，即将某一月份内所有单个涡旋的属性进行平均得到，因此统计得到的是28年间涡旋属性平均月变化。图5.39至图5.44分别给出了大西洋中尺度涡的轨迹数量、振幅、半径、旋转速度、涡动能（EKE）和移动速度的月变化。

从图中可以看出，南、北大西洋各月份的气旋涡轨迹数量均多于反气旋涡。北大西洋气旋涡和反气旋涡轨迹数量基本呈现一致的月变化，在上半年数量较多，下半年数量相对较少。南大西洋气旋涡和反气旋涡轨迹数量的月变化也基本一致，2月数量最少，随后各月份数量逐渐增加，10月达到最大，然后又逐渐减少。北大西洋中尺度涡振幅在冬季1—3月较低，然后在春季4—6月逐渐升高，基本在夏季7—9月达到最大，然后又逐渐减小；南大西洋气旋涡振幅在夏季1—3月较低，在冬季7—9月较高，而反气旋涡则在夏季较高，6—7月较低。北大西洋气旋涡平均振幅在所有月份均大于反气旋涡，南大西洋气旋涡振幅在5—12月也均大于反气旋涡。北大西洋中尺度涡平均半径月变化在3—4月最小，8—9月最大；南大西洋中尺度涡平均半径月变化相对较小，一般上半年月份大于下半年月份。北大西洋气旋涡振幅在各个月份均大于反气旋涡，而南大西洋气旋涡振幅在各个月份却均小于反气旋涡。南、北大西洋气旋涡旋转速度均高于反气旋涡，其中北大西洋中尺度涡旋转速度在年中月份较高，南大西洋中尺度涡旋转速度在上半年月份较低，下半年月份较高。北大西洋中尺度涡EKE月变化在8—10月较高，春季2—4月较低；南大西洋中尺度涡EKE月变化相对较小。北大西洋中尺度涡移动速度月变化在5—8月较低，11月至次年3月较高；南大西洋中尺度涡移动速度月变化在7—10月较高，12月至次年2月较低。

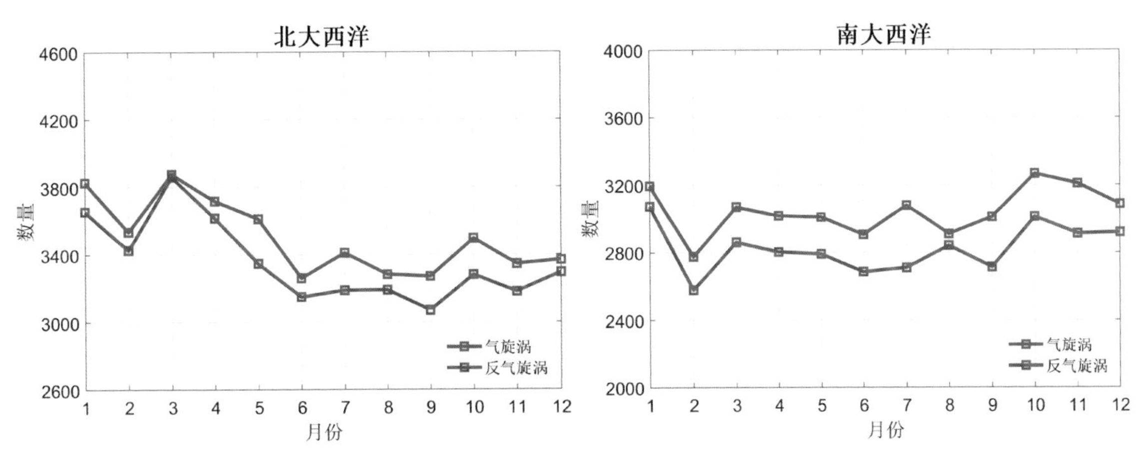

图5.39　大西洋中尺度涡轨迹数量累计月变化图

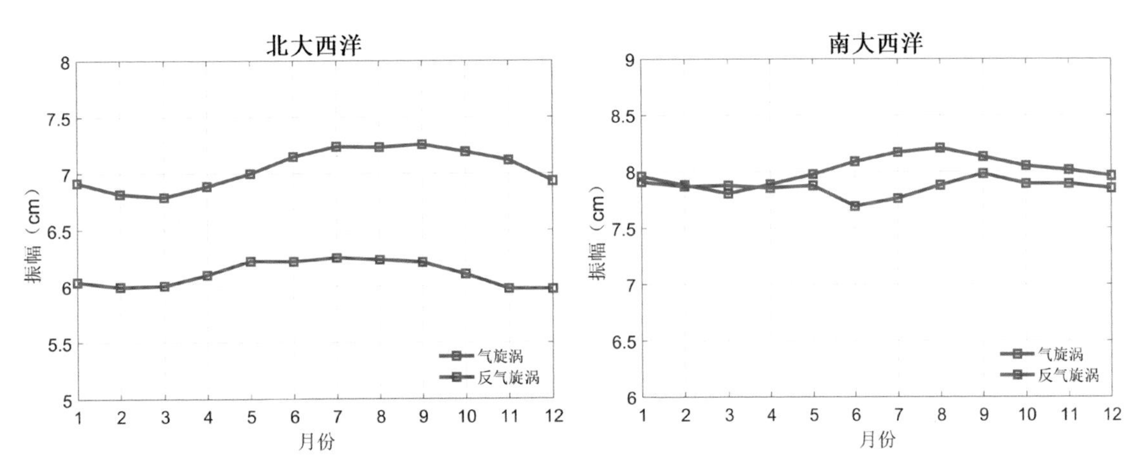

图5.40　大西洋中尺度涡月平均振幅变化图

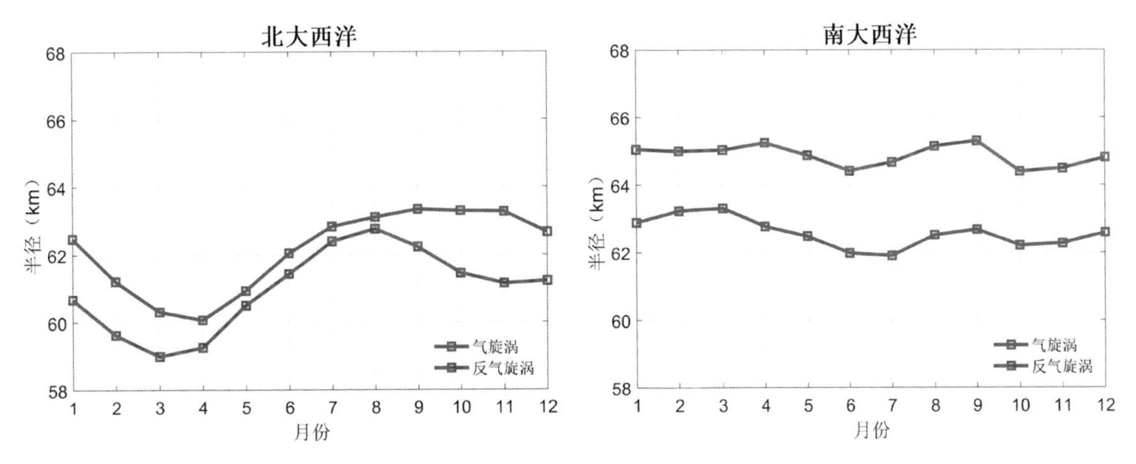

图5.41　大西洋中尺度涡月平均半径变化图

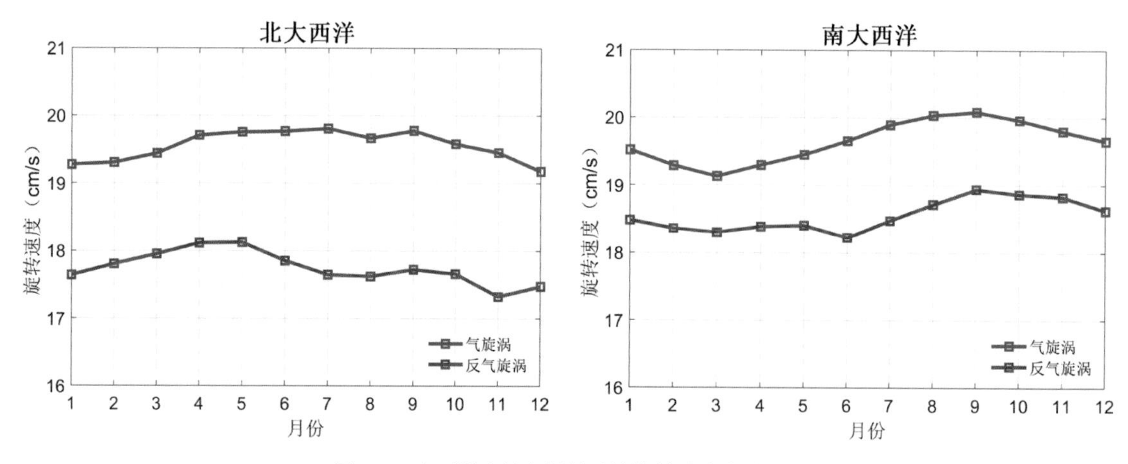

图5.42　大西洋中尺度涡月平均旋转速度变化图

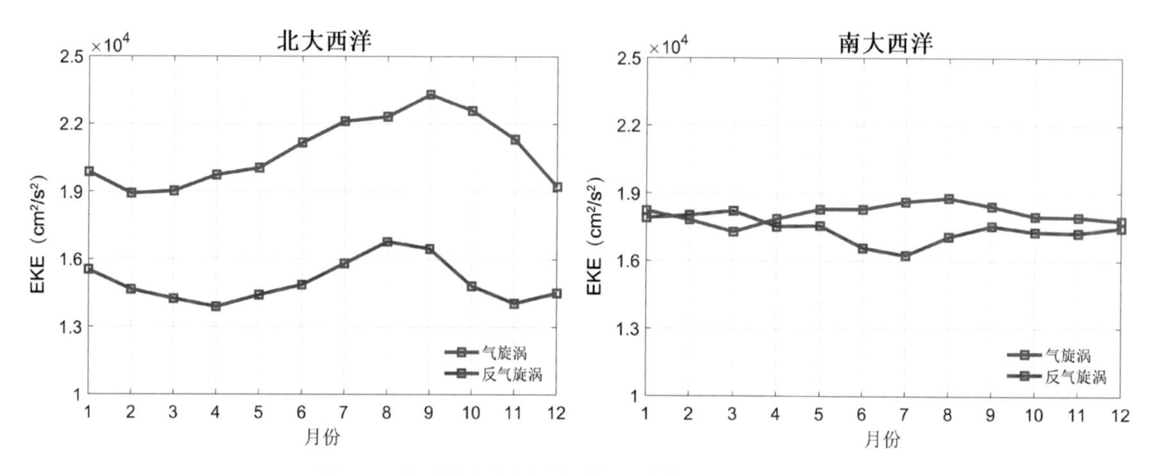

图5.43　大西洋中尺度涡月平均涡动能（EKE）变化图

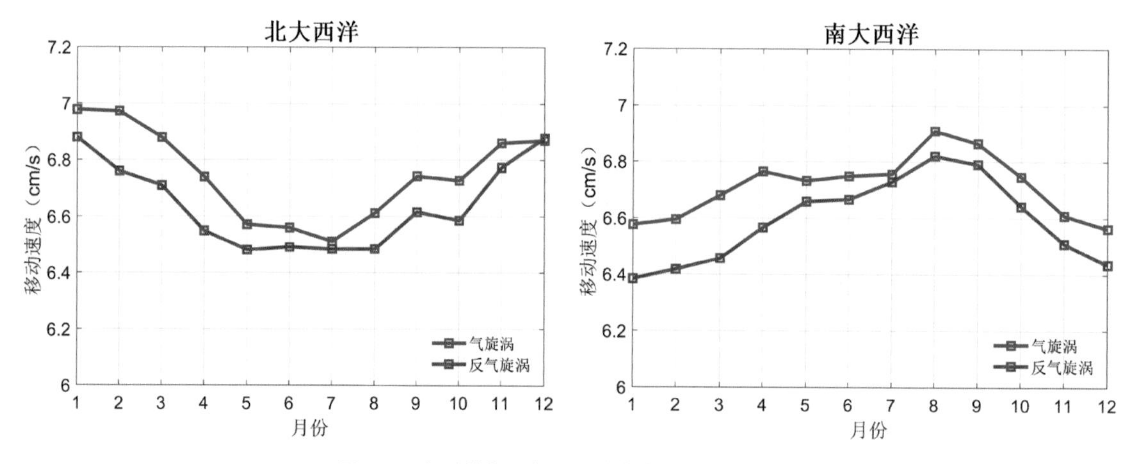

图5.44　大西洋中尺度涡月平均移动速度变化图

5.4.5　大西洋中尺度涡属性年际变化

基于1993—2020年中尺度涡识别和轨迹追踪结果，对大西洋中尺度涡的轨迹数量、振幅、半径、旋转速度、涡动能（EKE）以及移动速度等属性的年际变化进行分析，分别给出大西洋中尺度涡属性年际变化。针对中尺度涡轨迹数量年际变化，按照中尺度涡轨迹出现时的年份进行统计。针对中尺度涡的振幅、半径、旋转速度、涡动能（EKE）以及移动速度等属性的年际变化，按照中尺度涡轨迹内的单个涡旋对应的年份进行统计，即将某一年内所有单个涡旋的属性进行平均得到。图 5.45 至图 5.50 分别给出了大西洋中尺度涡轨迹数量、振幅、半径、旋转速度、涡动能（EKE）和移动速度的年际变化。

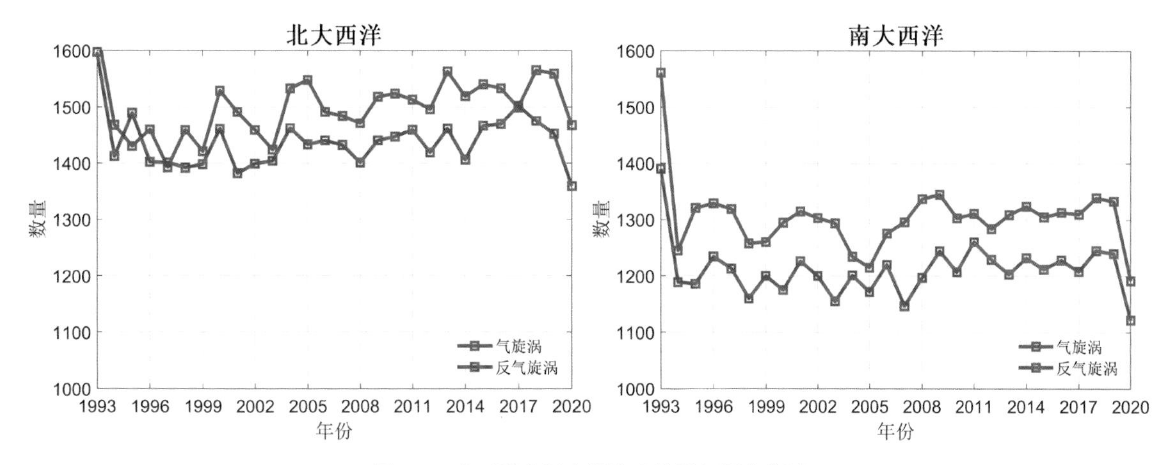

图5.45 大西洋中尺度涡轨迹数量年际变化图

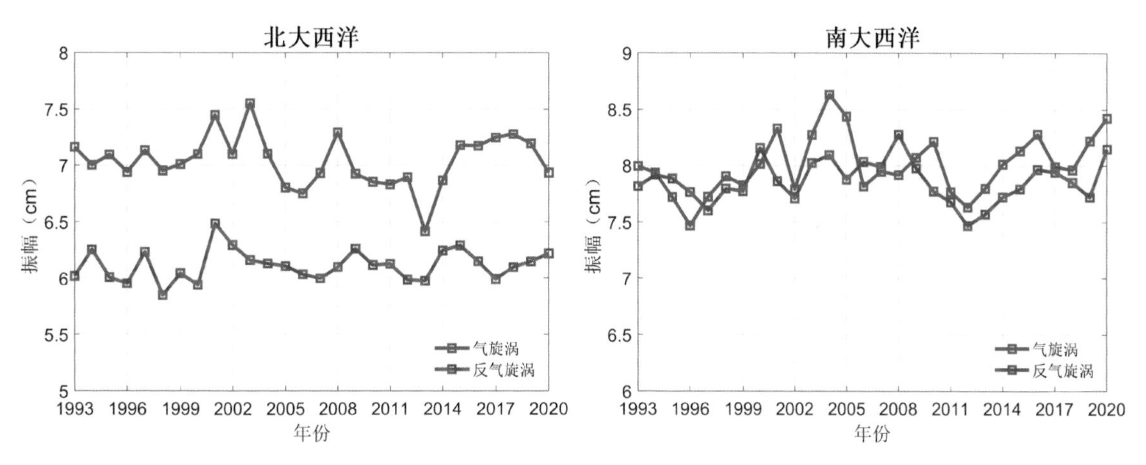

图5.46 大西洋中尺度涡振幅年际变化图

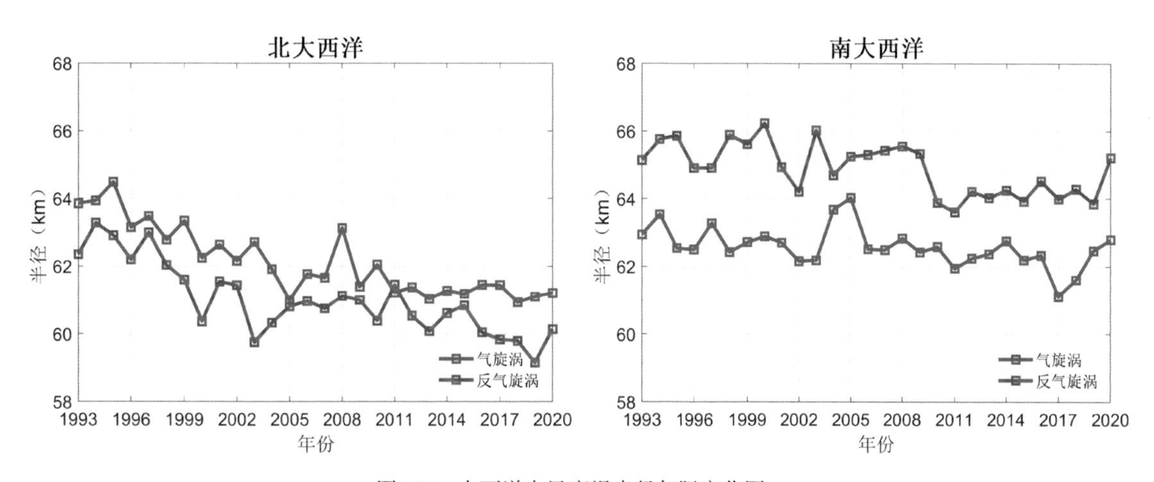

图5.47 大西洋中尺度涡半径年际变化图

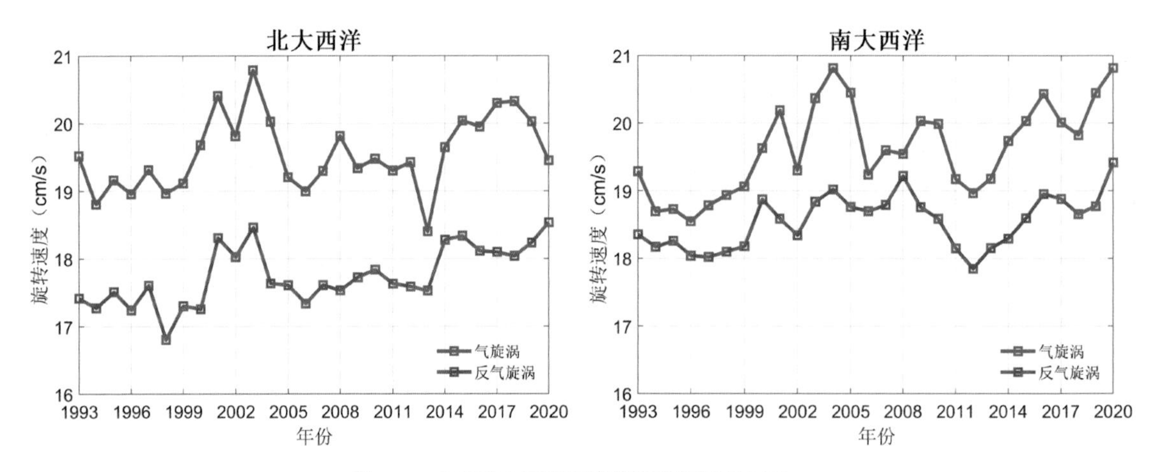

图5.48　大西洋中尺度涡旋转速度年际变化图

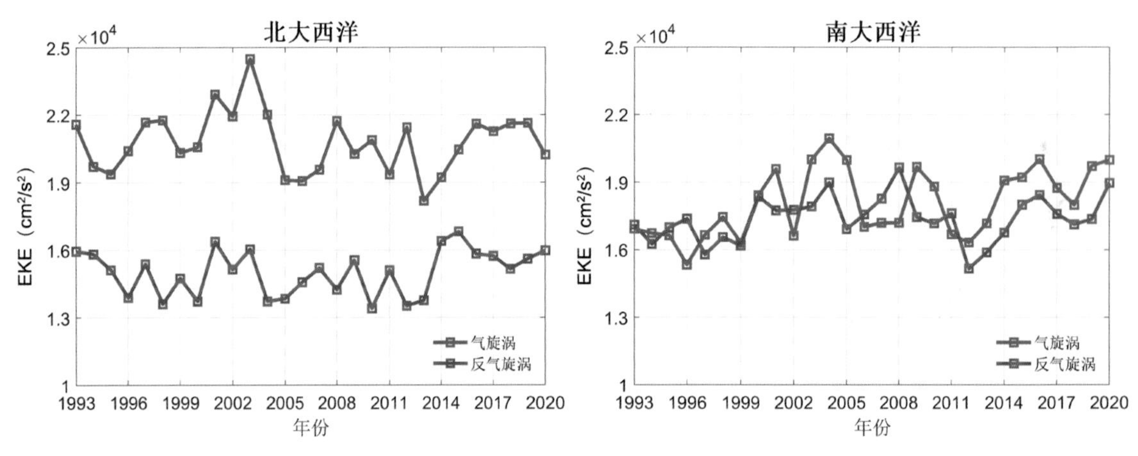

图5.49　大西洋中尺度涡涡动能（EKE）年际变化图

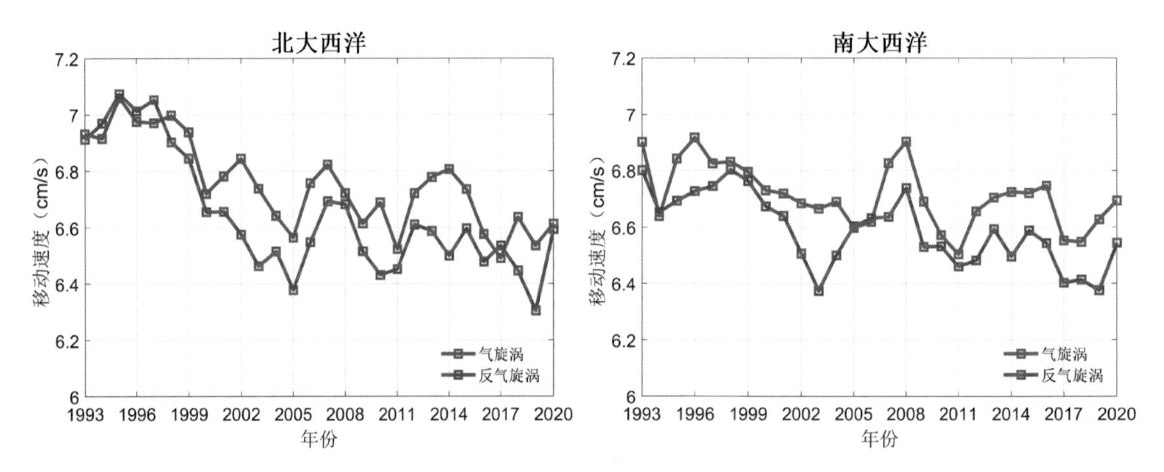

图5.50　大西洋中尺度涡移动速度年际变化图

第6章 南大洋中尺度涡遥感调查研究图集

6.1 南大洋调查区域概况

南大洋是围绕着南极洲的广阔大洋区域，是世界上唯一完全环绕地球却未被大陆分割的大洋，其将太平洋、印度洋和大西洋的最南端连接起来。南大洋常年盛行西风，因此南大洋由强劲的东向南极绕极流所控制。图6.1给出了南大洋水深分布图。南大洋的南部以南极大陆为界，其北部边界尚不明确。南大洋最狭窄的区域是德雷克海峡，位于南美洲和南极半岛之间。通过狭窄的德雷克海峡，南大洋将太平洋与大西洋连接起来。另外，在非洲南部和澳大利亚南部，南大洋通道更为宽广。针对南大洋中尺度涡遥感调查，南大洋调查范围纬向上贯穿整个纬度带，经向上北边界为40°S，南边界至南极洲近岸，这基本上包含了完整的南极绕极流。

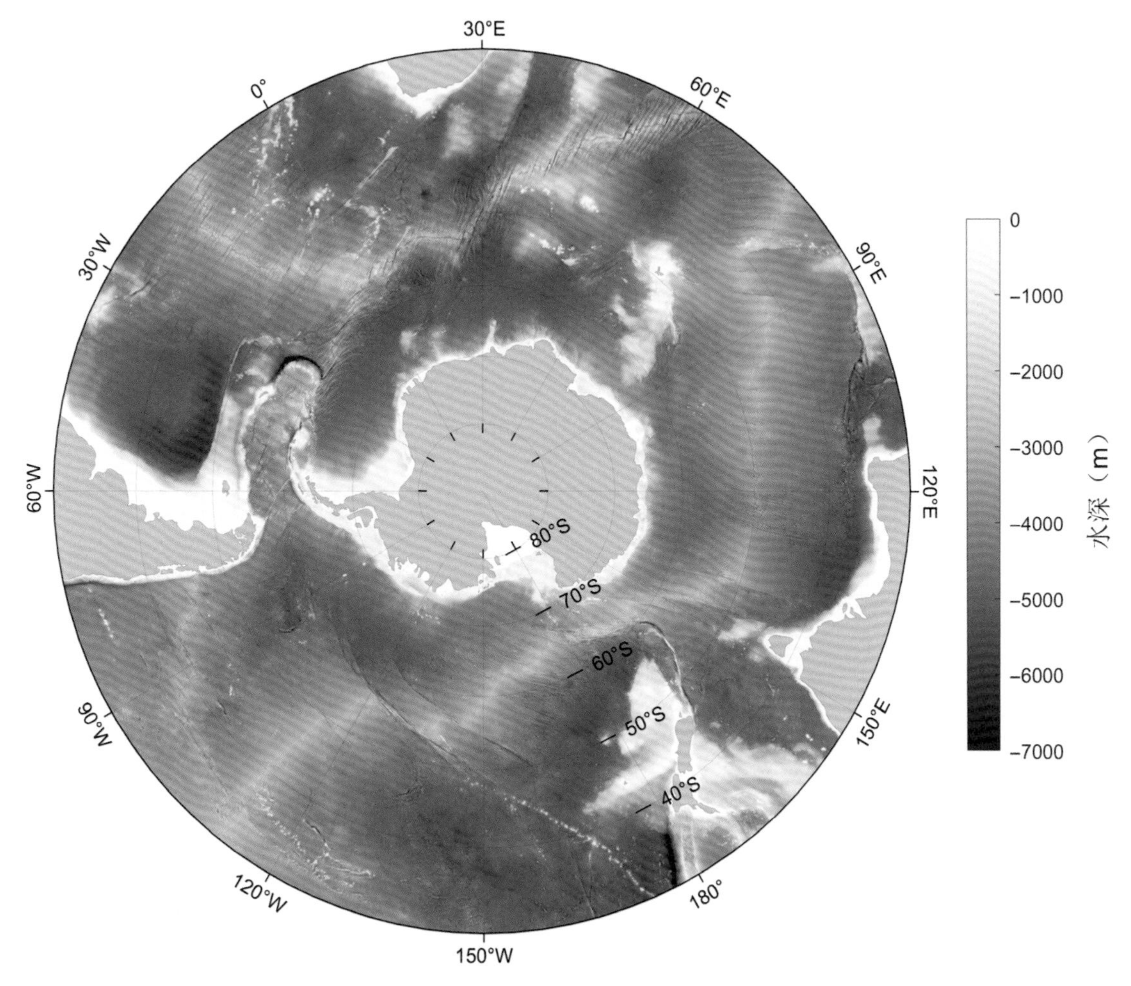

图6.1　南大洋水深分布图

南大洋环流主要由强劲的南极绕极流主导，该海流由强劲的西风驱动，常年向东并完整地环地球流动（图 6.2）。由于西风并非绝对稳定，陆块之间距离在某些地方明显缩小，海底地形起伏以及地球自转偏向力的作用，使整个环流未能出现纯纬向运动。实际上，南极绕极流并不是宽阔的匀速海流，其由一些狭窄的射流组成，这些射流提供了大量的东向水体输运。狭窄的射流被限制在南部和北部流线包围的南极绕极流宽广的包线内。南美大陆的南伸和南极半岛，使得南极绕极流在德雷克海峡严重受阻。南美大陆南端迫使环流北侧的一部分水流沿智利海岸北上，另一部分是越过南美洲南部则迅速北上，形成马尔维纳斯流。南极半岛西海岸的走向则迫使环流南侧的水流改向东北。南极绕极流在德雷克海峡急速向东穿过该区域。澳大利亚和非洲南部也对南极绕极流造成了限制，但不像德雷克海峡那样明显。在这三个限制区域，南向的副热带西边界流（分别为东澳大利亚流、巴西海流和厄加勒斯流）均与南大洋环流发生相互作用。由于南极绕极流连接着太平洋、印度洋和大西洋，并且其也是一个可以延伸到海洋深处的东向海流，所以南极绕极流是不同大洋之间水体交换的重要通道。

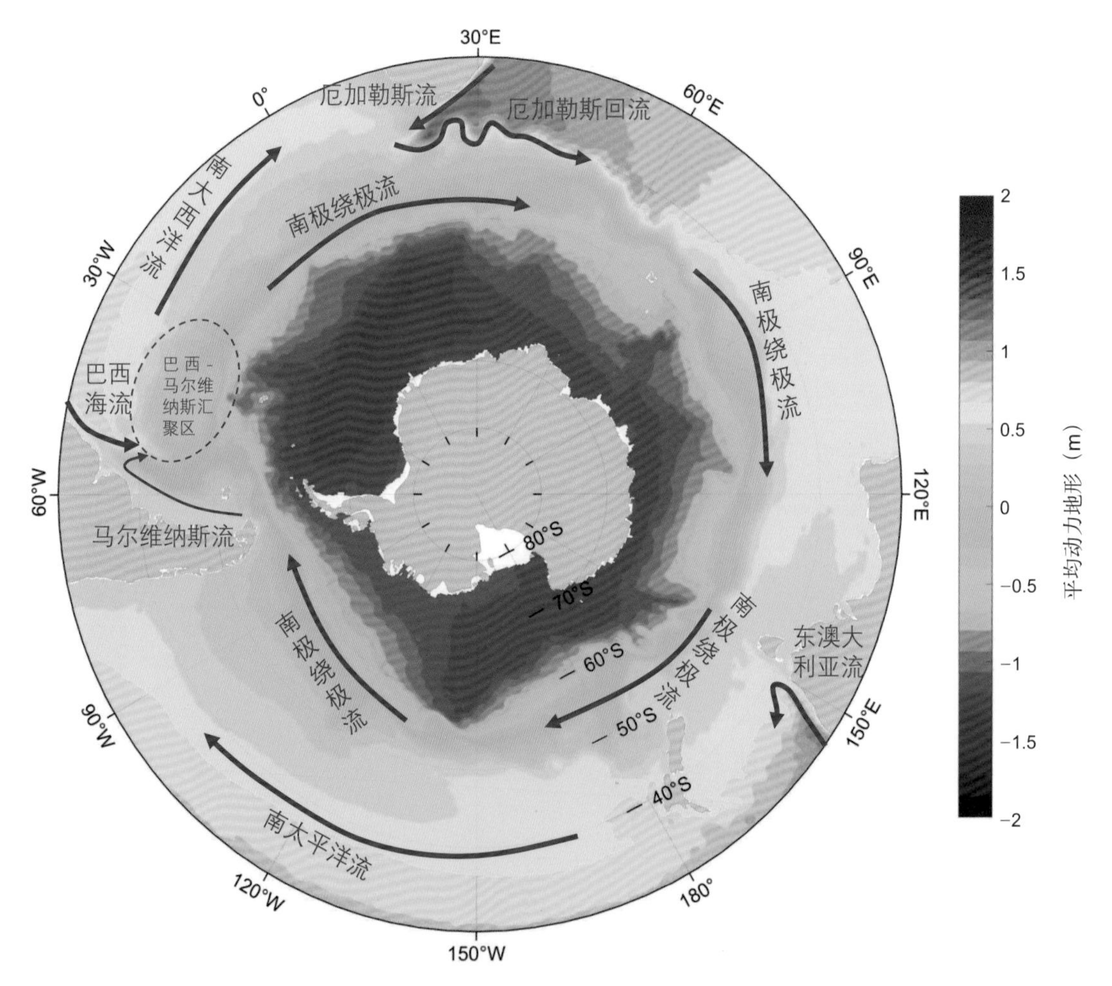

图6.2　南大洋平均动力地形和环流示意图

区域环流变化情况可以通过涡动能（EKE）进行描述，涡动能高的区域表明那里环流变化明显，对应着丰富的不稳定流或者涡旋系统。环流涡动能（EKE）表示为：$\mathrm{EKE}=0.5(u'^2+v'^2)$，式中 u' 和 v' 分别表示环流流速异常的纬向分量和经向分量。图 6.3 给出了南大洋环流涡动能空间分布。从图 6.3 中可以看出，南大洋环流涡动能高值区主要分布在巴西 - 马尔维纳斯汇聚区、厄加勒斯流及其回流区、东澳大利亚流区域以及 50°—60°S 纬度带间的南极绕极流等区域，表明这些区域环流变化比较明显，可能是中尺度涡高发区。相比之下，南大洋 60°S 以南的高纬度区域以及南太平洋、南印度洋和南大西洋中部区域的环流涡动能值较小，表明这些区域环流变化较小，对应着平静的大洋区域，相应的中尺度涡出现也可能较少。

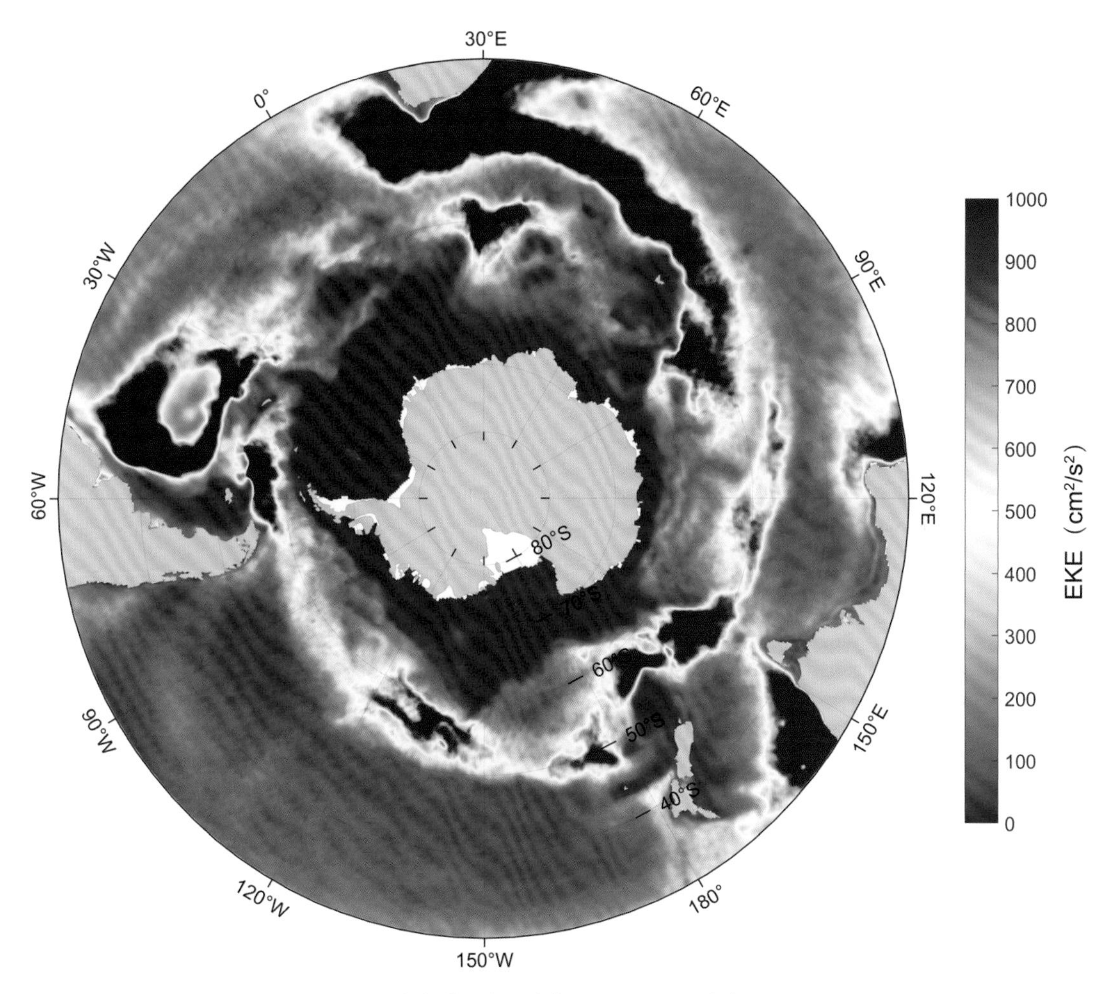

图6.3　南大洋环流涡动能（EKE）空间分布图

6.2 南大洋中尺度涡月调查结果空间分布

基于 1993—2020 年共 28 年月平均卫星高度计海面高度融合数据，按照 1.2.2 节中介绍的中尺度涡识别方法，探测识别涡旋振幅超过 10 cm 的中尺度涡，得到 1993—2020 年中尺度涡月调查结果。基于南大洋中尺度涡月调查结果，分别制作中尺度涡气候态月空间分布图、中尺度涡气候态季节空间分布图以及中尺度涡年空间分布图。

南大洋中尺度涡气候态月空间分布图：将 1993—2020 年共 28 年相同月份的涡旋结果叠加绘制。比如“1 月份中尺度涡气候态月空间分布图”，是将 1993—2020 年每年 1 月的中尺度涡月调查结果叠加绘制到同一张分布图上。

南大洋中尺度涡气候态季节空间分布图：将 1993—2020 年共 28 年相同季节月份的涡旋结果叠加绘制。比如“春季中尺度涡气候态季节空间分布图”，是将 1993—2020 年每年 10—12 月的中尺度涡月调查结果叠加绘制到同一张分布图上。为了和大洋季节以及国际水文调查结果一致，气候态季节按照以下月份对应：针对南大洋，夏季对应 1—3 月，秋季对应 4—6 月，冬季对应 7—9 月，春季对应 10—12 月。

南大洋中尺度涡年空间分布图：将某一年全年的中尺度涡结果叠加绘制。比如“2020 年中尺度涡空间分布图”，是将 2020 年 1—12 月的中尺度涡月调查结果叠加绘制到一张分布图上。

针对中尺度涡气候态月空间分布图和气候态季节空间分布图，气旋涡和反气旋涡结果分别绘制在不同图中，其中气旋涡用蓝色圆点表示，反气旋涡用红色圆点表示，圆点位置表示涡旋中心位置，圆点大小表示涡旋空间尺度大小，颜色表示涡旋振幅大小。针对中尺度涡年空间分布图，气旋涡和反气旋涡结果绘制在同一张图中，为区分气旋涡和反气旋涡的涡旋振幅值，气旋涡振幅大小用负值表示，其他涡旋表示方式均与中尺度涡气候态月空间分布图和气候态季节空间分布图一致。

6.2.1　南大洋中尺度涡气候态月空间分布

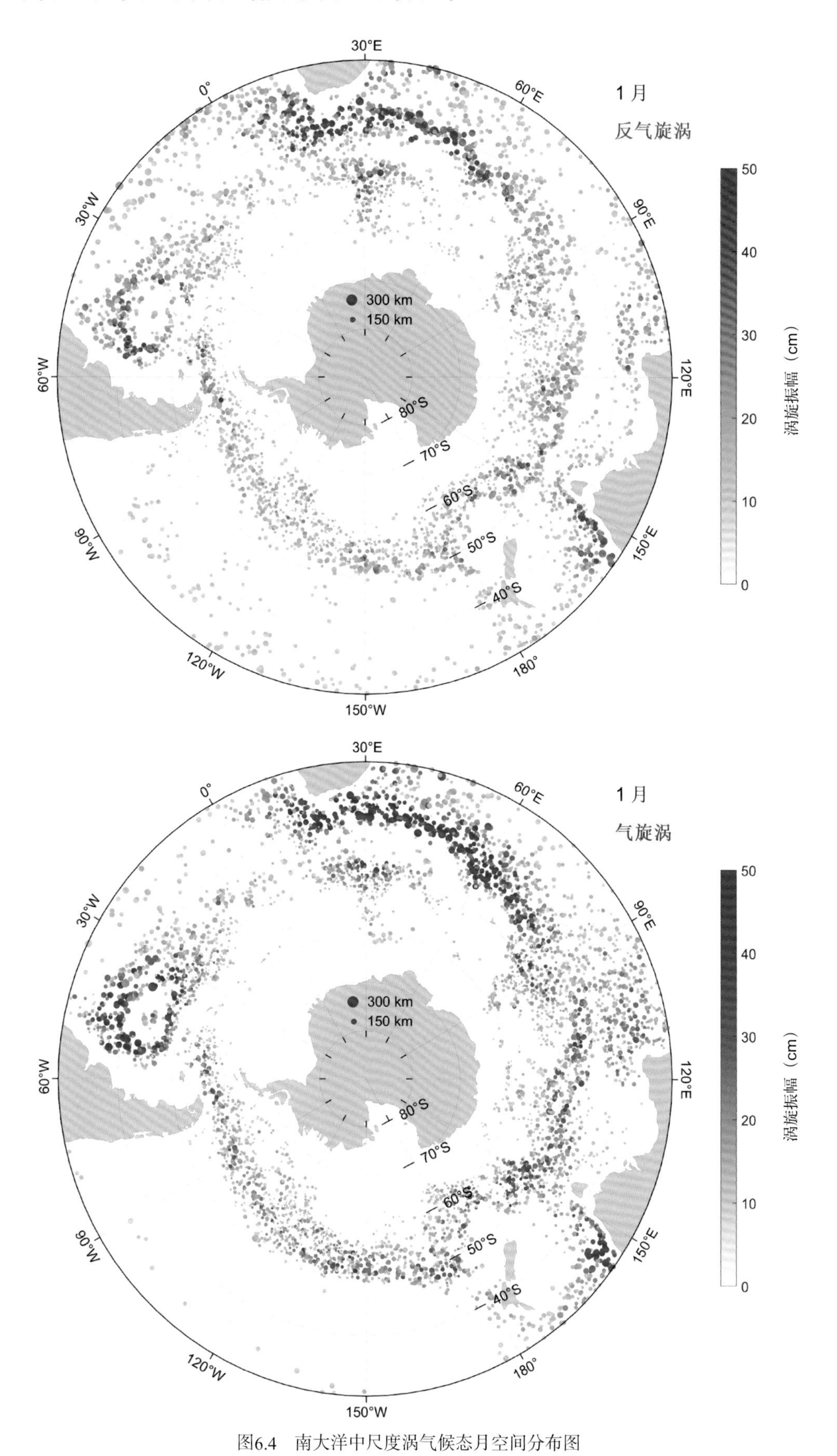

图6.4　南大洋中尺度涡气候态月空间分布图

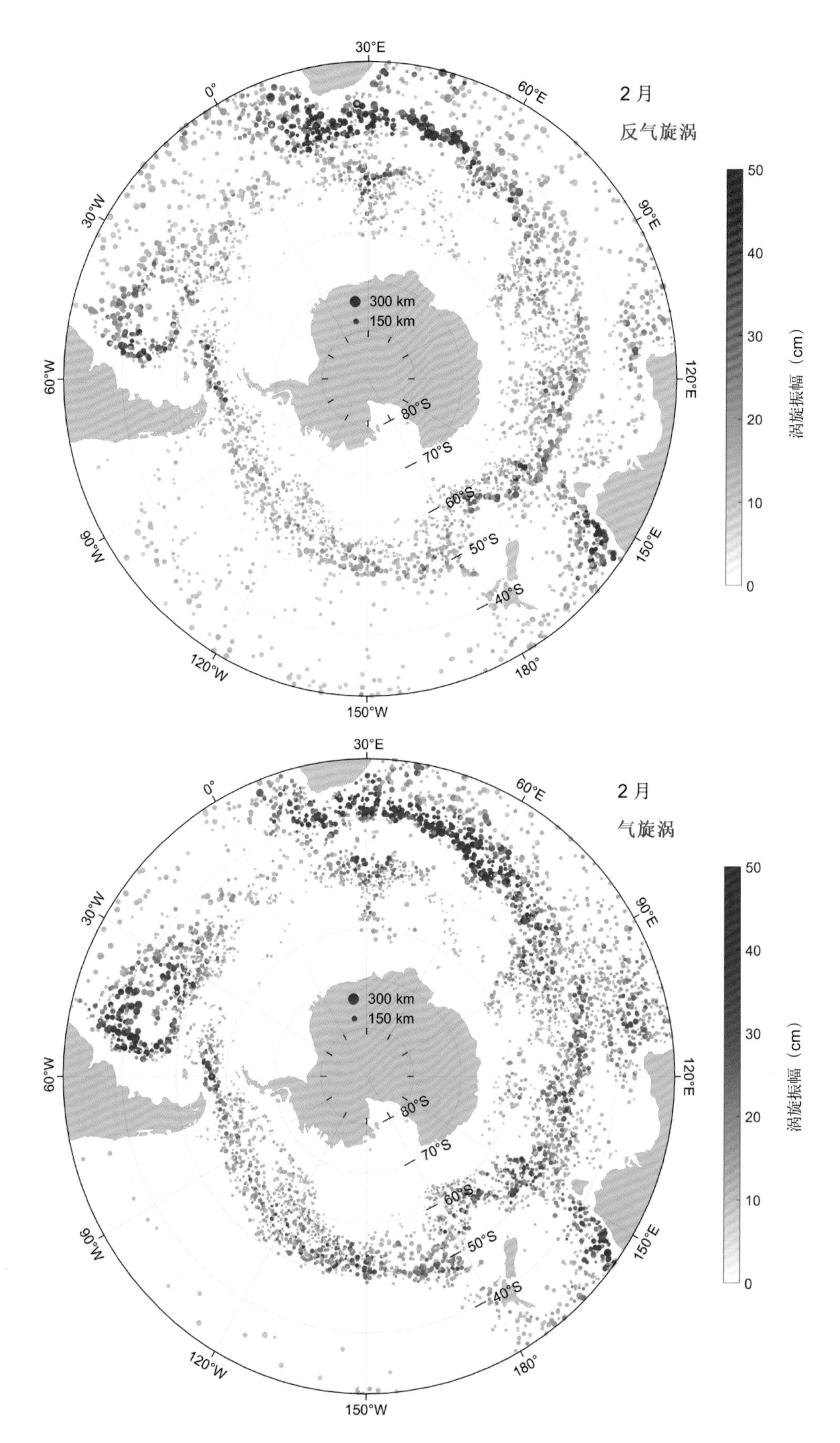

图6.4　南大洋中尺度涡气候态月空间分布图（续）

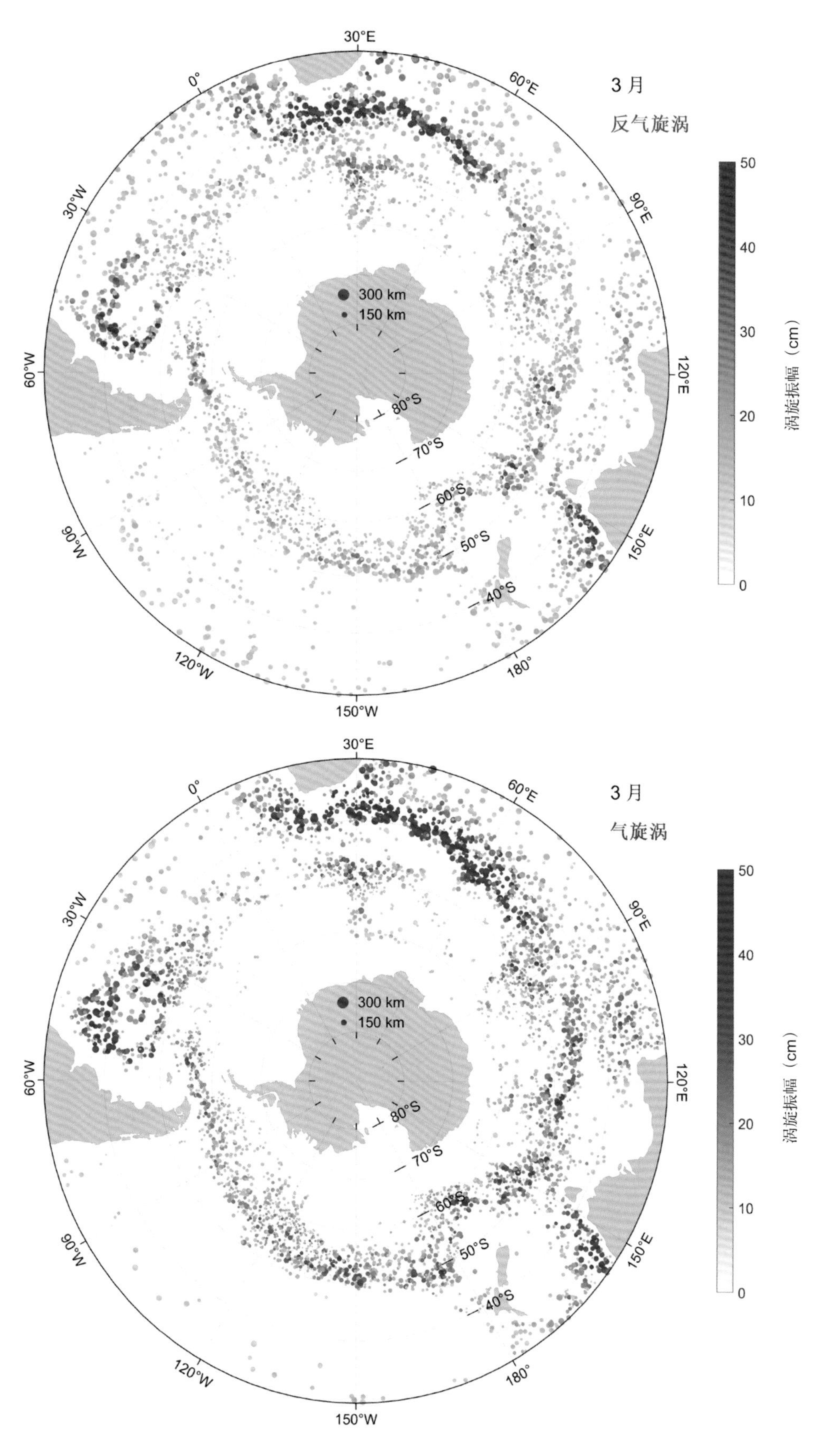

图6.4　南大洋中尺度涡气候态月空间分布图（续）

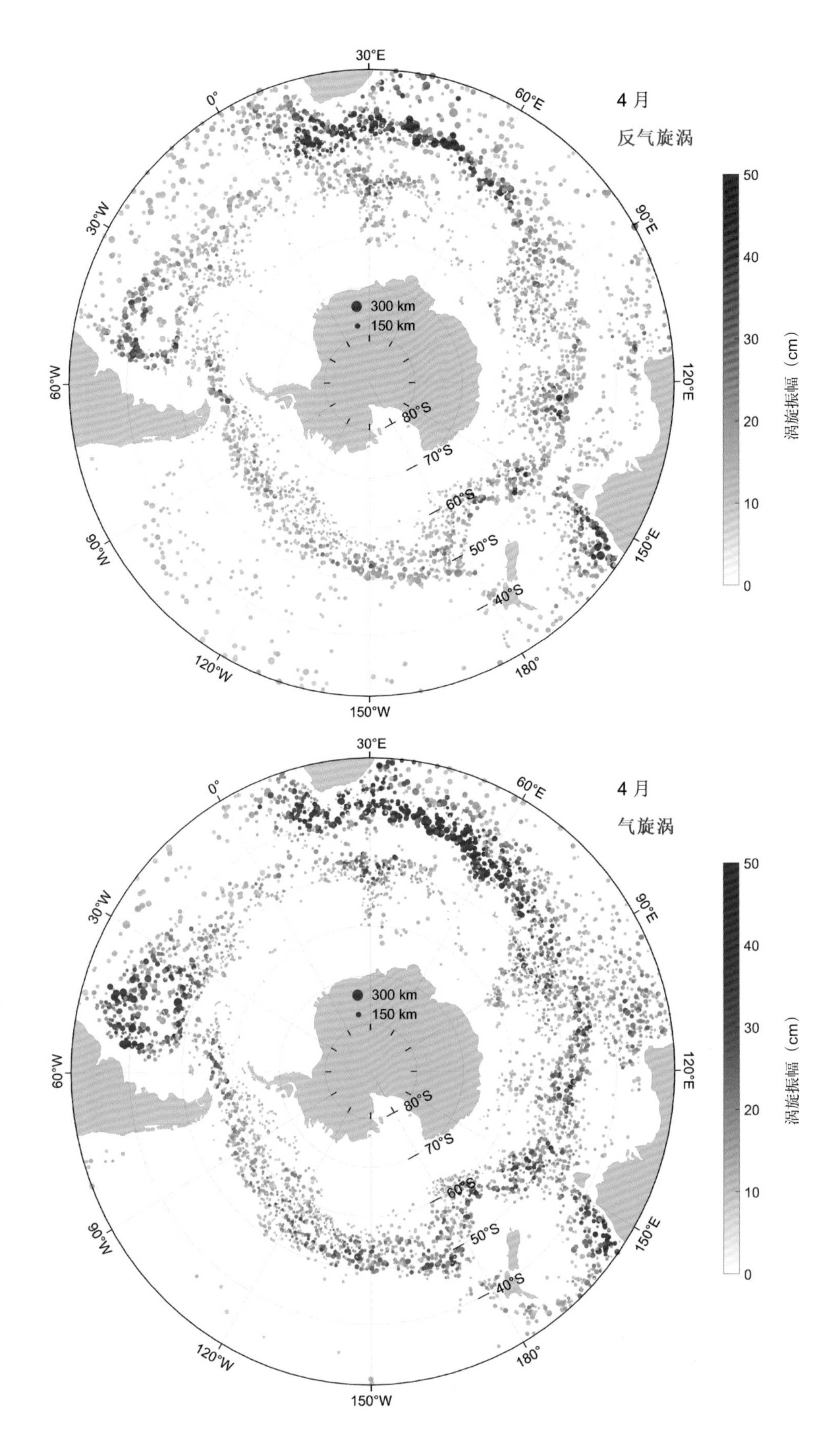

图6.4　南大洋中尺度涡气候态月空间分布图（续）

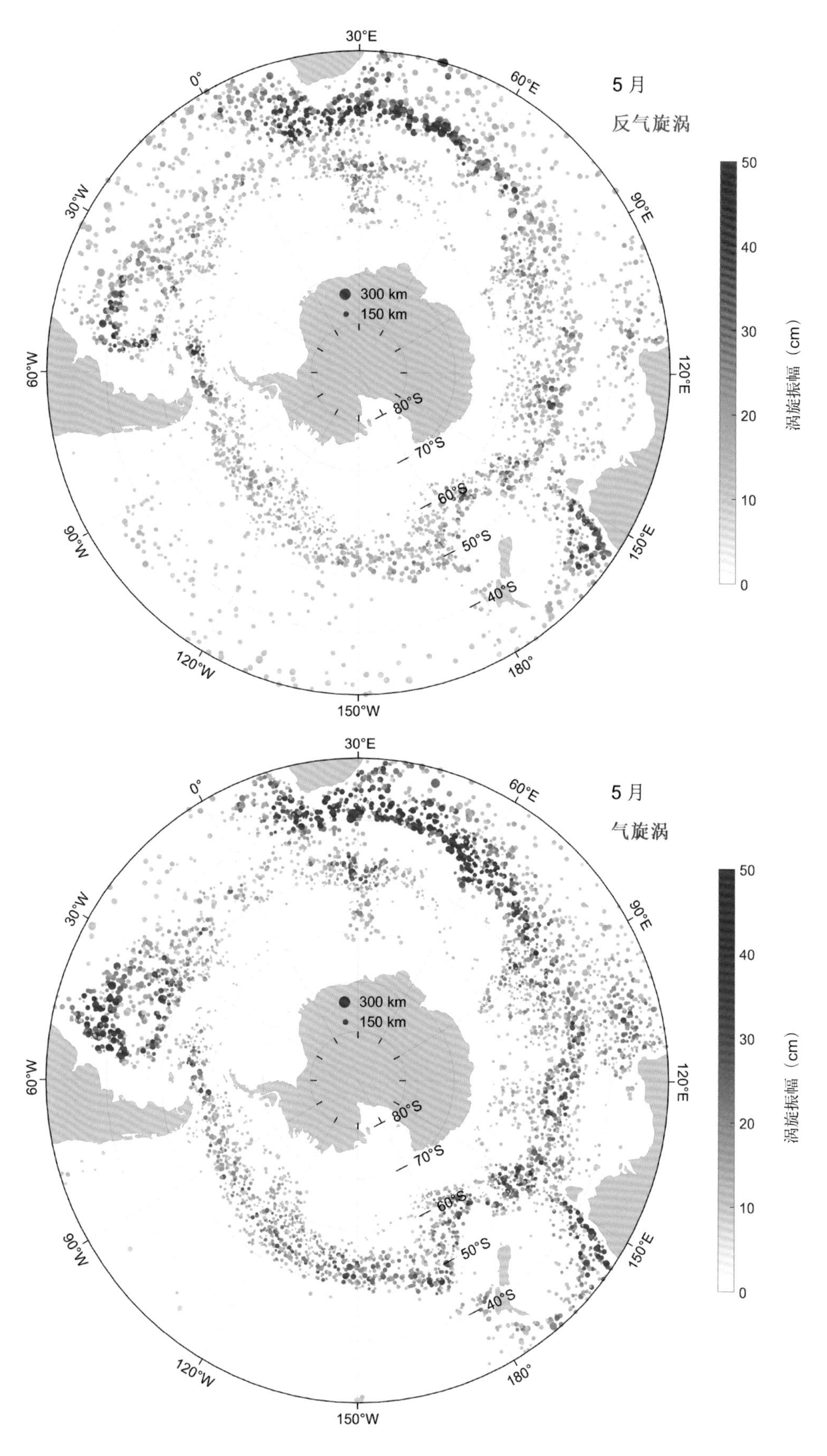

图6.4　南大洋中尺度涡气候态月空间分布图（续）

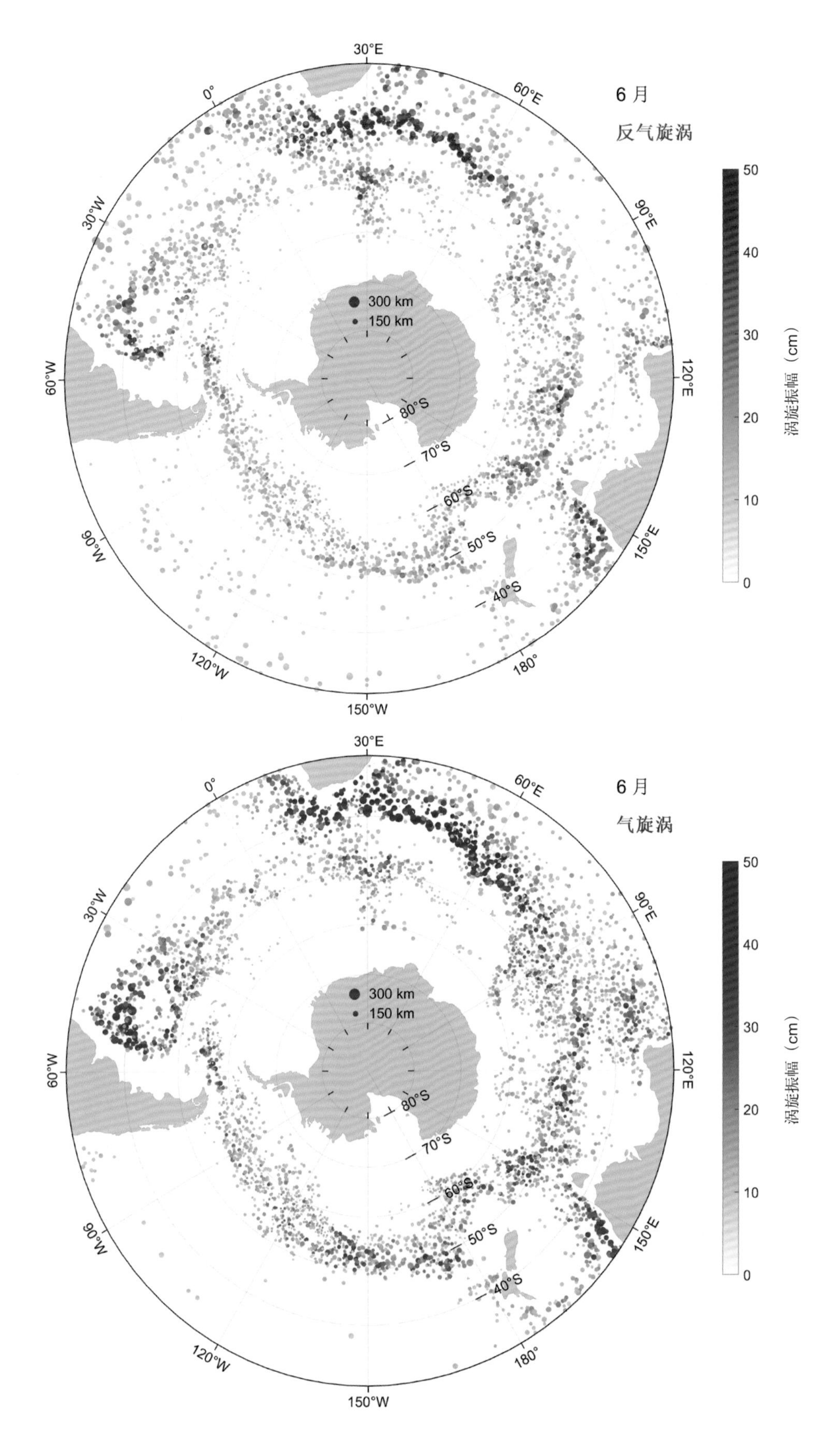

图6.4　南大洋中尺度涡气候态月空间分布图（续）

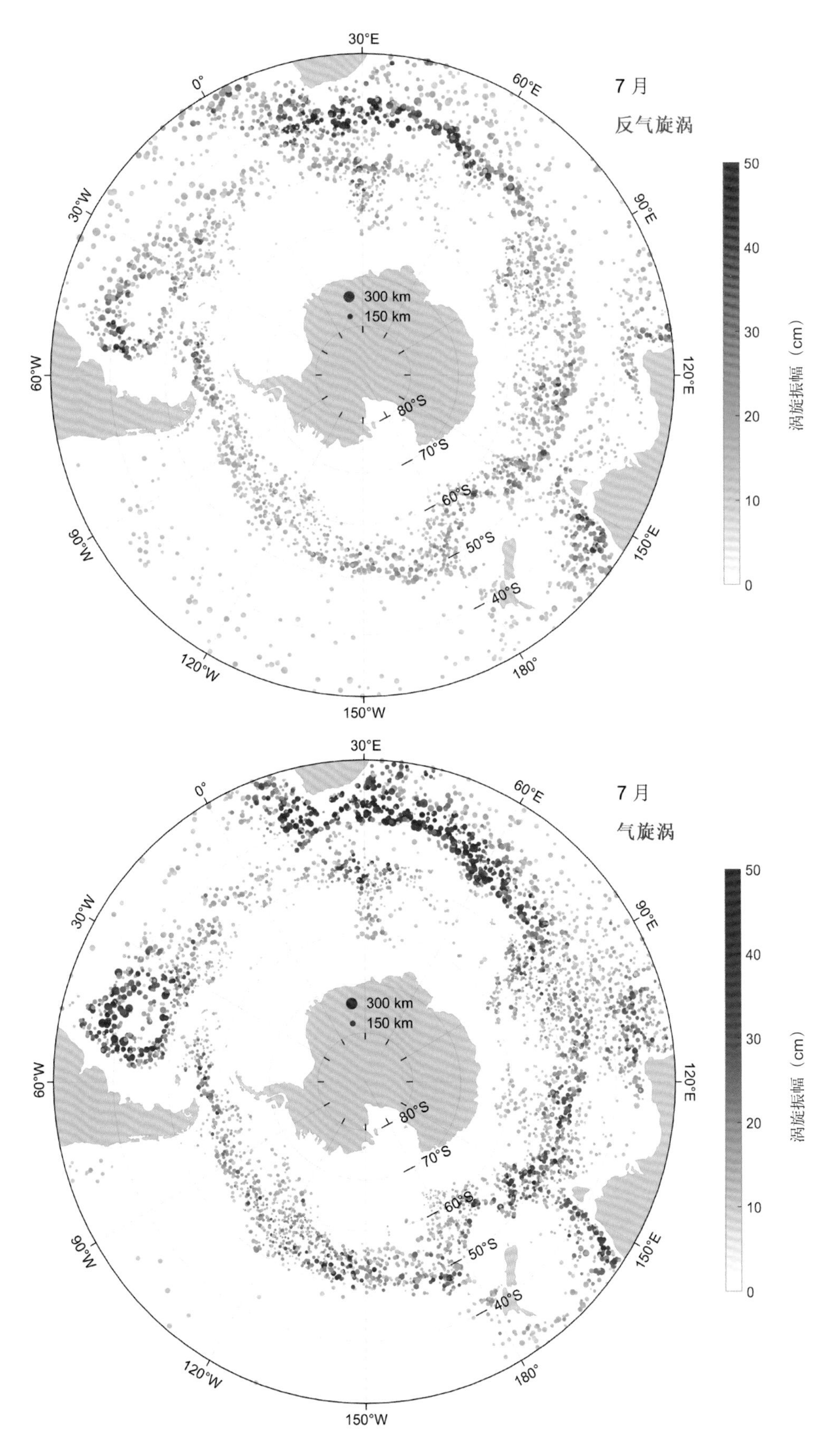

图6.4　南大洋中尺度涡气候态月空间分布图（续）

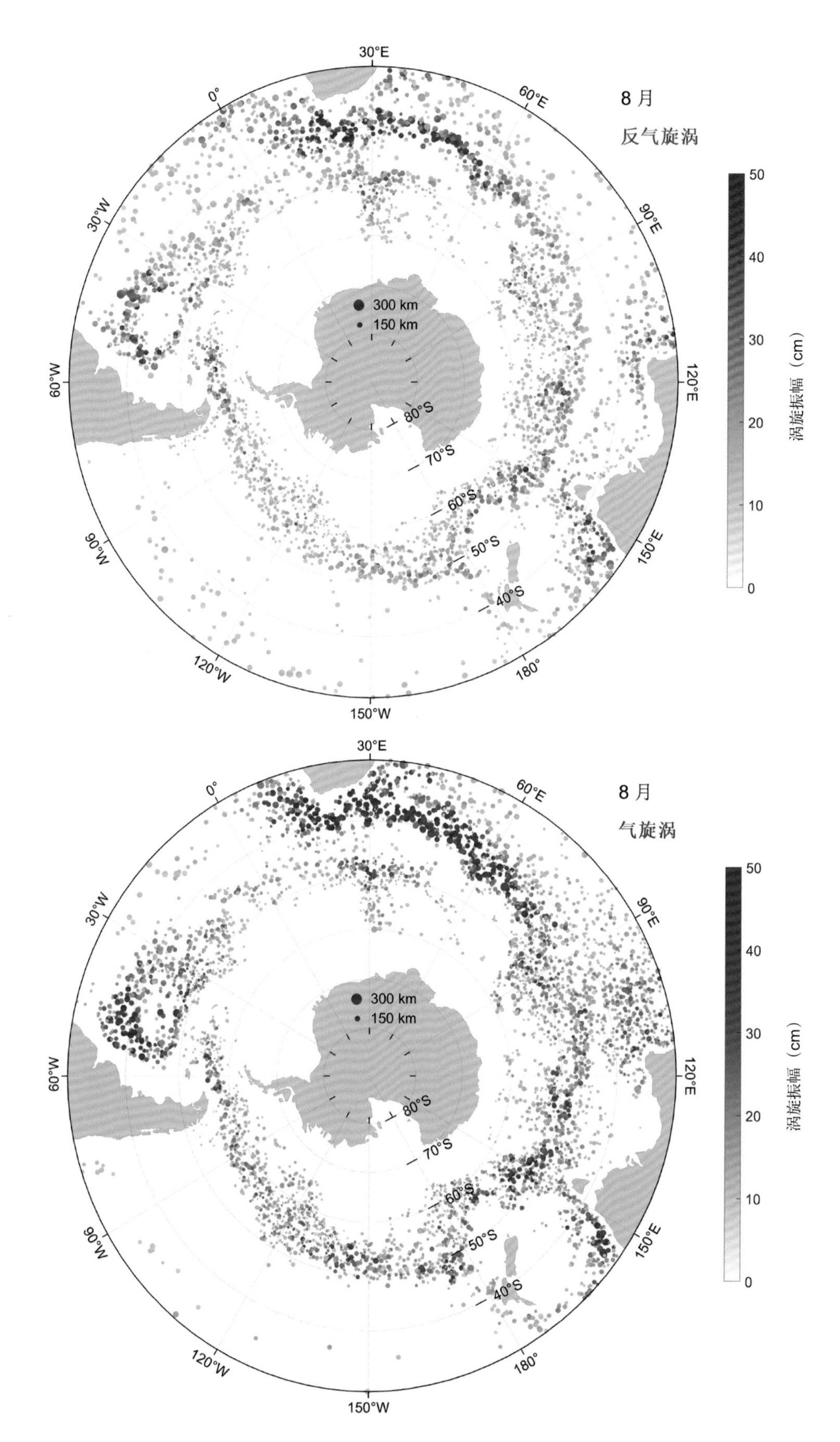

图6.4　南大洋中尺度涡气候态月空间分布图（续）

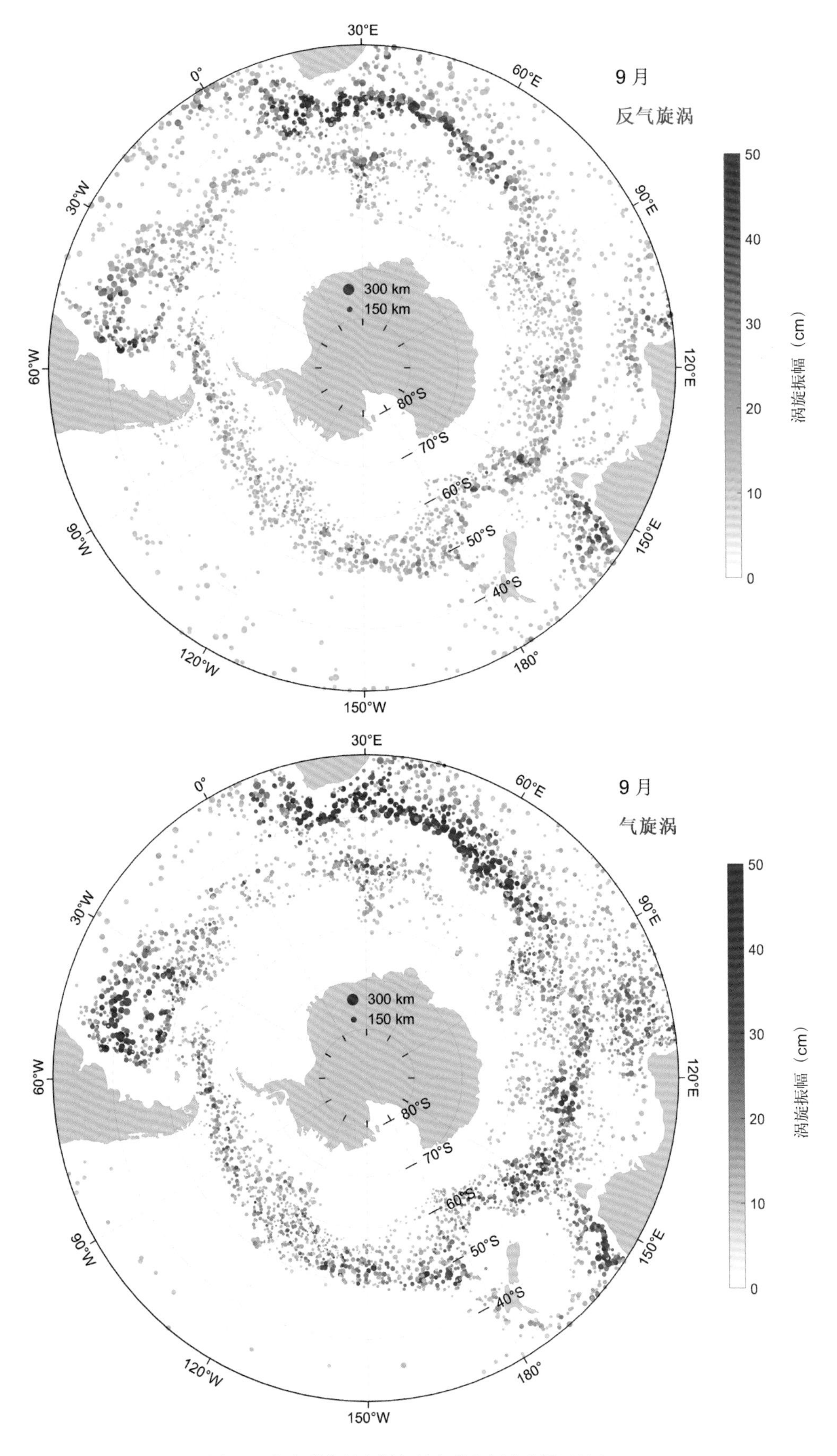

图6.4　南大洋中尺度涡气候态月空间分布图（续）

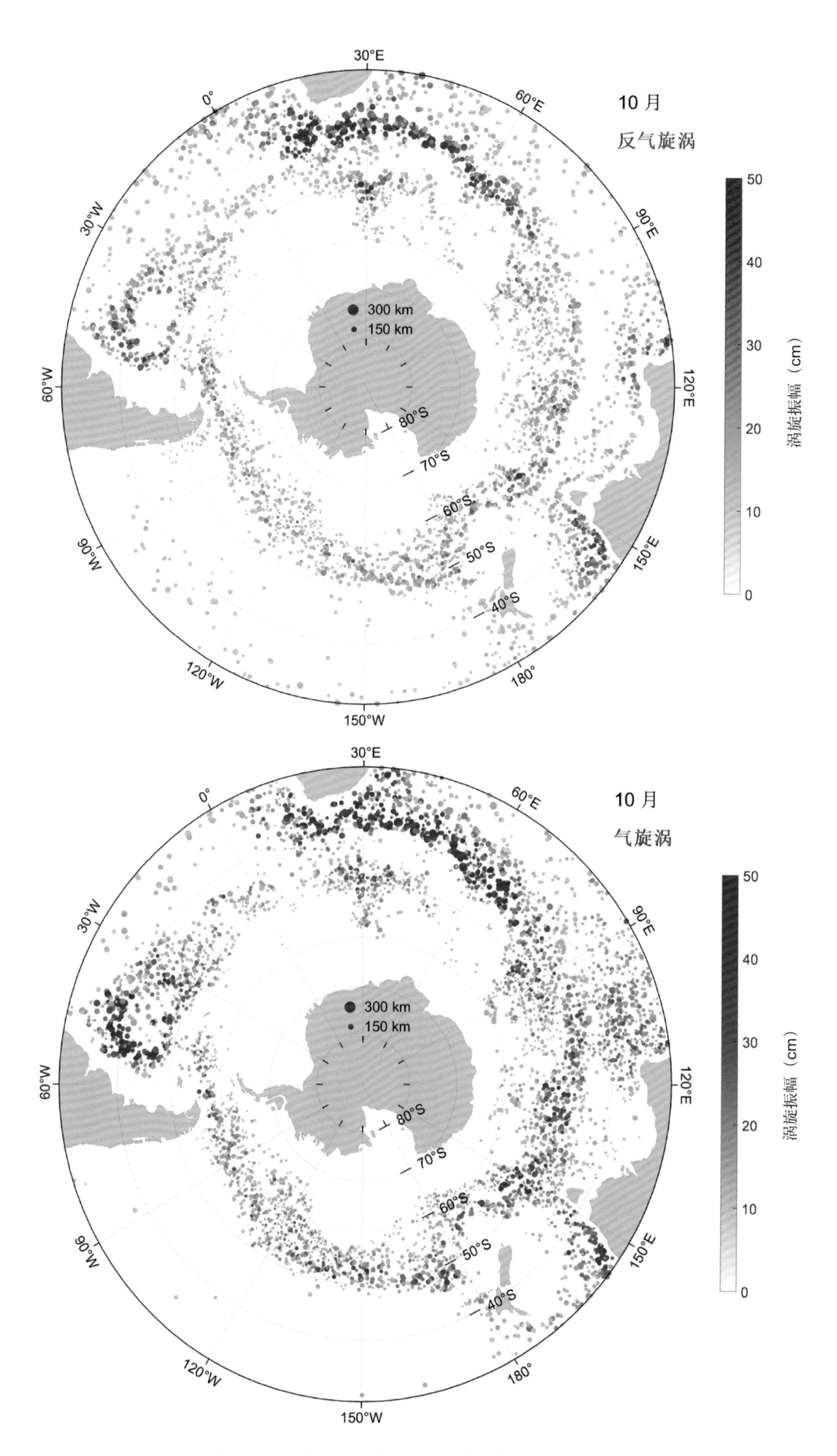

图6.4　南大洋中尺度涡气候态月空间分布图（续）

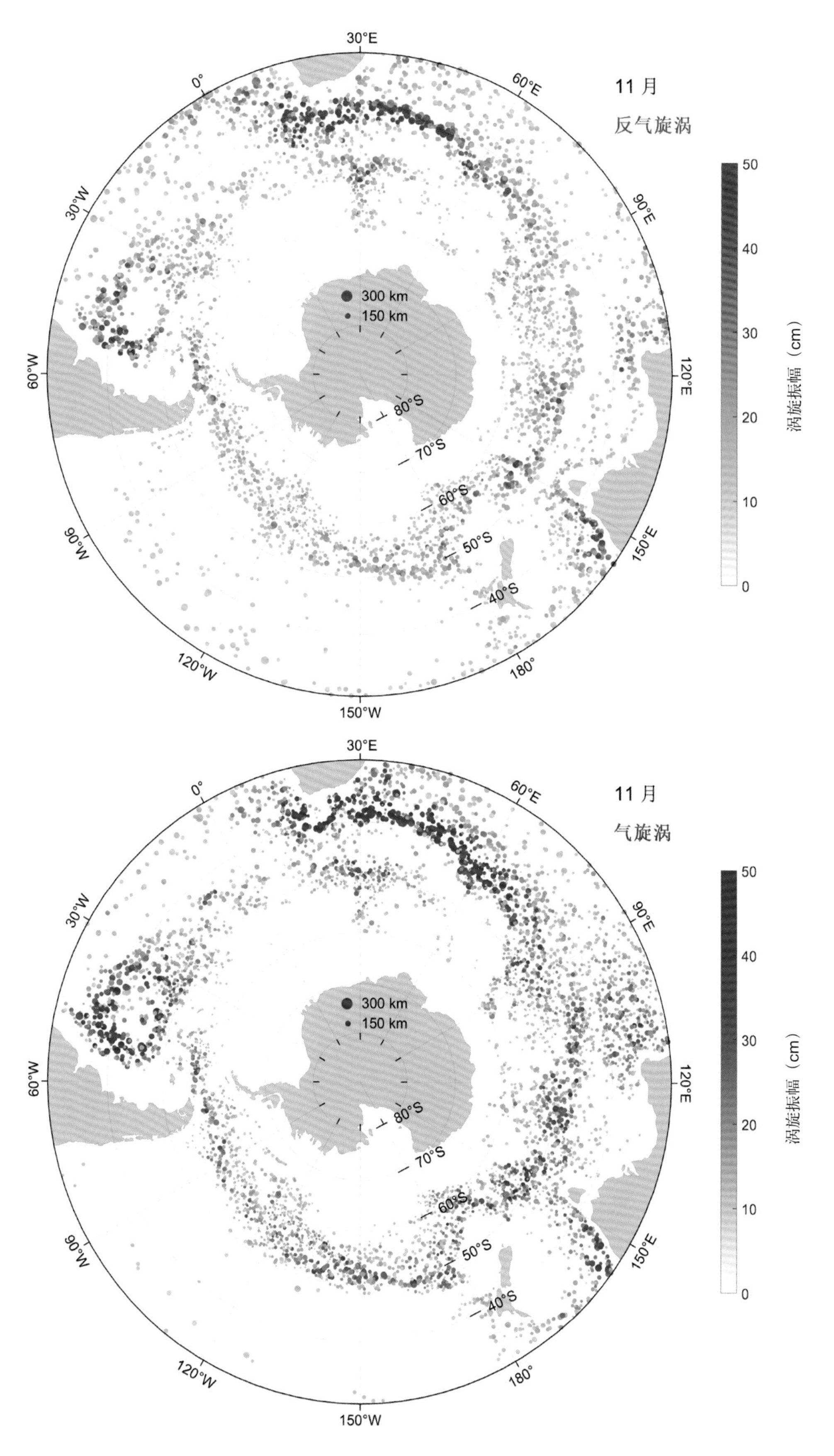

图6.4　南大洋中尺度涡气候态月空间分布图（续）

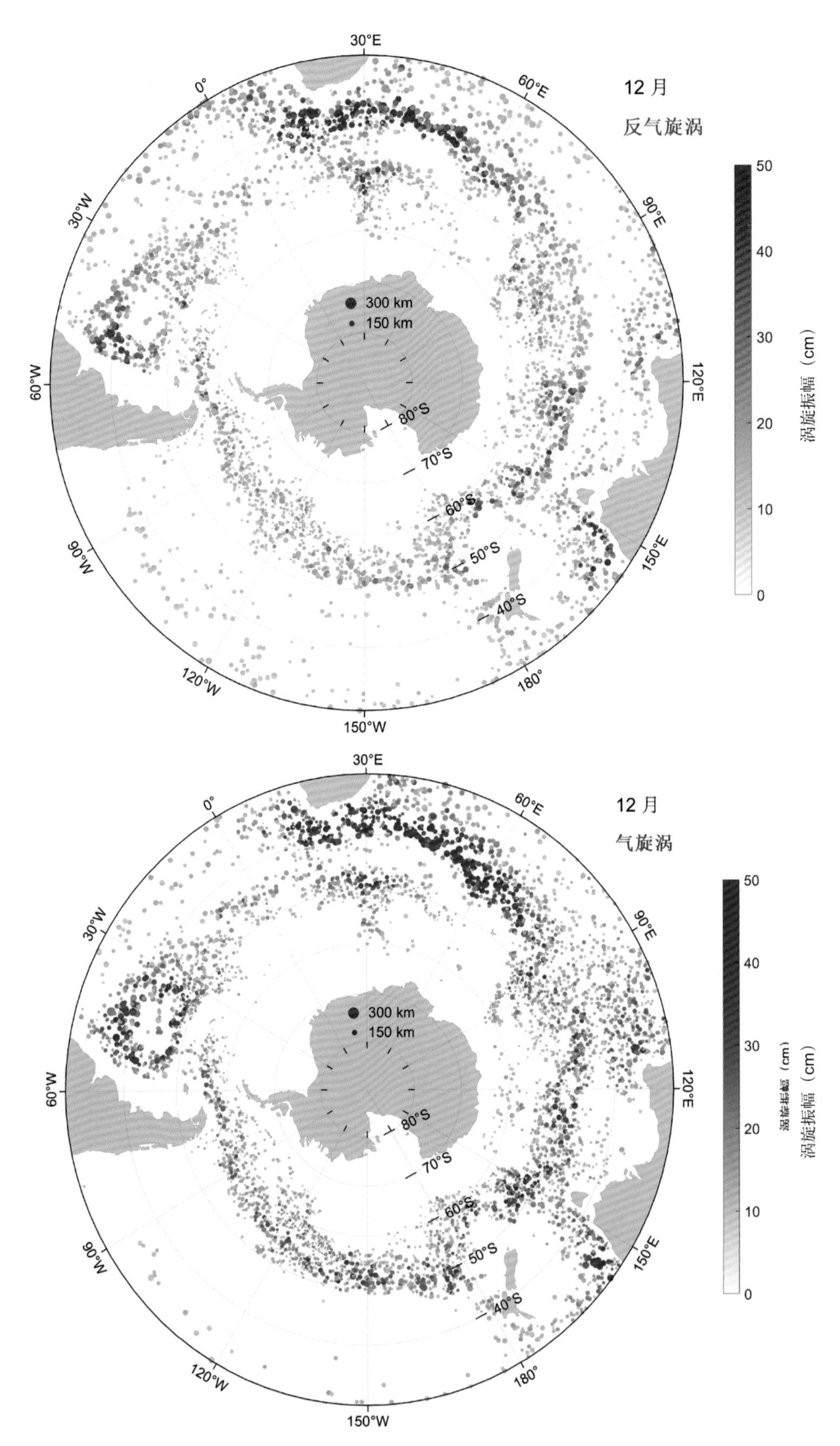

图6.4　南大洋中尺度涡气候态月空间分布图（续）

6.2.2　南大洋中尺度涡气候态季节空间分布

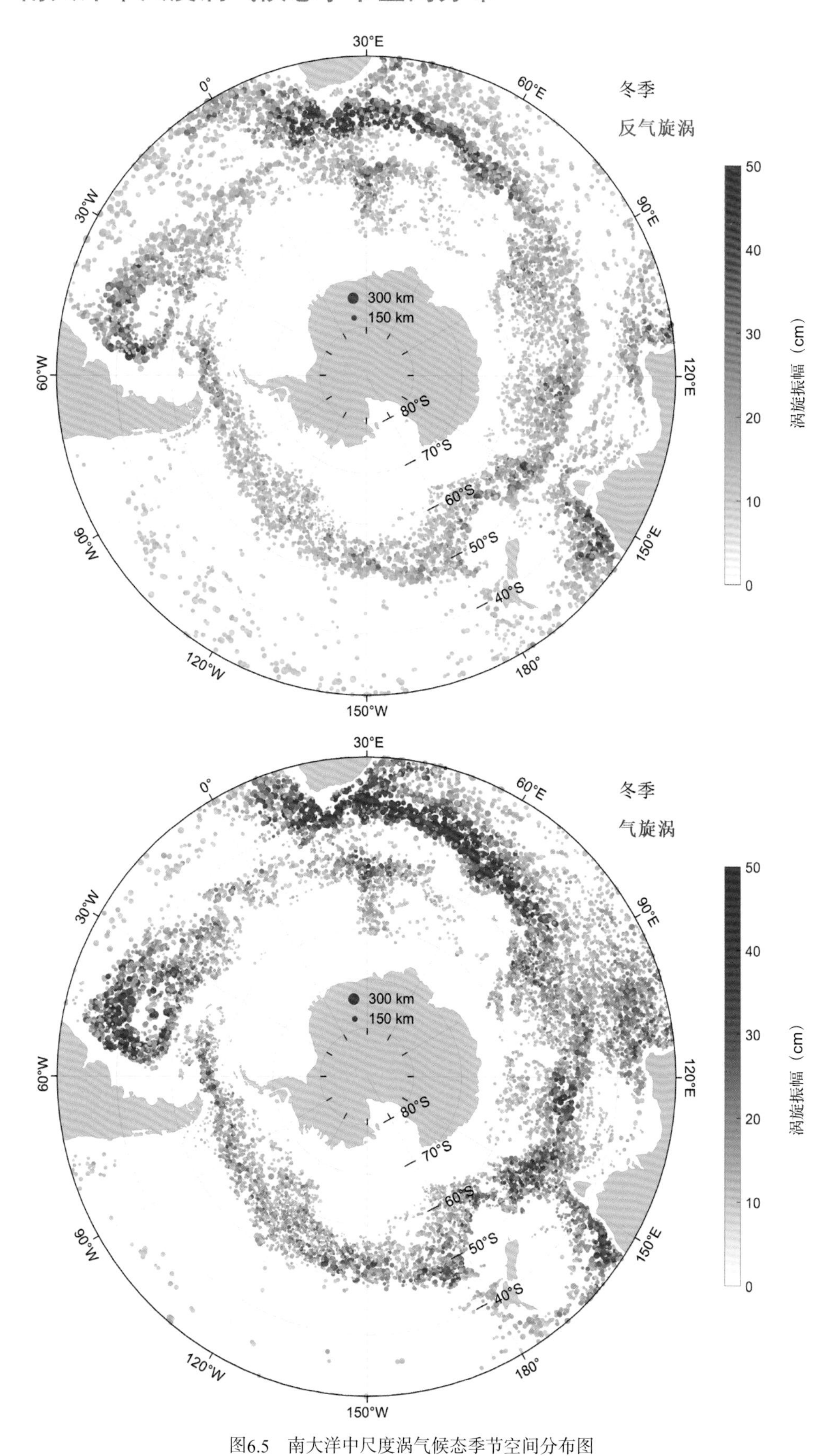

图6.5　南大洋中尺度涡气候态季节空间分布图

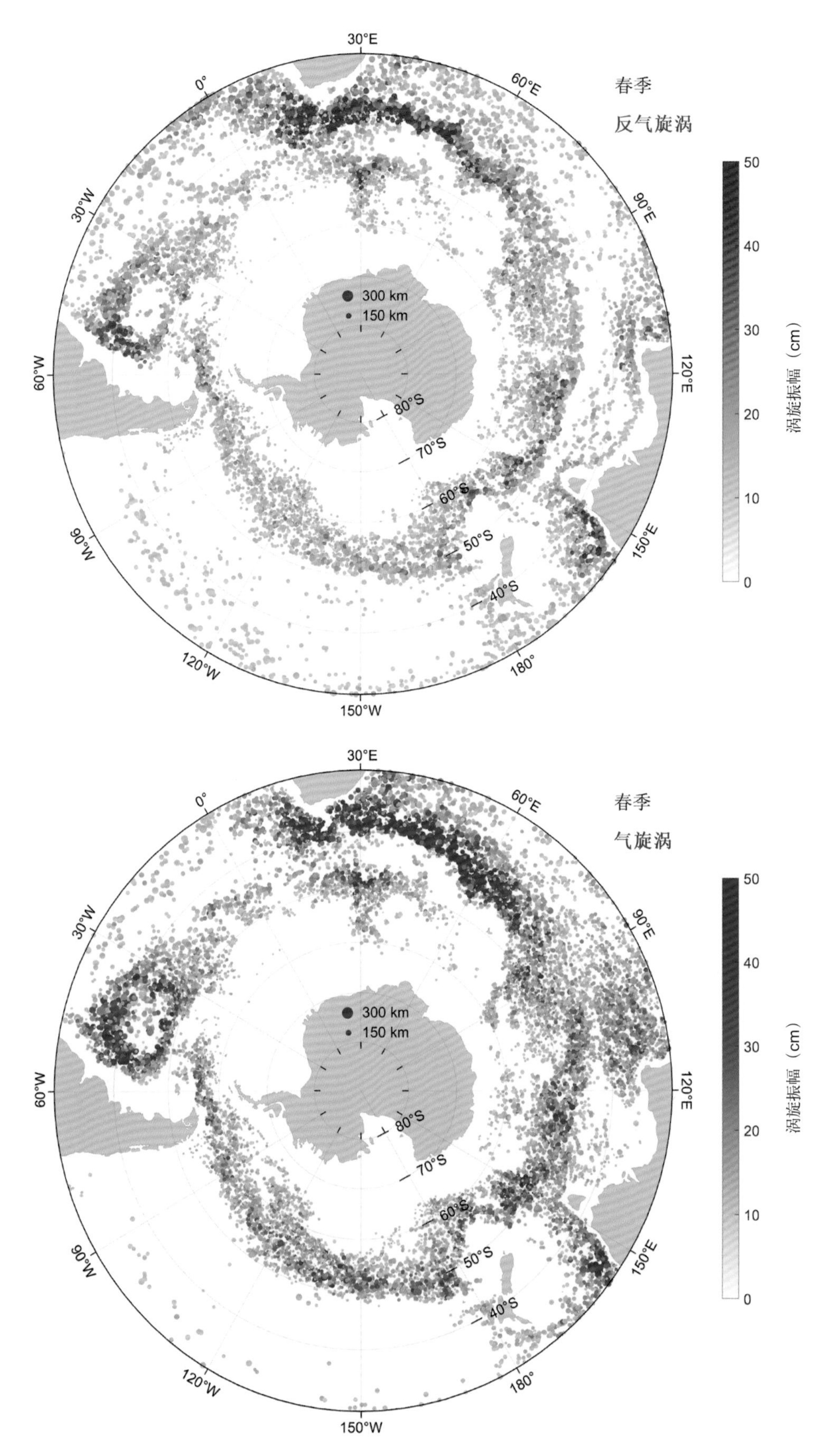

图6.5　南大洋中尺度涡气候态季节空间分布图（续）

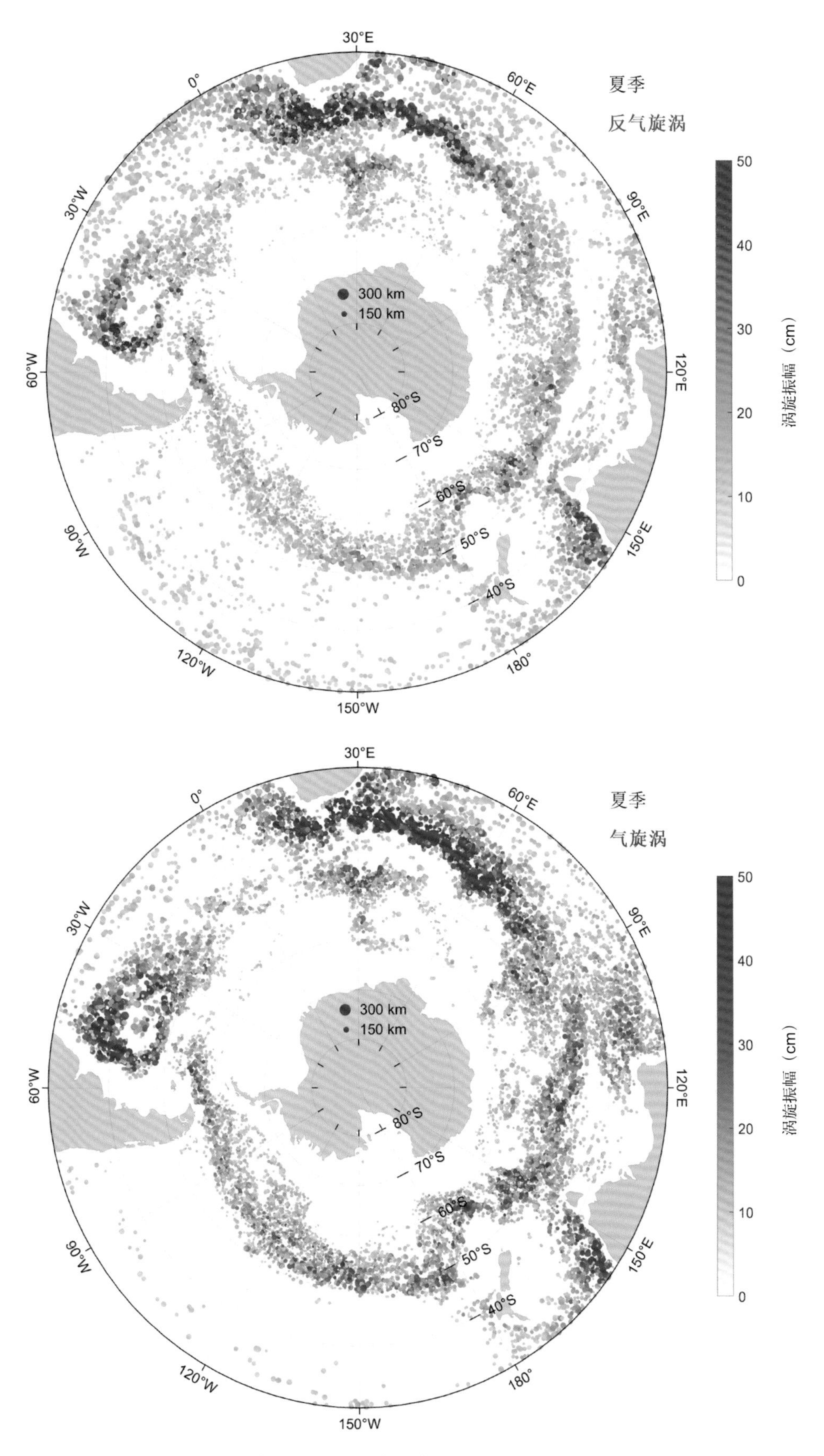

图6.5　南大洋中尺度涡气候态季节空间分布图（续）

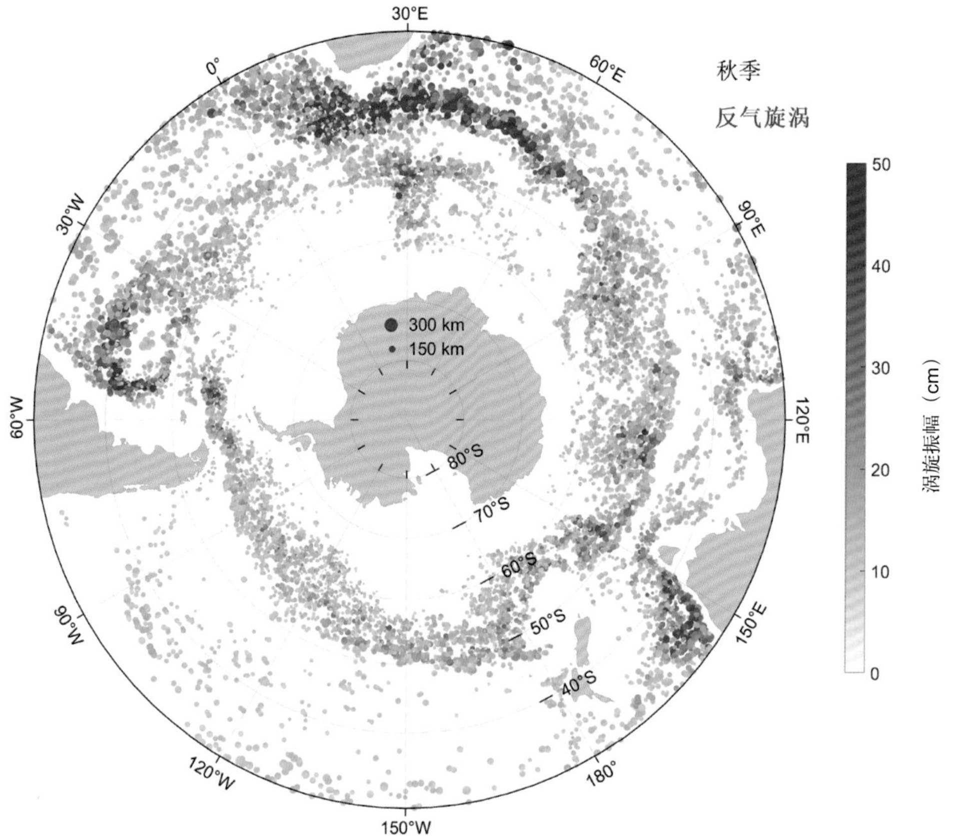

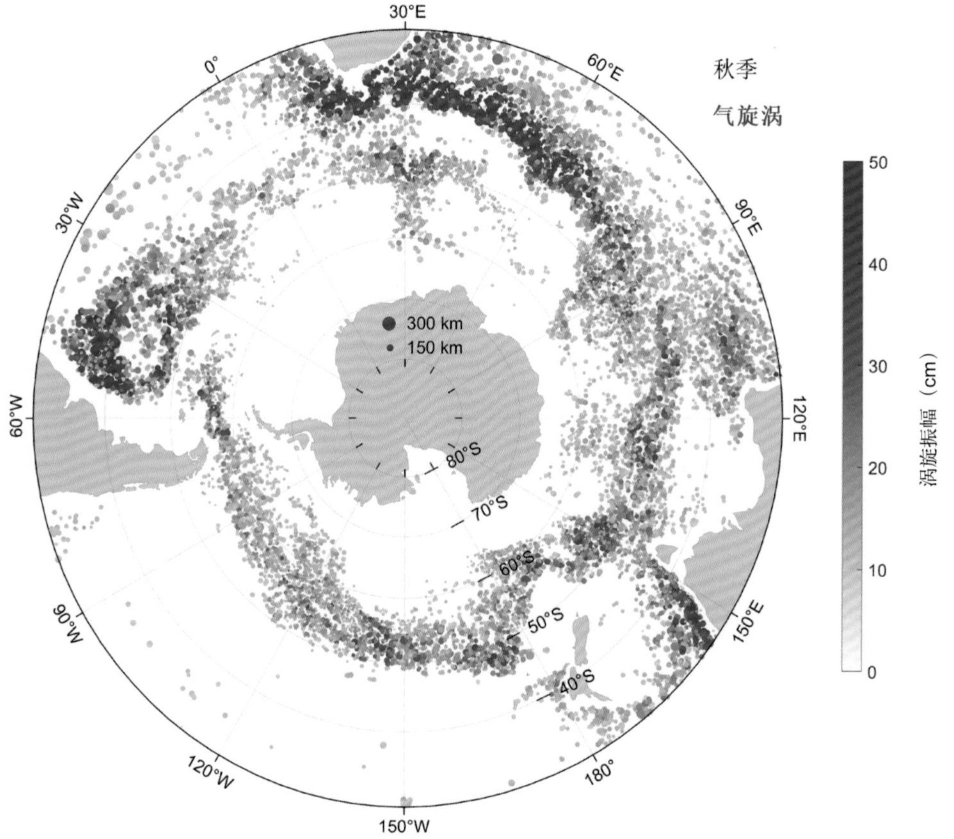

图6.5　南大洋中尺度涡气候态季节空间分布图（续）

6.2.3　南大洋中尺度涡年空间分布

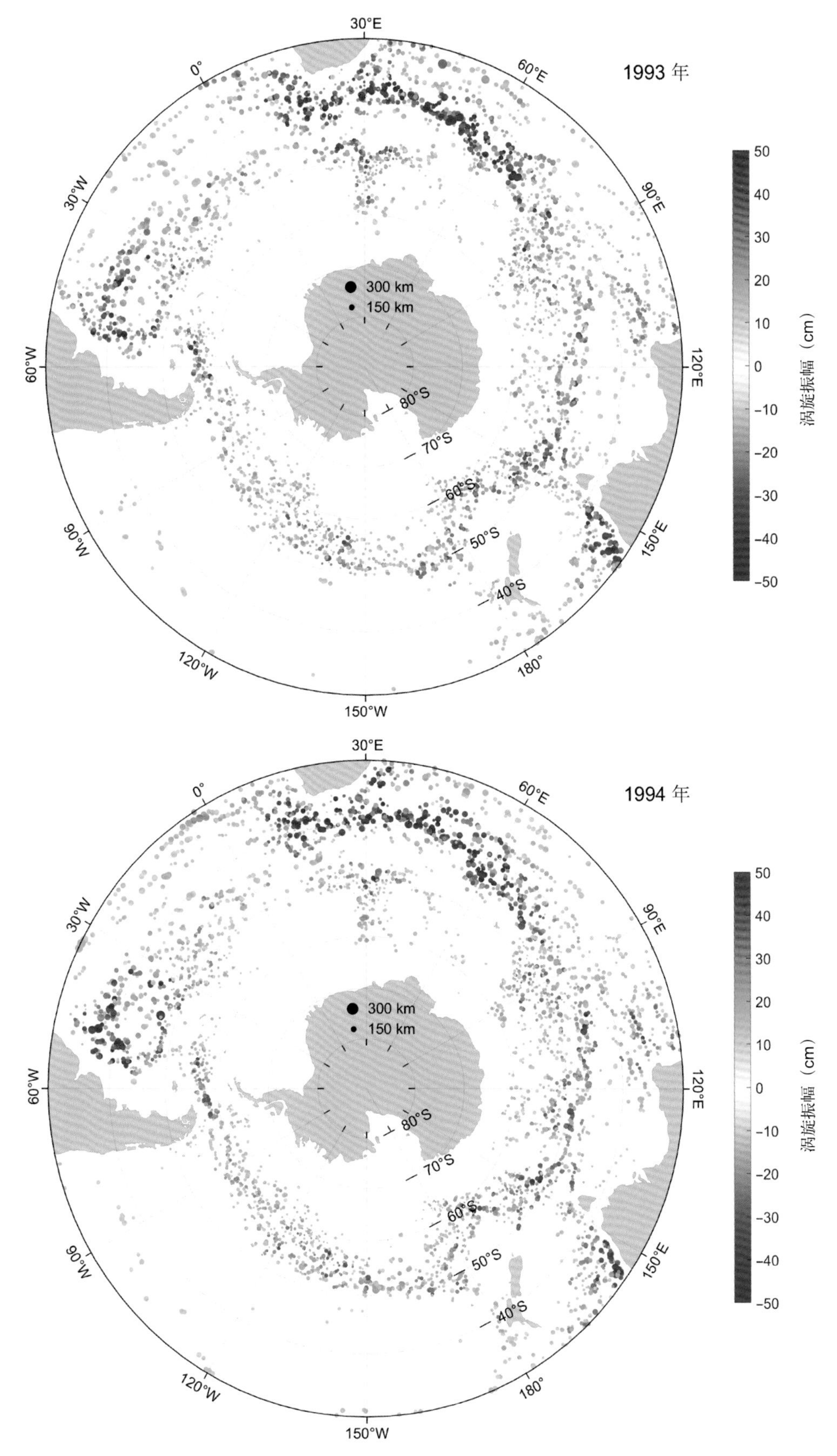

图6.6　南大洋1993—2020年中尺度涡年空间分布图

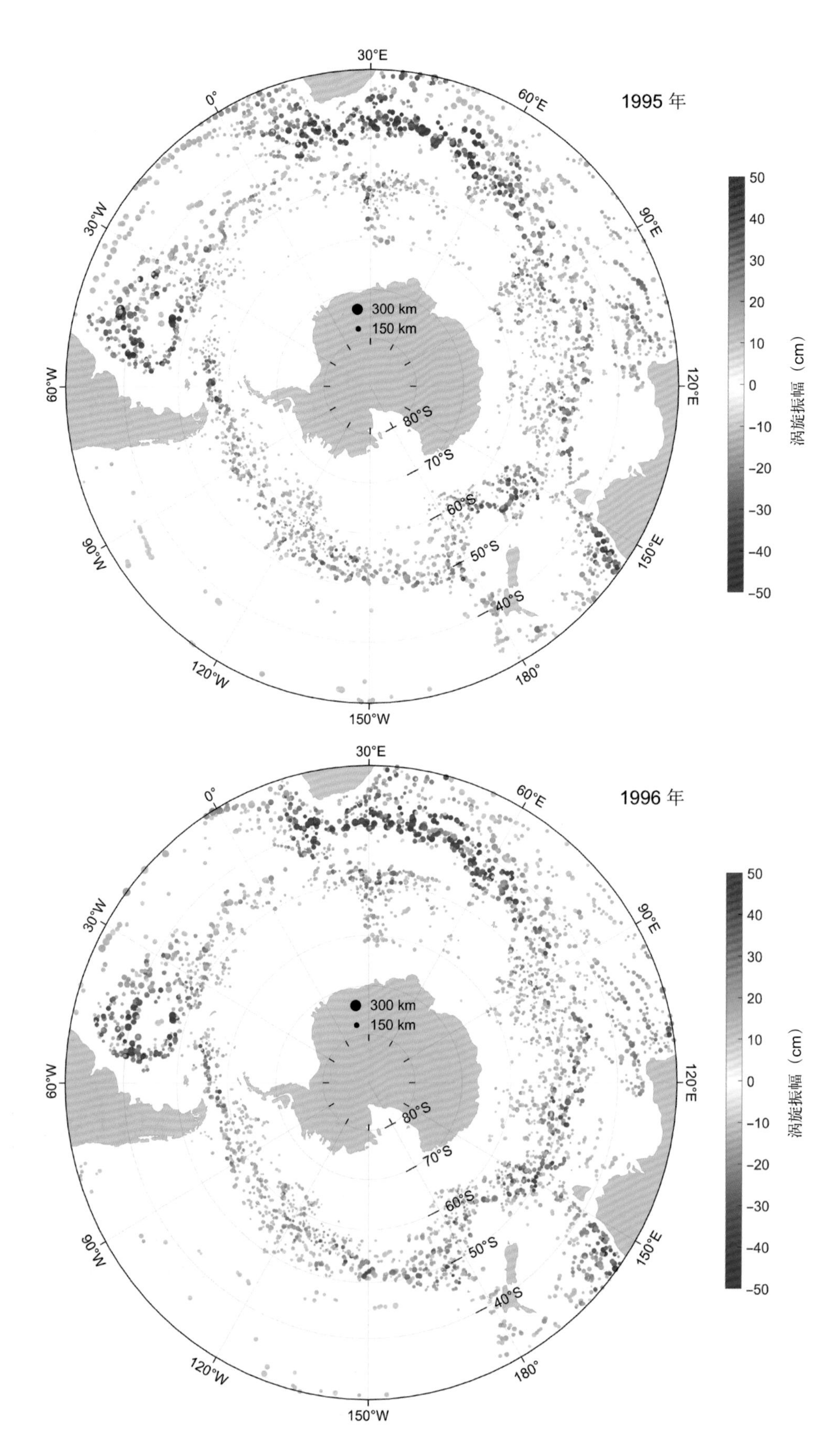

图6.6　南大洋1993—2020年中尺度涡年空间分布图（续）

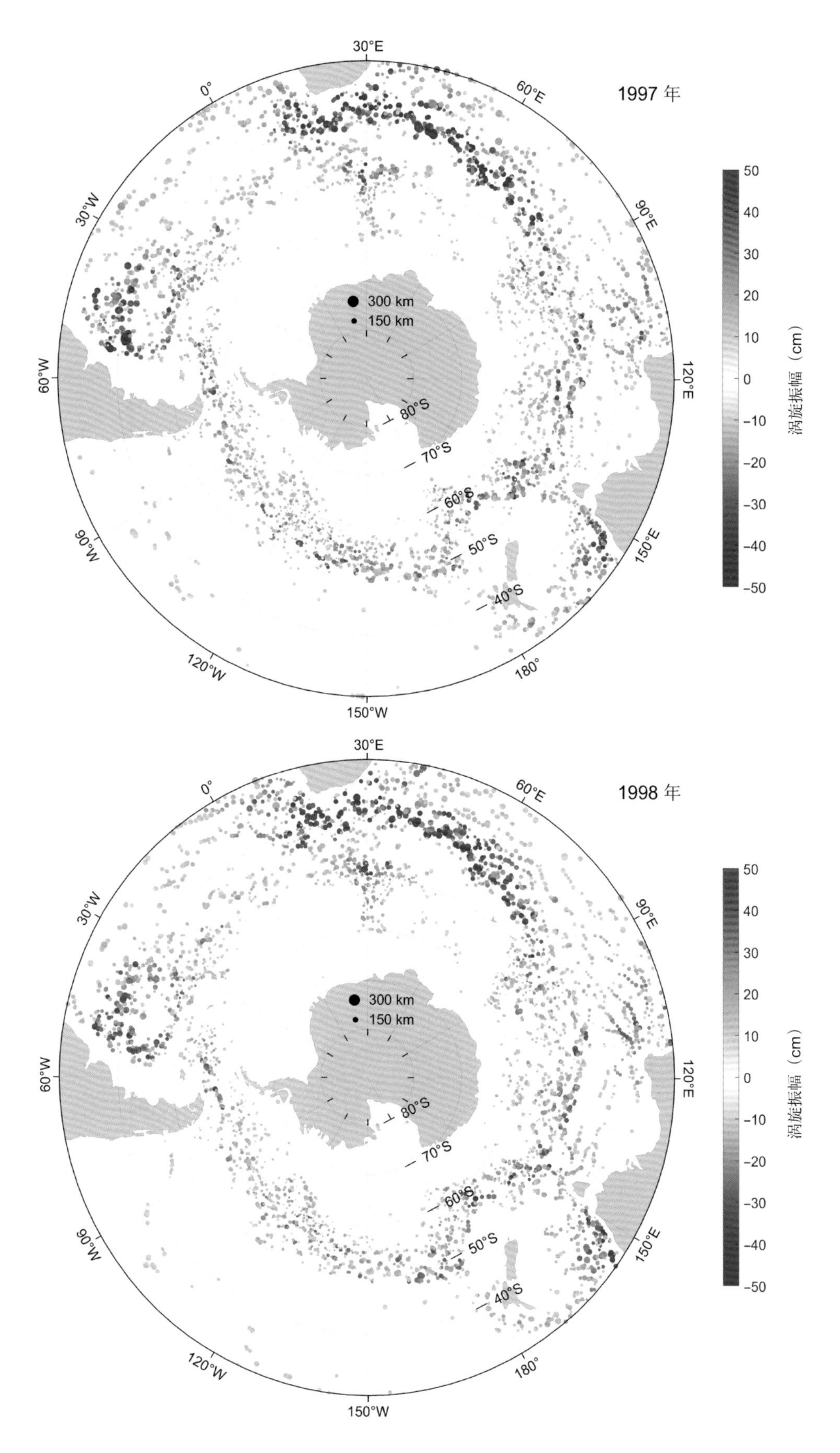

图6.6 南大洋1993—2020年中尺度涡年空间分布图（续）

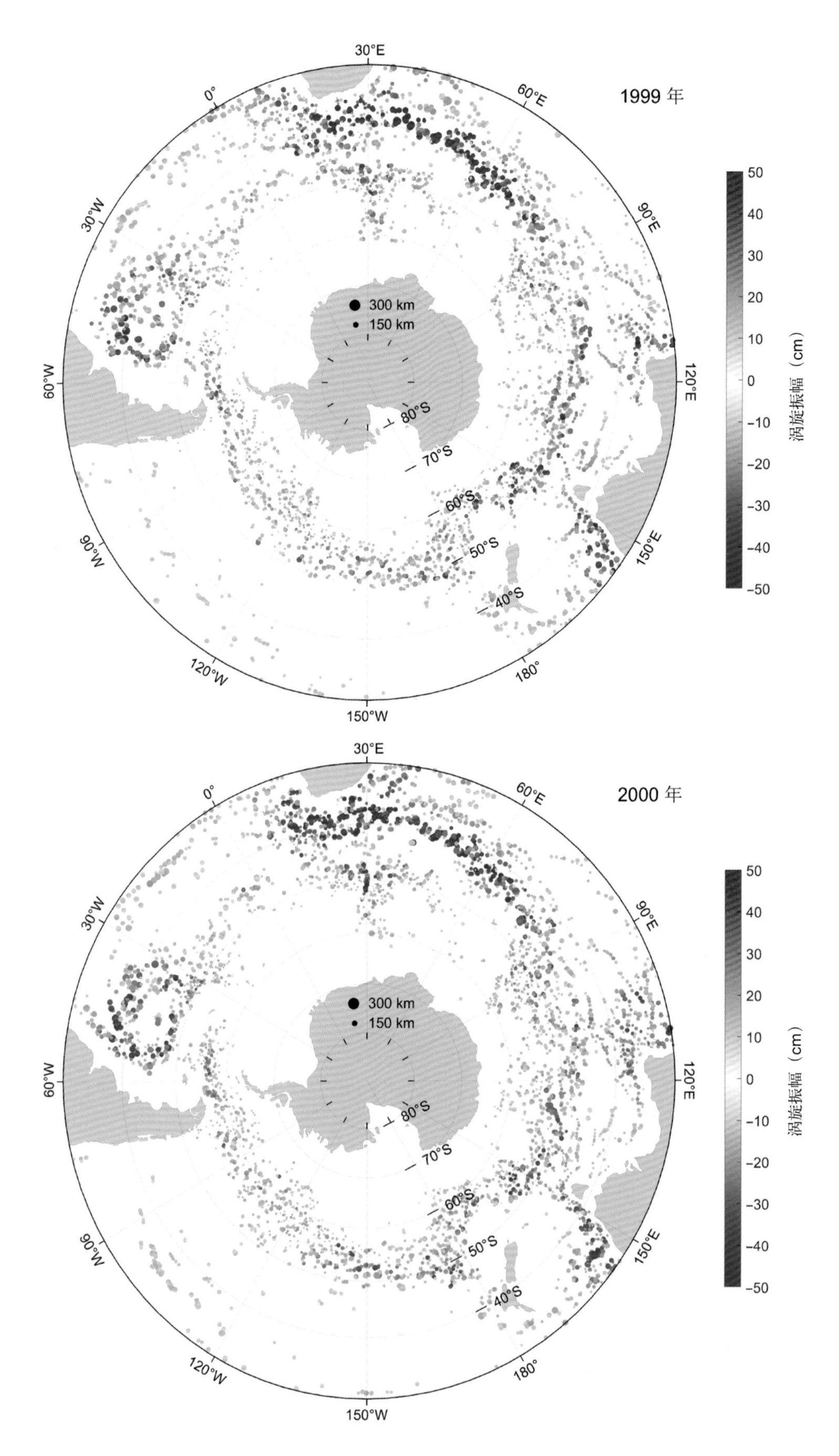

图6.6　南大洋1993—2020年中尺度涡年空间分布图（续）

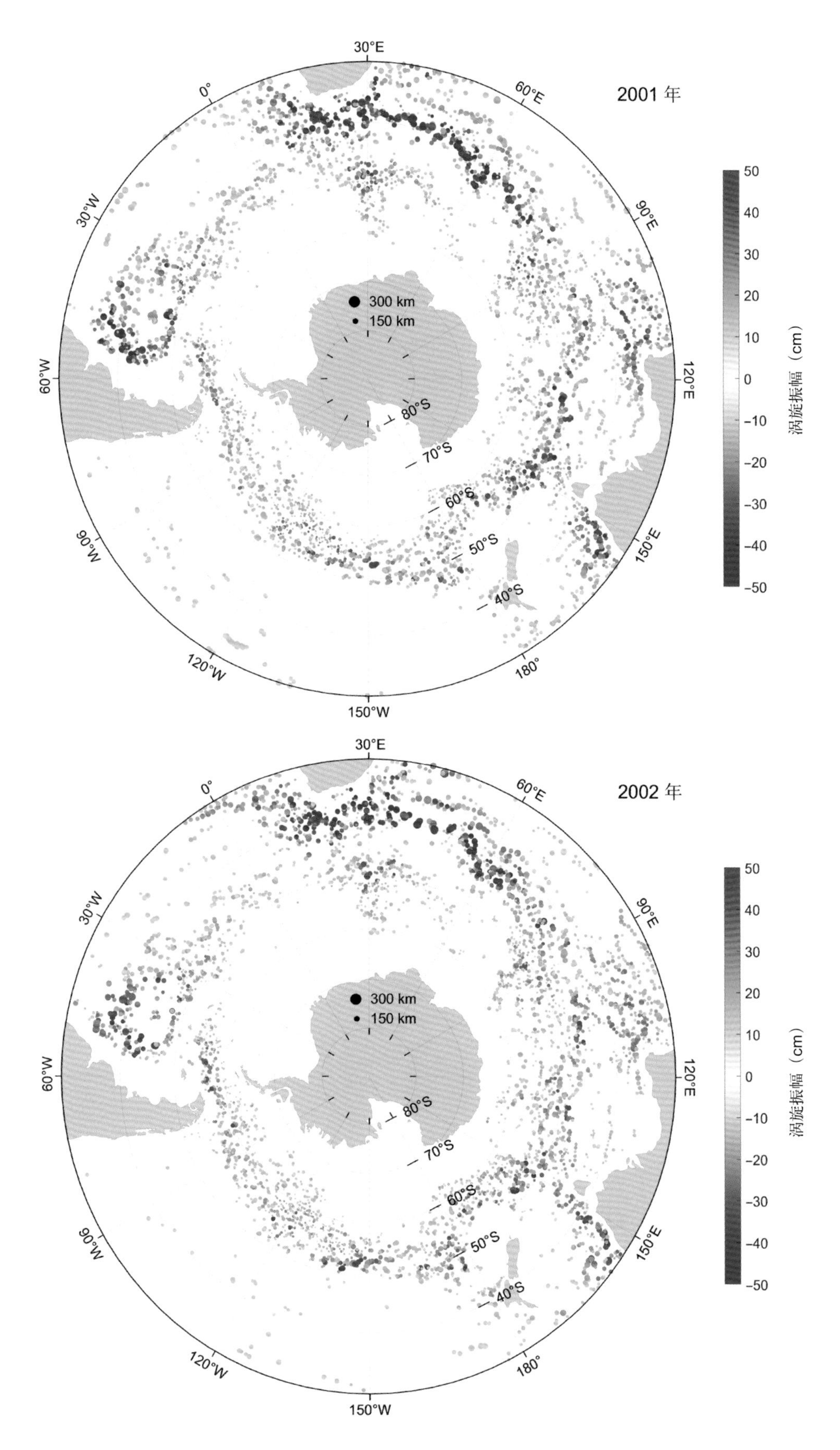

图6.6　南大洋1993—2020年中尺度涡年空间分布图（续）

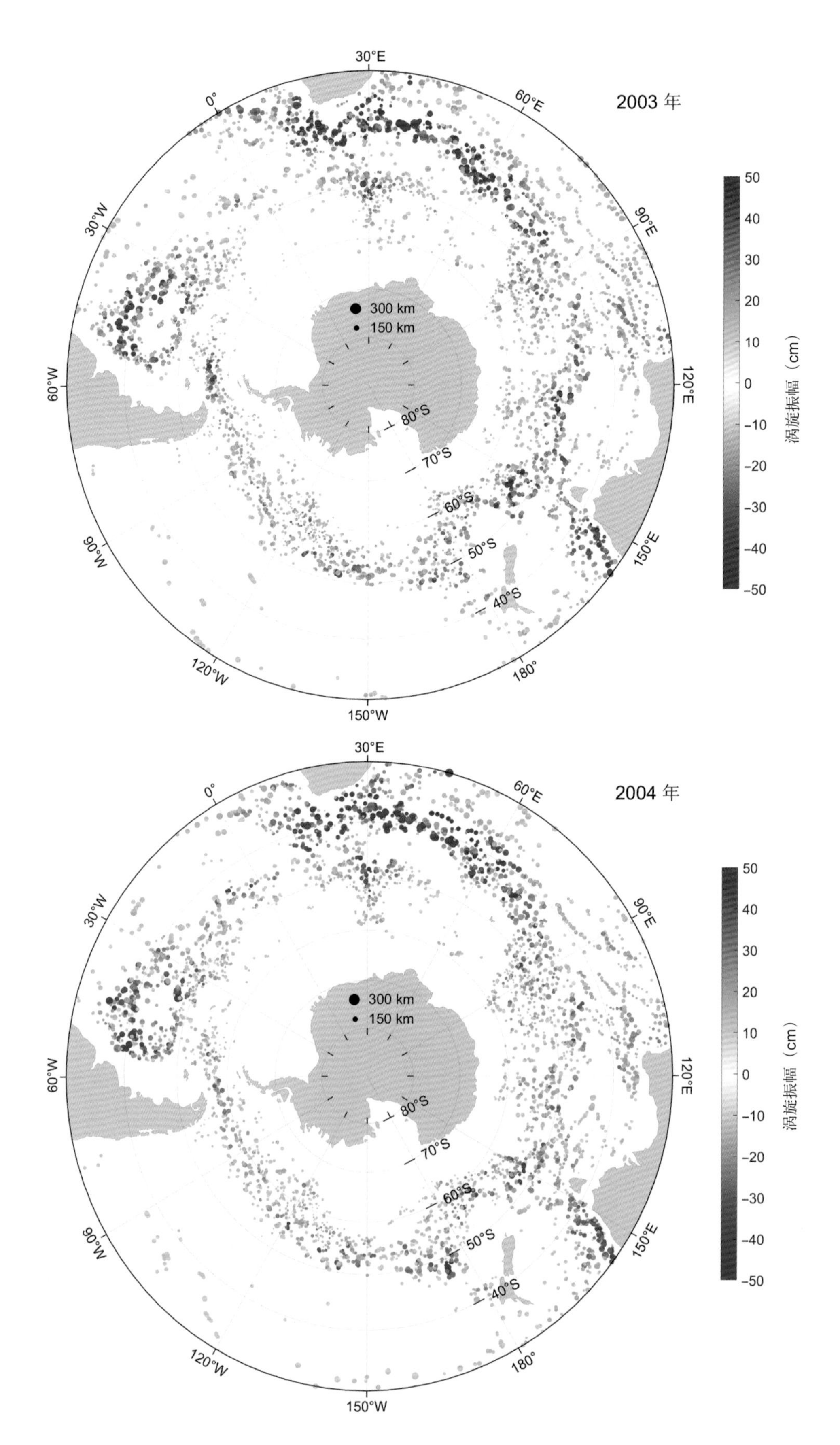

图6.6　南大洋1993—2020年中尺度涡年空间分布图（续）

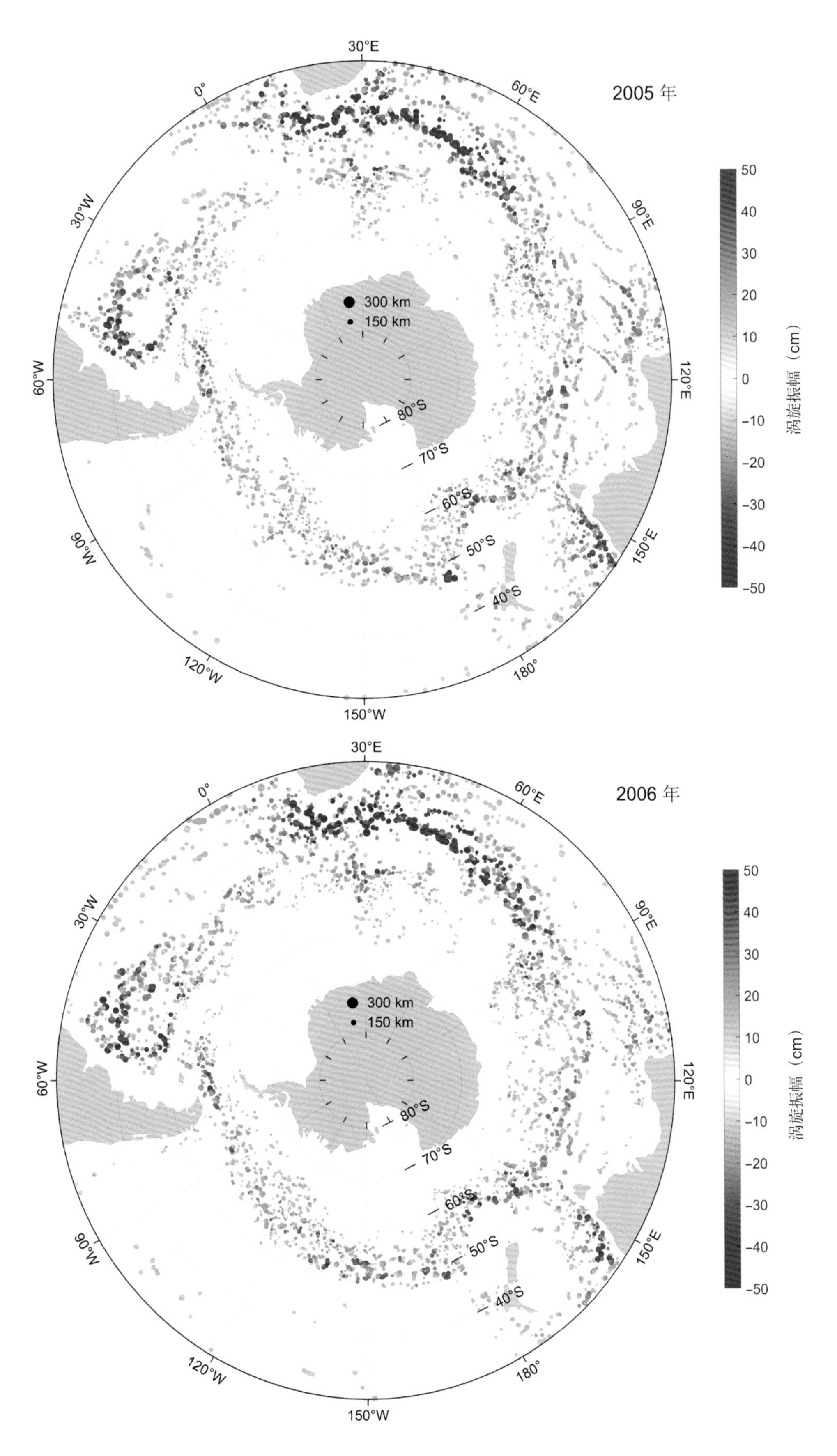

图6.6　南大洋1993—2020年中尺度涡年空间分布图（续）

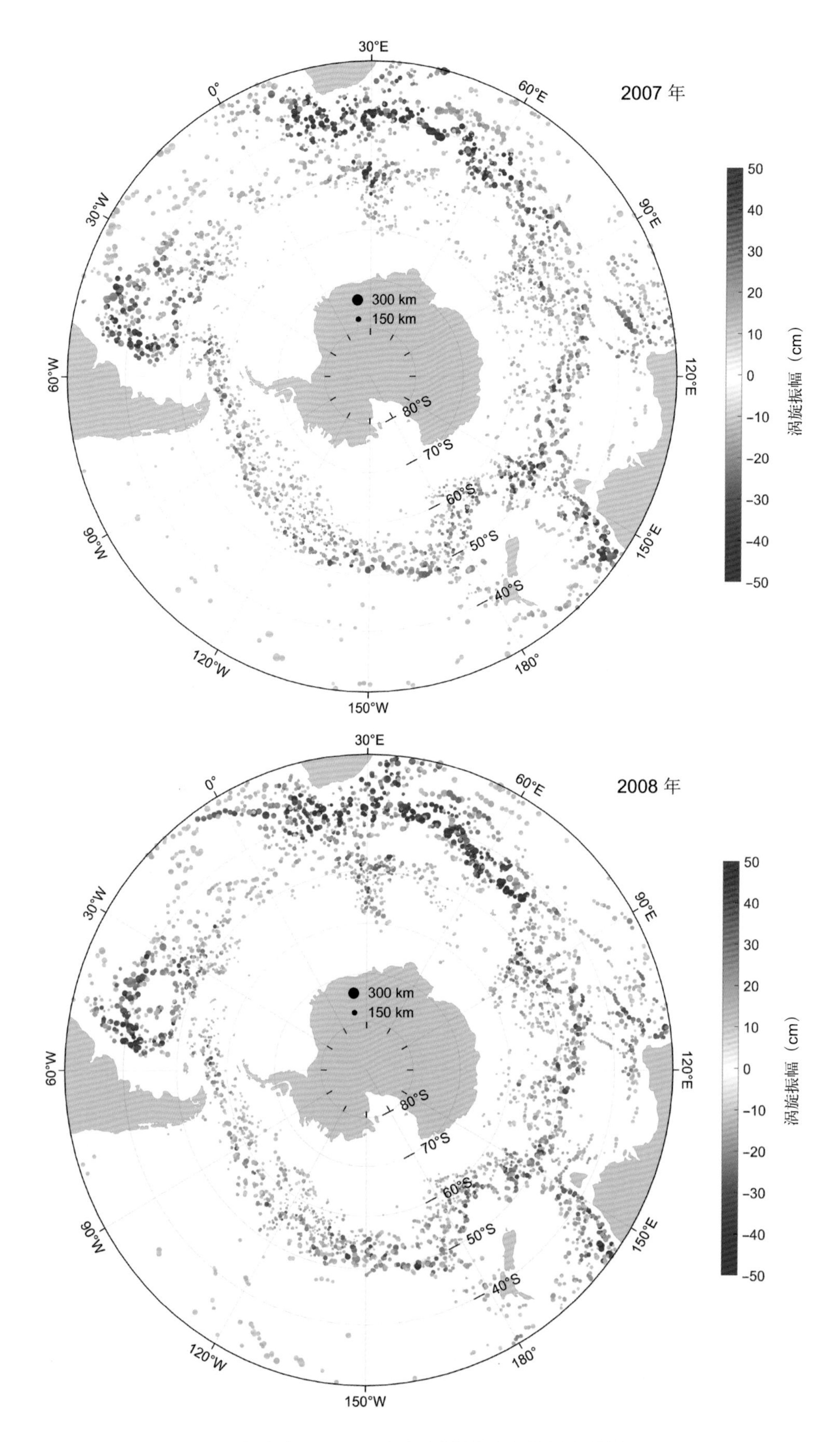

图6.6 南大洋1993—2020年中尺度涡年空间分布图（续）

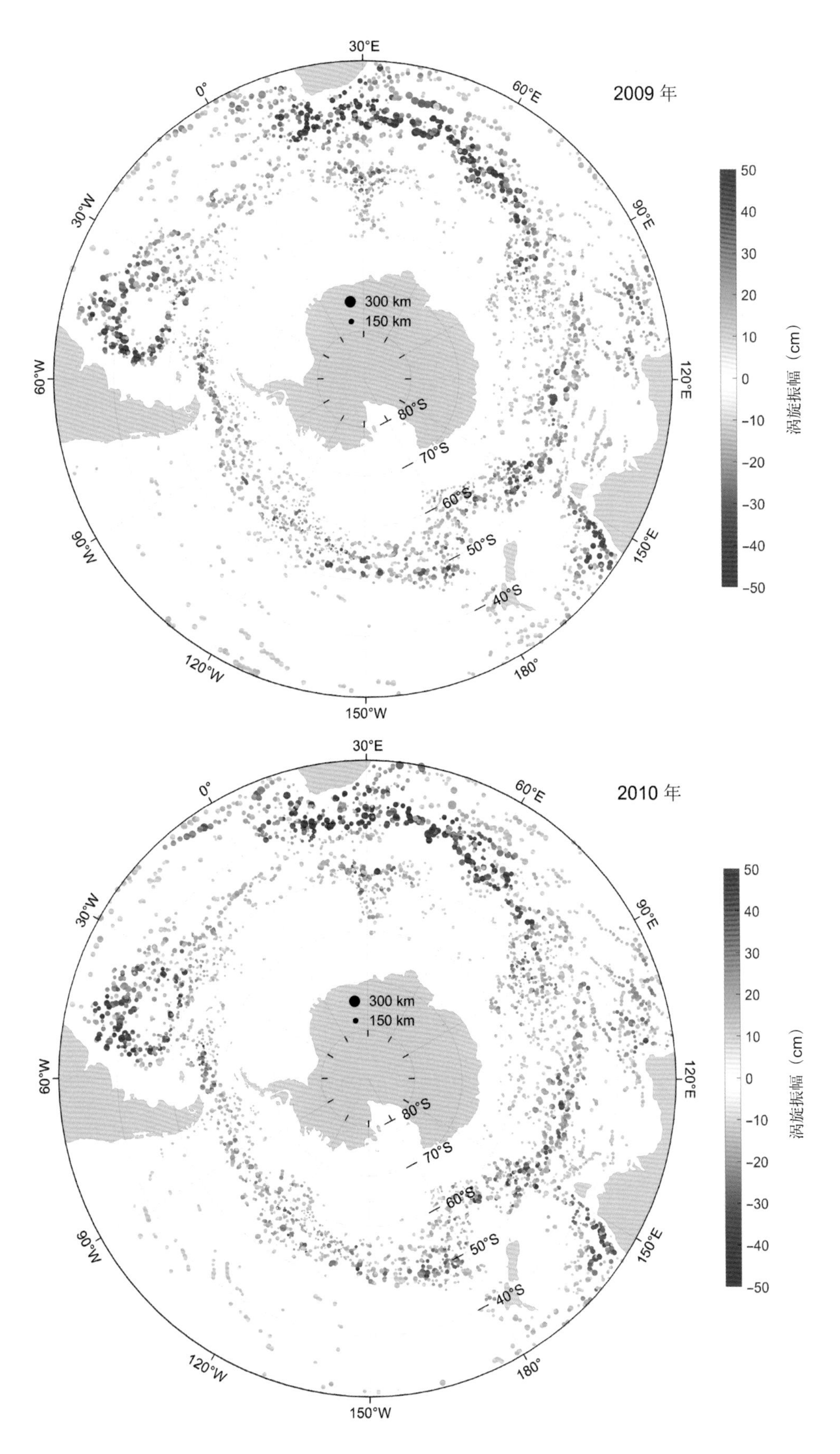

图6.6　南大洋1993—2020年中尺度涡年空间分布图（续）

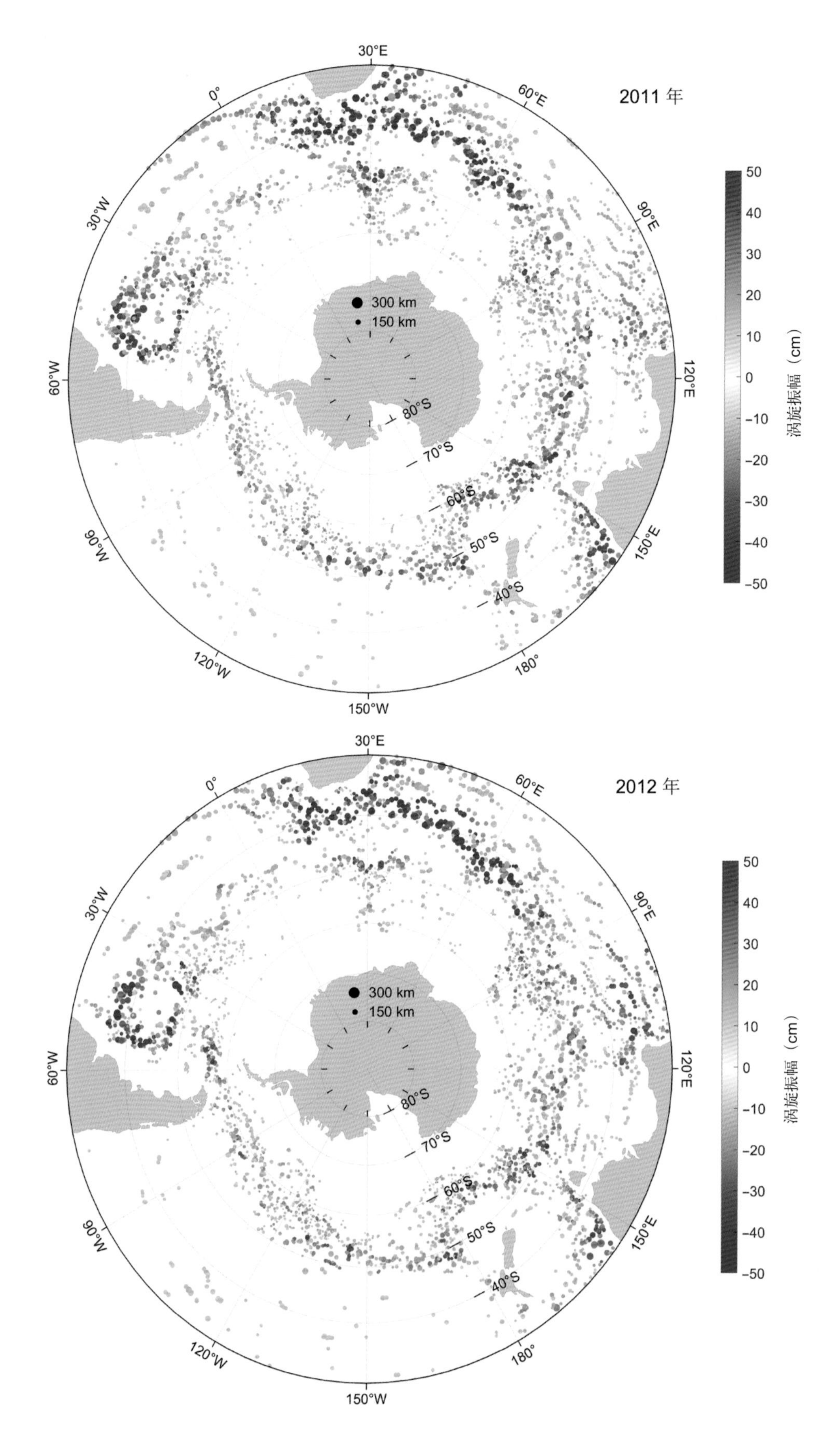

图6.6　南大洋1993—2020年中尺度涡年空间分布图（续）

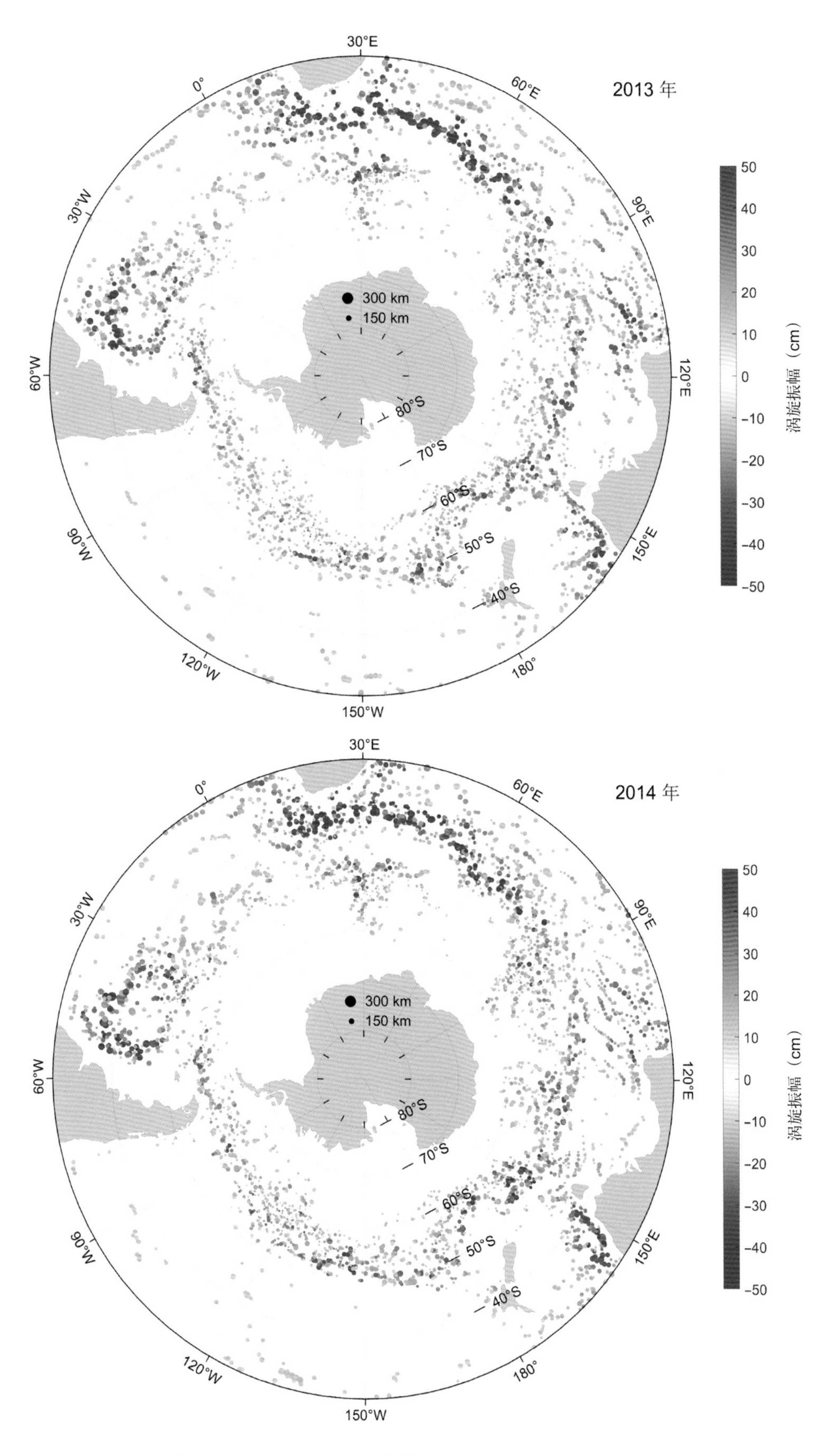

图6.6　南大洋1993—2020年中尺度涡年空间分布图（续）

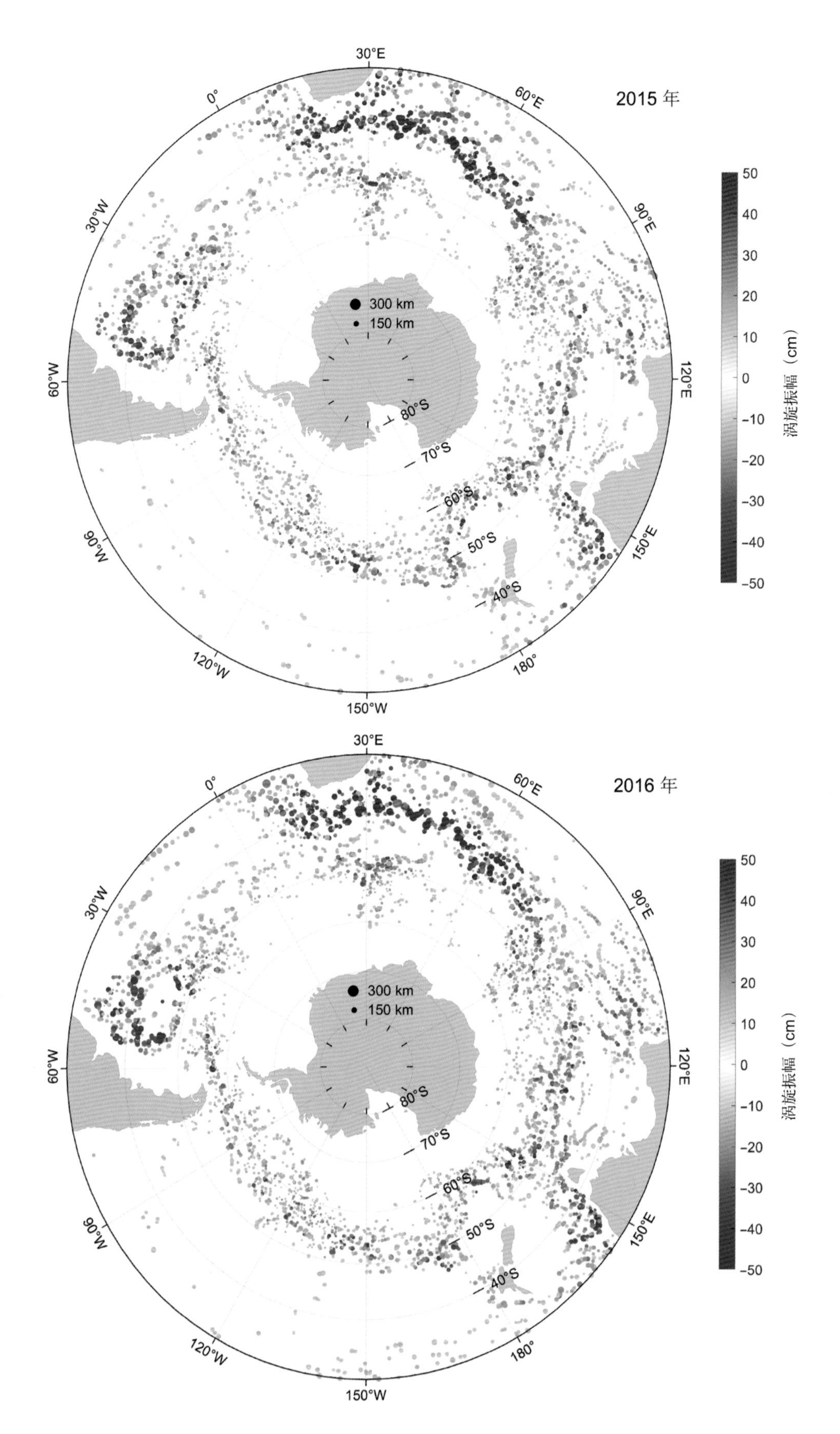

图6.6　南大洋1993—2020年中尺度涡年空间分布图（续）

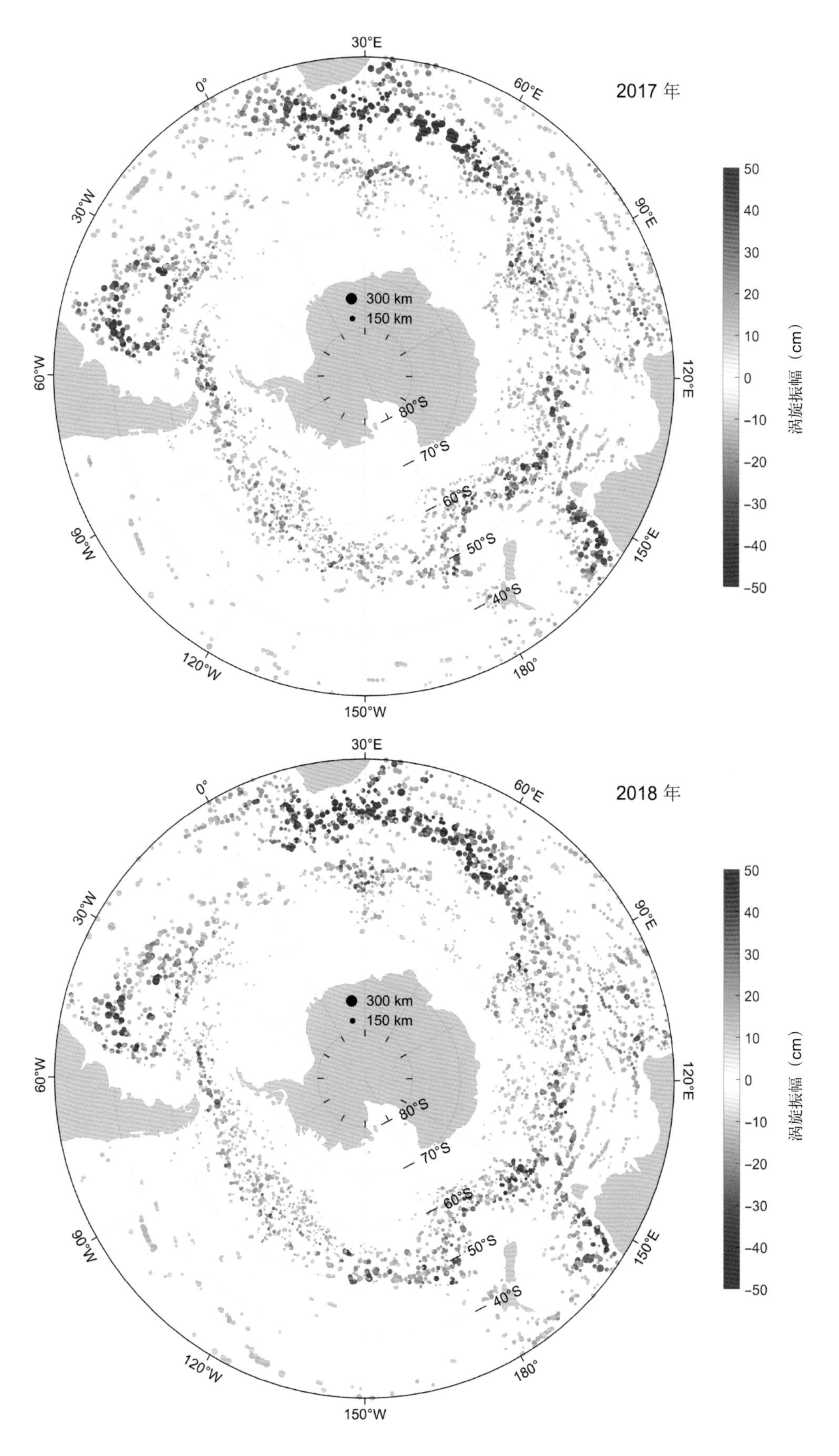

图6.6　南大洋1993—2020年中尺度涡年空间分布图（续）

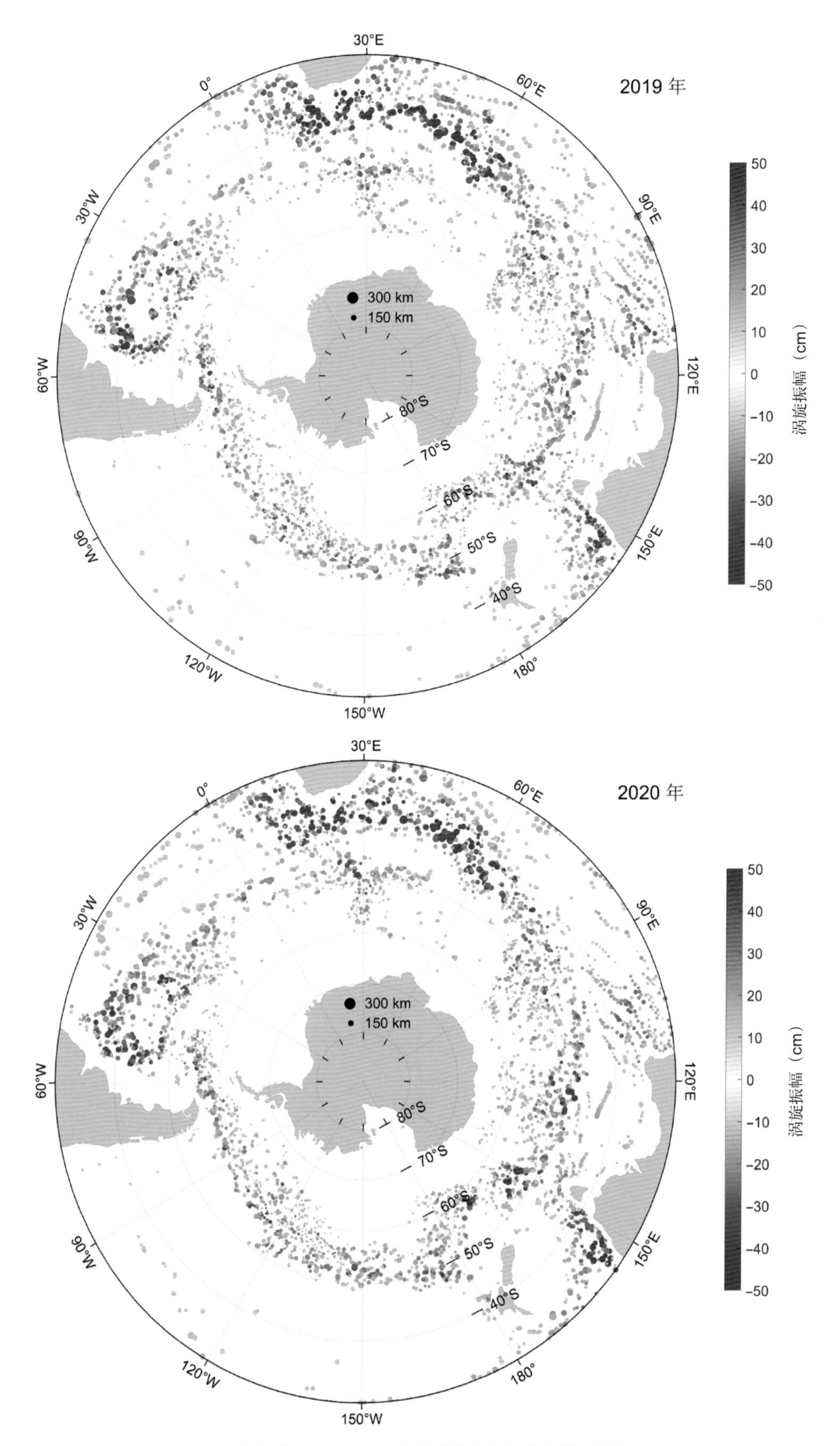

图6.6　南大洋1993—2020年中尺度涡年空间分布图（续）

6.3　南大洋中尺度涡轨迹

基于 1993—2020 年共 28 年逐日的卫星高度计海面高度融合数据，按照 1.2.2 节中介绍的中尺度涡调查方法，对南大洋区域的海洋中尺度涡进行探测识别和移动轨迹追踪，确定连续时间的南大洋中尺度涡轨迹。为了研究不同类型中尺度涡轨迹空间分布、移动方向和数量频率分布等运动特征，分别制作了超过一定生命周期的中尺度涡轨迹分布图、中尺度涡相对轨迹分布图以及不同移动方向（东西向或南北向）的中尺度涡轨迹数量频率分布图。值得注意的是，南大洋中尺度涡轨迹是指涡旋位于 40°S 以南区域的中尺度涡轨迹，即一个涡旋轨迹中如果存在单个涡旋（连续时间的单个涡旋组成了涡旋轨迹）位于 40°S 以南，则该涡旋轨迹将考虑是南大洋中尺度涡轨迹。

为研究南大洋区域内不同生命周期中尺度涡轨迹的空间分布，针对中尺度涡轨迹分布图，这里分别给出了南大洋生命周期≥ 90 天、生命周期≥ 180 天、生命周期≥ 360 天和生命周期≥ 720 天的中尺度涡轨迹，其中气旋涡用蓝线表示，反气旋涡用红线表示。为了观测不同移动方向的中尺度涡轨迹在南大洋的空间分布，也分别给出了中尺度涡东向轨迹、北向轨迹和南向轨迹分布图。然后，将南大洋中尺度涡轨迹起始点平移到经纬度原点（0°，0°），即可得到中尺度涡相对轨迹分布图。为了对比南大洋中尺度涡移动方向的差异，这里对东西向和南北向移动的中尺度涡轨迹数量进行了统计，给出了南大洋中尺度涡东西向和南北向移动轨迹数量频率分布图。

从不同生命周期的南大洋中尺度涡轨迹分布图中可以看出，海洋中尺度涡在南大洋中广泛存在，气旋涡和反气旋涡均有分布。就中尺度涡移动方向而言，南大洋东向移动中尺度涡数量较多，约占总数量的 60%，西向移动中尺度涡数量约占总数量的 40%。这主要是由于南大洋存在稳定的东向南极绕极流，中尺度涡会随着东向环流东向移动。相比较而言，南大洋西向移动的中尺度涡移动距离较远，而东向移动的中尺度涡移动距离较近。南大洋短生命周期气旋涡和反气旋涡均有一个赤道（北）向的移动倾向，对于长生命周期的气旋涡而言，则具有一个极地（南）向的移动倾向。

- 生命周期≥90天

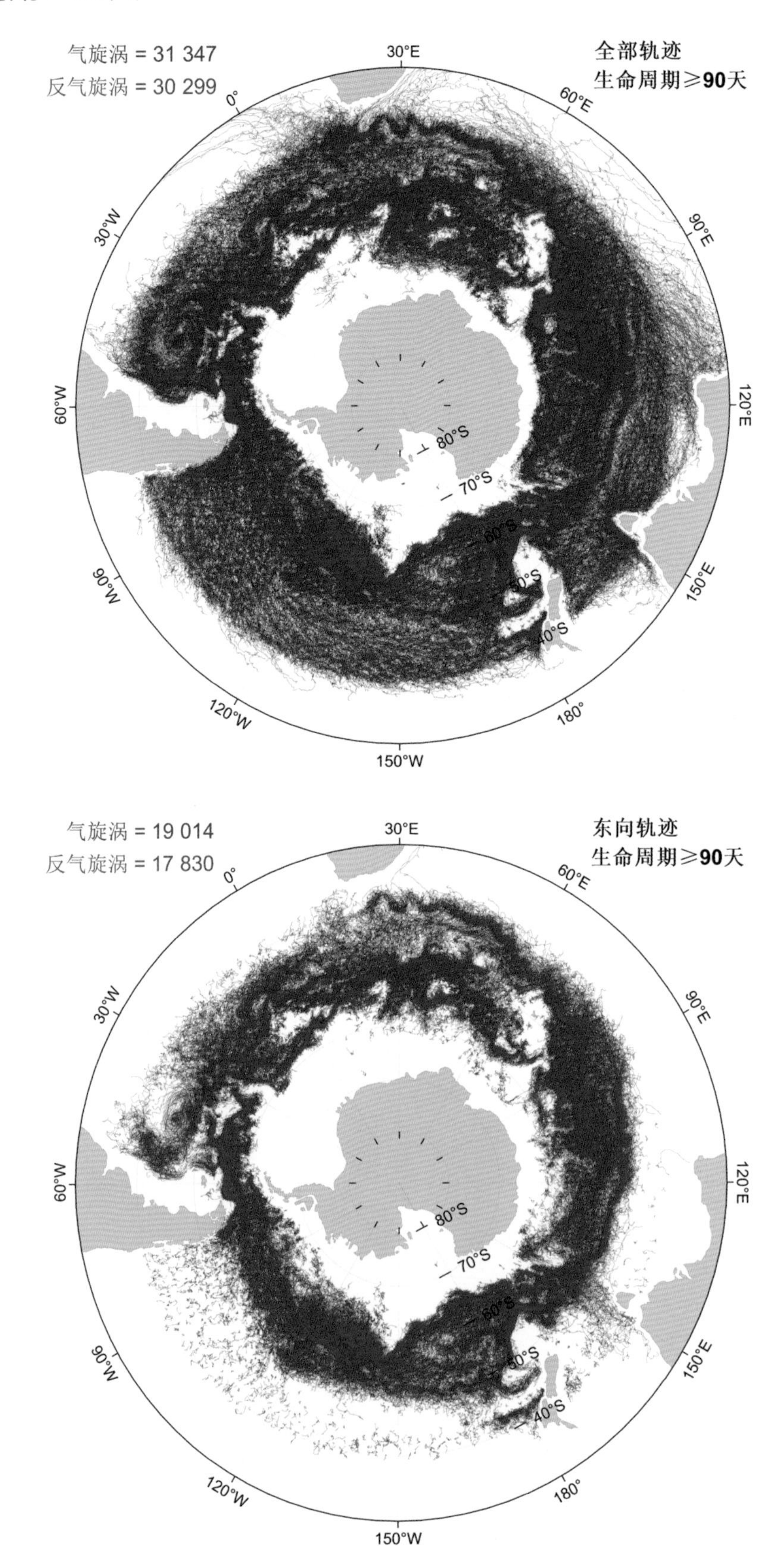

图6.7　南大洋生命周期≥90天的中尺度涡全部轨迹和东向轨迹分布图，蓝线表示气旋涡，红线表示反气旋涡

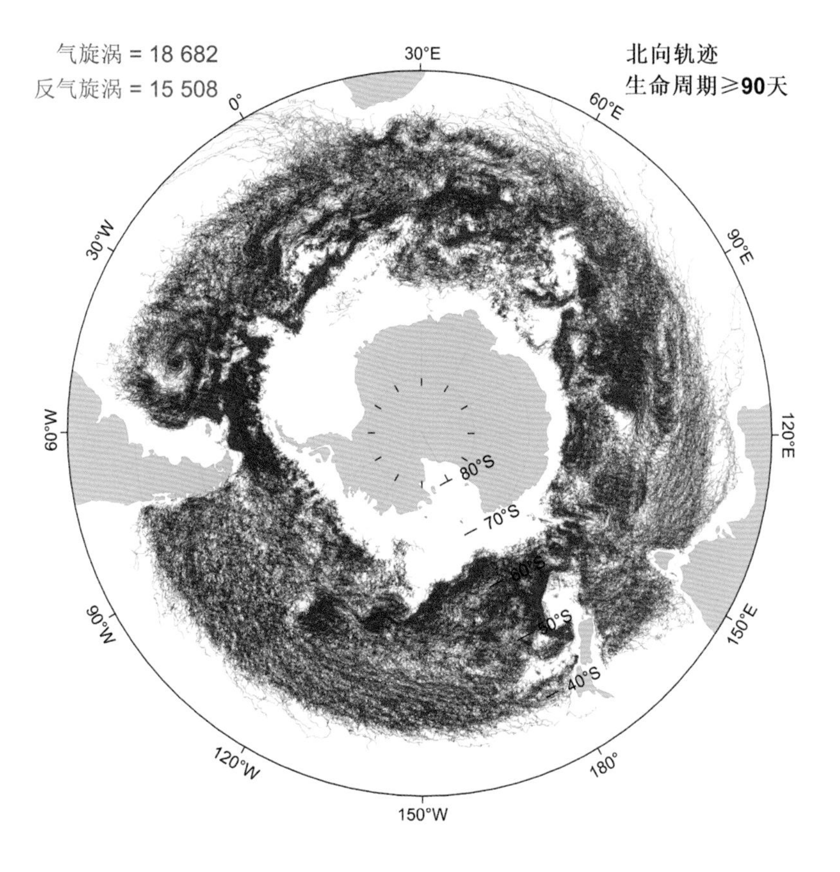

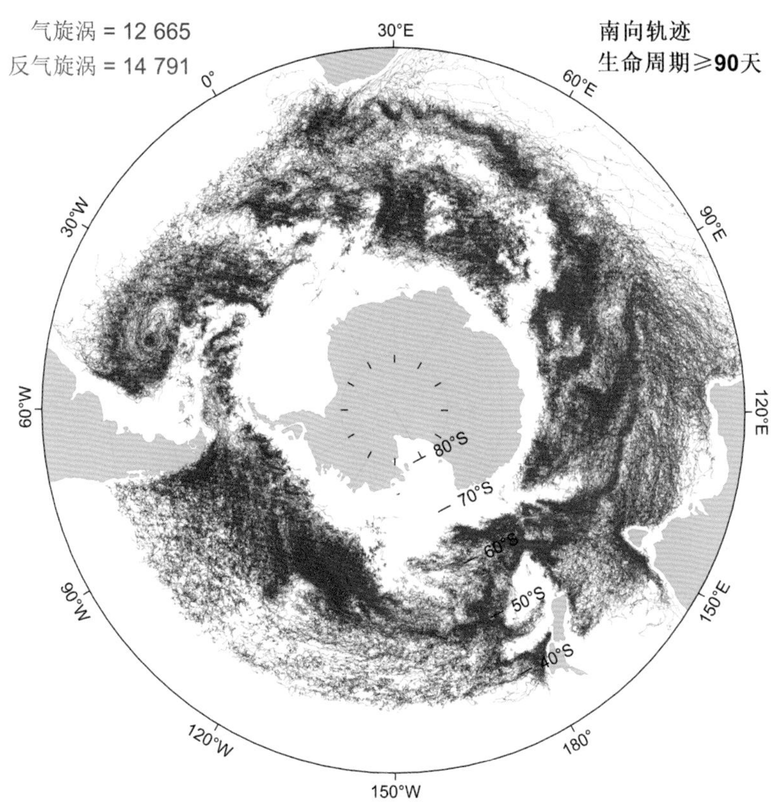

图6.8　南大洋生命周期≥90天的中尺度涡北向轨迹和南向轨迹分布图，蓝线表示气旋涡，红线表示反气旋涡

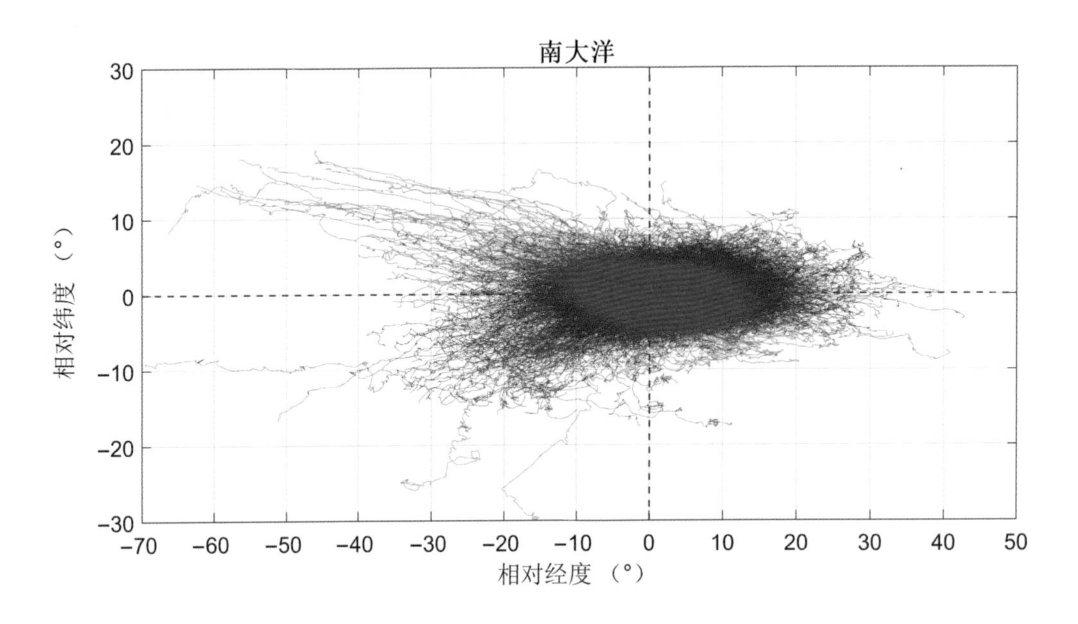

图6.9　南大洋生命周期≥90天的中尺度涡相对轨迹分布图，蓝线表示气旋涡，红线表示反气旋涡，涡旋起始点被移动到经纬度原点（0°，0°）

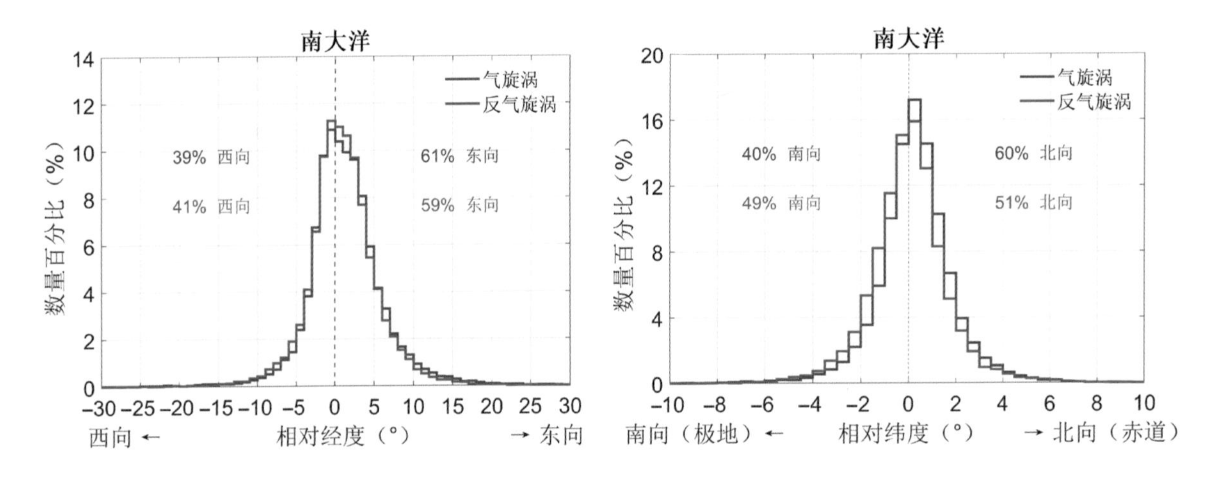

图6.10　南大洋生命周期≥90天的中尺度涡东西向和南北向移动轨迹数量频率分布图

- 生命周期≥180天

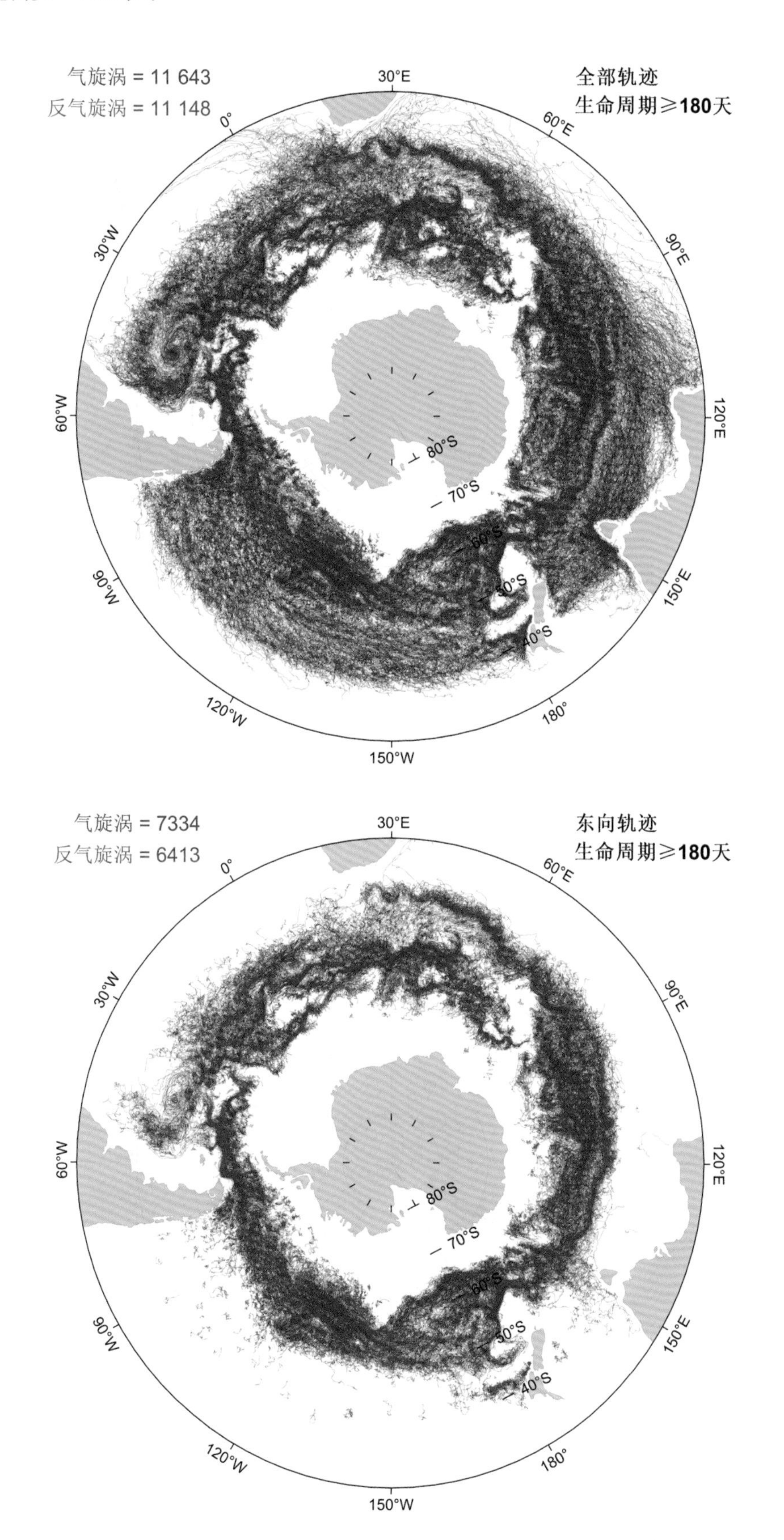

图6.11　南大洋生命周期≥180天的中尺度涡全部轨迹和东向轨迹分布图，蓝线表示气旋涡，红线表示反气旋涡

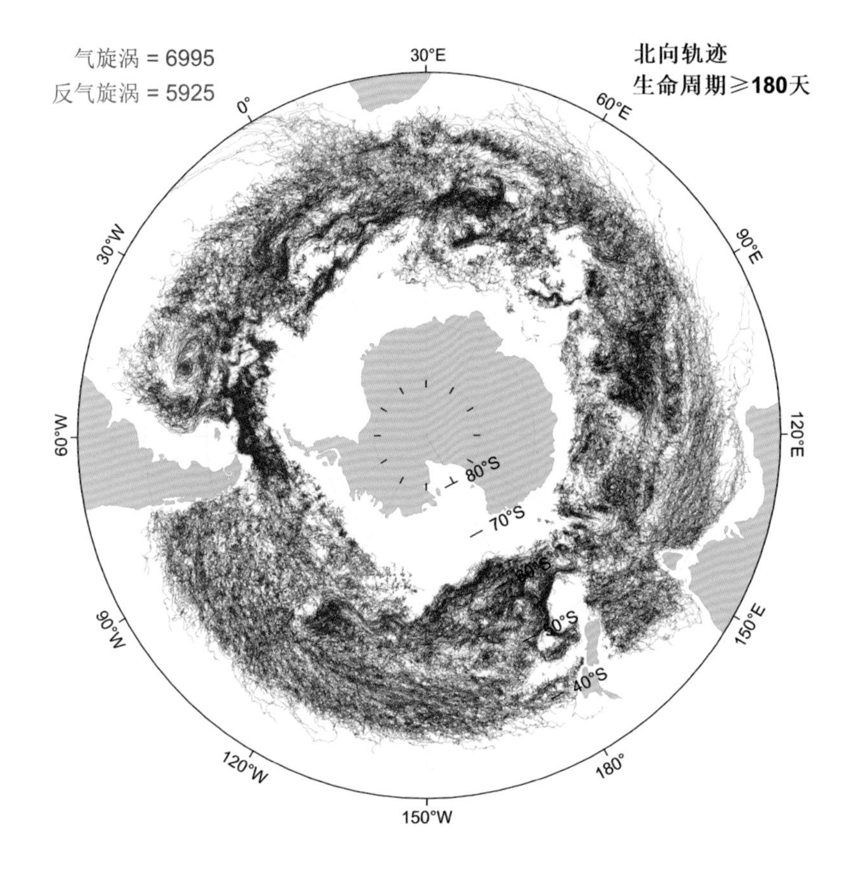

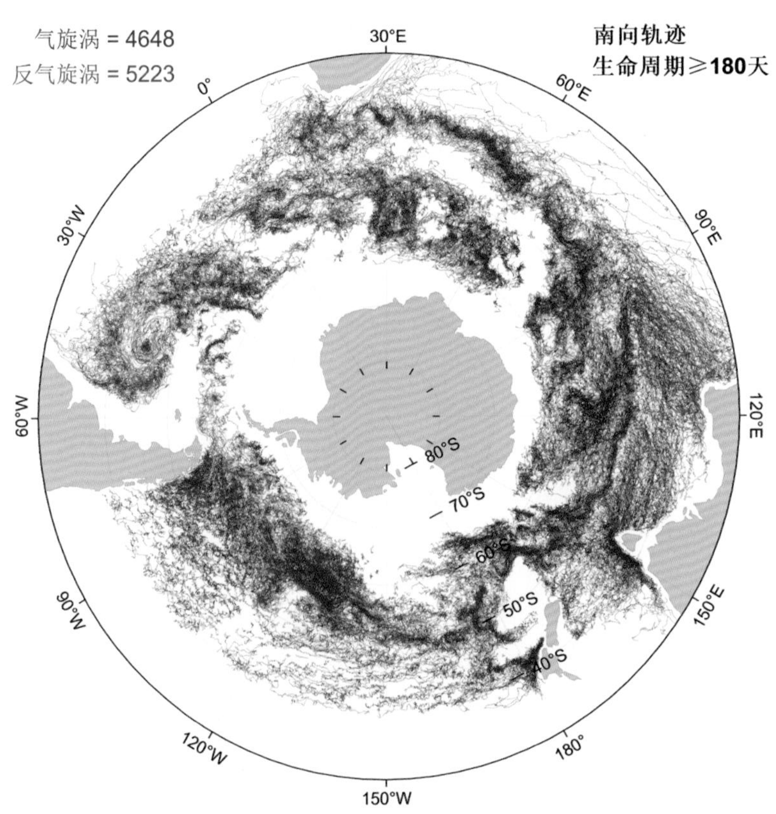

图6.12 南大洋生命周期≥180天的中尺度涡北向轨迹和南向轨迹分布图，蓝线表示气旋涡，红线表示反气旋涡

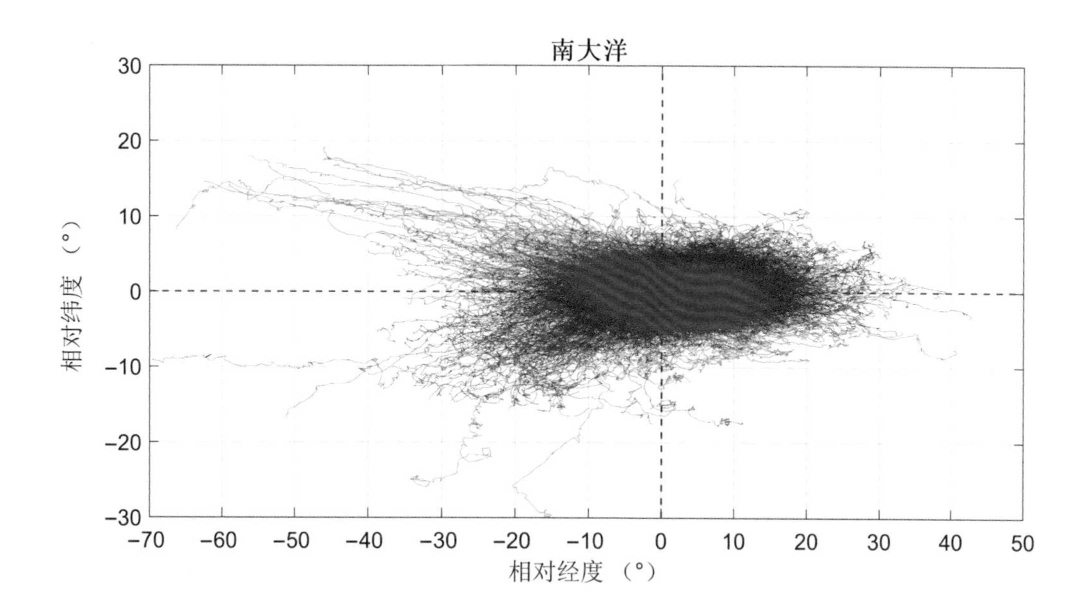

图6.13　南大洋生命周期≥180天的中尺度涡相对轨迹分布图，蓝线表示气旋涡，红线表示反气旋涡，涡旋起始点被移动到经纬度原点（0°，0°）

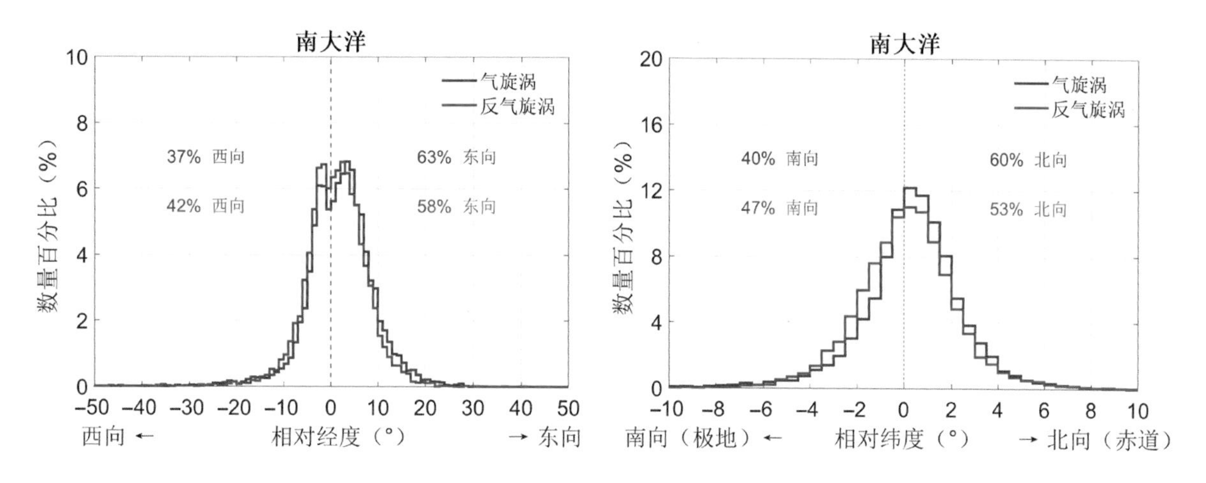

图6.14　南大洋生命周期≥180天的中尺度涡东西向和南北向移动轨迹数量频率分布图

- 生命周期≥360天

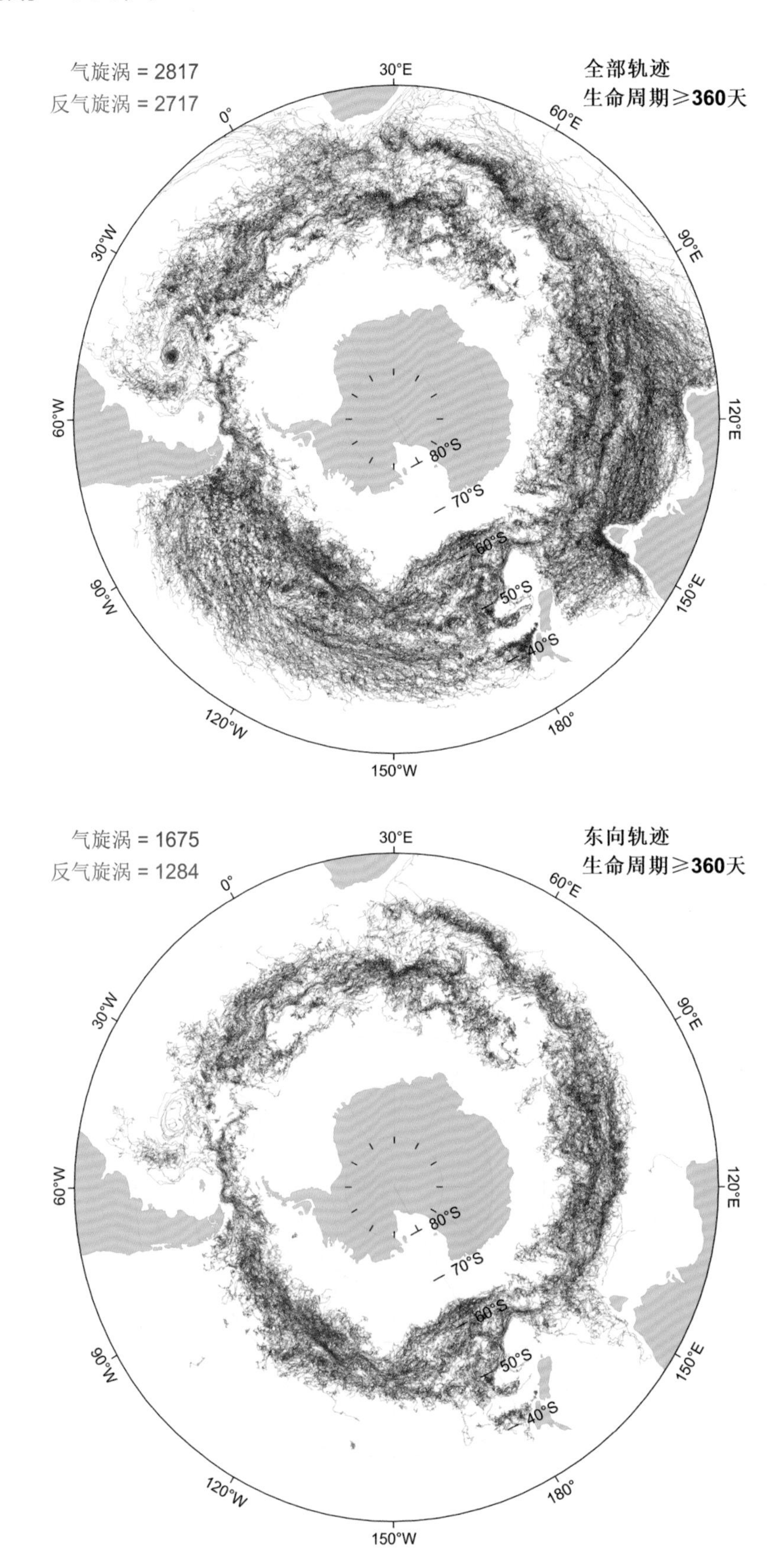

图6.15　南大洋生命周期≥360天的中尺度涡全部轨迹和东向轨迹分布图，蓝线表示气旋涡，红线表示反气旋涡

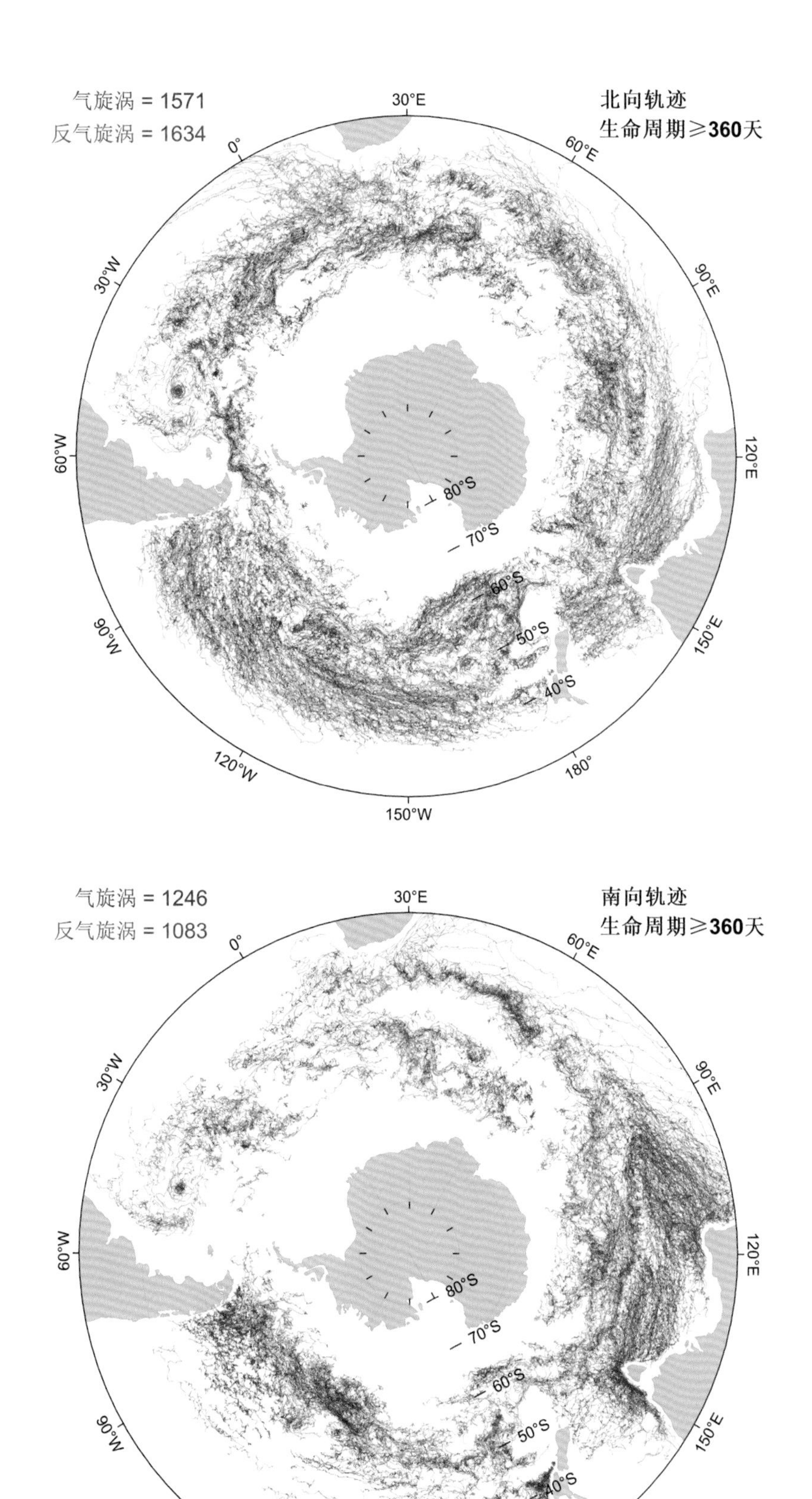

图6.16 南大洋生命周期≥360天的中尺度涡北向轨迹和南向轨迹分布图，蓝线表示气旋涡，红线表示反气旋涡

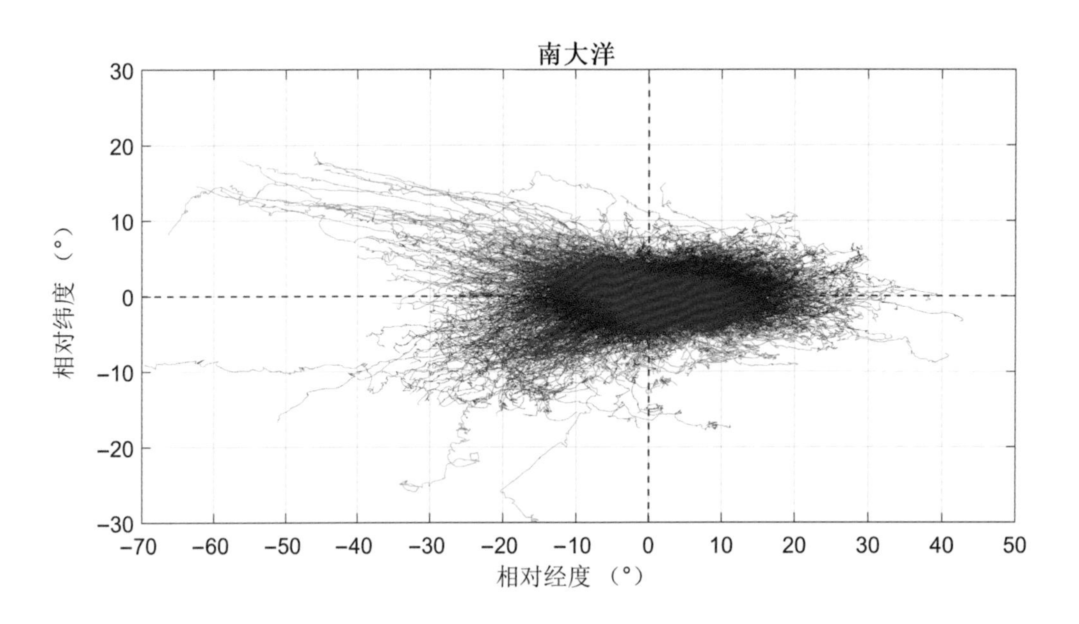

图6.17　南大洋生命周期≥360天的中尺度涡相对轨迹分布图，蓝线表示气旋涡，红线表示反气旋涡，涡旋起始点被移动到经纬度原点（0°，0°）

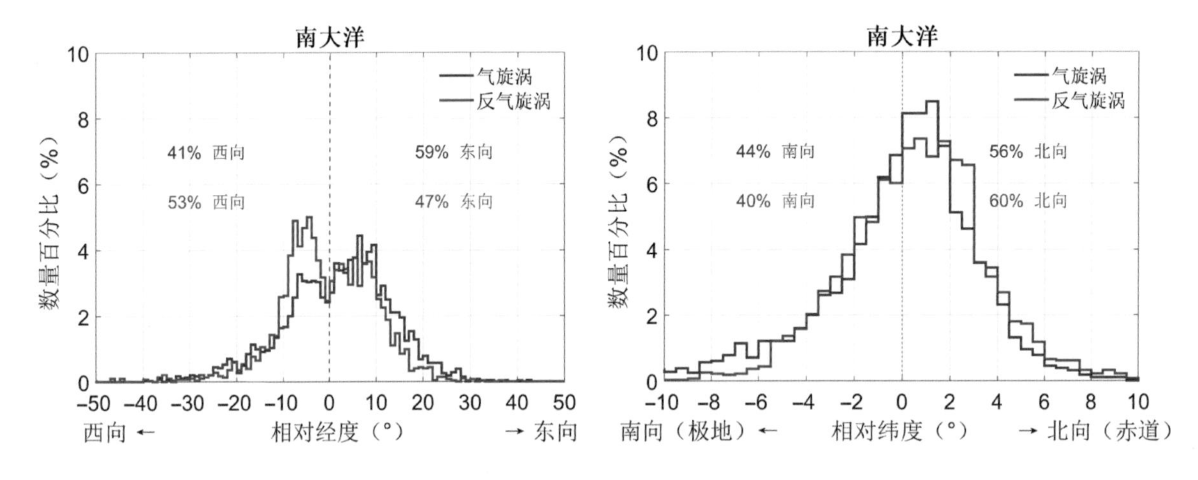

图6.18　南大洋生命周期≥360天的中尺度涡东西向和南北向移动轨迹数量频率分布图

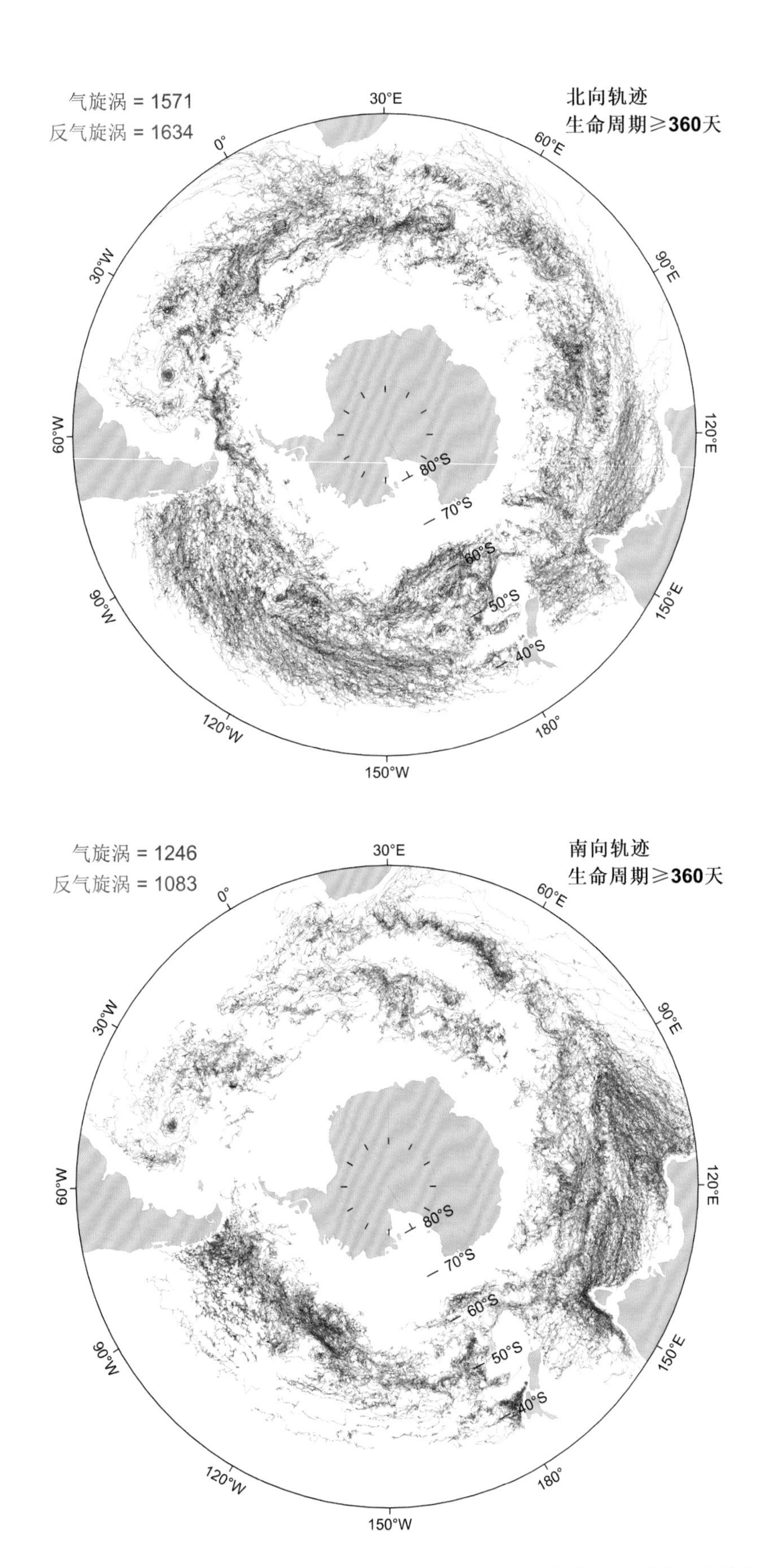

图6.16 南大洋生命周期≥360天的中尺度涡北向轨迹和南向轨迹分布图，蓝线表示气旋涡，红线表示反气旋涡

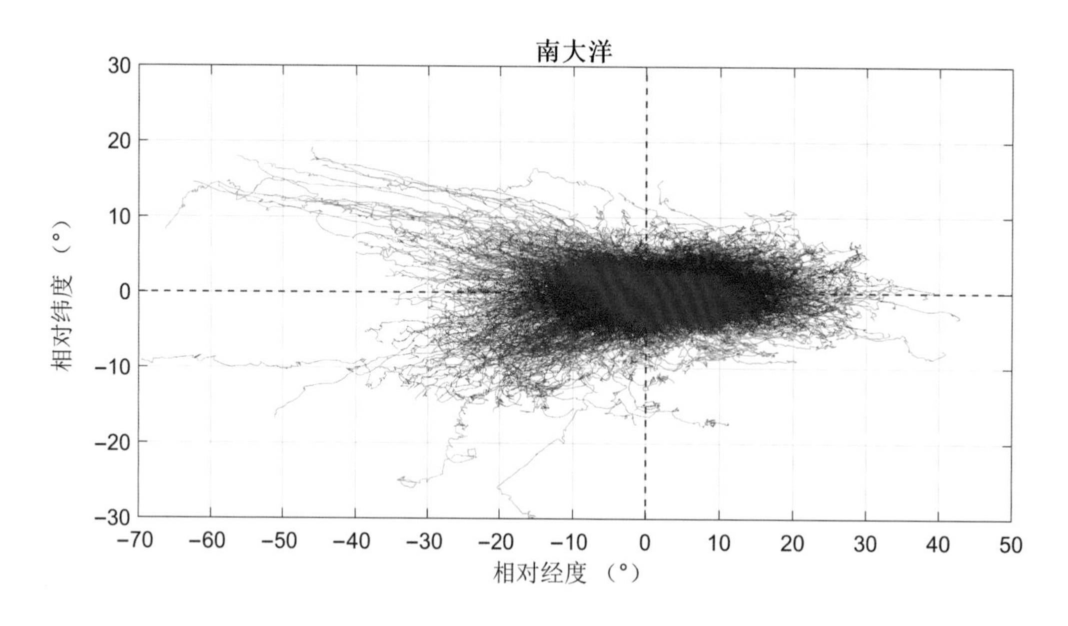

图6.17　南大洋生命周期≥360天的中尺度涡相对轨迹分布图，蓝线表示气旋涡，红线表示反气旋涡，涡旋起始点被移动到经纬度原点（0°，0°）

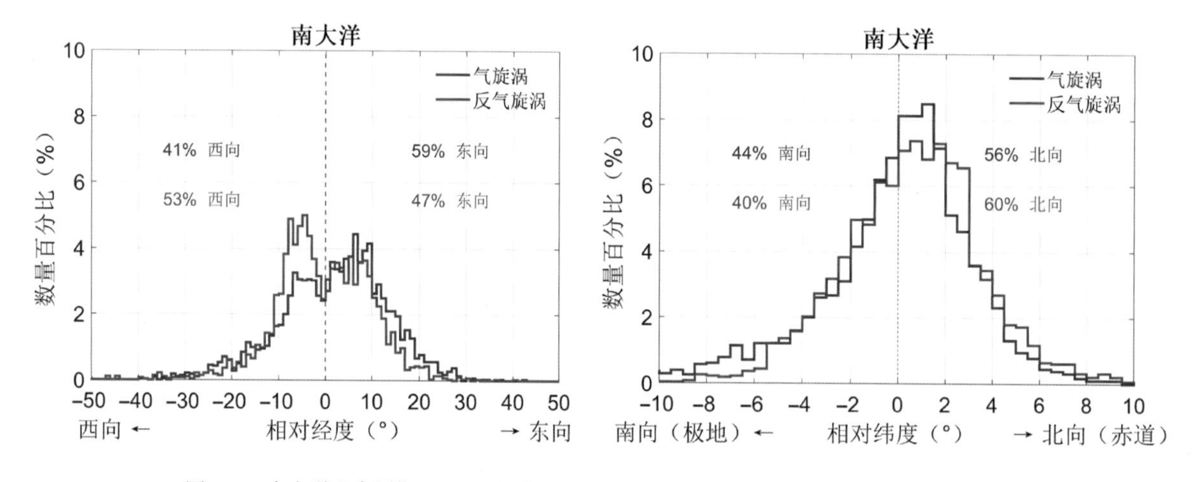

图6.18　南大洋生命周期≥360天的中尺度涡东西向和南北向移动轨迹数量频率分布图

- 生命周期≥720天

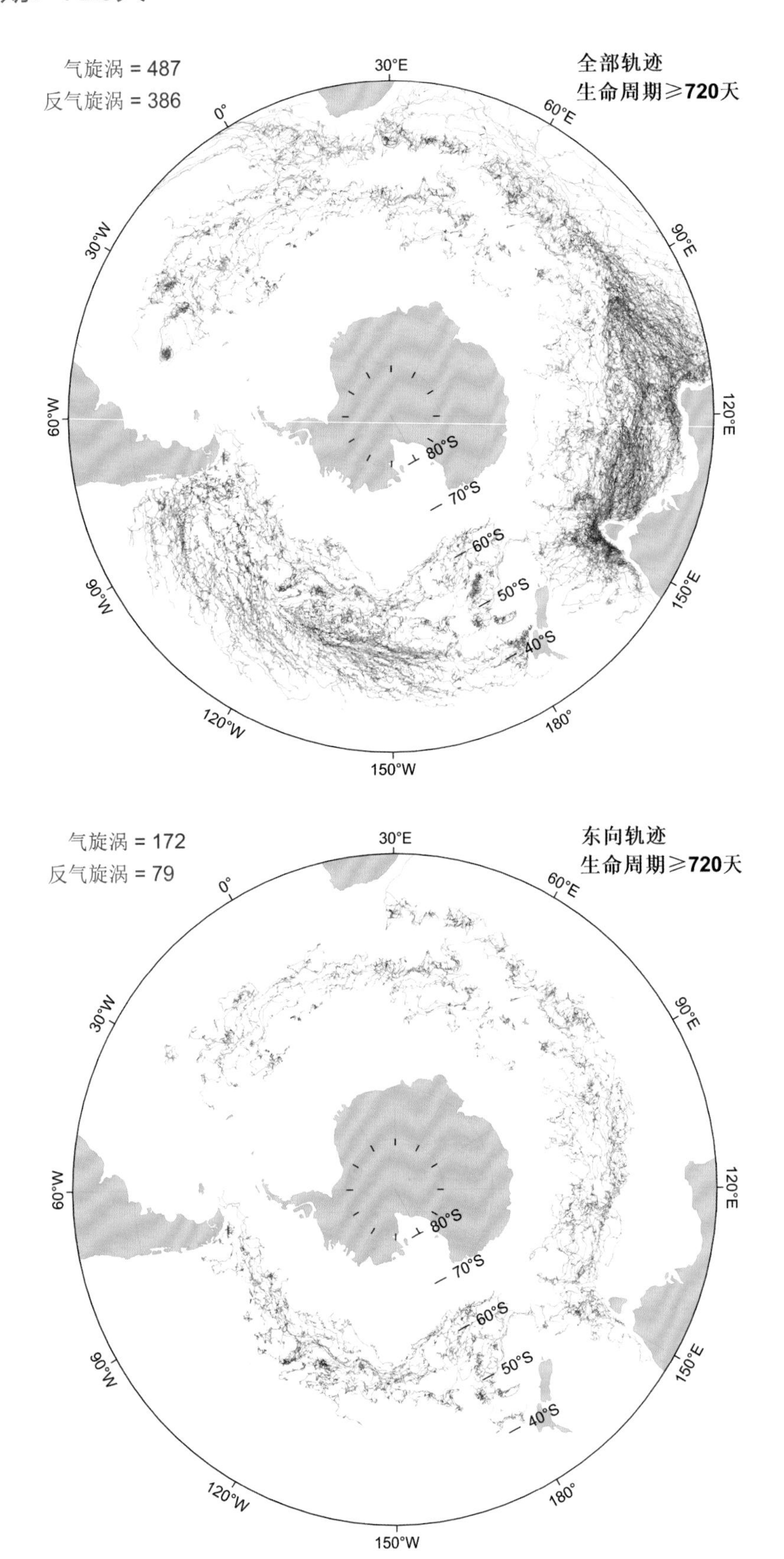

图6.19　南大洋生命周期≥720天的中尺度涡全部轨迹和东向轨迹分布图，蓝线表示气旋涡，红线表示反气旋涡

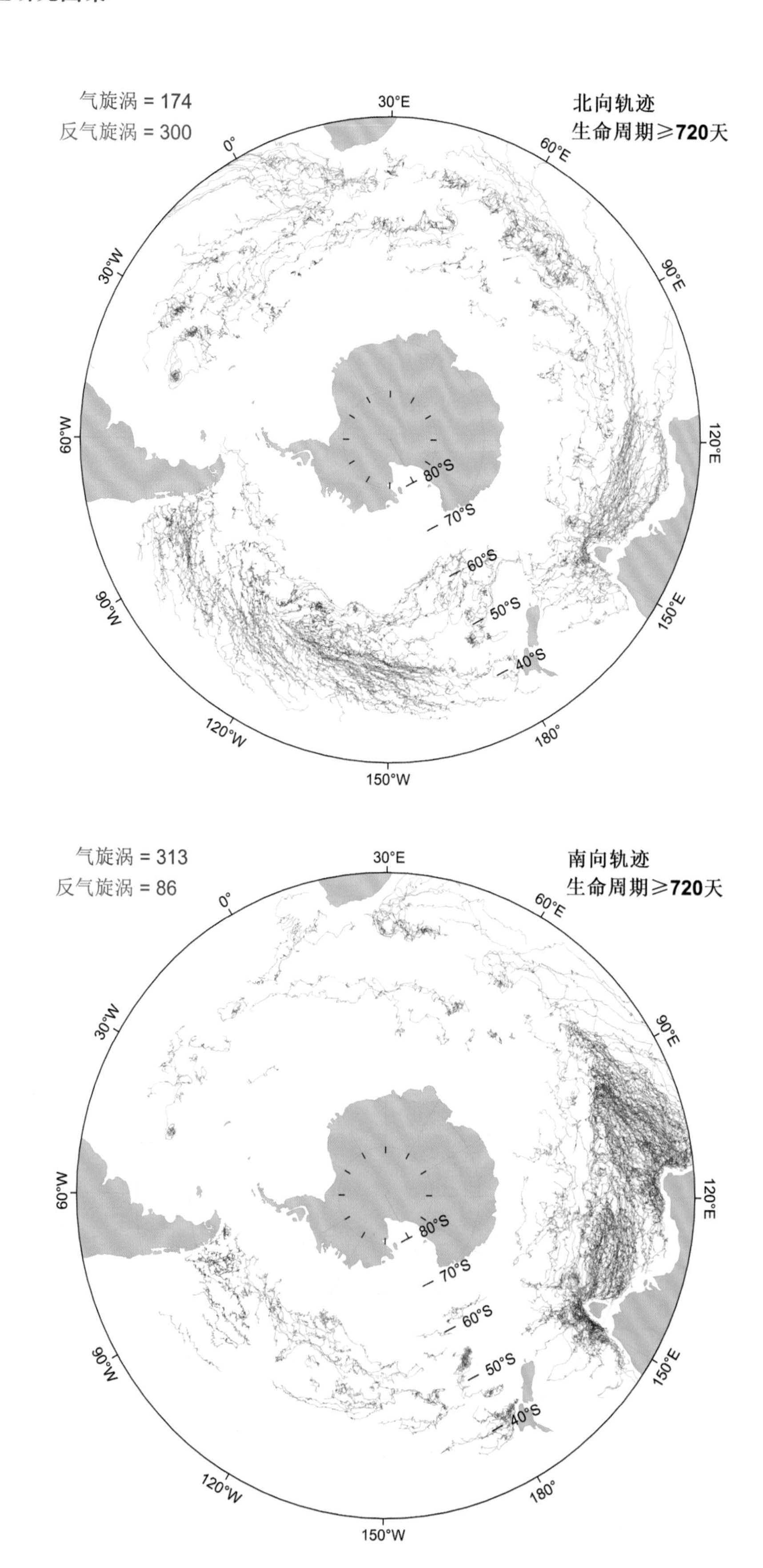

图6.20　南大洋生命周期≥720天的中尺度涡北向轨迹和南向轨迹分布图，蓝线表示气旋涡，红线表示反气旋涡

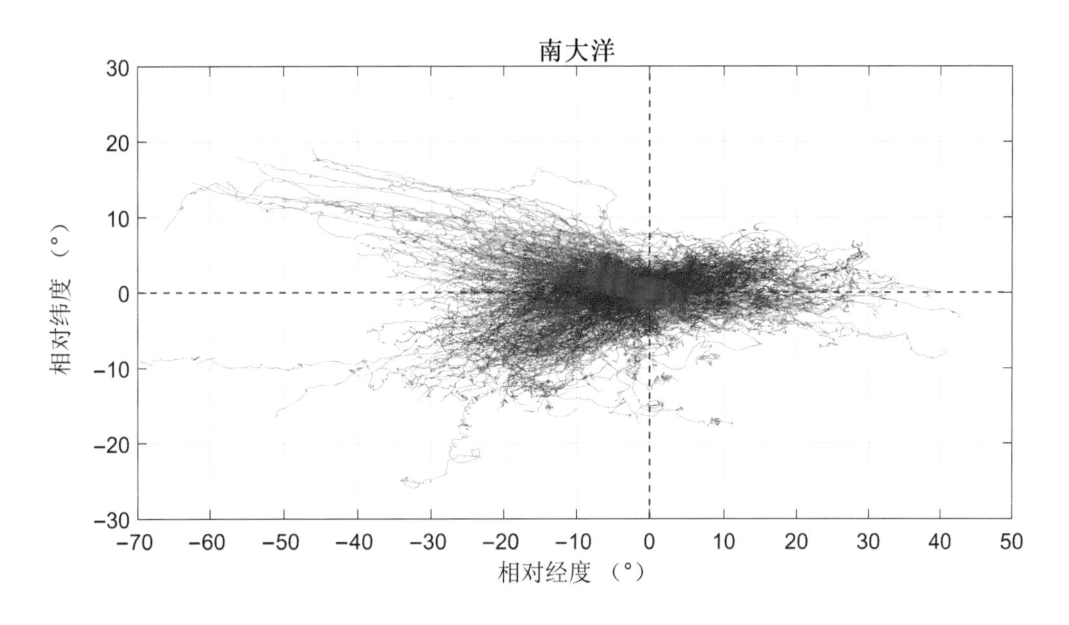

图6.21　南大洋生命周期≥720天的中尺度涡相对轨迹分布图，蓝线表示气旋涡，红线表示反气旋涡，涡旋起始点被移动到经纬度原点（0°，0°）

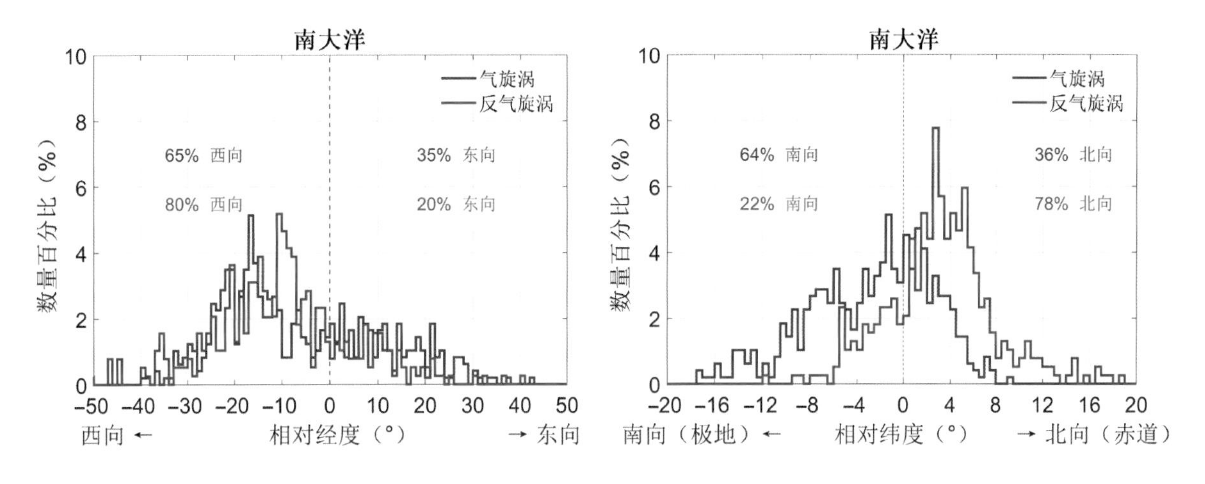

图6.22　南大洋生命周期≥720天的中尺度涡东西向和南北向移动轨迹数量频率分布图

6.4　南大洋中尺度涡属性特征

基于 1993—2020 年南大洋中尺度涡探测识别和轨迹追踪结果，本节对中尺度涡属性特征进行统计分析，制作中尺度涡属性特征分布图。为保证海洋中尺度涡结构的一致性以及避免海面高度数据中短暂小尺度海洋湍流信号的干扰，这里仅对生命周期≥ 30 天的中尺度涡轨迹进行统计分析。针对南大洋中尺度涡，本节分别给出了中尺度涡轨迹数量分布图、中尺度涡属性空间分布图、中尺度涡属性统计特征分布图以及中尺度涡属性气候态月变化和年际变化分布图。

6.4.1 南大洋中尺度涡轨迹数量

表 6.1 给出了南大洋区域内超过一定生命周期的中尺度涡轨迹数量。可以看出，随着生命周期的增加，气旋涡和反气旋涡数量迅速减少。对于生命周期≥ 30 天的全部中尺度涡而言，南大洋气旋涡轨迹数量（91 667 个）多于反气旋涡轨迹数量（89 506 个）。为进一步研究不同生命周期和移动距离的涡旋轨迹数量，这里对南大洋中尺度涡轨迹进行统计，图 6.23 和图 6.24 分别给出了南大洋不同生命周期和移动距离的中尺度涡轨迹数量，并给出了南大洋中尺度涡的平均生命周期和移动距离。可以看出，南大洋中尺度涡主要以短生命周期和短移动距离涡旋为主，长生命周期和长移动距离涡旋数量较少。结合前一节南大洋中尺度涡轨迹空间分布，可以看出长生命周期和长移动距离涡旋主要分布在 40°S 附近的开阔大洋区域，而且涡旋主要向西移动；在南极绕极流区域，东向移动的涡旋生命周期和移动距离均较短。南大洋气旋涡平均生命周期为 101 天，平均移动距离为 529 km；南大洋反气旋涡平均生命周期为 100 天，平均移动距离为 522 km，二者相差不大。

表6.1 南大洋超过一定生命周期的中尺度涡轨迹数量

生命周期	≥ 30 天	≥ 90 天	≥ 180 天	≥ 360 天	≥ 540 天	≥ 720 天
气旋涡	91 667	31 347	11 643	2817	1018	487
反气旋涡	89 506	30 299	11 148	2717	965	386
全部涡旋	181 173	61 646	22 791	5534	1983	873

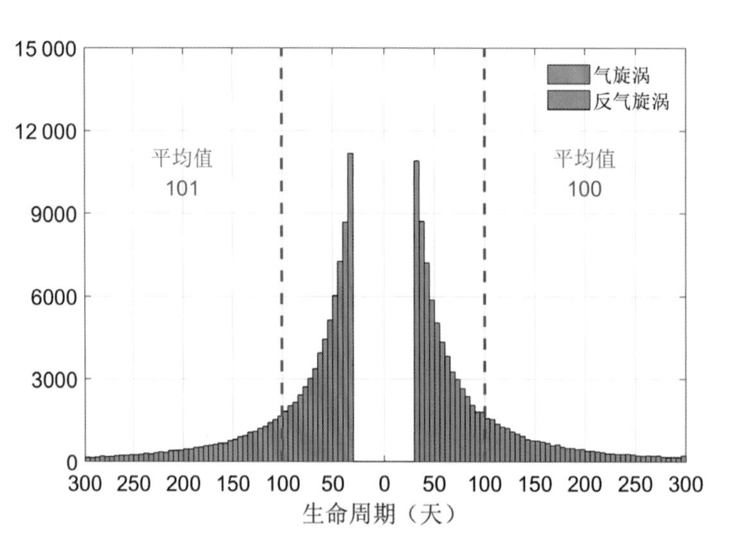

图6.23 南大洋不同生命周期的中尺度涡轨迹数量

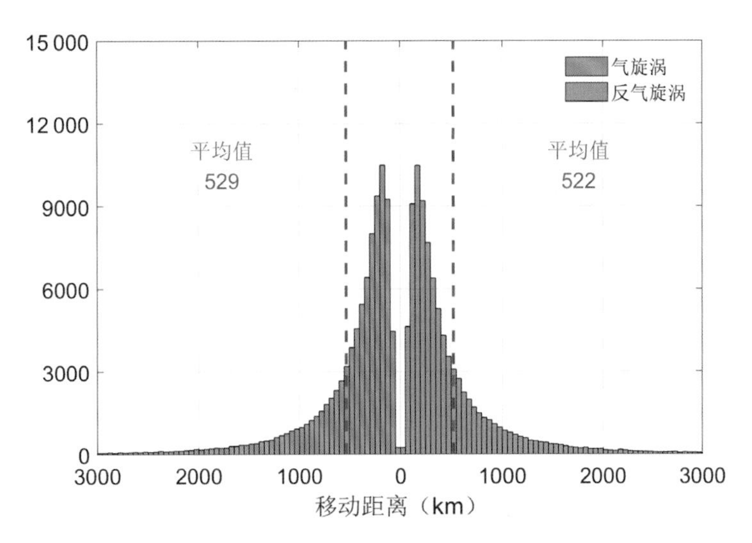

图6.24　南大洋不同移动距离的中尺度涡轨迹数量

6.4.2　南大洋中尺度涡属性空间分布

为统计南大洋中尺度涡属性的空间分布特征，将南大洋区域划分成经纬度 1°×1° 的网格，分别统计每个 1°×1° 网格内的中尺度涡属性特征。基于 1993—2020 年中尺度涡探测识别和轨迹追踪结果，对南大洋区域内的气旋涡和反气旋涡数量、极性、出现位置、消失位置、振幅、半径、旋转速度、涡动能（EKE）以及移动速度等属性进行地理空间分布特征统计，绘制相应的地理空间分布图。

中尺度涡空间分布特征［数量、极性、振幅、半径、旋转速度、涡动能（EKE）以及移动速度等］统计的是中尺度涡轨迹中不同时刻独立涡旋在 1°×1° 的经纬度网格内的分布特征，而中尺度涡出现位置和消失位置空间分布统计的是涡旋轨迹出现（轨迹中第一个涡旋）和消失（轨迹中最后一个涡旋）时的位置，因此涡旋出现位置和消失位置的数量空间分布要比涡旋数量空间分布小很多。

图 6.25 至图 6.33 分别给出了南大洋中尺度涡的数量、极性、出现位置、消失位置、振幅、半径、旋转速度、涡动能（EKE）和移动速度的空间分布。从图中可以看出，南大洋中尺度涡数量非常丰富，尤其集中在高纬度的南极绕极流区域以及一些大陆的边缘海域。在整个南大洋南极绕极流区域，中尺度涡极性倾向于气旋涡，而在南太平洋 40°—50°S 区域，中尺度涡极性倾向于反气旋涡。南大洋中尺度涡出现位置主要分布在东向的南极绕极流区域和大洋的东边界海域，而中尺度涡消失位置主要集中在南极绕极流区域以及大洋中部局部海域。南大洋中尺度涡在非洲大陆南部的厄加勒斯流、巴西东部的巴西海流回流区以及澳大利亚东部海域的东澳大利亚海流区域涡旋振幅较高；相比于大洋中部区域整个南极绕极流区域涡旋振幅也较高。同样，在涡旋振幅较高的区域，中尺度涡旋转速度和涡动能（EKE）也较高。南大洋中尺度涡半径在涡旋振幅较强的区域较大，在高纬度区域较小。南大洋中尺度涡在巴西海流回流区以及厄加勒斯流区域的移动速度较快，其他区域较慢。

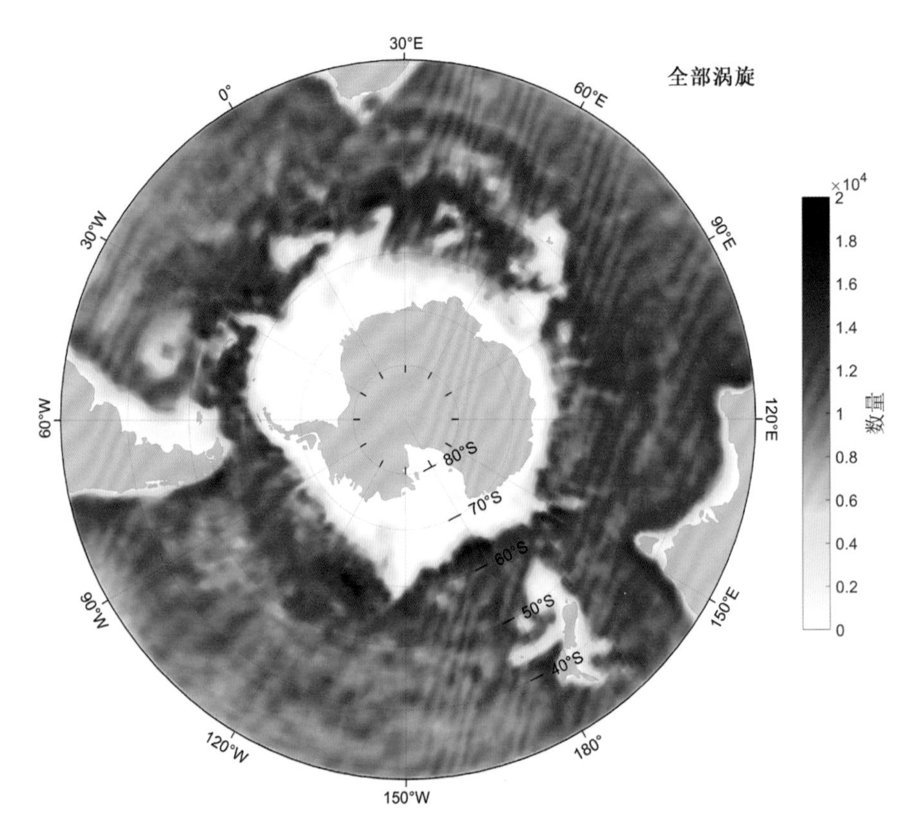

图6.25　南大洋中尺度涡数量空间分布图

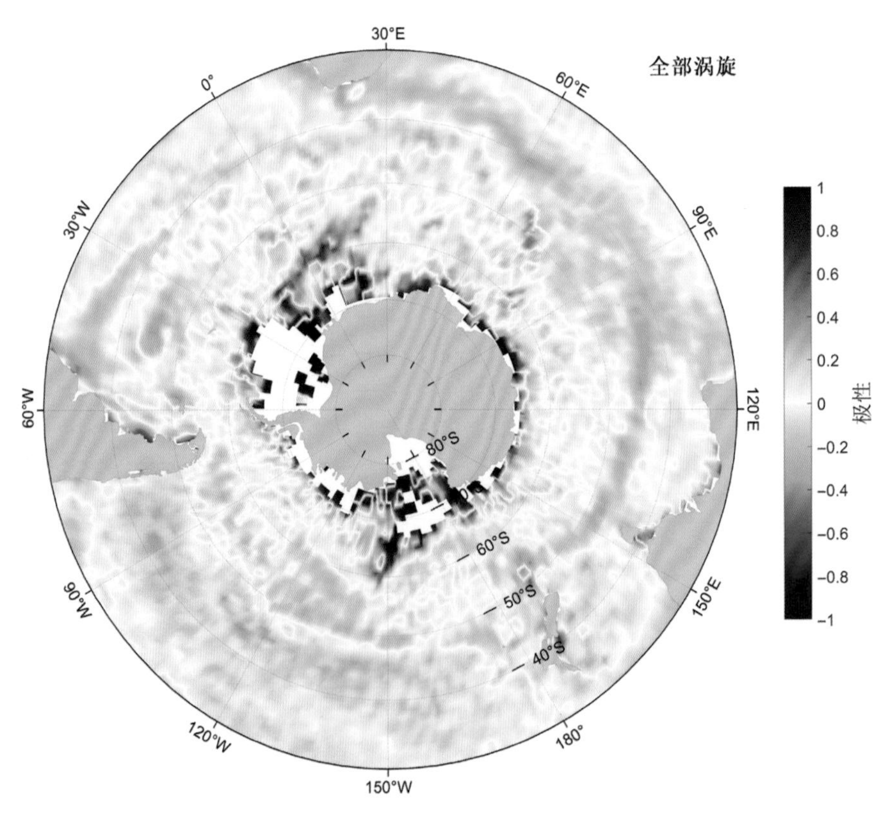

图6.26　南大洋中尺度涡极性空间分布图

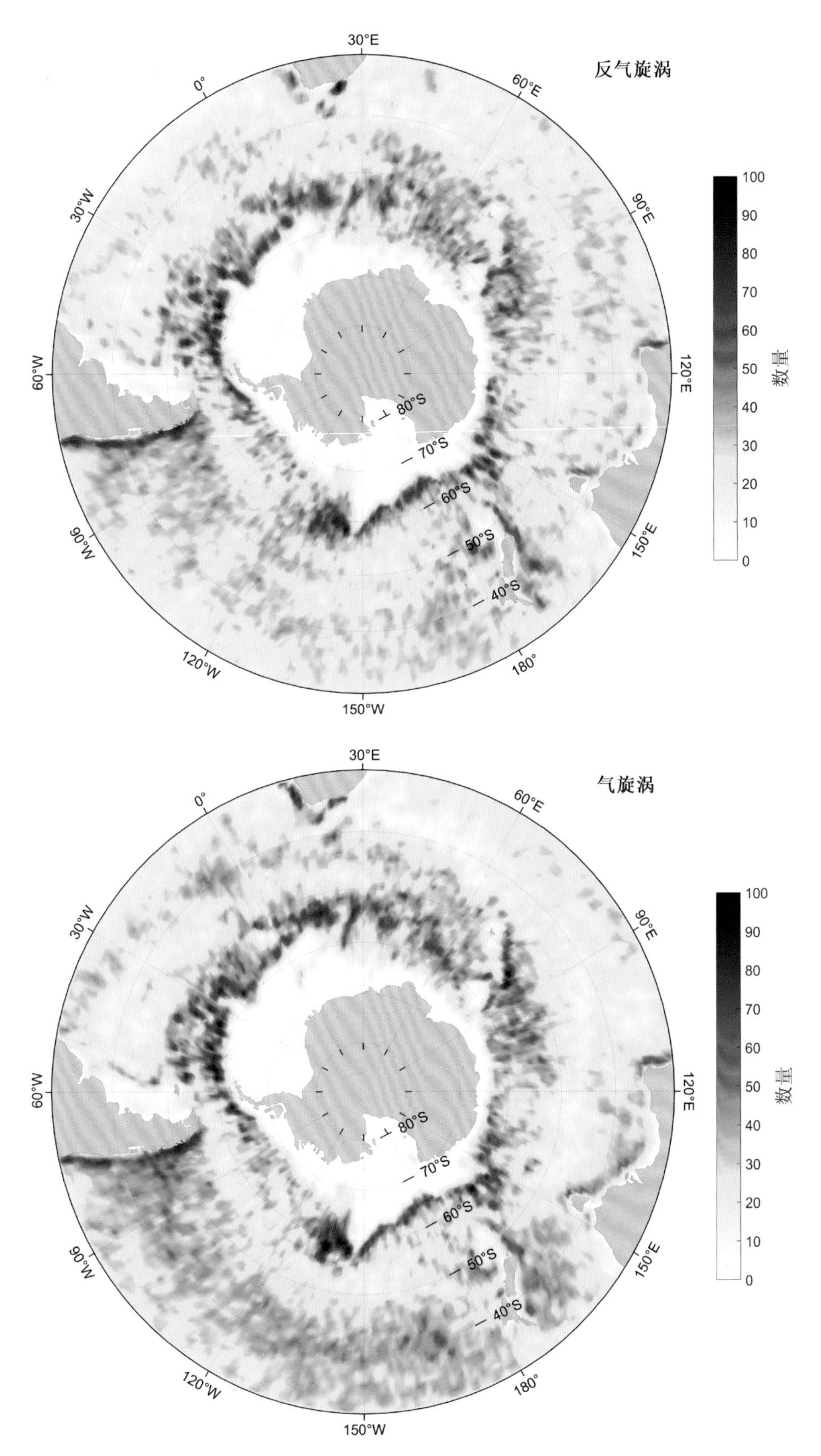

图6.27　南大洋中尺度涡出现位置空间分布图

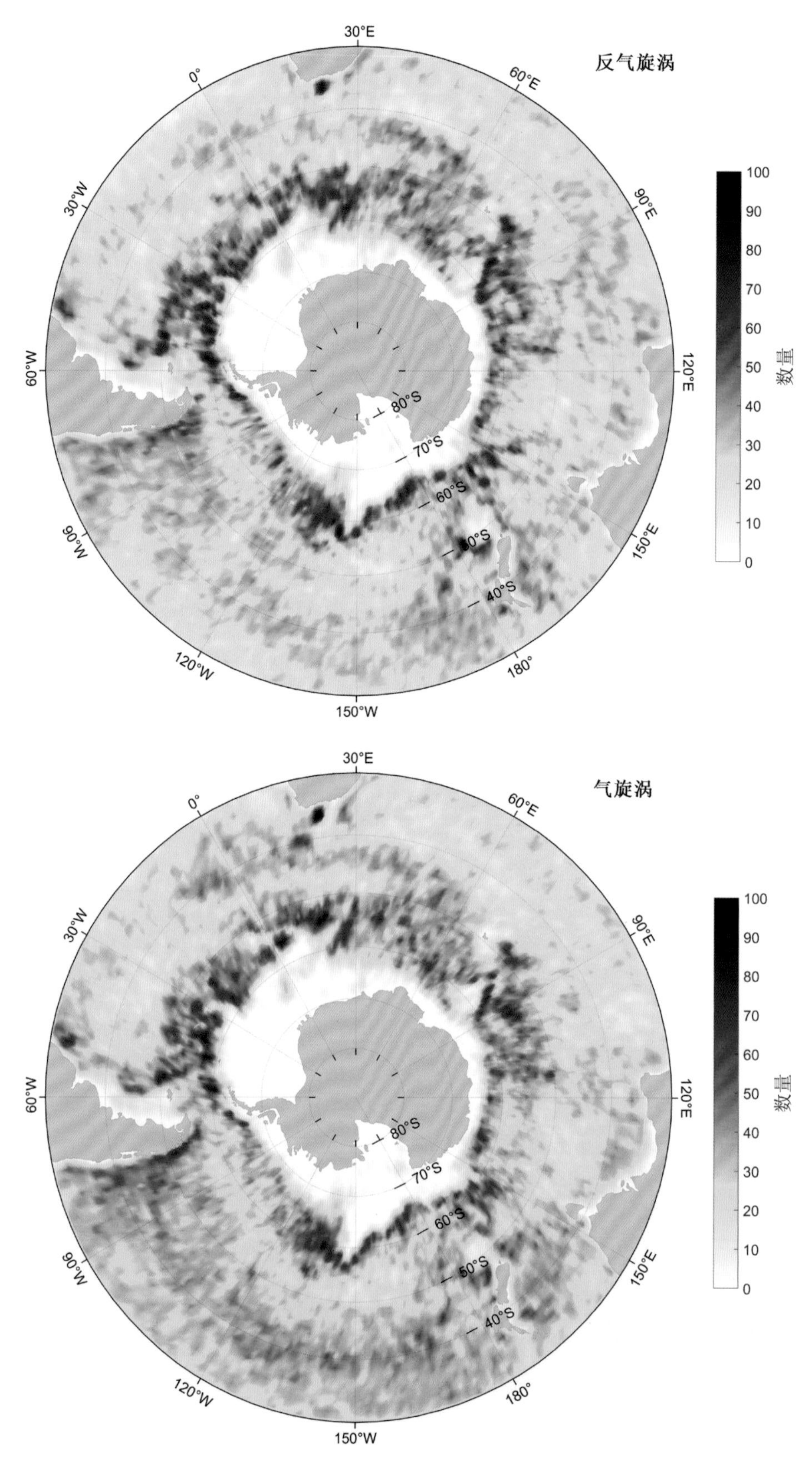

图6.28　南大洋中尺度涡消失位置空间分布图

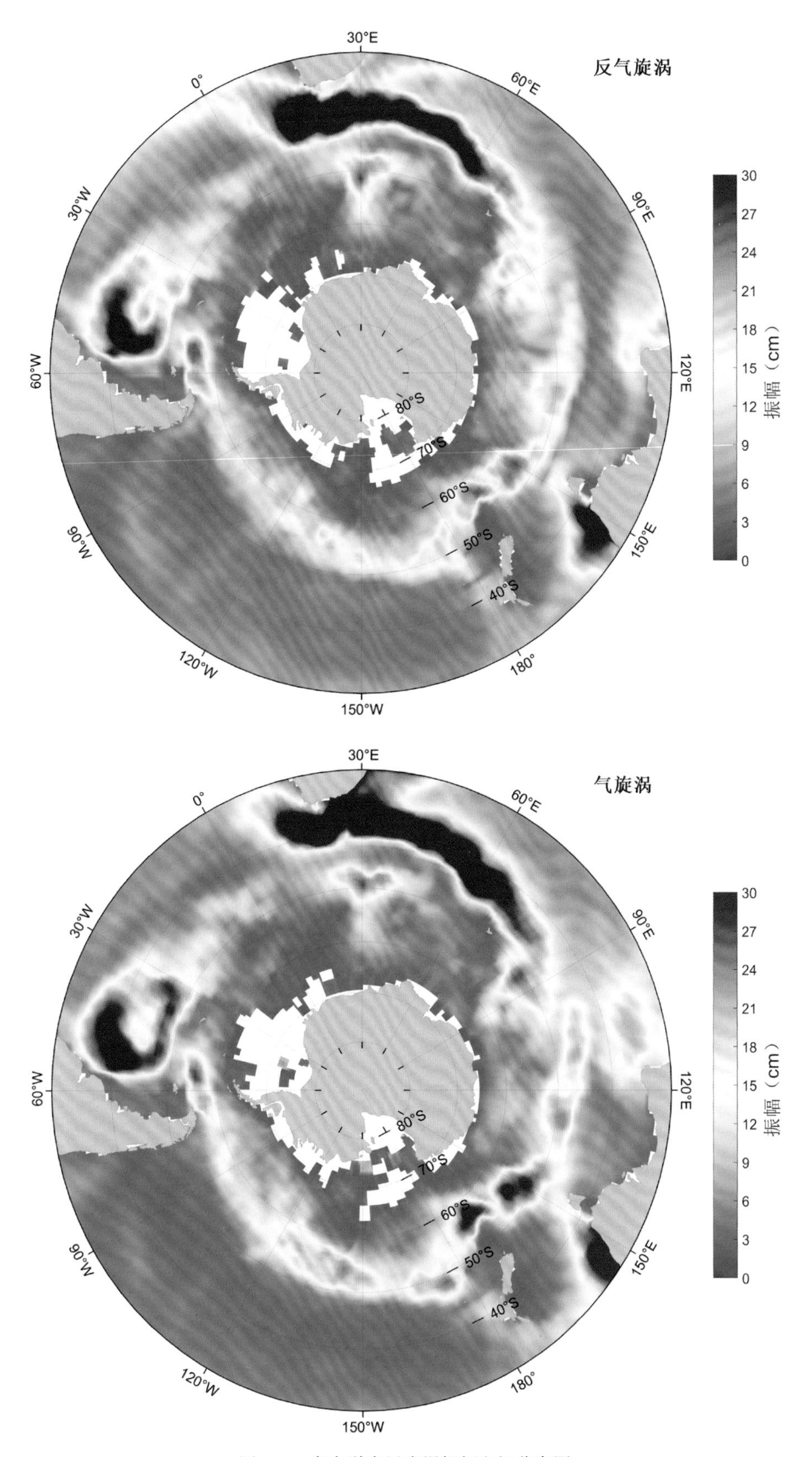

图6.29　南大洋中尺度涡振幅空间分布图

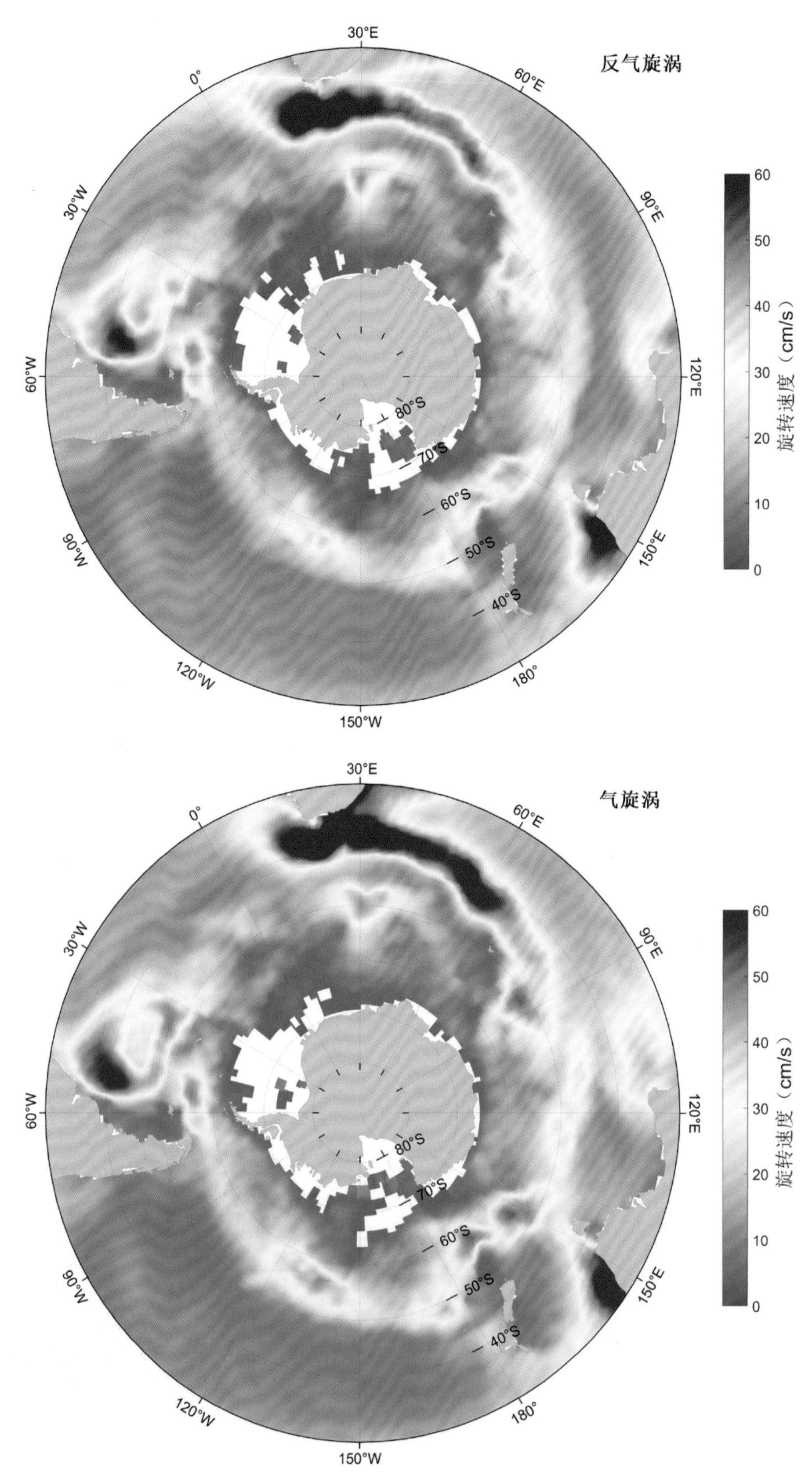

图6.30　南大洋中尺度涡旋转速度空间分布图

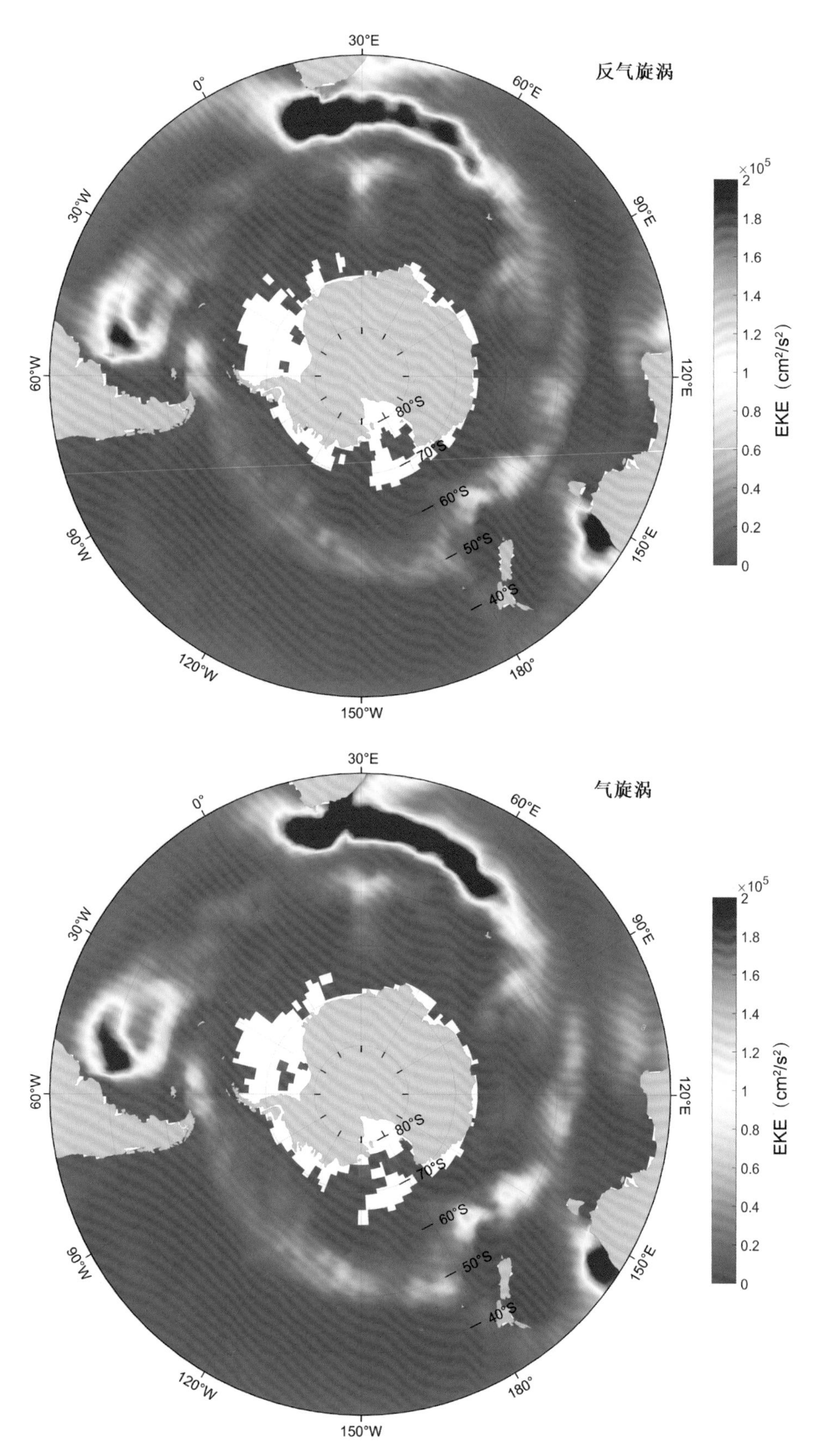

图6.31　南大洋中尺度涡涡动能（EKE）空间分布图

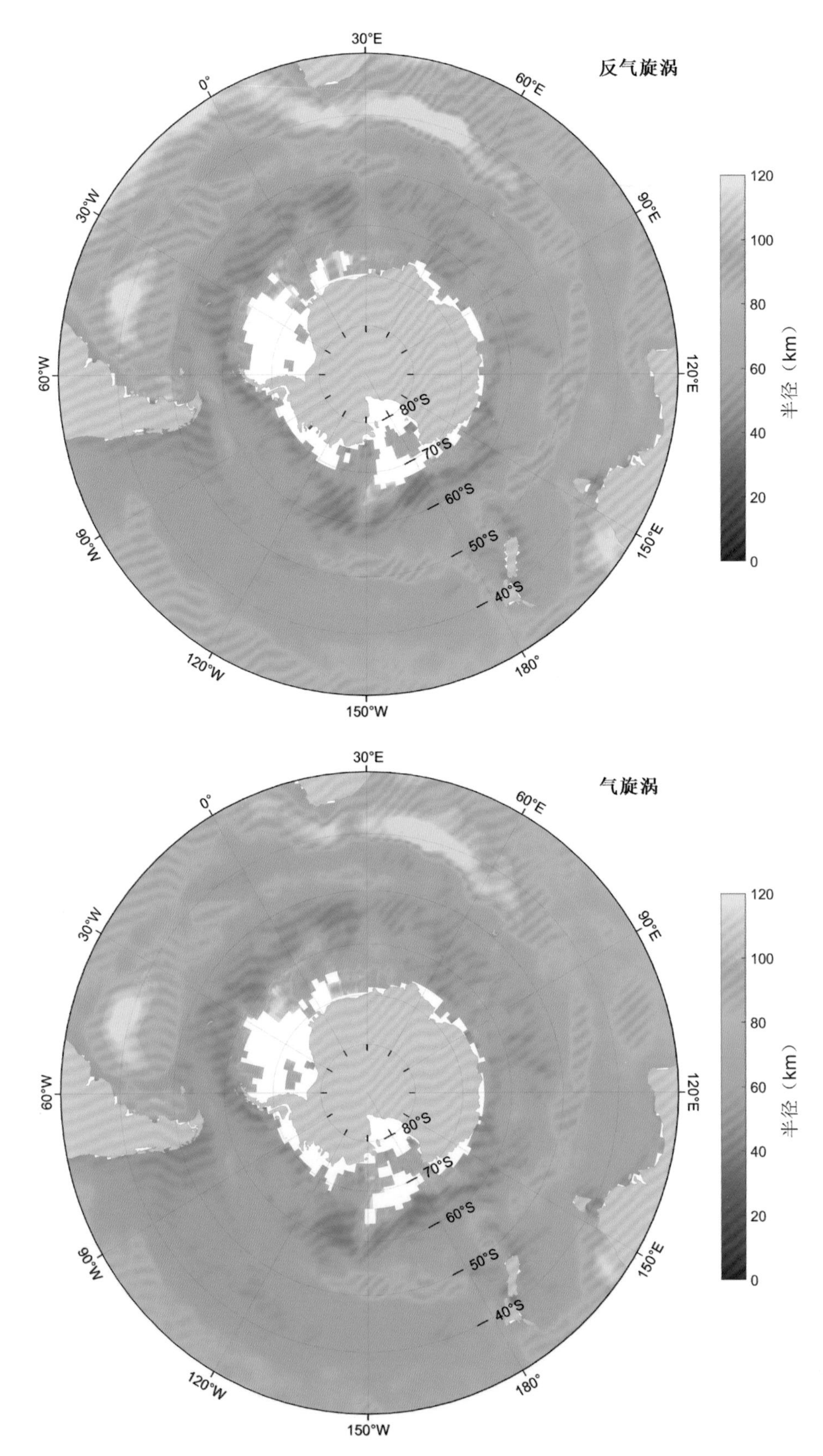

图6.32　南大洋中尺度涡半径空间分布图

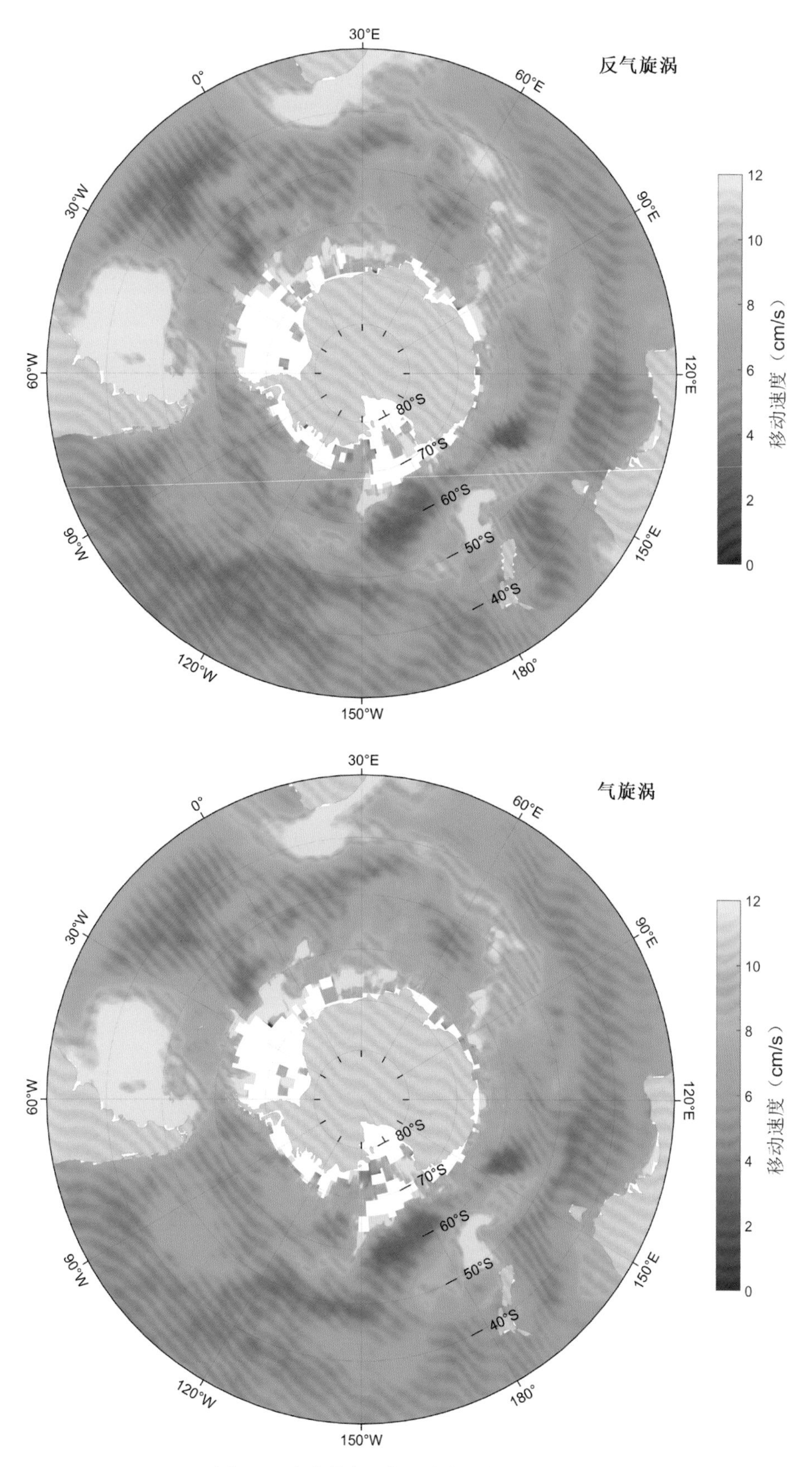

图6.33　南大洋中尺度涡移动速度空间分布图

6.4.3 南大洋中尺度涡属性统计特征

基于1993—2020年中尺度涡识别和轨迹追踪结果，对南大洋中尺度涡的振幅、半径、旋转速度、涡动能（EKE）以及移动速度等属性特征进行统计，分别给出南大洋中尺度涡属性统计特征分布图。与全球海洋中尺度涡属性统计特征（2.2.2节）一样，中尺度涡属性统计是针对涡旋轨迹中的单个涡旋进行统计的（连续时间的单个涡旋组成了涡旋轨迹），因此涡旋属性特征频次（数量）远高于涡旋轨迹数量。

图6.34至图6.38分别给出了南大洋中尺度涡的振幅、半径、旋转速度、涡动能（EKE）和移动速度的频次分布。可以看出，南大洋中尺度涡基本均集中在15 cm以下的低振幅区间。南大洋气旋涡和反气旋涡平均振幅分别为8.1 cm和7.2 cm，气旋涡平均振幅高于反气旋涡。南大洋气旋涡和反气旋涡平均振幅均要大于全球气旋涡和反气旋涡平均振幅（分别为7.0 cm和6.5 cm）。南大洋气旋涡和反气旋涡半径基本集中分布在30 ~ 100 km之间。南大洋气旋涡和反气旋涡平均半径分别为56 km和57 km，二者相差不大，不过其均明显小于全球中尺度涡65 km的平均半径。南大洋中尺度涡旋转速度基本集中在4 ~ 40 cm/s之间，南大洋气旋涡和反气旋涡平均旋转速度分别为19 cm/s和17 cm/s，相比较而言，反气旋涡旋转速度更加集中分布在低值区间。南大洋中尺度涡EKE主要集中分布在1×10^4 cm^2/s^2以下的低值区域，不过在一些高值区仍有部分中尺度涡分布，这些高EKE中尺度涡主要分布在非洲大陆南部的厄加勒斯海流、巴西东部的巴西海流回流区以及澳大利亚东部海域的东澳大利亚海流区域。南大洋气旋涡和反气旋涡平均EKE分别约为1.4×10^4 cm^2/s^2和1.1×10^4 cm^2/s^2，气旋涡平均EKE大于反气旋涡。南大洋中尺度涡移动速度主要集中在10 cm/s以下区间内，存在一个3 cm/s的峰值。南大洋气旋涡和反气旋涡平均移动速度均约为5.9 cm/s，其移动速度均小于各大洋中尺度涡移动速度，南大洋基本为全球海洋中移动速度最慢的一个区域。

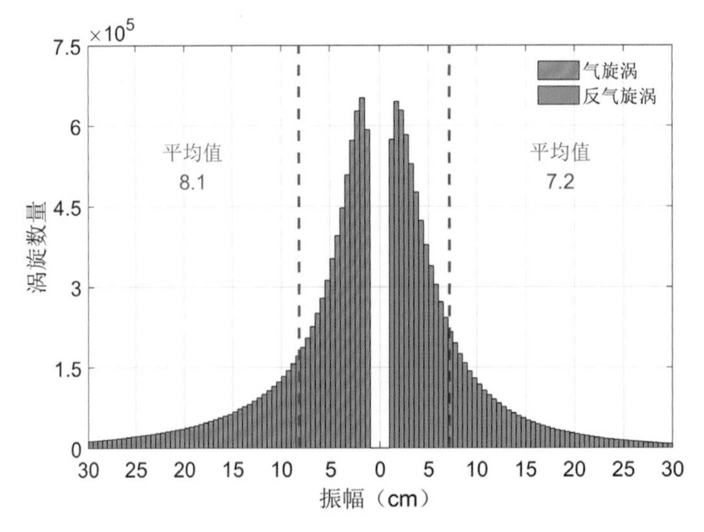

图6.34 南大洋中尺度涡振幅频次分布图

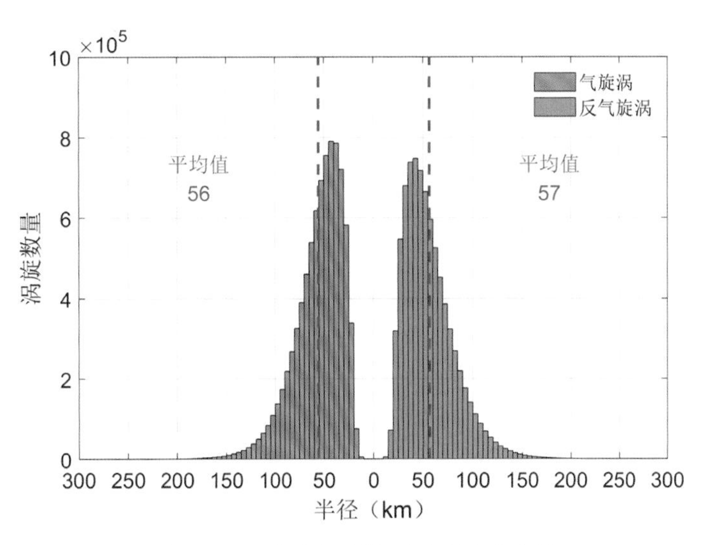

图6.35　南大洋中尺度涡半径频次分布图

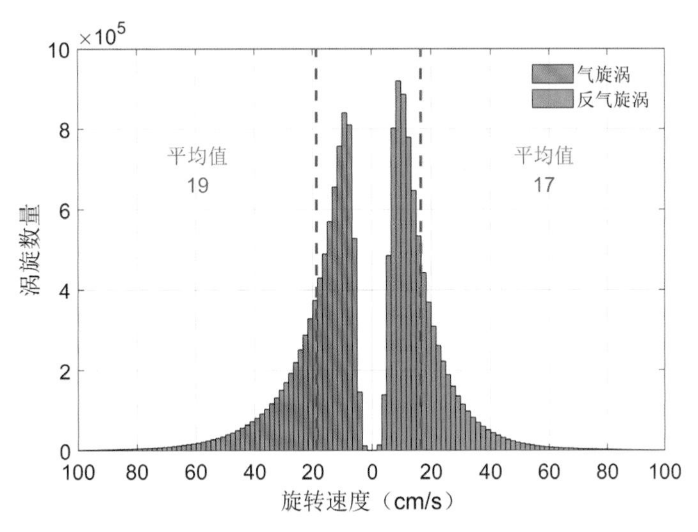

图6.36　南大洋中尺度涡旋转速度频次分布图

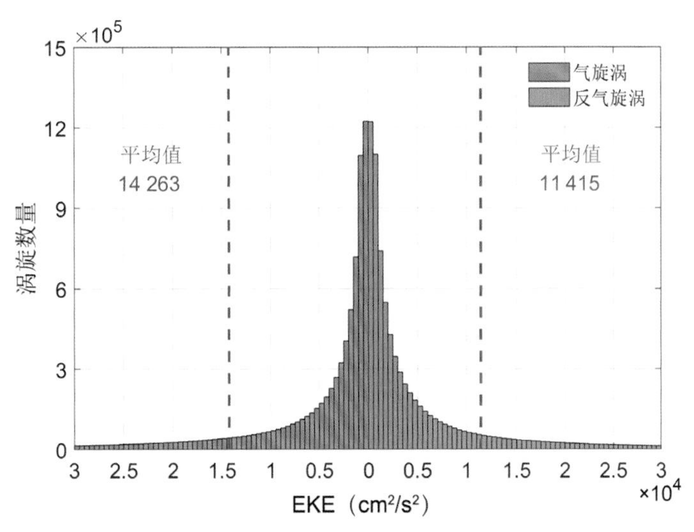

图6.37　南大洋中尺度涡涡动能（EKE）频次分布图

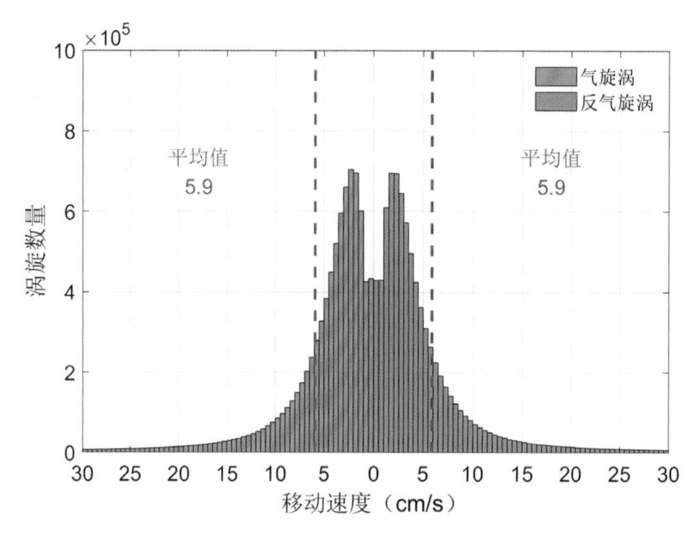

图6.38　南大洋中尺度涡移动速度频次分布图

6.4.4　南大洋中尺度涡属性气候态月变化

基于1993—2020年中尺度涡识别和轨迹追踪结果，对南大洋中尺度涡的轨迹数量、振幅、半径、旋转速度、涡动能（EKE）以及移动速度等属性的气候态月变化进行分析，分别给出南大洋中尺度涡属性月变化。针对中尺度涡轨迹数量月变化，这里按照中尺度涡轨迹出现时的月份进行统计，即如果某一个中尺度涡在某一月份出现，则将该涡旋轨迹统计到该月份内，因此这里统计得到的是28年间涡旋轨迹数量累计月变化。针对中尺度涡的振幅、半径、旋转速度、涡动能（EKE）以及移动速度等属性的月变化，按照中尺度涡轨迹内的单个涡旋对应的月份进行统计，即将某一月份内所有单个涡旋的属性进行平均得到，因此统计得到的是28年间涡旋属性平均月变化。图6.39至图6.44分别给出了南大洋中尺度涡的轨迹数量、振幅、半径、旋转速度、涡动能（EKE）和移动速度的月变化。

可以看出，南大洋各月份的气旋涡轨迹数量和反气旋涡轨迹数量相差不大，除9月以外，气旋涡轨迹数量均比反气旋涡轨迹数量稍多。南大洋气旋涡和反气旋涡轨迹数量月变化基本一致，2月数量最少，1月数量最多。南大洋气旋涡和反气旋涡振幅相差较大，在各个月份气旋涡振幅均要高于反气旋涡。南大洋气旋涡振幅在上半年较低（平均振幅在8.2 cm以下），下半年较高（平均振幅基本均在8.2 cm以上）;南大洋反气旋涡振幅月变化较小，各月的平均振幅基本在7.2 cm左右。南大洋气旋涡半径在各个月份均小于反气旋涡，不过二者月变化基本一致：涡旋平均半径在上半年较大，在下半年较小。南大洋气旋涡旋转速度在各个月份均大于反气旋涡，气旋涡和反气旋涡旋转速度均在上半年较小，下半年较大。南大洋气旋涡EKE在各个月份均大于反气旋涡，气旋涡EKE在上半年较低，下半年较高；反气旋涡EKE在6—7月较低，其余月份相差不大。南大洋气旋涡和反气旋涡移动速度在秋冬季（4—9月）较高，在春夏季（10月至次年3月）相对较低。

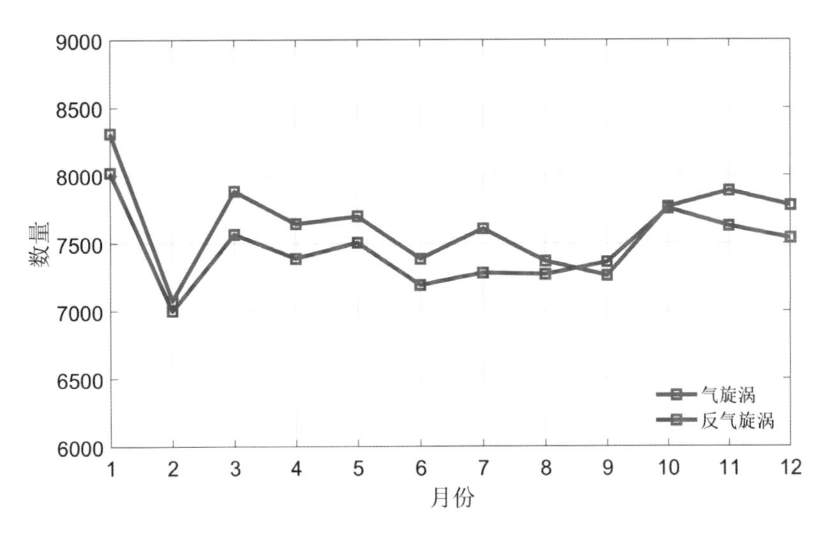

图6.39　南大洋中尺度涡轨迹数量累计月变化图

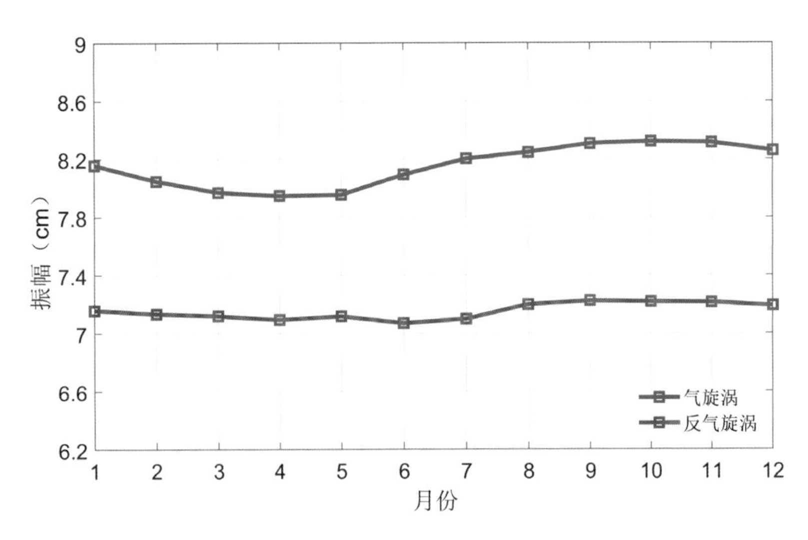

图6.40　南大洋中尺度涡月平均振幅变化图

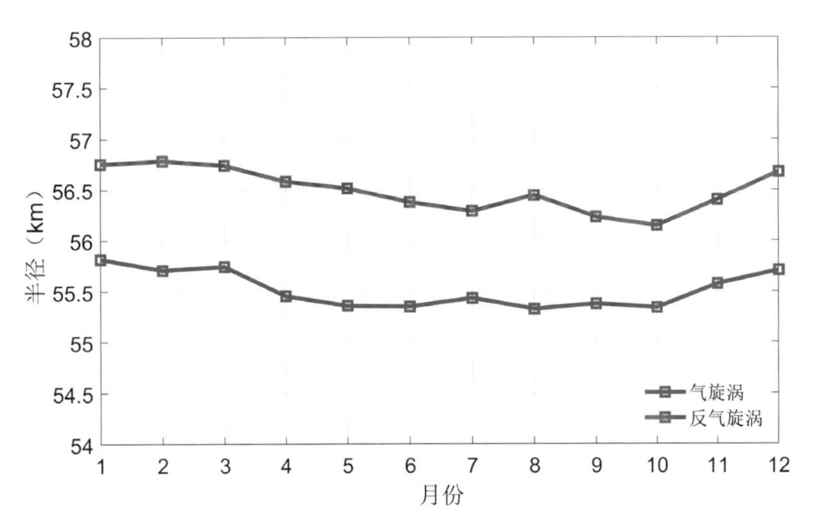

图6.41　南大洋中尺度涡月平均半径变化图

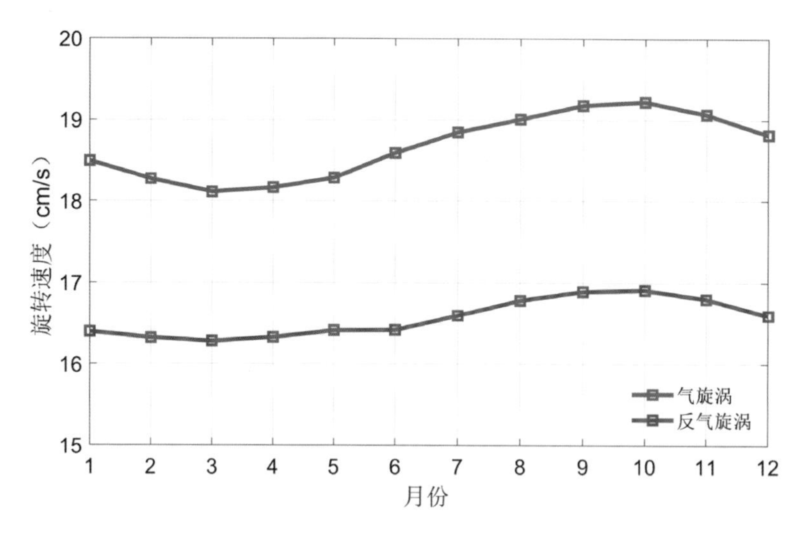

图6.42　南大洋中尺度涡月平均旋转速度变化图

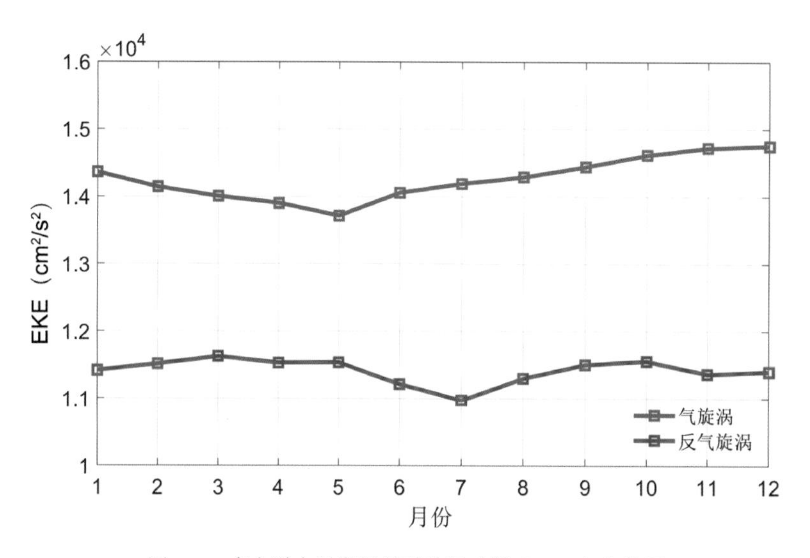

图6.43　南大洋中尺度涡月平均涡动能（EKE）变化图

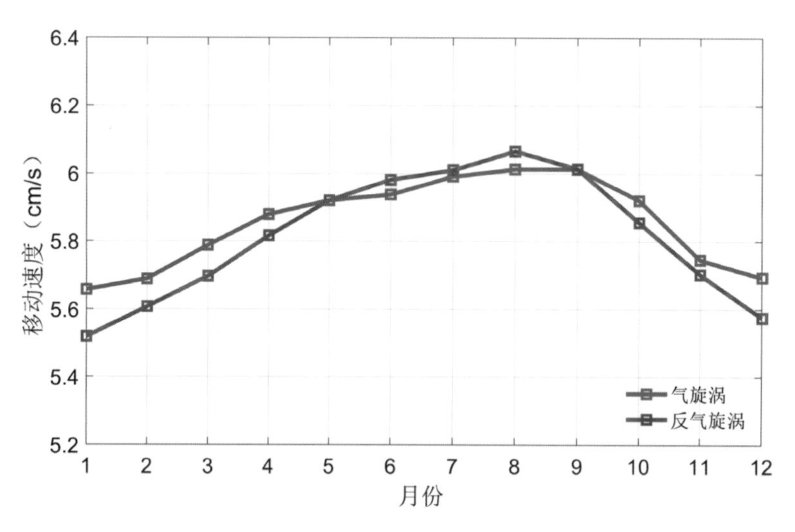

图6.44　南大洋中尺度涡月平均移动速度变化图

6.4.5　南大洋中尺度涡属性年际变化

基于 1993—2020 年中尺度涡识别和轨迹追踪结果，对南大洋中尺度涡的轨迹数量、振幅、半径、旋转速度、涡动能（EKE）以及移动速度等属性的年际变化进行分析，分别给出南大洋中尺度涡属性年际变化。针对中尺度涡轨迹数量年际变化，按照中尺度涡轨迹出现时的年份进行统计。针对中尺度涡的振幅、半径、旋转速度、涡动能（EKE）以及移动速度等属性的年际变化，按照中尺度涡轨迹内的单个涡旋对应的年份进行统计，即将某一年内所有单个涡旋的属性进行平均得到。图 6.45 至图 6.50 分别给出了南大洋中尺度涡轨迹数量、振幅、半径、旋转速度、涡动能（EKE）和移动速度的年际变化。

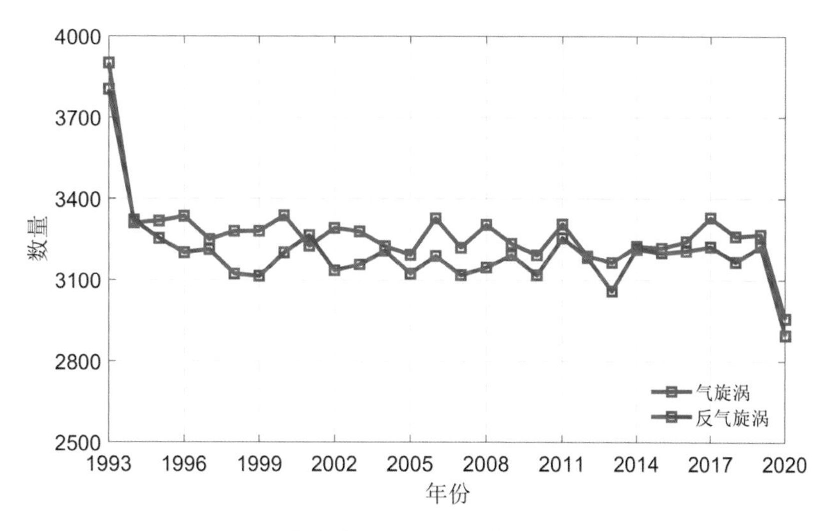

图6.45　南大洋中尺度涡轨迹数量年际变化图

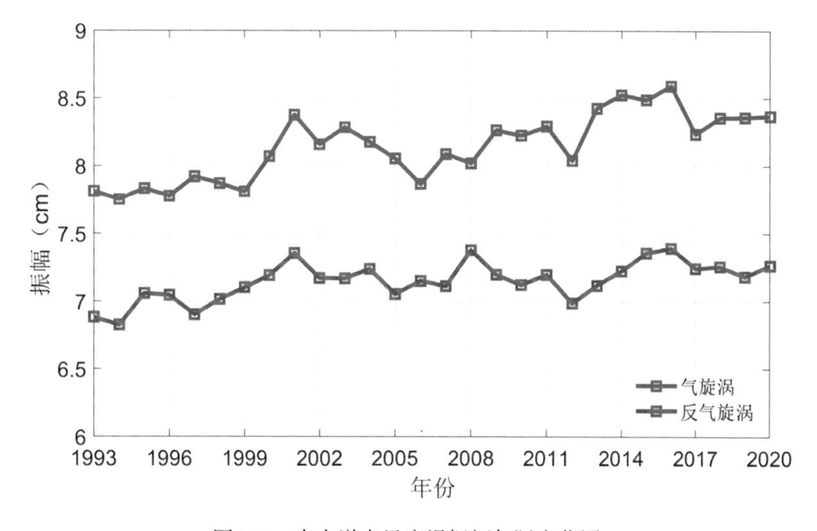

图6.46　南大洋中尺度涡振幅年际变化图

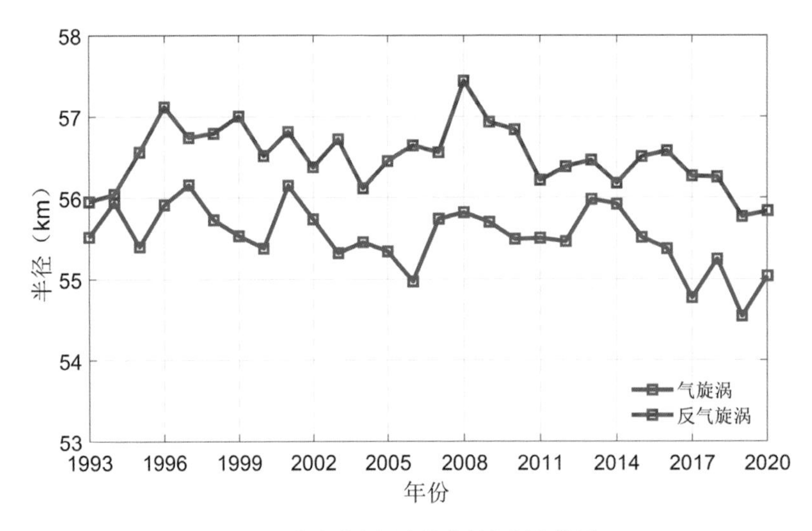

图6.47　南大洋中尺度涡半径年际变化图

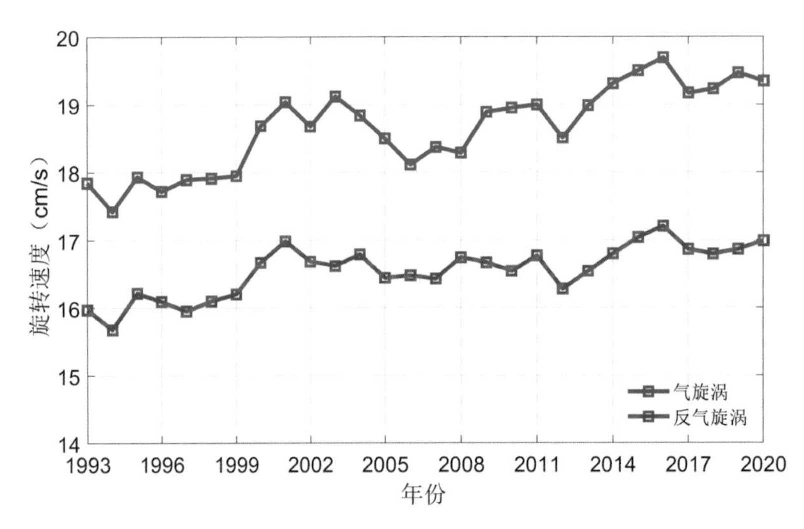

图6.48　南大洋中尺度涡旋转速度年际变化图

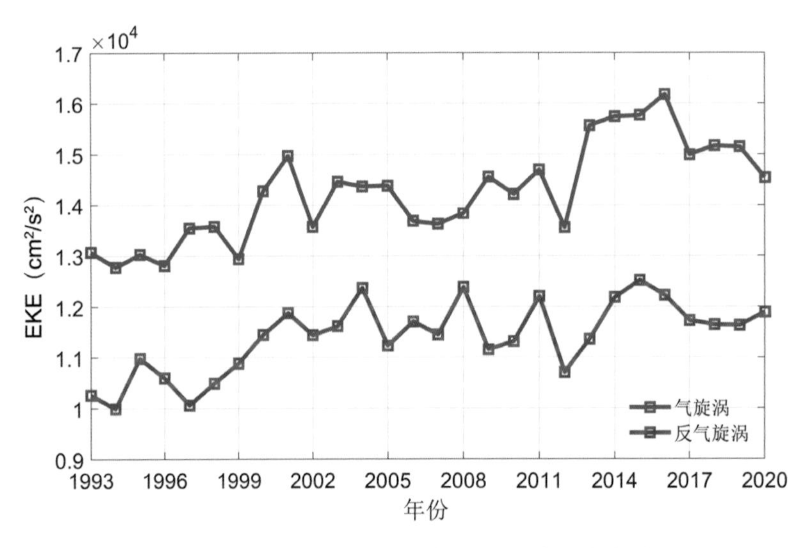

图6.49　南大洋中尺度涡涡动能（EKE）年际变化图

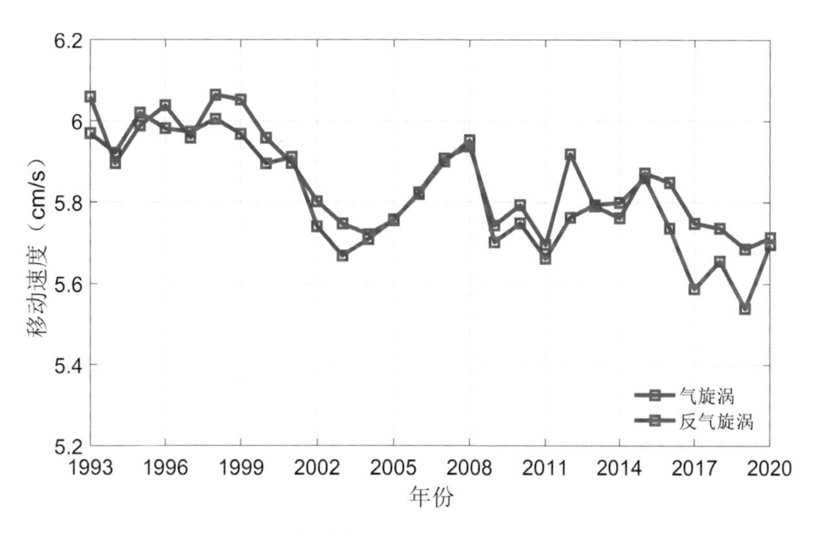

图6.50　南大洋中尺度涡移动速度年际变化图

第 7 章
南海中尺度涡遥感调查研究图集

7.1 南海调查区域概况

南海是一个半封闭的深水海盆，位于中国的南部，是中国近海中最深、最大的海区。南海东部通过台湾海峡和巴士海峡等通道直接与太平洋相连，西部和南部通过众多的海峡通道与印度洋相通，其是太平洋和印度洋之间的重要水体交换通道。图 7.1 给出了南海水深分布图。南海平均水深超过 1800 m，最大深度超过 5000 m。针对南海中尺度涡遥感调查，南海调查范围西起越南海岸和 104°E，东至菲律宾群岛和中国台湾岛西部（巴士海峡处东至 121°E），南起 4°N，北至中国近岸和 24°N。

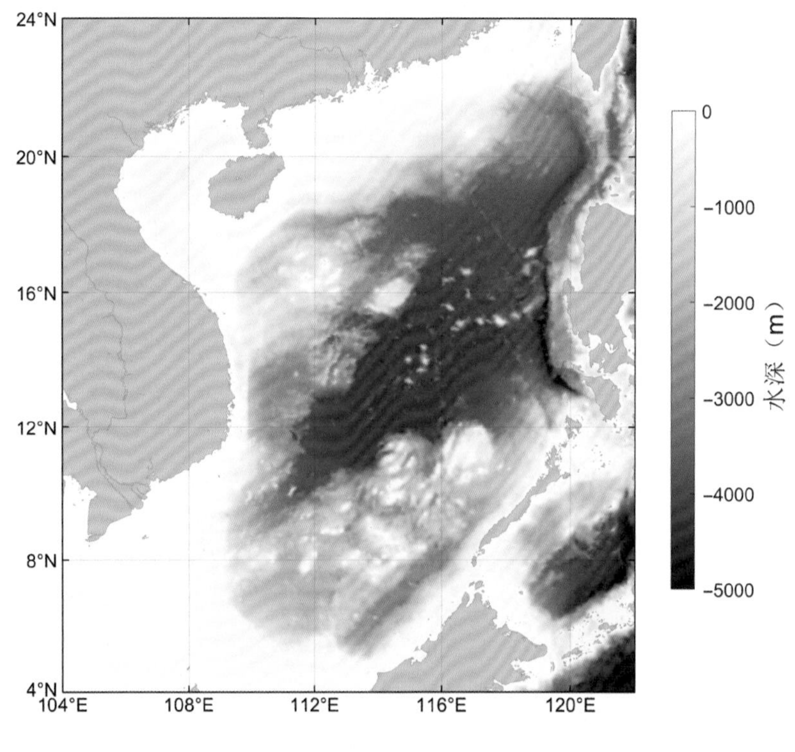

图7.1 南海水深分布图

南海近乎封闭的地理特征使得局地强迫成为南海环流的主要驱动因素。南海地处东亚季风区，季风是上层环流的主要驱动力。冬季，南海主要由东北季风控制，南海上层环流呈现气旋式环流结构。夏季，南海主要由西南季风控制，上层环流主要呈现东北方向流动。图 7.2 给出了南海平均动力地形的空间分布。从图 7.2 中可以看出，通过巴士海峡，太平洋水体以黑潮入流的方式向西流动进入南海，并且随着南海环流系统会到达南海西部和中部。南海北部常年存在一支狭窄且向东北方向流动的海流，由于其携带暖水流动，被称为南海暖流。南海西边界流是一支沿南海西边界流动的较强流系，与太平洋和大西洋等开放海域中的西边界流相比，南海西边界流存在明显季节性反转的特点。此海流主要受南海季风驱动，其方向和规模存在较强的季节变化。在冬季，西边界流最强，其沿中国南部陆架和陆坡向西南方向流动，从东沙群岛的东部直到越南海岸北部，然后转向南沿着越南海岸中部向南流动。夏季南海西边界流发生反转，海流沿着越南海岸向东北方向流动，并且在越南东南部出现分支，一部分向东流动进入南海中部，另一部分沿着越南海岸继续向北流动。

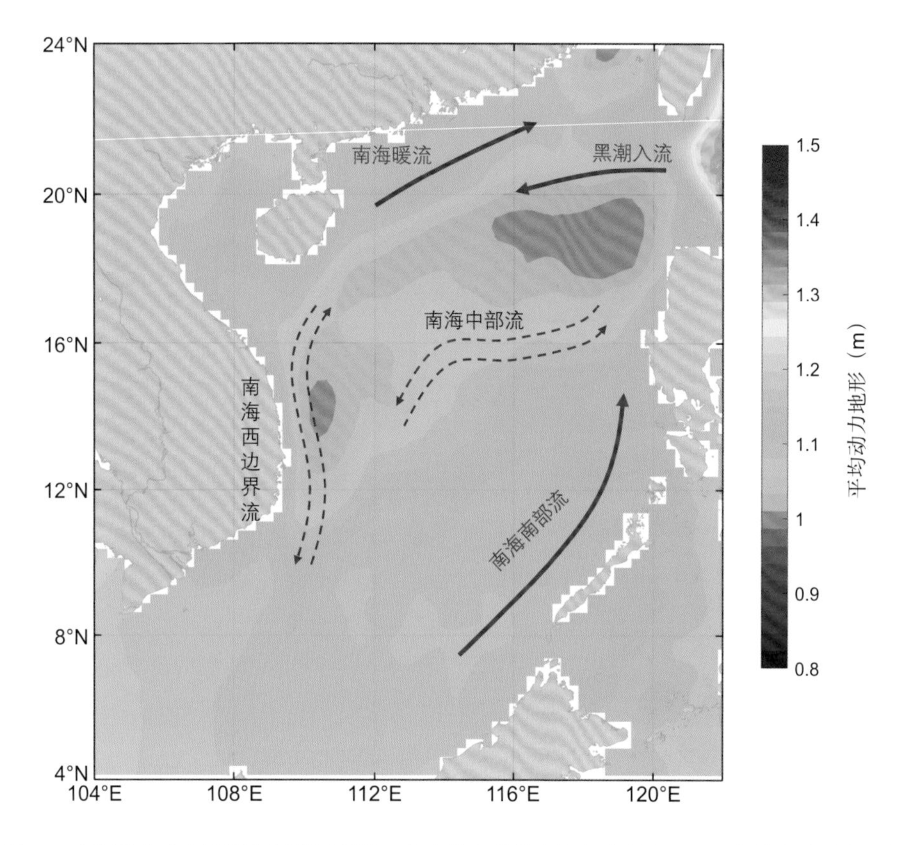

图7.2　南海平均动力地形和环流示意图，其中蓝色虚线表示冬季环流，红色虚线表示夏季环流

区域环流变化情况可以通过涡动能（EKE）进行描述，涡动能高的区域表明那里环流变化明显，对应着丰富的不稳定流或者涡旋系统。环流涡动能（EKE）表示为：EKE= $0.5(u'^2+v'^2)$，式中 u' 和 v' 分别表示环流流速异常的纬向分量和经向分量。图 7.3 给出了南海环流涡动能空间分布。从图 7.3 中可以看出，南海环流涡动能高值区主要分布在越南西部和南部海域、南海最南部以及中国台湾岛西南部海域，表明这些区域环流变化比较明显，可能是中尺度涡高发区。相比之下，南海北部、中部和东部的环流涡动能值较小，表明这些区域环流变化较小，对应着平静的环流区域，相应的中尺度涡出现也可能较少。

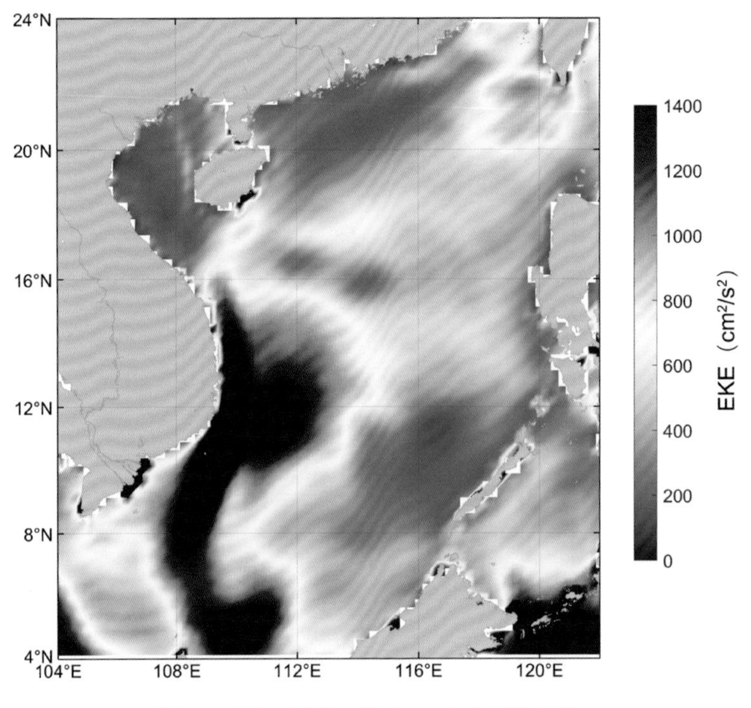

图7.3 南海环流涡动能（EKE）空间分布图

7.2 南海中尺度涡月调查结果空间分布

基于1993—2020年共28年月平均卫星高度计海面高度融合数据，按照1.2.2节中介绍的中尺度涡识别方法，探测识别涡旋振幅超过10 cm的中尺度涡，得到1993—2020年中尺度涡月调查结果。基于南海中尺度涡月调查结果，分别制作中尺度涡气候态月空间分布图、中尺度涡气候态季节空间分布图以及中尺度涡年空间分布图。

南海中尺度涡气候态月空间分布图：将1993—2020年共28年相同月份的涡旋结果叠加绘制。比如“1月中尺度涡气候态月空间分布图”，是将1993—2020年每年1月的中尺度涡月调查结果叠加绘制到同一张分布图上。

南海中尺度涡气候态季节空间分布图：将1993—2020年共28年相同季节月份的涡旋结果叠加绘制。比如“春季中尺度涡气候态季节空间分布图”，是将1993—2020年每年4—6月的中尺度涡月调查结果叠加绘制到同一张分布图上。为了和大洋季节以及国际水文调查结果一致，气候态季节按照以下月份对应：针对南海，冬季对应1—3月，春季对应4—6月，夏季对应7—9月，秋季对应10—12月。

南海中尺度涡年空间分布图：将某一年全年的中尺度涡结果叠加绘制。比如“2020年中尺度涡空间分布图”，是将2020年1—12月的中尺度涡月调查结果叠加绘制到一张分布图上。

针对中尺度涡气候态月空间分布图和气候态季节空间分布图，气旋涡和反气旋涡结果分别绘制在不同图中，其中气旋涡用蓝色圆点表示，反气旋涡用红色圆点表示，圆点位置表示涡旋中心位置，圆点大小表示涡旋空间尺度大小，颜色表示涡旋振幅大小。针对中尺度涡年空间分布图，气旋涡和反气旋涡结果绘制在同一张图中，为区分气旋涡和反气旋涡的涡旋振幅值，气旋涡振幅大小用负值表示，其他涡旋特征表示方式均与中尺度涡气候态月空间分布图和气候态季节空间分布图一致。

7.2.1 南海中尺度涡气候态月空间分布

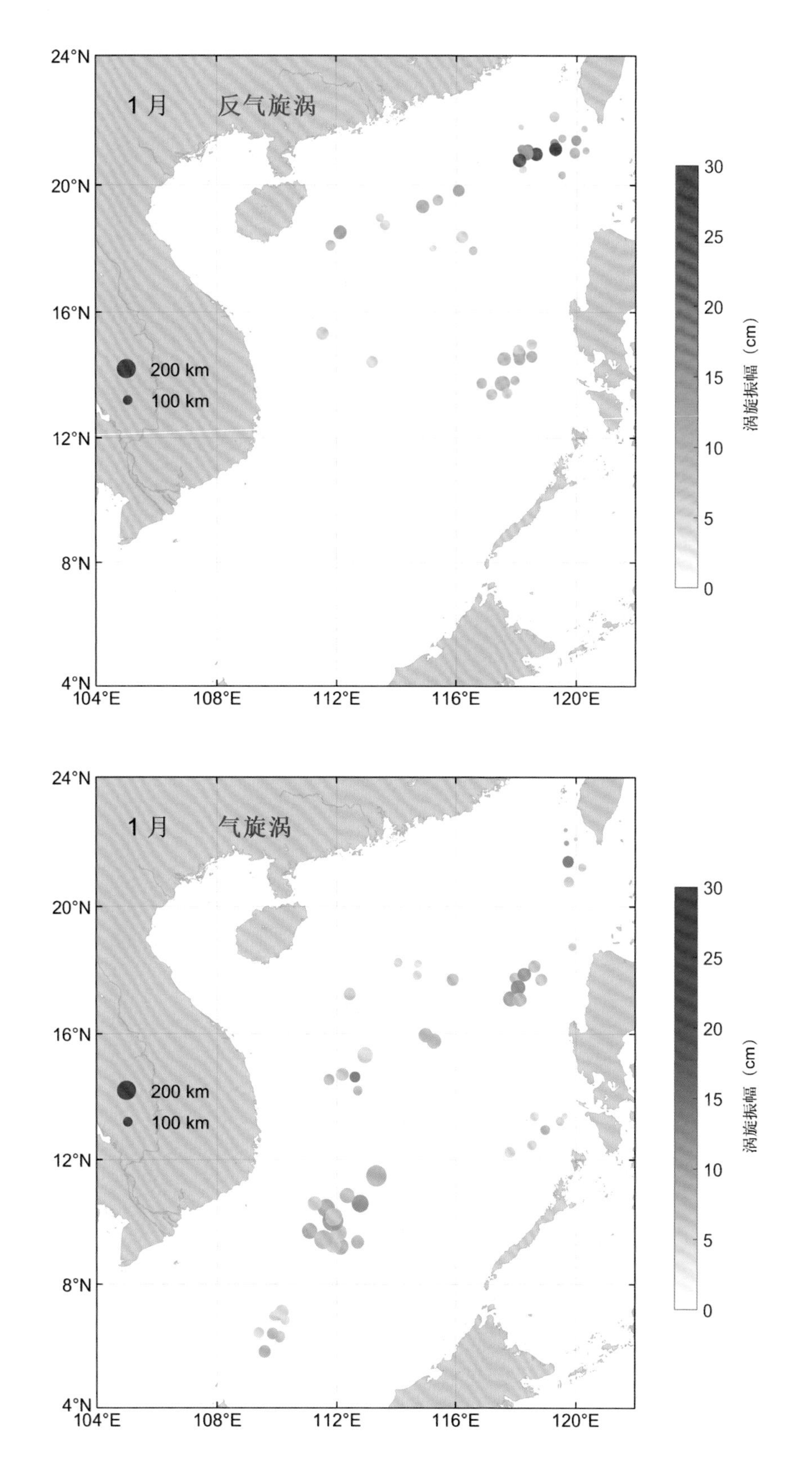

图7.4　南海中尺度涡气候态月空间分布图

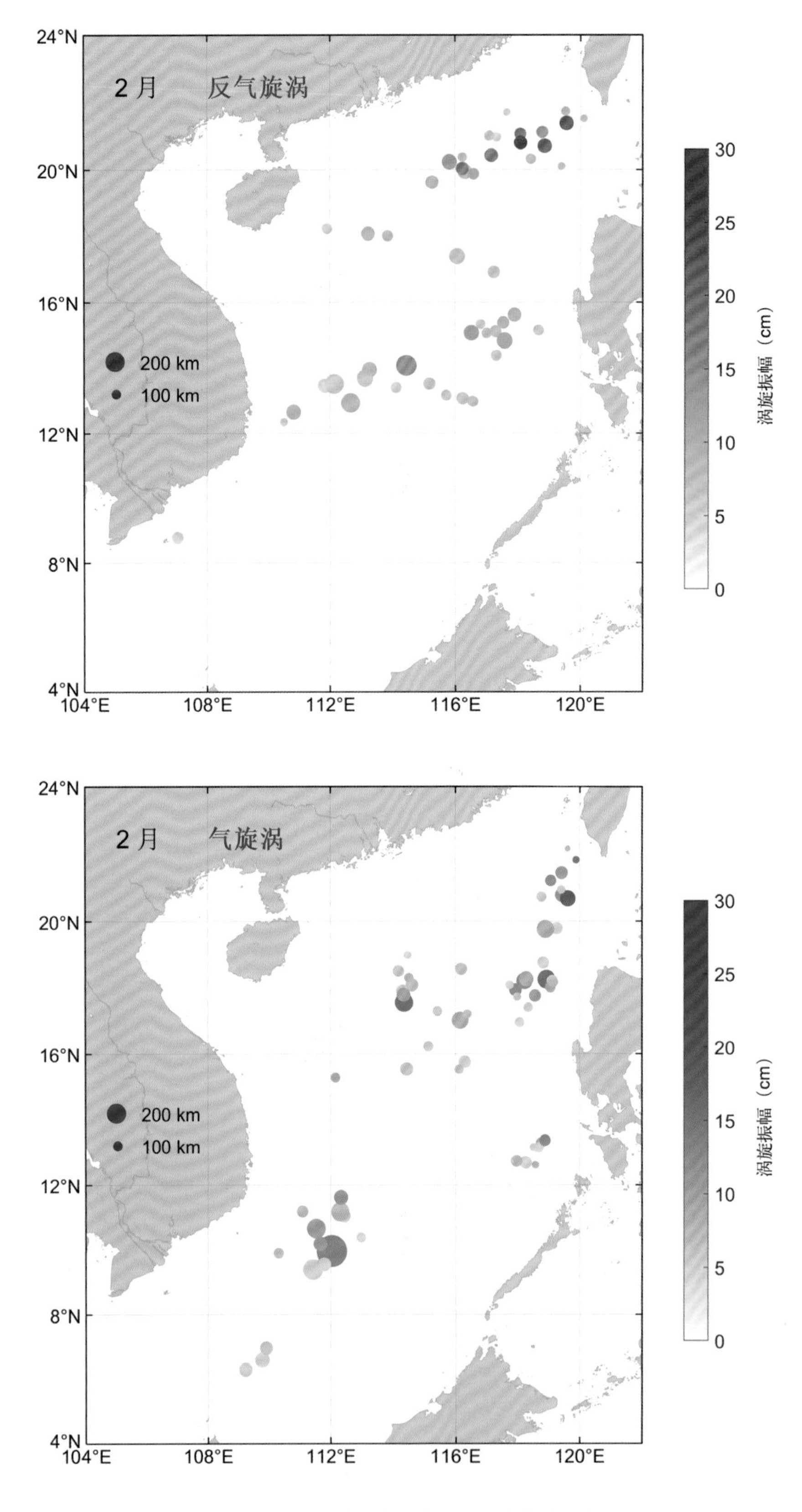

图7.4 南海中尺度涡气候态月空间分布图（续）

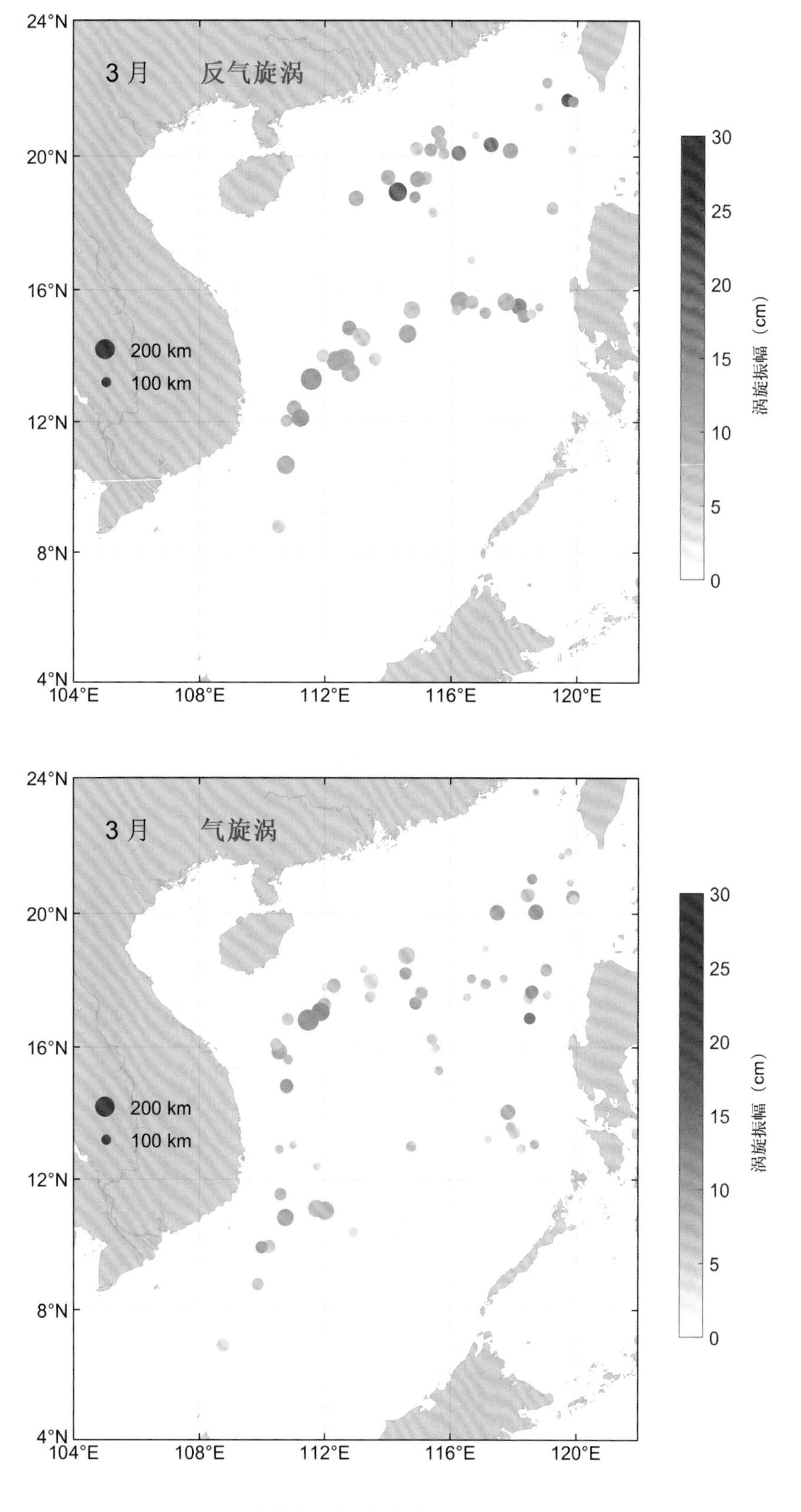

图7.4　南海中尺度涡气候态月空间分布图（续）

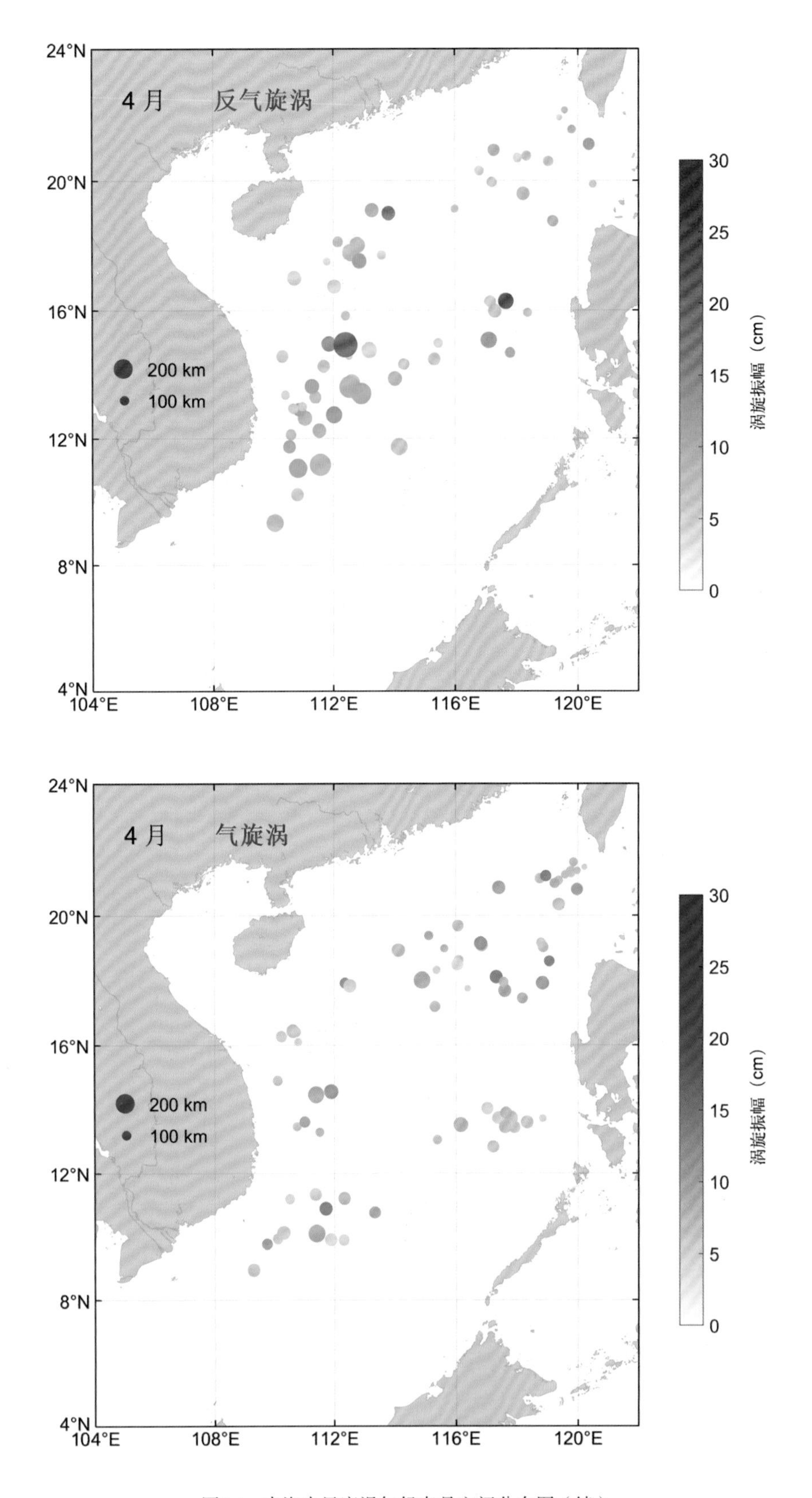

图7.4 南海中尺度涡气候态月空间分布图（续）

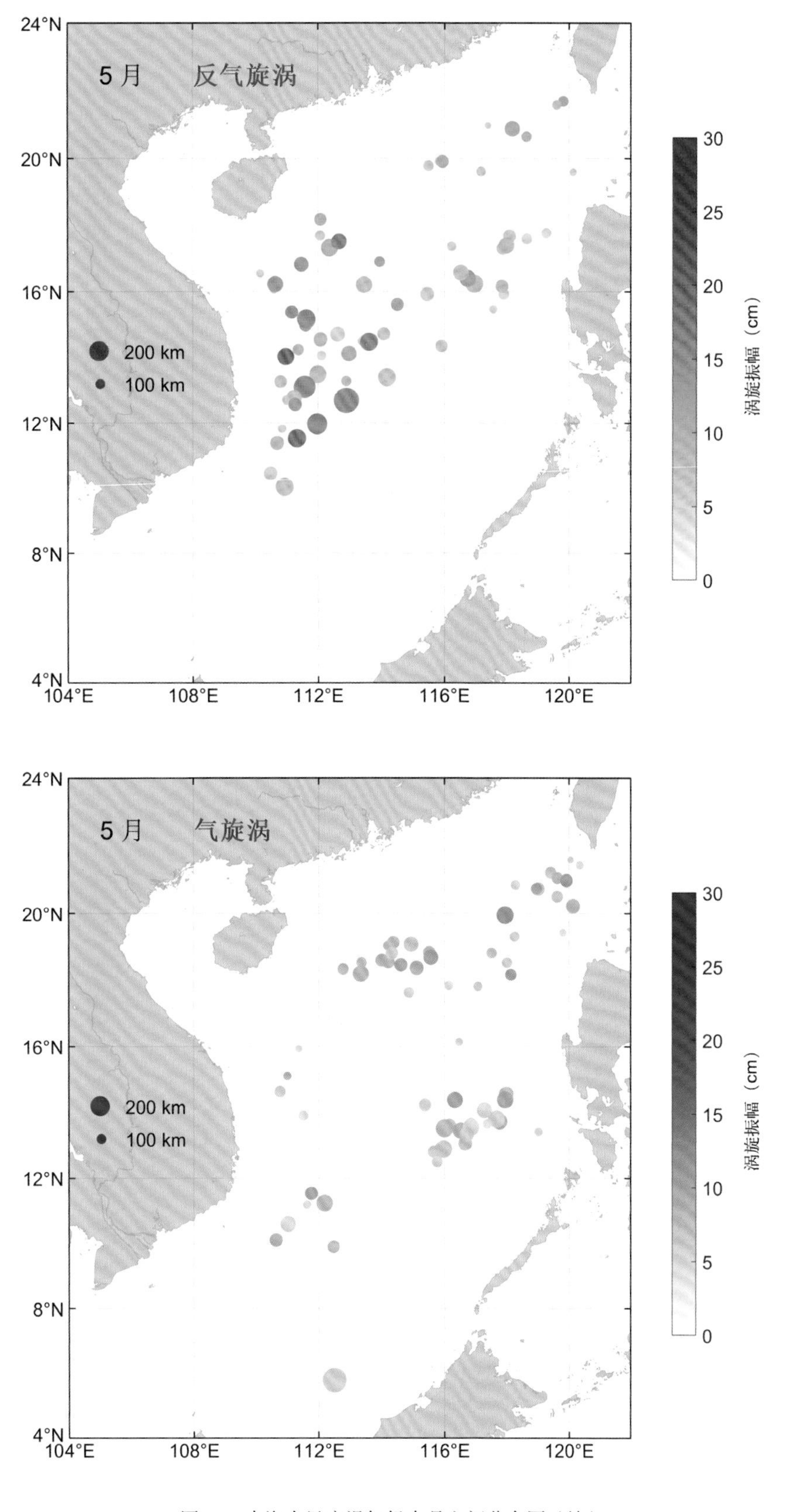

图7.4　南海中尺度涡气候态月空间分布图（续）

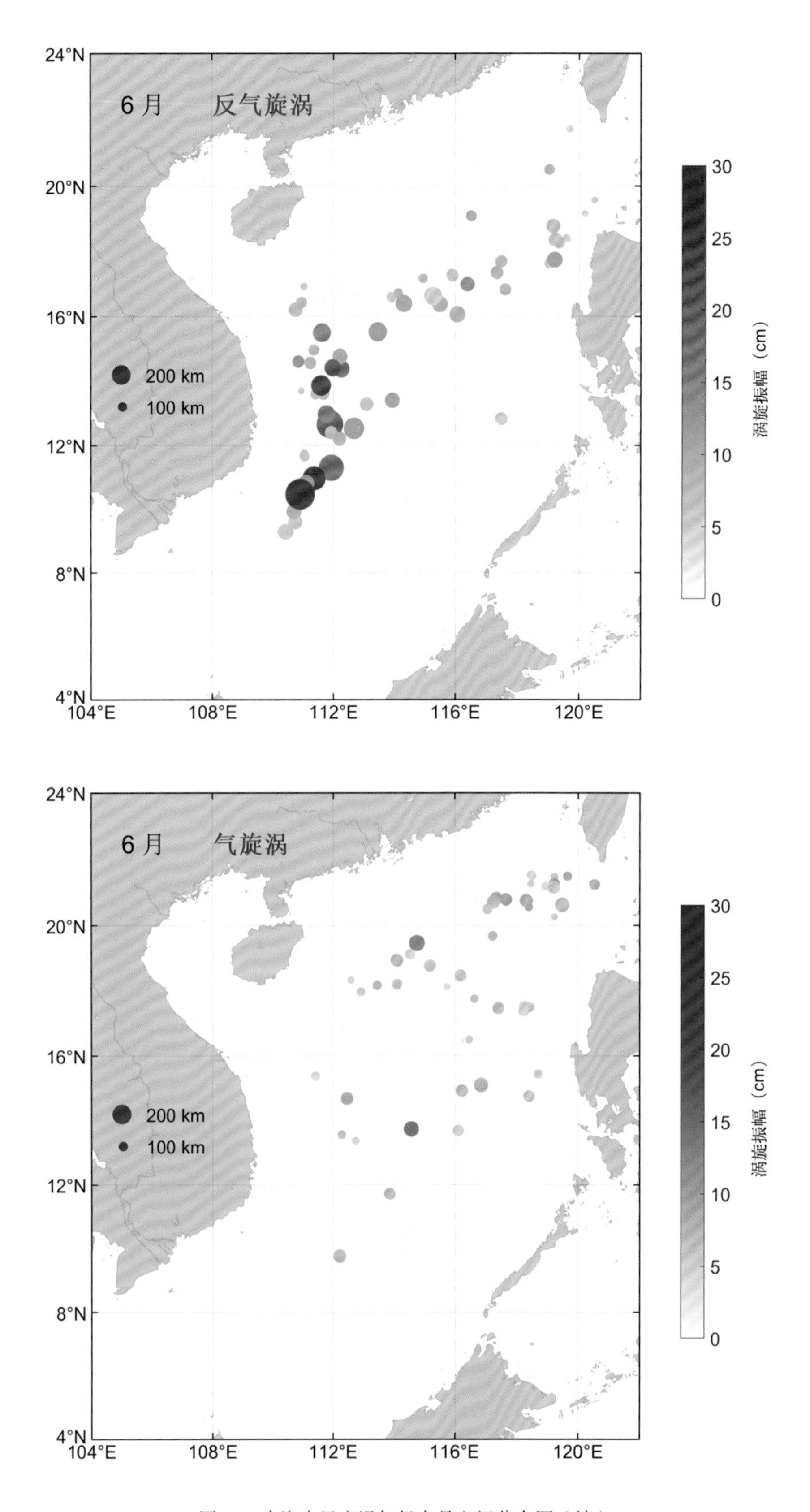

图7.4 南海中尺度涡气候态月空间分布图（续）

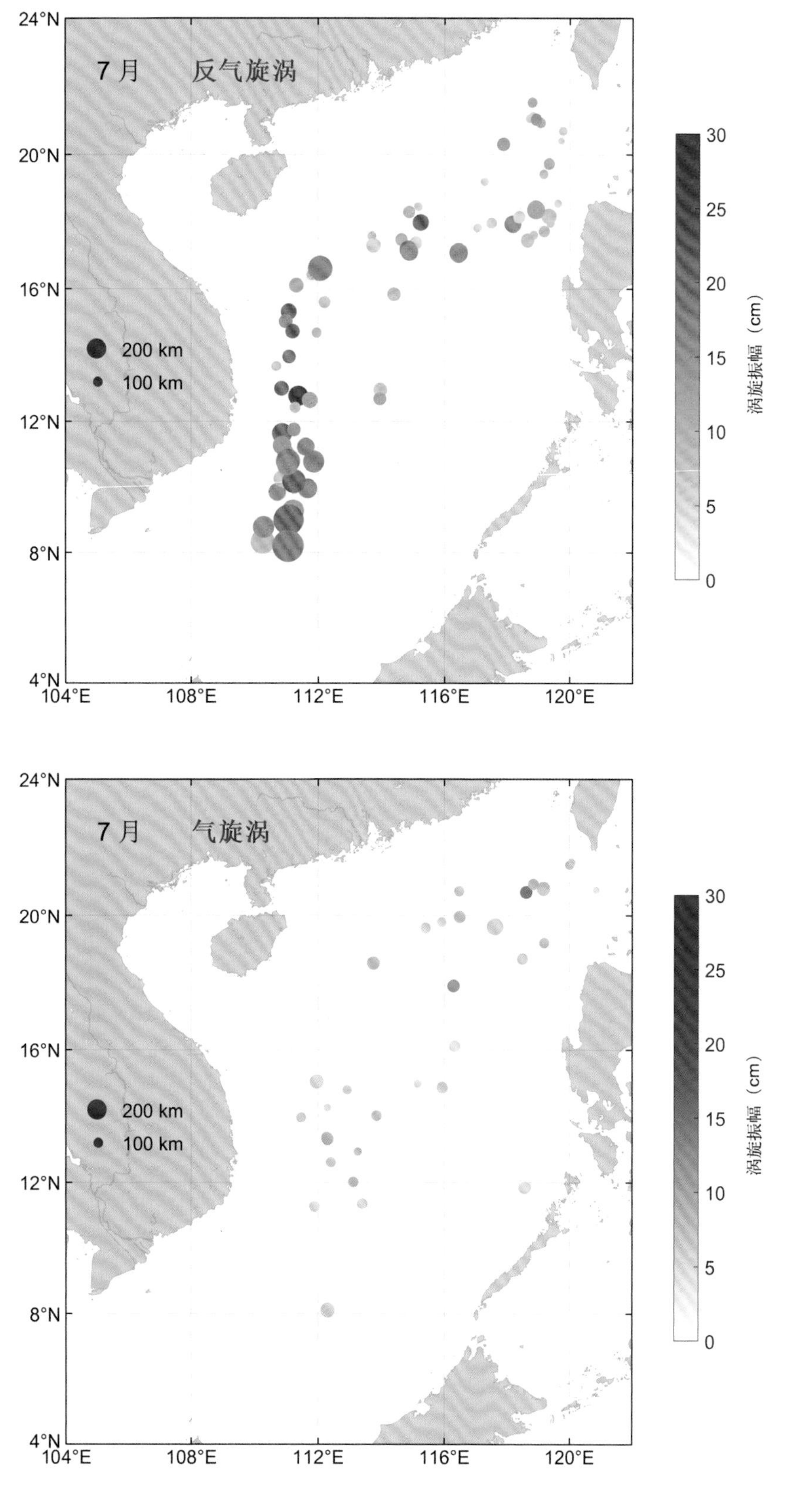

图7.4 南海中尺度涡气候态月空间分布图（续）

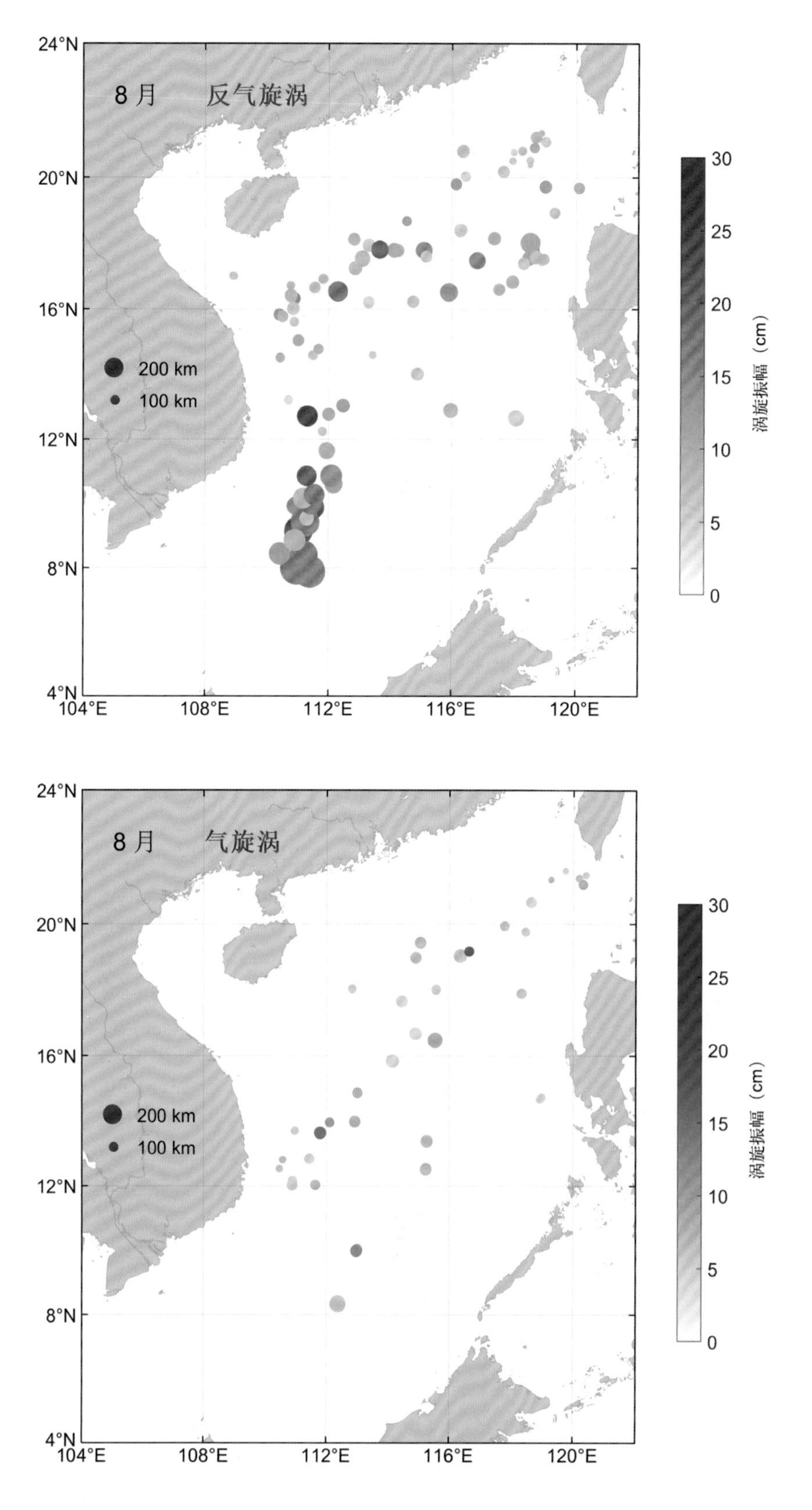

图7.4 南海中尺度涡气候态月空间分布图（续）

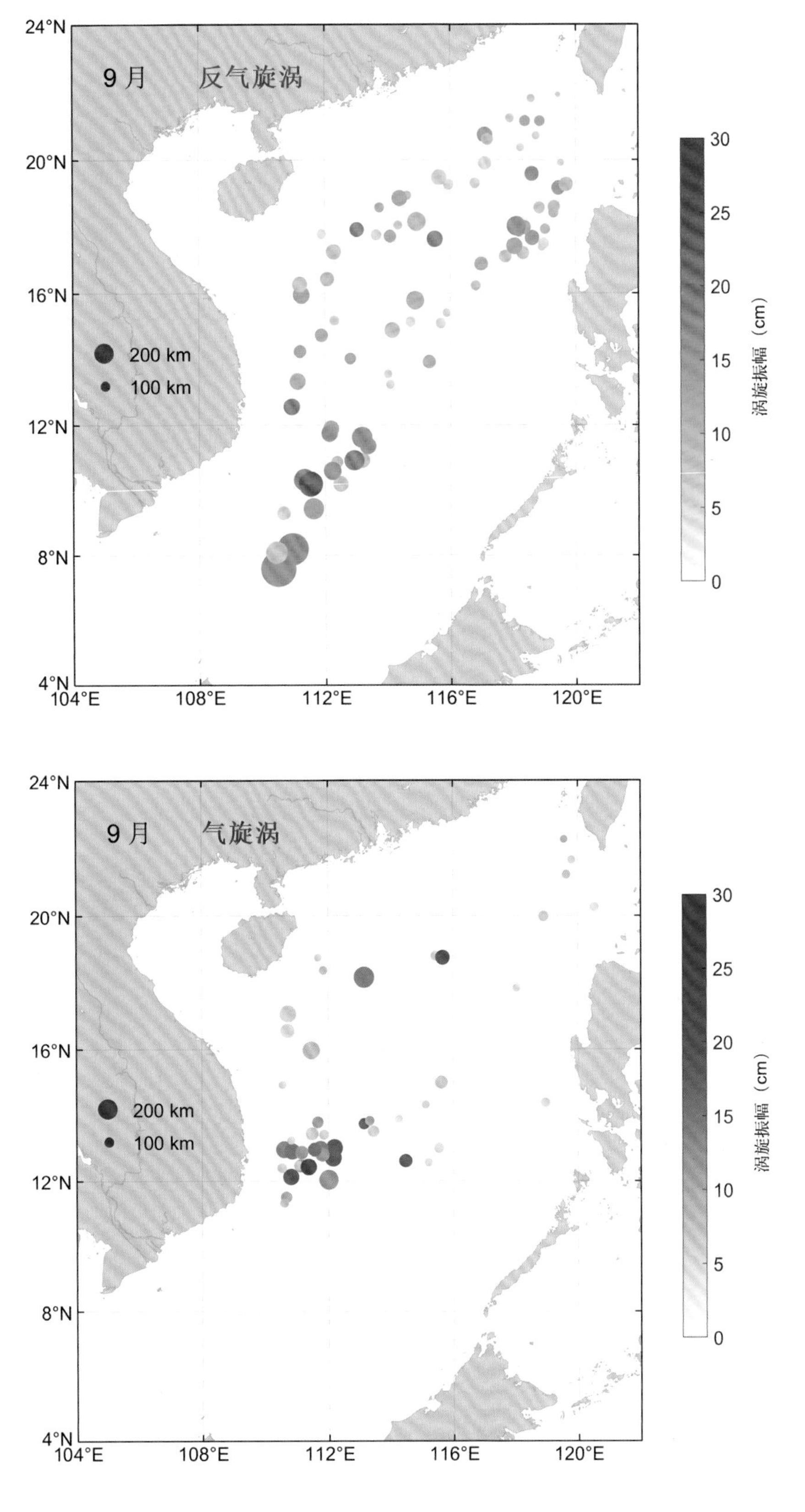

图7.4　南海中尺度涡气候态月空间分布图（续）

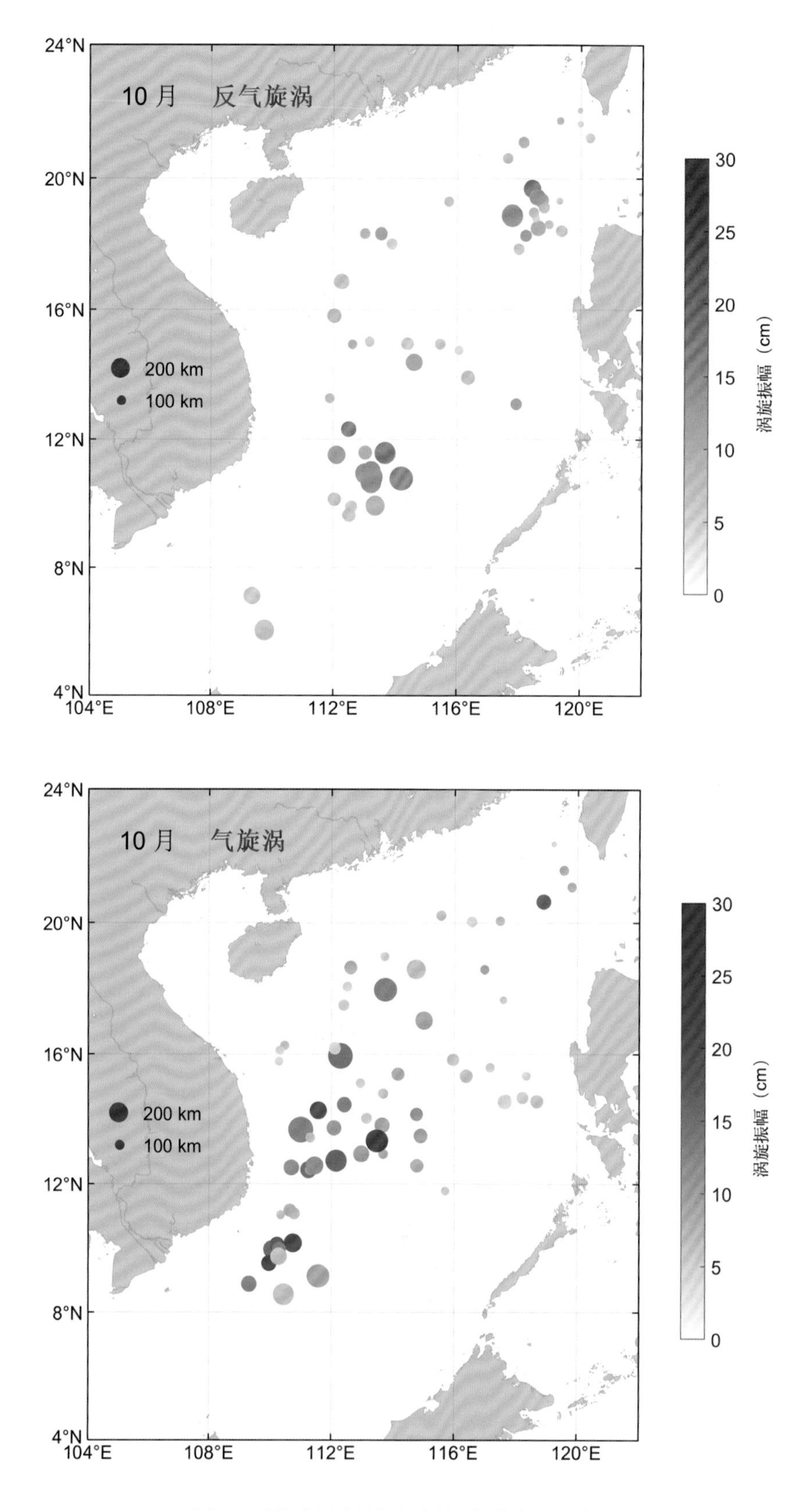

图7.4 南海中尺度涡气候态月空间分布图（续）

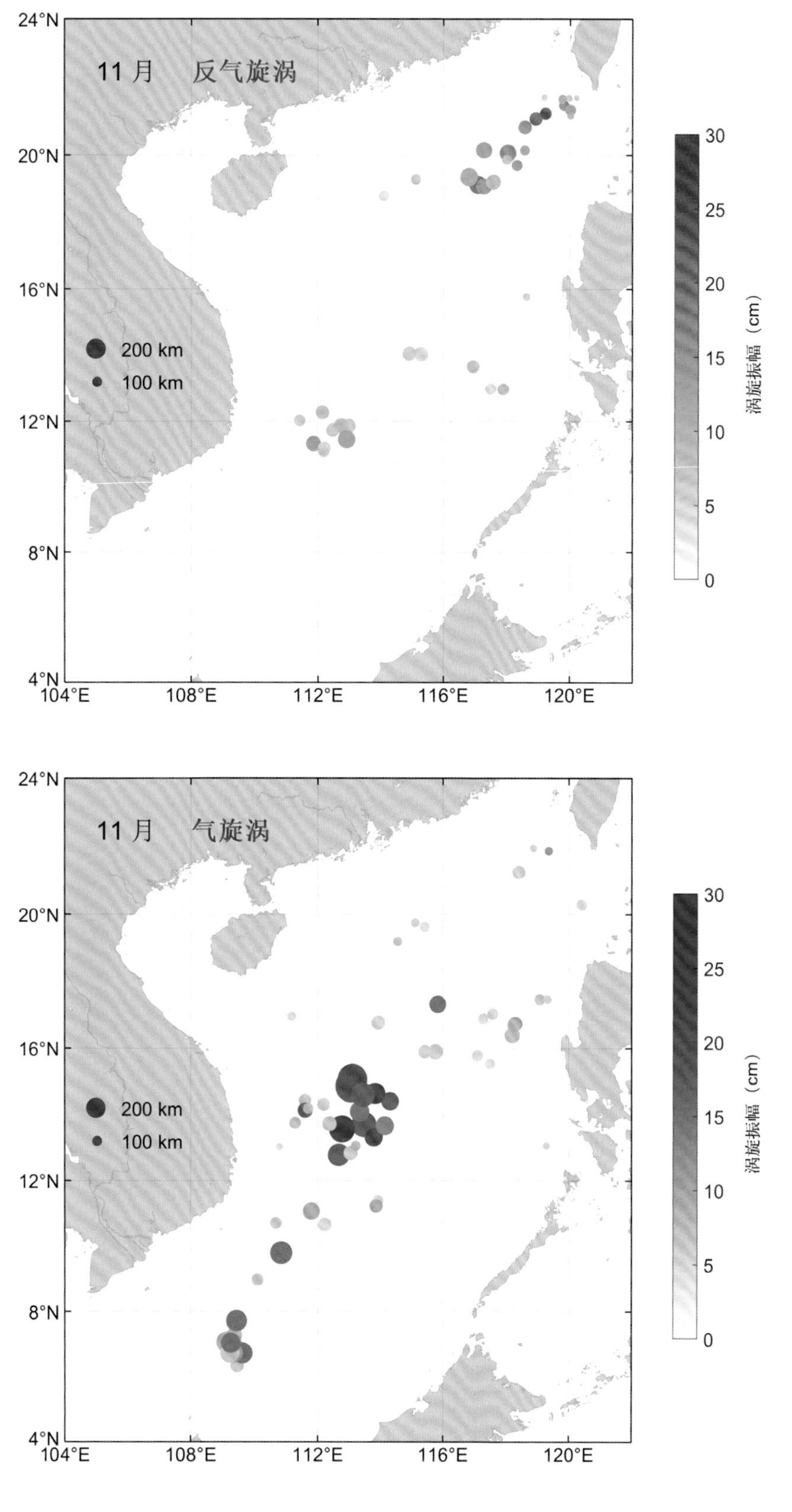

图7.4　南海中尺度涡气候态月空间分布图（续）

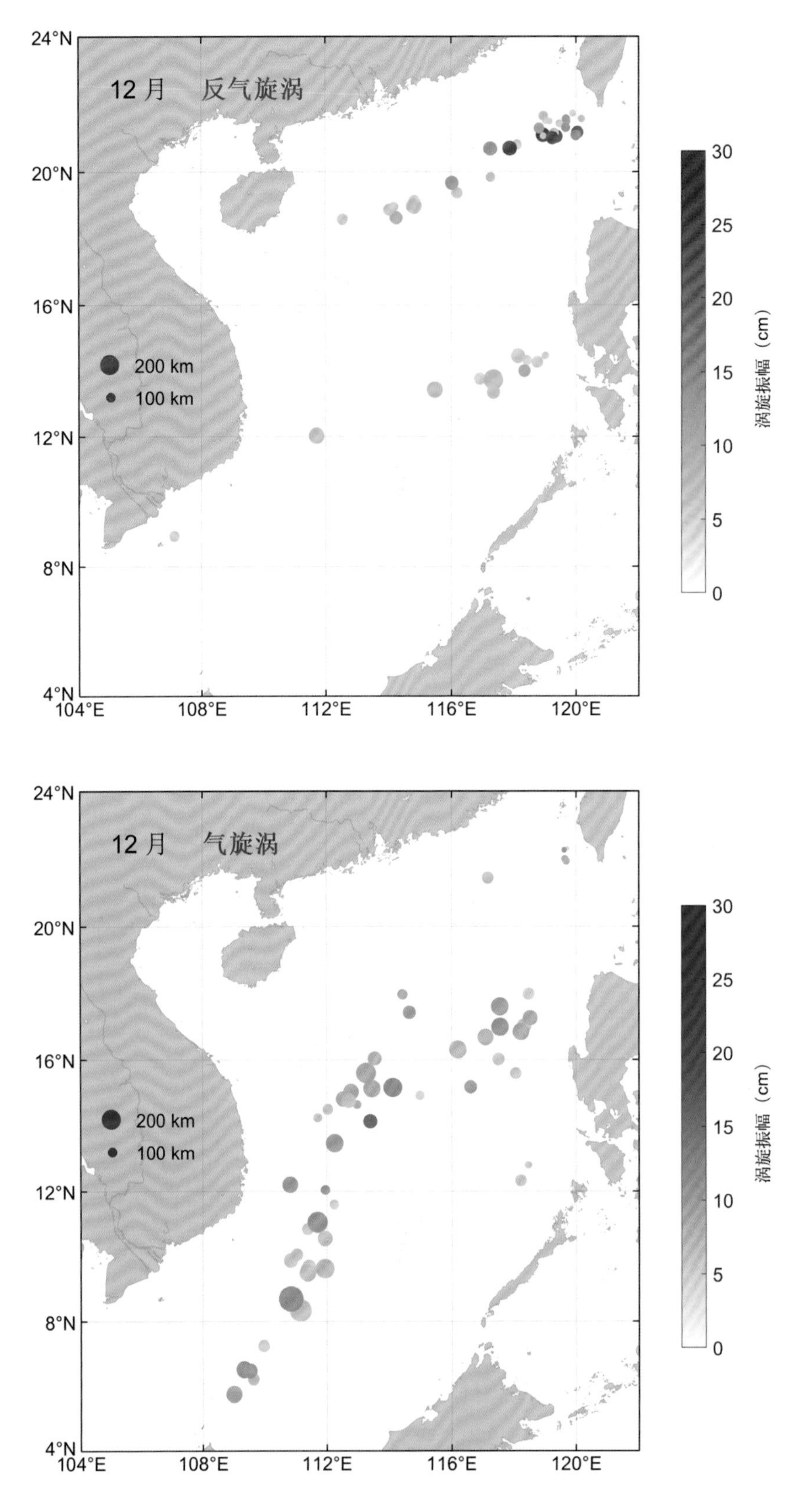

图7.4 南海中尺度涡气候态月空间分布图（续）

7.2.2　南海中尺度涡气候态季节空间分布

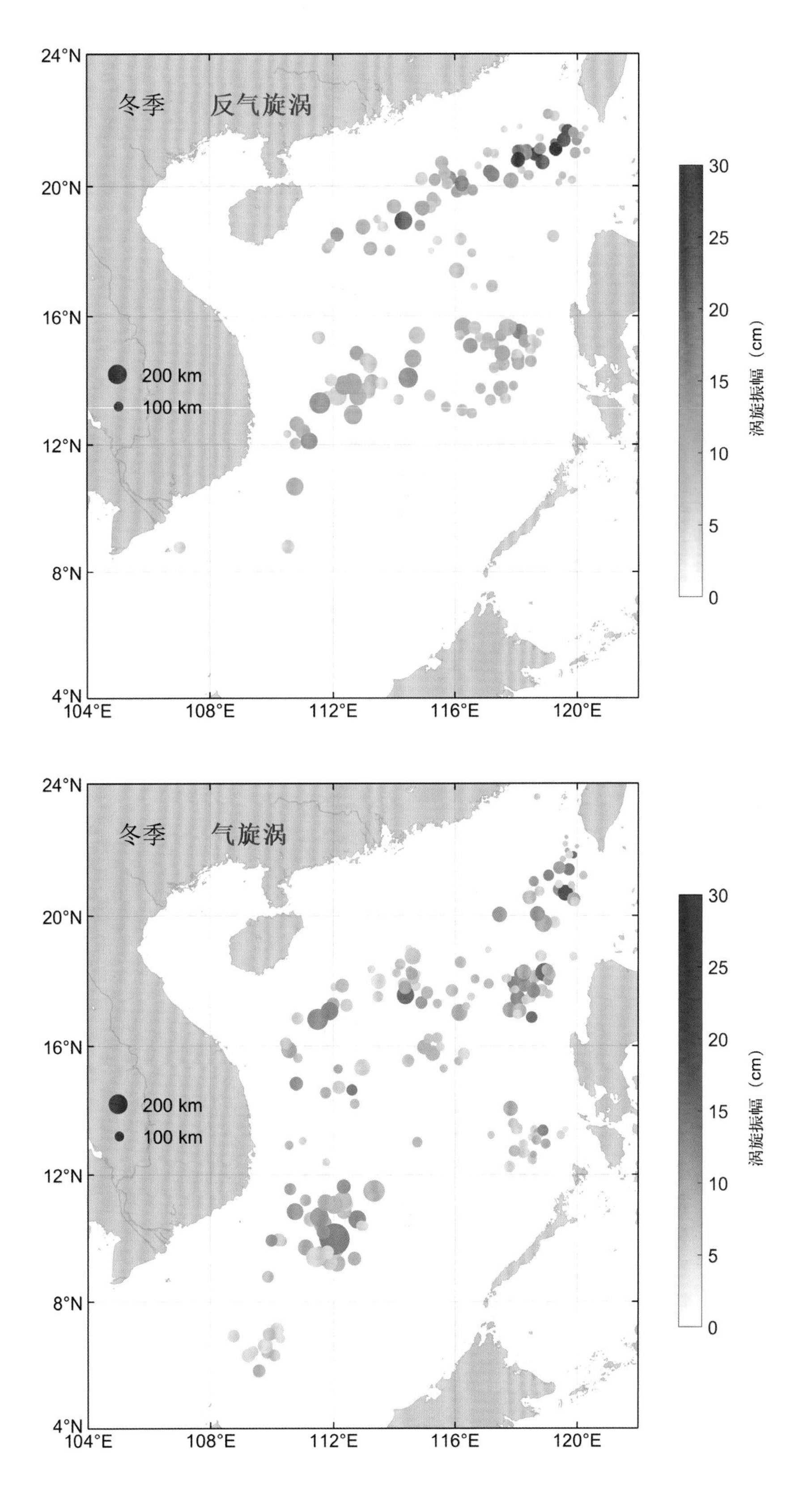

图7.5　南海中尺度涡气候态季节空间分布图

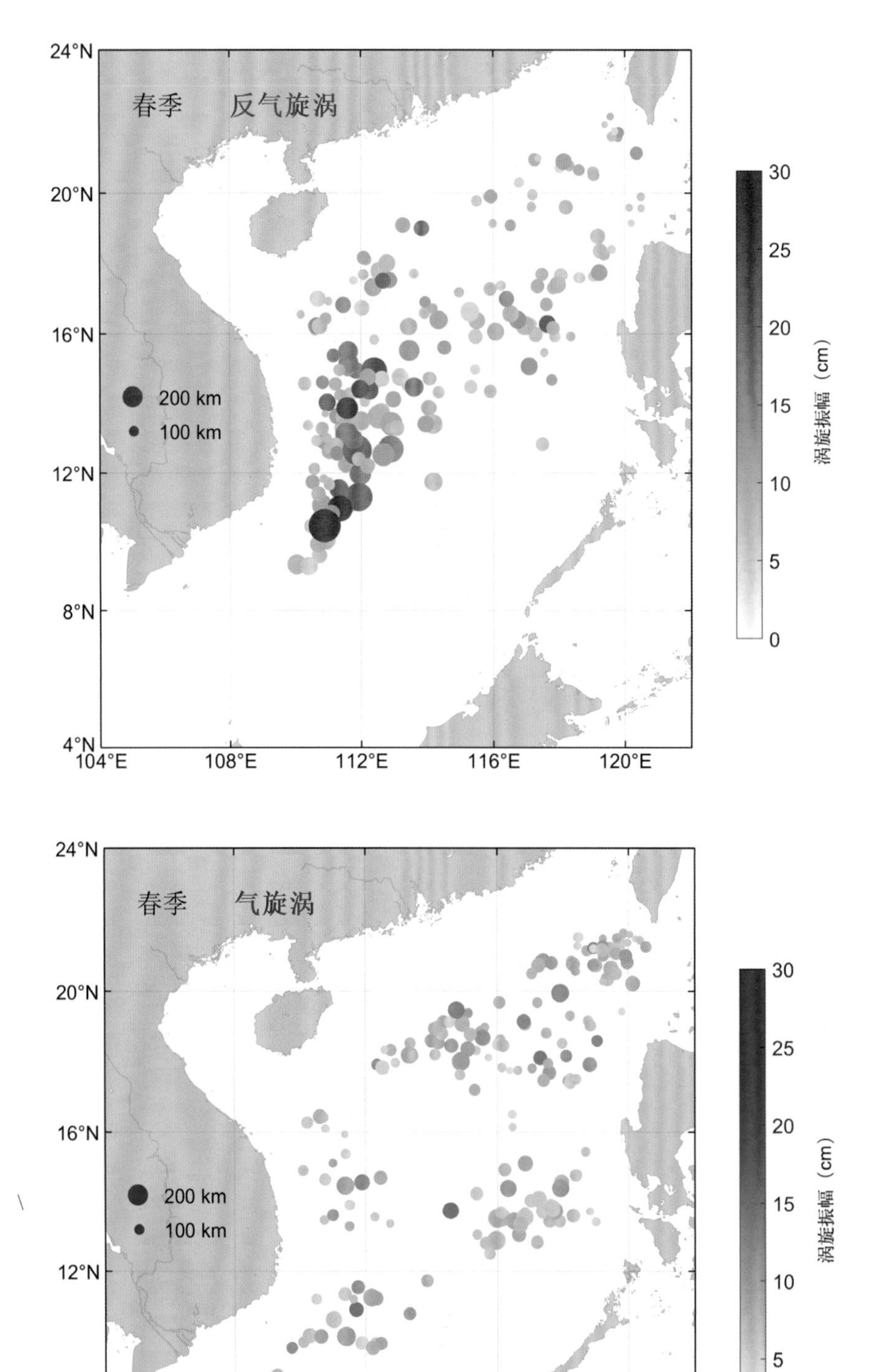

图7.5 南海中尺度涡气候态季节空间分布图（续）

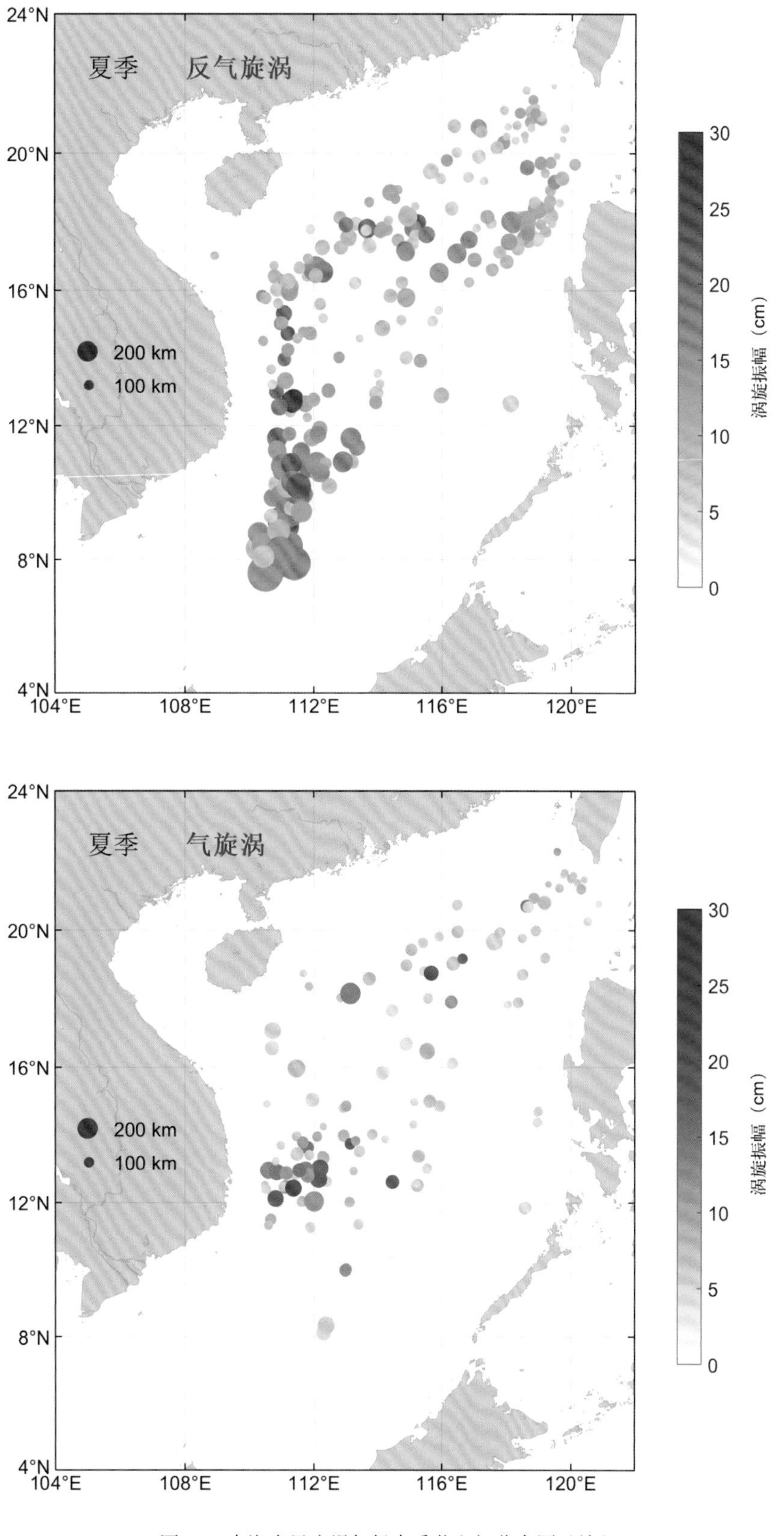

图7.5　南海中尺度涡气候态季节空间分布图（续）

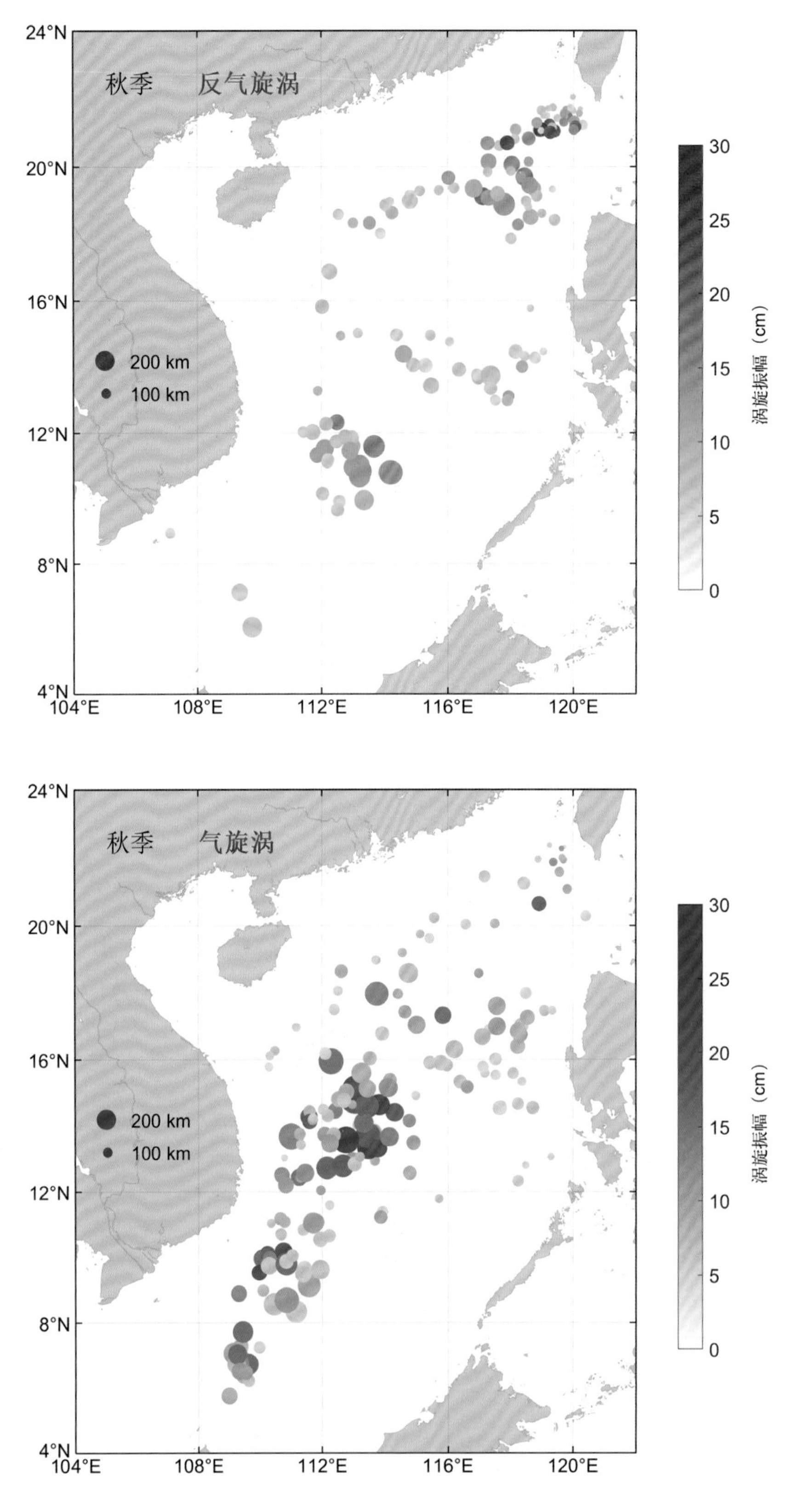

图7.5 南海中尺度涡气候态季节空间分布图（续）

7.2.3 南海中尺度涡年空间分布

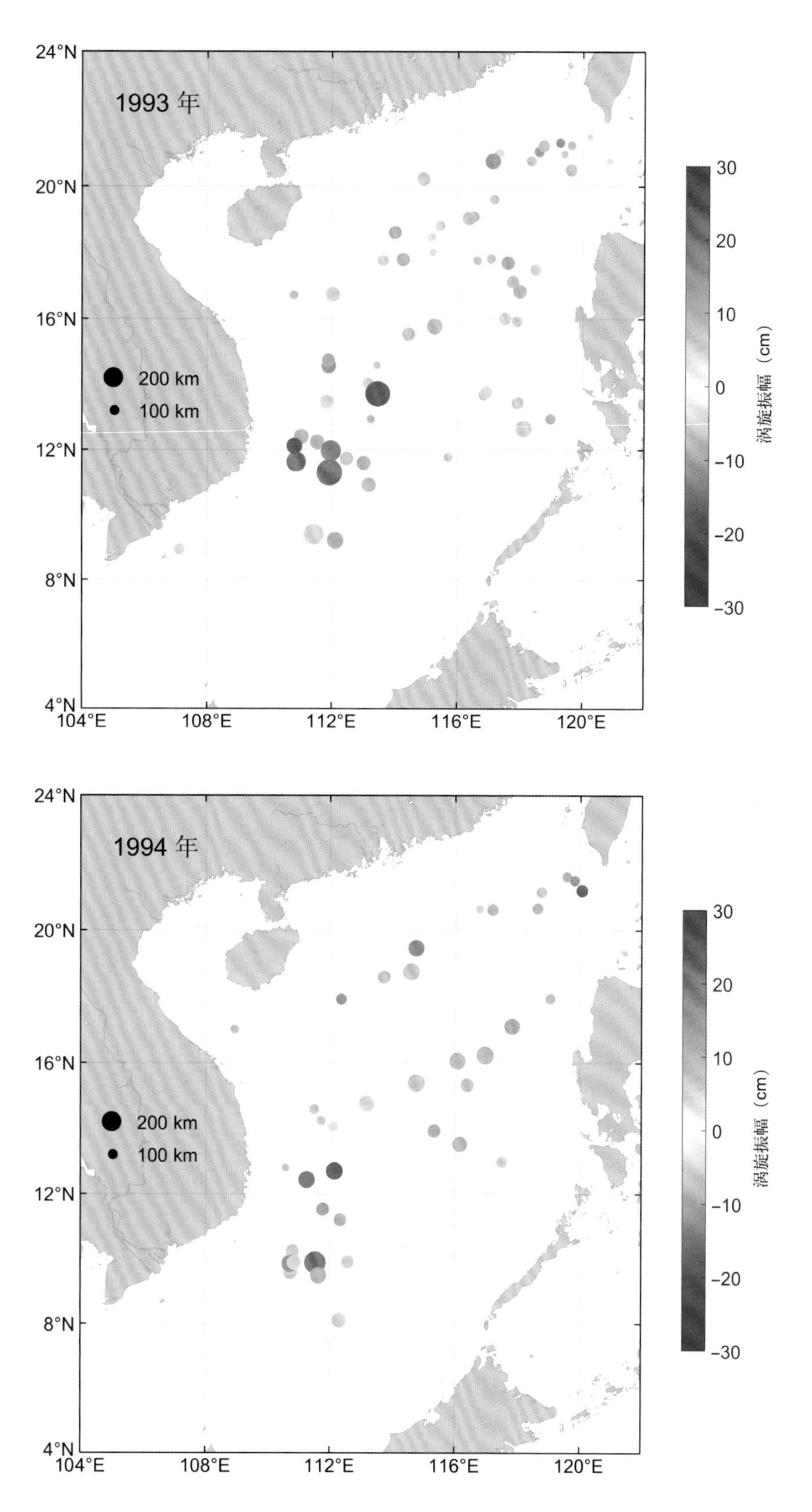

图7.6　南海1993—2020年中尺度涡年空间分布图

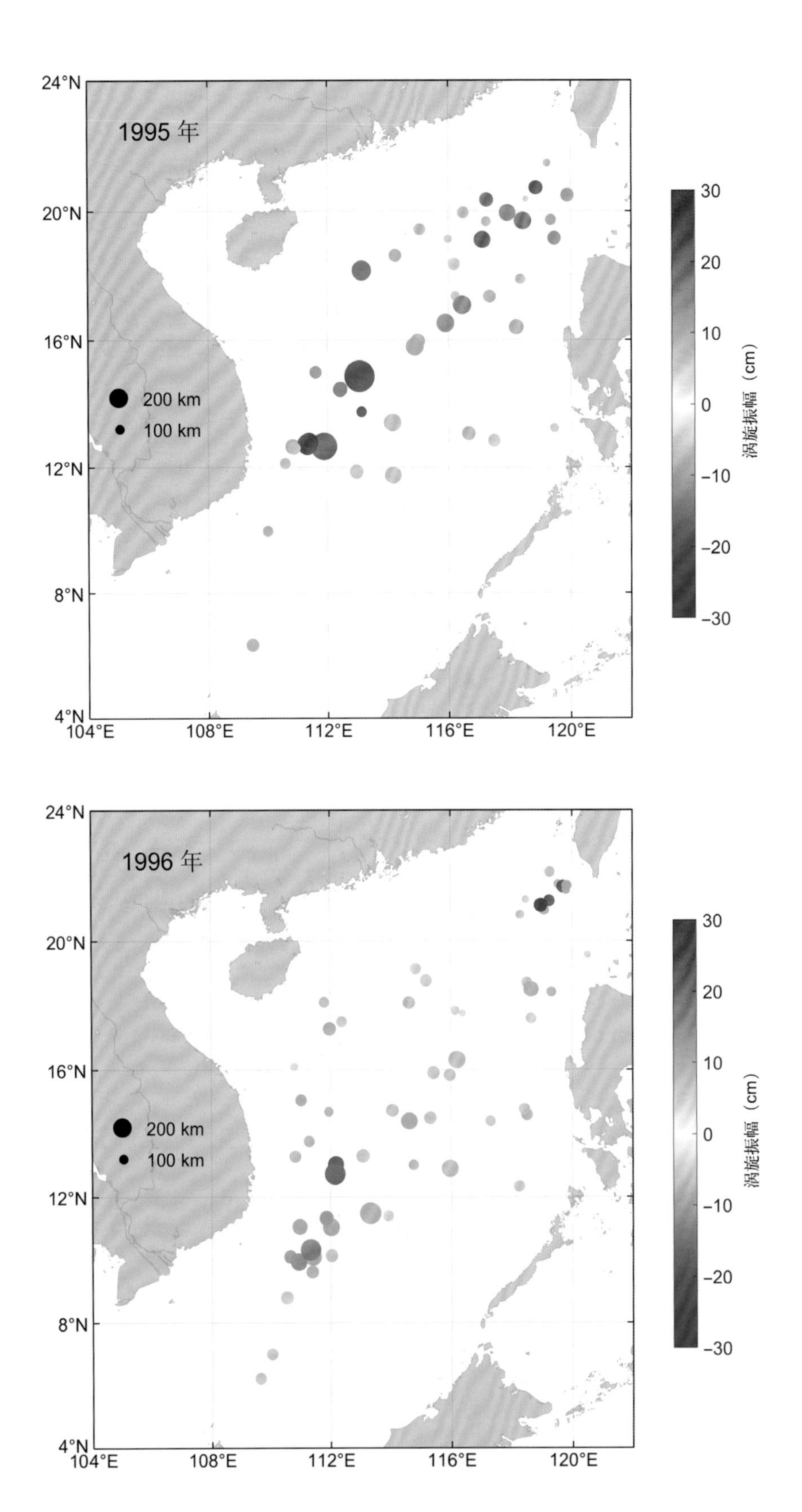

图7.6　南海1993—2020年中尺度涡年空间分布图（续）

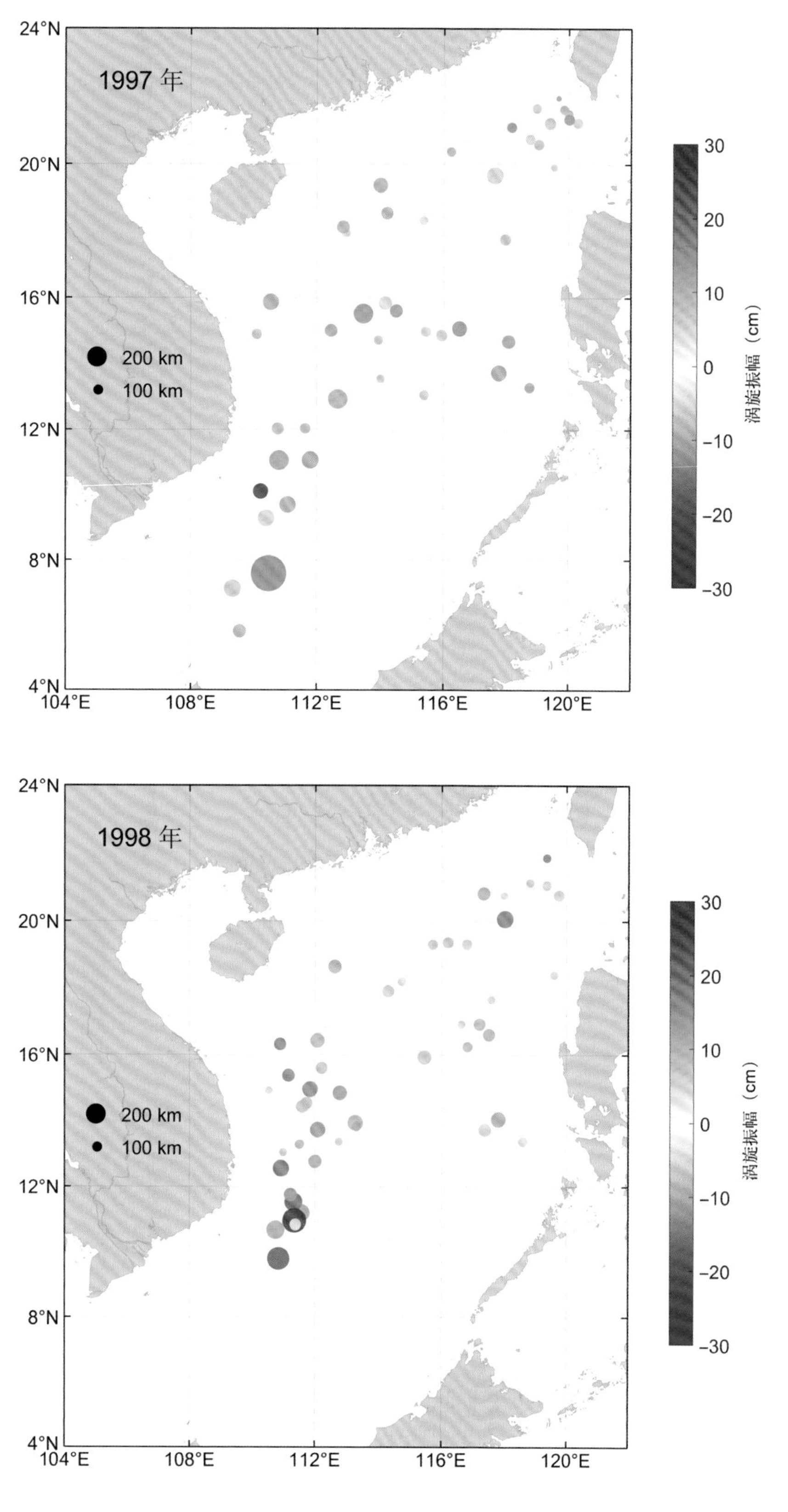

图7.6　南海1993—2020年中尺度涡年空间分布图（续）

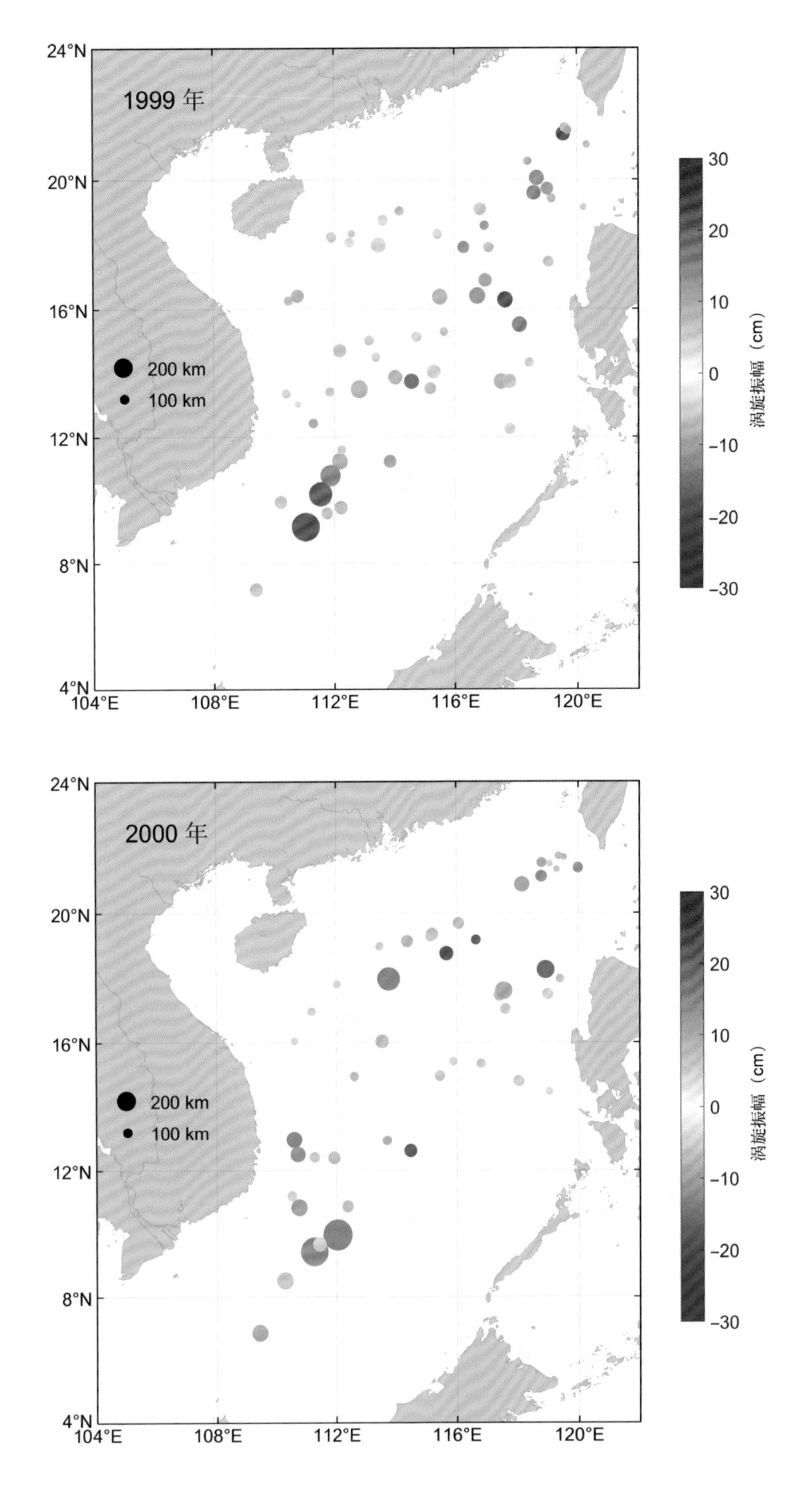

图7.6　南海1993—2020年中尺度涡年空间分布图（续）

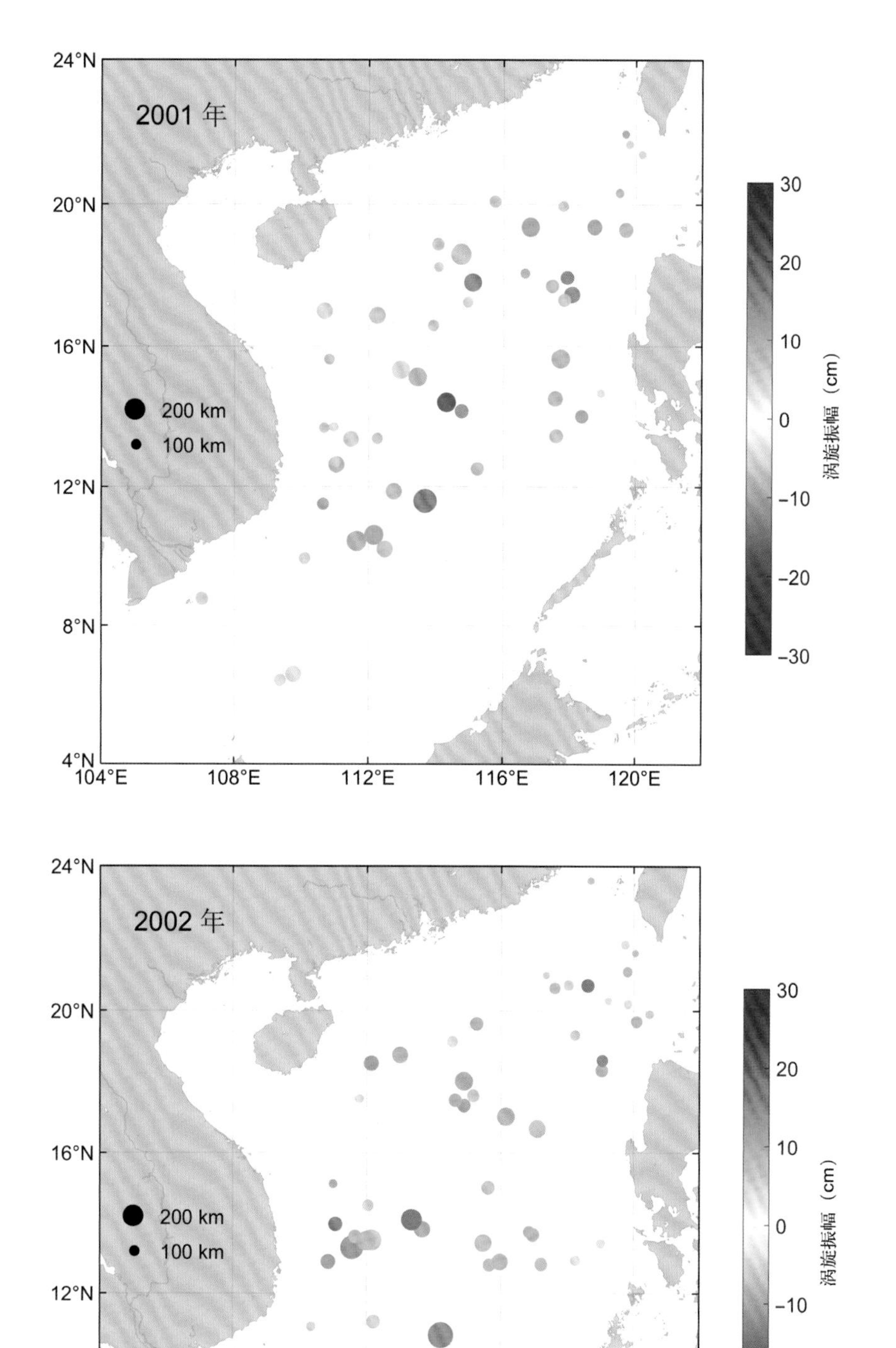

图7.6　南海1993—2020年中尺度涡年空间分布图（续）

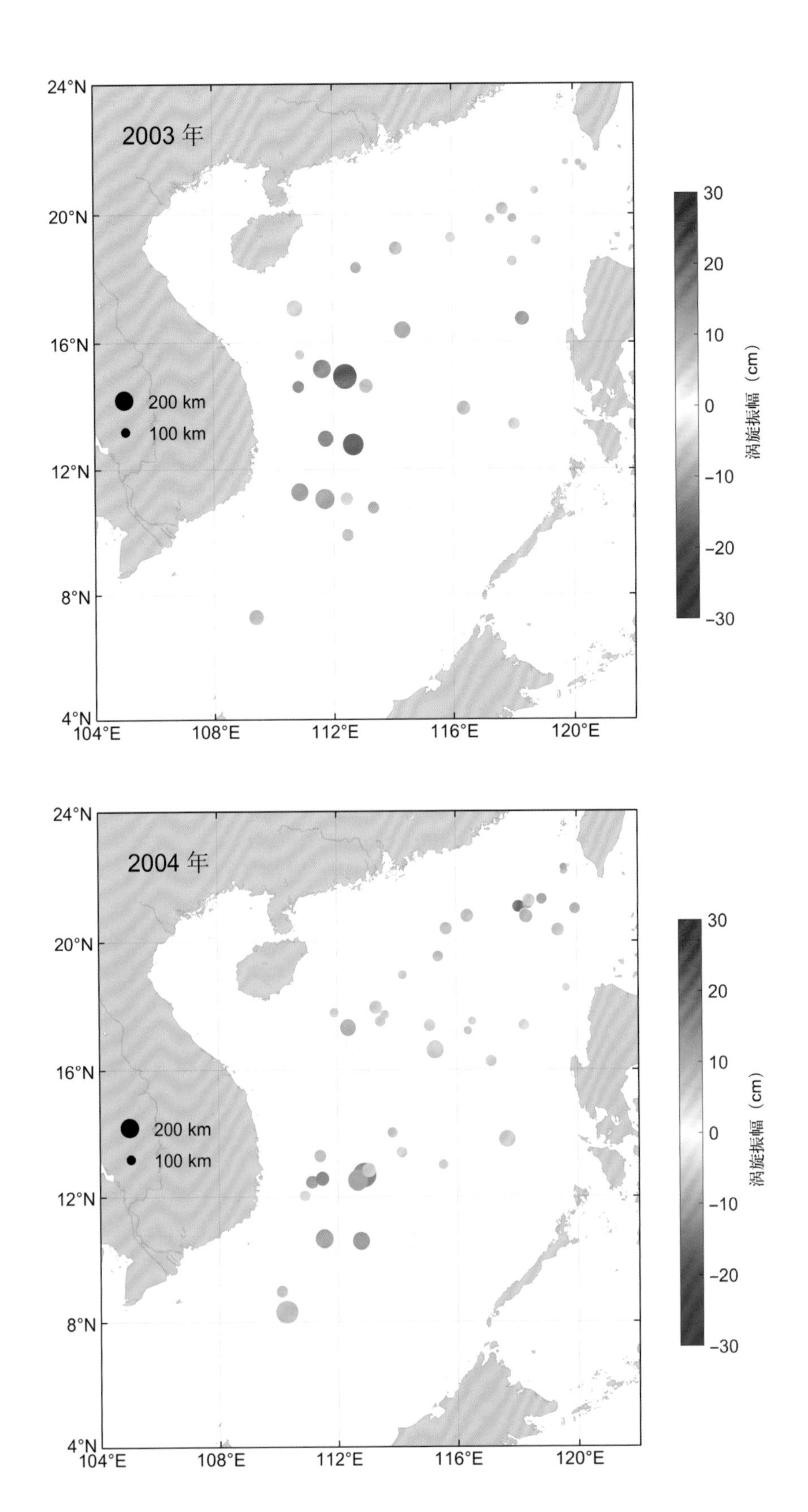

图7.6　南海1993—2020年中尺度涡年空间分布图（续）

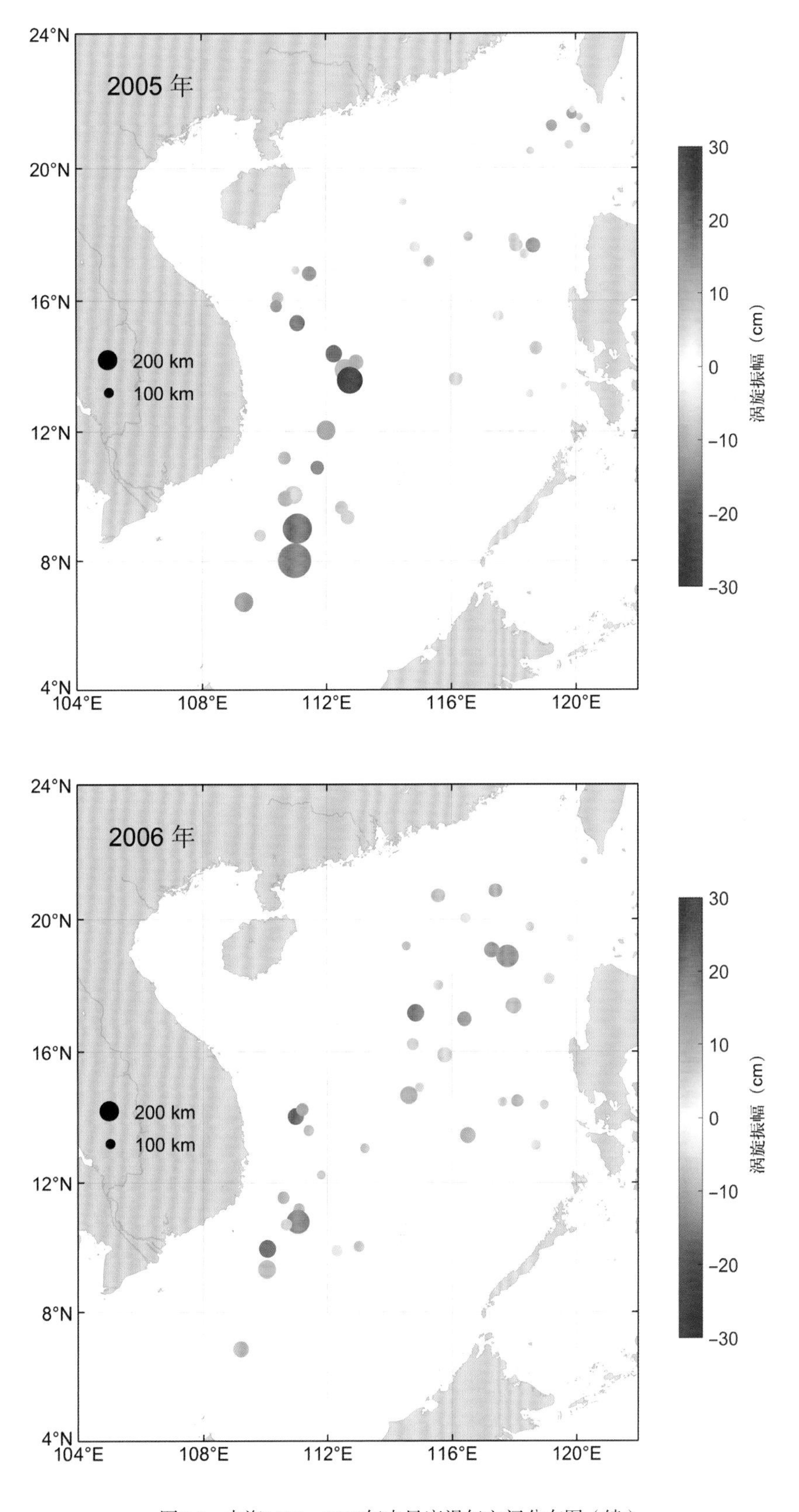

图7.6　南海1993—2020年中尺度涡年空间分布图（续）

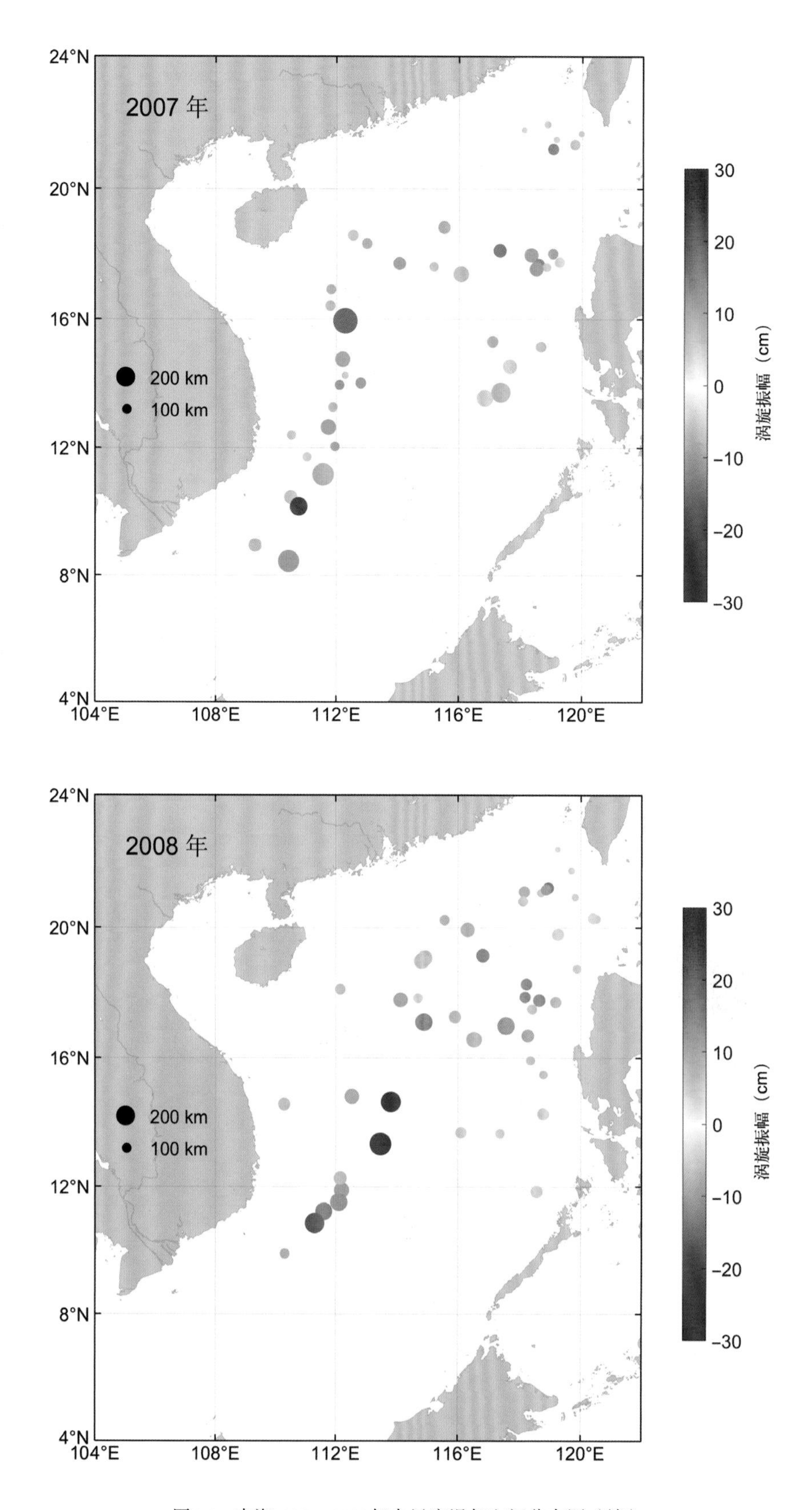

图7.6　南海1993—2020年中尺度涡年空间分布图（续）

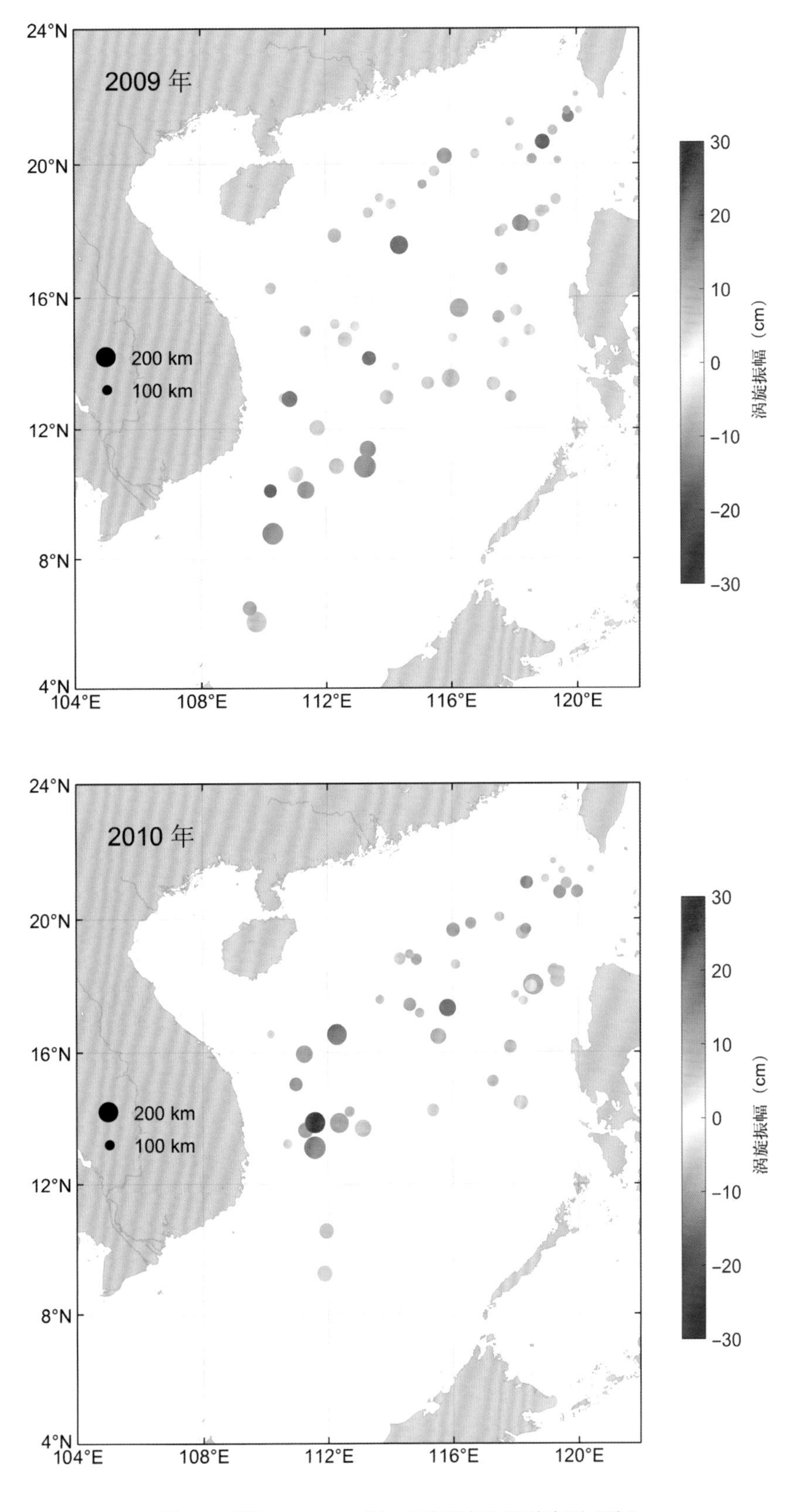

图7.6 南海1993—2020年中尺度涡年空间分布图（续）

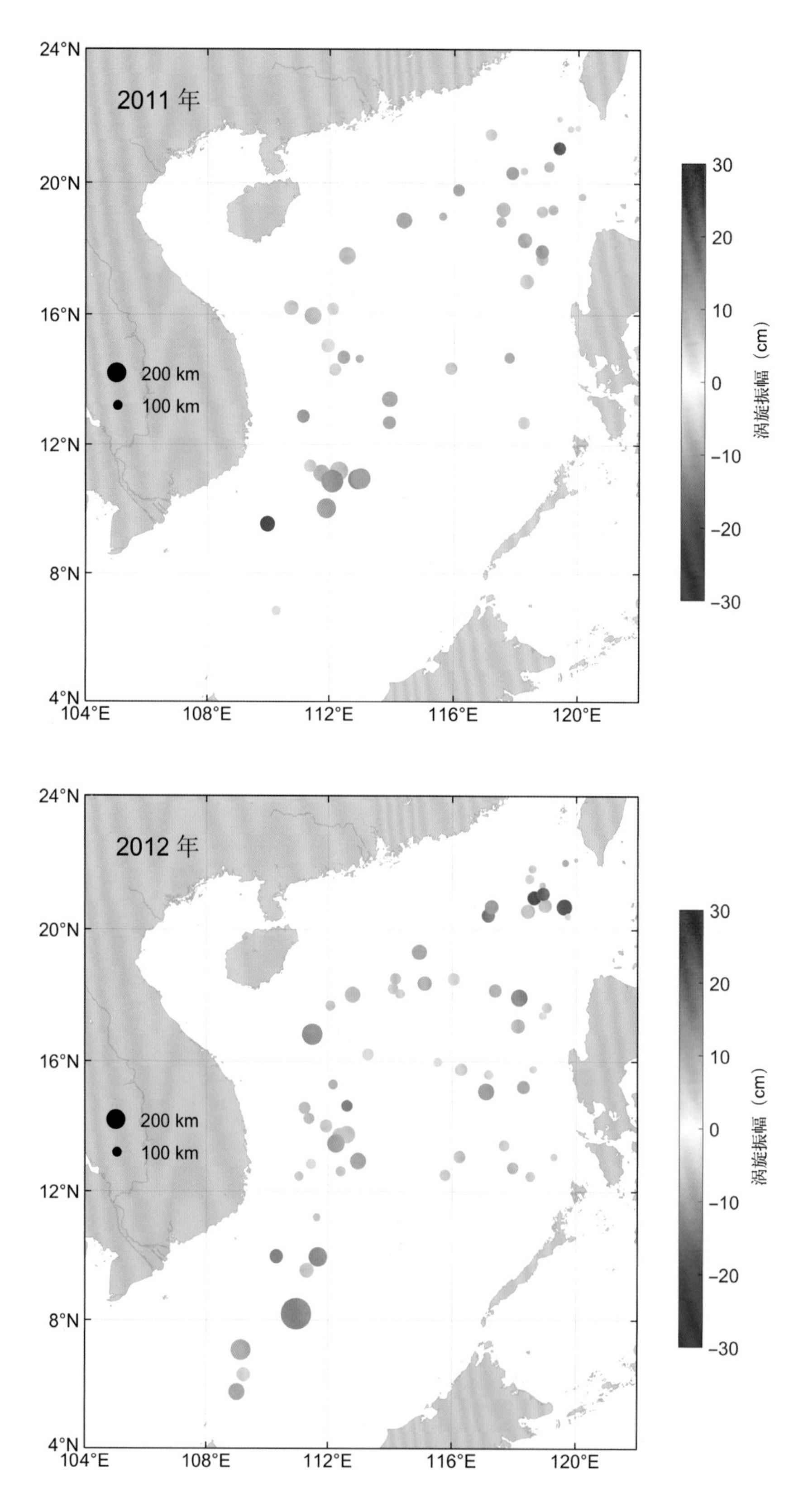

图7.6　南海1993—2020年中尺度涡年空间分布图（续）

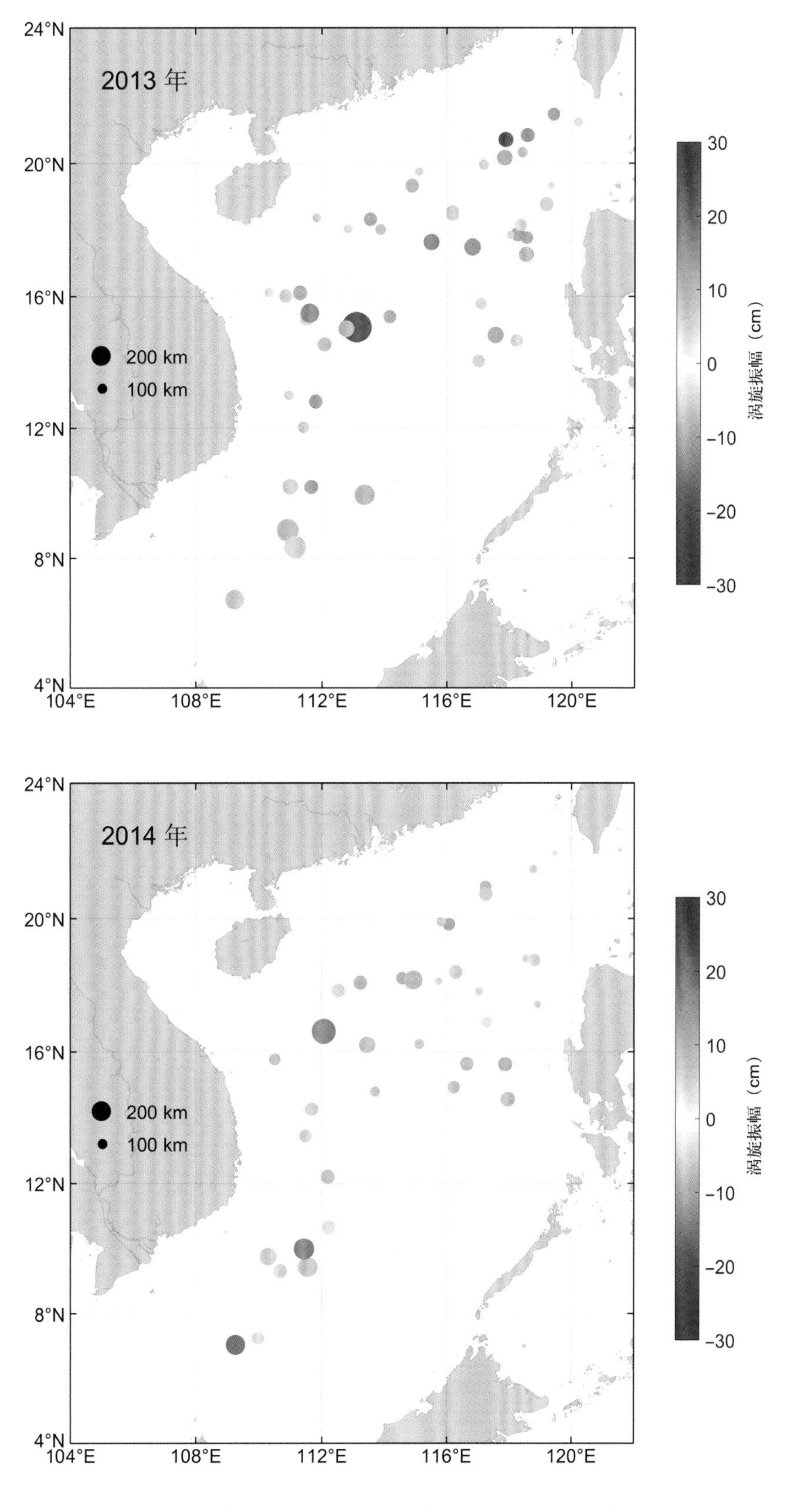

图7.6　南海1993—2020年中尺度涡年空间分布图（续）

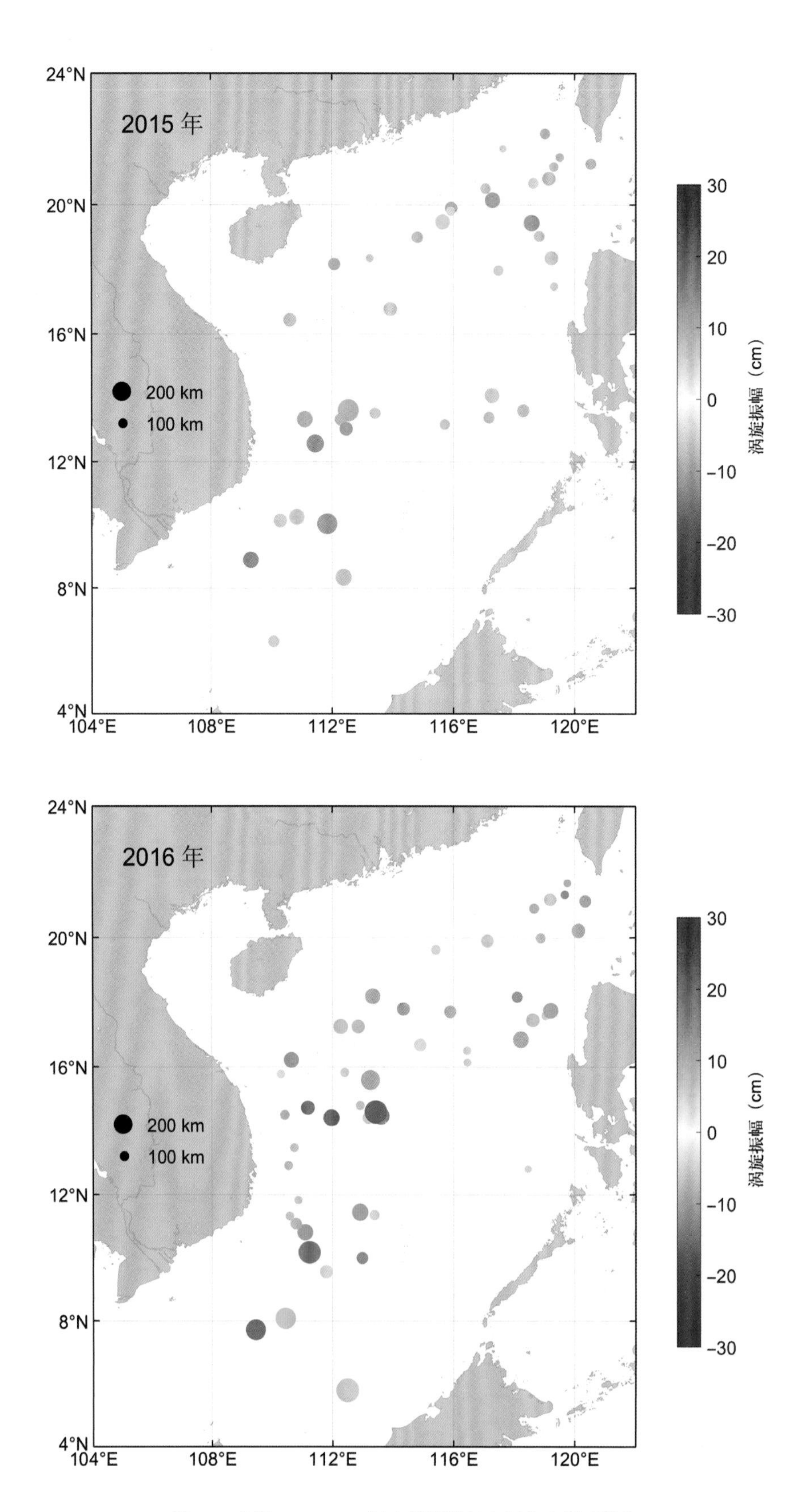

图7.6　南海1993—2020年中尺度涡年空间分布图（续）

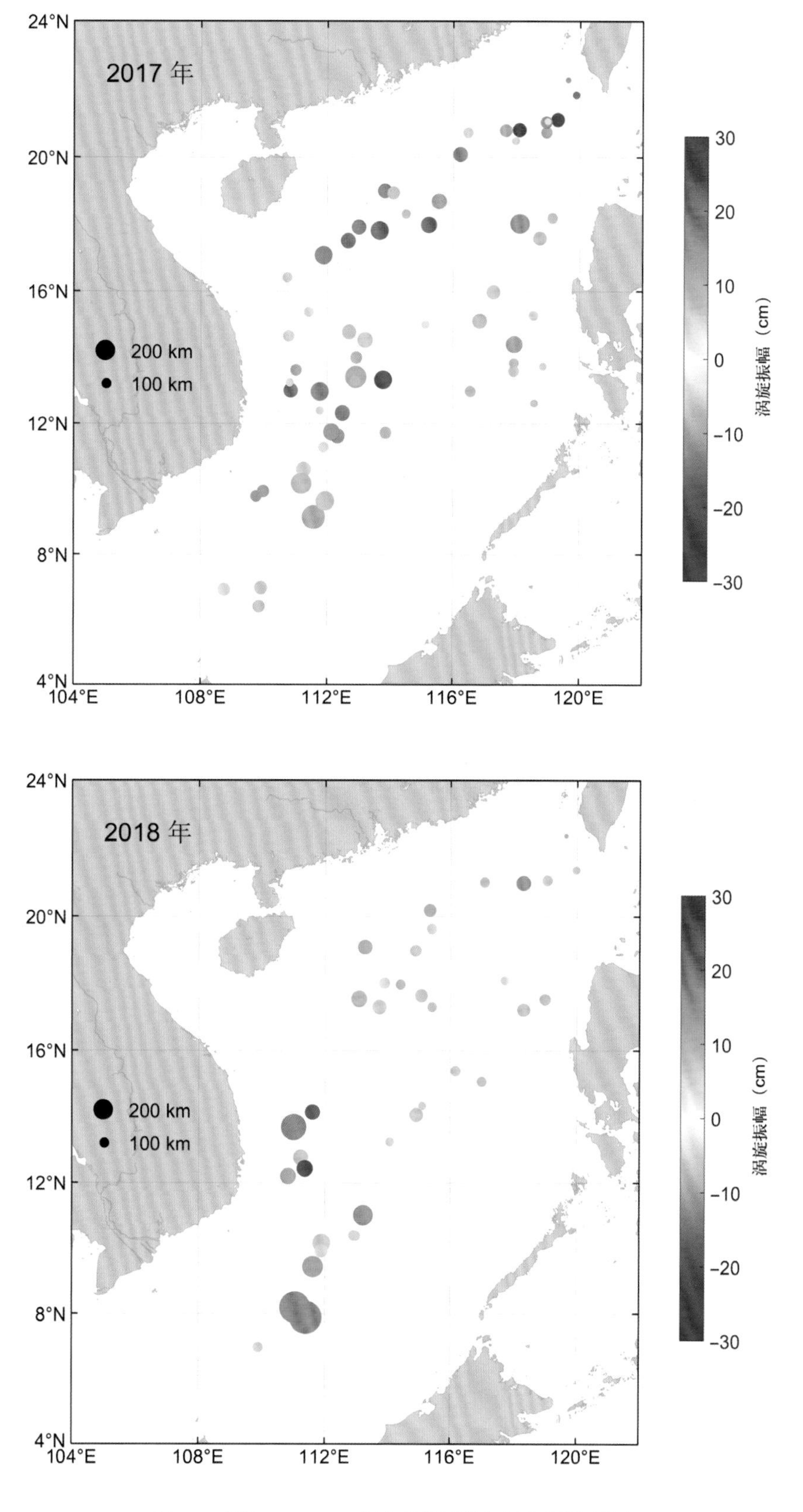

图7.6　南海1993—2020年中尺度涡年空间分布图（续）

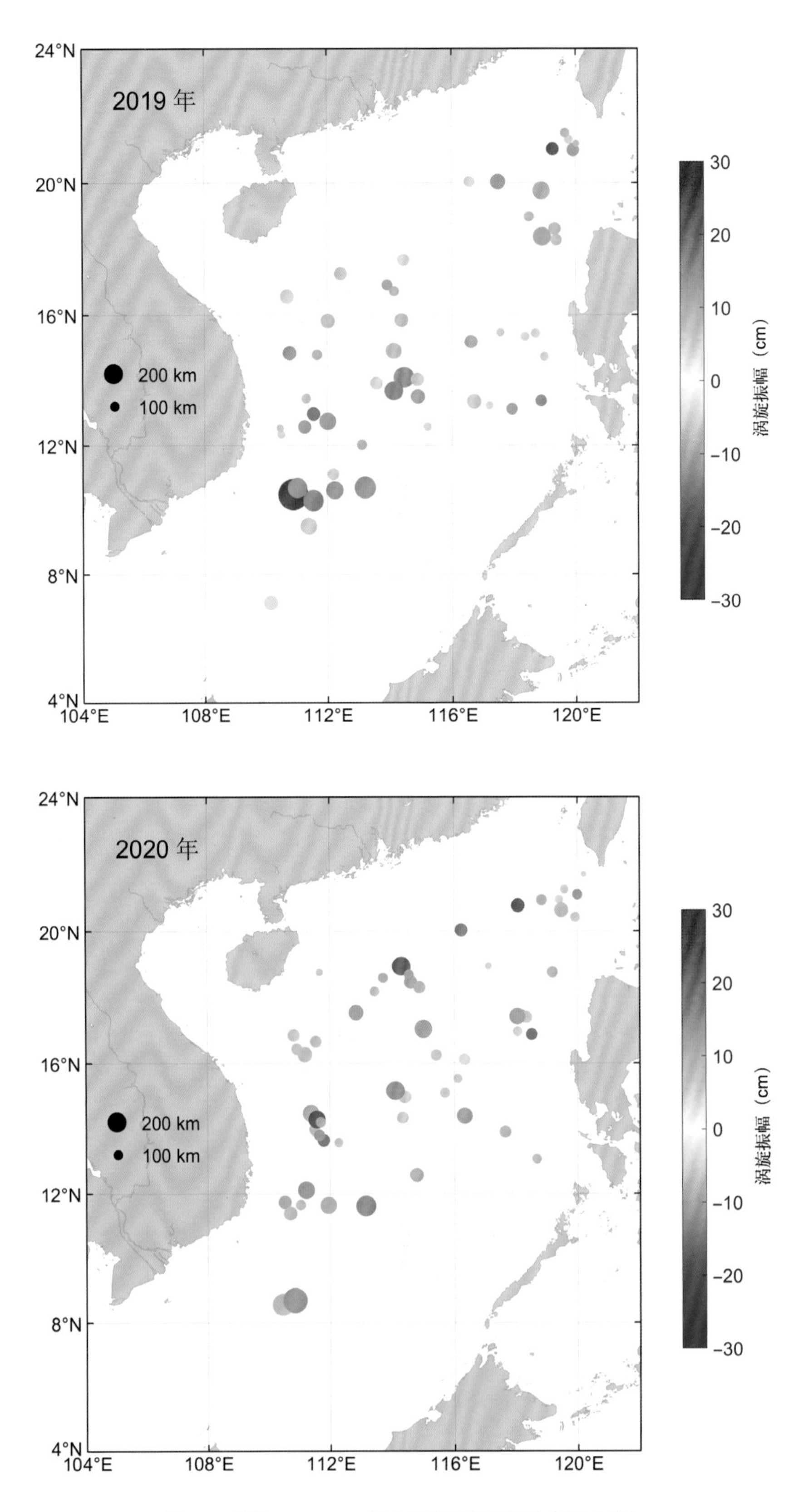

图7.6　南海1993—2020年中尺度涡年空间分布图（续）

7.3　南海中尺度涡轨迹

基于 1993—2020 年共 28 年逐日的卫星高度计海面高度融合数据，按照 1.2.2 节中介绍的中尺度涡调查方法，对南海区域的海洋中尺度涡进行探测识别和移动轨迹追踪，确定连续时间的南海中尺度涡轨迹。为了研究不同类型中尺度涡轨迹空间分布、移动方向和数量频率分布等运动特征，分别制作了超过一定生命周期的中尺度涡轨迹分布图、中尺度涡相对轨迹分布图以及不同移动方向（东西向或南北向）的中尺度涡轨迹数量频率分布图。

为研究南海区域内不同生命周期中尺度涡轨迹的空间分布，针对中尺度涡轨迹分布图，这里分别给出了南海生命周期≥ 30 天、生命周期≥ 60 天、生命周期≥ 90 天和生命周期≥ 180 天的中尺度涡轨迹，其中气旋涡用蓝线表示，反气旋涡用红线表示。为了观测不同移动方向的中尺度涡轨迹在南海的空间分布，也分别给出了中尺度涡东向轨迹、北向轨迹和南向轨迹分布图。然后，将南海中尺度涡轨迹起始点平移到经纬度原点（0°，0°），即可得到中尺度涡相对轨迹分布图。为了对比南海中尺度涡移动方向的差异，分别对东西向和南北向移动的中尺度涡轨迹数量进行了统计，给出了南海中尺度涡东西向和南北向移动轨迹数量频率分布图。

从不同生命周期的南海中尺度涡轨迹分布图中可以看出，海洋中尺度涡在南海中广泛存在，气旋涡和反气旋涡均有分布，中尺度涡轨迹基本集中在南海东北—西南方向的菱形对角区域内。就中尺度涡移动方向而言，南海大部分区域的中尺度涡均西向移动，仅在南海西南部区域和巴士海峡附近，部分中尺度涡东向移动。南海北向移动中尺度涡基本分布在巴士海峡和菲律宾西部海域、南海西南部区域。巴士海峡和菲律宾西部海域产生的中尺度涡多向西偏北方向移动，然后进入南海中部；南海西南部区域出现的中尺度涡多沿着越南海岸向北偏东方向移动。南海南向移动中尺度涡主要集中在整个南海北部区域（接近 1000 m 等深线），另外在南海中部和西南部区域也有部分涡旋向南移动。南海北部区域的中尺度涡多出现在巴士海峡西部或中国台湾岛西部南部，然后沿着大陆架向西南方向移动，最远可以到达越南海岸。

- 生命周期≥30天

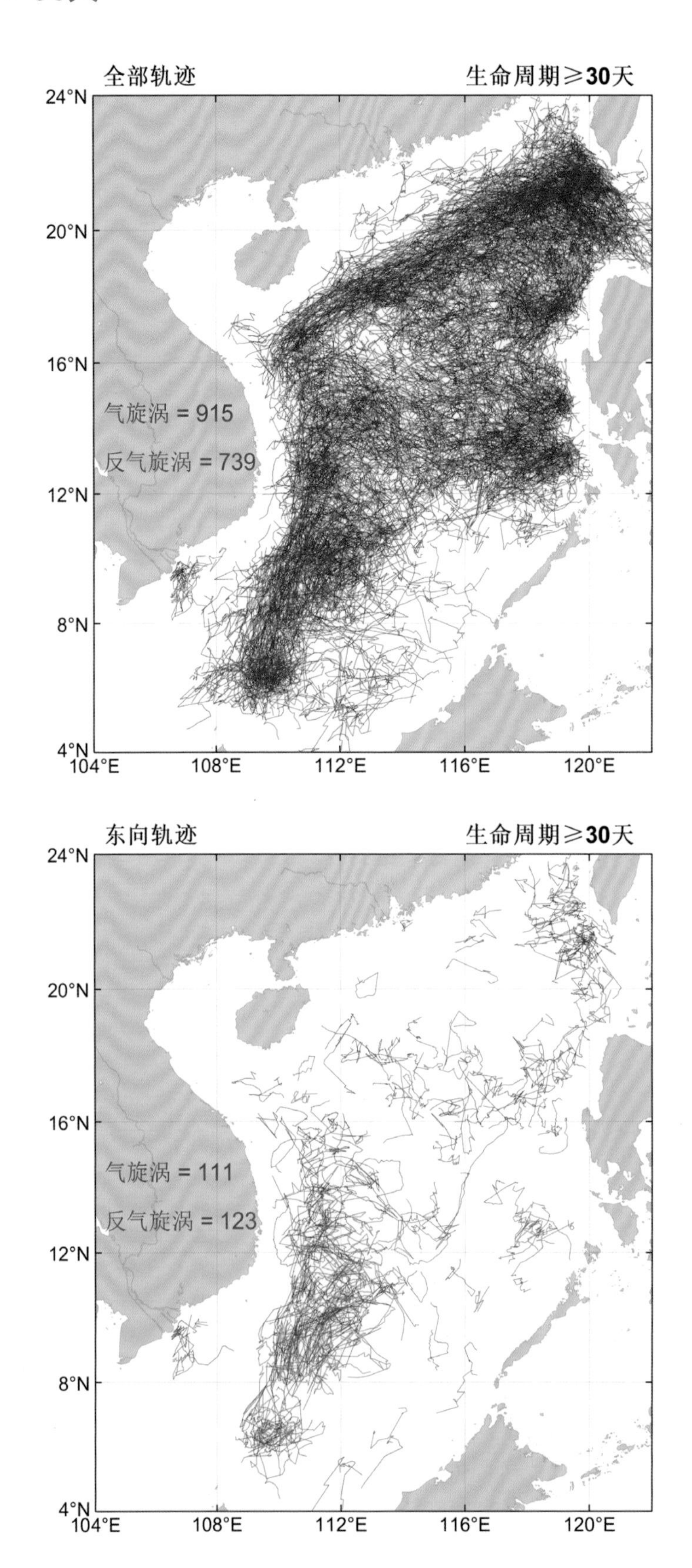

图7.7　南海生命周期≥30天的中尺度涡全部轨迹和东向轨迹分布图，蓝线表示气旋涡，红线表示反气旋涡

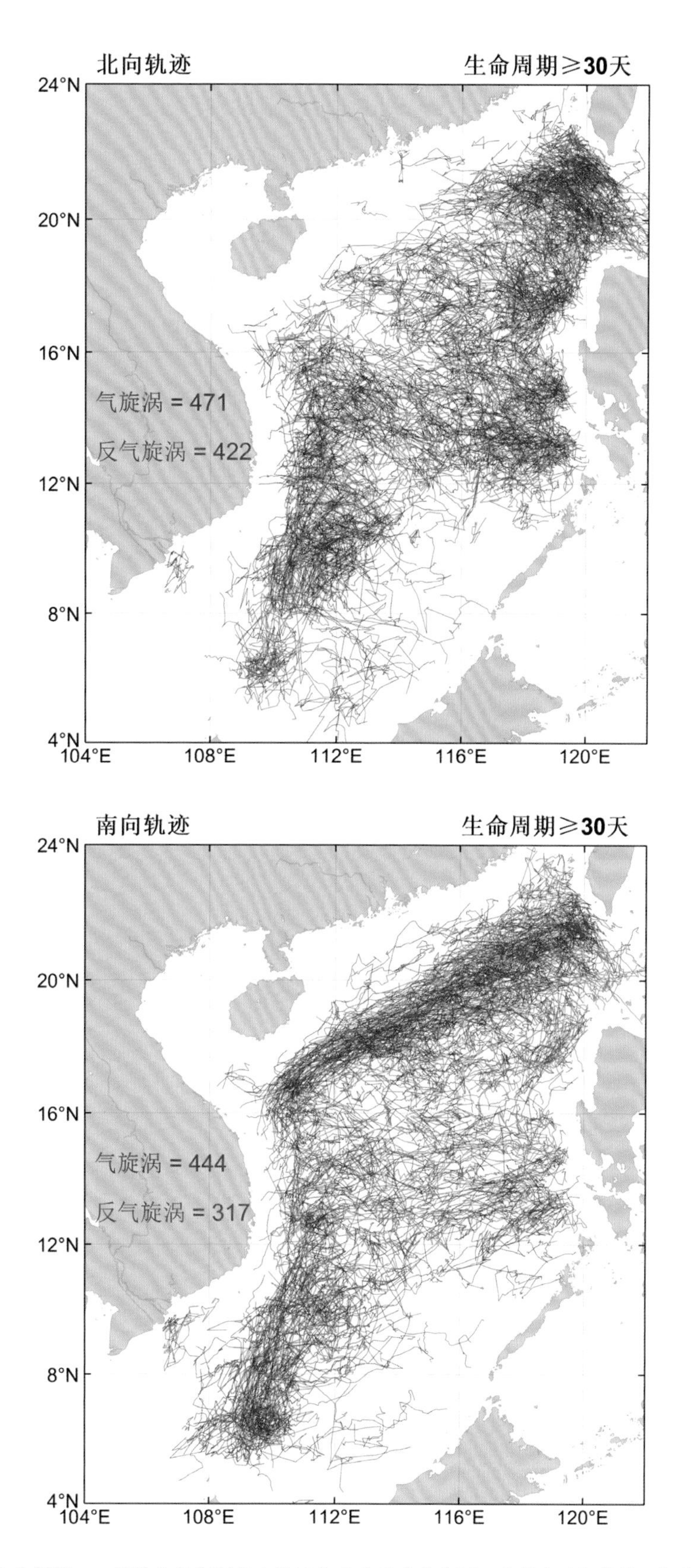

图7.8　南海生命周期≥30天的中尺度涡北向轨迹和南向轨迹分布图，蓝线表示气旋涡，红线表示反气旋涡

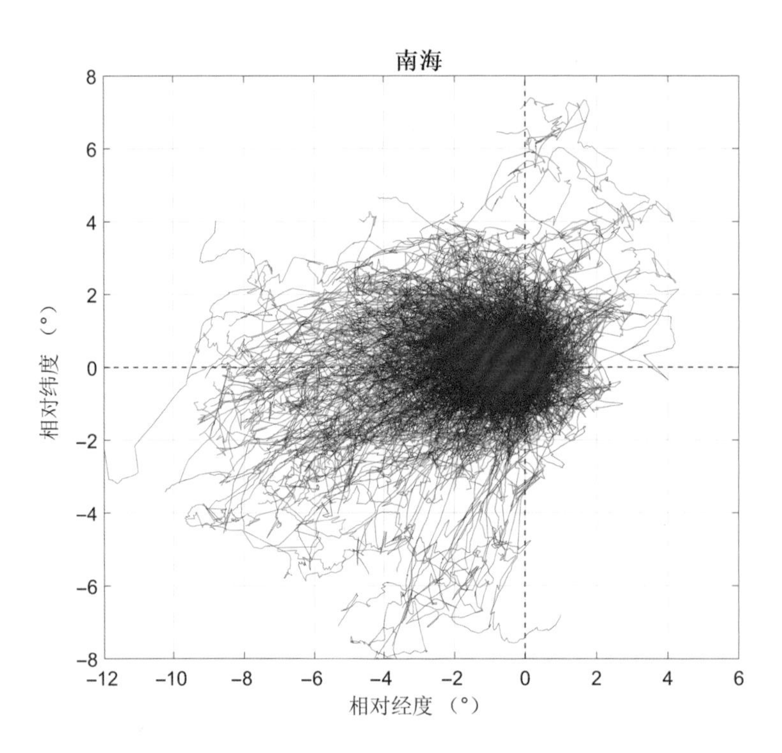

图7.9　南海生命周期≥30天的中尺度涡相对轨迹分布图，蓝线表示气旋涡，红线表示反气旋涡，涡旋起始点被移动到经纬度原点（0°，0°）

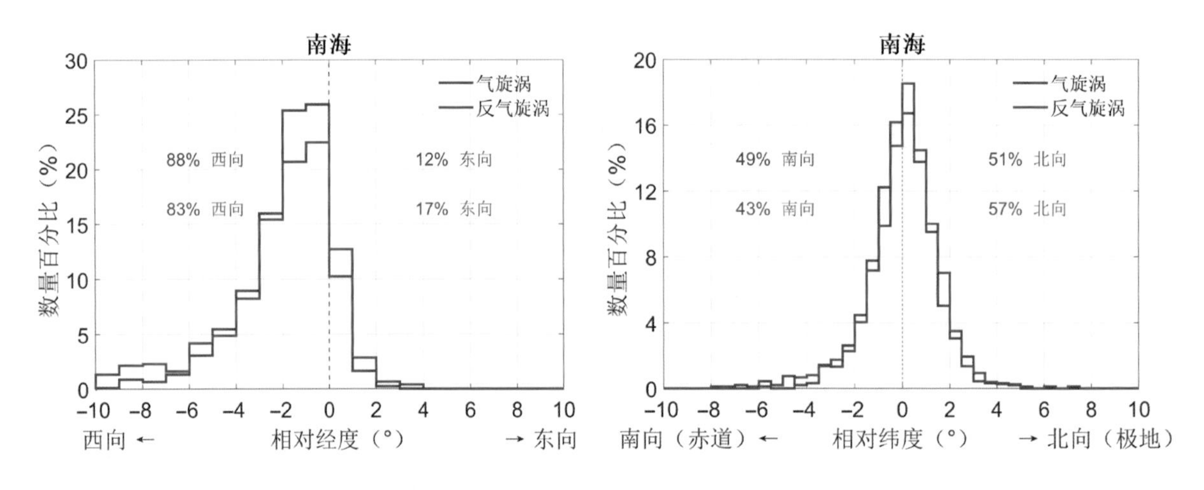

图7.10　南海生命周期≥30天的中尺度涡东西向和南北向移动轨迹数量频率分布图

- 生命周期≥60天

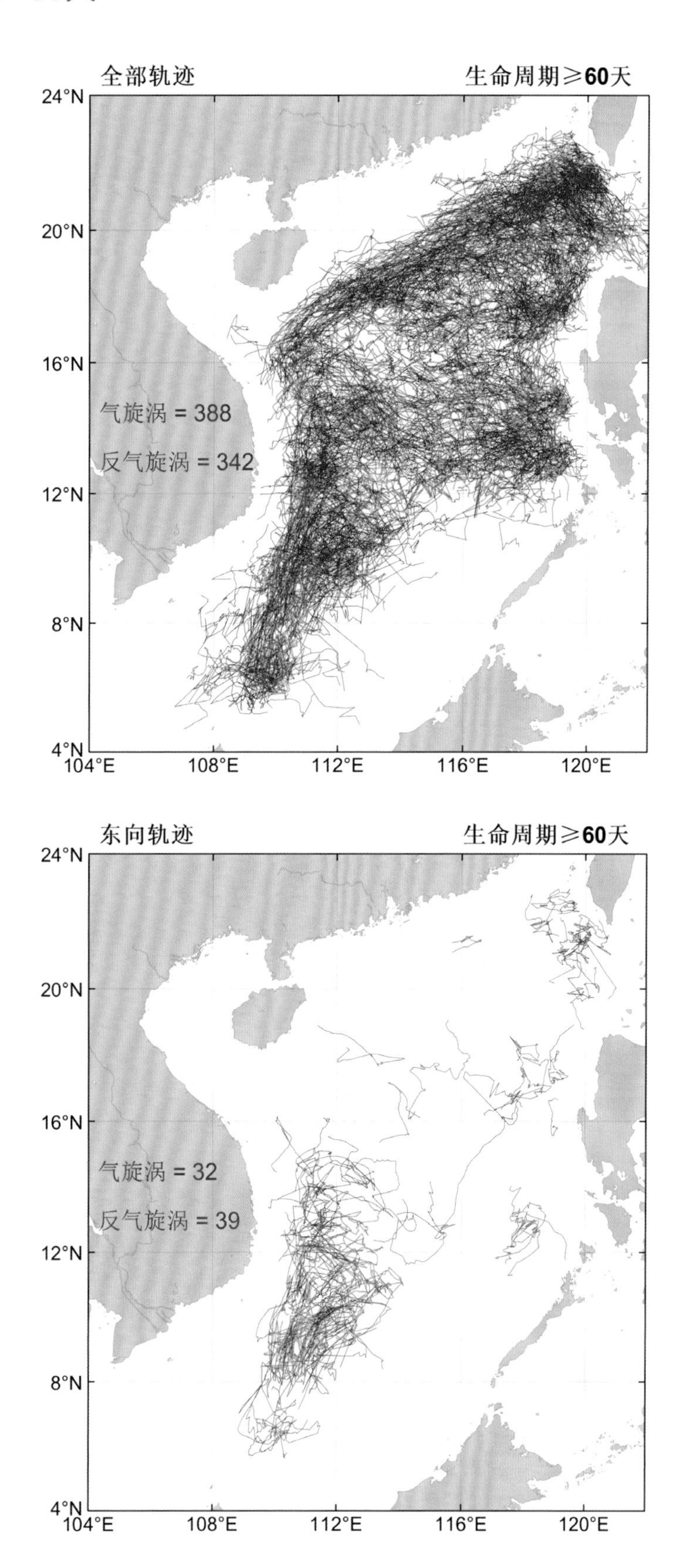

图7.11　南海生命周期≥60天的中尺度涡全部轨迹和东向轨迹分布图，蓝线表示气旋涡，红线表示反气旋涡

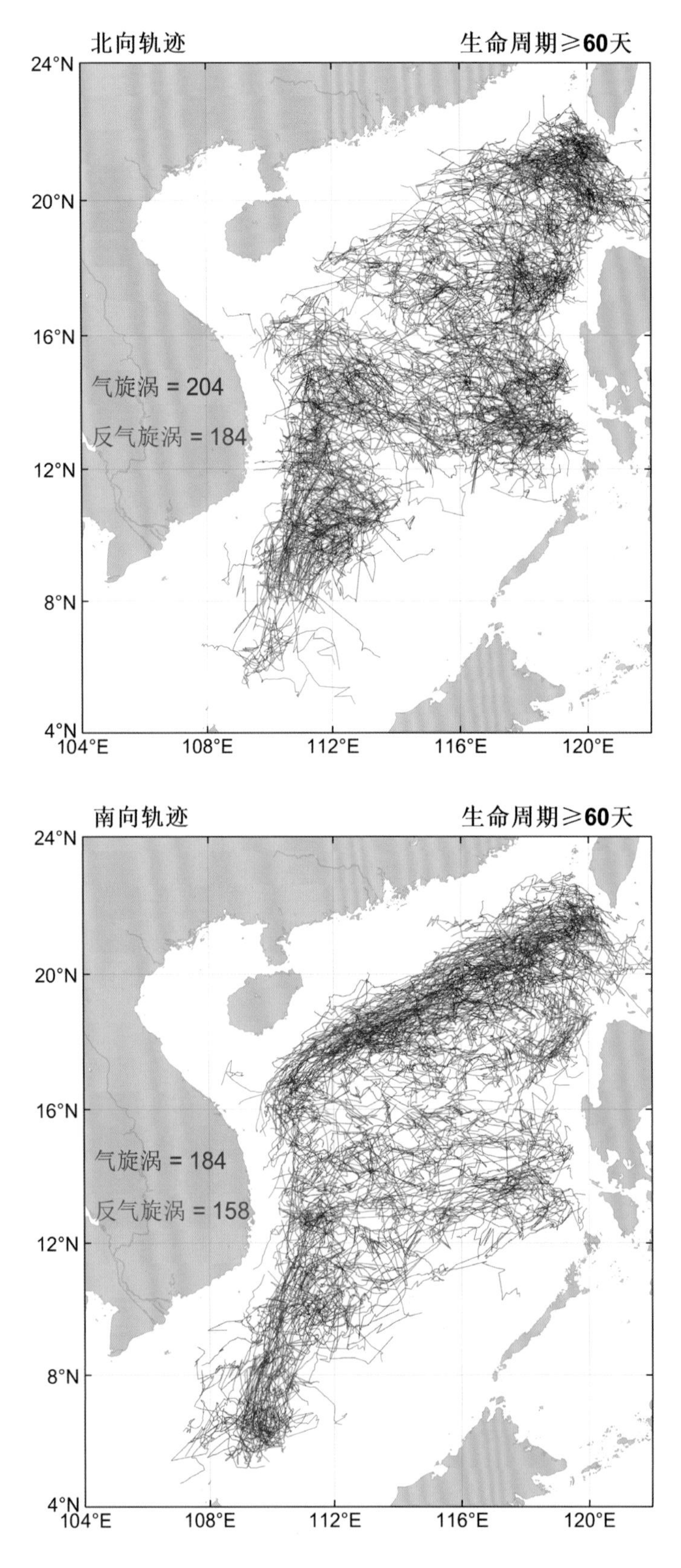

图7.12 南海生命周期≥60天的中尺度涡北向轨迹和南向轨迹分布图，蓝线表示气旋涡，红线表示反气旋涡

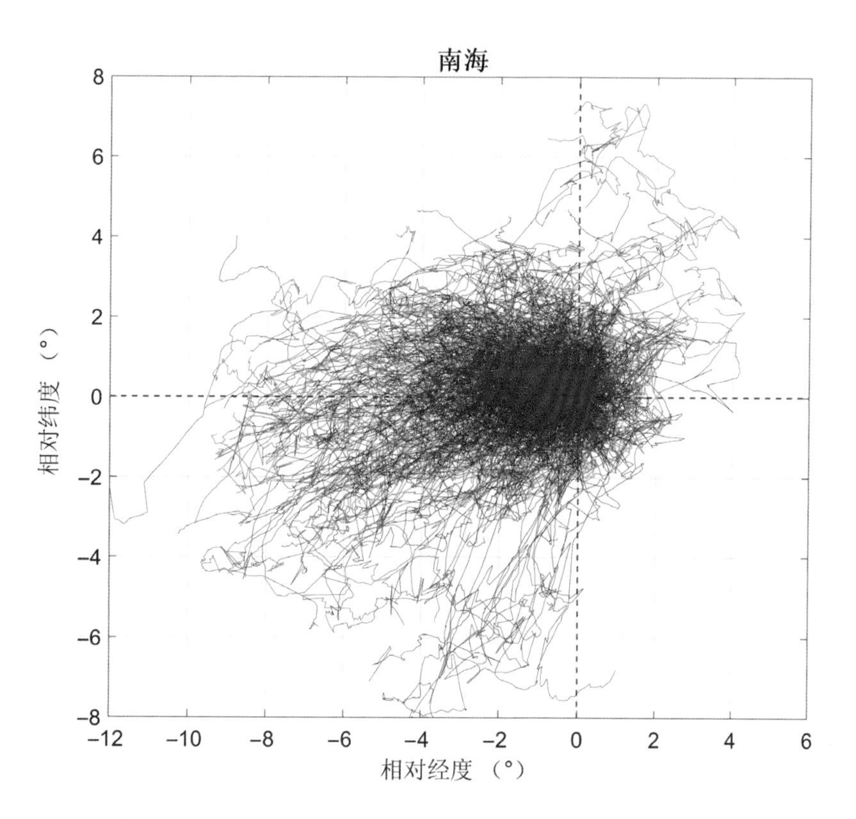

图7.13　南海生命周期≥60天的中尺度涡相对轨迹分布图，蓝线表示气旋涡，红线表示反气旋涡，涡旋起始点被移动到经纬度原点（0°，0°）

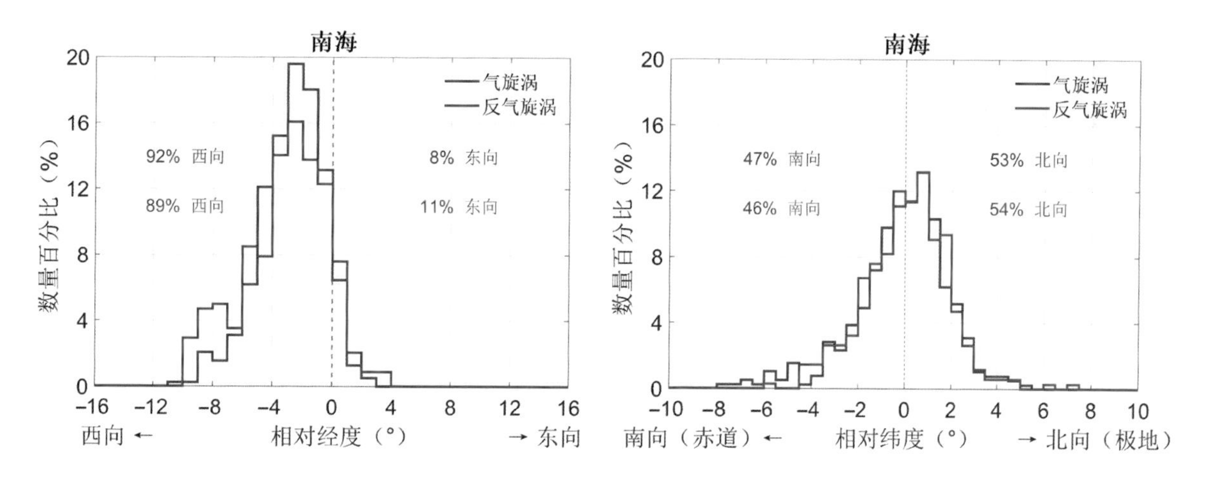

图7.14　南海生命周期≥60天的中尺度涡东西向和南北向移动轨迹数量频率分布图

- 生命周期≥90天

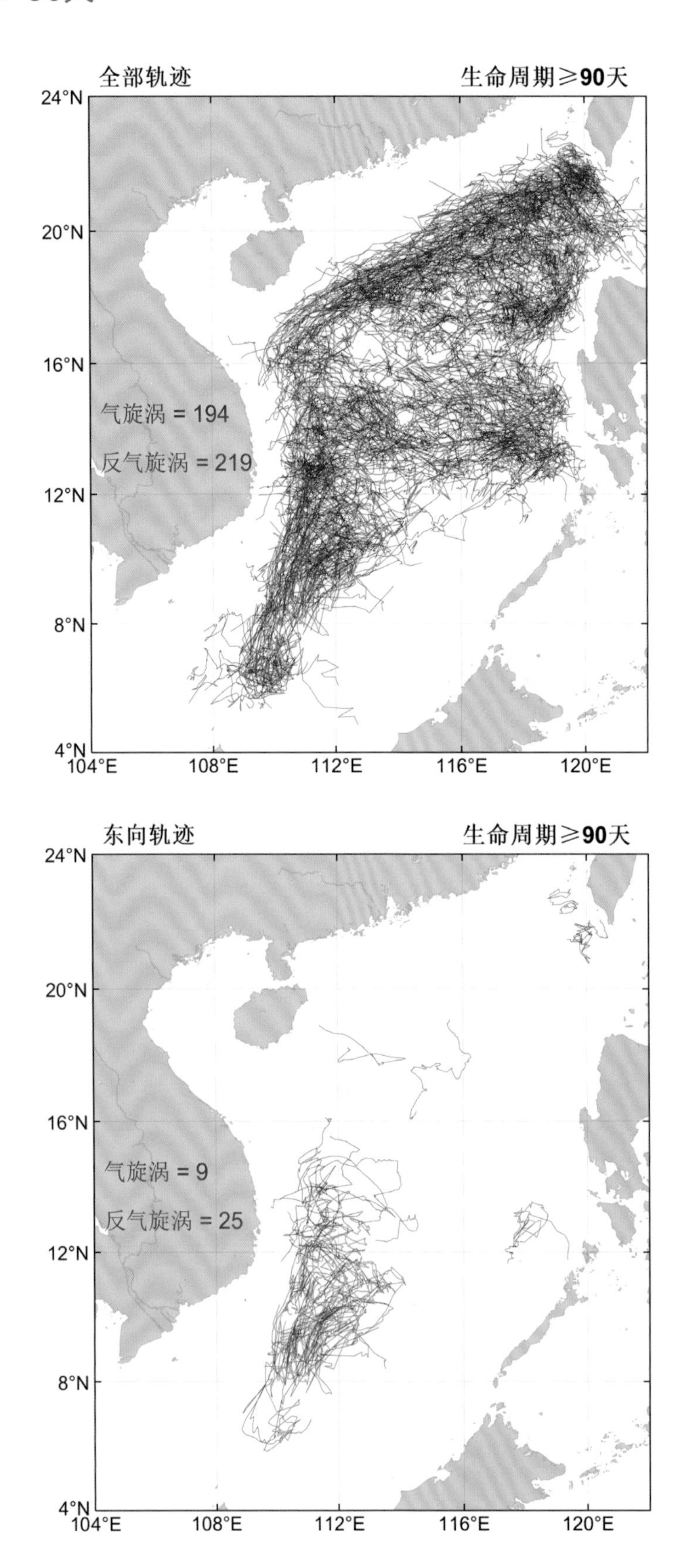

图7.15　南海生命周期≥90天的中尺度涡全部轨迹和东向轨迹分布图，蓝线表示气旋涡，红线表示反气旋涡

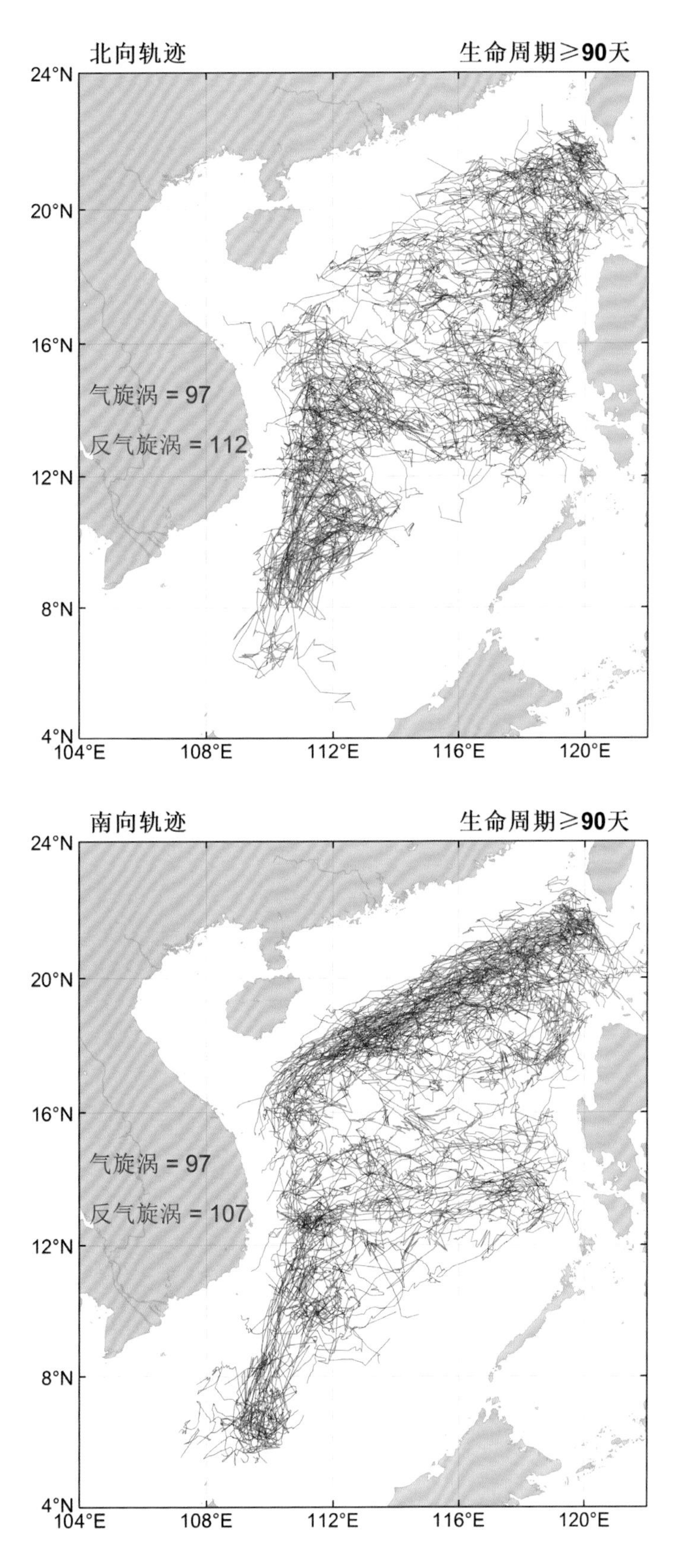

图7.16　南海生命周期≥90天的中尺度涡北向轨迹和南向轨迹分布图，蓝线表示气旋涡，红线表示反气旋涡

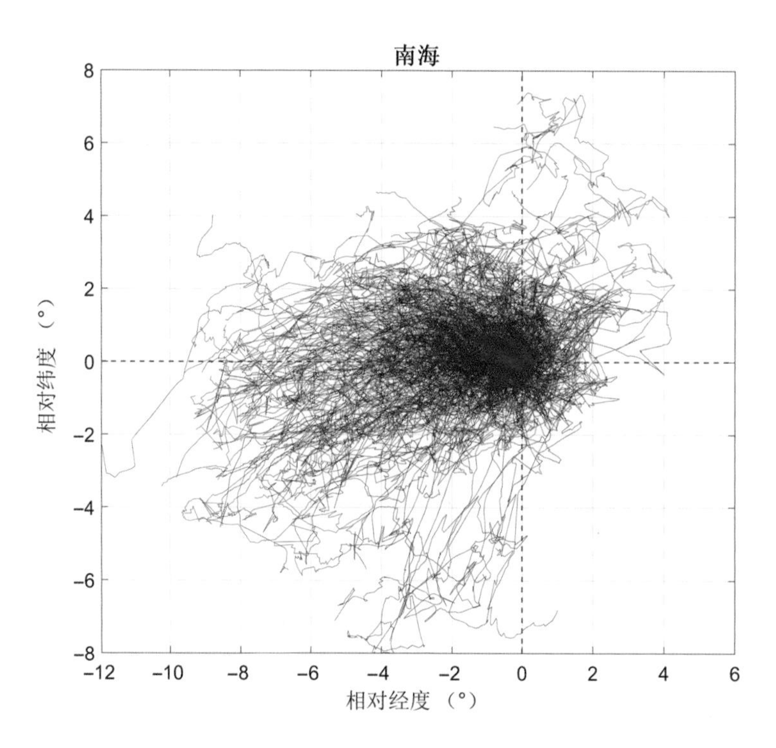

图7.17　南海生命周期≥90天的中尺度涡相对轨迹分布图，蓝线表示气旋涡，红线表示反气旋涡，涡旋起始点被移动到经纬度原点（0°，0°）

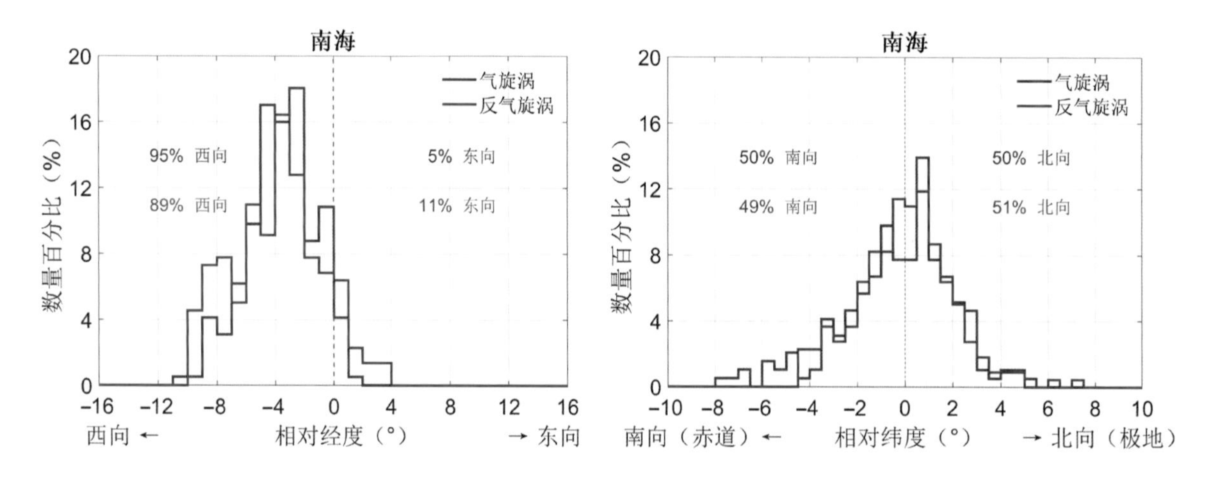

图7.18　南海生命周期≥90天的中尺度涡东西向和南北向移动轨迹数量频率分布图

- 生命周期≥180天

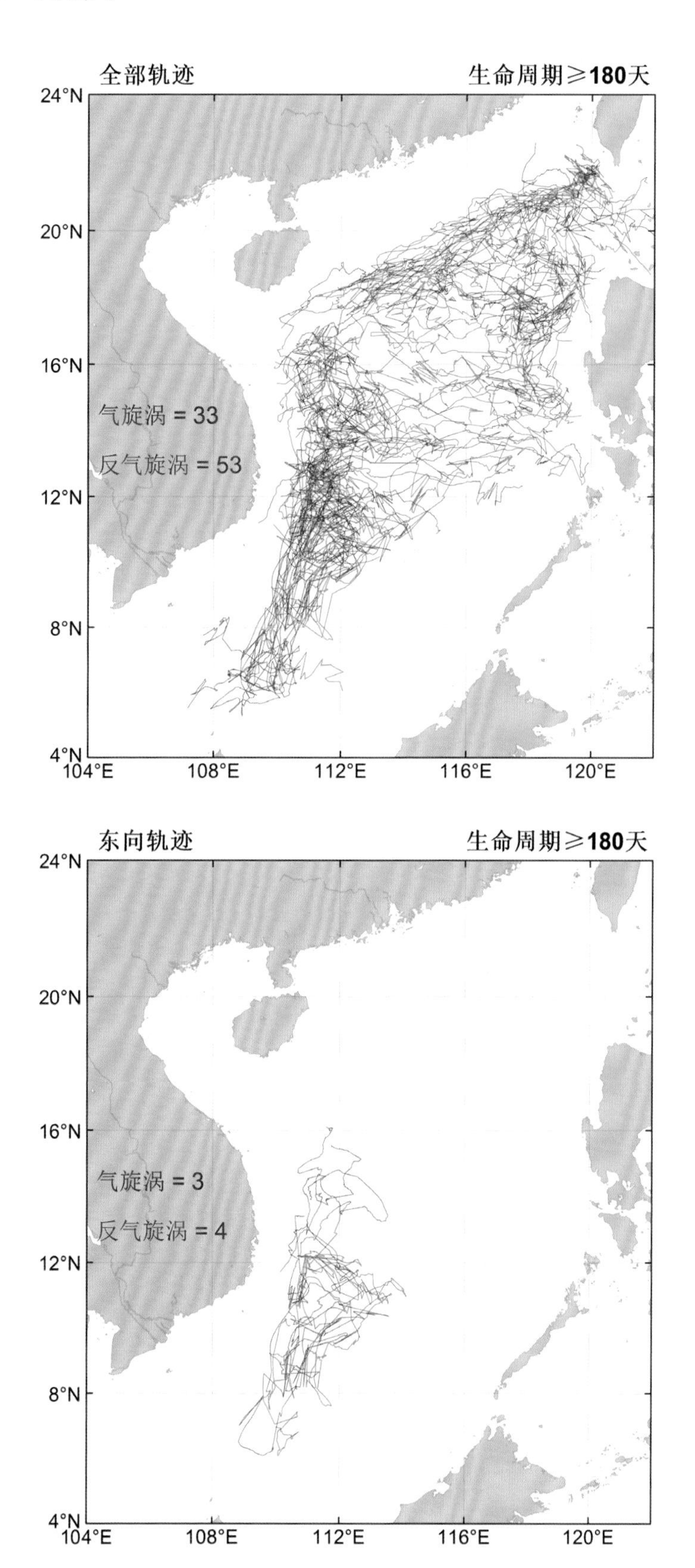

图7.19　南海生命周期≥180天的中尺度涡全部轨迹和东向轨迹分布图，蓝线表示气旋涡，红线表示反气旋涡

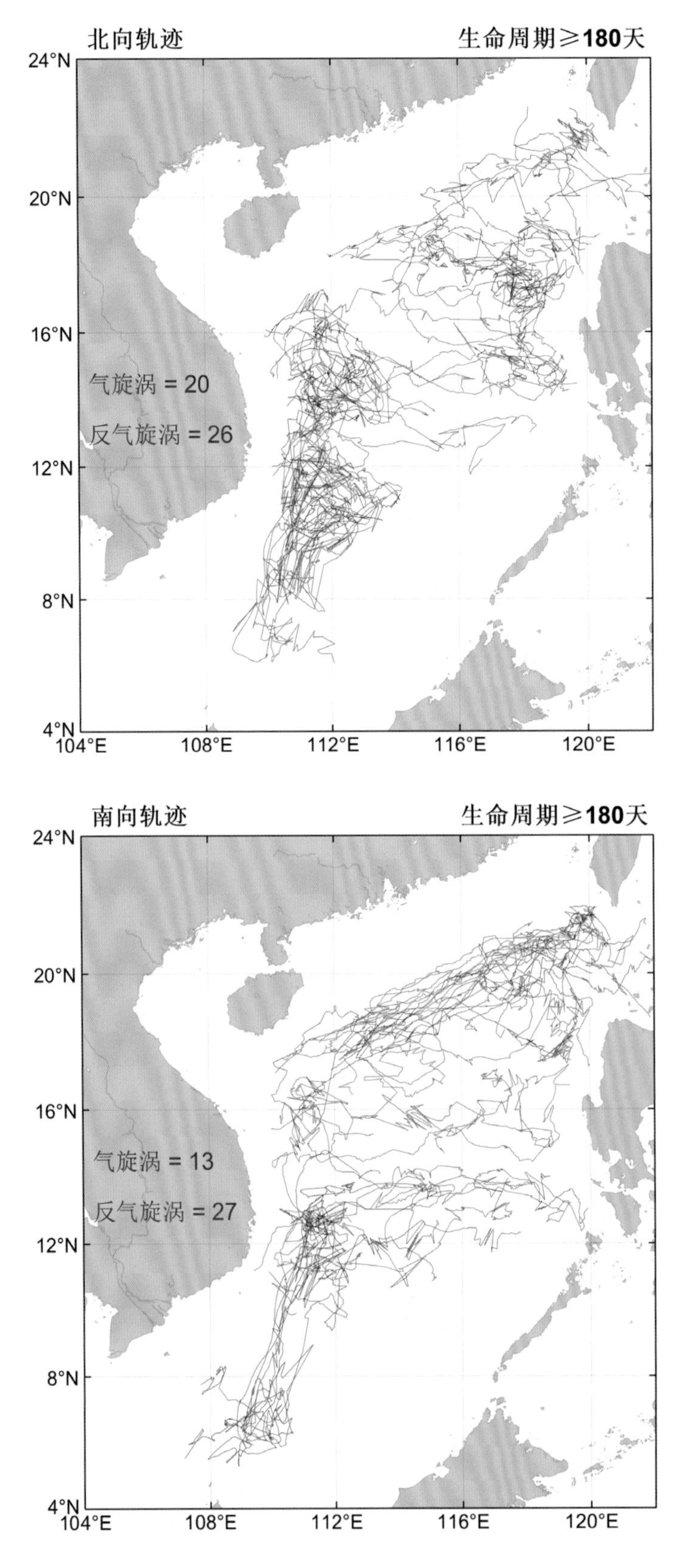

图7.20 南海生命周期≥180天的中尺度涡北向轨迹和南向轨迹分布图，蓝线表示气旋涡，红线表示反气旋涡

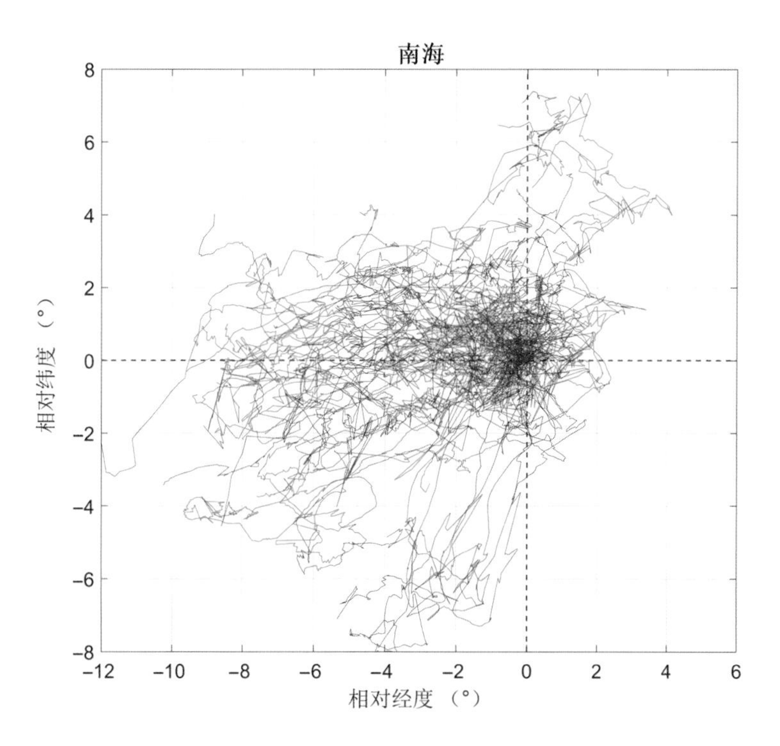

图7.21　南海生命周期≥180天的中尺度涡相对轨迹分布图，蓝线表示气旋涡，红线表示反气旋涡，涡旋起始点被移动到经纬度原点（0°，0°）

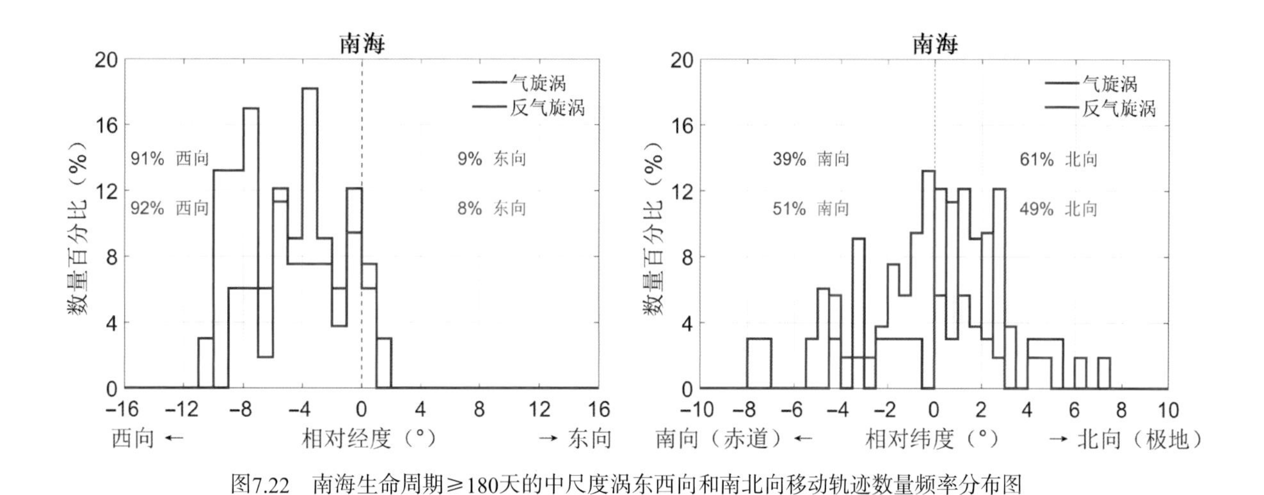

图7.22　南海生命周期≥180天的中尺度涡东西向和南北向移动轨迹数量频率分布图

7.4　南海中尺度涡属性特征

基于 1993—2020 年南海中尺度涡探测识别和轨迹追踪结果，本节对中尺度涡属性特征进行统计分析，制作中尺度涡属性特征分布图。为保证海洋中尺度涡结构的一致性以及避免海面高度数据中短暂小尺度海洋湍流信号的干扰，这里仅对生命周期≥ 30 天的中尺度涡轨迹进行统计分析。针对南海中尺度涡，本节分别给出了中尺度涡轨迹数量分布图、中尺度涡属性空间分布图、中尺度涡属性统计特征分布图以及中尺度涡属性气候态月变化和年际变化分布图。

7.4.1 南海中尺度涡轨迹数量

表 7.1 给出了南海区域内超过一定生命周期的中尺度涡轨迹数量。可以看出，随着生命周期的增加，气旋涡和反气旋涡数量迅速减少。对于生命周期≥ 30 天的全部中尺度涡而言，南海气旋涡轨迹数量（915 个）多于反气旋涡轨迹数量（739 个）。不过随着生命周期的增加，这种情况发生了变化：当生命周期≥ 90 天时，南海反气旋涡轨迹数量超过了气旋涡。为进一步研究不同生命周期和移动距离的涡旋轨迹数量，这里对南海中尺度涡轨迹进行统计，图 7.23 和图 7.24 分别给出了南海不同生命周期和移动距离的中尺度涡轨迹数量，并给出了南海中尺度涡的平均生命周期和移动距离。可以看出，南海中尺度涡主要以短生命周期和短移动距离涡旋为主，长生命周期和长移动距离涡旋数量较少。结合前一节南海中尺度涡轨迹空间分布，可以看出，长生命周期和长移动距离涡旋主要分布在南海北部和南海西南部。南海北部长生命周期的涡旋主要在巴士海峡西部出现，然后向西南方向移动。南海西南部长生命周期的涡旋主要出现在越南东南部海域，那里出现的反气旋涡多向东北方向移动，气旋涡多向西南方向移动。南海气旋涡平均生命周期为 69 天，平均移动距离为 651 km；南海反气旋涡平均生命周期为 79 天，平均移动距离为 749 km，均大于气旋涡。

表7.1　南海超过一定生命周期的中尺度涡轨迹数量

生命周期	≥ 30 天	≥ 60 天	≥ 90 天	≥ 180 天	≥ 360 天
气旋涡	915	388	194	33	0
反气旋涡	739	342	219	53	2
全部涡旋	1654	730	413	86	2

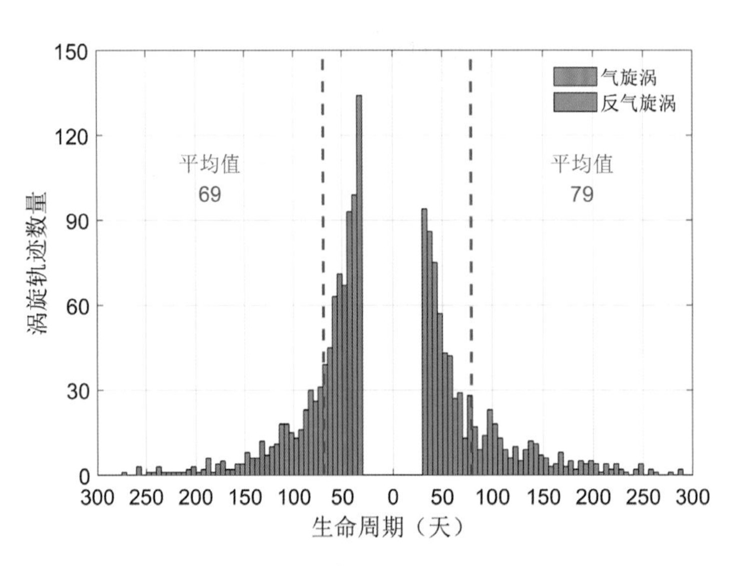

图7.23　南海不同生命周期的中尺度涡轨迹数量

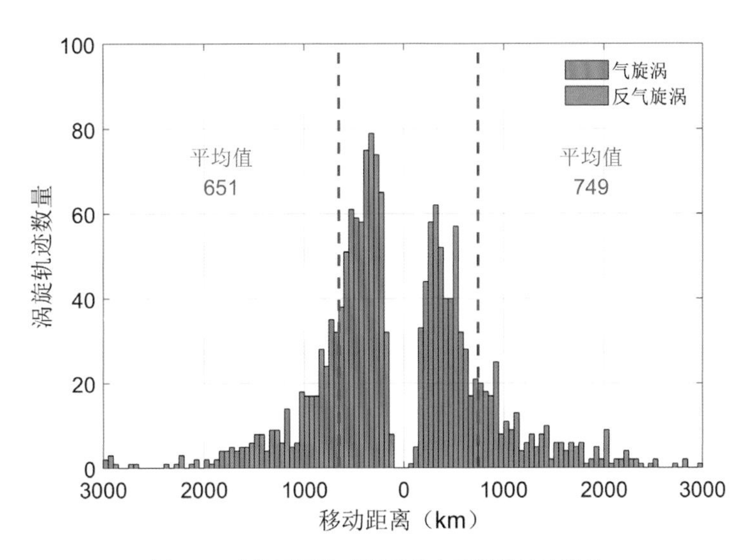

图7.24　南海不同移动距离的中尺度涡轨迹数量

7.4.2　南海中尺度涡属性空间分布

为统计南海中尺度涡属性的空间分布特征，将南海区域划分成经纬度 1° × 1° 的网格，分别统计每个 1° × 1° 网格内的中尺度涡属性特征。基于 1993—2020 年中尺度涡探测识别和轨迹追踪结果，对南海区域内的气旋涡和反气旋涡数量、极性、出现位置、消失位置、振幅、半径、旋转速度、涡动能（EKE）以及移动速度等属性进行地理空间分布特征统计，绘制相应的地理空间分布图。

中尺度涡空间分布特征［数量、极性、振幅、半径、旋转速度、涡动能（EKE）以及移动速度等］统计的是中尺度涡轨迹中不同时刻独立涡旋在 1° × 1° 的经纬度网格内的分布特征，而中尺度涡出现位置和消失位置空间分布统计的是涡旋轨迹出现（轨迹中第一个涡旋）和消失（轨迹中最后一个涡旋）时的位置，因此涡旋出现位置和消失位置的数量空间分布要比涡旋数量空间分布小很多。

图 7.25 至图 7.33 分别给出了南海中尺度涡的数量、极性、出现位置、消失位置、振幅、半径、旋转速度、涡动能（EKE）和移动速度的空间分布。从图中可以看出，南海中尺度涡主要分布在南海东北—西南菱形对角区域内，尤其集中在巴士海峡西部海域、菲律宾西部海域以及越南东南部海域。在南海北部，中尺度涡极性倾向于反气旋涡；在南海南部和巴士海峡区域，中尺度涡极性倾向于气旋涡。南海中尺度涡出现位置主要分布在巴士海峡、菲律宾西部近岸区域以及越南东南部区域，中尺度涡消失位置主要分布在南海北部、越南东部近岸区域以及越南西南部海域。这体现出南海中尺度涡主要向西的移动特征。南海反气旋涡在南海北部和西南部涡旋振幅较高，在南海中部和东部涡旋振幅较低；而南海气旋涡高振幅主要分布在越南东部海域，在其他区域，涡旋振幅均偏低。相比之下，南海反气旋涡 EKE 则在南海南部和越南西南近岸区域较高，气旋涡 EKE 在南海西南部区域较高。南海中尺度涡旋转速度空间分布与中尺度涡 EKE 空间分布相似。南海中尺度涡半径在南海北部较小，在南海南部和西南部较大。与中尺度涡半径空间分布相似，南海中尺度涡移动速度在南海北部较小，在南海南部较大。

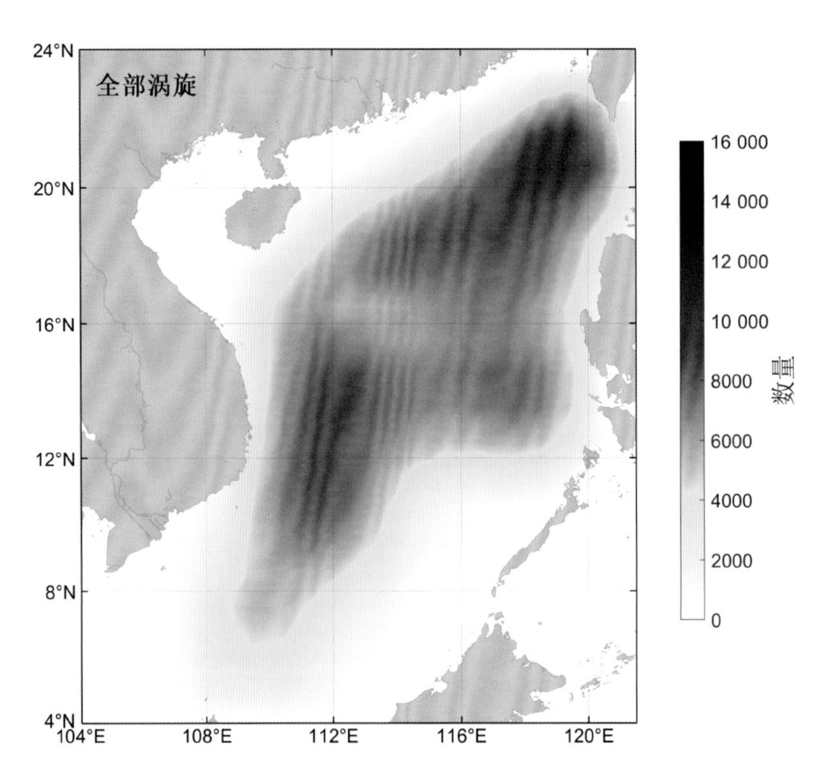

图7.25 南海中尺度涡数量空间分布图

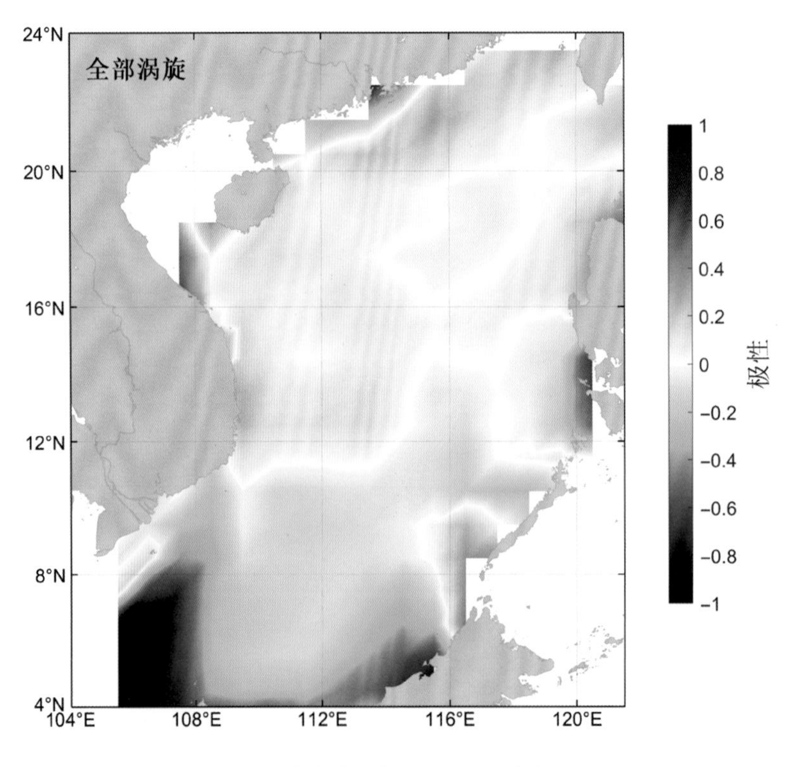

图7.26 南海中尺度涡极性空间分布图

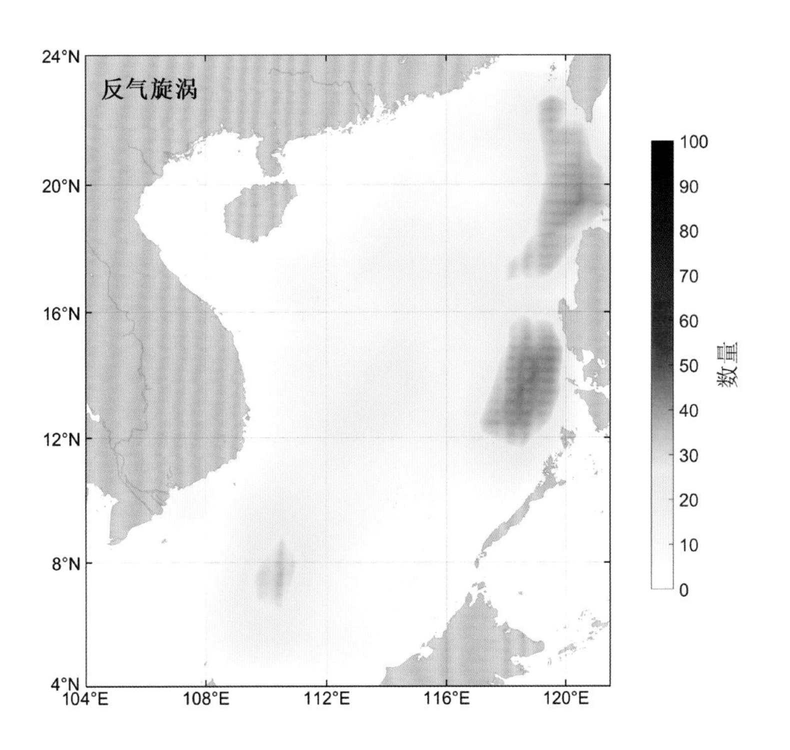

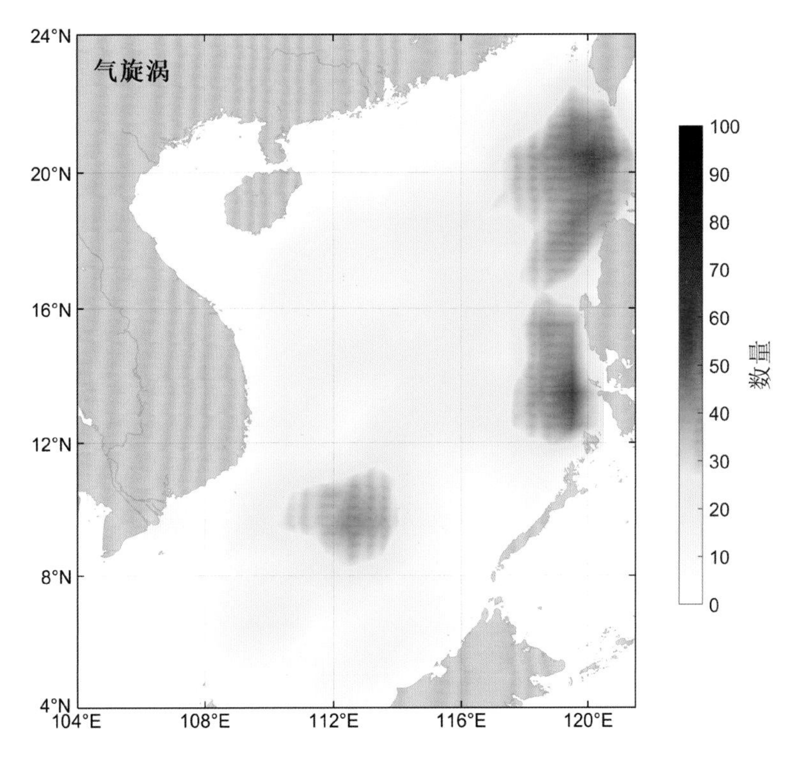

图7.27　南海中尺度涡出现位置空间分布图

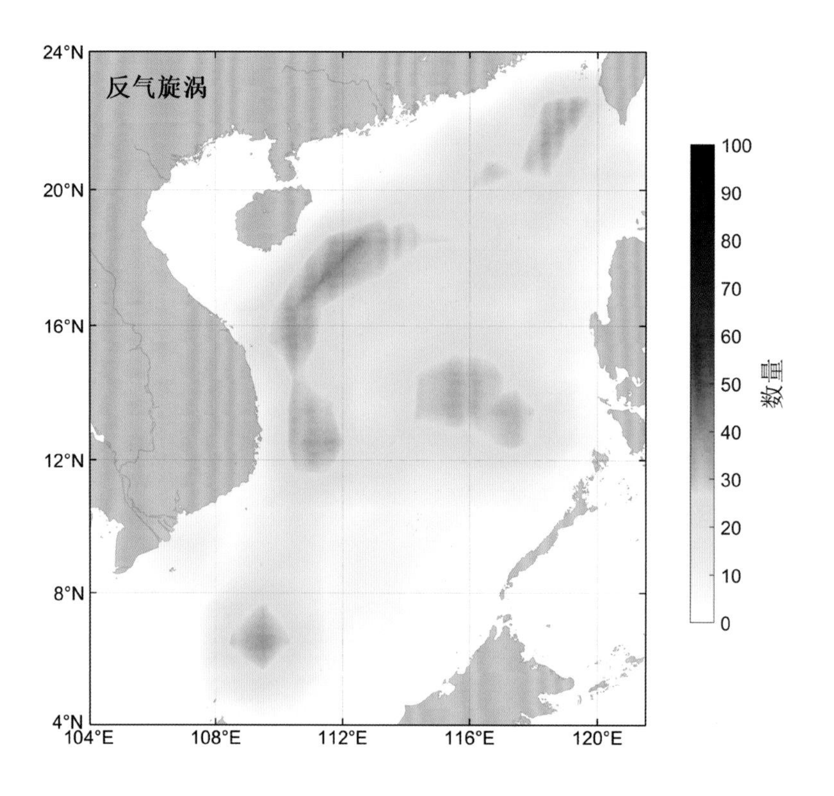

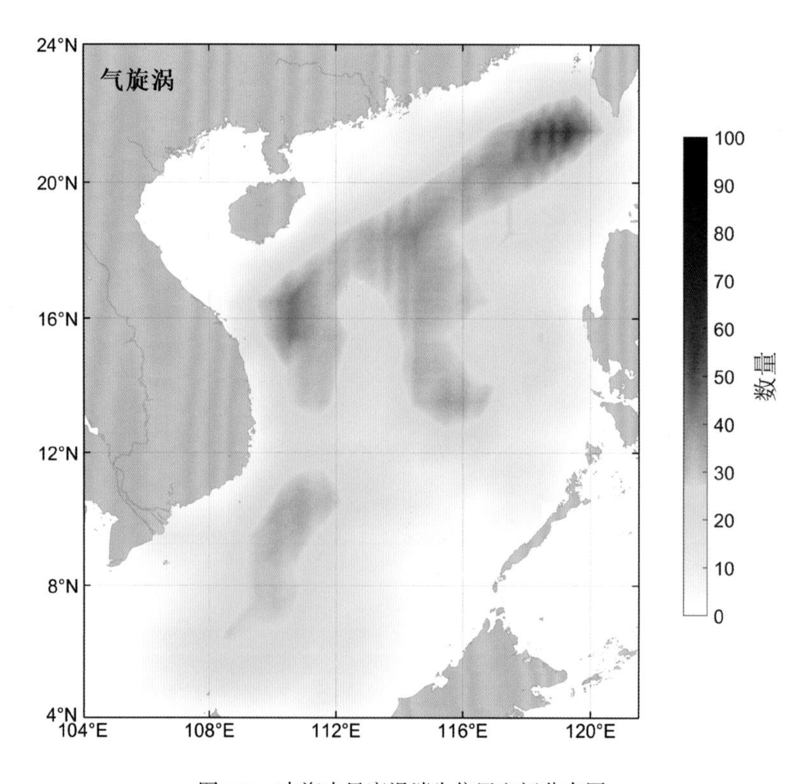

图7.28　南海中尺度涡消失位置空间分布图

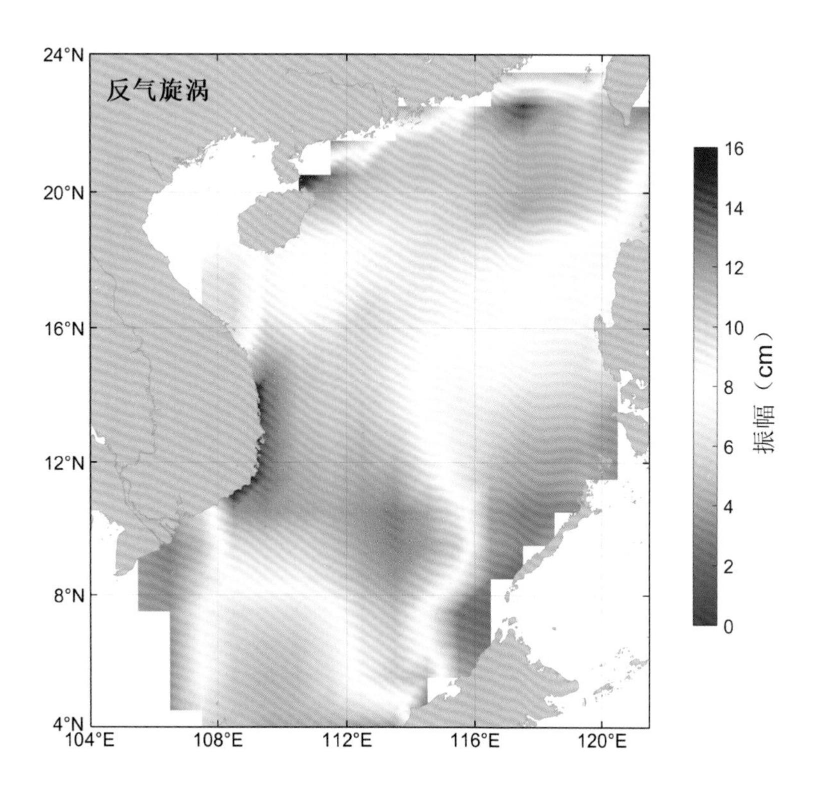

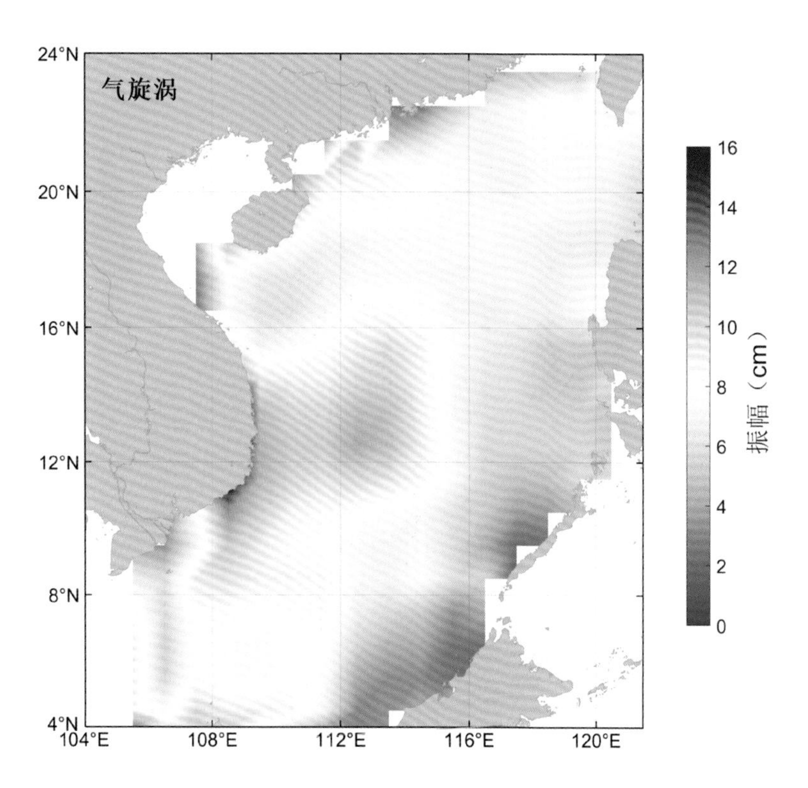

图7.29　南海中尺度涡振幅空间分布图

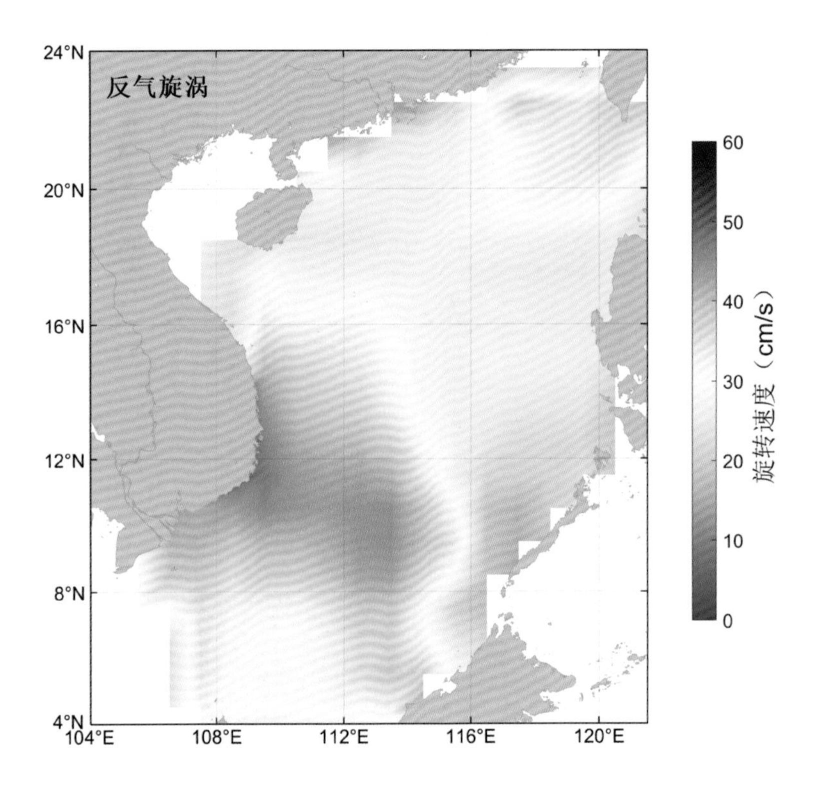

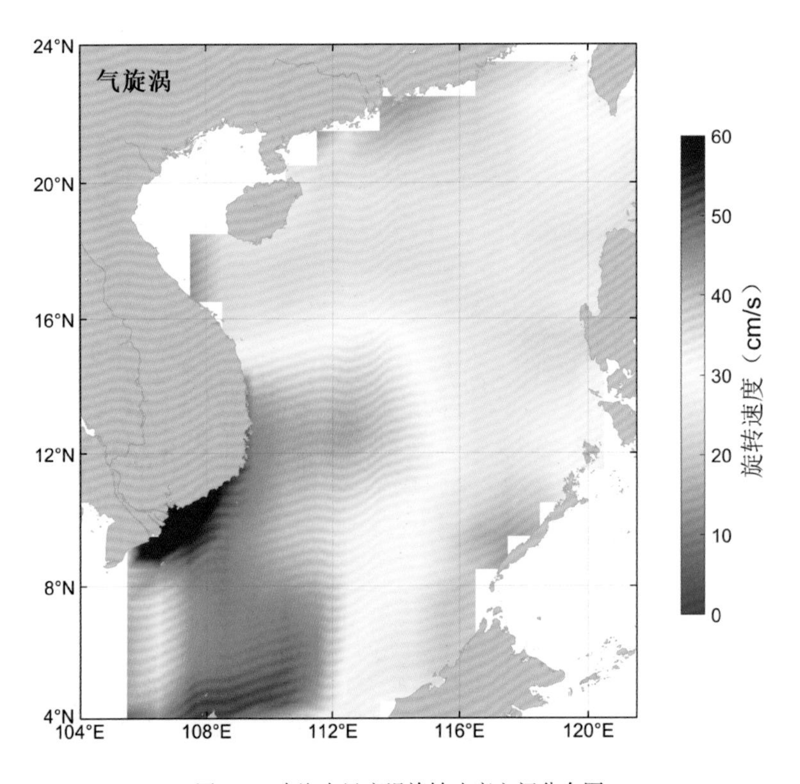

图7.30　南海中尺度涡旋转速度空间分布图

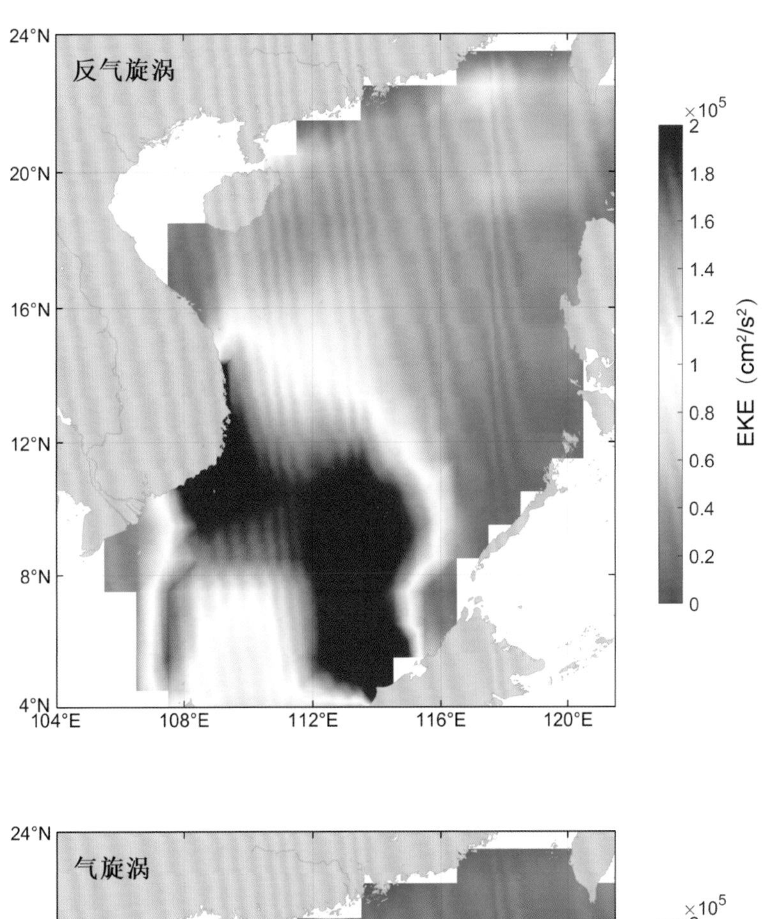

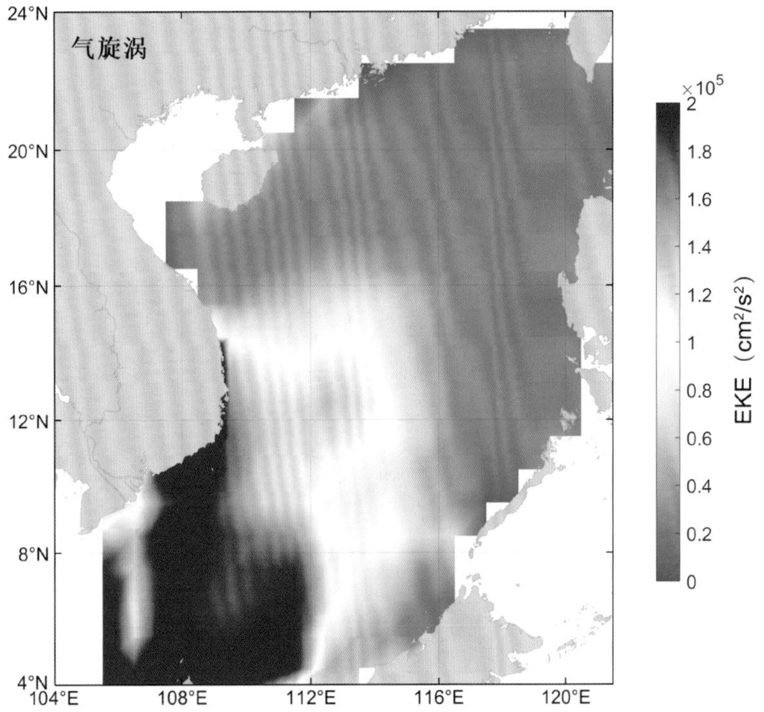

图7.31　南海中尺度涡涡动能（EKE）空间分布图

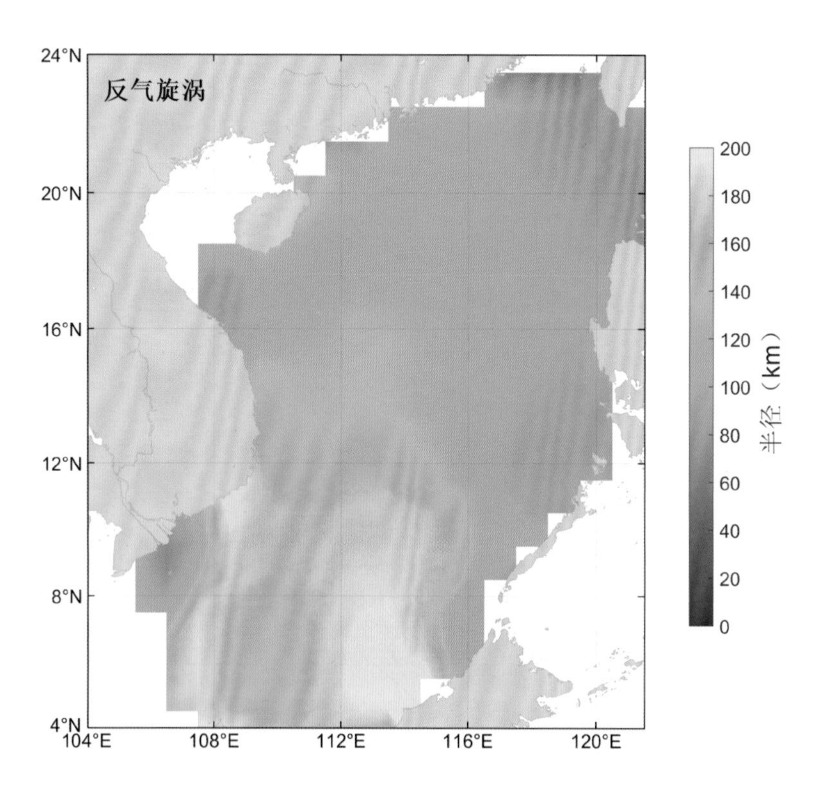

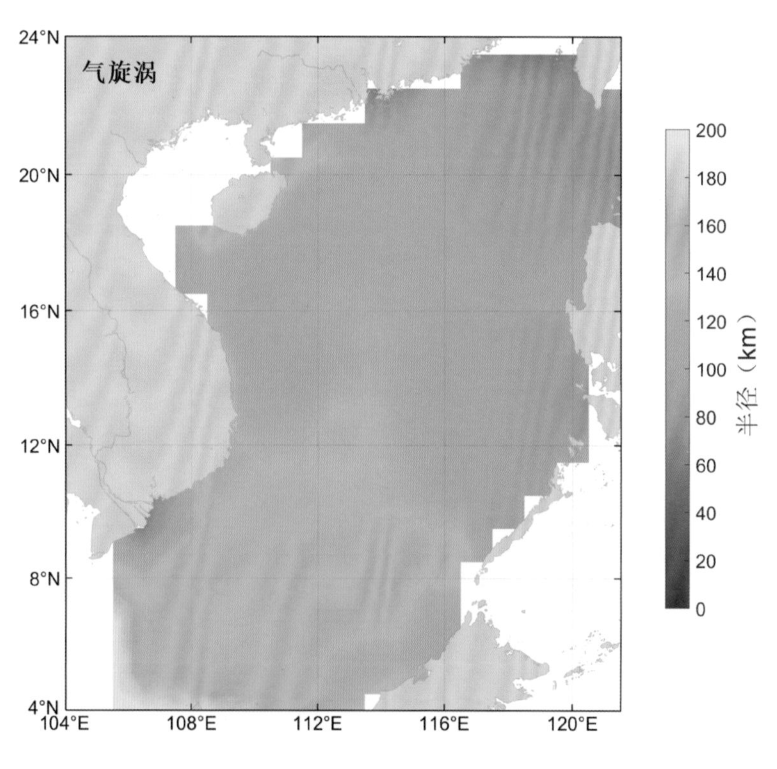

图7.32　南海中尺度涡半径空间分布图

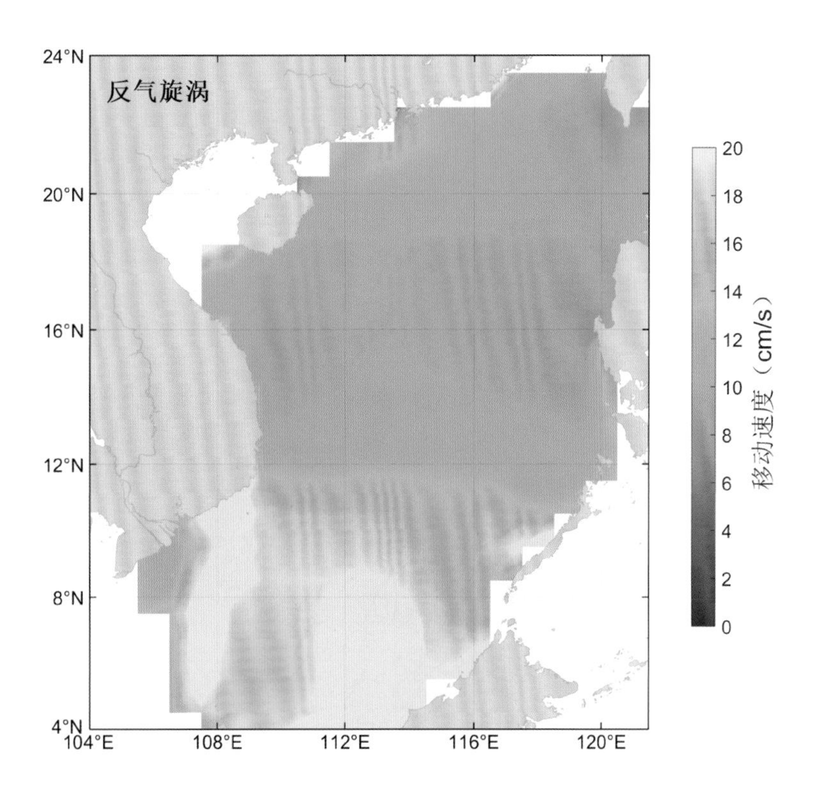

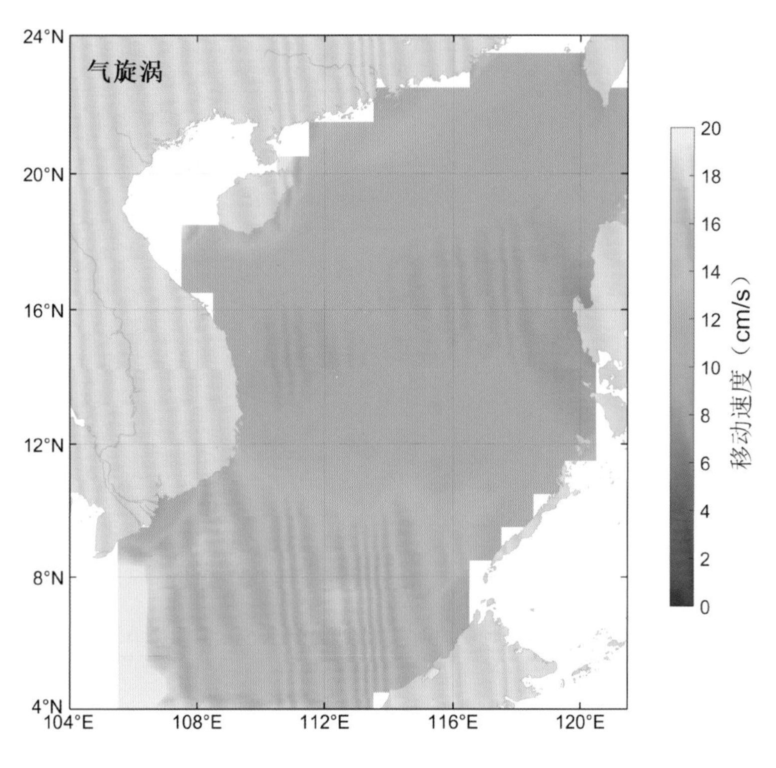

图7.33　南海中尺度涡移动速度空间分布图

7.4.3 南海中尺度涡属性统计特征

基于 1993—2020 年中尺度涡识别和轨迹追踪结果，对南海中尺度涡的振幅、半径、旋转速度、涡动能（EKE）以及移动速度等属性特征进行统计，分别给出南海中尺度涡属性统计特征分布图。与全球海洋中尺度涡属性统计特征（2.2.2 节）一样，中尺度涡属性统计是针对涡旋轨迹中的单个涡旋进行统计的（连续时间的单个涡旋组成了涡旋轨迹），因此涡旋属性特征频次（数量）远高于涡旋轨迹数量。

图 7.34 至图 7.38 分别给出了南海中尺度涡的振幅、半径、旋转速度、涡动能（EKE）和移动速度频次分布。可以看出，南海中尺度涡基本均集中在 15 cm 以下的低振幅区间。平均而言，南海

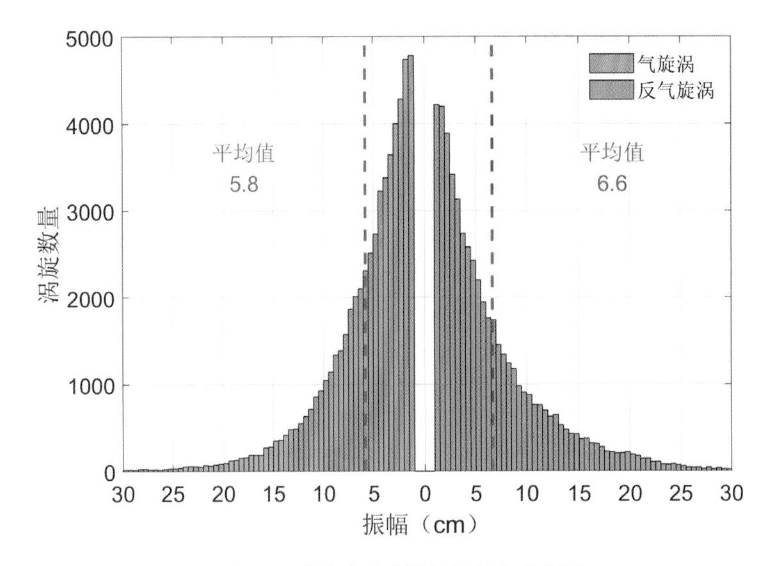

图7.34 南海中尺度涡振幅频次分布图

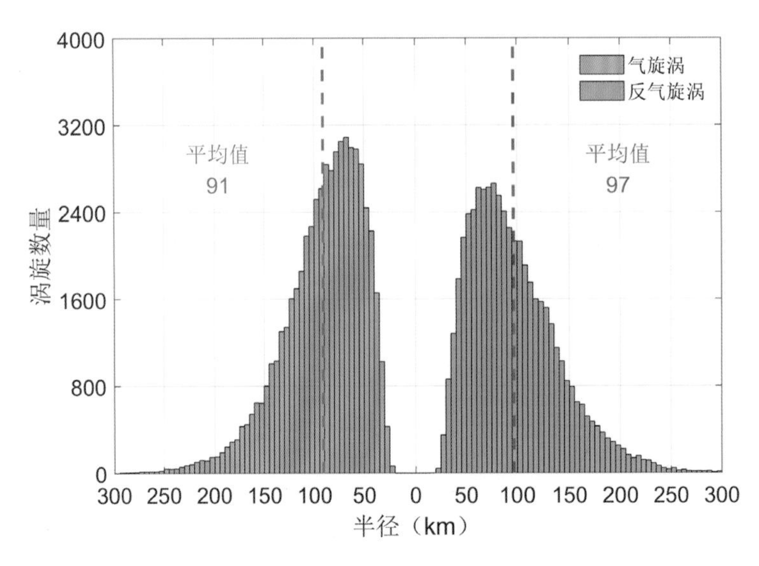

图7.35 南海中尺度涡半径频次分布图

气旋涡和反气旋涡平均振幅分别为 5.8 cm 和 6.6 cm，反气旋涡振幅高于气旋涡。南海气旋涡和反气旋涡半径主要集中分布在 30 ~ 150 km 之间，气旋涡和反气旋涡平均半径分别为 91 km 和 97 km（大于全球中尺度涡平均半径 65 km，南海处于低纬度海域）。南海中尺度涡旋转速度基本集中在 4 ~ 60 cm/s 之间，气旋涡和反气旋涡平均旋转速度均约为 27 cm/s。南海中尺度涡 EKE 主要集中分布在 4×10^4 cm^2/s^2 以下的低值区域，不过在一些高值区仍有部分中尺度涡分布，这些高 EKE 中尺度涡主要分布在南海南部和西南部区域。南海气旋涡和反气旋涡平均 EKE 分别约为 3.8×10^4 cm^2/s^2 和 4.2×10^4 cm^2/s^2，反气旋涡平均 EKE 高于气旋涡。南海中尺度涡移动速度主要集中在 20 cm/s 以下区间内，存在一个 5 cm/s 的峰值。南海气旋涡和反气旋涡平均移动速度均约为 10.7 cm/s。

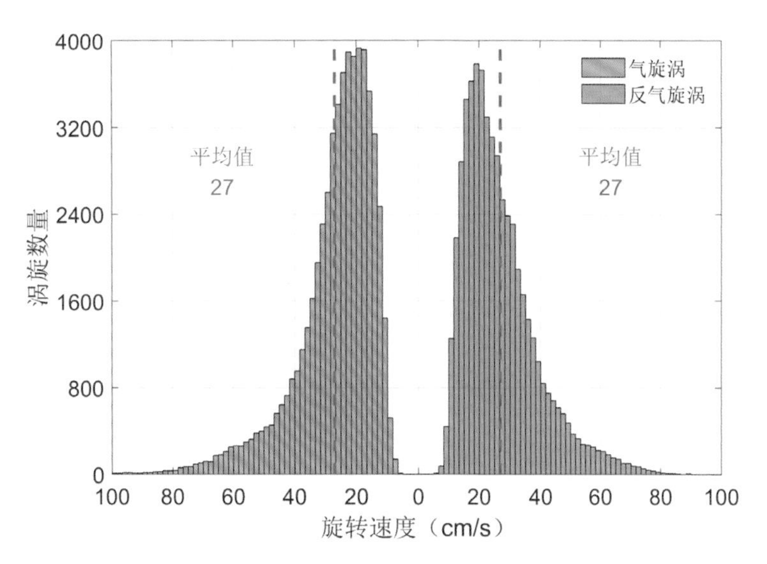

图7.36　南海中尺度涡旋转速度频次分布图

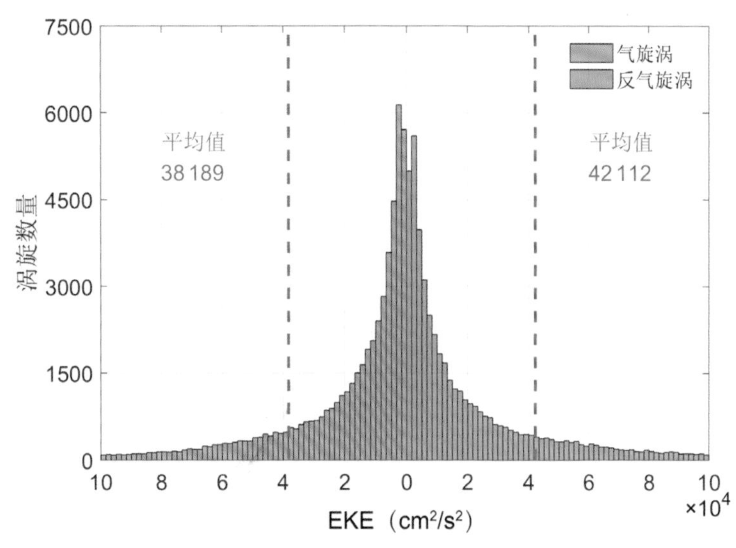

图7.37　南海中尺度涡涡动能（EKE）频次分布图

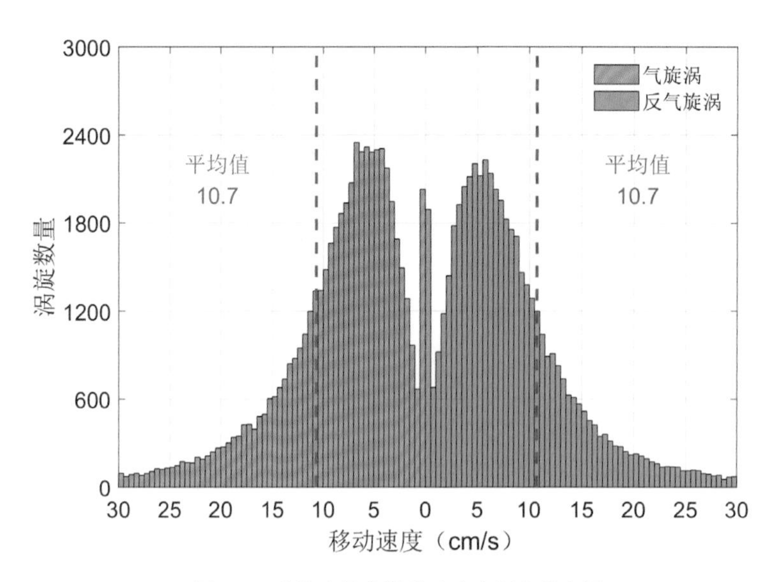

图7.38 南海中尺度涡移动速度频次分布图

7.4.4 南海中尺度涡属性气候态月变化

基于1993—2020年中尺度涡识别和轨迹追踪结果，对南海中尺度涡的轨迹数量、振幅、半径、旋转速度、涡动能（EKE）以及移动速度等属性的气候态月变化进行分析，分别给出南海中尺度涡属性月变化。针对中尺度涡轨迹数量月变化，这里按照中尺度涡轨迹出现时的月份进行统计，即如果某一个中尺度涡在某一月份出现，则将该涡旋轨迹统计到该月份内，因此这里统计得到的是28年间涡旋轨迹数量累计月变化。针对中尺度涡的振幅、半径、旋转速度、涡动能（EKE）以及移动速度等属性的月变化，按照中尺度涡轨迹内的单个涡旋对应的月份进行统计，即将某一月份内所有单个涡旋的属性进行平均得到，因此统计得到的是28年间涡旋属性平均月变化。图7.39至图7.44分别给出了南海中尺度涡的轨迹数量、振幅、半径、旋转速度、涡动能（EKE）和移动速度的月变化。

从图中可以看出，南海1月、3月以及6—12月的气旋涡轨迹数量均高于反气旋涡轨迹数量，在2月、4月和5月，反气旋涡轨迹数量多于气旋涡。南海反气旋涡轨迹数量一般在2—5月以及8月较多，其他月份较少；气旋涡轨迹数量在1月、3月、9月和12月较多，其他月份较少。南海中尺度涡振幅平均月变化明显，反气旋涡振幅在冬季（1—3月）和夏季（7—9月）较高，在春季和秋季偏低；气旋涡振幅在秋季10—11月较高，平均振幅超过7 cm，其余月份平均振幅较低，一般在6 cm以下，其中6—7月最低。另外，除了10—11月，南海反气旋涡振幅在各月份均大于气旋涡振幅。南海反气旋涡和气旋涡半径总体呈现反相位的月变化，反气旋涡半径从1—8月逐月增大，8月达到最大半径，然后9—12月半径又逐渐减小，12月达到最小半径；气旋涡半径从1月到7月逐月减小，7月达到最小，然后8—11月又逐渐增大，11月达到最大。总体来说，在2—9月，南海反气旋涡半径大于气旋涡半径，在1月和10—12月，气旋涡半径大于反气旋涡半径。南海反气旋涡旋转速度在2—6月、10—11月较低，在1月、7—9月和12月较高；气旋涡旋转速度1—6月逐渐降低，6月达到最小值，然后7—11月逐渐升高，11月达到最大值。南海中尺度涡EKE月变化基本与涡旋旋转速度月变化相似。南海反气旋涡移动速度在5月和12月较低，9—10月较高；气旋涡移动速度在秋冬季（10月至次年3月）较高，春夏季（4—9月）较低。

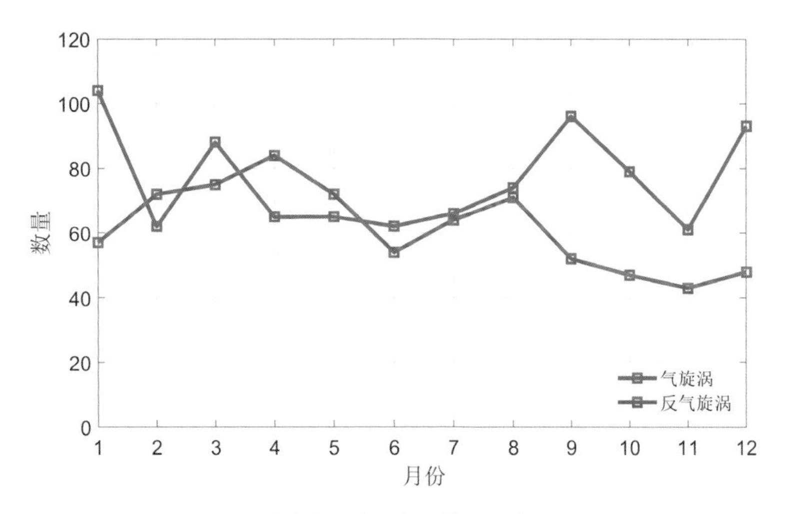

图7.39　南海中尺度涡轨迹数量累计月变化图

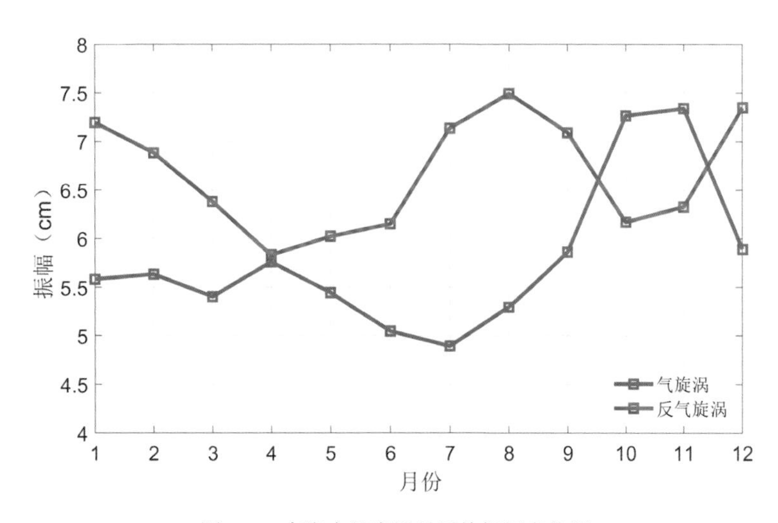

图7.40　南海中尺度涡月平均振幅变化图

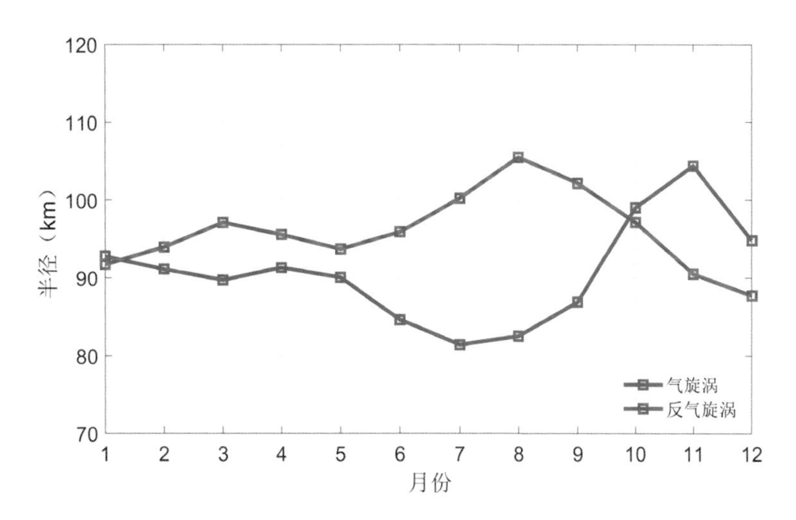

图7.41　南海中尺度涡月平均半径变化图

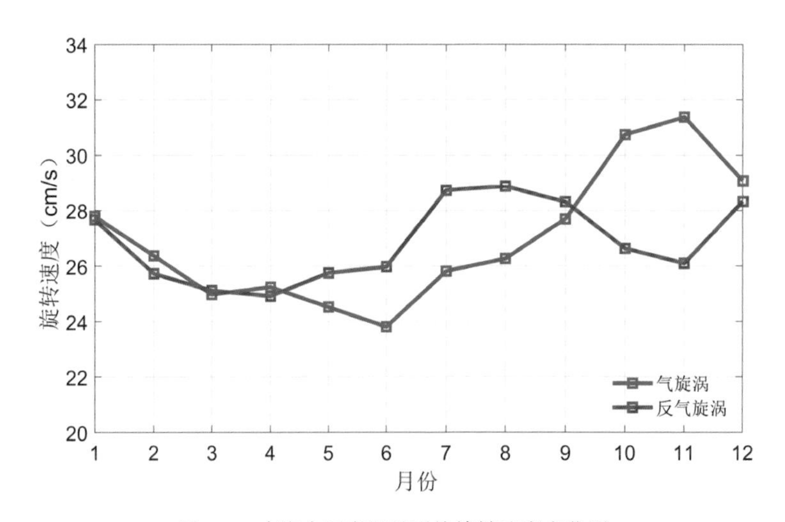

图7.42　南海中尺度涡月平均旋转速度变化图

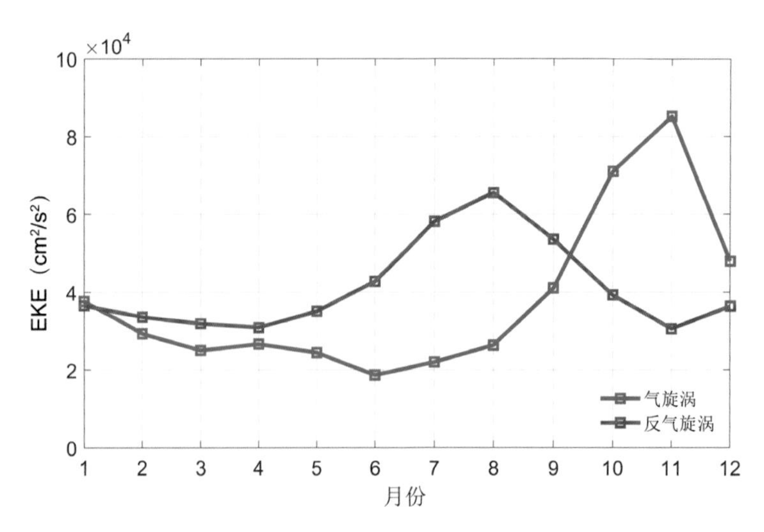

图7.43　南海中尺度涡月平均涡动能（EKE）变化图

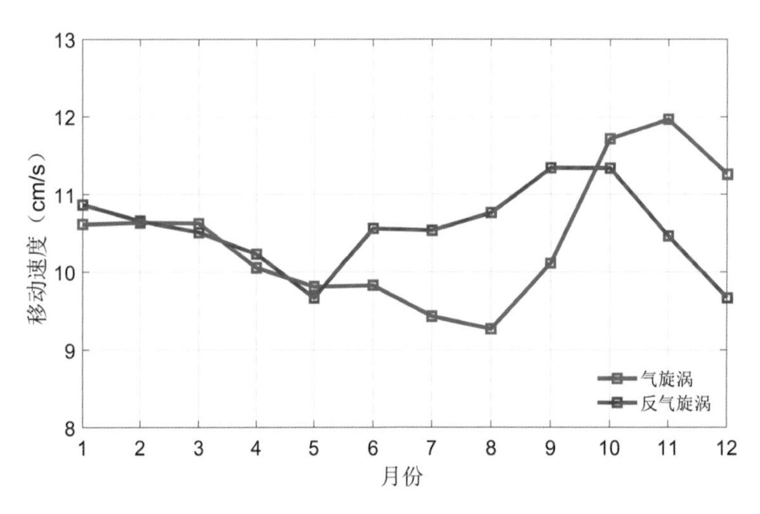

图7.44　南海中尺度涡月平均移动速度变化图

7.4.5　南海中尺度涡属性年际变化

基于 1993—2020 年中尺度涡识别和轨迹追踪结果，对南海中尺度涡的轨迹数量、振幅、半径、旋转速度、涡动能（EKE）以及移动速度等属性的年际变化进行分析，分别给出南海中尺度涡属性年际变化。针对中尺度涡轨迹数量年际变化，按照中尺度涡轨迹出现时的年份进行统计。针对中尺度涡的振幅、半径、旋转速度、涡动能（EKE）以及移动速度等属性的年际变化，按照中尺度涡轨迹内的单个涡旋对应的年份进行统计，即将某一年内所有单个涡旋的属性进行平均得到。图 7.45 至图 7.50 分别给出了南海中尺度涡轨迹数量、振幅、半径、旋转速度、涡动能（EKE）和移动速度的年际变化。

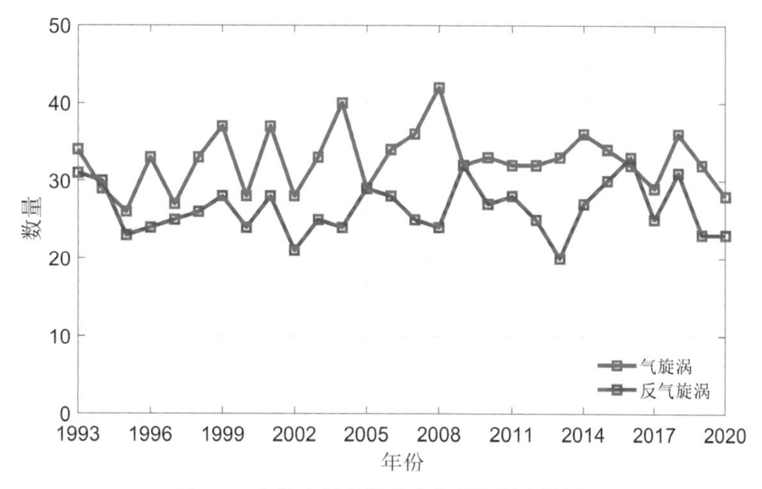

图7.45　南海中尺度涡轨迹数量年际变化图

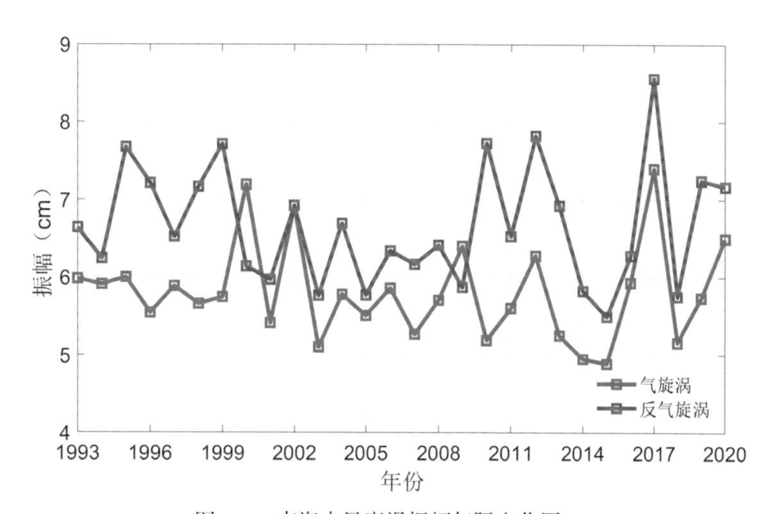

图7.46　南海中尺度涡振幅年际变化图

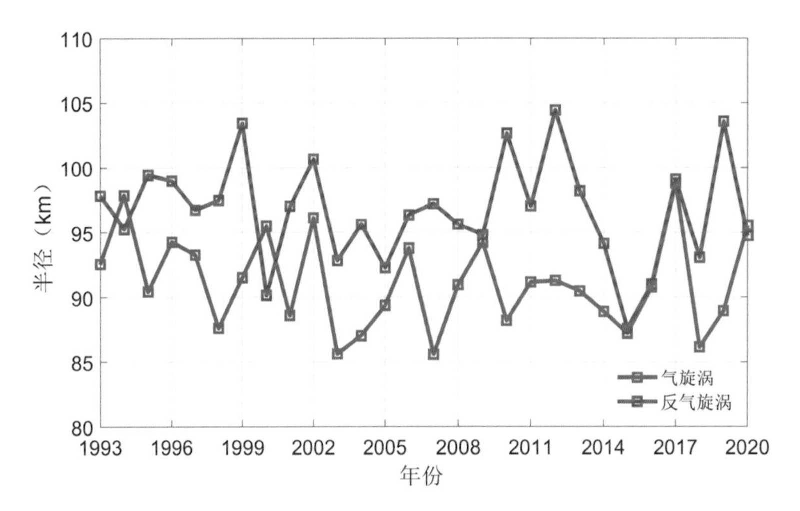

图7.47　南海中尺度涡半径年际变化图

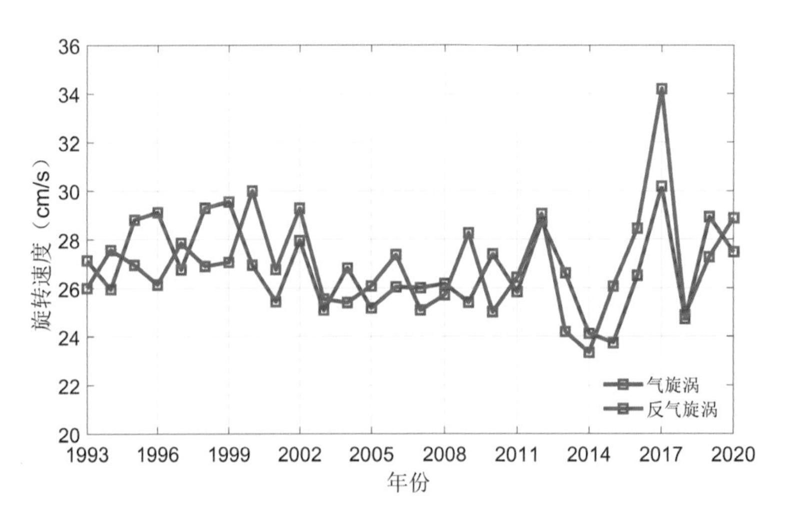

图7.48　南海中尺度涡旋转速度年际变化图

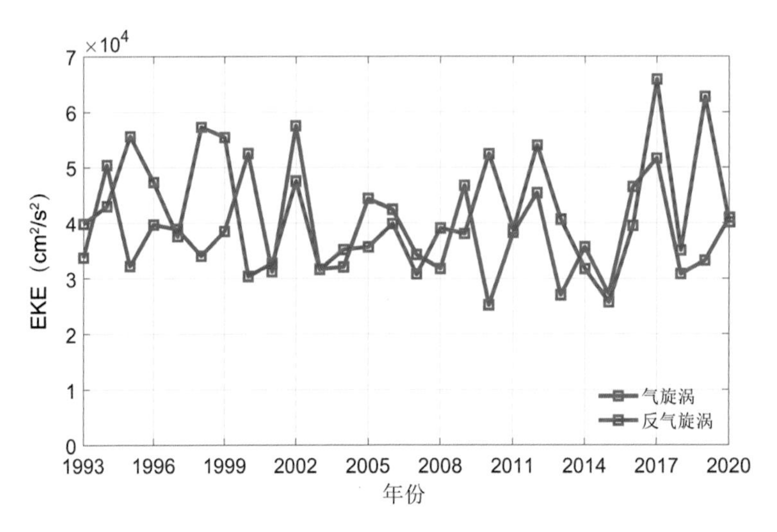

图7.49　南海中尺度涡涡动能（EKE）年际变化图

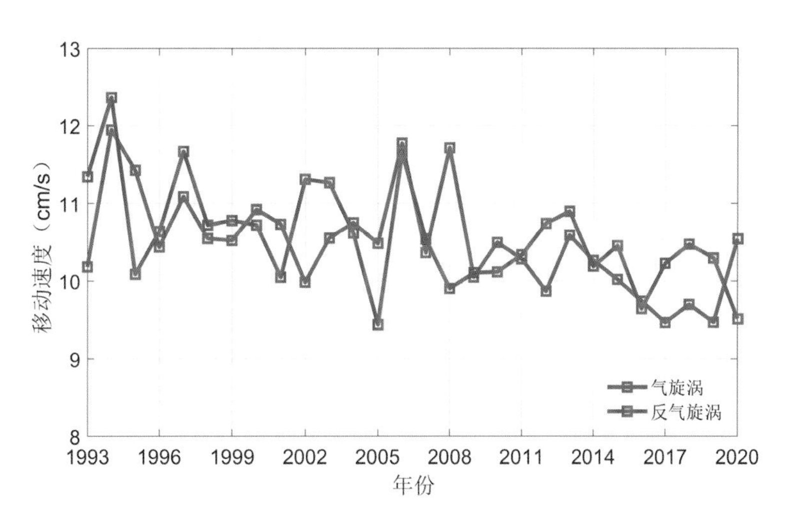

图7.50　南海中尺度涡移动速度年际变化图

参考文献

程旭华，齐义泉，2008. 基于卫星高度计观测的全球中尺度涡的分布和传播特征 . 海洋科学进展 (04): 447–453.

董昌明，2015. 海洋涡旋探测与分析 . 北京：科学出版社 .

胡冬，陈希，赵艳玲，等，2018. 两个西边界流延伸体区域中尺度涡统计特征分析 . 海洋学报，40(06): 15–28.

童秉纲，尹协远，朱克勤，2009. 涡运动理论 . 合肥：中国科学技术大学出版社 .

王桂华，苏纪兰，齐义泉，2005. 南海中尺度涡研究进展 . 地球科学进展，20(8): 882–886.

郑全安，谢玲玲，郑志文，等，2017. 南海中尺度涡研究进展 . 海洋科学进展，35(02): 131–158.

ADCOCK S T, MARSHALL D P, 2000. Interactions between geostrophic eddies and the mean circulation over large-scale bottom topography. Journal of Physical Oceanography, 30(12): 3223–3238.

AMORES A, MELNICHENKO O, MAXIMENKO N, 2017. Coherent mesoscale eddies in the North Atlantic subtropical gyre: 3-D structure and transport with application to the salinity maximum. Journal of Geophysical Research: Oceans, 122(1): 23–41.

BRACHET S, LE TRAON P Y, LE PROVOST C, 2004. Mesoscale variability from a high-resolution model and from altimeter data in the North Atlantic Ocean. Journal of Geophysical Research: Oceans, 109(C12).

BUSINGER J A, SHAW W J, 1984. The response of the marine boundary layer to mesoscale variations in sea-surface temperature. Dynamics of Atmospheres & Oceans, 8(3–4): 267–281.

CABALLERO A, PASCUAL A, DIBARBOURE G, et al., 2008. Sea level and Eddy Kinetic Energy variability in the Bay of Biscay, inferred from satellite altimeter data. Journal of Marine Systems, 72(1–4): 116–134.

CASTELAO R M, 2014. Mesoscale eddies in the South Atlantic Bight and the Gulf Stream recirculation region: vertical structure. Journal of Geophysical Research: Oceans, 119(3): 2048–2065.

CHAIGNEAU A, ELDIN G, DEWITTE B, 2009. Eddy activity in the four major upwelling systems from satellite altimetry (1992–2007). Progress in Oceanography, 83(1–4): 117–123.

CHAIGNEAU A, GIZOLME A, GRADOS C, 2008. Mesoscale eddies off Peru in altimeter records: Identification algorithms and eddy spatio-temporal patterns. Progress in Oceanography, 79(2): 106–119.

CHAIGNEAU A, LE TEXIER M, ELDIN G, et al., 2011. Vertical structure of mesoscale eddies in the eastern South Pacific Ocean: A composite analysis from altimetry and Argo profiling floats. Journal of Geophysical Research: Oceans, 116(C11).

CHELTON D B, GAUBE P, SCHLAX M G, et al., 2011. The influence of nonlinear mesoscale eddies on near-surface oceanic chlorophyll. Science, 334(6054): 328–332.

CHELTON D B, SCHLAX M G, 1996. Global observations of oceanic Rossby waves. Science, 272(5259): 234–238.

CHELTON D B, SCHLAX M G, SAMELSON R M, 2011. Global observations of nonlinear mesoscale eddies. Progress in Oceanography, 91(2): 167–216.

DONG C, LIU Y, LUMPKIN R, et al., 2011. A scheme to identify loops from trajectories of oceanic surface drifters: An application in the Kuroshio Extension region. Journal of Atmospheric and Oceanic Technology, 28(9): 1167–1176.

DONG C, MAVOR T, NENCIOLI F, et al., 2009. An oceanic cyclonic eddy on the lee side of Lanai Island, Hawai'i. Journal of Geophysical Research: Oceans, 114(C10).

DONG C, MCWILLIAMS J C, LIU Y, et al., 2014. Global heat and salt transports by eddy movement. Nature Communications, 5(2): 3294.

DONG C, NENCIOLI F, LIU Y, et al., 2011. An automated approach to detect oceanic eddies from satellite remotely sensed sea surface temperature data. IEEE Geoscience and Remote Sensing Letters, 8(6): 1055–1059.

DRITSCHEL D G, WAUGH D W, 1992. Quantification of the inelastic interaction of unequal vortices in two-dimensional vortex dynamics. Physics of Fluids A: Fluid Dynamics, 4(8): 1737–1744.

DU Y, YI J, WU D, et al., 2014. Mesoscale oceanic eddies in the South China Sea from 1992 to 2012: evolution processes and statistical analysis. Acta Oceanologica Sinica, 33(11): 36–47.

DUAN Y, LIU H, YU W, et al., 2016. Eddy properties in the Pacific sector of the Southern Ocean from satellite altimetry data. Acta Oceanologica Sinica, 35(11): 28–34.

FERNANDES A, NASCIMENTO S, 2006. Automatic water eddy detection in SST maps using random ellipse fitting and vectorial fields for image segmentation. In International Conference on Discovery Science. Berlin, Heidelberg: Springer: 77–88.

FRENGER I, MÜNNICH M, GRUBER N, et al., 2015. Southern Ocean eddy phenomenology. Journal of Geophysical Research: Oceans, 120(11): 7413–7449.

FU L L, CAZENAVE A, 2001. Satellite altimetry and earth sciences: a handbook of techniques and applications (Vol. 69). Elsevier.

FU L L, CHELTON D B, LE TRAON P Y, et al., 2010. Eddy dynamics from satellite altimetry. Oceanography, 23(4): 14–25.

GRIFFITHS R W, HOPFINGER E J, 1987. Coalescing of geostrophic vortices. Journal of Fluid Mechanics, 178: 73–97.

HAUSMANN U, CZAJA A, 2012. The observed signature of mesoscale eddies in sea surface temperature and the associated heat transport. Deep Sea Research Part I Oceanographic Research Papers, 70(1): 60–72.

HENSON S A, THOMAS A C, 2008. A census of oceanic anticyclonic eddies in the Gulf of Alaska. Deep Sea Research Part I: Oceanographic Research Papers, 55(2): 163–176.

HU J, GAN J, SUN Z, et al., 2011. Observed three-dimensional structure of a cold eddy in the southwestern South China Sea. Journal of Geophysical Research: Oceans, 116(C5).

ISERN-FONTANET J, GARCÍA-LADONA E, FONT J, 2003. Identification of marine eddies from altimetric maps. Journal of Atmospheric and Oceanic Technology, 20(5): 772–778.

ISERN-FONTANET J, GARCÍA-LADONA E, FONT J, 2006. Vortices of the Mediterranean Sea: An altimetric perspective. Journal of physical oceanography, 36(1): 87–103.

JONES M S, ALLEN M, GUYMER T, et al., 1998. Correlations between altimetric sea surface height and radiometric sea surface temperature in the South Atlantic. Journal of Geophysical Research: Oceans, 103(C4): 8073–8087.

LE VU B, STEGNER A, ARSOUZE T, 2018. Angular Momentum Eddy Detection and tracking Algorithm (AMEDA) and its application to coastal eddy formation. Journal of Atmospheric and Oceanic Technology, 35(4): 739–762.

LIU C, LI P, 2013. The impact of meso-scale eddies on the subtropical mode water in the western North Pacific. Journal of Ocean University of China, 12(2): 230–236.

MCGILLICUDDY JR D J, ROBINSON A R, SIEGEL D A, et al., 1998. Influence of mesoscale eddies on new production in the Sargasso Sea. Nature, 394(6690): 263.

MORROW R, BIROL F, GRIFFIN D, et al., 2004. Divergent pathways of cyclonic and anti-cyclonic ocean eddies. Geophysical Research Letters, 31(24).

MORROW R, COLEMAN R, CHURCH J, et al., 1994. Surface eddy momentum flux and velocity variances in the Southern Ocean from Geosat altimetry. Journal of Physical Oceanography, 24(10): 2050–2071.

MORROW R, FANG F, FIEUX M, et al., 2003. Anatomy of three warm-core Leeuwin Current eddies. Deep Sea Research Part II: Topical Studies in Oceanography, 50(12–13): 2229–2243.

MORROW R, LE TRAON P Y, 2012. Recent advances in observing mesoscale ocean dynamics with satellite altimetry. Advances in Space Research, 50(8): 1062–1076.

NAN F, HE Z, ZHOU H, et al., 2011. Three long-lived anticyclonic eddies in the northern South China Sea. Journal of Geophysical Research: Oceans, 116(C5).

NENCIOLI F, DONG C, DICKEY T, et al., 2010. A vector geometry-based eddy detection algorithm and its application to a high-resolution numerical model product and high-frequency radar surface velocities in the Southern California Bight. Journal of Atmospheric and Oceanic Technology, 27(3): 564–579.

OKUBO A, 1970. Horizontal dispersion of floatable particles in vicinity of velocity singularities such as convergences. Deep Sea Research I, 17(3): 445–454.

PARK K A, WOO H J, RYU J H, 2012. Spatial scales of mesoscale eddies from GOCI Chlorophyll-a concentration images in the East/Japan Sea. Ocean Science Journal, 47(3): 347–358.

PRANTS S V, BUDYANSKY M V, PONOMAREV V I, et al., 2011. Lagrangian study of transport and mixing in a mesoscale eddy street. Ocean modelling, 38(1): 114–125.

PUJOL M I, LARNICOL G, 2005. Mediterranean sea eddy kinetic energy variability from 11 years of altimetric data. Journal of Marine Systems, 58(3–4): 121–142.

QIU B, CHEN S, 2004. Seasonal modulations in the eddy field of the South Pacific Ocean. Journal of Physical Oceanography, 34(7): 1515–1527.

RICHARDSON P L, 1993. A census of eddies observed in North Atlantic SOFAR float data. Progress in Oceanography, 31(1): 1–50.

ROBINSON A R, 1983. Eddies in Marine Science. Harvard University, Cambridge, United States.

ROEMMICH D, GILSON J, 2001. Eddy transport of heat and thermocline waters in the North Pacific: A key to interannual/decadal climate variability?. Journal of Physical Oceanography, 31(3): 675–687.

ROMEISER R, UFERMANN S, ALPERS W, 2001. Remote sensing of oceanic current features by synthetic aperture radar—achievements and perspectives. In Annales des télécommunications. Springer-Verlag, 56(11–12): 661–671.

SADARJOEN I A, POST F H, 2000. Detection, quantification, and tracking of vortices using streamline geometry. Computers & Graphics, 24(3): 333–341.

SANGRÀ P, PASCUAL A, RODRÍGUEZ-SANTANA Á, et al., 2009. The Canary Eddy Corridor: A major pathway for long-lived eddies in the subtropical North Atlantic. Deep Sea Research Part I: Oceanographic Research Papers, 56(12): 2100–2114.

SCHÜTTE F, BRANDT P, KARSTENSEN J, 2016. Occurrence and characteristics of mesoscale eddies in the tropical northeast Atlantic Ocean. Ocean Science, 12(3): 663–685.

SOUZA J M A C, DE BOYER MONTÉGUT C, LE TRAON P Y, 2011. Comparison between three implementations of automatic identification algorithms for the quantification and characterization of mesoscale eddies in the South Atlantic Ocean. Ocean Science, 7(3): 317.

STAMMER D, 1998. On eddy characteristics, eddy transports, and mean flow properties. Journal of Physical Oceanography, 28(4): 727–739.

STAMMER D, WUNSCH C, 1999. Temporal changes in eddy energy of the oceans. Deep Sea Research Part II: Topical Studies in Oceanography, 46(1): 77–108.

SUN W, DONG C, WANG R, et al., 2017. Vertical structure anomalies of oceanic eddies in the Kuroshio Extension region. Journal of Geophysical Research: Oceans, 122(2): 1476–1496.

THOMPSON A F, HEYWOOD K J, SCHMIDTKO S, et al., 2014. Eddy transport as a key component of the Antarctic overturning circulation. Nature Geoscience, 7(12): 879–884.

TRIELING R R, FUENTES O V, VAN HEIJST G J F, 2005. Interaction of two unequal corotating vortices. Physics of Fluids, 17(8): 087103.

VAN BALLEGOOYEN R C, GRÜNDLINGH M L, LUTJEHARMS R E, 1994. Eddy fluxes of heat and salt from the southwest Indian ocean into the southeast Atlantic ocean. Journal of geophysical research-all series-, 99: 14–053.

VOLKOV D L, TONG L, FU L, 2008. Eddy-induced meridional heat transport in the ocean. Geophysical Research Letters, 35(20): 295–296.

WILSON W D, JOHNS W E, GARZOLI S L, 2002. Velocity structure of North Brazil current rings. Geophysical Research Letters, 29(8): 114-1–114-4.

XU C, SHANG X D, HUANG R X, 2011. Estimate of eddy energy generation/dissipation rate in the world ocean from altimetry data. Ocean Dynamics, 61(4): 525–541.

XU L, LI P, XIE S P, et al., 2016. Observing mesoscale eddy effects on mode-water subduction and transport in the North Pacific. Nature communications, 7: 10505.

YANG G, YU W, YUAN Y, et al., 2015. Characteristics, vertical structures, and heat/salt transports of mesoscale eddies in the southeastern tropical Indian Ocean. Journal of Geophysical Research: Oceans, 120(10): 6733–6750.

YI J, DU Y, HE Z, et al., 2014. Enhancing the accuracy of automatic eddy detection and the capability of recognizing the multi-core structures from maps of sea level anomaly. Ocean Science, 10(1): 39–48.

ZHAI X, JOHNSON H L, MARSHALL D P, 2010. Significant sink of ocean-eddy energy near western boundaries. Nature Geoscience, 3(9): 608–612.

ZHANG C, LI H, LIU S, et al., 2015. Automatic detection of oceanic eddies in reanalyzed SST images and its application in the East China Sea. Science China Earth Sciences, 58(12): 2249–2259.

ZHANG W Z, XUE H, CHAI F, et al., 2015. Dynamical processes within an anticyclonic eddy revealed from Argo floats. Geophysical Research Letters, 42(7): 2342–2350.

ZHANG Z, TIAN J, QIU B, et al., 2016. Observed 3D structure, generation, and dissipation of oceanic mesoscale eddies in the South China Sea. Scientific reports, 6: 24349.

ZHANG Z, WANG W, QIU B, 2014. Oceanic mass transport by mesoscale eddies. Science, 345(6194): 322–324.

ZHANG Z, ZHAO W, TIAN J, et al., 2013. A mesoscale eddy pair southwest of Taiwan and its influence on deep circulation. Journal of Geophysical Research: Oceans, 118(12): 6479–6494.

ZHENG Q, TAI C K, HU J, et al., 2011. Satellite altimeter observations of nonlinear Rossby eddy–Kuroshio interaction at the Luzon Strait. Journal of oceanography, 67(4): 365.

ZU T, WANG D, YAN C, et al., 2013. Evolution of an anticyclonic eddy southwest of Taiwan. Ocean Dynamics, 63(5): 519–531.